首届"海洋命运共同体"青英论坛论文集

主　编　宋　辉

哈尔滨工程大学出版社

Harbin Engineering University Press

图书在版编目(CIP)数据

首届"海洋命运共同体"青英论坛论文集 / 宋辉主编.—哈尔滨:哈尔滨工程大学出版社,2023.6
ISBN 978-7-5661-4023-4

Ⅰ.①首… Ⅱ.①宋… Ⅲ.①海洋学–关系–国际关系–文集 Ⅳ.①P7-53②D81-53

中国国家版本馆 CIP 数据核字(2023)第 115842 号

首届"海洋命运共同体"青英论坛论文集
SHOUJIE "HAIYANG MINGYUN GONGTONGTI" QINGYING LUNTAN LUNWENJI

选题策划　雷　霞
责任编辑　刘海霞
封面设计　李海波

出版发行　哈尔滨工程大学出版社
社　　址　哈尔滨市南岗区南通大街 145 号
邮政编码　150001
发行电话　0451-82519328
传　　真　0451-82519699
经　　销　新华书店
印　　刷　哈尔滨午阳印刷有限公司
开　　本　787 mm×1 092 mm　1/16
印　　张　32
字　　数　815 千字
版　　次　2023 年 6 月第 1 版
印　　次　2023 年 6 月第 1 次印刷
定　　价　368.00 元
http://www.hrbeupress.com
E-mail:heupress@ hrbeu.edu.cn

首届"海洋命运共同体"青英论坛
论文集编委会

前　　言

为深入贯彻落实习近平总书记"加强'一带一路'建设学术研究、理论支撑、话语体系建设"和"支持青年人才挑大梁、当主角"指示，以及党的二十大报告强调的"确保能源安全""深入推进能源革命""加快规划建设新型能源体系"，海军大连舰艇学院等近20家单位于2023年7月在大连联合举办首届"海洋命运共同体"青英论坛，齐聚广大专家为国家倡议贡献智慧和力量，为青年人才指引方向。

"海洋命运共同体"和"海上丝路"倡议是以习近平同志为核心的党中央为全人类贡献的中国智慧和中国方案。在迈向深蓝过程中，电力急缺、灾害频发、数据稀缺、人才短缺等瓶颈凸显，制约海洋高质量建设。尤其是地区冲突、极端天气等引发的能源危机，得到全人类高度重视。如何应对愈发严峻的资源危机已成为全人类共同的责任。为此，党中央高瞻远瞩规划了"双碳"远景目标，为可持续发展指明了方向。可再生、储量大、分布广等诸多优势使得海上风能、波浪能等海洋新能源成为世界各国追逐的新焦点。海洋新能源可为边远海岛、无人系统、海洋牧场等提供电力，是突破能源困局的有效途径，推动互联互通的良好契机，实现"双碳"目标的重要支撑，具有一点突破、多极利好的现实意义。然而，资源开发仍面临宏观优化布局、微观精准选址、环境风险规避、新能源大数据建设等国际瓶颈，严重制约其自主化、产业化、规模化高质量建设。

以迈向深蓝对电力供应、环境安全保障、应用大数据建设等迫切需求为牵引，以支撑高素质海洋人才培养为目标，举办首届"海洋命运共同体"青英论坛，力邀多位权威专家为大会做主旨报告、贡献了智慧和力量，广大科技工作者尤其青年人才积极投稿。权威专家的前沿报告、广大同行的热心支持、青年人才的积极投稿，无一不体现出对中华民族伟大复兴的拳拳之心。本书主要是支持青年人才发表自己的新观点、新成果，难免有疏漏和不足，敬请谅解。

最后，祝愿伟大祖国繁荣昌盛，海洋强国事业更上一层楼。

目　录

新时代全球海洋治理新理念

梁 芳①

(国防大学,北京,100091)

摘要:习近平总书记提出的"海洋命运共同体"倡议,是习近平新时代中国特色社会主义思想的重要组成部分,是人类海洋科学理论的重大发展,是全球海洋治理制度的重大创新。本文将从全球化时代海洋治理召唤新理念和海洋命运共同体成为全球海洋治理新共识两个方面系统阐述"海洋命运共同体"的内涵和外延,最后提出"海洋命运共同体"建设的新途径建议,期望可以为"海洋命运共同体"的高质量建设尽绵薄之力。

关键词:海洋命运共同体;新理念;新共识;新途径

1 全球化时代海洋治理召唤新理念

马汉海权论以西方中心主义、海上霸权、对抗控制性思维来主导海洋话语权,坚持零和博弈式的海洋控制,导致海洋争端成为继陆上战争后又一个热点。事实证明,西方海权理论主导的海洋治理模式已经无法解决海洋争端问题,人类呼唤新的海洋治理理念和治理方式。

1.1 人类共同命运超越国家个体利益

人类已进入以互联网、无人化、大数据、人工智能为特征的智能化时代,万物互联技术是继工业革命、信息革命后的又一次重大科技革命,对整个空间和产业起到颠覆性创新和改变,将使国家与国家、人与人、人与物联系更加紧密。全球化时代各国的经济边界早已超出自然国界,资源全球利用、生产全球链接、金融全球配置、人才全球竞聘。一个国家的经济利益已经不在自身国土范围内,而是在全球各处,一个国家的安全利益也不局限在领土不受侵犯,而是远播海外,国家之间无形的利益合体越来越取代有形的物理边界,各国越来越混合在一起难以分割,荣损与共。适应智能化时代全球海洋治理新需求,必须建立超越国家且全球认可的治理新制度。

1.2 和平解决争端超越武力手段运用

在全球化时代人类社会面临诸多共同挑战下,任何国家都不可能通过战争独自解决问题,这点在海洋中尤为突出。海洋占地球面积的71%,海洋的相通性决定了海洋的共有性,

---

① 作者简介:梁芳,教授,长期从事军事战略、海军战略、国家安全与海洋军事斗争等领域的教学及研究。

海洋是人类共同的家园,这句话虽朴实无华,但却是人类文明历经农业社会、工业社会过渡到海洋文明后的深刻反思,是海洋历史经历了从海上战争获利到海洋合作受益的理性思考,是为实现人海和谐共生的一种美好愿景。和平与发展仍是时代主题,通过战争获得收益的效果正在丧失。美国出兵中东参与了海湾战争、利比亚战争和叙利亚战争,花费巨资,死亡数千,但中东乱局依然没有解决,战争不仅给当地民众造成巨大灾难,也使发动战争的美国和西方国家经济损失惨重。

1.3 多边协商治理超越单边霸权主义

全球化时代海洋回归其原初的公共本质属性。目前,世界主要按照《联合国海洋法公约》对海洋进行治理,该公约致力于协调海洋治理的多种问题,包括海洋权益、海洋资源、海洋环境保护、海洋生物多样性等问题,为海洋治理建立了一个法律框架,得到世界 167 个国家支持和参与,而美国为了维护自身海洋利益至今没有加入。面对繁杂的海洋问题,治理权必须属于全世界所有国家,大国和小国必须具有同等的权利及义务,对海洋重大问题必须由各国协商合力解决。

2 海洋命运共同体成为全球海洋治理新共识

面对制约全球发展与人类生存的重大问题,是封闭、对抗、零和游戏,还是开放、合作、互利共赢?我们应该建设一个什么样的海洋世界?这些问题摆在各国人民面前,拷问着人类的良知与灵魂。

习近平总书记把握历史趋势和时代潮流,着眼人类在海洋上的共同长远利益,为人类未来擘画美好蓝图,向国际社会提出构建海洋命运共同体的倡议,提出了凝聚广泛共识、增进战略互信、合力应对挑战、维护海洋法治,建设共商共建共享、和平安宁繁荣海洋秩序的新主张。

海洋命运共同体的理念并不是一朝形成的,而是基于世界百年未有之大变局下中国的战略选择。海洋命运共同体的提出是建立在中国对世界大势的清晰判断和人类未来走向的准确把握基础之上。同时,海洋命运共同体的提出也有力地回答了国际上对中国向海图强、和平崛起的猜疑与不安,是对西方"修昔底德陷阱"质疑的正面回应,彰显大国风范,体现大国担当。

2.1 人类命运共同体的新扩展

海洋命运共同体与人类命运共同体一脉相承,是人类命运共同体思想在海洋领域的扩展和深化,是全球海洋治理的新理念、新思路、新举措。人类有着共同的海洋,面临共同的问题、共同的风险、共同的未来和共同的命运。构建海洋命运共同体,是对人类命运共同体理念的丰富、发展与创新。

海洋命运共同体的提出既是对现实海洋问题的回应,也是对于人类海洋文明发展历程,特别是近代以来对海洋掠夺式开发、殖民、争霸的深刻反思和历史超越。海洋命运共同体理念顺应了经济全球化潮流,遵循和平与发展的时代主题,克服西方海权论的强权与欺凌行为,遵循平等协商、同舟共济、权责共担、利益共享基本原则,坚持"义利相兼、以义为先"的义利观,坚持开发海洋与治理海洋并重,让海洋成为和平安宁、合作共赢、利益共享之地。

海洋命运共同体也是一个责任共同体,构建海洋命运共同体是国际社会的共同责任,也是中国负责任大国的应有之举。随着中国经济实力和综合国力的显著增强,其在国际社会中的动员能力和影响能力大幅提升,能够更加有效地支持、推动乃至引领海洋新秩序的构建。

2.2 全球海洋治理的新主张

西方海权对海洋安全的维护寄托在个别海洋强国身上,依靠强大海军控制海洋、震慑对手、实现安全。马汉强调,海军的作用就是主动进攻、大洋决战、控制海洋。当前,全球海洋治理是第二次世界大战后逐步形成的、以《联合国海洋法公约》为基础的法律架构,它对全球海洋治理发挥了重要作用。尽管如此,全球海洋问题依然矛盾重重。岛礁主权争夺不断,海洋划界悬而未决,海洋资源随意侵占,海盗抢掠依然猖獗。特别是作为全球海洋治理体系主角的美国长期游离于《联合国海洋法公约》之外,只享受海洋权利,而规避海洋义务。美国凭借强大海上力量,打着航行自由幌子不断干涉别国内政,侵犯别国主权,美国在全球海洋治理的作用日益显现破坏性,使全球海洋治理体系出现了危机。

构建海洋命运共同体是推动建设新型国际关系的有力抓手。当今世界,尽管"冷战"早已结束,"冷战"思维并没有退出历史舞台,仍然存在海洋治理动机的功利化和机制的虚无化。只有走出"冷战"思维窠臼,顺应时代发展潮流,树立海洋命运共同体理念,坚持合作发展、合作共赢、合作共享的价值理念,平等协商、完善危机管控机制,积极促进海上互联互通和各领域务实合作,合力维护海洋和平安宁,才能促进海洋发展繁荣,为建设新型国际关系注入强劲动力。

2.3 "一带一路"倡议的新升华

习近平总书记指出[1]:"当前,以海洋为载体和纽带的市场、技术、信息、文化等合作日益紧密,中国提出共建 21 世纪海上丝绸之路倡议,就是希望促进海上互联互通和各领域务实合作,推动蓝色经济发展,推动海洋文化交融,共同增进海洋福祉。""21 世纪海上丝绸之路"倡议摒弃凭借海上实力谋求对海洋的控制,获取更大海洋利益的传统观点,通过互联互通来畅通海洋贸易、发展海洋经济、参与海洋事业、加强文化交流。海洋命运共同体的理念与此完全契合,构建海洋命运共同体既是中国经济转型发展、优化对外开放格局的现实需求,也是推动"21 世纪海上丝绸之路"倡议的战略部署,是扩大中华民族文化软实力及国际影响力的重要举措。通过加强各国间的互联互通,进一步改进和完善全球供应链、价值链、产业链,让那些处在不利地理位置上的发展中国家,更好地参与到全球产业分工当中,更多地从全球价值链中获益。

3 海洋命运共同体建设的新途径

3.1 共护海洋安全

习近平总书记指出:"树立共同、综合、合作、可持续的新安全观。"海洋的连通性决定了海洋安全的跨域性、关联性和外溢性,追求单独一个国家的海洋安全是不现实的,海洋安全需要各国共同维护。

要树立正确的安全观。海洋应是各方合作的新疆域,而不是相互博弈的竞技场。"共同"是前提,必须认识到人类面临共同的海洋安全问题;"综合"是边界,必须兼顾到海洋安全点多面广的实际特点;"合作"是基础,必须意识到合作共赢才是解决海洋安全问题的唯一出路;"可持续"是目标,必须考虑维护海洋长治久安。新安全观和马汉海权论形成鲜明对比,高低立判。

要坚持公平公正原则。彻底摒弃海权思维、"冷战"思维、对抗思维,主张大小国家一律平等、责任共担、利益共享、合作共赢。海洋治理制度设计最基本的是尊重国家主权,国家无论大小、强弱,捍卫主权是国家的核心利益和生存底线,也是国际关系的基本准则。只有建立在公平公正基础上的新型海洋国际关系,才能共护海洋和平安宁、共筑海洋新型秩序。

要确立和平协商机制。《联合国海洋法公约》规范了主权国家领海范围、专属经济区、大陆架划界等海洋法律事项,形成了新的国际海洋秩序,其积极意义不容抹杀。但该公约公布之后,各国都在找对自己有利的法条,扩大本国的领海、毗连区、专属经济区,加上复杂的历史性成因,该公约的效用受到制约,全球范围内不断引发新的海洋争端,甚至武装冲突和战争。海洋命运共同体不回避国家间海洋利益的差异和矛盾,正视《联合国海洋法公约》等现有海洋法律对治理海洋秩序的不足,倡导外交优先、和平协商。中国在与东盟个别国家南海争端中,始终坚持"主权归我、搁置争议、共同开发"的原则,始终坚持管控分歧、和平谈判的方针,始终坚持在《南海各方行为准则》框架下解决南海问题。

要开展海上安全合作。要完善危机管控机制,充分发挥联合国在维护世界和平中的主导、协调和监督作用,反对抛开联合国自主裁决世界安全事务的行为。要加强在非传统海洋安全领域的国际合作,共同打击海上恐怖主义、大规模杀伤性武器扩散、海盗、走私等跨国犯罪,共同维护海上战略通道顺畅,携手应对各类海上共同威胁和挑战。要加强各国海军交流,通过舰艇相互访问、共同参与联合海上军演、参加海军论坛等活动,增加相互信任,完善舰艇、飞机海上危机处置行为准则,管控风险。

3.2 共建海洋经济

海洋是人类社会经济可持续发展的重要支撑,随着陆地资源的减少,发展海洋经济已经成为人类应对资源环境和永续发展的重要选择。

要坚持利益共享。《联合国海洋法公约》规定了沿海国家的有限海洋权益,除此之外的公海海洋权益属于世界人类共有,任何国家不能以任何理由占为己有。海洋命运共同体反对狭隘的个体利益观,反对排他的海洋发展观,坚持"共商、共建、共享"原则,倡导构建共同繁荣的海洋。

要坚持合作开发。经济全球化深入推进的今天,全球海洋经济产业链之庞大、分工合作之复杂前所未有,任何国家圈占海洋空间单一发展的可能性不复存在。海洋资源合作开发、互利共赢成为必然。

3.3 共保海洋生态

习近平总书记指出:"我们要像对待生命一样关爱海洋。"这一思想标志着中国对海洋认识达到了全新的高度,将海洋生物的生命、命运和整个地球、人类的命运紧紧联系在一起。

要坚持绿色发展理念。海洋资源开发与海洋生态保护是矛盾的统一体,要树立生态保护优先意识,避免海洋矿物无序滥采、海洋渔业过度捕捞。保护海洋生态离不开世界各国合作,要不断完善《联合国海洋法公约》《公海捕鱼公约》《生物多样性公约》等国际海洋治理法律,稳妥推进《国际深海采矿法》立法,建立权威的海洋生态保护监督机制,共同保护好海洋生态环境。

要齐力贡献智慧和力量。通过多种途径齐聚国内外专家学者、工程人员、管理人员为应对国家倡议面临的瓶颈贡献智慧和力量。如海军大连舰艇学院"海上丝路"资源与环境研究团队以国家倡议对能源供应、环境安全保障的迫切需求为牵引,创建了通用的"海上丝路"新能源评估与大数据建设技术体系,突破了新能源宏观优化布局、微观精准选址、能源应用大数据建设等国际性瓶颈,为应对能源危机、保护生态环境提供了新的技术途径,得到多位院士在内的国际同行高度认可和大量应用,评价为"在该领域形成了独特的国际主导优势"。团队在国内外率先推出了以"海上丝路"资源与环境为主题的专题研究 3 期(经略 21 世纪海上丝绸之路、海上丝路新能源评估、中国南海岛礁建设)、英文专著 1 套(Springer 发行)、专刊 5 期(含 3 期 SCI)、专题讲座 18 场,带动了大量国际同行为国家倡议贡献智慧和力量,展现了在国家倡议中的先锋示范作用。

要实现人海和谐。海洋命运共同体把人海和谐作为全球海洋治理的目标指向,把人类与海洋视为不可分割的一个整体,在从海洋汲取财富的同时,也要像保护眼睛一样保护海洋,像爱护生命一样爱护海洋,实现人海和谐共生共存。

3.4 共促海洋文化

海洋文化是人类文化的重要组成部分,是人类认识、开发、利用海洋,调整人和海洋关系,在开发利用海洋的社会实践中形成的精神成果。

要传承海洋精神。人类在探索、征服海洋的过程中创造了蓝色的海洋文明,它包含海纳百川、有容乃大的包容精神,探索未知、勇往直前的创新精神,同舟共济、共克时艰的团结精神。无论哪国的海军,无论哪国的渔民,都有上述这种独特的海洋文化气质,它是构建海洋命运共同体的情感基础。

要树立正确的义利观。海洋命运共同体以海洋的和平与发展作为核心价值,聚焦海洋对人类共同的前途与命运的关键因素,通过稳妥处理不同国家主体间利益关系来引领全球海洋治理,协调全球海洋治理主体的个体利益与共体的集体利益的关系,将集体利益置于个体利益之上,全球治理主体的个体利益只有在海洋命运共同体中才能真正实现。

要摒弃丛林法则。海洋命运共同体以包容性和共赢性的全人类共同价值为取向,直面海洋争端与矛盾,摒弃赢家通吃、零和博弈的旧模式,开创合作共赢的新局面。实现政治上平等、军事上安全、经济上繁荣、生态上环保、文化上繁荣,倡导人类在海洋上真正形成利益共同体、责任共同体和命运共同体。

参考文献

[1] 习近平集体会见出席海军成立 70 周年多国海军活动外方代表团团长[N]. 解放军报,2019-04-24(01).

海洋命运共同体视域下,海军开展国际军事教育合作优势探析和启示

丁振国[1①]　黄培荣[1]　王　超[2]

(1. 海军指挥学院,江苏南京,210016;

2. 海军 92538 部队保障部,辽宁大连,116041)

摘要: 在海洋命运共同体视域下,为研究海军在开展国际军事教育合作中具有的独特优势启示人民海军如何在开展国际军事教育合作中发挥重要作用,按照"探析优势——比较中外海军在合作中优长——启示人民海军如何在合作中发挥重要作用"的思路方法,得出海军在合作中共进海上军事能力、共建海上战略安全互信、共商海上重大利益关切、共研海上挑战应对方法等方面具有优势,启示人民海军要利用优势、博采外军优长、坚持中国特色发展,为在后续国际军事教育合作中发挥重要作用提供参考和借鉴。

关键词: 海洋命运共同体;海军;国际军事教育合作;优势

引言

习近平总书记在中国共产党第二十次全国代表大会上的报告中明确指出:"中国始终坚持维护世界和平、促进共同发展的外交政策宗旨,致力于推动构建人类命运共同体。"而海军作为国际性、外向型战略军种在构建海洋命运共同体视域下,开展国际军事教育合作,对维护世界和平、促进各国人民相知相亲、共同应对各种全球性挑战,具有其他军事力量难以发挥的独特作用,在推动海洋命运共同体建设上担负着独特使命,在国际军事教育合作中具有不可替代的独特优势。

1　海军在国际军事教育合作中的独特优势

军事教育是对受教育者实施军事理论知识和军事技能的教育。军事教育实质,是以培养军事人才为核心,旨在增进人的军事知识、培养人的军事能力的活动。国际军事教育合作,是我党我国我军外交工作中不可或缺的组成部分,不断推进我国改革开放和我军建设发展。随着国家利益海洋方向深化拓展,海洋间的交流与合作广泛深入,海军作为构建海洋命运共同体的重要力量,在国际军事教育合作中发挥着重要作用。海军开展国际军事教育合作具有以下几方面的重要作用。

---

①　作者简介:丁振国,出生于 1979 年 10 月,男,辽宁东港人,研究方向为海上战役指挥。

1.1 能够共进海上军事能力

开展国际军事教育合作，促进中外海军相互学习，借鉴他国先进军事理论、技术和经验，快速提升我国海军力量建设能力与运用水平。海上方向国际军事教育合作可提供先进科学技术以互用。一方面，有现成的技术思想理念可以学习。海军强国有先进的科学技术、先进的军事思想和作战理念可供我们学习，作为后来者，我们不需要再花费巨资来从事研究与开发，可以把节约下来的大量资源用于其他活动，促进海军更快、更好地发展。另一方面，有现成经验可供借鉴。各国海上力量有着现成的发展经验值得学习和借鉴，如在战略战术理论、后勤装备保障、教员队伍建设、学员的教育方法，以及一些具体的联合推演、反水雷、援潜救生、航海保障、海上搜救、学员驻训、随舰航行、帆船比赛、传统海员竞赛、空中搜索与救援、特种空降、联合救援救灾、联合研发武器装备等方面均有可借鉴之处。这些知识和经验对后来者来说，重要性不亚于对科学技术的引进和利用。

1.2 能够共建海上战略安全互信

开展国际军事教育合作，能够共建海上战略安全互信，深化国际海上安全合作，维护世界和平。一方面，高层互访持续开展，我国海军与各国海军互通信息，协调运作，不断丰富合作内容，开阔视野，参与地区和国际安全事务，在国际政治和安全领域发挥积极作用，巩固了战略互信，拓展了战略合作。另一方面，通过"走出去""迎进来"等形式，不断创新合作交流形式，从双边向多边拓展，演习科目从单一向综合转变，演习海域从近海向远海延伸，增强了与各国海军的协同行动能力，减少了海上军事摩擦，提升了海上战略安全互信。我国海军积极配合落实"一带一路"倡议，不断扩大与"海上丝绸之路"沿线国家的交往，部队联演、舰船走访已成为常态，"走出去"加强战略安全互信交流，凝聚各方共识，规划合作愿景，加强同各国的沟通、协商、合作，推动"海上丝绸之路"建设行稳致远，更好造福各国人民。海军院校全部开放，邀请各国海军学员来交流学习，"迎进来"丰富了军事教育合作交流内容，有力配合了国家总体外交，增进各国互信交流，为国家营造了有利的国际和周边环境。

1.3 能够共商海上重大利益关切

开展国际军事教育合作，针对相互利益焦点互换意见，共商现实对策。通过人才培养、学术交流、举办论坛、互派留学生等形式增进相互了解，在多种角度认识和理解不同立场和观点，共商海上重大利益关切现实对策，在政治、外交大局下最大限度取得双方利益关切。2014年我国海军成功举办西太平洋海军论坛第14届年会，围绕"合作、信任、共赢"的主题，与会各国畅所欲言，各抒己见，交流分享了有益经验，专门讨论了实施海上联合搜救的行动方法模式，为未来开展此类行动提供了重要参考。我国更是彰显大国担当，主导通过了与各国海上利益息息相关的《海上意外相遇规则》，有效提升了中国海军在国际海洋安全事务中的影响力。

1.4 能够共研海上挑战应对方法

开展国际军事教育合作，共研海上挑战应对方法，不断推进海上合作领域由传统领域向非传统安全领域发展,特别是面对联合反恐、打击海盗、人道主义救援等方面的挑战,共同谋划,共护和平,提升海上挑战应对成果,塑造有利的海洋态势,达成有效维护各国利益、维护地区和世界和平的目的。2019年,根据习近平总书记"构建海洋命运共同体"的倡议,海军提出各国海军应构建新型海上安全合作伙伴关系、加强海上行动领域的协调配合、深化海上公共安全合作、倡导善意执行规则,共护海洋和平、共谋海洋安全、共促海洋繁荣、共兴海洋文化,为海军参与海洋命运共同体构建、共建"大同"海洋贡献了中国智慧。

2 中外海军在国际军事教育合作中的特色

在军事教育合作交流中,各国充分利用海军优势,坚持互利互惠的原则,发挥各自优势特点,互帮互助,相互交流,共同推动世界海洋的和平稳定发展。外国海军表现了合作领域上的广泛、广阔,合作目标上的注重实效、实战等特色;我国海军则体现出合作目的上的合作、共赢,合作基础上的平等、包容等特色。

2.1 外军在国际军事教育合作中的特色

一是具有广泛、广阔的特色。以美国、意大利、法国为代表的国家高度重视国际军事教育合作,不断完善政策制度、强化配套条件建设、健全教育质量考核机制,合作内容广泛、范围广阔。我国在军事教育体制、模式、政策制度以及教员队伍建设上,广泛与这些国家进行多样化军事教育合作,在执行国际维和任务和国际化培训交流中,既了解掌握了各国军事人才教育的差别和需求,也为本国培养国际化军事人才提供了国际视野和平台。

二是具有实效、实战的特色。外国海军着眼实效化、实战化的目标在教学、训练、科研等三方面进行广泛的国际交流合作。模拟海洋复杂环境,实施实战化交流、实战化教学,在合作中让参训的海军完成实装、实弹和实地的战役战术演练,真刀真枪学习实战本领。美国的西点军校、法国圣西尔军事专科学校、英国三军联合指挥学院等经常让学员走出课堂,参与军事演习或多样化军事行动,甚至直接参与跨国的联合行动,让学员在实战环境中体会训练的要领,检验教育训练效果。

2.2 我国海军在国际军事教育合作中的特色

一是具有合作、共赢的特色。我国海军在国际军事教育合作的目的是合作、共赢。我国海军不断加强与相关国家的海上军事教育交往,在借鉴国际先进理念与经验加强自身力量建设发展的同时,通过教育互通、军舰访问、联合演习、交流培养海军人员等方式增进相互了解,促进相互信任,为确保世界海洋的和平稳定贡献了力量。

二是具有平等、包容的特色。我国海军在国际军事教育合作的基石是平等、包容,作为联合国安全理事会常任理事国和世界上最大的发展中国家,中国一直致力于推动世界和平发展以及全人类共同进步,在诸多方面主动作为、勇于担当,树立了良好的国际形象。在军事教育合作中要尊重和保障每一个国家的海洋安全,不能因为国家的大小、贫富、社会制度、历史文化传统不一样而有所区别,各国都有平等参与地区海洋安全事务的权利和维护地区海洋安全的责任。

3 我国海军在国际军事教育合作中的启示

我国海军在国际军事教育合作中,在不同时机,都参与和促进着我军对"走出去"的认识和理解,都实现着海洋命运共同体理念下的合作共赢。特别是2008年我军开启亚丁湾索马里护航以来,在党中央和中央军委的坚强领导下,我国海军在国际军事教育合作中取得了举世瞩目的成就。在习近平总书记新时代强军思想的指引下,我国海军要发挥战略性、综合性、国际性军种作用,利用海军在国际军事合作中在共进海上军事能力、共建海上战略安全互信、共商海上重大利益关切、共研海上挑战应对方法等方面的优势,借鉴外军在合作中的优长,并坚持中国特色,不断创新发展海军对外交流与合作,形成了全方位、宽领域、多层次的对外交往格局,为提升大国战略影响力、学习借鉴先进经验发挥重要作用。

3.1 始终坚持党对军队的绝对领导,不断提高我国海军战斗力

一要始终坚持党对军队的绝对领导,这是战胜一切的法宝。习近平总书记强调,坚持党对军队绝对领导是我军加强党的领导和党的建设工作的首要任务。我国海军在国际军事教育合作中取得的巨大成就,都是在中国共产党的绝对领导下,代表国家执行了国家对外政策,体现了国家意志。实践证明,只有坚持党的绝对领导才能战胜一切,才能使我国海军在应对各种风险和考验时,始终保持坚定的政治定力,排除各种干扰、消除各种困难,做到政治上清醒彻底、立场上坚定自觉、精神上无畏忠贞、行动上自信笃定。在国际军事教育合作中,在党的领导下,我国海军根据国家利益需求的变化而发展军事教育理论,根据使命任务的拓展而丰富军事教育理论,并理论联系实际、理论指导实战,以此促进,不断提高我国海军战斗力,为国家发展和民族复兴营造良好的海上战略环境。

二要不断提高我国海军战斗力,同时提高"软硬"实力。在党的领导下,海军战斗力建设必须面向世界,以国际军事教育合作为桥梁,积极借鉴各国海军现代化建设的有益经验,坚持把提高战斗力标准贯穿到合作的始终,在竞争中合作,在交流中发展,本着包容互鉴、互利共赢的思路,不断创新合作的方式方法,推进海军战斗力建设迈上新台阶。近年来,我国海军陆续参加北京香山论坛、印度洋海军论坛等多次海洋学术交流,圆满承办了"国际军事比赛"海上登陆项目。在合作过程中,我国海军逐步提高作战思想和理念、战法战术等"软"实力的同时,以软促硬,促进了我国海军的"硬"实力的高效发展,如新型舰艇、飞机、舰载武器等硬实力的研发、研制以及应用"软"实力指导快速形成战斗力,将"软"实力真正落到实处。

3.2 始终坚持新时代中国特色外交思想,不断推动我国海军转型建设

一要始终坚持新时代中国特色外交思想——构建人类命运共同体。我国海军在国际军事教育合作中,始终坚持新时代中国特色外交思想,推动构建人类命运共同体,向当今正发生百年未有之大变局的世界,注入中国的正能量。人类命运共同体,就是要建设持久和平、普遍安全、共同繁荣、开放包容、清洁美丽的世界,它超越了国别、党派和制度差异,反映了大多数国家的普遍期待,符合国际社会的共同利益。我国海军在合作中不断创新合作形式,本着相互尊重、公平正义、合作共赢的原则,坚持服务民族复兴、促进人类共同进步的宗

旨,不断推进海军转型建设的同时,注入强有力的中国正能量,在坚决维护国家主权、安全、发展利益和合法权益的同时,又致力于维护全球海洋的和平、安宁与良好秩序,推动构建人类命运共同体向前发展。

二要不断推进海军转型建设——为推动构建人类命运共同体提供坚强力量保证。全面建成世界一流海军,是中国领导人站在时代发展和战略全局高度做出的重大决策,描绘了海军建设发展的宏伟蓝图。人民海军在国际军事教育合作中,以新时代中国特色外交思想为指导,以转型建设为抓手,全面落实战斗力标准,为全面建成世界一流海军提供教育力量;并以开放的胸襟和姿态面向世界,以推动构建人类命运共同体为己任,敏锐把握世界军事革命新变化,充分学习借鉴世界主要国家海军的军事转型经验,研究制定出先进的作战理论用以指导我国海军遂行远航训练、联合军演、远洋护航、远海搜救等重大任务,大力锻造海上精兵劲旅,把转型建设水平放在世界海军发展的天平上来衡量,促进我国海军实现比肩竞争和创新超越,形成实实在在的练兵打仗新成果,为推动构建人类命运共同体提供坚强力量保证。

3.3 始终坚持遵守和发展国际法规,不断提升我国海军的国际话语权

一要始终坚持遵守和发展国际法规——构建公正合理秩序。我国海军在国际军事教育合作的历程,是对海洋国际法和国际规则不断加深认识、认真遵守和创新发展的历程,以此推动我国海军逐步走向世界、走向国际化。在这一历史进程中,我国海军不仅遵守国际法、履行相应的国际义务,而且发展了国际法规,为制定和完善国际法规贡献中国方案和中国智慧,努力构建更加公正合理的国际海洋秩序。特别是针对现有的国际海洋法规存在的不足之处,我国海军通过举办论坛、学术交流等形式积极参与国际海洋事务决策,发出了更符合时代特色和历史潮流的中国声音,习近平总书记更是提出了海洋命运共同体重要理念,提出和倡导了蓝色经济通道、蓝碳计划、蓝色伙伴关系等,不仅有助于实现中国和世界、沿线各国的发展,也有利于国际海洋秩序的创新发展,中国在海洋领域的国际影响力正在得到国际社会的普遍认可。

二要不断提升我国海军的国际话语权——彰显大国担当。随着我国海军的不断发展壮大,在国际军事教育中,充分利用推动国际海洋法规制度完善和发展的有利时机,发出中国声音,不断提升国际话语权,彰显大国担当。话语权是广义信息权,是国家力量、利益、形象的延伸和体现,谁掌握了国际话语权,谁就占据了在这个领域斗争的主动权。一方面,我国海军通过军事教育合作向世界传播中国海军最强声音、讲好中国军队故事、展示中国态度,使我国的立场主张政策更具说服力、亲和力,让世界理解中国、了解中国,打破西方的话语垄断,回击了"中国走向不确定论""中国威胁论"的炒作和污蔑,有效地提升中国理念的国际传播力、信服力、影响力,增强了我国海军在国际海洋事务中的话语权。另一方面,充分利用国际军事教育合作机会,我国海军不断走近世界舞台的中央,与各国共同讨论建立应对海上安全威胁挑战的方法规则,积极参与全球海洋治理,并以维护海上安全为义务的积极姿态引导和推动各国海军深化海上安全合作,彰显了大国风范,为在海洋空间构建人类命运共同体贡献力量。

参考文献

[1] 中国共产党第二十次全国代表大会上在京开幕[N].解放军报,2022-10-17(01).

[2] 杨志荣.海军在构建人类命运共同体中的独特优势和使命任务[J].战略研究,2018(6):100-107.

[3] 吕云峰.军事教育与军事训练关系论辩[J].高等教育研究学报,2019,42(4):41-44.

[4] 张启良.海军外交论[M].北京:军事科学出版社,2013.

[5] 王才懿.外军院校教育训练实战化做法、特点及其对我军的启示[J].海军院校教育,2018(10):86-88.

[6] 胡昌明.努力提升中国军队国际话语权[N].学习时报,2018-01-31(006).

社会主义生态文明理论与实践视域下辽河口国家公园设立

魏新河

(辽宁理工职业大学旅游学院,辽宁锦州,121000)

摘要:辽河口为典型的海岸河口湾湿地生态系统,是我国沿海最大的河口湿地,也是全球最完整的滨海湿地生态系统之一,保存有全球罕见、世界面积最大的"红海滩"景观和滨海芦苇湿地。为深入贯彻落实习近平总书记调研东北三省并主持召开深入推进东北振兴座谈会上的重要讲话精神,贯彻党中央、国务院对国家公园工作的总体部署,落实国家公园、生态补偿等社会主义生态文明改革举措,全面提升辽河生态保护和治理成效,加强生态系统完整性、原真性保护,构建陆海统筹保护格局,维护国家生态安全,辽宁省提出了整合流域内自然保护地建设辽河口国家公园的重要举措,并将协同推进辽河口国家公园创建工作写入辽宁省"十四五"规划纲要。辽河口国家公园在国际鸟类、海洋哺乳类动物和河口湿地保护体系中具有多重重要价值,国家公园对加强生态系统完整性、原真性保护,对保护生物多样性、维护区域生态安全和推进生态文明建设具有重要意义。

关键词:辽河口国家公园;生物多样性;生态文明;生态修复

引言

什么是国家公园?清华大学国家公园研究院院长杨锐教授用诗一样的语言这样描绘中国的国家公园:

"在这里,天苍苍、野茫茫。天似穹庐,笼盖四野。"

"在这里,河流自然流淌,森林生机盎然,山岳巍峨峻秀。灵兽奔腾于莽原,飞鸟翱翔于天际,群鱼嬉戏于海洋。白昼气象万千,夜晚星光璀璨。在这里,最原真、完整的自然向你走来,天人合一的千年智慧向你展开。"

"你终会发现:原来山川是你,林原是你,万物是你。"

"这里,就是我们的国家公园。"

生态文明建设事关中华民族的永续发展。党的十八大以来,把生态文明建设作为民族长远发展的大计,以习近平同志为核心的党中央以前所未有的力度抓生态文明建设,我国生态环境保护发生历史性、转折性、全局性变化,人民群众美丽中国的获得感、幸福感、安全感不断提升。特别是新时代,党和国家把生态文明建设作为基础性、战略性工作来抓,是我国生态文明建设和环境保护取得实质性进展的重要时期,体现出时代的鲜明特点。

实行国家公园体制,目的是保持自然生态系统的原真性和完整性,保护生物多样性,保护生态安全屏障,给子孙后代留下珍贵的自然资产。这是中国推进自然生态保护、建设美丽中国、促进人与自然和谐共生的一项重要举措。国家公园各有特色,不仅为解决各自面临的难题做出了有效探索,也促进了生态环境的保护和恢复,提高了生物多样性,推动了自然生态保护传统模式的转变。国家公园是有生命的国家宝藏,饱含着我们对美丽中国、美好生活的向往。辽河口国家公园是我国国家公园的典型代表之一。

1 辽河口国家公园设立的时间表与路线图

建立国家公园体制是我国社会主义生态文明制度建设的重要内容。2021 年 10 月 12 日,习近平总书记在出席《生物多样性公约》第十五次缔约方大会领导人峰会并发表主旨讲话时宣布:中国正加快构建以国家公园为主体的自然保护地体系,正式设立三江源、大熊猫、东北虎豹、海南热带雨林、武夷山等第一批国家公园,保护面积达 23 万平方千米,涵盖近 30%的陆域国家重点保护野生动植物种类。

根据国家公园管理局等部门优化辽河国家公园范围相关意见,辽宁省着手对辽河国家公园范围进行调整,从原辽河国家公园范围中调出东西辽河与辽河干流交汇处至盘锦的辽河干流部分,对海域面积进行适当调减,对功能分区进行优化,并更名为“辽河口国家公园”。调整优化后的辽河口国家公园总面积 17.06 万公顷(1 公顷 = 0.01 平方千米),范围涉及盘锦、锦州 2 市 4 个县(市、区)的 10 个镇(街道、苇场)29 个行政村(社区、分场),其中盘锦市范围 13.89 万公顷、锦州市范围 0.38 万公顷、国管海域范围 2.79 万公顷。首先我们回顾一下辽河口国家公园设立的渊源与历程。

(1)2015 年 1 月,我国向世界宣布正式启动国家公园体制试点建设。

(2)2017 年 9 月,中共中央办公厅、国务院办公厅印发《建立国家公园体制总体方案》(中办发〔2017〕55 号),遴选了三江源、武夷山、东北虎豹等 10 个区域开展试点工作。

(3)2019 年 6 月,中共中央办公厅、国务院办公厅印发《关于建立以国家公园为主体的自然保护地体系的指导意见》(中办发〔2019〕42 号),明确国家公园在自然保护地体系的主导地位。

(4)2020 年 7 月 20 日,辽宁省自然资源厅厅长刘兴伟、省水利厅厅长王殿武、省林业和草原局(林草局)局长就辽宁省创建辽河国家公园事宜进行首次会商,并将研究结果报省委省政府。

(5)2020 年 7 月 30 日,为深入贯彻落实习近平总书记调研东北三省并主持召开深入推进东北振兴座谈会上的重要讲话精神,贯彻党中央、国务院对国家公园工作的总体部署,落实国家公园、生态补偿等生态文明改革举措,全面提升辽河生态保护和治理成效,加强生态系统完整性、原真性保护,构建陆海统筹保护格局,维护国家生态安全,辽宁省提出整合流域自然保护地建设辽河国家公园的重要举措,并将协同推进辽河国家公园创建工作写入辽宁省“十四五”规划纲要。

(6)2020 年 8 月 11 日,辽宁省辽河流域综合治理工作领导小组第二次全体(扩大)会议召开。辽宁省省长、省辽河流域综合治理工作领导小组组长刘宁在会议上提出了“协同创建辽河国家公园”的总体方针。

(7)2020 年 9 月 1 日,国家林草局规划院负责人、辽河国家公园科学调查组组长廖成章率队到辽河领域考察调研,对辽河国家公园的建设提出了意见建议。

(8)2020 年 10 月 11 日,国家林草局(国家公园管理局)派出专家组(马克平、严旬、黄桂林、宗路平)一行赴辽宁进行调研,考察辽河国家公园创建工作情况。

(9)2021 年 3 月 15 日,面向全球的辽河国家公园徽标、宣传语有奖征集活动开始,奖金高达 20 000 元。

(10)2021 年 5 月 12 日,辽宁省人民政府下发了《关于印发辽宁省创建辽河国家公园实施方案的通知》(辽政办发〔2021〕11 号)(图 1),就辽河公园创建工作进行部署,制定了创建路线图,确定了相关工作时间表,并对工作任务进行了分解。

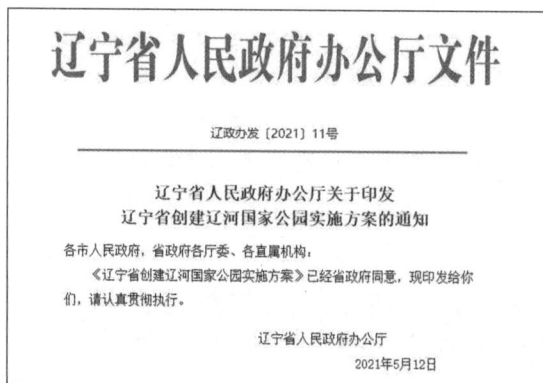

辽宁省人民政府办公厅文件

辽政办发〔2021〕11号

辽宁省人民政府办公厅关于印发
辽宁省创建辽河国家公园实施方案的通知

各市人民政府,省政府各厅委、各直属机构:
《辽宁省创建辽河国家公园实施方案》已经省政府同意,现印发给你们,请认真贯彻执行。

辽宁省人民政府办公厅
2021年5月12日

图 1 《关于印发辽宁省创建辽河国家公园实施方案的通知》

(11)2021 年 7 月 17 日,对《辽河国家公园总体规划》《辽河国家公园科学考察及符合性认定报告》《辽河国家公园设立方案》《设立辽河国家公园社会影响评估报告》4 项国家公园设立技术报告进行评审。中国工程院、中国科学院(中科院)生态环境研究中心、中科院植物研究所、中国环境科学研究院、国家海洋环境监测中心、中国国土勘测规划院、沈阳农业大学、中国林业科学研究院和中国野生动物保护协会等单位专家,对 4 项报告进行审查并一致通过。

(12)2021 年 7 月 24 日,辽宁省辽河国家公园创建工作领导小组和阿拉善 SEE 生态协会签署了辽河国家公园创建和保护战略合作协议,协同推进辽河国家公园创建与保护。

(13)2021 年 8 月,辽宁省人民政府报送给国家公园局《辽宁省人民政府关于报送辽河国家公园创建方案的函》(辽政函字〔2021〕80 号)。

(14)2021 年 9 月 23 日,中国工程院院长李晓红率院士专家调研组来到辽宁,就辽河国家公园创建、辽河治理与生态环境保护等工作进行专题调研。

(15)2021 年 10 月 19 日,国家公园管理局下发了《关于同意开展辽河国家公园创建工作的复函》(公园函字〔2021〕2 号)(图 2),设立工作进入实质性阶段。

(16)2021 年 12 月 23 日,辽宁省政府办公厅印发《关于加强自然保护地建设的实施意见》,提出到 2025 年,完成辽河国家公园创建,初步建成具有辽宁特色的自然保护地体系。

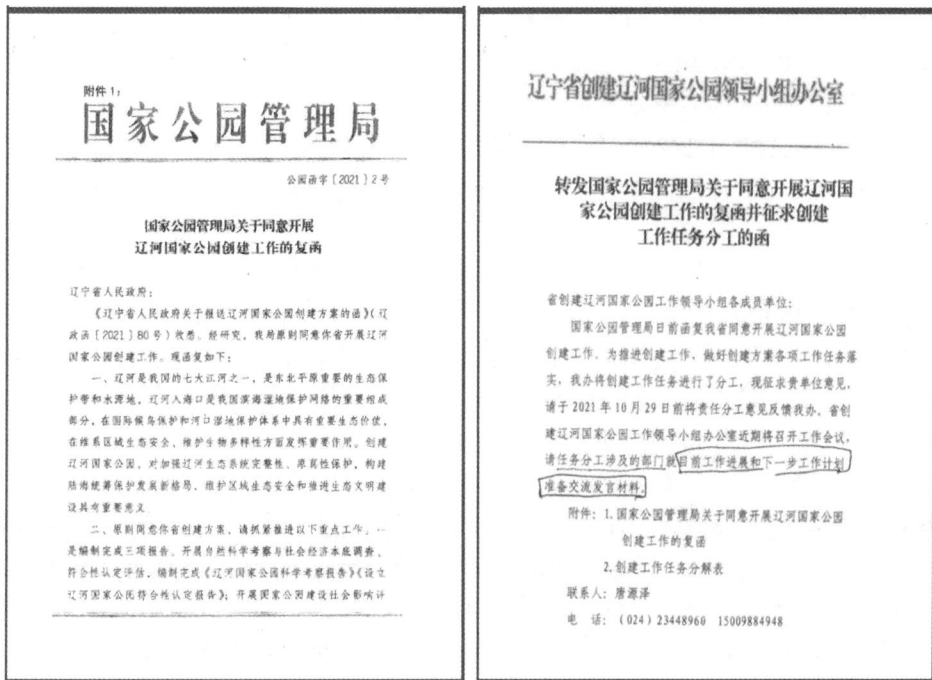

图 2 《国家公园管理局关于同意开展辽河国家公园创建工作的复函》

(17)2022 年 5 月 5 日,辽宁省辽河口国家公园创建完成国家公园管理局的评估审验工作,并提交《辽河口国家公园设立报告》及相关支撑材料,原则上符合国家公园设立标准,将正式启动设立程序,这标志着辽河口国家公园(正式名称)创建取得重大进展。

2 辽河口国家公园独特的资源禀赋

辽河口湿地由辽河、大凌河、小凌河等诸多河流冲积而成,湿地植被类型多样、动植物资源丰富。辽河口为典型的海岸河口湾湿地生态系统,是我国沿海最大的河口湿地,也是全球比较完整的滨海湿地生态系统之一,保存有全球罕见、世界面积最大的"红海滩"景观和滨海芦苇湿地。辽河口国家公园属于东北松嫩平原草原湿地生态地理区的湿地生态系统类型,位于东亚—太平洋候鸟迁飞路线的关键区域,保存有我国暖温带典型完整的滨海湿地生态系统和自然演替景观格局,是全球温带河口湿地植被类型最完整的生态地块,被列入《国家公园设立规范》全国主要伞护种/旗舰种名录的物种有西太平洋斑海豹(简称斑海豹)、中华秋沙鸭、丹顶鹤、白鹤、大鸨 5 种。

辽河口国家公园不仅是国家一级保护鸟类黑嘴鸥在世界上种群数量最大的栖息地和繁殖地,也是国家一级保护鸟类野生丹顶鹤自然繁殖地的最南限和越冬地的最北限;园内盘山县三道沟海域则是全球斑海豹 8 个繁殖区在我国唯一的产仔地。辽河口国家公园拥有世界上面积最大的"红海滩"景观。

世界面积最大的红海滩坐落于辽宁省辽河口保护区境内,总面积在 25 万 ~ 50 万亩①。这里以举世罕见、闻名遐迩的红海滩为特色,以全球保存得最好、规模最大的湿地资源为

---

① 1 亩 = (10 000/15) m^2。

依托,以世界最大的芦苇荡为背景,再加上碧波浩渺的苇海,数以万计的水鸟和一望无际的浅海滩涂,成为一处自然环境与人文景观完美结合的纯绿色生态旅游系统,被喻为地球上唯一一处拥有红色春天的自然景观。

"红海滩"主要在辽宁盘锦与锦州交界处,沿着辽河和大、小凌河一路逶迤奔腾,汇入渤海。在涨潮落潮交汇的滩涂湿地上,生长着旺盛而茂密的翅碱蓬,从春末至金秋,都是一望无垠的红色草原,是一个以保护丹顶鹤、黑嘴鸥等珍稀水禽及滨海湿地生态系统为主的湿地类型自然保护区。生态系统是指在一定时间和空间范围内,生物群落与非生物环境通过能量流动和物质循环所形成的一个相互影响、相互作用并具有自我调节功能的自然整体。辽河口生态系统主要包括辽河口湿地及其邻近海域。湿地以芦苇和翅碱蓬为主要植被群落,湿地生态景观独特。以芦苇为优势种的植被群落与周边的苇田构成了面积居亚洲第一位的芦苇沼泽。绵延百里的滨海滩涂生长着翅碱蓬单一群落,构成了辽河口独特又著名的"红海滩"景观,成为重要的生态旅游资源。

2020年卫星遥感监测表明,辽河口生态系统湿地总面积达900多平方千米,其中自然湿地面积800多平方千米、人工湿地面积100多平方千米。2020年卫星遥感监测显示,辽河口湿地翅碱蓬分布面积为40多万亩,为近年来的最大面积。据文献记载,辽河口翅碱蓬群落近20年来存在死亡、退化现象。辽河口湿地翅碱蓬面积在1997—2016年变化规律总体特征表现为小幅度波动阶段(1997—2000年)、大量死亡阶段(2000—2004年)、稳定上升阶段(2005—2014年)、急剧减少阶段(2015—2016年),其中,2002年翅碱蓬覆盖面积最小,为2.29平方千米,2015年翅碱蓬覆盖面积达到最大值30多万亩。

生物多样性这一概念由美国野生生物学家和保育学家雷蒙德(Ramond. F. Dasman)1968年在其通俗读物《一个不同类型的国度》(A Different Kind of Country)一书中首先使用,是Biology和Diversity的组合,即Biological Diversity。此后的10多年,这个词并没有得到广泛的认可和传播,直到20世纪80年代,"生物多样性"(Biodiversity)的缩写形式由罗森(W. G. Rosen)在1985年第一次使用,并于1986年第一次出现在公开出版物上,由此"生物多样性"才在科学和环境领域得到广泛传播和使用。

根据《生物多样性公约》的定义,生物多样性是指"所有来源的活的生物体中的变异性,这些来源包括陆地、海洋和其他水生生态系统及其所构成的生态综合体;包括物种内、物种之间和生态系统的多样性"。辽河口国家公园完全符合生物多样性理念。

辽河口国家公园处于全球八大鸟类迁徙路线之一的东亚—西太平洋迁飞路线上,是我国鸟类三大迁飞路线的东线,每年有几百万只水鸟于此迁徙停歇或繁殖。近年来,辽宁省在辽河口地区实施"退养还湿"、退耕还湿、湿地生态效益补偿试点、湿地保护与生态修复工程、油气生产设施退出及生态修复等,大大改善了当地的生态环境,区域内重要物种种群数量明显增加。其中,鸟类由2010年的283种增加到现在的303种,黑嘴鸥繁殖种群由1992年的1 200只增加到现在的1.5万余只,丹顶鹤越冬种群由2014年的5只增加到2021年的53只,可监测到每年约有200只斑海豹在此栖息。

3　辽河口国家公园设立的重大意义

国家公园是有生命的国家宝藏,饱含着我们对美丽中国、美好生活的向往。

由于辽河口国家公园在国际鸟类、海洋哺乳类动物和河口湿地保护体系中具有多重重要价值,因此设立国家公园对加强生态系统完整性、原真性保护,对保护生物多样性、维护区域生态安全和推进生态文明建设具有重要意义。设立辽河口国家公园是辽宁省的一项重要决策,体现了辽宁省委省政府对生态环境的重视和关怀,特别是从环境保护的角度来说,辽河口国家公园的设立将对辽河口、辽河沿岸乃至渤海海域的生态环境发挥巨大的作用。

3.1 辽河口国家公园的设立是践行习近平总书记"绿水青山就是金山银山"生态文明思想的又一生动例证

辽河口国家公园的设立将有效保护辽河流域的青山绿水,同时又对旅游资源进行了合理的开发和利用,从而将有效提升延边地区旅游产业的发展,这种生态经济、绿色经济的开发正是习近平总书记"绿水青山就是金山银山"生态文明思想的最好体现,将有利于加快辽河流域产业结构调整和升级,促进人与自然更加和谐发展。

3.2 辽河口国家公园的设立将有助于辽河及渤海水环境的进一步改善

经过多年治理,辽河水质均值已达到Ⅲ类水水质标准,达到国家、省下达的Ⅳ类水水质目标,这也为辽河口国家公园的设立创造了良好的客观条件。反过来辽河口国家公园的设立也将进一步从生态水涵养、污染源控制、舆论导向等多方面助力辽河水环境的改善,并对整个辽河流域水环境治理提出更高的要求,我们要进一步强化辽河流域水环境治理,保护好辽河口国家公园的安全,更保护好我们辽宁母亲河的安全。

3.3 辽河口国家公园的设立将有助于辽河口湿地及其周边生态环境的保护

辽河口湿地是辽宁省重要的生态涵养区,每年都有大量的候鸟在此栖息,形成了久负盛名的"鸟浪"奇观,观鸟胜地享誉世界,每年吸引了大量的国内外游客,并被中央电视台等多家权威媒体报道。辽河口国家公园的设立将对现有湿地实施有效的保护,确保鸟类及其他生物栖息环境不被破坏,为大美辽宁、美丽中国留下一片世外桃源。

辽河口国家公园的设立正当其时,是有利于生态环境,有利于4 000万辽沈人民乃至14亿全国人民的大好事,是生态工程的百年大计。创建辽河口国家公园,旨在维护辽河在国家生态安全、粮食安全、产业安全中的重要战略地位,是维护渤海辽东湾生态安全的重要保障,是推动辽河流域生态环境保护和高质量发展的重要途径,也是增进民生福祉的重大创举。

4 推进辽河口国家公园创建的主要工作及经验做法

辽宁省始终坚持以习近平生态文明思想为指导,以党的建设为统领,深入践行"绿水青山就是金山银山"理念,坚持生态优先、保护优先、自然恢复为主,用系统的观念、生态的办法,全面加强生态保护治理,打造辽河口生态保护治理的标杆。

4.1 起点高、定位准,扎实推进辽河口国家公园建设

2020年7月,为深入贯彻落实习近平总书记调研东北三省并主持召开深入推进东北振兴座谈会上的重要讲话精神,贯彻党中央、国务院对国家公园工作的总体部署,落实国家公

园、生态补偿等生态文明改革举措,辽宁省提出建设辽河国家公园的重要举措。国家林草局制定的《国家公园空间布局方案》,将辽河口纳入其中并作为"十四五"期间优先设立名单,组建了双组长制的辽河口国家公园建设推进工作领导小组。辽宁省委、省政府主要领导先后多次做出批示并到辽河口进行调研,将建设辽河口国家公园纳入 2021 年、2022 年度省委常委会工作要点、省政府工作报告。

辽宁省委、省政府认真落实党中央、国务院部署,按照国家林草局要求,成立工作专班,深入研究政策文件,按计划节点保质保量完成各项工作。立足于国家公园建设,优化后的辽河口国家公园方案在管理上更具可行性和操作性:一是国家公园内不存在明显的人类集中居住区;二是自然资源资产产权清晰,国家公园以国有土地为主,有利于实现统一保护;三是国家公园由原辽河口国家级自然保护区等 8 个自然保护地整合优化,主体清晰;四是原辽河国家湿地公园、原辽河口红海滩国家级海洋公园等可以成为国家公园科普教育和生态体验的重要场所,并根据国家公园建设要求,编制了辽河口国家公园设立方案及本底资源调查与评价报告、符合性认定报告、社会影响评估报告"一方案三报告"和《辽河口国家公园总体规划》,完善辽河口国家公园机构设置方案和管理办法,加快创建全国第一批陆海统筹型国家公园。

2021 年 10 月 19 日,国家公园管理局函复辽宁省政府,同意《辽河口国家公园创建方案》,标志着辽河口国家公园从创建准备阶段进入创建实施阶段。在辽河口这片"共和国最红土地"上,深刻的变化正在发生。

4.2　整体观、系统化,科学统筹促进生态文明持续发展

近年来,辽河口始终坚持保护优先、绿色发展,坚持系统科学保护,通过国家公园建设,实现整体保护、系统修复、综合治理。

坚持依法依规保护。颁布实施了《辽宁省辽河口国家级自然保护区条例》《辽河口保护区生态保护与湿地修复条例》等法规,为依法治区管区提供了强有力的法制保障。

加大湿地保护修复力度。坚持"水、林、田、湖、草、湿地、滩涂、海岸线是生命共同体"理念,用生态的办法治理生态,以自然恢复为主,探索形成了辽河口湿地修复模式,达到了"一次修复、自然演替、长期稳定"的良好湿地修复效果。

加强生物多样性保护。重点开展了斑海豹、东方白鹳、黑嘴鸥、鹤类等关键物种栖息地保护,翅碱蓬等原生植物保育和以辽宁刺参为主的水生生物恢复等工作,生物多样性逐年提高。

深化科研合作。与中国科学院等 30 余家国家级科研机构合作,成立 8 家野外监测和科研教学平台,建设辽河口生态监测中心,联合开展湿地修复模式、外来有害物种防治等科研攻关,形成了 10 余项可复制推广的科研成果。

4.3　强创新、促融合,深入推动实现社区共建共享

辽河口国家公园创建工作要探索绿色发展新模式,打造周边居民发展和国家公园建设相互支撑、相互促进的新局面,强化社区共建共管。要参照自然保护区、天然林保护等生态管护员管理标准,科学合理设置生态公益管护岗位。在资源和环境承载能力范围之内,挖掘生态资源的经济潜力,推动传统产业转型升级。

辽河口积极健全完善管理体系,探索社区共建共享机制,引导发展绿色产业,推动社区

转型发展,目前,已规划建设市现代农业示范区、刁口乡、孤岛镇、广利港社区等4处辽河口国家公园入口社区。探索鼓励企业、金融和社会资本参与辽河口生态保护修复,逐步建立起政府引导、社会资本参与的黄河口国家公园建设投融资新机制。探索建立生态产品价值实现机制,开展陆海统筹生态保护修复固碳研究,增强生态系统固碳能力,助力实现碳中和。按照国家公园建设有关要求,突出教育、体验、游憩等功能,通过特许经营等方式适度发展生态旅游,传承弘扬辽河文化、满族文化,打造全国一流的生态文明教育基地、生态研学教育基地和具有国际影响力的生态文化旅游目的地。

通过创建辽河口国家公园,运用政府和市场"两只手"倒逼产业结构转型升级,优质生态产品惠及周边群众,将促进辽河全流域人与自然和谐共生,为辽宁全面振兴奠定良好生态基础。

辽宁辽河口国家公园的创建,对于保护生态系统原真性、完整性和生物多样性,维护国家生态安全具有重要意义。按照国家公园创建要求,辽宁省2022年继续从8个方面推进国家公园创建工作:一是科学确定边界范围和管控分区,编制范围和分区方案。二是深入全面本底调查,修改完善形成评估区综合科学考察报告、国家公园社会影响评估报告、符合性认定报告。三是全面梳理核实各类矛盾冲突情况,提出切实可行的分类处置方案,研究制定退出方案和补偿办法,对于违法违规活动及时清理整改。四是加强保护修复,推进自然资源和生态系统修复治理等工作。五是逐步建立全民所有自然资源资产所有权委托代理机制,研究提出管理机构设置建议,制定国家管理条例或办法,探索开展综合执法。六是加强对生态系统、物种及栖息地、自然景观以及人类活动干扰等状况的监测监督评价,建立生态网络感知系统。七是加强宣传普及,传播国家公园理念,科普国家公园知识,形成群众主动保护、社会广泛参与、各方积极投入的国家公园共识。八是探索建立社区共建共有共享机制,通过签订合作保护协议、设置公益岗位等方式,共同保护国家公园自然资源,提升公共服务能力。

中国正在大力推进以国家公园为主体的自然保护地体系建设,以保持生态系统完整性为原则,对各种类型保护地进行优化整合;理顺管理职能,构建分级管理体制;明确各类自然资源资产的种类、面积和权属,实行差别化管控,创新自然资源使用制度;探索公益治理、社区治理、共同治理等保护方式和全民共享机制,从而"确保重要自然生态系统、自然遗迹、自然景观和生物多样性得到系统性保护,提升生态产品供给能力,维护国家生态安全,为建设美丽中国、实现中华民族永续发展提供生态支撑"。

"绿水青山就是金山银山"。协同创建辽河口国家公园是践行习近平生态文明思想的具体实践,也是推动辽河口综合治理、辽河流域生态保护和高质量发展的重要载体,更是推动辽宁未来发展的重大机遇。辽宁省委、省政府提出关于"推动辽河流域高质量发展、协同创建辽河口国家公园,努力打造全国河道、湿地生态修复样板"重大决策部署,下一步,要坚持以习近平生态文明思想为指导,提高政治站位,坚持保护优先、绿色发展,加大协同创建工作力度,全面创建辽河口国家公园,将辽宁更多的生态要素、文化要素和地理地标要素注入辽河口国家公园的开发建设中,推动辽河流域实现整体保护、系统修复、综合治理,努力打造世界陆海统筹型自然保护地典范、大江大河三角洲生态保护治理标杆、践行习近平生态文明思想的标志地示范区。

参考文献

[1] 方精云.也论我国东部植被带的划分[J].植物学报,2001,43(5):522-533.

[2] 陈昌笃.走向宏观生态学:陈昌笃论文选集[M].北京:科学出版社,2009.

[3] 于振良.生态学的现状与发展趋势[M].北京:高等教育出版社,2017.

[4] 杨锐.国家公园与自然保护地研究[M].北京:中国建筑工业出版社,2016.

[5] 杨锐.中国国家公园体制建设指南研究[M].北京:中国建筑工业出版社,2016.

[6] 解焱,汪松,PETER S.中国的保护地[M].北京:清华大学出版社,2004.

[7] 包庆德,夏承伯.2012年国家公园:自然生态资本保育的制度保障:重读约翰·缪尔的《我们的国家公园》[J].自然辩证法研究,2012,28(6):97-101.

[8] 严旬.关于中国国家公园建设的思考[J].世界林业研究,1991,4(2):86-89.

[9] 王维正,胡春姿.刘俊昌国家公园[M].北京:中国林业出版社,2000.

[10] 程虹.美国自然文学三十讲[M].北京:外语教学与研究出版社,2013.

[11] 王献溥,崔国发.自然保护区建设与管理[M].北京:化学工业出版社,2003.

[12] 陶思明.自然保护区展望:以历史使命,生存战略为视觉[M].北京:科学出版社,2012.

积极推进构建海洋命运共同体进程中的伟大斗争

鞠晓燕①　石家铸

(海军大连舰艇学院,政治军官教育培训部,辽宁大连,116001)

摘要: 为促进构建海洋命运共同体进程中的伟大斗争理论探索和实践开展,从现实需要、战略指向、使命要求三个方面对这一伟大斗争及要求进行系统研究和分析。阐明构建海洋命运共同体需要伟大斗争推动的必然性,论述构建海洋命运共同体伟大斗争的战略指向和对象,阐述推进构建海洋命运共同体伟大斗争提出的实践要求,有助于海军官兵进一步发扬斗争精神,增强斗争本领,强化推进构建海洋命运共同体伟大斗争的使命感、责任感。

关键词: 推进;构建;海洋命运共同体;伟大斗争

引言

2019 年 4 月 23 日,习近平总书记在青岛集体会见出席中国人民解放军海军成立 70 周年多国海军活动外方代表团团长时,首次提出了"构建海洋命运共同体"理念。习近平总书记首先是从总体上概括构建海洋命运共同体的客观现实和发展大势,指出"我们人类居住的这个蓝色星球,不是被海洋分割成了各个孤岛,而是被海洋连结成了命运共同体,各国人民安危与共"。习近平总书记从四个方面阐述了构建海洋命运共同体的要求,一是共同维护海洋的和平安宁,走互利共赢的海上安全之路;二是"推动蓝色经济发展,推动海洋文化交融",共建 21 世纪海上丝绸之路;三是要"像对待生命一样关爱海洋",加强海洋治理,落实海洋可持续发展目标;四是国家间"要有事多商量、有事好商量,不能动辄使用武力或以武力相威胁"[1]。海洋命运共同体理念以全新的思维与角度阐述了海洋发展的本质诉求和发展方向,是中国积极参与全球海洋治理而贡献的中国智慧、中国方案。实现构建海洋命运共同体的目标不是一蹴而就的,不仅需要合作还需要斗争。只有勇于同一切阻碍和背离海洋命运共同体发展大势的理念和行为做斗争,才能为构建海洋命运共同体开辟道路。本文阐明构建海洋命运共同体需要伟大斗争推动的必然性,论述构建海洋命运共同体伟大斗争的战略指向和对象,阐述推进构建海洋命运共同体伟大斗争提出的实践要求,从"为什么斗争""与谁斗争""我们怎样做"三个角度进行了论述。

---

①　作者简介:鞠晓燕,1990 年 8 月出生,硕士研究生,讲师,研究方向为马克思主义中国化。基金资助情况:2022 年申报学院青年人才托举基金专项基金课题,课题名称为"科学把握和推进构建海洋命运共同体进程中的伟大斗争研究"。

1 构建海洋命运共同体需要伟大斗争的推动

马克思主义认为,社会是在矛盾运动中前进的,有矛盾就会有斗争。海洋既是命运共同体,又是矛盾共存体,构建海洋命运共同体的过程是一个解决矛盾、推动历史前进的过程,开展斗争是构建海洋命运共同体的题中应有之义。

1.1 改变世界强国对海洋的主宰控制需要伟大斗争

世界海洋状况是世界政治现实的反映。海洋是人类生存发展的重要空间,是相互联系交往的纽带,是人类的"共同财产"。但16世纪以来,西班牙、葡萄牙、荷兰、英国等西方国家先后走了发展海军、控制海洋,占领殖民地、扩展海外贸易,进而成为世界强国的道路,他们把掌握制海权、控制海洋作为世界霸权的基石,绝不轻易拱手让人,历史上海洋控制权的更迭几乎都是通过战争来实现的。第二次世界大战后的民族解放运动使发展中国家获得了自己的海洋权,但是海洋事务还是控制在世界强国手里。随着国际力量对比消长变化和全球性挑战日益增多,仍旧保持一国对海洋的主宰控制显然与时代要求不相适应,其弊端日益明显。海洋命运共同体是对一国主宰和控制式海洋治理的否定,符合历史前进方向和大多数国家的愿望,但这无疑会触动世界强国敏感的政治神经,他们会极力阻止和反对,还会利用仍存的综合优势特别是利用新军事革命获得的新型军事手段实施进攻战略,推行干涉主义、黩武主义,构建海洋命运共同体注定成为一场充满博弈和较量的斗争。

1.2 协调海洋利益关系需要伟大斗争

构建海洋命运共同体需要协调各国的利益关系。由于海洋地位上升,世界海洋面临权力、利益和规则的变化及调整,涉及各国未来海洋安全态势、地缘形势、海上领土归属与海洋划界、海洋资源开发与环境保护,以及深海、极地权利义务等一系列问题。传统海洋强国与新兴海洋大国、海洋强国与沿海国以及沿海国之间有着非常不同的利益诉求。发达国家凭借先进的科技力量、话语权份额等优势,不断扩展海洋利益,限制甚至阻挠海洋后发国家的合理利益诉求,一些强国在世界推行"丛林法则",只考虑本国、本民族的利益,甚至将本国、本民族的利益凌驾于其他国家和民族利益之上。尤其是"逆全球化"思潮更加剧了某些强国内向趋势,它们甚至采取极端利己主义,这必然导致海洋"公域悲剧"。确保不同主体利益之间的合理平衡,必须进行坚决斗争。

1.3 凝聚人类海洋共同价值需要伟大斗争

构建海洋命运共同体离不开共同价值的维系,价值认同是海洋命运共同体形成和稳定的基础条件。中国大力倡导"和平、发展、公平、正义、民主、自由"[2]的全人类共同价值,这不仅是构建人类命运共同体的价值引领,也是构建海洋命运共同体的价值引领。构建海洋命运共同体需要树立维护海洋和平安宁和良好秩序的海洋安全观,共享海洋空间和资源利益、实现互利共赢的海洋合作观,推动蓝色经济发展、共同增进海洋福祉的海洋发展观,防止海洋环境污染、保护海洋生物多样性的海洋生态文明观,和而不同、兼收并蓄的全球新型海洋文化观,等等。从根本上说,海洋命运共同体倡导超越单纯追求本国利益,兼顾全球海洋前途命运的价值理念。但由于文化心理和价值观念是漫长历史积淀的结果,具有稳定性,特别是这涉及未来制定海洋制度和规则的观念走向,一些西方国家具有本能的抗拒性,要让国际社会特别是西方国家接受中国提出的共同价值并非易事。凝聚价值共识不仅需要思想上的对话和交流,也需要开展针锋相对的较量和斗争。

1.4 应对中国面临的风险挑战需要伟大斗争

2019 年 5 月 21 日,习近平总书记指出:"领导干部要胸怀两个大局,一个是中华民族伟大复兴的战略全局,一个是世界百年未有之大变局,这是我们谋划工作的基本出发点。"[1] "两个大局"存在着紧密而复杂的互动关系,相互交织、相互作用。中国作为构建海洋命运共同体这一倡议的发起者,将为此做出积极的努力,从各方面着手将其付诸实践。但中国作为后起海洋大国,大力增强海上实力,必然一定程度冲击现存的海洋安全秩序,特别是美国等海洋强国的"既得利益和权利",西方国家部分政治家和媒体会借机妖魔化中国,使"中国威胁论"再度泛起,其他一些国家也会误认为构建海洋命运共同体是服务中国利益的计划。在"东升西降"背景下,构建海洋命运共同体中的矛盾问题在某种程度上会形成针对中国的巨大政治旋涡,并对中华民族伟大复兴的战略全局产生影响。这就需要统筹把握"两个大局",在推动构建海洋命运共同体的历史进程中"有效应对重大挑战、抵御重大风险、克服重大阻力、解决重大矛盾"[3],积极地进行斗争。

2 构建海洋命运共同体伟大斗争的战略指向

围绕构建海洋命运共同体而展开的伟大斗争就是抵制和化解阻碍这一目标形成的思维观念、政策行为,更好地调动一切积极因素,制约各种消极因素,最大限度地将国际社会的力量引导到推动构建海洋命运共同体方向上来。

2.1 同霸权主义和强权政治做斗争

尽管 21 世纪的时代主题仍然是和平与发展,但霸权主义和强权政治行为至今仍存在。美国仍将其全球战略焦点置于海洋竞争与冲突上,信奉实力至上原则,大搞所谓"综合威慑",为继续维护"海上控制"而加紧升级战争设计,于南海、黑海、波罗的海、北极等方向不断制造紧张局势,导致海上冲突危情此起彼伏。在西太平洋,美国坚持冲突对抗的思维模式,在涉海政策上越来越呈现强硬基调,继续蛮横推行所谓"基于规则的秩序",实施"印太战略",企图把中国遏制在欧亚大陆,把亚洲周边地区制海权掌控在自己的手里。美国强化同盟体系和军事基地,不断强化前沿部署,加强军备出售和提供先进武器,建设一体化作战网络,变本加厉介入中国和其他国家之间的岛礁主权与海洋权益争端,以"航行自由"为旗号横冲直撞,肆意推高冲突风险,进而阻挡公平合理的国际关系和海洋政治的建设。这无疑与构建海洋命运共同体主张背道而驰。霸权主义和强权政治是构建海洋命运共同体的最主要障碍和最重要的斗争对象。

2.2 同破坏国际海洋法原则的行径做斗争

海洋命运共同体需要以规则为保障,构建机制,健全治理体系。构建海洋命运共同体必须维护以国际法和《联合国海洋法公约》为基础的海洋秩序。美国作为深度参与《联合国海洋法公约》磋商的国家因一己私利而拒绝批准该公约,不仅对国际法和这一公约采取"合则用、不合则弃"态度,还将地缘政治因素注入海洋治理领域,在诸多涉海问题上大搞"双重标准"和"规则霸权"。美国以本国利益为准绳和归依,有选择地认定《联合国海洋法公约》

的部分规定属于习惯国际法而加以利用;推行"航行自由计划",以国际警察自居,挑战 30~40 个沿海国所谓"过度的海洋主张";自我创设所谓"国际水域"的概念,方便自己在主权国家专属经济区海域进行毫无限制的自由行动。美国特别对于一些需要高新技术作为支撑的前沿领域,比如深海、国际海底区域、极地作为海洋新疆域,极力掌控其治理进程和规则制定,把这些地区纳入自己的控制和掌握之中,为本国经济、资源开发、防务利益服务。美国实际在国际海洋法体系之外维护了一套对其有利的国际海洋法律秩序,这种做法无疑是给全球海洋治理的有效性注入了一股强大的破坏性力量,必须与这种企图和行径做斗争。

2.3 同损害海洋公共产品的行为做斗争

当前全球海洋治理面临的重要挑战是,一直主导海洋治理的西方发达国家普遍受制于国内经济发展放缓、社会矛盾尖锐等问题,不仅不愿为全球海洋治理提供更多的公共产品,反而更加坚持"本国主权至上"的立场和"本国利益优先"的原则。美国作为世界最大海洋强国,竟一度退出应对气候变化的《巴黎协定》,退出联合国教科文组织,屡次三番呈请国会削减美国国家大气与海洋局的预算经费,签署而不批准《京都议定书》《生物多样性公约》《控制危险废物越境转移及其处置巴塞尔公约》等一系列多边环境条约,对世界海洋环境采取漠不关心、无所作为的态度,凸显了不愿受国际环境条约约束、逃避自身国际责任的心态。这些做法与世界范围的海洋资源锐减、海洋环境污染、生态系统遭到破坏、海水质量恶化等一系列海洋环境问题越来越严重有直接的关系。以美国为代表的一些国家还把海洋公共产品"私物化"和"武器化",肆意曲解"航行自由原则",以其为借口来指责中国妨碍南海地区的"航行自由",并多次派出军舰和军机闯入中国南海岛礁及附近水域进行所谓的"航行自由"宣示,威胁中国国家海上安全,"航行自由"已经成为美国维护霸权地位、谋取私利的工具。此外,美国对中国等国家提供国际公共产品持怀疑、排斥和打压态度,把别国提供公共产品的努力看作是对自己的威胁,对 21 世纪海上丝绸之路建设采取诋毁、防范、干扰的态度,破坏新的国际海上公共产品的顺利推进发展。

2.4 同地区扩张性海洋战略做斗争

世界上一些地区和国家特别是某些亚洲国家制定和实施扩张性海洋战略。日本继承历史上的扩张主义思想残余,迄今极力图谋将历史上非法窃取邻国岛屿据为己有,还以《联合国海洋法公约》的名义,以不适合人类居住无权设定大陆架的岩礁冲之鸟礁为根据拓展自己的大陆架。此外,将历史上的"主权线""利益线"借尸还魂,声称"台湾有事就是日本有事"等。再比如,有的东南亚国家为侵占我西沙群岛和南沙群岛,选择性地援引《联合国海洋法公约》,完全回避对其不利的"历史性所有权"条款,以此反对并否定中国的南海断续线,图谋达到非法占领长期化乃至永久化的目的。这些国家以各种理由侵占别国的岛屿和海域的海洋扩张主义,不仅破坏国家合作的气氛,还往往给域外大国提供插手的机会,这也需要进行斗争加以制止和肃清。

2.5 同单边主义做斗争

国际上的事由大家共同商量着办,世界前途命运由各国共同掌握。解决世界海洋问题、建立全新海洋治理需要克服"国家中心主义"、单边主义等思维和政策行为。单边主义只考虑本国利益而忽视别国利益乃至全球各国的利益,凭借本国的力量而不是各国协调一致的力量来解决问题,采取一意孤行的决策态度而没有与各国共同协商的习惯。单边主义奉行"非得即失""非合作即对抗"等思想,把本国利益与别国利益对立起来,追求绝对安全和单赢局面,忽视全球各国团结合作的力量,必然会导致恶性竞争和集体行动难题,进而导致全球海洋治理的停滞不前,不仅无法从根本上解决全球性海洋问题,反而会加剧国家之间的不信任,使一些原本可以通过谈判与协商解决的问题久拖不决。

3 肩负起构建海洋命运共同体伟大斗争的使命

构建海洋命运共同体需要深刻汲取中国共产党百年奋斗中坚持敢于斗争的历史经验,把伟大斗争与伟大工程、伟大事业、伟大梦想结合起来,将伟大斗争落到实处。

3.1 发扬斗争精神

构建海洋命运共同体和构建人类命运共同体一样,是一场除旧布新的变革,都不是唾手可得的,不斗争美好目标就不能自动实现。历史上,党领导中国人民改变旧中国有海无防的历史,打击帝国主义海上侵略、保卫国家海防、维护海洋权益、打击海盗、维护海上和平生产生活,都经过了坚决斗争。构建海洋命运共同体的斗争是我们党要进行的"具有许多新的历史特点的伟大斗争"的一部分。习近平总书记指出:"无数事实告诉我们,唯有以狭路相逢勇者胜的气概,敢于斗争、善于斗争,我们才能赢得尊严、赢得主动,切实维护国家主权、安全、发展利益。"[4]我们要正视斗争而不是回避斗争,发扬斗争精神,坚定斗争信念,鼓足斗争勇气,以崭新的海洋新兴大国应有的进取姿态,为构建海洋命运共同体、建立海洋新的治理体系而奋斗。

3.2 讲究斗争方法策略

进行构建海洋命运共同体的斗争要讲究策略和艺术。一是坚持软硬两手都要用。构建海洋命运共同体的斗争既要运用经济、军事等硬的一手,也要运用外交谈判、国际协商与对话以及国际法、海洋法等软的一手,例如充分利用联合国大会、《联合国海洋法公约》缔约国会议、"海洋法非正式磋商进程"等平台,适时提交相关专题的建议案文,引领国际海洋法规则的发展方向,两手相辅相成,刚柔相济。二是注重壮大斗争主体。中国外交要做到"同世界上一切进步力量携手前进",构建海洋命运共同体不是中国单打独斗,而是共商共建共享,坚持求同存异,寻求最大公约数,团结周边国家,与"一带一路"沿线国家建立广泛的蓝色伙伴关系,联合广大发展中国家。对西方国家中的各种积极力量也要争取,既要争取各国精英的支持,也要争取各国民众的支持,孤立极少数顽固势力。三是坚持原则性与灵活性相结合。原则性问题寸步不让、寸海必争,具体细节问题上可以展现灵活性,处理好斗争与合作的关系,斗而不破、以斗促和、以斗争促转化、以斗争促合作。四是坚持循序渐进。本着先易后难、由简入繁的原则,从周边地区到世界海洋,从低敏感度问题到高敏感度问题推进,把握节奏、久久为功。构建海洋命运共同体是在现有海洋治理体系内推动渐进式的改革,而不是全部推倒重来、另起炉灶,也不是以一个霸权代替另一个霸权,一般不需要疾风暴雨,而是咬定目标、行稳致远。

3.3 提高斗争实力与本领

首先,是要建设强大综合国力。构建海洋命运共同体必须有"实质性的力量和手段",

强大综合国力是构建海洋命运共同体的最根本的实力支撑,否则,光喊口号、发声明、做谴责、提抗议是不够的。尤其是要建设海洋强国,拥有强大海洋经济、军事、科技、环保、外交、执法等综合性海洋实力,以及这方面的大量专业人才,才能为斗争提供坚实基础。其次,是建设一支强大的现代化海军。构建海洋命运共同体虽然不是要用海军征战海洋,但是强大的现代化海军为推进海洋命运共同体斗争提供最强有力的最可靠的保障。海军的战略性、综合性、国际性特征明显,机动性、灵活性、可视性很强,可以在世界海洋上显示国家实力、传递国家意志、威慑潜在对手、执行多种任务,是开展构建海洋命运共同体斗争的有效工具和手段。习近平总书记指出:"海军作为国际海上力量主体,对维护海洋和平安宁和良好秩序负有重要责任","中国军队愿同各国军队一道,为促进海洋发展繁荣做出积极贡献","中国海军将一如既往同各国海军加强交流合作,积极履行国际责任义务,保障国际航道安全,努力提供更多海上公共安全产品"[1]。最后,是提高官兵国际海上斗争与合作素质能力。海军官兵处在国际政治军事斗争的风口浪尖,要锤炼对党忠诚的政治品格;要增强备战打仗本领,时刻以统帅的"胜战之问""价值之问""能力之问"叩问自己,提升打仗胜战本领,建设海上雄师劲旅;要增强政治外交大局意识和涉外事务处置能力,习近平总书记指出海军官兵是"穿着军装的'外交官'",就是要求我们海军官兵善于处理军事与政治、战略与政略的辩证关系,既敢于斗争又善于斗争,在新时代新征程构建海洋命运共同体伟大斗争中当先锋、打头阵。

参考文献

[1] 习近平.习近平谈治国理政(第三卷)[M].北京:外文出版社,2020.
[2] 习近平.习近平谈治国理政(第二卷)[M].北京:外文出版社,2017.
[3] 习近平.决胜全面建成小康社会 夺取新时代中国特色社会主义伟大胜利:在中国共产党第十九次全国代表大会上的报告[M].北京:人民出版社,2017.
[4] 习近平.在中央党校(国家行政学院)中青年干部培训班上的讲话[N].人民日报,2022-03-02(01).

海洋命运共同体视野下的《更路簿》研究[①]

周　俊[②]

（燕山大学，河北秦皇岛，066000）

摘要： 海洋命运共同体蕴含着丰富的内容，它反映了中国"天人合一"的哲学思想、"世界大同"的价值诉求以及"共商共建共享"的"和合"式思维模式；是中国维护世界海洋和平、规范海洋秩序、促进海洋繁荣所做出的承诺和方案。《更路簿》反映的是海南渔民世世代代在南海海域、海南岛周边海域以及东南亚一带航行的经验总结和集体智慧，突出了海南渔民对海洋的认识利用和开发经营，是"海洋命运共同体"在民间的创造性运用和实践。将《更路簿》放在"海洋命运共同体"的视野下进行研究，不仅能拓宽《更路簿》的研究范围，同时也反映了"海洋命运共同体"在中国有稳固的民间基础和实践，有利于我们借助民间的智慧与力量，推动海洋命运共同体建设。

关键词： 海洋命运共同体；《更路簿》；海南渔民；民间

　　作为国家级非物质文化遗产以及中国对南海诸岛及其海域拥有主权的重要证据的《更路簿》，反映的是海南渔民在南海海域、海南省周边海域，以及东南亚各国之间航行的经验总结和集体智慧，突出了海南渔民对海洋的认识利用和开发经营，自问世以来，便得到学界的高度重视。众多学者围绕着历史、地理、法律、考古、政治、经济、对外关系等方面对其进行研究，并在一定程度上形成了"更路簿学"[1]。

　　海洋命运共同体是习近平总书记提出来的。在中国人民解放军海军成立 70 周年时，习近平总书记发表演讲，指出："我们人类居住的这个蓝色星球，不是被海洋分割成了各个孤岛，而是被海洋连结成了命运共同体，各国人民安危与共。"他建议各国在"共商共建共享"的原则下，"推动海洋文化交融，共同增进海洋福祉"[2]。

　　无论是海南渔民的《更路簿》，还是习近平总书记提出的海洋命运共同体，其核心内容都是围绕着海洋而展开，都蕴含着人与海洋和谐共处，不同国家之间人们的友好交往以及交通贸易与文化互动等。可以说，海南渔民一直在遵循着海洋命运共同体的某种实践。因此，将《更路簿》放在海洋命运共同体视野下进行研究，不失为一个新的研究路径和研究方向。

---

①　基金项目：本文系国家社会科学基金项目"中国东南沿海疍民海洋文化遗产调查、整理与研究"（22BZS155），国家社会科学基金重大项目"海南渔民《更路簿》的抢救性调查、征集与综合性研究"（17ZDA189）的阶段性研究成果。

②　作者简介：周俊，女，华东师范大学民俗学博士，研究方向为海洋历史民俗文化，非物质文化遗产。

1 海洋命运共同体的时代背景与理论内涵

海洋命运共同体是习近平总书记 2019 年 4 月 23 日,出席中国人民解放军海军成立 70 周年,会见多国海军活动的外方代表团团长时提出的。习近平总书记指出:"海洋对于人类社会生存和发展具有重要意义。"因为"海洋孕育了生命、联通了世界、促进了发展。"我们人类居住的这个蓝色星球,不是被海洋分割成了各个孤岛,而是被海洋连结成了命运共同体,各国人民安危与共。海洋的和平安宁关乎世界各国安危和利益,需要共同维护,倍加珍惜[2]。

海洋命运共同体的提出,是符合时代要求的。2001 年,《联合国海洋法公约》指出:"21 世纪是海洋世纪",发展海洋事业已成为全世界的一种广泛共识。根据联合国《21 世纪议程》公布的数据估计,到 2020 年,全球沿海人口总人数呈现不断增长的趋势,将占人口总数的四分之三;全球贸易交易方式超过七成都是通过海运实现的;而全球旅游收入对海洋的依赖程度也越来越高,将近三分之一依赖海洋[3]。海权论鼻祖马汉指出"谁能有效控制海洋,特别是控制世界上具有战略意义的海道与海峡,从而取得海权,谁就能成为世界大国"[4]。世界各国都把发展海洋事业,维护本国的海洋权益作为各国的发展战略。

在世界各国普遍重视海洋事业的同时,随着全球化的发展以及社会信息化的推进,"共同体"的概念逐渐进入世界政治话语,"我们所生活的世界,已逐渐形成'牵一发而动全身'的立体网状结构,联动效应无处不在,'蝴蝶效应'时有呈现,一荣俱荣、一损俱损已成为对现实的真实写照"[5]。有学者指出,"不论人们身处何国、信仰如何、是否愿意,实际上已经处在一个命运共同体中"[6]。在这种国际大背景下,中国抓住了时代赋予的话语权机会,提出"海洋命运共同体",顺应了历史发展的潮流。

海洋命运共同体蕴含着丰富的内容,首先,它是一个重要的哲学命题,反映了中国"天人合一"的哲学思想、"世界大同"的价值诉求以及"共商共建共享"的"和合"式思维模式。有学者将其精神内核归结为对"孟子学说中'不挟长,不挟贵,不挟兄弟而友。友也者,友其德也,不可以有挟也'交友思想以及'利益观'的结合",认为"'海洋命运共同体'的特点是'和合共生',是中国古代哲学思想中'天人合一'的现代阐释,还是新时代'利益观'的完美表达"[7]。笔者认为,"海洋命运共同体"即是对中国传统文化"天人合一""和合共生"的继承发展,同时也体现了"兼济天下""世界大同"的价值诉求,这里的"天下""世界",不仅包括人类的世界,同时也包括地球上一切生命(海洋、动植物等)在内的世界。

其次,海洋命运共同体是中国制定的符合中国国情的海洋政策在新的时代条件下的深化和提升,具有连续性和一贯性的特点。

虽然我国是一个海洋大国,拥有 6 500 多个岛屿,18 000 千米长的海岸线,但是由于长期以来我国重陆地轻海洋的国家政策,导致我国在海洋问题上的举措并不充分;在对外交流不断深化、国际经济不断融合并一体化,以及《联合国海洋法公约》的实施等国际背景下,我国加快了制定和实施国家海洋战略的步伐。

中共中央在十六大报告中提出了"实施海洋开发";2003 年国务院在《全国海洋经济发展规划纲要》中第一次明确提出"逐步把中国建设成为海洋强国"的战略目标;党的十八大报告提出"建设海洋强国",并把它纳入国家战略;后来中国又提出"21 世纪海上丝绸之路";党的十九大报告指出"坚持陆海统筹,加快建设海洋强国";直到此次习近平总书记提出构建"海洋命运共同体",反映了中国海洋战略的持续发展过程,体现了中国将自身海洋规划与世界海洋发展相统一的责任和担当,为维护世界海洋安全与稳定、推进全球海洋治理指明了正确方向。

最后,海洋命运共同体是对"和谐海洋"、维护海洋生态文明理念的进一步发展,是中国对海洋国际法的进一步完善和补充。

我国在中国人民海军诞生 60 周年之际,提出了构建"和谐海洋"的倡议。其内容为:"坚持联合国主导,建立公正合理的海洋;坚持平等协商,建设自由有序的海洋;坚持标本兼治,建设和平安宁的海洋;坚持交流合作,建设和谐共处的海洋;坚持敬海爱海,建设天人合一的海洋。"[8]

此次习近平总书记提出的海洋命运共同体,则对"和谐海洋"理念进行了进一步的发挥,包括"各国合力维护海洋和平和安宁、共同增进海洋福祉、共同保护海洋生态文明等"[2]。它致力于"形成并维护人与海洋的和谐关系","是人的全面发展与海洋的平衡有序之间的和谐统一"[9]。

总之,海洋命运共同体不仅是理念也是实践,它重在倡导从全球海洋的整体视角促进海洋开发利用与环境资源保护的平衡,实现海洋可持续发展,实现人海和谐的目标;同时,它也提倡在相互尊重过程中,同舟共济,共同开发利用海洋,共同抵御风险,实现"利益共享、责任共担,合作共赢"[2]。海洋命运共同体是致力于增进人类整体福祉的全球性话语,是中国为了维护世界海洋和平、构建海洋秩序、促进海洋繁荣做出的努力和制定的中国方案。

2 《更路簿》中蕴含的海洋命运共同体理念

《更路簿》是海南民间以文字记录的往来于南海诸岛、海南省周边海域,以及东南亚各国之间的航海指南。它详细记录了西沙群岛、南沙群岛、中沙群岛以及海南省周边海域的岛礁名称、准确位置和航行针位(航向)、更数和岛礁特征,记录了海南渔民在南海诸岛及东南亚各国的生活、生产开发和贸易活动。有人称《更路簿》是研究南海的"百科全书",其中涉及南海的政治、经济、历史、地理、法律、对外关系等各个方面,将其放在海洋命运共同体这一理念下进行研究,具有重要的价值和意义。

2.1 《更路簿》中体现的人与海洋之间和谐共生的理念

如何科学、合理的认识海洋、保护海洋、开发海洋,从而实现海洋的可持续发展,已经成为全人类面临的重大课题。其中,尊重大自然的客观规律,对海洋抱有一种敬畏之心,坚持与大自然的和谐共生,是世界各国普遍达成的一个共识。《更路簿》作为海南渔民历代耕海的经验总结,多方面体现了人与海洋之间和谐共生的理念。

首先,《更路簿》是海南渔民在帆船时代和季风时代,遵循海洋洋流和季风规律而总结的经验。"由清澜、博鳌、藤桥、三亚、海头等港直接南下……每年一次,于阴历冬至前后乘东北季风南下,至翌年夏间南风时返航。"[10]每年冬季,随着季风的流动,海南渔民有规律地结伴同行去南海生产作业;第二年的夏季,趁着东南风,满载而归,返回海南。"立冬出海端午返",海南渔民的谚语,反映了他们祖祖辈辈熟悉的有规律的利用季风、潮流往返,体现了对大自然规律的掌握和利用,也给海中的鱼类等海洋资源提供了休养生息的机会。

其次,《更路簿》中记载的潮水涨潮退潮规律、岛礁命名、渔民的岛上生活、南海诸岛的航海路线、渔场资源等,多方面体现了海南渔民在长期捕鱼的生产生活中,对海洋合理的开发、利用和保护。

(1)《水流簿》

正月元旦春期流水东西俱伏流记录

初六日至初八日俱伏流

廿至廿二日俱伏流

二月初四日至初六俱伏流

十八日至廿日俱伏流

三月初一至初三日俱伏流　　早一天

十五日至十七日俱伏流

廿八日至卅日俱伏流　　早一天

四月十二日至十四日俱伏流　　夏期流水东西

廿五日至廿八日俱伏流　　早一天

五月初十至十二日俱伏流

廿四日至廿六日俱伏流

六月初八日至十四日俱伏流

廿二日至廿四日俱伏流

七月初六至初八日俱伏流　　秋期流水东西

这是几乎每位出海捕鱼的渔民都烂熟于心的《水流簿》,它详细地记载了海南岛周围潮水的涨潮退潮记录。而这些准确的记录,是海南渔民在长期生产作业中的宝贵的经验总结。

(2)岛礁命名

地名作为一个符号,是社会和历史发展的产物,可以反映区域的文化特色、经济社会生活,甚至国家意志[11]。它不仅仅是地理位置的坐标和符号,更是地理实体的名称,一种高度综合的社会文化现象,包含社会、历史、地理、语言、民族和文化等因素[12]。在《更路簿》中,记载了大大小小的蕴含着海南方言的岛礁名称。这无疑给这些最初是无人区的海域,种下了海南人生活的印记。

海南渔民对南海诸岛的命名有着非常重要的现实意义和价值。首先,南海诸岛的命名大多来自海南渔民的生产生活体验,能够有效反映出海南渔民在开发南海资源过程中对南海的地形、生物、海洋、潮汐、洋流等方面的熟悉和了解,能够在掌握南海各种资源发展规律的基础上探索可行性开发模式,契合海洋发展规律。他们不但是南海诸岛的开发者,也是南海诸岛的经营者和守护者。

其次,海南渔民对南海诸岛的命名,还蕴含了中国传统文化中有上有下、有先有后、秩序井然的传统思维习惯。海南渔民通常会用上指代东、北部方向,用下指代西部或者南部方位,这也呈现出南海诸岛命名的特殊性。海南渔民到达西沙群岛的过程中,最先是达到宣德群岛,接着再去到永乐群岛,那么就把先到的宣德群岛命名为上峙,后去的永乐群岛则被命名为下峙;海南渔民到达南沙群岛的过程中,最先是达到北子岛,接着是去往南子岛,那么就可以把北子岛命名为是埃罗上峙,后去的南子岛被命名为是埃罗下峙。除此之外,海南渔民还能够依照顺序来对南海岛屿进行命名,例如,从北部往南部先后经过北岛、中岛、南岛,命名为长峙、二峙、三峙。再比如红草一、红草二、红草三,主要指代的是七连峙南半部,对于都是红色的马齿苋草,渔民可以按照方位顺序,将其命名为红草一、红草二、红草三。

在这些浓浓的具有乡土气味的俗名地名中,不仅有海南渔民特有的地方方言,而且还蕴含着海南渔民敢于冒险、勤劳、勇敢、乐观的性格特征。长期发展以来,南海诸岛命名不仅仅是和海南渔民实践、习惯、思维以及文化等密切关联,还随着流行使用得到传承发展,很多文献中都能够证实,我国海南渔民是最早发现、开发和使用南海的,以有力的证据显示了中国在南海诸岛拥有的历史性权利。

(3)岛上生活

除了在南海诸岛生产作业之外,不少海南渔民还在岛上居住生活。海南渔民的住岛类型,大致可以分为两种,一种是季节性流动的短期居住式,就是海南渔民利用季风洋流的自然环境特征,每年农历十一月趁着东北季风,从海南省出发,前往南海诸岛生产作业;到第二年农历三月前后,顺着西南季风返回海南省。一去一返间,他们在南海岛礁上至少生活作业五个月的时间,即所谓的"立冬出海端午返"。另外一种是长期性的定居式生活,渔民称为"站峙",主要是一部分渔民乘渔船到西沙、南沙的某座岛屿或沙洲之后,由于种种原因,需要在岛上居住一年甚至多年,长期从事生产和生活。

季节性流动式的住岛生活,主要以生产作业为主。在每次航海之前,渔民一般会带齐几个月的必备物品,如琼海潭门草塘村陈胜元本《更路簿》"行船南海须知"明确记载了潭门渔民出海捕获海产品必备物件,主要涉及:成年男丁,有一定的经验,才能够随船去南海诸岛;除此之外,还需要准备罗盘,主要作用是对方向进行辨别;需要准备香柱,目的是计算时间,一炷香就是一更,还要带一些路上吃的干粮,要放在罐子中,还需要准备一些打火石,主要用来生火做饭。

除了这些生活必需品外,海南渔民往往还会带几百斤黄豆、地瓜、椰子和两头猪。黄豆是为了在船上发豆芽,当作蔬菜,沿途钓鱼做菜以避免水肿病等;地瓜和椰子在船上放的时间长了,就会长芽,渔民拿到岛上去种,所以西沙、南沙很多岛上都有地瓜苗和椰子树等。带两头猪有两个作用,一是补充肉类,二是在过年或者祭祀的时候用。

站峙式的岛上生活,时间有长有短,短的两三年,长的有居住 18 年的。这种生活方式,除了有季节性的生产捕捞外,还有挖掘水井、修建房屋、耕田种植、修建庙宇、埋葬立碑以及守护家园,同入侵者做斗争等。

除了这些日常作业外,渔民偶尔也会有自己的娱乐活动,据琼海潭门渔民彭正楷回忆,"记得我年轻时(1930—1933 年)去南沙群岛捕鱼。有一次,法国人登上岛来,他们看不起我们,我们也不理他们,当时,我手里拿着一把胡琴在等着瞧,被他们偷拍照了过去"。文昌县东郊公社良田大队渔民王安庆说,1933 年,他在铁峙上居住,法国人上岛,"我们有一支二胡,他们(指法国人)在照相时,我们渔民列着队并叫我拿着二胡,将要照相时,叫我站出队两步,就这样把我们的相片照下来。当时同我一起照相的人有王安荣、王安积、王安和、黄信金"。

(4)航线与渔场开发

自潭门驶出深一更巽乾十六更到七连
自三峙驶下峙寅申兼一线坤三更半收
自红草门驶猫兴卯酉兼三泉乙辛二更半收
自猫兴驶三圈癸丁对西南三更半收
自猫注驶三圈巳亥四更半收

简洁明白的语言,叙述了海南渔民对南海诸岛的熟悉和了解。已发现的《更路簿》,记载通往南海诸岛的航线非常丰富。以卢业发祖传的《更路簿》为例,其中记载西沙更路38条,南沙更路84条,南洋更路13条。吴淑茂祖传的《更路簿》,记载西沙更路32条,南沙更路95条,南洋更路27条。这些更路范围覆盖面非常广阔,不仅有从海南省出发前往西沙群岛的更路,还有西沙群岛内部各个岛礁之间的更路,西沙群岛前往南沙群岛之间的更路,南沙群岛内部各个岛礁之间的更路,海南省、西沙群岛、南沙群岛、东南亚各国之间的更路等。海南渔民,就是这样在《更路簿》的指引下,一代又一代,前仆后继,开发经营着南海诸岛。

从不同版本《更路簿》记载的"东海更路"及诸多老船长的口述来看,海南渔民在西沙生产作业时,通常会遵循一定的路线。以前海南渔民驾驶着风帆船大约下午五六点从海南琼海的潭门出发,行驶15更左右,第二天下午一点左右望见七连屿。七连屿是海南渔民前往西沙群岛捕捞作业非常重要的一站,其中北岛一般是第一站。

潭门渔民的风俗,船队在抵达西沙或南沙的第一个岛屿时,第一件事就是登岛祭拜兄弟公和祖先,让祖先或者神灵来保佑渔船航海安全,生产顺利。北岛往往是渔民在西沙群岛祭拜的重要岛屿。据调研得知,中华人民共和国成立之前,北岛有一个用珊瑚石堆砌而成的简陋小庙,庙内供奉着一块写有"明英烈一〇八兄弟忠魂神位"的神牌,还有一座香炉。

船队到达北岛,祭拜庙宇之后,一般会稍作停顿和休息,然后小心绕过西沙洲海域,前往永兴岛抛锚泊船,讨论渔捞作业方案。

渔民在永兴岛停顿后,船队会分成不同的方向生产作业,一个是西北方向的北礁渔场,一个是东南方向的东岛和浪花礁渔场,一个是西南方向的永乐群岛渔场,还有一个也是西南方向的玉琢礁、华光礁、盘石屿和中建岛渔场。渔民之所以划分不同的方向进行作业,是因为西沙群岛的岛礁数量非常多,海货也很多,而且生产作业的这些岛礁位置都比较好,容易躲避风浪。搜集到的多本《更路簿》,几乎都对永兴岛航线有记载,如吴淑茂本《更路簿》:"猫注到二圈(即玉琢礁,笔者注,下同)用丑未三更收""猫注回四江门(即晋卿岛)寅申对""猫注与船岸尾(即西沙洲)乾巽辰戌对""自三峙上三圈(即浪花礁)用丁过猫注用巳亥四更收""猫注与三峙(即南岛)壬丙对"……分别记录了从永兴岛出发,到玉琢礁、晋卿岛、西沙洲、浪花礁、南岛之间的距离、方向等。

"南沙群岛更路",即《更路簿》中记载的"北海更路"。南沙群岛一直以来就是潭门渔民的传统渔场,其范围非常广阔,而且海域内岛礁、沙洲、沙滩非常多,在此处行船需要非常小心,稍有马虎便有可能船翻人亡;又由于此海域物产丰富,尤其是马蹄螺,以及各种名贵的海参等,吸引一代又一代海南渔民不畏艰辛,前来捕捞生产。为了避免渔船遭到危险,同时又可以获得大量海货,潭门渔民祖祖辈辈们在长期行船过程中积累了大量的经验,把去往南沙诸岛的航行路线绘制下来,通过口口相传来向后辈传输经验。所以,在没有海图和导航设施的情况下,潭门渔民主要是借助《更路簿》来找准航行方向,进行精准作业,减少触礁风险。目前从保存下来的《更路簿》来看,记载的南沙航线普遍比较多,如许洪福抄本《更路簿》,记载南沙更路225条;王国昌《顺风得利》,记载南沙更路198条;彭正楷抄本《更路簿》,记载南沙更路192条等。这些南沙更路范围非常广阔,涉的南沙岛礁也非常众多,反映了海南渔民对南海诸岛的熟悉与了解。

海南渔民在南沙作业时,有着传统的作业路线,大致以太平岛所在的郑和群礁为中心,分为北头线、东头线、西头线、南头线4条主要作业路线,开展作业的具体执行流程是:渔船到达南沙群岛的双子礁后,船长会选择作业线路,接着船队会严格按照作业线路来完成相应的作业任务。一般情况下,每个岛礁作业时间不宜超过三天,主要是为了规避西南季风造成的行驶风向的变化,能够按时返航,减少渔船行驶危险。完成线路作业后,船队就会集合,然后前往东南亚售卖这些海产品,或者是直接返航;除了有特殊需求,譬如补充淡水或者物资外,一般情况下不会在岛礁上消耗大量时间,因此《更路簿》中的航线基本都是单向。南海群岛的渔场资源,大致可以分为渔业基地和生活基地,有时也有岛屿兼备二者职能。其中渔业基地有双子群礁、中业岛、太平岛、安达礁、南威岛等;生活基地有中业岛、太平岛、马欢岛、西月岛、景宏岛等。

总之,在漫长的历史长河中,海南渔民通过长期在南海诸岛从事航行、生产与生活的实践经验,已经在南海上形成了点、线、面结合的海上交通体系和捕捞作业体系。在这数百条线路中,每条线路都连接着不同的岛礁传统名称,每个岛礁土名的背后,都承载着海南渔民与这些岛礁世世代代相遇的故事。

2.2 《更路簿》中体现的是不同国家之间人们的友好交流和贸易往来

《更路簿》中除了记载人海之间的和谐相处,还记载了海南渔民与周边不同国家之间的友好交流与贸易往来。渔民在岛上居住,有时还会遇到外国船只,他们也会凭借着经验给外国船只指点方向,譬如,据外国航海水道志记载,1867 年英国船队曾经到达南沙群岛太平岛进行测量,但由于对地形不熟,不知道所在岛礁的名字。我国渔民对南海群岛了如指掌,为英国船队指点道路,英国测量船正是靠我国渔民的帮助才完成测量工作的。

海南渔民不仅为外国船只指点道路,"途经外罗附近的海域时,有时会拿火柴去换越南人的蔬菜。"据渔民口述,"我们看到文都(翁都),越南人很吃苦,裸体,短裤也没有,给一件旧衣,就高兴得叩头起来,给一点火柴、破毯子都高兴。"

渔民之间的这种跨越国界形成的民间秩序和交流,反映了传统家园之间的人与人、人与社会之间的关系,已经延伸到各国人们之间的互相往来。海南渔民通过"海外更路",参与到"南海经济文化圈",使东南亚各国的贸易、经济、文化连为一体,并得以交流和传播,对"海上丝绸之路"的开展具有重要的意义和价值。

除此之外,海南渔民还开辟了多条通往海外的贸易路线,即"海外更路"。将这些不同版本的《更路簿》综合整理,会发现海南渔民的足迹几乎走遍越南、马来西亚、印度尼西亚、印度、泰国、菲律宾等诸多东南亚国家。

综合分析这些海外更路,发现其主要有五种形式:第一,从海南省出发到海外的更路;第二,从西沙群岛出发到海外的更路;第三,从南沙群岛出发到海外的更路;第四,从国外返回海南省的更路;第五,海外各港口之间的更路。从整体上来分析,海外更路主要涉及两部分,一个是海南省以及南海诸岛去往海外的更路;一个是海外不同港口之间的更路。

"海外更路"中还有诸多始发港口、中转港口和岛屿,主要涉及三个不同的港群:海南省陆地港群、南海诸岛港群和海外中转港群。海南省陆地港群主要有万宁大洲岛、三亚亚龙湾和铁炉港、文昌清澜港和铺前港、琼海潭门港;南海诸岛港群主要有西沙群岛港群:北礁、中建岛、华光礁;南沙群岛港群:安波沙洲、南威岛、南屏礁、南通礁、日积礁等。海外中转港群主要有越南的惹岛和昆仑岛,马来西亚的雕门岛和奥尔岛,印度尼西亚的杰马贾岛。通过这些港群,海南渔民开辟的航线覆盖了整个东南亚海域。

另外,海南"两头家"的家庭现象,也为民间贸易增添了证据。在"去番"的南洋贸易期间,如果渔民在西南季风来临之前,还没有将海产品销售完,那么船老大一般就会安排一两个人留在南洋,对没有销售完的海产品进行处理。这些被留下来的人,有一部分会长期留在南洋,于是他们就会选择在南洋寻找新的生计,和当地人结婚生子,在南洋安家,这样就涌现出"两头家"的情况。这一历史事实反映了海南渔民当时的移民情况以及当时国际之间的经济、文化交流状况。

2.3 《更路簿》中蕴含着中华民族优秀的海洋开拓精神与智慧

作为第二批国家级非物质文化遗产,《更路簿》凝结了中华民族优秀的民族开拓精神。对于海南渔民而言,耕耘南海,既是继承祖宗留下来的优秀的文化遗产,又是创造海洋文明的重要途径;它不仅是海南渔民的出海"秘籍",还凝聚着海南渔民非凡的勇气和智慧。在惊涛骇浪中,在摸爬滚打中,海南渔民凭着经验和智慧,对南海海域的航行方向、距离、线路,途中所见的岛屿、暗礁,相关海域的潮水涨潮退潮情况等,都做出了准确仔细的记录,使得渔民可以游刃有余地航行在"海上丝绸之路"之间。

渔民老话说:"船是自己开出来的,路是自己走出来的";"嘱子瞩孙,不忘南海三月春"……一系列的民俗谚语,反映的都是海南渔民对"南海家园"的深情表达与世代守护。海南渔民凭借着大无畏的开拓精神,靠着手中的罗盘和《更路簿》,依靠季风洋流,驾驶一叶扁舟,从海南出发,一路南下,到达遥远的西沙、南沙群岛。他们通过一代代的辛勤劳作,耕耘着、划定了南海200多万平方千米的蓝土地,也经营着、守护了这一大片广袤的祖宗海。

"南海最早是我们的祖先发现的,就好像是一片粮田,闯南海就像去收我们种的稻谷,你一定要去南海。在我们潭门人看来,去西沙锻炼锻炼,才能'长大',才是真正的男子汉。"

这是潭门渔民卢裕永幼小时,爷爷不幸遭遇海难,再也没能够从南海归来,奶奶劝慰幼小的卢裕永时说的一番话。"闯南海就是去收我们种的稻谷","去南海锻炼,才能成长",几乎潭门的男孩子人人都接受过这样的成人礼。正是他们一代又一代的传承、经营,使得"南海家园"的观念深入潭门人的血液和骨髓。

有论者指出,潭门渔民对于中国有三大特殊贡献:第一,潭门渔民创造了海南岛的海洋文明精神。第二,潭门渔民通过《更路簿》指引的航线,将西沙、中沙、南沙三大群岛拉回了祖国的怀抱,这一条条航线是潭门渔民用生命连接起来的。第三,潭门渔民是"两栖动物":潭门镇是他们在陆地上的家,三沙是他们海上的家,没有潭门镇,就没有今天中国的三沙市,所以"有潭门镇是中国的幸运"。

3 结语

中国高瞻远瞩地提出"海洋命运共同体",是中国在全球海洋治理领域贡献的又一"中国智慧""中国方案"。如果说"人类命运共同体"是中国站在事关人类命运宏大课题下的国际视野,追求的不仅是中国人民的福祉,也是世界各国人民共同的福祉,那么"海洋命运共同体"则是关于地球上所有海洋生物的命运的。因为"广阔而深邃的海洋,代表的不仅是人类的命运,更代表着其他'生物'的命运和整个地球的命运"。中国有关"海洋命运共同体"的论述,反映了中国的大国担当和国际责任。而《更路簿》蕴含着丰富的内容,其中所记载的南海海域的地貌、海况、潮汐、航线,不仅体现了海南渔民与海洋资源和谐统一的"人海关系",还反映了海南渔民与周边国家之间的友好交往与贸易往来。可以说,《更路簿》是"海洋命运共同体"在民间的创造性运用和实践。因此,将《更路簿》放在"海洋命运共同体"的视野下进行研究,不仅能拓宽《更路簿》的研究范围,同时也反映了"海洋命运共同体"在中国有稳固的民间基础和实践,有利于我们借鉴海南渔民对南海海洋开拓的经验,借助民间的智慧与力量,更好地开发经营南海,推动海洋命运共同体建设,创造海洋的美好未来。

参考文献

[1] 李国强.《更路簿》研究评述及创建"更路簿学"初探[J].南海学刊,2017,3(1):5-8.

[2] 王崇敏,阎根齐,刘亮.《更路簿》发现和研究40年[J].中国史研究动态,2018(6):38-47.

[3] 于玉宏.地缘政治视角下的中美关系分析[J].陇东学院学报,2010,21(6):24-28.

[4] 曲星.人类命运共同体的价值观基础[J].求是,2013(4):53-55.

[5] 陈秀武."海洋命运共同体"的相关理论问题探讨[J].亚太安全与海洋研究,2019(3):23-36,2-3.

[6] 苏云峰.海南历史论文集[M].海口:海南出版社,2002.

[7] KLIOT C N. Place-names in Israel's ideological struggle over the administered territories [J]. Annals of the Association of American Geographers, 2015, 82(4):653-680.

[8] 赵静,张争胜,陈冠琦,等.文化生态学视角下的南海诸岛地名文化[J].热带地理,2016,36(6):1045-1046.

[9] 周伟民,唐玲玲.《更路簿》是我国南海维权的重要历史依据和法理依据[J].琼州学院学报,2015,22(4):24-25.

[10] 韩振华.我国南海诸岛史料汇编[M].北京:东方出版社,1988.

[11] 王利兵.作为网络的南海:南海渔民跨海流动的历史考察[J].云南师范大学学报:(哲学社会科学版),2018,50(4):40.

[12] 刘义杰.《更路簿》中的海外更路试析[J].中国海洋法学评论,2017(1):61-69.

命运共同体理念对我国海洋战略的升华[①]

摘要：海洋孕育了生命、联通了世界、促进了发展。我们人类居住的这个蓝色星球，不是被海洋分割成了各个孤岛，而是被海洋连结成了命运共同体，各国人民安危与共。"要秉持和平、主权、普惠、共治原则，把深海、极地、外空、互联网等领域打造成各方合作的新疆域，而不是相互博弈的竞技场。"海洋强国建设是我国扩展战略权益，避免"苏联困境"的有效路径。中国海洋强国战略最终目标是构建海洋命运共同体。命运共同体理念是对我国海洋战略内涵的升华。

关键词：人类命运共同体；海洋命运共同体；海洋战略；新疆域

1　海洋疆域与海洋战略的含义

在"十四五"的开局之年，我国在百年未有之大变革的局势下，海洋事业面临诸多挑战也迎来众多机遇，我国海洋强国战略最终目标是构建海洋命运共同体。那么，如何理解国家海洋疆域（简称海疆）的概念，以及如何理解国家的海洋战略，对于分析为何要建构海洋命运共同体以及如何构建，在构建中面临哪些问题，以及如何应对，有重要先决意义。正确的认识可以指引正确的方向，有效避免实践的错误。

1.1　海疆范围扩展

从地理学角度，海疆被定义为地位等同于陆地领土的海域，即国家的领海部分。专属经济区、大陆架等区域则被定义为研究海疆所研究的地理范围。从历史学角度，因为关联沿海地区，所以历史时期的海疆不等同于现代意义上的海疆。海疆史地研究专家李国强先生指出："界定海疆，首先要摒弃以往以陆地为主导地位，以陆地标准来衡量海洋的认识误区，应该以海洋为主体，从海洋自身的特点出发来考察海疆。"这个观点明确以海洋为主体，这与海洋命运共同体理念相一致，也正体现了海洋命运共同体的提出从某种意义上讲，是对我们认知的一种拨乱反正。领海以外的其他海区虽为沿海国的管理区，但不具有领土的

---

①　选题方向：（一）"海洋命运共同体"前沿成果展示与共享示范中的 4．"海洋命运共同体"其他前沿成果。

②　作者简介：栾宇，1988 年 4 月出生，上海海事大学航运管理与法律博士生，研究方向为航运管理与法律。地址：上海市浦东新区海港大道 1550 号上海海事大学临港校区，15900395459，J_Lanny@ foxmail.com。

含义,这种海上辖区是一种国家权利的体现,因此领海以外的沿海国家和地区有一定管辖权的海域称为海洋国土。

领海宽度曾是岸炮射距,但如今早已不是殖民时代,也早已告别雅尔塔体系的利益分配格局。所以,如今的国家"实然"取决于实力,海洋战略领域的实力又分为硬实力和软实力。硬实力在于考察、开发、利用、保护、安全保障方面的实力,而软实力在于价值愿景、话语体系、文化吸引、信任机制等方面。海洋概念随着时代、社会和技术的发展产生了扩展,表现在五个方面:其一为极地(无论北极或南极都包含广大的海洋权益)和深海,二者已涵盖入战略新疆域;其二为海面及其上空,相应的法律逐渐建立健全,如海警法;其三,科技发展使人们生活不拘泥于物质世界,网络世界的虚拟海洋并非不具价值,在数字时代,数据和流量等新载体价值有待评估;其四,在立体空间中不再能够只考虑单一层面,海天呼应日渐频繁,如外空观测活动;其五,涉海领域范畴更广影响也更大,如金融领域和舆论。如果以海洋权益疆域的概念来看世界,整个在人们固有印象中的疆域版图将被颠覆,序列排位将被改写,例如仅多考虑领海面积一个因素,俄罗斯的面积就要在 1 709 万平方千米之上增加757 万平方千米,美国 963 万平方千米要加上 1 218 万平方千米,而更为明显的像澳大利亚769 万平方千米,加上 850 万平方千米领海,还要加上在南极声索的 589 万平方千米(已冻结)便跃居世界第三,还有日本领土面积只有 37.8 万平方千米但领海面积有 447 万平方千米。①

1.2 海洋战略渊源

在对海疆、海洋国土、海洋战略疆域有一定认识的基础上,另一层对海洋战略的理解是要强调其渊源。海洋战略的渊源一般涵盖三个层次。首先,国家领导人讲话成为战略重要的渊源,它是执政党、领导人战略思想的直接外化和文字化的表现形式。例如,习近平总书记的相关讲话就是理解我国海洋战略的重要渊源。其次,是战略文件之文本,例如,2002 年《加拿大海洋战略》、2005 年《海洋与日本:21 世纪海洋政策建议》、1969 年美国的《我们的国家与海洋》与 2004 年《美国 21 世纪海洋蓝图》,以及我国公开发布的党和政府及相关机构的文件。最后,是相关法律及规划,这个层次的渊源形成海洋战略中的相应制度。而战略构成要素也包括三部分:基础性的自我认识、战略目标和战略手段。

中国海洋战略边疆,是指中国国家管辖的海域与岛屿及对国家疆域范围合法延伸的国家海上利益和力量的筹划、指导与运用。中国海洋战略边疆除了有实体疆域,还有管辖的海洋水域和海洋空间,以及保证能进行正常有效的经营、管理、开发和利用的人类共有的大洋资源等权益疆域。新时期,习近平总书记提出海洋战略新疆域是极地和深海。2017 年 1月 18 日,在联合国日内瓦总部召开的"共商共筑人类命运共同体"高级别会议上,习近平总书记在主旨演讲中提到"要秉持和平、主权、普惠、共治原则,把深海、极地、外空、互联网等领域打造成各方合作的新疆域,而不是相互博弈的竞技场"。

2 海洋治理中的战略新疆域

海洋治理充满复杂性。就其领域来说,海洋治理涉及资源、环境、外交、科技、安全、人

---

① 此处所述国家领土面积和领海面积均为概数。

文等领域;就其所需资源来说,海洋治理需要人才、资金、平台、装备等高质量资源;就其管理来说,海洋治理工作需要规划、标准、监管等不同环节;就其体制机制来说,海洋治理涉及新疆域、新机制和新体制。

2.1　深海事务

深海作为我国海洋战略新疆域具有重要战略意义。深海具有海洋保护区与海战区的重合之安全价值,以及矿产资源、生物资源、空间资源、科研资源之经济价值。当前国际层面深海战略态势已出现转向和发展,深海底活动重心从资源勘探转为开发阶段。

深海生物资源法律制度——国家管辖范围以外区域海洋生物多样性(biodiversity beyond national jurisdiction,BBNJ)正在拟定,BBNJ谈判中中国身份正在实现转型,中国从最初资源勘查与申请矿区为主,到现在研究开发深海技术。未来,至2035年,深海疆域边界基本界定清晰,深海勘探走向开发阶段,深海环境认识逐步加深,深海技术装备完成质变,深海产业慢慢建立,建构中的深海秩序正在形成。深海规则和治理将迎来关键时期。深海规则和治理法律依据目前来看无疑是《联合国海洋法公约》和深海各项规章。

从这个角度说,未来深海规则形成时如若希望本国提出的建议和意见被采纳,那么提案须从对《联合国海洋法公约》的尊重和遵循出发,还要建立在对公约深入理解和做出符合全人类利益的解释的基础上。这方面美国似乎处于劣势,因为美国并未参加《联合国海洋法公约》以及国际海底管理局。美国当时没有加入《联合国海洋法公约》的主要原因之一就是美国不认可深海矿产资源的开发制度和会议分享制度。

我国的深海战略(表1)实施面临的主要问题体现为:深海开发能力的快速提升与治理能力的相对滞后之间的矛盾。

表1　我国的深海战略理解

战略定位	全球引领作用强国,代表发展中国家利益,立足资源超越资源
战略布局	立足太平洋、开拓印度洋、挺进大西洋
战略目标	增加战略资源储备、拓展国家发展空间、推动海洋科技发展、主导国家深海事务

2.2　海洋核事务

目前核于海洋事务中的主要应用在于:军事领域,如核航母、核潜艇等;科考及运输领域;发电领域,如核动力发电船;热能领域,如海水淡化核能装置。其中我国更多地关注核动力船舶领域,如核破冰船等应用的战略、政治和法律问题,以及核平台等海洋核事务。核能使用的合法性问题、安全性问题、规则制定等是我国乃至世界各国普遍关注的问题。

国际海洋核事务与我国也有相当的联系。在安全问题上,俄罗斯多起事故表明:俄罗斯有能力同时在北极发射数十枚弹道导弹,例如俄罗斯核潜艇北极破冰事件。其战略意义及影响在于,相比美国,俄罗斯在北极冰区有大幅优势,而美国主要在防空反导领域反制。对我国的战略启示在于,在海洋核事务方面,无论是在极地这样的特殊地区还是其他地区,我国的重点应放在自身能力建设、安全及环保事务参与以及针对北极方向的布置。

2.3　虚拟海洋与智慧海洋事务

目前在这一领域应用的全球性观测网络主要包括:全球海洋观测系统(GOOS)、全球海洋站综合观测系统(IGOSS)、全球海平面观测系统(GLOSS)、东北亚海洋观测系统(NEAR-GOOS)、世界海洋环流试验(WOCE)、全球海洋通量研究(GOFS)、热带海洋与全球大气试验(TOGA)等。

另一普遍应用的 ARGO 观测系统,是指地转海洋学实时观测阵(array for real-time geostrophic oceanography,ARGO),1999 年第一个 ARGO 观测系统面世、运行,目前有约 4 000 个,200 万剖面数据,每个约 200 美元。全球统一的 ARGO 资料实时质量控制自动检测程序,明确了全球 ARGO 资料中心将使用统一的数据格式,通过全球通信系统(GIS)分发 ARGO 实时观测资料。

我国面临的主要问题在于这些系统都不是由我国主导的。ARGO 观测体系由美国主导,欧洲主导海底观测网计划(ESONET),而日本主导实时海底检测网络。我国在海洋大数据及观测网上的总体战略布局及战略方向是立足数字经济时代,打造数字海洋,即透明海洋,针对我国南海、西太平洋和东印度洋,实时或准实时获取和评估不同空间尺度海洋环境信息,研究多尺度变化及气候资源效应机理,进一步预测未来特定一段时间内海洋环境、气候及资源的时空变化,实现海洋状态透明、过程透明和变化透明。

为上述之实现目前主要手段包括 HY 系列卫星、岸基观测台、水下机器人、漂浮浮标、北斗通信、水下光纤通信、"一带一路空间信息走廊"和"海底长期科学观测系统"。但是在利用这些手段实现透明海洋的目标上,我国面临技术设备处于跟跑状态,传感器、平台、通用技术差、区域碎片化、信息单一化、时空分辨低质化、数据传输延滞化等制约,尚未形成对全球及核心海区海洋环境信息的实时、立体、高分辨率、多要素的整体同步获取能力这样的主要问题。此外,还有一些政治限制因素。

3　我国海洋战略的新发展

党的十八大到十九大期间我国海洋战略被提出。2012 年 11 月 8 日十八大报告提出:我国应提高海洋资源开发能力,发展海洋经济,保护生态环境,坚决维护国际海洋权益,建设海洋强国。可见目标是海洋强国,而手段是开发海洋资源、发展海洋经济、保护生态环境、维护国家海洋权益。

而后,习近平总书记 2013 年 7 月 30 日题为《在中共中央政治局第八次集体学习时的讲话》中指明海洋战略手段的发展,要提高资源开发能力,着力推动海洋经济向质量效益型转变;要保护海洋生态环境,着力推动海洋开发方式向循环利用型转变,要发展海洋科技,着力推动海洋科技向创新引领型转变;要维护国家海洋权益,着力推动海洋权益向统筹兼顾型转变。

2017 年 10 月 18 日习近平总书记题为《决胜全面建成小康社会夺取新时代中国特色社会主义伟大胜利——在中国共产党第十九次全国代表大会上的报告》将海洋战略定型为:要坚持陆海统筹,加快建设海洋强国;要以"一带一路"建设为重点,坚持引进来和走出去并重,遵循共商共建共享原则,加强创新能力开放合作,形成陆海内外联动、东西双向互济的开放格局。这是习近平中国特色社会主义思想中海洋强国战略思想的集中体现。

作为中国特色社会主义思想中海洋强国战略思想,我国海洋战略在"十三五"期间不断被强化。第一,海洋战略新疆域是极地和深海:2017年1月18日,在联合国日内瓦总部召开的"共商共筑人类命运共同体"高级别会议上,习近平总书记在主旨演讲中提到"要秉持和平、主权、普惠、共治原则,把深海、极地、外空、互联网等领域打造成各方合作的新疆域,而不是相互博弈的竞技场"。第二,海洋与新发展的关系:2018年3月8日,习近平总书记在参加第13届全国人民代表大会第一次会议山东代表团审议时强调,海洋是高质量发展要地。第三,强调海洋经济与海洋科研:2018年6月12日,习近平总书记在青岛海洋科技与技术试点国家实验室考察时强调,发展海洋经济、海洋科技是推动我国海洋强国战略很重要的一个方面,一定要抓好。

2019年4月23日习近平总书记在青岛集体会见应邀出席中国人民解放军海军成立70周年多国海军活动的外方代表团团长时的讲话,将我国海洋战略升华为中国海洋强国战略最终目标是构建海洋命运共同体。习近平中国特色社会主义思想中"构建人类命运共同体"思想和海洋强国战略思想的重大发展,是对全球海洋治理的重大贡献。最新动态应关注习近平总书记视察三亚海洋研究院的重要讲话,其中明确了一个中心:"自立自强""原创性、引领性"的发展海洋科技,和两个支撑点:"海洋装备"和"能源安全"。

4 海洋战略最终升华为构建海洋命运共同体

4.1 海洋命运共同体在海洋战略中的意涵

我国海洋战略从提出发展至今,在新局面更应确实明确与强调当前我国海洋战略的内核,亟须解决的或有待回答的突出问题是:人类和海洋如何面对和回应中国的伟大复兴?近代英国、美国崛起都是以"禀赋差异""实力决定权利"(种族主义)为内核,以建立"本国优先""资本主义"秩序为目标的,那么中国呢?全球海洋治理旧秩序将世界上的国家区分为海洋优势国家和海洋不利国家。如今看来,中国是唯一一个有能力打破现有海洋旧秩序,重构海洋新秩序的国家。中国不是第三个英国,更不是第二个美国。命运共同体将我国海洋战略最终目标进行了升华,它不仅是新的话语体系、新的价值观,也是新的方法论。人类命运共同体的概念不是简单地将"人类""命运"和"共同体"三个概念机械地相加,而是层叠融合的关系,需要站在战略高度对其进行解读。

4.1.1 超越现有三重视角理解

对人类命运共同体的解读和研究角度可以有以下三重视角。

第一个是马列主义理论。马列主义理论中,关于真正的世界历史、自由人联合体和共产主义均有一些经典阐述,然而由于用它解读和研究海洋命运共同体存在不利:马列主义中关于海洋的论述较少,所以鲜少从此视角研究海洋命运共同体。

第二个是从国际关系角度,包括国际关系理论和国际法两重视角。然而,我国目前从国际关系角度出发研究海洋命运共同体命题只有几位学者从国际安全等角度做相关研究,总的来说对海洋的关注度不足。而在国际法研究的领域和问题中,由于海洋法是重要组成部分,因此这个问题有着足够高的关注程度。但也有一个困惑,即国际法的实施和约束力问题,在国际条约的认真遵守问题上,很多国家是选择性地使用国际法,使得国际法的实施与执行并不充分。

第三个是从传统文化角度,所谓和合共生。然而,中国传统文化晦海,比如诗词中相比其他题材海这一题材亦较少出现。中国传统文化讲天人合一,人是生活在陆地上的,传统文化对占地球面积 71% 的海洋的理解比较少。因而生发许多问题。比如,陆地上的知识能否应用于海洋？海洋是人类的吗？还是人类是海洋的呢？

所以在理解海洋战略中的海洋命运共同体意涵时,有必要将概念的混乱和混淆先予厘清。不应将海洋命运共同体简单看作是人类命运共同体在海洋的实践,将概念和理论照搬套用,这是有问题的。如果将陆地的知识搬到海洋是会犯大错误的,人类是海洋的而非海洋是人类的。在全球治理、海洋治理中,常常研究的问题是谁来治理、为什么治理、治理什么、怎么治理,很少提出一个根本问题,即为谁治理。所以全球海洋治理的思想要与时俱进,在尊重、借鉴的基础上,超越古代、近代、现代的国际关系、国际法、国际安全这样的思维方式。设想,如果不构建海洋命运共同体,海洋秩序和未来的世界会怎么样,这是一个从未来看今天和明天的问题。

4.1.2 综合三个维度立体理解

2019 年 4 月 23 日,习近平总书记在集体会见出席中国人民解放军海军成立 70 周年多国海军活动外方代表团团长时指出,"海洋孕育了生命、联通了世界、促进了发展。我们人类居住的这个蓝色星球,不是被海洋分割成了各个孤岛,而是被海洋连结成了命运共同体,各国人民安危与共。中国提出共建 21 世纪海上丝绸之路倡议,就是希望促进海上互联互通和各领域务实合作,推动蓝色经济发展,推动海洋文化交融,共同增进海洋福祉。我们要像对待生命一样关爱海洋"。

这给出了海洋于三个维度的定位。从时间维度来看,生命是如何孕育、如何起源、如何进化的;从空间维度来看,海洋是人类重要的生产、生活、生态空间;从自身维度来看,海洋本身也在演变,人类本身也在发展。海洋命运共同体的提出,旨在实现时间–空间–自身维度海洋观的三维一体。海洋命运共同体的三层含义在于,海洋自身是生命共同体,人与海洋是命运共同体,海洋是人类命运共同体的天然纽带。

从时间维度(表 2)上讲,原本以为的从原始社会、奴隶社会、封建社会、资本主义社会到社会主义社会、共产主义社会这样的线性进化的逻辑,而今天看来可能不是简单的线性进化。工业时代会划分第一产业、第二产业、第三产业,是有门类和分工的,而在数字文明时代,却是没有这样明显的分工的。数字经济既有工业化又有数字化、产业数字化、数字产业化,包括海洋经济,都是一种创新融合体。海洋推动了工业–基督教文明的全球扩张,塑造了海洋型全球化,如今迈向深海时代,我国积极呼吁构建蓝色伙伴关系。

表 2　从时间维度理解海洋生命共同体

观点	时间	代表人物	主要观点	属性
天涯海角 舟楫之便 鱼盐之便	早期	古代沿海地区居民	海洋是隔绝陆地的屏障"靠海吃海"	原始、单一
海洋自由论	17 世纪早期	格劳秀斯	海洋不可占领,向所有国家开放	简单的海洋自由
闭海论	17 世纪中期	塞尔登	沿海国有权占领其周围的海洋	封闭、占有

表 2(续)

观点	时间	代表人物	主要观点	属性
海权论	19 世纪末	马汉	对海洋的控制决定国家兴衰	控制海洋
共有地悲剧论	20 世纪中叶	哈丁	海洋是共有地,将随着自由取用而走向衰亡	共有,但前途悲观
人类共同遗产论	20 世纪中叶	帕多	海洋是全人类的共同继承遗产	共同遗产、合作、共治
海洋命运共同体	21 世纪		海洋是人类命运共同体的重要组成部分	开放包容、和平安宁、共享共建、人海和谐

21 世纪是深海的时代而不是海平面的时代。为了避免工业文明和西方"分"的逻辑从陆地搬到海洋,从海面深入海底,习近平总书记的生态文明思想和数字文明思想,树立海洋生态文明观、数字文明观,提出了海洋命运共同体。马克思的资本论讲的工业文明时代,私人占有和社会化大生产之间的矛盾,在今天的数字时代,是使用而不是占有,数据是越被使用越具有经济价值,所以规律和马克思所讲的工业文明时代也是不一样的。

从空间维度理解人和海洋命运共同体的关系,或人与海洋的关系,也有三重意义。海洋是各大陆、岛屿天然的联系纽带,是人类命运的载体。首先,海洋是人类的生产空间。历史反复昭示,向海而兴,背海而衰。其次,海洋自始是人类的生活空间。古代中国对海洋价值的理解概括起来是两句话:兴鱼盐之利,行舟楫之便。另一层面,当今世界乃是未来,海洋正在成为人类第二生存空间,例如各国出现的海底建筑和马尔代夫近期宣布的漂浮城市。最后,今天人类更加认识到,海洋对于全人类的生存以及生活环境具有格外重要的意义。海洋作为生态空间,是人类文明的发源地,自身还是地球最大的生态体系。

从自身维度实践人类命运共同体的海洋。海洋自身是地球最大生态体系,对全球气候变化和可持续发展意义重大。海洋不仅孕育了生命、蕴藏资源,还是调节全球气候变化的主体。近代人类中心主义把海洋当客体对待,去破坏它、污染它,让海洋自愈。那么,现在既要考虑海洋的发展还要治理,在开发中保护,在保护中发展,且从现在到未来人类要越来越多地补偿海洋发展,反哺海洋。表 3 为海洋命运共同体构建的三维分析。

表 3　海洋命运共同体构建的三维分析

维度	出发点	问题	理念
时间维度	生命起源于海洋 全球化成于海洋(海洋型全球化) 生态海洋、数字海洋	视海洋为客体 海洋霸权 壁垒、鸿沟	人海合一
空间维度	生活空间:人与海洋生命共同体 生产空间:可持续发展 生态空间:人海和谐	海洋权益争端 国际海洋法 海洋生态恶化	构建蓝色伙伴关系
自身维度	海洋可持续发展	不公正不合理的海洋秩序	共商共建共享新型全球治理

4.2　以构建海洋命运共同体为目标的原因

第一,习近平总书记指出:"人类社会再次面临何去何从的历史当口,是敌视对立还是相互尊重?是封闭脱钩还是开放合作?是零和博弈还是互利共赢?选择就在我们手中,责任就在我们肩上。人类是一个整体,地球是一个家园。面对共同挑战,任何人任何国家都无法独善其身,人类只有和衷共济、和合共生这一条出路。"

中国的海洋强国梦,不是重复西方列强崛起于海洋的殖民扩张逻辑,而是共建"21世纪海上丝绸之路",构建海洋命运共同体,开创人类文明新形态。这样的理念作为中国的海洋强国梦的出发点,从根本上为海洋强国梦正名。如2010年4月15日美国总统奥巴马在接受澳大利亚电视台采访时所言,"如果超过十亿的中国居民也像澳大利亚人、美国人现在这样生活,那么我们所有人都将陷入十分悲惨的境地,因为那是这个星球所无法承受的"。

第二,习近平总书记指出:"要秉持和平、主权、普惠、共治原则,把深海、极地、外空、互联网等领域打造成各方合作的新疆域,而不是相互博弈的竞技场。"太空、极地、深海成为人类尚未充分认知的三大疆域,也是我国战略的三大新疆域。但是,很容易发现我们对太空的了解,所积累的关于太空的知识要比深海多。相比于太空和极地,海洋中95%的水域尚未被探索过,人类对海洋的认识还远远不如对火星的。而一事两面来讲,这为全球海洋治理正道,表明人类探索海洋存在着巨大空间。

第三,2022年1月17日,习近平总书记在北京出席2022年世界经济论坛视频会议时讲道:"各国不是乘坐在190多条小船上,而是乘坐在一条命运与共的大船上"。海洋命运共同体正是解决中国走向海洋,解决海洋本身治理的问题,为全球海洋秩序正法。海洋秩序,既包括安全秩序也包括法律秩序。真正的以天下观天下,以洋观洋,而不是以海观洋,以陆观海。所以真正的世界历史,不是各国历史的一个总和。

4.3　践行构建海洋命运共同体的战略步骤

《中华人民共和国国民经济和社会发展第十四个五年规划和2030年远景目标纲要》指出:"坚持陆海统筹、人海和谐、合作共赢,协同推进海洋生态保护、海洋经济发展和海洋权益维护,加快建设海洋强国。……积极发展蓝色伙伴关系,深度参与国际海洋治理机制和相关规则制定与实施,推动建设公正合理的国际海洋秩序,推动构建海洋命运共同体。"

在提出上述构建指导之后,中国从我做起,发起21世纪丝绸之路倡议、全球发展倡议、全球安全倡议。"21世纪海上丝绸之路"正在打造陆海联通的全球伙伴网络;同葡萄牙、欧盟、塞舌尔等建立蓝色伙伴关系,重点经营中国-欧盟蓝色伙伴关系、中国-东盟蓝色伙伴关系、中国-太平洋岛国蓝色伙伴关系、中国-北极国家蓝色伙伴关系、中国-南美国家蓝色伙伴关系。对接联合国海洋科学促进可持续发展十年(2021—2030),始终做全球海洋治理的建设者、海洋可持续发展的推动者、国际海洋秩序的维护者,本着相互尊重、公平正义、合作共赢精神,深度参与全球海洋治理,共同践行海洋命运共同体理念,为实现海洋可持续发展做出贡献。

4.3.1　先行树立海洋命运共同体新思维

构建全球海洋治理的海洋命运共同体型海洋秩序需要新思维。一是从分割思维过渡到联通思维,从排他性历史观走向共享历史观。海洋法诞生于西方,是在分割思维和排他性历史观之下制定的。法律用来服务资产,保护既得利益,却难以制约强者,比如自由航行,对于内陆国家有多大意义?要做的是通过陆海联通,消除自然不平等,阻止后天不平等的传递和强化。要树立大爱思维,共同开发海洋资源,共享海洋文明成果。我们的目标是星辰大海,如果太空代表诗和远方,海洋便代表故乡和留恋。

二是和合共生思维超越征服对抗思维。《联合国海洋法公约》序言写道:"各海洋区域的种种问题都是彼此相关的,有必要作为一个整体来加以考虑。"如今的"我们"要从罗马帝国"我们的海"(Mare Nostrum)中的"我们"上升到最大的我们,即人类。习近平总书记指出"这个世界,各国相互联系、相互依存的程度空前加深,人类生活在同一个地球村里,生活在历史和现实交汇的同一个时空里,越来越成为你中有我、我中有你的命运共同体"。要超越传统海洋文明观,树立生态文明海洋观。

三是合情合理合法思维超越合法思维。有理有利有节。近代国际海洋法,带来海洋新秩序,也遭遇时空体系混乱。被誉为"海洋宪章"的《联合国海洋法公约》存在诸多未尽造成的不明确问题和新科技新发展不能适应的问题等。有关历史性权利、岛屿与岩礁制度、群岛制度、直线基线、大陆架外部界限、用于国际航行的海峡、国际海底开发制度等方面的规定均存在一定程度的不足。比如,中国强调南海诸岛自古是中国领土,这种纵向合情合理思维遭遇横向合法性质疑,需要呼吁南海共享历史观和未来观的建立。

4.3.2　我国海洋战略实施面临主要矛盾

"矛盾论"是践行战略时刻不能忘记的要旨。主要利益不一定是主要矛盾。例如海洋经济是主要利益,但不是主要矛盾。主要矛盾是参与到全球治理、提供全球海洋公共产品的中国与海洋优势国家集团的博弈。实例和事例并不鲜见,中国东海和中国南海曾出现的争端的实质皆如是,正在进行的 BBNJ 谈判、渔业谈判也如是。

解决主要矛盾要从传统领域和新兴领域全面考虑,从对内与对外双方向施措。传统的基础性领域,比如海洋经济、海洋科技领域,对内须进行海洋管理体制的调整;对外积极推进"一带一路"倡议的实施和建设,发展、稳定蓝色伙伴关系。另一方面,必须关注海洋战略新兴领域,守正出奇,知己知彼,施力于其薄弱环节。比如在极地问题上,无论是南极地区或是仅就北冰洋来讲,利益格局都十分复杂,新兴问题众多,虽然中国存在地缘劣势等问题,但因介入较早不至于处于过于被动的境况。深海问题上新兴问题众多,相比于美国并未加入《联合国海洋法公约》的先天不足,中国已位于优势地位。在海洋核事务上,我国也具有巨大潜力,网络和空天领域与海洋利用相关的方面,我国在科技发展上也具有很强的能力。

4.3.3　我国妥善应对"海上"挑战的思考

一是如何处理现存的海洋主权争端。解决海洋主权争端的依据是国际法,特别是国际海洋法,人类命运共同体的思想、理念可以从中发挥什么作用?国际上一些国家以构建海洋命运共同体要求中国放弃南海岛屿主权和主权权利与海洋权益,将海洋命运共同体与主权对立起来,将理念与法律运用两个不同层面的问题混为一谈。这明显是对人类命运共同体和海洋命运共同体的错误解读,我国在部署海洋战略之先,要宣示正确的海洋命运共同体概念和战略指导思想。

二是如何处理海洋命运共同体理念与美国海上霸权主义之间的关系。仍以南海为例,美国及一些西方国家以所谓的"航行自由"为依据在南海进行其宣称的"航行自由行动",并以其各种"正当性论证"诱导国际舆论方向,攻击中国的岛礁计划威胁其海上军事霸权体系。中国应就这一问题已不算太早"未雨绸缪",制定相关对策。比如中国与东盟谈判的"南海行为准则"(code of conduct in the south China sea,COC)如何约束美国?如何应对西方印太战略对"21世纪海上丝绸之路"的抵制?

三是如何处理海洋国家与内陆国家关系以及海洋强国与弱国的关系。"向海而兴,背海而衰"。离海洋远近造成不平等。中国、日本有东海海洋权益划分之争,涉及大陆架自然延伸与中间线的冲突。法国是世界第二大海洋大国,因为殖民遗产声称自己是太平洋国家、印太国家(有太平洋属地、留尼旺等海外领地、领土),派军舰来南海维护航行自由,我国应如何应对? 后发国家、海洋弱国的主权权益可如何维护? 上述这些问题均在构建海洋命运共同体过程中妥善回答。

5　结语

综上所述,海洋命运共同体三大含义可概括为:海洋自身是生命共同体,人与海洋是命运共同体,海洋是人类命运共同体的天然纽带。理解海洋命运共同体要克服传统中国以陆观海、以海观洋的内陆文明思维,确立以洋观洋、以天下观天下的新海洋观;同时也要走出西方"陆权-海权"对抗论,杜绝人类中心主义带来的陆地灾难在海洋重演,避免数字海洋时代继续强者更强、弱者更弱的悲剧。海洋命运共同体肩负三大使命:一是解决陆海地理环境造成的天然不平等的发展问题,同时也不能产生新的不平等。二是构建和谐海洋,促进人与海洋和谐发展。三是命运共同体努力为各国谋取共同安全发展。海洋命运共同体的时代意义是引领海洋商业文明和海洋工业文明向海洋生态文明和数字文明的转型,实施共商共建共享的新型全球海洋治理,构建公正合理的全球海洋秩序。构建海洋命运共同体既要应对工业文明时代遗留的海洋权益争端、海洋霸权问题,还要树立生态文明的"人海合一"观,应对数字文明观下"数字海洋"的新挑战。

参考文献

[1]　习近平.论坚持推动构建人类命运共同体[M].北京:中央文献出版社,2018.

[2]　杨泽伟.《联合国海洋法公约》的主要缺陷及其完善[J].法学评论,2012,30(5):57-64.

[3]　刘俊珂.国家发展视域下建设海洋强国的中国选择[J].学术探索,2020(5):29-35.

[4]　李国强.关于海疆史研究的几点认识[J].史学集刊,2014(1):42-45.

[5]　刘俊珂.海洋疆域及其相关概念的理论探讨[J].昆明学院学报,2016,38(4):24-28.

[6]　张瑞.中国海洋战略边疆论纲[J].海洋开发与管理,2009,26(5):46-52.

[7]　王义桅,江洋.人类命运共同体如何通"三统"? [J].拉丁美洲研究,2022,44(1):1-14,154.

[8]　王义桅,江洋.西方误解人类命运共同体的三维分析:利益、体系与思维:兼论人类命运共同体的构建之道[J].东南学术,2022(3):44-52.

[9]　王义桅.时代之问,中国之答:构建人类命运共同体[M].长沙:湖南人民出版社,2021.

[10]　王义桅.理解海洋命运共同体的三个维度[J].当代亚太,2022(3):4-25,149-150.

刍议远洋航海教学训练资源共建共享机制

李　爽① 李雪红　周红进　范振凯　周琦涵

（海军大连舰艇学院,辽宁大连,116018）

摘要:海军转型建设新时期对海军院校远洋航海人才的培养提出了更高的要求,准确把握远洋航海教学训练资源共建共享需求,分析并利用院校和基层部队双重资源优势,对远洋航海教学训练资源进行整合和管理,打通院校部队信息交流绿色通道,可以促进联教联训,提高远洋航海实战化教学训练水平。

关键词:远洋航海;教学训练资源;共建共享

引言

随着军队实战化教学训练改革的不断深化,军队院校航海实践教学迫切需要以部队战备训练成果作为实践牵引,部队训练也迫切需要用院校的研究成果作为智力支持。深化远洋航海教学训练资源共享共用,最大限度发挥各种资源的使用效益,建立“院校–部队”远洋航海教学训练资源共建共享的高效机制,利用军地高校和基层部队双重资源优势,努力探索实战化教学对策,对促进院校部队联教联训,培养军事远洋航海素质过硬的航海军官具有重要意义。

1 远洋航海教学训练资源使用现状与需求

近些年,随着海军装备大发展和发展战略转型,海军院校在远洋航海实践教学训练方面出现了新的问题,具体表现在以下几个方面。

一是实践教学内容不够贴近部队实际。院校航海教学不能适时跟踪军事远洋航海装备发展趋势,无法及时将新装备知识、理论以及部队航海装备保障、管理和训练中的新情况、新问题充实进课堂教学。比如近些年海军开展亚丁湾护航、南海跟踪监视驱离美军、航母编队远航训练等任务的军事航海实践案例丰富,但是这些案例没有经过院校的充分研究,很多也没有及时进入课堂,可能导致院校培养的航海军官能力素质不能充分满足部队的需求。

二是院校舰艇教学装备器材滞后于部队。院校教学所用的新装备和部队急需装备少,有些新装备已经装备部队而院校还没有配备,有的甚至还是空白,致使部分航海专业科目只能用半实物模拟,或用老旧装备、仿真训练系统替代,影响了学员新装备技能形成。舰艇装备与海军新型驱护舰不同步,在开展军事远洋航海教学时,难以适应新装备现状,针对性

---

① 作者简介:李爽,1993年2月出生,硕士学位,工程师,研究方向为教学训练保障与管理。

不够强,可能出现教学和部队需求脱节的现象。

三是院校航海实践教学资源的利用率不高。一方面,在远洋航海教学训练中,存在一定的理论讲授多、实践锻炼少,封闭教学多、联合培养少,单向灌输多、交流互动少的情况,重讲轻练、重讲轻研,没有很好地利用实践资源将航海理论知识向部队实践靠拢。另一方面,随着军事航海实战化教学的逐步深入,军队院校实践教学经费增加,航海实践教学资源逐渐增多,院校加大对专业实验室、模拟训练中心、训练场地等装备设备建设投入,但当前很多院校实践教学资源没有得到充分利用,只有院校内部相应专业的师生使用,失去了其本身所应承载的实践教学功能。

四是院校与部队间资源共享渠道不通畅。军校学员在院学习期间可以接触到最新的教学内容、科研学术成果,一旦学员毕业离校到基层部队任职,在实际作战训练工作中遇到了自身无法解决的问题,只能通过电话、公文、信函、邮件等方式向院校寻求帮助,基层部队缺乏虚拟训练资源和解决新问题的智力资源。与此同时,部队在作战训练中也积累了大量的案例,形成了非常具有实战价值的训法战法成果,这些案例和成果对于丰富院校教学资源、提高实战化人才培养质量起到重大作用,而院校通常也无法在第一时间获取这些信息。

2 远洋航海教学训练资源共建共享内容

军事远洋航海实践教学训练资源多种多样,涵盖场地资源、设备资源、软件资源、图书资料、研究报告、案例、教法训法、专业人才等。科学、规范的整合与管理上述资源,构建院校与部队间资源综合交错、互利共补的"网"状格局。

2.1 基础数据资源共建共享

数据资源是最易获取的资源,但海量的点状信息无序过剩会导致情报灾难,共享的基础是基本数据的整合与分类。一是制定资源遴选标准。梳理航海教学训练资源类型,通过聚类分析明确资源遴选标准,保证有价值的资源进入共建共享范围。二是确定资源分类方法。根据部队现阶段开展各项任务需要,围绕军航海任务场景分类,分为航渡、火炮攻击、导弹攻击、防空抗击、反潜攻击、布扫雷、编队变换等,之后翔实化资源内容和子分类体系,帮助军队院校教员和部队指战员迅速快捷检索资源、利用资源。三是建立资源获取平台。利用互联网+、大数据、区块链、云平台等新技术在产学研用协同育人机、装备保障等方面的成熟做法,掌握数据平台搭建的共性,把握军事数据特殊性,将远洋航海教学训练资源落实到共享平台上[1-2]。

2.2 模拟作战条件共建共享

围绕实战化教学训练开展模拟仿真设备、仪器和软件系统等模拟作战条件共享,解决平台不一致、接口不一致、软件不兼容等问题,打通不同系统之间的数据链、指挥链、保障链。一是构建军事航海专业实验室体系。按照"体系科学、布局合理、功能衔接、开放共享"的建设思路,统筹院校和部队现有基础,注重突出重点、固强补弱,优化实验教学条件整体布局,推进学科专业实验室、基础实验室建设,拓展模拟训练条件。二是联合研发军事远洋航海装备训练模拟器。发挥地方与军队、院校与部队、机关与基层的集体智慧,组织联合研发团队,在海洋战场模拟作战环境中验证作战概念、战法训法、方案预案、复盘评估,重视用户反馈和功能优化,弥补新装备应用不足的问题[3]。三是推进人工智能、大数据等新技术在模拟器研制中的运用。探索"网络化"异地战术对抗方式,实现复杂海况下互为条件对抗训练及复杂环境下的多兵种联合对抗。

2.3 教学训练基地共建共享

创新军事远洋航海实战化教学训练模式,建立共同教学训练基地,实现整体规划,统筹建设。一是扩充共享范围。在院校跨大单位共享使用训练场地资源需求基础上,逐步推开跨战区、跨军兵种、跨部队院校资源共享机制。二是加强运维管理。建立健全教学训练场地配置、建设、管理、运维标准,调配部队训练场地和大型实弹训练场地保障院校航海实战化教学。三是注重资源互补。构建以某训练基地为核心,其他训练基地为补充的战略战役训练基地群,按照不同缓冲区半径划分区域,挖潜整合形成新的训练场地布局,逐步释放空闲场土地资源和海域资源,充分利用部队训练场地保障航海实战化教学训练。四是提高利用效率。在划定区域内,不管是部队还是院校的训练基地场地,都纳入共享保障范围,使用单位的需求统一纳入场地所在单位年度计划中保障,不允许单独提报建设需求,搞重复建设,实现分层次分时段主动服务。

2.4 航海专业人才共建共享

建立军事航海研究中心和人才库,院校和部队之间形成长期稳定交流互聘机制,坚持"走出去"和"请进来"相结合,提升军事航海人才培养贡献率。一是突出为战育人,院校教员融入部队。组织院校航海专业教员到部队开展调研、代职,选派优秀教员参与部队的护航行动、实兵演习、对抗演练、训练成果展示、战法训法研讨以及法规大纲修编等大项任务。一方面,可提高院校教员军事航海战术素养与实战化航海教学水平;另一方面,有助于解决部队在训练、建设和备战过程中遇到的重难点,为部队战斗力生成提质生效。二是注重实战需求,部队专家深入院校。聘请部队专家参与课程设计、教材编写、综合演练、综合考核、岗位资格认证等教学活动,使军事航海人才培养始终贴近部队、贴近实战。加大教学课程中外请专家授课讲座比重,特别是针对课程教学训练任务聘请战区和军兵种、基层部队、兄弟院校的专家进行授课指导,帮助学员了解航海岗位任职需求,查摆不足。三是优化战法训法,联合开展理论研讨。在联合作战视域下开展跨兵种、多层级、多领域的军事航海理论研讨。以解决军事需求为目的,以部队反映的现实问题为牵引,选定研讨主题。联合部队、院校、科研机构策划和组织理论研讨,促进联合研究和协同创新,集中人才形成联合育人优势,促进部队作战训练理论研究,引导院校面向战场、面向部队、面向未来开展人才培养和科学研究。

3 远洋航海教学训练资源共建共享途径

根据军队院校和部队的指挥体制和流程特点,形成"没有围墙"的共建共享渠道,打通院校部队信息交流绿色通道,建立起"学员-教员-指战员"之间的全时空教学训练的正反馈闭环。

3.1 政策制度的保障

根据全军政策法规制度建设统一规划,制定和颁发共建共享实施办法,明晰航海相关军事院校、科研单位、保障单位、基层部队的职责权限,拟制相关组织实施和配套保障办法,建立与新体制相适应的共建共享领导管理体制,确保共建共享活动依法组织实施。一是运营维护机制。根据单位规模成立相适应的运维工作小组,既要负责远洋航海教学训练资源的生成、上传、审核、更新和维护工作,也要负责共建共享协议制定、共建共享情况追踪和实际效益评估等工作,确保资源共建共享的常态化、安全化和高效化。二是权益保护机制。坚持收益与成本对等原则,资源共建共享单位间事先明确义务和权利,协商确立投入单位间实际收益分配办法,如:共享使用范围、易耗品的维护成本、成果收益分配、知识产权归属等,防止侵权行为阻碍资源共建共享积极性。三是评价激励机制。加强共建共享工作成效的考核和评估,将其纳入军队院校教学评价和部队年度军事训练考核体系,纳入个人专业领域绩效评估,强化各级参加共建共享机制的主动性[4]。

3.2　传统手段的支撑

由于受保密安全因素制约,传统手段依旧是目前院校和部队对接的主要途径。一是公文途径。发挥公文的法律、指导、联系、凭证、史料等作用,本着"一事一文"原则,在充分沟通的基础上拟制公文,明确资源共建共享的依据、目的、任务目标、职责分工、时间节点、有关要求等要素,防止"口头承诺",做到"有法可依"。二是集训途径。利用集训时相关领域业务人员集中的契机,对熟悉彼此间的资源优势,就共建共享合作过程中的现有症结、未来前景进行探讨,碰撞思想火花。三是调研途径。坚持点面结合、上下结合、内外结合,摸清自身问题,明确调研重点,防止"作秀式"调研。将调研流程细化为"八步",即确定选题计划、制定调研方案、成立调研组织、听取情况介绍、深入实地调研、组织讨论研究、撰写调研报告,并进行跟踪、反馈和评估,通过调研促进成果共建共享。

3.3　网络传输的利用

利用光纤网络传输数据资源,具有时间短、速度快、数据量大的特点,有利于提高沟通效率、加强对接效果、取得沟通成效。军事信息资源的网络传输,以要素齐全、内容简洁、符合规定、安全保密为原则,由上级机关牵头统筹,自上而下推动。首先,明确传输信息的内容、密级、标准和规范;其次,开展专项网络传输渠道的构建,利用好校内网、军综网、指挥专网等现有传输网络,指定承建单位和运维单位,协调保密部门就网络传输渠道的安全性进行专业检测和评估;最后,合理分配账号权限,持续做好网络维护和信息资源更新。网络传输渠道的保密管控应慎之又慎,在对接各个环节中的保密管控和监控须进行配套加强,具体行动方案及待传信息需要报各单位保密办审核。

4　结束语

军事远洋航海具有鲜明的实践性和发展性。实践性体现在军事远洋航海需要在各种实践作战场景下规划航海活动,检验航海方法、手段和装备的有效性。发展性体现在随着作战目标的演进、作战海区的拓展和装备的发展更新,航海方法、手段必须与时俱进、不断更新才能保证作战目标的实现。远洋航海教学训练须通过高效快捷的共建共享机制,使得教学更加贴近实战化,推动"教战型"转型走向深入。

参考文献

［1］　陈亘，李长海.大数据在联合作战装备保障中的应用价值探究［J］.海军学术研究，
　　　　2021（5）:43-46.

［2］　曲东东，白阳，杨敬君.基于现代教学资源共享平台的航海类教务联盟教学改革攻
　　　　坚体系［J］.航海教育研究，2017，34（4）：46-49.

［3］　胡德生，詹昊可，吴艳杰.关于军事航海实战化教学训练的几点思考［J］.海军工程
　　　　大学学报（综合版），2017，14（4）：75-77.

［4］　付世秋，王双明.应用技术高校实践教学资源整合与共享机制研究［J］.电子世界，
　　　　2019（4）：86-87.

海洋命运共同体构建中的海事角色
——基于海事治理的视角①

宋　山②

（中华人民共和国日照海事局，山东日照，276826）

摘要：海洋治理是构建海洋命运共同体的主要手段和核心路径，海事治理作为海洋治理的重要组成部分，已经成为践行海洋命运共同体理念的重要形式。世界发达国家海事治理的经验表明，海事治理已经成为一体化、专业化、精确化、标准和国际化海洋治理的重要组成部分，海事治理在海洋治理中的作用越来越突出。本文从海事治理的角度出发，在对几个代表性发达国家海事治理的经验总结的基础上，分析海事治理在其海洋治理中的角色定位，并为海事治理更好地服务海洋治理，践行海洋命运共同体理念提出建议。

关键词：海事治理；海洋治理；发达国家

引言

党的十八大以来，习近平总书记深刻洞察人类前途命运和时代发展大势，敏锐把握中国与世界关系的历史性变化，提出"构建人类命运共同体"重要理念。构建海洋命运共同体，是构建人类命运共同体的重要内容。海洋命运共同体理念，是对人类命运共同体理念的丰富和发展，是人类命运共同体理念在海洋领域的具体实践。海洋命运共同体作为一种理念，主要通过海洋治理的方式去实现。海事治理作为海洋治理的主要组成部分，在非传统安全领域的海洋治理中发挥着不可替代的作用，也成为海洋命运共同体理念的重要践行手段。

据统计，目前全球95%以上的贸易运输是通过海运完成的，海运已经成为国际贸易的核心途径。船舶是海运的主要载体，也是完成贸易运输的唯一海上工具。同时，随着船舶大型化和智能化的发展，大宗货物的全球运输将变得更加快捷，这也将极大地促进全球资源配置和商品交易，从而拉动全球经济的发展。因此，在相当长的一段时间内，全球贸易对海运的依赖将进一步加深，船舶也将成为全球贸易的"生命之舟"。海事作为船舶事务的主管机关，承担着船舶安全检查、船舶进出港安全保障、船舶防污染治理、船员权益维护、船公司安全体系监督以及船舶事故调查等多项职责，是全方位保障船舶安全航行的主要力量。本文将从四个部分展开论述：第一，西方国家海事治理的经验；第二，海事在海洋治理中的角色；第三，中

---

①　根据组委会提供的论文选题方向，该论文属于第（七）类，其他海洋领域。

②　作者简介：宋山，1988年4月出生，硕士研究生，日照海事局四级主办，研究方向为海洋治理、海洋外交。

国海事参与海洋治理的机遇和挑战;第四,中国海事参与海洋治理的相关对策。

1 西方国家海事治理的经验

根据海洋治理模式、海事监管水平、海事执法能力以及地域分布等各方面综合考虑,笔者在此部分选取了美国、英国、澳大利亚三个代表性的国家,对其海事监管的基本概况进行了阐述。其中,美国、英国都是国家海事组织 A 类理事国,而且是美洲、欧洲海事大国的代表,澳大利亚虽然只是国家海事组织 C 类理事国,但却拥有世界上最大的海事管辖区域,其海事监管水平也处于世界领先地位。

1.1 美国海岸警卫队

美国海事的相关职责由海岸警卫队(United States Coast Guard)负责。美国海岸警卫队隶属国土安全部。根据《200 年国土安全法》海岸警卫队具有下列六项海事职责:搜救、海洋安全、航行帮助、破冰、海洋生物资源保护、海洋环境保护。同时,根据美国法律,运输部海运管理局、联邦海事委员会以及港口管理机构也承担部分海事管理职能,但美国海岸警卫队是执法机构,统一行使海上执法权,拥有绝大部分海上执法权责,是美国海事治理的核心部门之一[1]。美国是世界上设立海岸警卫队最早的国家,其最大的特点就是一体化、专业化,海事治理和其他方面海洋治理一起被置于统一的治理体系之中,形成一套上到国家总统,下到海岸警卫队的一体化管理模式。美国海岸警卫队配备了各种高科技的设施装备,其中 65 英尺①以上的大中型船只近 250 艘,各种固定翼飞机和直升机近 200 架,采用了最先进的 C4ISR 系统和综合后勤系统(ILS)[2],专业化设备的应用极大提高了海事执法效率。

1.2 英国海事与海岸警卫署

英国海事与海岸警卫署(Maritime and Coastguard Agency, MCA)隶属英国交通部,由英国海事局(Marine Safety Agency, MSA)和皇家海岸警卫队(HM Coastguard)于 1998 年合并而成。其主要职责包括:一是指挥协调搜救责任区内的搜寻与救助,保障海上及近岸人员、船舶安全;二是检查船舶是否满足国际和英国海事安全标准,实施港口国和船旗国安全控制;三是防治海上污染;四是推动国际海事标准、政策的发展;五是提供船员资质考核发证等服务[3]。同时,船舶安全事故调查工作由英国海事调查局(MAIB)专门负责,是对海事工作的有效补充。在 2011 年英国政府出台的《英国海洋政策》中更加明确了通过对航运与港口活动的监管,保障英国的航运安全,保护海洋资源和海洋环境,同时对涉海活动进行有效规划管理,严格控制海洋污染物排放,防止对海洋环境的破坏[4]。这进一步强化了英国政府对船舶安全和防污染治理的意志和决心。

1.3 澳大利亚海事安全局

澳大利亚海事安全局(Australian Maritime Safety Authority, AMSA)是负责海上安全、海洋环境保护和海上搜寻救助的联邦安全监督机构。其主要职责由五个业务部门分别承担:①海事标准部,负责提供政策性战略建议,包括海事安全、环境和航行事务;负责起草相关

---

① 1 英尺 = 0.304 8 米。

法律、标准、政策和项目;负责澳大利亚航海保障事务。②海事环境部,负责海上环境保护,实施国家海上应急反应具体部属,作为国际海事组织(IMO)代表参加海环会相关政策和标准的制定和执行。③海事操作部,负责按照海事安全标准监督管理船舶、船员、货物安全积载装卸和沿岸引航。④搜寻救助部,负责国内搜寻和救助协调以及海上污染应急反应。⑤体改规范部,负责建立关于商船海上安全规则的国内体系。[5]澳大利亚海事监管没有采用一体化的安全监管模式,但却体现出极高的专业化和精准化治理特点。澳大利亚海事安全局虽然规模较小,但是凭借着一流的监管水平和发达的高科技监管手段,保障着世界最大的海事管辖区域的海上安全。

2 海事在海洋治理中的角色

通过以上分析,我们可以很清楚地认识到,当前全球发达国家的海事治理已经基本上实现了一体化、专业化、标准化、精准化和国际化,这也为其他国家的海事治理提供了良好的借鉴。在本章中,我们将进行详细论述。

2.1 一体化海洋治理中的重要一环

一体化是发达国家海洋治理的最大特色。由于国家的航海历史比较悠久,在海洋治理方面积累了丰富的经验,国内海洋管理相关机构之间也进行了充分的磨合,国家海洋治理行政体制不断优化,发达国家在海洋管理和海洋治理方面普遍实行一体化治理模式。一体化治理模式的最大优势是,减少了相关机构之间的摩擦,最大可能消除治理盲区,提高工作效率,保证海洋治理效能的最大化。海事作为一体化海洋治理中的重要环节,已经得到了发达国家的高度重视。各发达国家普遍认识到,船舶安全治理、船舶防污染治理以及海上人命搜救已经成为提高航运效率,保护海洋环境和保障生命安全的重要组成部分,尤其在航运业主导全球贸易运输的今天,船舶的相关治理显得尤为迫切。

2.2 专业化海洋治理中的重要载体

专业化是发达国家海洋治理的重要特征。雄厚的经济实力和发达的科技水平为专业化海洋治理打下了坚实的基础,丰富的管理经验和先进的治理理念则为专业化海洋治理提供了理论和思想保障。在船舶安全检查、船舶防污染治理、海上人命财产救助以及海事调查等方面,需要较高的技术水平和专业能力,有些方面甚至需要高精尖技术的支持,这是由海事工作的客观性决定的。各国为保障海事工作的顺利推行,打造了一支支专业的海事治理队伍,从港口国监督(PSC)、森林管理委员会(FSC)检察官,到海事调查官,再到海事搜救协调员等各种专业人员培养成为重中之重的工作。因此,可以说,发达各国的海事管理机构基本都是由各种专业人才构成的,负责具体各个方面的专业管理和治理。

2.3 标准化海洋治理中的典型代表

标准化是当代海洋治理的内在要求。海洋治理的标准化不仅能够保证海洋治理的系统性和有序性,更能提高海洋治理的效率和效果。标准化海洋治理的突出体现是形成了系统完整的法律体系和质量体系。在发达国家的海洋治理中,标准化是内在要求,几乎所有国家都按照国际公约和国内法律要求形成了一套系统的法律体系,根据国际标准化组织(ISO)相关标准形成了科学的质量管理体系。在海事治理方面,当前的国际海事规则就是在西方海运大国的主导下制定的,欧美各国不仅完善海事法律体系和质量体系,而且将标准不断细化,精益求精,已经到了近乎苛刻的程度。例如在对待压载水排放问题上,欧盟国家的标准非常苛刻,对于船舶安全检查,巴黎备忘录国家也更加严格。因此,标准化是发达各国海洋治理的基本要求,而海事治理已经超越了这种基本的标准化,成为高标准和超标准治理的典型代表。

2.4　精准化海洋治理中的关键部分

精准化是发达海洋治理的发展趋势。随着越来越多的海洋问题的产生,许多问题仅仅靠宏观调控或者政治安排已经成效甚微。因此,发达国家开始将关注重心向微观治理转变,开始重视海洋治理的精准化。精准化海洋治理的突出特征是对症下药,节省成本,速有成效,在解决海洋问题,尤其是海洋污染等顽疾方面具有独特作用。海事治理是精准化海洋治理的关键部分,基于以下几点:一是将治理的主体和客体具体化,即海事专业人员对船舶相关问题的治理;二是将治理规则精确化,即根据各项海事公约和规则对船舶安全和防污染等进行检查和治理;三是将治理效果可量化,即通过海事治理极大减少船舶安全事故和污染事故,损失减少量可以通过数据体现出来。

2.5　国际化海洋治理中的优先方向

国际化是发达国家海洋治理的突出特征。为更好地解决海洋问题,发达国家形成了海洋治理的国际合作和交流机制。当前海洋治理已经形成了以联合国为中心,以主权国家为主体,以相关国际组织为辅助,以国际公约为原则的国际合作机制。在海洋治理中,海事治理的开放性和国际化尤为明显,船舶的全球流动特性使各国不可能单独解决其面临的各种问题,只能通过国际协作,在统一的标准和规则下,实现船舶安全和防污染治理。当前,国际海事治理已经形成了以国际海事组织(IMO)为中心,以《联合国海洋法公约》为原则,以四大海事公约(《国际海上人命安全公约》(SOLAS 公约)、《国际防止船舶造成污染公约》(MARPOL 公约)、《1978 年海员培训、发证和值班标准国际公约》(STCW 公约)、《国际海事劳工公约》(MLC 公约))为基础的治理体系。发达国家作为当前海事规则的制定者和主导者,主动谋求通过国际化合作实现海事治理的长效化和可持续化。

3　中国海事参与海洋治理的机遇与挑战

随着海洋强国战略、"一带一路"倡议的不断深入推进,中国海事的发展也面临着前所未有的机遇与挑战。一方面国家战略为海事高质量发展提供了政策和理论支持,为海事治理现代化注入了新的动力;另一方面,海事本身面临着诸多亟须解决的问题,国际和国内环境的变化也需要海事不断适应和调整,这成为海事发展需要正视的挑战。

3.1　海洋强国战略、"一带一路"倡议、交通强国战略的提出

海洋强国战略和"一带一路"倡议的提出为海事的发展提供了强劲的动力,而交通强国战略的提出为海事发展指明了方向。当前,在国家战略的推动下,海洋治理亟须强化已经大势所趋,精细化、专业化治理将成为海洋治理的优先发展方向。"专业化"和"国际化"的特点为海事提供了独特的优势,成为精细化、专业化海洋战略的主力军。同时,随着各项战略的深入推进,对技术性因素的要求越来越高,海事应该抓住这一趋势,精益求精,发挥出

在船舶安全和防污染方面的"匠人精神",使海事治理站在海洋治理的尖端位置。

3.2　国际海事治理体系的完善

随着全球海洋治理的不断深入,国际海事治理体系也不断完善。当前国际海事治理方面,已经形成了以国际海事组织(IMO)为核心的组织体系和以《联合国海洋法公约》为基础的法律体系,这两大体系也成为国际海事治理体系的核心。国际海事组织作为联合国负责海洋航行安全和防止船舶造成污染的一个专门机构,在国际海事治理中处于领导核心的地位。其主要作用是领导国际海事制定和完善各种国际公约和规则,协调各成员国的海事交流与合作,促进国际海事治理的制度化和现代化。同时,国际海事治理体系已经形成了以《联合国海洋法公约》为基础,以海事四大公约(SOLAS 公约、MARPOL 公约、STCW 公约、MLC 公约)为核心的法律体系,在四大公约体系之下还有各种具体的条约和规则,系统地规范着船舶航行安全、船舶防污染等各种事项,成为国际海事治理的法律保障。中国已经连续 17 次当选为国际海事组织 A 类理事国,2021 年,中国出席海事相关国际会议 47 次,向 IMO、国际海道测量组织(IHO)、国际航标协会(IALA) 等国际会议提交提案 121 份。开展国际和港澳台交流合作活动 21 次。国际海事治理为中国海事的发展提供了良好的国际环境,也为中国海事不断迈向世界海事强国提供了广阔舞台。

3.3　海运和航运业的不断发展

随着全球经济的复苏,航运业也逐渐摆脱经济危机的影响,呈现有序发展的良好态势。航运的发展势必会带来船舶相关行业的发展,海事的监管压力也会因此增大,然而,从另一方面看,随着航运的发展,海事的作用和地位也会越来越高。航运在经济全球化中的地位不可撼动,保障航运安全事关粮食、能源、矿产安全和国际海运物流供应链稳定,保护水域生态环境事关生态安全、产业转型、结构调整,保障船员整体权益事关民生福祉、畅通循环、疫情防控,维护国家海上主权事关海疆安全、海权稳固、国家长远利益。"智能化、大型化"已经成为船舶发展的方向,这是航运发展的必然结果,也是促进全球经贸发展的重要条件。海事也将因此承担更大的监管责任,也将因此受到更多的关注,这是一个双向的互惠关系,海事服务航运发展,航运发展也为海事发展注入动力。2021 年,全国海事系统安全保障国内航行船舶进出港 2 548 万艘次、国际航行船舶进出口岸 37.43 万艘次、水上货物运输 206.97 亿吨、水上客运 4.26 亿人次。全国共发生一般等级以上中国籍运输船舶交通事故 126 件、死亡失踪 150 人、沉船 46 艘、直接经济损失 2.26 亿元,同比分别下降 8.7%、23.5%、39.5%、5.2%。全年组织协调水上搜救行动 1 881 次、搜救遇险船舶 1 337 艘、遇险人员 14 473 人,人命救助成功率 95.85%。全年水上交通安全形势总体稳定。[6]

3.4　海事治理体系已初步成型

关于海事治理体系的内涵,2018 年 1 月召开的全国海事工作会议上已经给出了比较明确的定义,即"通过构建从严管党治党、安全治理、公共服务、依法行政、支撑保障和国际合作六大体系,全面推进海事治理体系和治理能力现代化,实现安全可靠、绿色高效、高度智能、开放融合、世界领先、人民满意,有效支撑交通强国建设"[7]。2021 年《海上交通安全法》及配套法律法规的相继修订实施,标志着海事法治治理体系更上一个新台阶,为海事治理提供更为坚实的法治保障。水上交通安全治理体系、水上防污染治理体系、船员权益保障体系、海事政务服务体系等海事主要业务体系日趋完善,党建服务体系、人力保障体系、财政管理体系、装备支撑体系等保障体系加快建设,多层次、全方位、立体化的海事治理体系已初步成型。

4 中国海事参与海洋治理的相关对策

4.1 尽快完善现代海事治理体系

当前,中国海事治理体系已经初具规模,但是仍然需要继续完善和升级,建设一套现代化的海事治理体系是海事跨越式发展的需要,也是海事融入海洋治理的需要。以践行《交通强国建设海事试点实施方案》为契机,以完善《海上交通安全法》为核心的海事治理法律体系为基础,要提升水上交通本质安全建设水平,切实维护我国水上交通安全的长治久安,着力提升依法行政的能力,提高执法效率和效能。着力提升海事智能化建设水平,探索运用人工智能、云计算、大数据、物联网等技术,探索与交通科技同步的"智能海事",推动海事信息化的升级迭代,加快"陆海空天"一体化海事保障体系和全要素"大交管"建设,尽快从发展战略、监管能力、服务水平方面提出服务交通强国和海洋强国的总体要求,健全制度,完善机制,实现海事治理制度化、规范化、精细化和科学化。

4.2 积极融入海洋治理机制

海事治理是海洋治理的一部分,这是无须置疑的事实,但是我们必须由"隐性"参与转换到"显性"参与,必须让海事治理与海洋治理接轨,让自己的工作得到认可。一是要有参与海洋治理的积极性。要摒弃"人不知而不愠"的自我安慰心态,要积极地将自己的工作向外进行宣传,将海事治理体系有机融入海洋治理体系之中,让世人"知海事、懂海事"。二是要对当前海洋治理有所研究,并掌握海事在其中的定位。要参与到海洋治理之中,就要研究海洋治理,只有对当前海洋治理的特点、内涵和发展趋势进行系统的研究,才能更好地为海事治理的发展提供理论支持。三是要注重实际工作与学术研究相结合,在学术界形成海事声音。与学术界进行良好的衔接,将海事工作进行学术研究,形成系统化、理论化的学术资源,不仅有利于指导海事工作,也有利于海事治理的深度宣传。

4.3 持续建设复合型的人才队伍

人才是第一资源,人才队伍的建设是关乎海事发展的关键因素。所谓复合型人才队伍就是指,要使海事人才掌握多种技能,既要又专业又精通,又要又全面又多样[8]。培养复合型人才是适应当前快速发展的经济社会发展的需要,也是适应国际海事治理革新不断深化的需要,更是提高工作效率,实现资源优化配置的需要。首先要制定科学有效的人才培养战略,形成自上而下的人才培养体系。积极探索"政府-高校-企业"联合培养模式,促成产学研相结合的新局面。其次要注重人才培养的理论与实践相结合,既要重视理论素养的提高,尤其是专业理论和相关法律法规的学习,也要重视实践经验的积累,尤其在海事行政检查、海事调查等核心业务上下足功夫。最后还要重视国际交流,积极融入国际海事治理之中,以国际海事组织、国际航标组织等海事相关国际组织为平台,以与其他国家合作为契机,学习国际海事治理的最新理念和经验,掌握国际海事的最新技术和技能,使海事人才能够具有较高的国际视野。

4.4 继续推进海事治理国际化

国际化是海事的最大特色,也是屹立于海洋治理的一张王牌。推进海事治理国际化,不仅能够在世界上打好中国海事的品牌,为中国海洋治理走向世界贡献力量,而且能够使中国海事不断接受世界先进的海事治理理念,提升海事治理水平。一方面要继续提高中国海事的履约能力,以 IMO 成员国审核机制强制化为契机,完善海事履约机制和自我审核体系,提升海事整体管理水平和国际形象。另一方面充分发挥我国在相关国际组织的优势,深度参与有关国际组织的重点工作、重要会议和重大活动,增进在国际标准和规则制定中的影响力和话语权,为全球海洋治理提供"中国方案""中国力量""中国智慧"。

5 小结

海洋命运共同体理念需要在海洋治理的不断践行中才能体现出强大的理论优势,可以肯定的是,海事治理以其非冲突性和非对抗性的特点,在维护国家主权和海洋权益中可以发挥出独特的作用,从海事治理的角度探索海洋命运共同体理念的践行之路,是一条值得探索的路径。发达国家,尤其是欧美国家作为海洋治理和海事治理的先行者,已经为海洋治理和海事治理积累了丰富的经验。中国作为后起的航运大国,在海洋治理和海事治理方面还尚在起步阶段,体系尚需完善,法制尚需健全,人员素质尚需提高,这是一个不争的事实。作为海事治理而言,借鉴发达国家海事治理的经验,厘清海事治理在海洋治理中的角色定位,完善治理体系,提高治理能力,是当前工作的重中之重。

参考文献

[1] 裴兆斌. 海上执法体制解读与重构[J]. 中国人民公安大学学报(社会科学版), 2016, 32(1):132-137.

[2] 李培志. 世界各沿海国海岸警卫队装备体系发展现状及启示[J]. 南海学刊, 2016,2 (2):76-80.

[3] 张晓东. 英国海事与海岸警卫署[J]. 水运管理, 2009, 31(2):38-39.

[4] 李景光,张士洋. 世界主要国家和地区海洋战略与政策选编[M]. 北京:海洋出版社 2016.

[5] 凌黎华. 赴澳大利亚海事局交流的几点体会[J]. 中国海事, 2012(3):52-55.

[6] 中华人民共和国海事局. 深入推进落实"12395"工作思路 奋楫开创海事现代化发展新格局:2022 年全国海事工作会议召开[EB/OL]. https://www.msa.gov.cn/html/xxgk/hsyw/20211225/7C4BCE35-C1F9-40F9-9207-D2CE547AADD6.html.

[7] 六大体系推进海事治理体系和治理能力现代化[J]. 世界海运,2018,41(2):48.

[8] 宋山. 新形势下的复合型海事履约人才培养[J]. 航海教育研究,2019,36(3):23-28.

中国海上关键节点近海清洁
能源现状分析与开发评估

尹锡帆① 郭创国 黄 路

(国家海洋技术中心漳州基地筹建办公室,福建厦门,361001)

摘要: 为助力国家"碳达峰、碳中和"战略,通过分析我国海上关键节点近海太阳能、风能、波浪能、核能等清洁能源的时空分布,发现台湾海峡能源富集程度,风能大于核能,核能大于太阳能,太阳能大于波浪能。在我国海上关键节点近海清洁能源集成开发利用上,应重点加大风能发电装机量的投入,强化对太阳能、波浪能能量转化技术的研究;在清洁能源设施维护保养上,核能设施冬季最优,太阳能设施春季最优,风能和波浪能设施夏季最优,但需要考虑用户用电规律,合理安排清洁能源设施设备的维护保养,保障该地区电力持续供应。分析评估我国海上关键节点近海清洁能源,为台湾海峡清洁能源的高效利用提供了科学依据。

关键字: 中国海上关键节点;近海清洁能源;现状分析;开发评估

引言

近年来,国家实施"碳达峰、碳中和"战略,大力推进可再生能源替代方案,提出非化石能源消费比重、能源利用效率提升、二氧化碳排放强度等目标,确保能源供给和能源安全[1]。一方面,以化石能源为主的经济体系严重污染生态环境,"绿色经济"属于未来经济发展的新趋势[2];另一方面,我国化石能源对外依存度很高,能源安全容易受外部环境影响和制约,难以保证国家能源安全[3]。常用清洁能源有太阳能、风能、波浪能、生物能、地热能、核能等[4]。在世界各主要大国中,我国清洁能源占比最低,2022 年上半年发电 3.96×10^{13} kW·h,化石能源占比近 70%,清洁能源占比不到 30%。分省来看,只有一半省份清洁能源占比超过 40%,青海省清洁能源占比最高,不到 60%。因此,我国清洁能源的研究与利用,将有助于国家实现"碳达峰、碳中和"战略目标,有效保障国家能源安全。

全世界 1 000 多个海峡通道中,可视为关键节点的不到 20 个,我国台湾海峡是世界公认的海上关键节点[5]。台湾海峡也是"一带一路"的重要航道,随着我国"一带一路"倡议的顺利实施,台湾海峡的重要性愈发明显[6]。台湾海峡沿岸高效利用清洁能源,将有利保障海上丝绸之路建设,成为宣传国家"碳达峰"战略,体现大国责任的重要名片[7-8]。在国家大

---

① 作者简介:尹锡帆,1991 年 12 月出生,硕士研究生,工程师,研究方向为辅助决策、气象海洋、能源安全。

力倡导"碳达峰"战略之际,本文在探讨海上关键节点近海清洁能源富集情况的基础上,进一步研究台湾海峡近海清洁能源时空分布和开发现状,分析评估清洁能源的开发利用,为国家"碳达峰"战略目标的实现提供科学依据。

1 资料来源

我国海上关键节点台湾海峡位于福建省和台湾地区之间,长约 380 km,最狭处宽约 130 km,海峡福建近海区域清洁能源主要以太阳能、风能、核能、波浪能资源为主,具备建设风电 7×10^8 kW·h、核电 3×10^8 kW·h 和太阳能电 1×10^8 kW·h 的装机条件。截至 2020 年,风能、太阳能和核能装机发电量,分别占资源储量的 6.9%、29% 和 20.2%,综合开发率不到 30%,开发区潜力巨大。风能资料引用 1982 年福建省 12 个气象台(站)的风速统计分析资料[9],太阳能引用 1971—2003 年全国 270 个地面气象站的实测气象统计分析数据[10],波浪能引用 2014—2016 年气候预测系统再分析(CFSR)风场驱动模型分析结果(时间分辨率 3 h,空间分辨率 0.5°×0.5°)[11]。

2 海上关键节点沿岸清洁能源现状分析

2.1 风能

海上风能有储量大、分布广、可再生、无污染等特点,可用于海水淡化、助力航行、风能发电等工程。研究发现海上风力较陆地风力资源丰富,离岸 10 km 的海表风速比沿岸大约 25%,台湾海峡福建近海区域风能资源十分丰富,为福建省陆地风能资源的 3~4 倍[12]。海风的时空变化趋势直接影响海面风能资源的开发利用,但科学领域在该方面的研究较少,对台湾海峡海域风能长期变化趋势的研究更为稀缺[13]。根据台湾海峡福建近海区域 12 个气象台(站)的 10 m 高度风能实测资料[9](表 1),对其进行 4 阶多项式曲线拟合(拟合公式为 $W=21.376v^4-486.99v^3+4145.5v^2-14706v+18955$,其中,$W$ 表示年有效风能,v 表示年平均风速),通过计算的拟合公示,对比国家风功率密度等级(3 级以上用于风力发电能力较好),计算拟合年有效风能(图 1),评估台湾海峡福建近海区域风能资源现状。

表 1 台湾海峡福建近海区域 12 个气象站 10 m 高度风能资源拟合和风力发电价值表

站名	东澳	台山	马祖	东山	崇武	平潭	金门	长乐	晋江	诏安	三都澳	漳浦
年平均风速/(m/s)	8.7	7.9	6.8	6.4	6.2	6.0	4.8	4.0	3.5	<3.5	<3.5	<3.5
年有效风能/(kW·h/m²)	6 590.5	4 548.9	3 293.0	3 168.4	2 633.2	2 080.3	1 457.7	764.2	581.9	291.3	252.4	213.9
年有效风能拟合/(kW·h/m²)	6 563.9	4 652.9	3 221.7	2 837.8	2 653.4	2 470.5	1 368.6	763.9	594.4	—	—	—
国家风功率密度等级	6 级	6 级	5 级	5 级	4 级	4 级	1 级	—	—	—	—	—
风力发电价值	很好	很好	很好	很好	好	好	可用	低	低	低	低	低

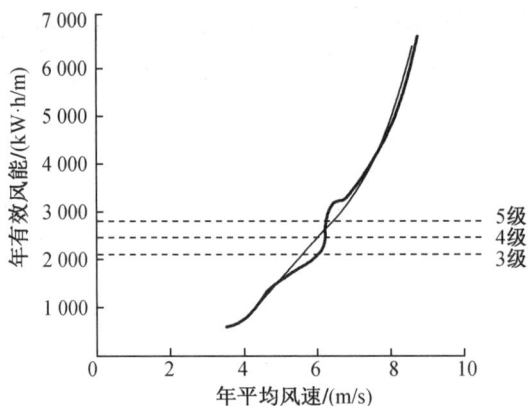

图1　台湾海峡福建近海区域年平均风速和年有效风能对应关系

注:细线为拟合曲线,短虚线为国家风功率密度等级。

由表1和图1可知,台湾海峡福建近海区域年有效风能同年平均风速存在正相关关系,在台海近海平潭、东山出现拟合畸变,是由于风速变化受地形变化的直接影响,平潭站位于平潭岛近大陆一侧,自然地形对风能能量存在一定程度的衰减作用,导致该站风能能量实测值约为拟合值的84%,东山测站处于海峡口附近,狭管效应对风能能量存在一定程度的增强作用,导致该站风能能量实测值约为拟合值的112%。同时,东澳、台山、马祖、东山、崇武、平潭等站实测年有效风能较高,其中,东澳站年有效风能为 6 590.5 kW·h/m²,达 6 级风功率密度,风力发电价值较高;金门、长乐、晋江、诏安、三都澳、漳浦等地区实测年有效风能较低,只有金门站达 1 级风功率密度,风力发电价值较低。

结合福建全域有效风能分布情况[9],台湾海峡福建近海区域水深 20 m 以内区域 10 m 高度年有效风能国家风功率密度等级在 3 级以上,开发程度较好,能较好应用于滨海风力发电(大于 2 100 kW·h/m²),这同前人研究结果一致[14-15]。同时,闽南地区风能沿海陆域风功率密度达 3 级以上丰富能力,具备开发价值,闽北沿海陆域风功率密度低于 3 级,开发价值较低。此外,台湾海峡福建近海区域风能受寒潮和副高等天气的影响,存在春夏低谷、秋冬高峰季节性变化特征,对于日变化,傍晚前后有较强海陆风,有利于傍晚用电高峰期电力供应。

2.2　太阳能

太阳能属于开发潜力巨大的可再生清洁能源,通过太阳辐射转化装置将太阳热辐射能转化为电能、热能,是解决全球环境污染与全球气候变化的重要手段。我国幅员辽阔,太阳能资源丰富,人们多集中于研究太阳能资源丰富区的太阳能资源时空分布和开发利用,对太阳能资源相对较少且经济发达的区域研究较少[16]。我国按太阳能辐射量的大小可分为五类地区[17],台湾海峡福建年辐射总量在 4 200 MJ/m² 以上,年日照时数在 1 300 h 以上[18],台湾海峡福建近海区域南部属于较丰富的三类地区,北部属于可利用的四类地区。以年太阳辐射总量为指标,参考《太阳能资源评估方法》中的评估方法,将太阳能资源丰富程度分为 4 个等级(表2)。

表2 太阳能资源丰富程度等级表

分级指标	丰富区 I	较丰富区 II	可利用区 III	低值区 IV
年太阳辐射总量/($\times 10^8$ J/m^2)	>62.80	50.20~62.80	41.90~50.20	<41.90
年日照时数/h	>2 400	2 000~2 400	1 600~2 000	<1 600
太阳能开发价值	很好	好	可用	低

根据太阳能资源丰富程度等级,结合台湾海峡福建近海区域全年太阳总辐射量和日照时数分布情况[10],研究发现,闽南近海年太阳总辐射量超过 50×10^8 J/m^2,年日照时数超过2 000 h,太阳能资源较丰富,太阳能开发价值高;闽北近海(不含罗源湾等闽北港湾)全年太阳总辐射量大于 41.9×10^8 J/m^2,日照时数大于 1 600 h,太阳能资源可利用,太阳能可以用于开发;罗源湾等闽北港湾附近太阳总辐射量小于 42.5×10^8 J/m^2,日照时数小于 1 700 h,太阳能虽可用,但太阳能资源接近低值区,开发价值较低。分析台湾海峡福建近海区域多年季度平均日照时数和日照百分比(图2),发现闽南近海多年季度平均日照时数和日照百分比显著高于闽北近海地区,且夏季最高、秋季次之、冬春最低,这是由于该地区春季处于受华南前汛期,有持续降水,影响日照时数,夏季梅雨北抬至江淮一线,福建近海区域处于副高控制区,出现持续晴朗天气,日照时数长,秋季受台风的影响,日照时数较夏季短,但高于冬春季。值得注意的是厦泉地区多年季度平均日照时数和日照百分比平均值最高,虽然漳州地区更靠南方,但漳州地区陆域较厦泉地区多,导致平均的日照时数较少,进一步佐证了福建海域太阳能较福建陆域丰富。

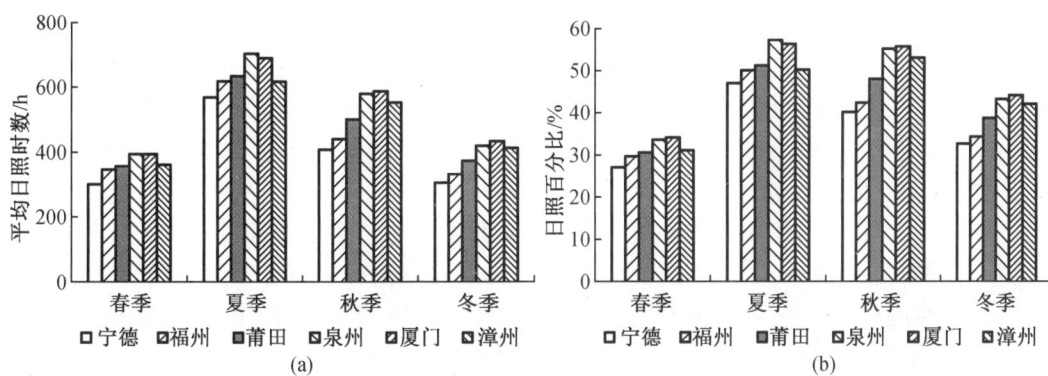

图2 台湾海峡福建近海区域多年季度平均日照时数和日照百分比

2.3 波浪能

波浪能是指海洋表面波浪的动能和势能,属于具备无污染、储量大、分布广等优点的可再生能源[19],当前还处于资源基础科学研究和试验开发阶段[20]。台湾海峡福建近海区域波浪能资源居全国第二[21]。目前,各学者对波浪能资源的评估标准不一,按能流密度标准,以目前技术水平,大于 2 kW/m 可用,大于 10 kW/m 可开发;按中国沿岸波浪能区划标准(表3),年平均波高 $H_{1/10}$ 大于 0.7 m 可开发,大于 1.3 m 开发价值高[21]。

参考上述标准,结合台湾海峡年波能功率密度平均值和年有效波高分布情况,按能流密度,台湾海峡福建近海区域波能功率密度平均值小于 2 kW/m;按年平均波高,东山年平均波高小于 0.7 m 为三类区,其他均为二类区以上。对于台湾海峡福建近海区域波浪能能流密度季节性变化,郑崇伟团队研究发现该地区波浪能冬秋最大,春季次之,夏季最低[19],

这是由于台湾海峡秋冬季节受北方强劲寒潮和台风影响,海面风较大,春季受西南季风影响,夏季受副高影响,海面风较小。

表3 中国沿岸波浪能区划标准

区划类别	一类区	二类区	三类区	四类区
年平均波高 $H_{1/10}$/m	$H_{1/10} \geq 1.3$	$0.7 \leq H_{1/10} < 1.3$	$0.4 \leq H_{1/10} < 0.7$	$H_{1/10} < 0.4$
开发价值	较好	好	—	—

2.4 核能

核能广泛应用于生产电力、海水淡化、城市供暖等诸多民用领域,是不排放污染环境的废气,但存在一定危险性的清洁能源,全球储量丰富,尤其海洋中含量巨大。核电属于全球第二大清洁能源,占全球发电量的11.5%,清洁能源发电量的29%。全世界共有33个国家或地区建设了核电站,发达国家或地区中,美国和欧盟核电分别占比18.9%和27%。我国核电占5%,与之相比还存在较大差距。截至2022年10月,我国投产和在建的核电站基本位于沿海发达地区,位于我国海上关键节点近海地区的有福建的宁德、霞浦、福清和漳州4个核电站。截至2021年福建核电占全省电力的26.3%,占清洁能源发电的54%,位居全国之首,这表明我国海上关键节点近海地区正大力发展以核电为首的清洁能源。

3 我国海上关键节点近海清洁能源开发评估

我国海上关键节点近海风能、太阳能、波浪能和核能等清洁能源资源丰富可用,但不同区域富集程度不同,存在显著季节性变化特征。将关键节点近海区域分为陆域、濒海和外海三个区域,我国海上关键节点近海不同地区清洁能源开发利用价值如图3所示,多种清洁能源分季节相对富集程度如图4所示。从图3可知,空间分布上,在关键节点泉州以南区域具有开发利用价值的在陆域有太阳能、风能和核能,在濒海有风能,在外海有风能和波浪能;泉州以南区域(不含罗源湾等闽北港湾)具有开发利用价值的在陆域有太阳能和核能,在濒海有风能,在外海有风能和波浪能;罗源湾等闽北港湾区域具有开发利用价值的在陆域有核能,在濒海有风能,在外海有风能和波浪能。从图4可知,时间分布上,除核能外,清洁能源相对富集程度在冬季最高,秋季次之,夏季再次,春季最低。

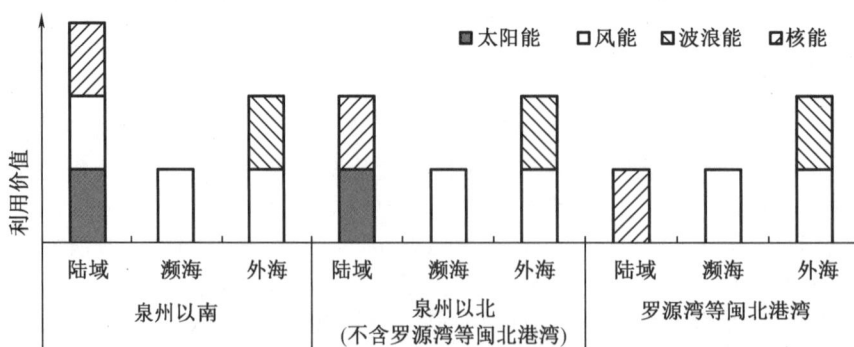

图3 我国海上关键节点近海不同地区清洁能源开发利用价值图

注:柱状图表示该区域具备开发利用价值的清洁能源类型。

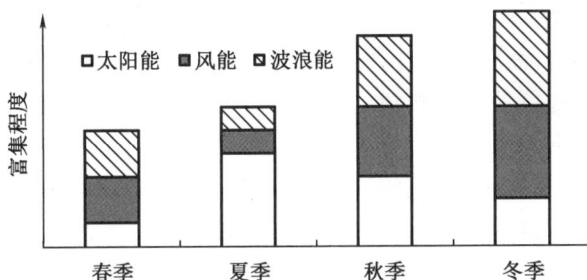

图4 我国海上关键节点近海多种清洁能源分季节相对富集程度

注：柱状图表示该季节多种清洁能源相对富集程度。

对于清洁能源集成开发利用,除罗源湾等闽北港湾外,我国海上关键节点近海可以在全域开发风能,应持续重点加大风能开发投入,可以在陆域开发太阳能,加大提升太阳能能量转化率的研究;可以在全域外海开发波浪能,加大波浪能开发技术投入力度;可以在全域陆域开发核能,做好核能开发安全措施。对于清洁能源设施维护保养,冬季用于核能设施维护保养最优,秋季次之;春季用于太阳能设施维护保养最优,冬季次之;夏季用于风能和波浪能维护保养最优,春季次之,但夏季属于用电高峰期,应结合用户的用电规律,合理考虑清洁能源的并网使用和维护保养,保障我国海上关键节点电力持续供应。

4 结论

(1)按照能源富集程度,我国海上关键节点近海风能大于核能,核能大于太阳能,太阳能大于波浪能。对于风能,我国海上关键节点福建近海区域风能开发利用价值不大,我国海上关键节点近岸外海风能资源十分丰富,开发利用价值较大,存在春夏低谷、秋冬高峰的季节性变化特征;我国海上关键节点近海核能发展迅速,已走在世界前列,除极端天气外,全年可用;对于太阳能,我国海上关键节点近海泉州以南地区资源较为丰富,具备较高可开发利用价值,泉州以北地区太阳能可开发利用,罗源湾等闽北港湾太阳能利用价值较低,日照时长存在夏季最高、秋季次之、冬春最低的季节性变化特征;对于波浪能,我国海上关键节点近海除东山段外都处于可利用区,但限于当前开发技术,福建近海区域暂不具备开发使用价值,福建海峡外海水深20 m处具备开发利用价值,波浪能能流密度存在冬秋最大、春季次之、夏季最低的季节性变化特征。

(2)对于清洁能源集成开发利用,建议除罗源湾等闽北港湾外,我国海上关键节点近海可以在全域开发风能,可以在陆域开发太阳能;可以在全域外海开发波浪能;可以在全域陆域开发核能。对清洁能源设施维护保养上,建议冬季用于核能设施维护保养最优,秋季次之;春季用于太阳能设施维护保养最优,冬季次之;夏季用于风能和波浪能维护保养最优,春季次之,但需要考虑用户用电规律,合理安排清洁能源的维护保养,保障电力持续供应。

参考文献

[1] 胡鞍钢.中国实现2030年前碳达峰目标及主要途径[J].北京工业大学学报(社会科学版),2021,2(3):1-15.

[2] 王兵,刘光天.节能减排与中国绿色经济增长:基于全要素生产率的视角[J].中国工

业经济,2015(5):57-69.

[3] 史丹.全球能源格局变化及对中国能源安全的挑战[J].中外能源,2013,18(2):1-7.

[4] 郑崇伟.南海波浪能资源与其他清洁能源的优缺点比较研究[J].亚热带资源与环境学报,2011,6(3):76-81.

[5] 高天航,吕靖.海上通道关键节点安全保障效率及应急效率评价研究[J].交通运输系统工程与信息,2017,17(6):27-32.

[6] 陈红彬,刘伟,胡鑫龙,等.新海丝路建设下两岸航运发展路径探析[J].集美大学学报(哲学社会科学版),2020,23(2):74-81.

[7] 郑崇伟,林刚,邵龙潭.台湾周边海域波浪能资源研究[J].自然资源学报,2013,28(7):1179-1186.

[8] 郑崇伟,李崇银.海洋强国视野下的"海上丝绸之路"海洋新能源评估[J].哈尔滨工程大学学报,2020,41(2):175-183.

[9] 张天明.福建风能资源开发利用探讨[J].中国农村水利水电(农田水利与小水电),1996(9):29-31.

[10] 林敏.福建太阳能资源分析[J].电力勘测设计,2011(1):77-80.

[11] 陈良志,朱峰,耿颖,等.福建外海波能分布评估[J].水运工程,2019(9):78-82,88.

[12] 高成志,郑崇伟,陈璇.基于CCMP风场的中国近海风能资源的长期变化分析[J].海洋预报,2017,34(5):27-35.

[13] 张华,张学礼.中国东部海域风能资源分析[J].水利学报,2013,44(9):1118-1123.

[14] 肖晶晶,李正泉,郭芬芬,等.基于CCMP卫星资料的中国海域风能资源分析[J].海洋预报,2017,34(1):9-18.

[15] 梁玉莲,申彦波,白龙,等.华南地区太阳能资源评估与开发潜力[J].应用气象学报,2017,28(4):481-492.

[16] 净玥.我国的太阳能资源[J].现代家电,2004(2):15.

[17] 范亚明.福建地区太阳能资源特征及光热利用分析[J].海峡科学,2010(10):91-93,103.

[18] 李靖,周林,郑崇伟,等.台湾海峡及其邻近海域波浪能资源评估[C]//中国可再生能源学会2011年学术年会论文集.北京,2011:37-40.

[19] 陈映彬,黄技,赖寿荣.波浪能发电现状及关键技术综述[J].水电与新能源,2020,34(1):33-36.

[20] 张军,许金电,郭小钢.福建沿海海域波浪能资源分析与评价[J].台湾海峡,2012,31(1):130-135.

[21] 陈良志,朱峰,耿颖,等.福建外海波能分布评估[J].水运工程,2019(9):78-82,88.

可再生能源在无人海上装备中的
应用进展研究

吕晓军[1]　王路才[2]　谭　路[1]

（1. 海军工程大学 舰船与海洋学院，湖北武汉，430033；
2. 海军大连舰艇学院 航海系，辽宁大连，116018）

摘要：无人海上装备作为海洋观测、资源勘探的有力工具，其续航能力受到电池、燃油等能源携带量的限制，因此，海上可再生能源将是拓展其效能发挥的重要途径。本文对波浪能、风能、海水温差能、潮汐能等可再生能源在无人海上装备中的应用分别进行了梳理，总结了可再生能源在无人海上装备中的应用前景。

关键词：可再生能源；无人海上装备；波浪能；海水温差能

引言

　　随着海洋开发逐渐向深远海方向发展，无人水面船、无人潜航器、海洋观测浮标等各种新型无人海上装备，在海洋观测、资源勘探等领域的运用进入快速发展阶段。鉴于无人海上装备携带的电池、燃油等能源是有限的，其续航能力也是有限的，这在很大程度上限制了无人海上装备效能的发挥，因此，海上可再生能源将是支持海上无人装备长期稳定运行的重要途径。

　　海上可再生能源主要包括波浪能、潮汐能、风能、海流能、温差能、盐差能等。由于受到能源技术、工程难度等方面因素影响，各类可再生能源在无人海上装备中的应用进展不尽相同，本文将予以梳理探讨。

1　波浪能的应用

　　波浪能是指海洋表面波浪所具有的动能和势能，其作为一种储量丰富、分布广泛的可再生清洁能源，为解决无人海上装备能源供应问题提供了一种可能的途径。

　　波浪能可以直接用于驱动无人海上装备的航行，例如波浪滑翔机，其一般由水面艇、挂缆、水下驱动单元三部分组成，如图1所示，通过波浪的起伏提供动力向前行进，再通过太阳能为仪器的数据采集、通信、定位等功能提供能量。目前，国内外主要的波浪滑翔机性能参数见表1，在波浪能的驱动下，滑翔机航速可达1~2 kn，续航力可达上万千米。

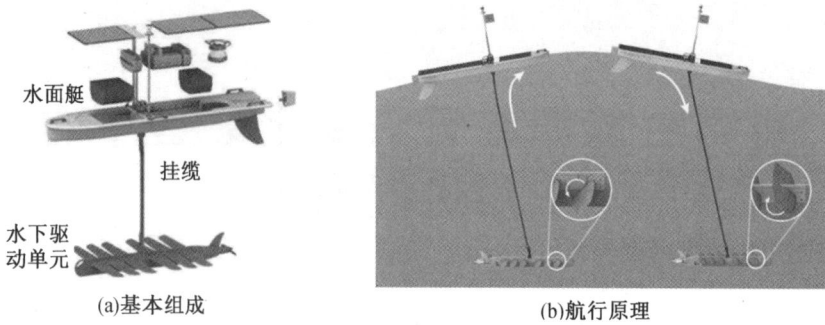

(a)基本组成　　　　　　　　　　(b)航行原理

图 1　波浪滑翔机基本组成示意图

表 1　波浪能滑翔机性能参数

型号	研制单位	航速(SS4)	航程
SV2[1]	Liquid Robotics	1.5 kn	≥10 000 km
海鳐[1]	中国船舶重工集团有限公司第710研究所	1.3 kn	≥6 000 km
黑珍珠[2]	青岛海舟科技有限公司	≥1.7 kn	10 000 km

波浪能也可用于海洋浮标、无人潜航器、无人水面船等海上无人装备的随体发电。波浪能发电最基本的原理是通过波浪的运动带动能量转换系统,将波浪的能量转换为机械的、气压的或液压的能量,然后通过传动机构、汽轮机、水轮机或油压马达驱动发电机发电。

例如,如图2所示,美国Ocean Power Technologies(OPT)公司研发的全自动化PB3型浮标,采用振荡浮子波浪能发电装置,发电功率为3 kW,可以通过从海浪中收集能量不断为自己充电,并将电能存储在内部的一个50 kW·h的电池中,最终为搭载的海洋传感器提供动力;杭州巨浪能源科技有限公司研发的海哨兵2号波浪能发电浮标,直径1.8 m,搭载了250 W的气动式波浪能发电机和180 W的太阳能电池板,在1~1.2 m高的波高下,波浪能发电机每天可发电1.5 kW·h;西南交通大学设计了一种增程式波浪动力自主水下航行器(WPAUV),采用振荡浮子方式收集波浪能,并将其转化为电能,在一级海况试验条件下,最大瞬时功率可达67.74 W,平均功率为10.18 W,能够扩大航行器的巡航里程。

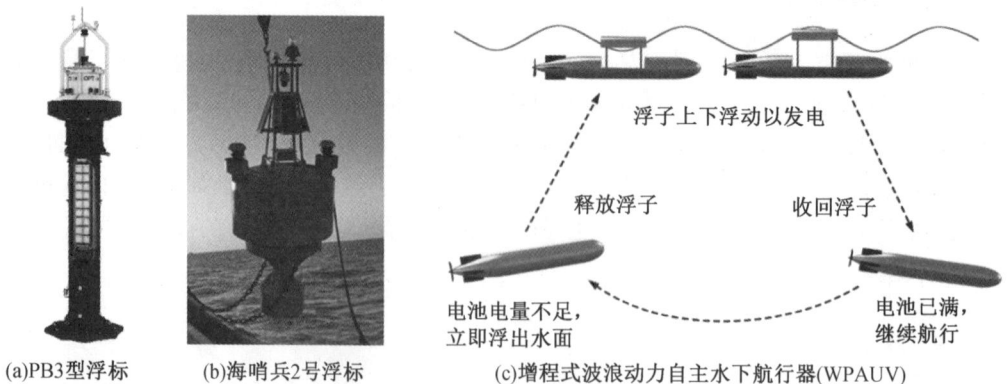

(a)PB3型浮标　　(b)海哨兵2号浮标　　(c)增程式波浪动力自主水下航行器(WPAUV)

图 2　采用波浪能发电的无人装备

另外,波浪能还可用于为水下充电站供电。例如,美国 Ocean Power Technologies 公司配套研发了可承受 500 m 深水压的水下电池,标称容量为 132 kW·h,峰值功率输出高达 15 kW,能够与 PB3 型发电浮标组成水下充电站,为水下常驻遥控无人潜水器(ROV)、自主式水下航行器(AUV)等提供电力;美国哥伦比亚电力技术公司(C-Power)开发的自主海上电力系统 (AOPS),可视为"海底充电站、数据服务器、手机信号塔的结合体",其利用 SeaR-AY 波浪能转换设备发电,并将电能存储于海底清洁能源公司(EC-OG)开发的 Halo 海底电池系统,输出功率范围为 50 W~20 kW,该系统将于 2022 年在美国海军夏威夷波浪能试验场开展试验(图3)。

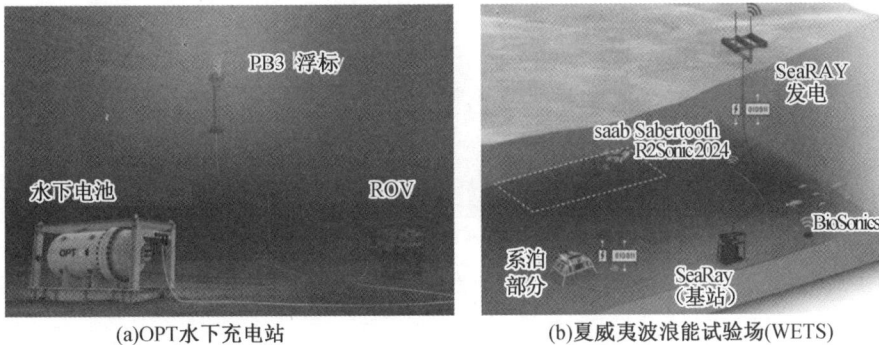

(a)OPT水下充电站   (b)夏威夷波浪能试验场(WETS)

图3　波浪能发电用于水下充电站

2　风能的应用

风是地球上的一种自然现象,它是由太阳辐射热引起的,地球表面各处受热不同,产生温差,引起大气对流运动,从而形成风。风能是一种无污染的可再生能源,据世界银行(WBG)分析,全球海上风电技术可开发潜力为 710 亿 kW。随着海洋风电技术的不断发展,海洋风能在海上无人装备的应用也日渐增多。

目前,无人水面船借助翼帆实现风能驱动航行的技术已趋于成熟。例如,美国 Saildrone 公司研制的 Explorer 无人水面船,采用太阳能和风能作为能源,能够以 3 kn 的平均速度航行,并在开阔的海洋条件下航行 12 个月以上,航程可达 16 000 km;美国 Ocean Aero 公司研制的 Triton 自主水下/水面航行器,水面航行靠太阳能和风力驱动,并配有辅助推进器,最大航速达到了 5 kn,续航时间不低于 3 个月,另外,Triton 可在 30 s 内收起刚性翼帆,并在 3 min 内完成下潜,水下单次 2 kn 速度下可航行 5 天(图4)。

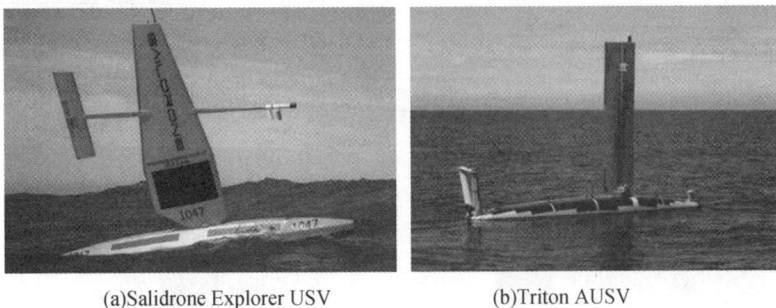

(a)Salidrone Explorer USV   (b)Triton AUSV

图4　采用风力驱动的无人水面船

风力发电在构建水面/水下充电站方面也有很好的应用前景。例如,航运巨头马士基成立的子公司 Stillstrom,正在建造海上充电浮标原型,其利用输电线路把电力从风电场输送到浮标,并将来自电网的高压电力转换为适合船舶使用的低压电力,可产生不到 1 MW 的电力,该公司计划于 2022 年第三季度推出世界上第一个全尺寸的海上船舶浮标充电站;英国 Oasis Marine Power 公司开发 Oasis Power Buoy,是一个海上系泊和充电站,通过海上风机提供的零排放电源,可为海上风电场提供服务的小型船舶充电,这一概念于 2022 年 1 月在苏格兰 Cromarty Firth 港开始试验(图 5)。

(a)Srillstrom Power Buoy　　　　(b)Oasis Power Buoy

图 5　采用风力发电的海上充电浮标

3　海水温差能的应用

海水温差能是指海洋表层海水和深层海水之间的温差储存的热能,目前,在全世界绝大多数的温暖海洋和热带海洋,海平面的海水温度(15~30 ℃)远高于 500 m 以下的海水温度(4~7 ℃),海水温差的昼夜波动小,不受潮汐、海浪的影响,只稍有季节性的变化,因此,海水温差能相对比较稳定。目前,海水温差能的应用主要包括剖面浮标、水下滑翔机和水下充电站等方向。

海水温差能的应用主要是利用相变材料的热胀冷缩特性,将其转化为机械能或电能。图 6 给出了 Seatrec 公司发布的温差能发电原理,该公司采用一种石蜡基相变材料,并将其填充在潜航器壳体外部的圆柱管中,当潜航器上升至暖水域时,管中的蜡状相变材料会受热而融化膨胀,进而将管内的液压油压向潜航器内部的油囊,途中驱动液压马达发电;当潜航器下降进入冷水域时,相变材料冷却后会变成固体蜡并收缩约 15%,液压油向圆管中回流,并驱动液压马达发电。

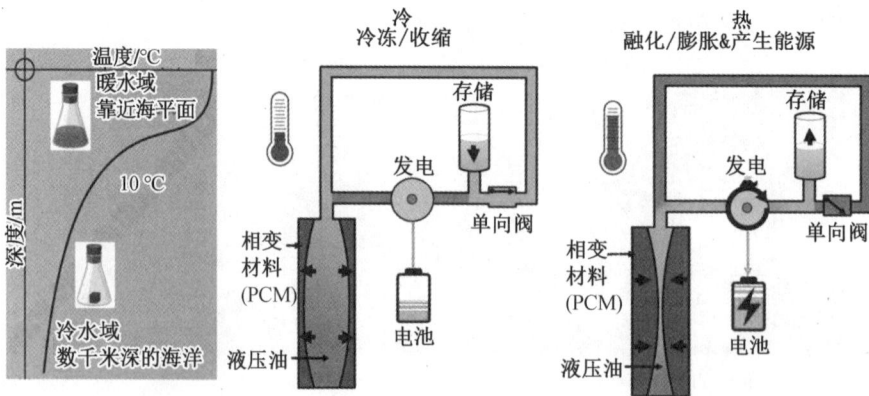

图 6　温差能发电原理

美国 Teledyne Webb Research(TWR)公司是国外最早开展温差能水下滑翔机研究的机构,已完成了 4 代样机的研制,其中,Slocum Thermal WT01 样机在 2007 年 12 月至 2008 年 4 月的海试中,实现了 3 000 km 远的海上航行;Slocum Thermal-Drake 于 2008 年研制成功,其温差能换热器性能有了较大提升,换热器基本定型;Slocum Thermal E-Twin 于 2013 年研制成功,具有将温差能转化为电能的功能,可为主控等耗电系统供电,且不受自身携带电池能量的限制。

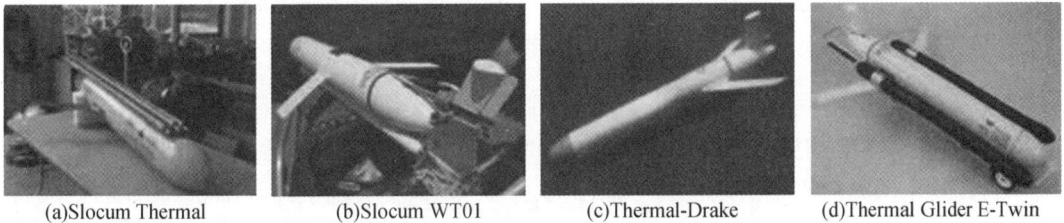

(a)Slocum Thermal　　　(b)Slocum WT01　　　(c)Thermal-Drake　　　(d)Thermal Glider E-Twin

图 7　Slocum 温差能水下滑翔机

美国 Seatrec 公司也在开展温差能发电技术的研究,其前身 TREC 研究团队曾在美国海军资助下,研制了 SOLO-TREC 无人潜航器的温差能发电系统。SOLO-TREC 潜航器长约 2 m、重约 84 kg,完全由温差能发电电池供电。2009 年,该潜航器在夏威夷群岛西南部海域开展了海试,实现了 18 个月的续航,并且在海平面与 500 m 深处往返航行了 1 000 多个剖面。目前,Seatrec 公司研制的 Navis-SL1 温差能剖面浮标,已经实现了单个剖面 2.2 W·h 的发电能力。在此基础上,Seatrec 公司还开发了一种用于为水下滑翔机供电的温差能发电系统,有望应用于 Slocum 水下滑翔机。

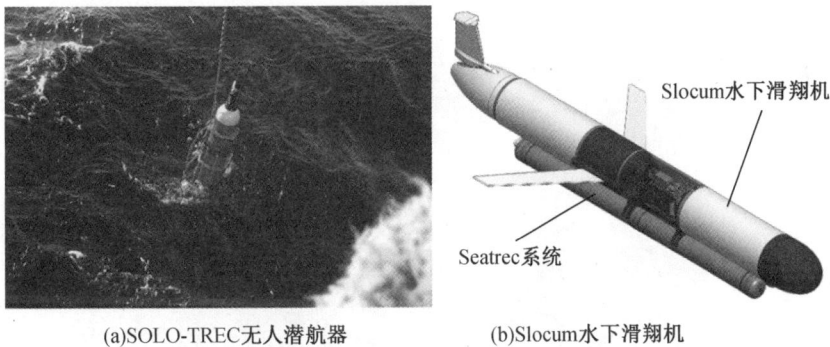

(a)SOLO-TREC无人潜航器　　　(b)Slocum水下滑翔机

图 8　Seatrec 公司温差能发电设备

此外,Seatrec 公司还与诺斯罗普·格鲁曼公司合作,利用自己的温差能发电技术和诺格公司的无线充电技术,为无人潜航器开发水下充电站,如图 9 所示。诺斯罗普创造了一种自绝缘电连接器,能够在通电的电触点浸没时工作。该项设计方案还获得了由美国能源部和美国国家海洋与大气管理局资助的"为蓝色经济提供动力——海洋观测奖"。

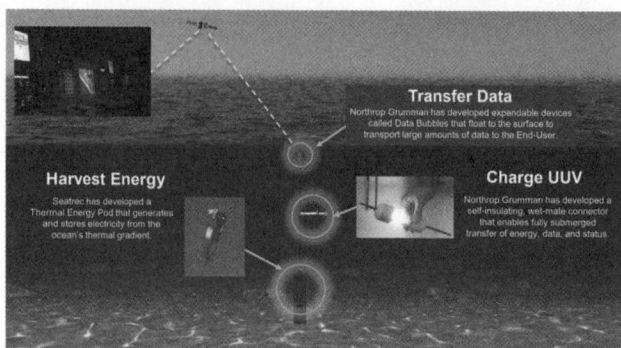

图 9　任务无线 UUV 充电站

在国内,天津大学 2002 年开始进行温差能驱动水下滑翔机的关键技术攻关。2005 年 7 月,其温差能水下滑翔机在千岛湖进行水域试验,完成了 25 个剖面运动后回收。目前,天津大学已开发出温差能水下滑翔机的工程样机,并在 2015 年实现了连续 700 km 左右、200 余剖面的海上应用。

4　潮汐能的应用

潮汐能是海水周期性涨落运动中所具有的能量,其水位差表现为势能,其潮流的速度表现为动能,这两种能量都可以利用,是一种可再生能源。

目前,潮汐能在海洋浮标上得到了应用。例如,日本长崎大学和京瓷公司联合开发了一种智能监测浮标,该浮标利用潮汐流产生自身能量,用于连续收集海洋数据,在为期 9 天的试验期间,平均发电量达到 16.3 kW·h,平均消耗 15.2 kW·h。目前,长崎大学已开发出两个原型,如图 10 所示,一种是浮标和水轮发电机分离的"水平分离型",另一种是即使在低速下也能发电的"垂直集成型",在后续商业版本中,浮标性能和操作将得到改善,同时尺寸和质量也会减小。

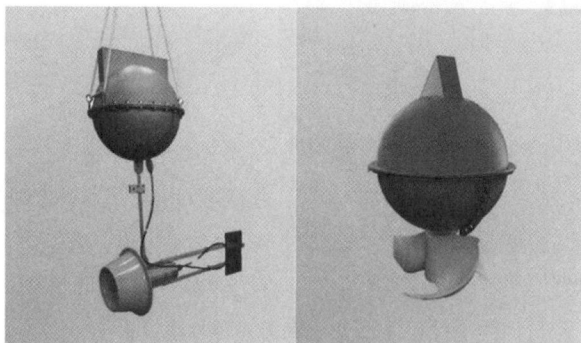

图 10　潮汐能浮标

5　结语

无人海上装备作为海洋观测、资源勘探的有力工具,海上可再生能源将是提高其续航能力、拓展其效能发挥的重要途径。目前,波浪能、风能、海水温差能、潮汐能等可再生能源,都在无人海上装备中得到了应用,其中,波浪能、风能具有能量密度高、能量转换技术成熟、工程难度小等优点,应用范围比较广范。

可再生能源在无人海上装备中的应用包括直接作为驱动力、随体供电、水面/水下充电站等方式,前两种方式的能源利用规模相对偏小,水面/水下充电站将是未来提升无人海上装备续航能力的重要途径,尤其是海上漂浮式风力发电场的投入使用,将对大中型无人海上装备航程提升和效能发挥产生更大的效益。

参考文献

[1] 田应元,吴小涛,王海军,等. "海鳐"波浪滑翔器研究进展及发展思路[J].数字海洋与水下攻防,2020,3(2):111-122.

[2] 沈新蕊,王延辉,杨绍琼,等.水下滑翔机技术发展现状与展望[J].水下无人系统学报,2018,26(2):89-106.

"海丝"沿线经济体渔业隐含能源流动网络特征及影响因素分析

赵良仕[1,2] ①   江家喜[1,2]

(1. 辽宁师范大学海洋可持续发展研究院,辽宁大连,116029;

2. 辽宁省"海洋经济高质量发展"高校协同创新中心,辽宁大连,116029)

摘要:为构建"海丝"沿线经济体渔业隐含能源流动网络并对其影响因素进行解析,以期为"海丝"沿线经济体渔业低能耗发展、推进能源安全提供科学依据和理论支撑。本文基于多区域投入产出法构建 2007—2016 年"海丝"沿线经济体渔业隐含能源流动网络,采用复杂网络分析方法测度"海丝"沿线经济体渔业隐含能源流动网络的整体结构特征、节点特征和拓扑结构特征,通过 QAP 回归模型定量分析了影响"海丝"沿线经济体渔业隐含能源流动网络的主要因素。得出结论:①2007—2016 年,"海丝"沿线经济体渔业隐含能源流动联系趋向紧密,但网络中的平均渔业隐含能源流动联系强度呈下降趋势。网络内部集聚程度和传输效率不断提高,小世界性趋向明显。②网络中的节点呈现出非均衡化特征,各节点在网络中的中介作用逐渐增强,枢纽节点的空间分布趋向分散。③"海丝"沿线经济体渔业隐含能源流动网络具有明显而稳定的核心−边缘结构,且存在明显的"富人俱乐部"现象;"海丝"沿线经济体渔业隐含能源流动网络由一大四小 5 个组团演化成一大两中一小 4 个组团,且核心组团间渔业隐含能源流动联系强度最大,随着时间的演进,东南亚组团逐渐加入中国大陆−中国香港组团。④渔业贸易网络、经济发展的差异性、人口规模的相似性对"海丝"沿线经济体渔业隐含能源流动网络的形成具有显著的促进作用。

关键词:21 世纪海上丝绸之路;渔业隐含能源;多区域投入产出法;复杂网络分析;QAP 回归模型

引言

能源是维持人类社会经济发展的重要战略资源。全球化和工业化促进了经济的快速发展,同时也伴随着能源的极大消耗。2021 年,世界能源消费总量达到 624.2 EJ[1],预计在 2030 年世界能源消费总量将达到 673.3 EJ。能源供需矛盾尖锐化所带来的能源安全问题和庞大的能源消费特别是化石能源消费所引起的大气污染、水污染和碳排放等环境问题日益突出。能源安全问题以及能源消费所导致的环境问题是水−粮食−能源纽带关系研究中的重要内容,与联合国发布的可持续发展目标密切相关,已成为全球关注的重要议题。在

---

① 作者简介:赵良仕,1985 年 6 月出生,博士,副教授,负责海洋经济地理教育部人文社科重点研究基地重大项目。

经济发展的同时实现节能减排,保障能源安全,降低能源环境影响,增强可持续发展能力,已逐渐成为各国的共识。

降低高耗能产业的能耗水平,提高能源利用效率,是推进能源安全、实现可持续发展的必然要求。农业作为国民经济的基础性产业,对能源的依赖性较大,能源投入占农业生产总投入的比例由 1971 年的 43.6% 上升至 2017 年的 62.2%[2]。渔业是农业中的高耗能产业,以中国为例,其渔业能耗水平是农业平均能耗水平的 1.84 倍[3]。渔业生产过程的能耗主要包括:①养殖渔船和捕捞渔船对燃油的直接消耗和养殖过程中投放渔用饲料、药物等中间消耗品产生的间接能源消耗。②池塘和工业化养殖用于增氧和换水的增氧机和水泵、冷藏、制冰、鱼糜制品及干制品加工、渔用机具制造等生产环节对电能和蒸汽等二次能源的直接消耗以及由此产生的对水能、风能、煤等一次能源的间接消耗。

隐含能源是指进入社会经济系统的用于生产和服务的直接能源和间接能源的总和[4],它以隐含的形式存在于产品和服务之中,并随着产品和服务的空间移动而流动。渔业隐含能源则是指用于渔业生产和渔业服务并隐含在渔业产品和服务中的直接能源与间接能源的总和。在贸易全球化不断深入的背景下,产品贸易背后的能源隐含流动趋向频繁和复杂。鱼类产品是世界上交易最多的食品商品之一[5],世界范围内的渔业贸易十分活跃。由此可见,国际渔业贸易会不可避免地产生渔业隐含能源的跨国流动和转移。

近年来,随着"一带一路"倡议的提出和实施,全球区域经济贸易与合作迎来新的机遇。能源合作是"一带一路"沿线经济体经济合作的重点领域,实现清洁低碳绿色高效发展是沿线经济体的共同追求。"21 世纪海上丝绸之路"(简称"海丝")沿线经济体的能源资源禀赋和能源消费能力的空间差异较大,并且与"丝绸之路经济带"相比,"21 世纪海上丝绸之路"沿线经济体拥有较大的渔业生产能力和消费能力。据联合国贸易数据库显示,2012—2021年,"海丝"沿线经济体在世界范围内的渔业贸易总额始终占据全球渔业贸易总额的三分之一以上,频繁的渔业贸易所反映出的能源问题和相关环境问题也相对突出。因此,开展"海丝"沿线经济体渔业隐含能源流动及影响因素研究,对于"海丝"沿线地区渔业低能耗发展、保障能源安全具有重要意义。

贸易是资源流动的主要途径,基于贸易的隐含能源分析成为隐含能源研究的重点领域。当前的隐含能源研究主要在两个框架中进行,一是直接能源贸易,一般通过搜集相关数据库构建直接能源贸易网络[6];二是产品和服务贸易背后的隐含能源交易,一般借助已公布的投入产出表刻画隐含能源流动网络[7-8]。在全球化背景下,相比于直接能源流动,贸易背后的能源隐性流动更具有研究价值。此外,由于基于投入产出表的隐含能源流动分析相对简便,流动格局更为直观,特别是多区域投入产出表的制定和多区域投入产出法的运用,为隐含能源研究带来了巨大的数据支撑和方法支持[9-11]。

现有的隐含能源研究已初具规模,研究内容主要集中在以下几个方面:①隐含能源核算。投入产出法是当前隐含能源核算的主流方法,可针对研究区域数量相应地采用单区域投入产出法(SRIO)或多区域投入产出法(MRIO),其中,基于单区域投入产出法的隐含能源核算分析多侧重于产业部门[12-14],而多区域间的隐含能源核算分析则侧重于各子区域的隐含能源总量变化和区际流动量分析[15-16],较少涉及产业部门隐含能源的细化分析。②隐含能源流动分析。在研究尺度上,现有的隐含能源流动研究已涉及国家层面的隐含能源流动网络分析[17]、国家间的隐含能源流动分析[18-20]、多国家间以及多个省级行政区间的隐含能源流动分析[15,21-23]和全球尺度的隐含能源流动网络分析[24-25]。总体来看,多数研究注重对研究区的隐含能源输入量和输出量等数量特征进行分析,较少从网络视角分析隐含能源流动网络的拓扑特征。随着网络科学的兴起,复杂网络分析和社会网络分析方法得到广泛运用,基于网络视角的隐含能源流动分析受到学界的关注。例如 Chen 等[24]应用环境扩展投入产出分析和复杂网络分析法探究全球贸易隐含能源流动特征,发现德国、中国和美国的能源供应安全程度较高,并且是全球能源网络中的关键节点;杨宇[25]对中国与全球能源网络的互动格局进行了探究,发现中国在全球能源网络中起着"能源中枢"的作用,依靠制造业优势下的可再生能源贸易的拓展显著改变了中国与全球的能源贸易格局。③隐含能源驱动因素分析。结构分解分析(SDA)法[26-27]、经济结构分解(LMDI)法[28]、Kaya 恒等式[29]、引力模型[30]、二次指派程序(QAP)回归模型[31]、STIRPART 模型[32]、零膨胀负二项回归模型[33]是当前包括隐含能源在内的资源流影响因素研究的重要方法,例如李虹等[26]以 SDA 法从需求侧探究中国隐含能源消耗总量和隐含能源强度变动的影响因素;马远等[31]则以"丝绸之路经济带"作为研究区并构建直接能源贸易网络,并以 QAP 回归模型解析能源贸易网络的影响因素,结果发现语言文化、制度以及地理位置的邻近性对能源贸易呈促进作用。

当前针对渔业隐含能源的研究鲜有涉及,与之相关的研究主要以渔业直接能耗核算[2,34-35]、渔业碳汇[36]为主。以"一带一路"为研究区的隐含能源的相关研究已受到部分学者的关注,在隐含碳排放[37-38]、直接能源贸易网络分析[39]、隐含能源流动分析[6]、直接能源与隐含能源流动对比分析[40]方面已有出色的研究成果,但具体到"一带一路"沿线区域渔业单个部门的隐含能源流动研究相对匮乏。

综上所述,隐含能源的相关研究成果比较丰富,各研究区域尺度均有涉及,研究方法也相对成熟多样,但从网络视角开展的隐含能源研究并不多见,针对渔业单个部门隐含能源的研究鲜有,将网络方法与渔业隐含能源相结合的研究更是稀少。基于以上认识,本文以渔业生产和消费能力较大的"海丝"沿线经济体为研究区域,从网络视角探究其区域内渔业隐含能源的流动格局及影响因素,以期为"海丝"沿线经济体渔业低能耗发展、保障能源安全提供科学依据和理论支撑。

1 研究区选取、研究方法与数据来源

1.1 研究区选取

《推动共建丝绸之路经济带和 21 世纪海上丝绸之路的愿景和行动》和《"一带一路"建设海上合作设想》指出了"海丝"的重点方向,但并未明确界定其具体的地理空间范围,在学术界,"海丝"的空间范围的划定也不统一。本文基于建设中国—印度洋—非洲—地中海蓝色经济通道的重点方向,依据是否与中国签订"一带一路"合作文件[41],选取沿线 52 个经济体作为研究对象(表 1)。

表1 "海丝"沿线区域范围

区域	经济体
中国	中国大陆(CHN)、中国香港(HKG)、中国澳门(MAC)、中国台湾(TWN)
日韩	日本(JPN)、韩国(KOR)
东南亚	文莱(BRN)、柬埔寨(KHM)、印度尼西亚(IDN)、马来西亚(MYS)、缅甸(MMR)、菲律宾(PHL)、新加坡(SGP)、泰国(THA)、越南(VNM)
南亚	孟加拉国(BGD)、印度(IND)、巴基斯坦(PAK)、斯里兰卡(LKA)
西亚和地中海沿岸	阿尔巴尼亚(ALB)、波黑(BIH)、克罗地亚(HRV)、塞浦路斯(CYP)、希腊(GRC)、伊朗(IRN)、伊拉克(IRQ)、意大利(ITA)、科威特(KWT)、黎巴嫩(LBN)、马耳他(MLT)、黑山(MNE)、阿曼(OMN)、卡塔尔(QAT)、沙特阿拉伯(SAU)、斯洛文尼亚(SVN)、土耳其(TUR)、阿联酋(ARE)、也门(YEM)
北非和非洲东部沿海	阿尔及利亚(DZA)、吉布提(DJI)、埃及(EGY)、厄立特里亚(ERI)、肯尼亚(KEN)、利比亚(LBY)、马达加斯加(MDG)、摩洛哥(MAR)、莫桑比克(MOZ)、索马里(SOM)、南非(ZAF)、苏丹(SUD)、突尼斯(TUN)、坦桑尼亚(TZA)

注:括号内为经济体的英文代码。

1.2 研究方法

1.2.1 多区域投入产出法(MRIO)

多区域投入产出法(MRIO)可以从生产端和消费端追溯中间贸易和终端贸易的经济流动,在多区域投入产出表的基础上附加资源环境扩展矩阵即可分析经济流所隐含的资源流动,因此其在探究多区域间跨境贸易联系和隐含资源流动等方面具有较高的应用价值,是当前贸易流、资源流研究的重要方法。参考李晨等[42]计算渔业隐含碳的思路,在多区域投入产出表中,经济体的渔业隐含能源强度的表达式如下:

$$E_f^r = e_f^r + \sum_{i=1}^{n}\sum_{s=1}^{m} e_f^s \cdot \partial_{fi}^{rs} = \sum_{i=1}^{n}\sum_{s=1}^{m} e_i^s \cdot L_{fi}^{rs}$$

式中,E_f^r 为 r 经济体的渔业隐含能源强度;e_f^r 为 r 经济体的渔业直接能源利用强度,即渔业部门的单位产值能耗;e_f^s 为 s 经济体的渔业直接能源利用强度;$\sum_{i=1}^{n}\sum_{s=1}^{m} e_f^s \cdot \partial_{fi}^{rs}$ 表示 r 经济体为进行渔业部门产品的生产而对 s 经济体 n 个中间部门产品所产生的能耗,即渔业部门的间接能耗;∂_{fi}^{rs} 为 r 经济体渔业部门产品对 s 经济体 i 部门产品的完全消耗系数;L_{fi}^{rs} 为 r 经济体渔业部门产品对 s 经济体 i 部门产品的完全需求系数。

由最终需求导致的渔业隐含能源流入可表示为:

$$EIM_f^r = \sum_{s=1(s \neq r)}^{m} E_f^s Y_f^{sr}$$

式中,EIM_f^r 为 r 经济体的渔业隐含能源流入量;E_f^s 为 s 经济体渔业部门隐含能源强度;Y_f^{sr} 为 r 经济体对 s 经济体渔业部门的最终需求。

由最终需求导致的渔业隐含能源流出可表示为:

$$EEX_{f}^{r} = \sum_{s=1(s \neq r)}^{m} E_{f}^{r} Y_{f}^{rs}$$

式中,EEX_{f}^{r} 为 r 经济体的渔业隐含能源流出量;E_{f}^{r} 为 r 经济体渔业部门隐含能源强度;Y_{f}^{rs} 表示 s 经济体对 r 经济体渔业部门的最终需求。

1.2.2 复杂网络分析方法

复杂网络是对现实中各种实际网络进行抽象化并测算相关统计指标以表征网络特征的方法,广泛应用于社会学、经济学、生物学等多个领域[43-44]。本文以所选的"海丝"沿线经济体为节点,以地区间渔业隐含能源联系为边,以渔业隐含能源流量为边的权重,构建"海丝"沿线经济体 2007—2016 年渔业隐含能源流动网络,以网络密度、平均路径长度、平均聚类系数、模块度、中心性等统计指标刻画网络结构特征,以核心度为基础结合 Gephi 软件呈现网络拓扑结构。

(1)网络密度

网络密度可用于表征网络中各节点的联系紧密程度,在数值上等于实际存在的边数与理论上的最大边数的比值,计算公式如下[45]:

$$D = \frac{2M}{N(N-1)}$$

式中,M 表示实际存在的边数;N 表示节点数。

(2)平均路径长度

平均路径长度是指网络中任意两个节点之间最短路径距离的平均值,可用于表征网络的传输效率,其计算公式为[46]:

$$L = \frac{2}{N(N-1)} \sum_{j=1(i \geq j)}^{N} d_{ij}$$

式中,N 表示节点数;d_{ij} 表示节点 i 与节点 j 之间的最短路径。

(3)平均聚类系数

聚类系数可用以定量描述网络中一个节点的邻接节点间存在贸易联系的概率,是反映网络节点连通性的指标。平均聚类系数为网络整体的聚类系数,在数值上等于网络中所有节点的聚类系数的平均值,计算公式如下[46]:

$$\bar{C} = \frac{1}{N} \sum_{i=1}^{N} \frac{2E_{i}}{k_{i}(k_{i}-1)}$$

式中,N 表示节点数;k_{i} 表示节点 i 的邻接节点的个数(节点度);E_{i} 为节点 i 的邻接节点间的边数。

(4)节点强度

节点强度在节点度的基础上考虑了边的权重,边的权重表示渔业隐含能源流动量,因此节点强度可用以表示各节点间渔业隐含能源的流入量和流出量。节点强度包括出强度和入强度,在数值上等于出强度和入强度之和,表示节点的渔业隐含能源总量。上述指标的计算方法如下[46]:

$$S_{i}^{sum} = S_{i}^{out} + S_{i}^{in}, S_{i}^{out} = \sum_{j=1}^{N} a_{ij} w_{ij}, S_{i}^{in} = \sum_{j=1}^{N} a_{ji} w_{ji}$$

式中,a_{ij} 和 a_{ji} 表示节点 i 与节点 j 之间的渔业隐含能源流动联系;w_{ij} 表示节点 i 到节点 j 的渔业隐含能源;w_{ji} 表示节点 j 到节点 i 的渔业隐含能源。

（5）流介数中心性和信息中心性

介数中心性、接近中心性分别反映了某节点控制其他节点贸易往来的程度和某节点不受其他节点控制的程度，但介数中心性不适用于加权网络[47]，接近中心性可用于描述无权网络和加权网络，但在描述存在孤立点的网络时有所缺陷[48]。鉴于此，本文引入流介数中心性和信息中心性，以描述加权网络中节点的中心性特征。

流介数中心性在传统介数中心性的基础上考虑了路径上各条边的权重，将所经边的数量较少且权重较大的路径视为最短路径。节点的流介数中心性越高，其沟通桥梁作用越大。信息中心性是基于统计学中的估计理论提出的，其基本思想为：将节点间的连边视作信息传输的信号并将节点的信息等同于与其他节点相连路径所含边数总和的倒数，将节点的信息中心性定义为该节点与其他节点所有相连路径所含信息的谐波平均值，若某节点与其他节点间的相连路径所含边数越多，则"噪声"越大，即信息传输越困难；在加权网络中，进一步考虑了边的权值，将边的权值视为信息传输的频率，边的权值越高，越有利于节点间的信息传输[49]。节点的信息中心性越大，则其受其他节点的控制作用越小。流介数中心性和信息中心性的计算公式及其推导分别见文献[47]和文献[49]。

（6）社区发现方法

大部分网络中存在组团内部联系紧密、组团间联系相对稀疏的"小团体"现象[50]。本文采用louvain社区发现算法对"海丝"沿线经济体渔业隐含能源流动网络进行组团划分，并以模块度评价组团分离程度和划分质量。模块度取值范围为[-1,1]，其值越接近1，表明组团内部联系越紧密，组团划分质量越好。模块度的计算公式如下[51]：

$$Q = \frac{1}{2m} \sum_{ij} \left(A_{ij} - \frac{k_i k_j}{2m} \right) \delta(c_i, c_j)$$

式中，Q 为模块度；m 为整个网络的隐含能源总量；A_{ij} 为节点 i 与节点 j 间的渔业隐含能源流；k_i 和 k_j 分别表示与节点 i 和节点 j 相连的边的权值之和；c_i 和 c_j 分别表示节点 i 和节点 j 所属的组团；$\delta(c_i, c_j)$ 表示 c_i 和 c_j 是否为同一组团。

1.2.3 QAP回归模型

QAP回归模型（quadratic assignment procedure，二次指派程序）是用于分析单个矩阵和多个矩阵之间回归关系的非参数方法，并且无须考虑各变量间独立性，因而能有效避免"多重共线性"问题。进行QAP回归分析的具体计算包括两个步骤：一是对因变量矩阵和自变量矩阵中对应的长向量元素进行多元回归分析；二是对因变量矩阵的各行与各列进行随机置换，重新计算回归，并保存系数估计值和判定系数的值。重复该步骤多次，以估计各统计量的标准误差[45]。本文以QAP回归模型分析"海丝"沿线经济体渔业隐含能源流动网络的影响因素。

1.3 数据来源

本文构建"海丝"沿线经济体渔业贸易隐含能流动网络所需的多区域投入产出表来自Eora数据库[52]。Eora多区域投入产出表覆盖了全球189个国家和地区的26个产业，时间跨度为27年（1990—2016年），并附有相对应的环境和社会卫星账户数据。与其他全球多区域投入产出表相比，Eora多区域投入产出表具有覆盖区域广、时间跨度长的优点。本文主要选用了2007—2016年的Eora多区域投入产出表。由于Eora多区域投入产出表中的能源卫星账户数据不够精确，Eora数据库官网已不推荐使用，因此采用Akizu-Gardoki等的做法,将 Eora 多区域投入产出表中各国的 26 个部门与国际能源署(International Energy Agency)所颁布的能源消费平衡表中的产业部门进行匹配,构建新的能源消费扩展矩阵,提高数据精度。本文所考虑的能源种类包括煤、原油、石油产品、天然气、核能、水能、风能、太阳能、生物燃料与废料、电能和热能。进行 QAP 回归分析所需的渔业贸易数据来自 Eora 数据库,其余的经济社会数据来自世界银行数据库和法国 CEPII 数据库,部分指标在某些年份存在数据缺失现象,本文以插值法对缺失数据进行填补。部分经济体的研究支出国内生产总值(GDP)比重数据为空,本文以经济体所在区域的平均值予以填补,如孟加拉国以南亚的平均值代替,吉布提、利比亚、黎巴嫩和也门以中东与北非地区的平均值代替,厄立特里亚、索马里和苏丹以撒哈拉以南非洲地区的平均值代替。

2 "海丝"沿线经济体渔业隐含能流动网络演化

2.1 网络整体特征分析

通过多区域投入产出法,从无向加权视角构建 2007—2016 年"海丝"沿线经济体渔业隐含能源流动网络,但经观察发现各年份渔业隐含能流动网络的边数相同,并且低权值的边的数量较多。为更清晰地刻画渔业隐含能源流动网络特征,本文选取 100 GJ 为阈值,提取网络中的主要渔业隐含能源流,经阈值筛选后的渔业隐含能源总量占未筛选前的 99%,仍具有较好的代表性。运用 Gephi0.9.6 软件对 2007—2016 年"海丝"沿线经济体渔业隐含能源流动网络的平均度、平均强度、边数、网络密度、平均聚类系数、平均路径长度以及模块度等网络整体特征统计指标进行测算,并列出结果(表 2)。

表 2 2007—2016 年"海丝"沿线经济体渔业隐含能源流动网络整体特征演化

年份	节点整体特征		网络规模		小世界性		组团分离度
	平均度	平均强度/TJ	边数	网络密度	平均聚类系数	平均路径长度	模块度
2007	31.731	1 982.172	825	0.622	0.828	1.378	0.327
2008	30.269	1 932.46	787	0.594	0.829	1.406	0.343
2009	28.654	1 664.471	745	0.562	0.811	1.438	0.339
2010	31.269	1 886.673	813	0.613	0.838	1.387	0.347
2011	33.923	2 039.502	882	0.665	0.85	1.336	0.341
2012	36.423	2 154.558	947	0.714	0.86	1.286	0.343
2013	37.000	2 182.251	962	0.725	0.857	1.275	0.342
2014	36.385	2 170.231	946	0.713	0.858	1.287	0.340
2015	33.269	2 254.768	865	0.652	0.842	1.348	0.329
2016	34.346	1 287.642	893	0.673	0.861	1.327	0.326

从节点整体特征和网络规模来看,节点平均度、边数和网络密度在研究期内呈同向波动上升趋势,"海丝"沿线经济体渔业隐含能源流动联系总体上趋向紧密。但各经济体的平

均渔业隐含能源总量呈波动下降态势,且降幅较大。节点平均度、边数和网络密度的波动上升以及平均强度的波动下降表明网络中的平均渔业隐含能源流动联系强度(边的平均权值)呈下降趋势,这主要得益于研究期内各经济体渔业隐含能源强度的下降以及域内渔业贸易总值的波动下降。

网络的平均聚类系数为 0.562~0.725,呈波动上升趋势,说明"海丝"沿线经济体渔业隐含能源网络内部的集聚程度总体上不断提高。平均路径长度为 1.275~1.438,呈波动下降趋势,反映了"海丝"沿线经济体渔业隐含能源流网络的传输效率不断提高。平均聚类系数的波动上升与平均聚类系数的波动下降表明"海丝"沿线经济体渔业隐含能源流动网络的小世界性趋向显著。模块度为 0.326~0.347,略有波动,但总体稳定,表现出较清晰的组团结构特征。

2.2 网络节点特征

运用 Ucinet 软件对 2007 年、2010 年、2013 年和 2016 年"海丝"沿线经济体渔业隐含能源流动网络各节点的强度、流介数中心性和信息中心性进行测算,并列出各项指标值排名前 10 位的经济体(表3)。

表3 "海丝"沿线经济体渔业隐含能源流动网络节点中心性特征演化

年份	排名	经济体	节点强度	经济体	流介数中心性	经济体	信息中心性
2007	1	中国香港	19 863.210	意大利	9.996	中国香港	19.105
	2	日本	16 905.390	中国香港	7.868	日本	19.098
	3	中国台湾	12 970.900	新加坡	7.292	中国台湾	19.090
	4	中国大陆	12 319.300	南非	7.139	中国大陆	19.089
	5	新加坡	7 226.148	伊朗	5.281	新加坡	19.085
	6	韩国	4 801.835	阿联酋	4.146	马来西亚	19.045
	7	马来西亚	4 314.432	沙特阿拉伯	4.026	韩国	19.042
	8	泰国	4 107.729	马来西亚	3.747	泰国	19.039
	9	意大利	3 189.630	希腊	3.736	印度尼西亚	18.967
	10	印度尼西亚	2 220.146	中国台湾	3.555	菲律宾	18.952
2010	1	中国香港	18 402.210	意大利	8.778	中国香港	30.914
	2	日本	13 942.340	中国香港	7.129	日本	30.882
	3	中国台湾	12 214.040	新加坡	5.290	中国台湾	30.868
	4	中国大陆	10 479.570	南非	5.196	新加坡	30.867
	5	新加坡	8 298.948	沙特阿拉伯	4.316	中国大陆	30.863
	6	马来西亚	5 824.868	阿联酋	4.223	马来西亚	30.803
	7	韩国	4 708.858	希腊	3.885	泰国	30.757
	8	泰国	4 452.127	阿曼	3.558	韩国	30.745
	9	意大利	2 775.24	中国大陆	3.091	印度尼西亚	30.561
	10	菲律宾	2 276.010	日本	3.057	菲律宾	30.534

表3（续）

年份	排名	经济体	节点强度	经济体	流介数中心性	经济体	信息中心性
2013	1	中国香港	21 640.360	意大利	9.110	中国香港	18.467
	2	日本	15 534.000	南非	7.117	日本	18.457
	3	中国台湾	13 545.320	中国香港	6.747	新加坡	18.452
	4	中国大陆	12 405.370	新加坡	6.425	中国台湾	18.452
	5	新加坡	9 200.035	阿曼	4.843	中国大陆	18.452
	6	马来西亚	6 102.814	伊朗	4.343	马来西亚	18.428
	7	泰国	5 401.609	沙特阿拉伯	4.315	泰国	18.421
	8	韩国	5 310.298	中国台湾	4.244	韩国	18.414
	9	印度尼西亚	3 107.106	阿联酋	4.129	印度尼西亚	18.376
	10	意大利	2 955.498	坦桑尼亚	3.759	菲律宾	18.345
2016	1	中国台湾	8 757.619	中国台湾	13.404	中国台湾	4.981
	2	日本	8 444.382	意大利	13.204	中国香港	4.981
	3	中国香港	8 403.014	中国香港	11.368	日本	4.981
	4	中国大陆	7 367.208	日本	8.576	中国大陆	4.981
	5	越南	4 962.726	中国大陆	8.479	越南	4.980
	6	意大利	3 476.907	新加坡	6.772	新加坡	4.977
	7	韩国	3 317.325	阿联酋	5.835	韩国	4.976
	8	菲律宾	2 998.080	印度	5.372	泰国	4.975
	9	新加坡	2 512.857	越南	4.669	菲律宾	4.974
	10	泰国	2 472.656	南非	3.096	印度	4.969

从节点强度来看,排名前10的经济体的渔业隐含能源在"海丝"沿线经济体渔业隐含能源总量中的平均比例为83%,呈现出明显的非均衡特征,反映出"海丝"沿线经济体渔业隐含能源网络具有一定的核心-边缘结构。各年份"海丝"沿线经济体渔业隐含能源总量以及前10以内同位次经济体的渔业隐含能源总量整体均呈波动下降态势,与同期"海丝"沿线经济体渔业贸易量的变化具有较高的趋同性。渔业隐含能源总量排名前10的节点多为渔业经济体量较大的经济体。其中中国大陆、中国香港、中国台湾和日本一直稳居前4,表明中国和日本在网络中处于核心地位,并且中国是"海丝"沿线经济体渔业隐含能源流动网络中影响力最大的国家。在蓄意攻击模式下,将中国和日本所属的节点从网络中移出,各年份"海丝"沿线经济体渔业隐含能源总量将分别平均下降41.2%和14.2%。新加坡、韩国、泰国和意大利的排名虽有变动,但一直处于前10之列,在网络中也具有较大的影响力。越南在2016年由前10开外跻身至第5名,反映了越南在网络中的重要程度不断提高。马来西亚和印度尼西亚在2016年退出前10之列,表明其在的网络中的影响力逐渐减弱。

从流介数中心性来看,节点平均流介数中心性由 2007 年的 2.162 上升到 2016 年的 2.289,排名前 10 以内同位次经济体的流介数中心性多数处于波动上升趋势,表明各节点在网络中的中介作用日益明显。意大利和中国香港一直稳居前 3,是网络中的核心枢纽节点。新加坡、南非、阿联酋的排名虽有变动,但一直处于前 10 之列,表明这些经济体始终是网络中的枢纽节点,在网络中起到重要而稳定的沟通桥梁作用。中国台湾、中国大陆、日本在 2007 年未进前 10 或居于前 10 末位,但这些经济体的排名均波动上升至 2016 的前 5 位,表明其在网络中的桥梁纽带作用不断提高,逐步发展为网络中的核心枢纽节点。2016 年,中国占据前 5 之中的三席,成为"海丝"沿线经济体渔业隐含能源流动网络中的最大核心枢纽国家。印度和越南在 2007 年、2010 年、2013 年均在前 10 开外,在 2016 年均进入前 10 之列,反映了二者在网络中的桥梁纽带作用有所加强,重要性逐渐凸显。马来西亚和希腊分别在 2010 年、2013 年退出前 10 之列,在网络中的枢纽作用和影响力逐渐减弱。从空间分布来看,2007—2016 年,网络中的枢纽节点(排名前 10 的节点)主要分布在西亚及地中海沿岸地区、中国和东南亚,原因在于这些地区地理位置重要,具有极佳的交通运输优势。2007 年这些地区的枢纽节点分布数量分别为 5 个、2 个、2 个,到 2016 年,分布数量则演变为 2 个、3 个、2 个,这表明西亚及地中海沿岸地区的枢纽作用下降,中国的枢纽作用增强,并且网络中的枢纽节点在空间分布上趋于分散。

从信息中心性来看,排名前 10 的经济体变动较小,以中国、日本、韩国和东南亚所属的经济体居多,其中主要为中国大陆、中国香港、中国台湾、日本、新加坡、韩国和泰国等。节点的平均信息中心性在 2010 年达到峰值,在 2016 年出现最低值,呈现出先上升后下降的趋势,这表明"海丝"沿线经济体渔业隐含能源流动网络中各经济体间的相连路径中的平均渔业隐含能源流动量也呈现先上升后下降的态势。与 2010 年相比,2016 年网络中各经济体间的渔业隐含能源流动量大幅减小,渔业隐含能源流动联系强度减弱。但各经济体间特别是前 10 以内同位次经济体间的信息中心性年内差值极小,网络中的渔业隐含能源联系仍然紧密,网络整体上具有较好的可达性。

综合节点强度、流介数中心性和信息中心性来看,相对于 2007 年,2016 年强度中心性、流介数中心性和信息中心性排名前 10 的经济体的重复个数由 4 个上升到 6 个,其中节点强度和信息中心性的排名具有一定的趋同性,表明网络的重要节点呈现多极化趋势。此外,2016 年,中国大陆、中国台湾、中国香港、日本均处于强度中心性、流介数中心性和信息中心性排名中的前 5 位,表明中国和日本是"海丝"沿线经济体渔业隐含能源流动网络的绝对核心国家。

2.3 网络拓扑结构分析

2.3.1 核心-边缘结构分析

选取 2007 年、2010 年、2013 年、2016 年四个年份,运用 Ucinet 软件计算"海丝"沿线经济体渔业隐含能源流动网络中各节点的核心度,并将核心度>0.1 的节点归为核心节点,核心度在 0.01～0.1 的节点归为次核心节点,核心度<0.01 的节点归为边缘节点,以 Gephi0.9.6 软件呈现网络的核心-边缘结构(图2)。

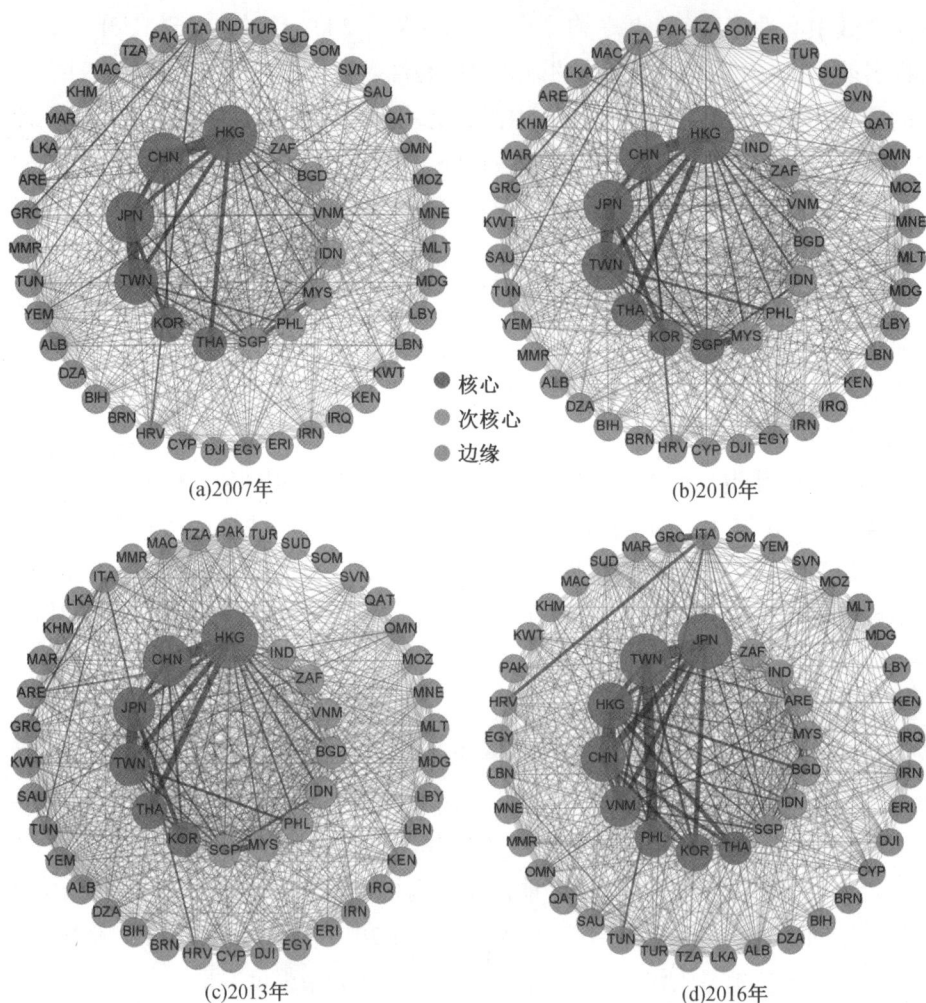

图2 "海丝"沿线经济体渔业隐含能源流动网络核心边缘结构演化

注:节点大小表示核心度的大小,边的粗细表示年内各经济体间渔业隐含能源流动联系强度。

由图2可知,核心节点与次核心节点的数量相差不大,基本持平,边缘节点的数量占节点总个数的四分之三以上,各层级节点数量基本稳定,表明"海丝"沿线经济体渔业隐含能源流动网络具有明显而稳定的核心-边缘结构。核心节点间的渔业贸易隐含能源流动量占网络中渔业隐含能源总量的比例始终在62.8%以上,且呈波动上升趋势,表明核心节点间的渔业隐含能源流动关系日益紧密。由此可见,"海丝"沿线经济体渔业隐含能源流动网络存在明显的"富人俱乐部"现象。具体来看,核心节点的变化相对稳定,中国大陆、中国香港、中国台湾、日本、韩国和泰国始终是网络中的核心节点,表明这些经济体在网络中具有不可替代的核心地位。此外,在核心节点中,中国所属的节点占据三个位置,反映了中国为"海丝"沿线经济体渔业隐含能源流动网络中最大核心经济体。次核心节点基本稳定,主要为南非和东南亚地区的经济体。次核心节点与各级节点间的渔业隐含能源流动量占网络中渔业隐含能源总量的平均比例达到35.5%,在网络中具有较高的重要性。边缘节点的个数维持在37~39个,主要为北非和非洲东部沿海地区和西亚及地中海沿岸地区的经济体。边缘节点与各级节点间的渔业隐含能流动量较小,在网络中的核心作用不明显,但在未来仍有成为更高等级节点的潜力。从核心度数值来看,在核心节点中,中国台湾和日本的核心度值升幅较大,核心度排名也由 2007 年的第四位和第三位上升至 2016 年的第二位和第一位,表明其在网络中的地位和影响力不断提高。越南和菲律宾在 2016 年由次核心节点成为核心节点,核心度值升幅较大,表明其在网络中的重要性明显提高。

2.3.2　组团结构分析

运用 louvain 社区发现算法对 2007 年、2010 年、2013 年和 2016 年的"海丝"沿线经济体渔业隐含能源流动网络进行组团识别和划分(图 3),模块度值始终在 0.326 以上,组团划分结果较好。各组团内部成员在地理空间分布上呈现出一定的连续性,说明地理位置相邻近的节点具有较密集的渔业隐含能源流动联系。

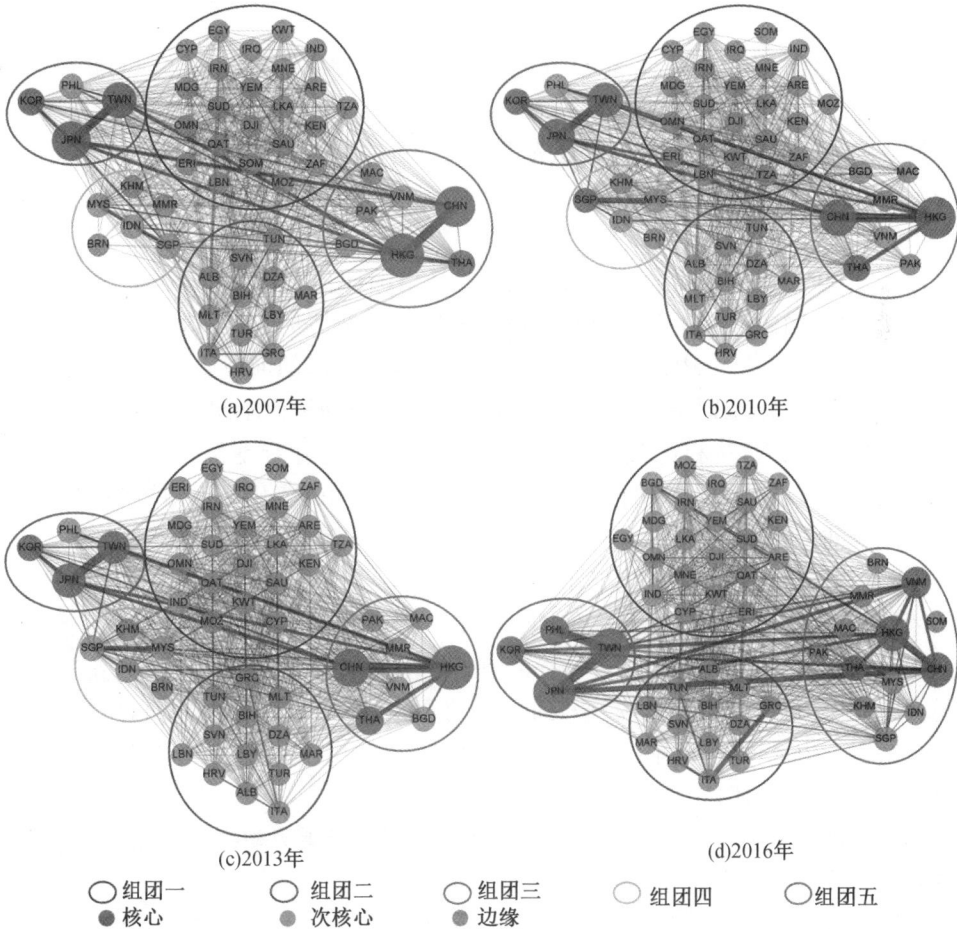

(a)2007年　　　　　　　　　　(b)2010年

(c)2013年　　　　　　　　　　(d)2016年

○组团一　　○组团二　　○组团三　　○组团四　　○组团五
●核心　　　●次核心　　　●边缘

图 3　"海丝"沿线经济体渔业隐含能源流动网络社团结构演化

注:节点大小表征核心度的大小,边的粗细表示年内各经济体间渔业隐含能源流动联系强度。

从组团规模来看,2007 年、2010 年和 2013 年的"海丝"沿线经济体渔业隐含能源流动网络可划分为一大四小 5 个组团,2016 年的"海丝"沿线经济体渔业隐含能源流动网络则演化成一大两中一小 4 个组团,组团总体格局趋向均衡化。组团一、二、五的成员数量变化极小,组团三和组团四则随着时间的推移发生了较大的变化。为方便论述,以组团内核心经济体或组团内部成员的主要分布地域对各组团进行命名:组团一命名为西亚-东非组团、组团二为地中海沿岸组团、组团三为中国大陆-中国香港组团、组团四为东南亚组团、组团五为日韩及中国台湾组团。

具体来看,西亚-东非组团是"海丝"沿线经济体渔业隐含能源流动网络中的最大组团,成员主要为西亚和非洲东部沿海地区的经济体,包括少数南亚和欧洲的经济体,但绝大部分成员为网络中的边缘节点,反映了西亚-东非组团整体上具有大而弱的特点。但西亚-东非组团内部的渔业隐含能源流动量以及西亚-东非组团与其他组团间的渔业隐含能源流动量占网络中渔业隐含能源总量的比例逐年攀升,分别由 4.3% 和 8.3% 上升到 6.8% 和 13.5%,表明西亚-东非组团在网络中的地位不断提高。此外,西亚-东非组团的结构模式随着时间的变化而逐渐转变,先后形成了以南非为单一核心的结构模式、以南非和印度为核心的双核心结构模式和以南非、印度、孟加拉国、阿联酋为核心的多核心结构模式,组团结构模式趋向多极化。

地中海沿岸组团的内部成员比较稳定,主要为北非和地中海沿岸地区的经济体,且均为网络中的边缘节点,组团结构比较均衡。地中海沿岸组团内部的渔业隐含能源流动量占网络中渔业隐含能源总量的比例呈现出先下降后上升的趋势,由 2007 年的 5.8% 升至 2016 年的 10.2%,且升幅显著大于降幅,表明组团内部的渔业隐含能源联系强度由变弱趋向变强。

中国大陆-中国香港组团的内部成员主要包括中国、南亚和东南亚所属的经济体,分布在三个层级,且组团内部存在多个核心经济体和次核心经济体,表明该组团具有多层级和多核心的结构模式。其中,中国香港和中国大陆对组团内部的渔业隐含能源贡献最大,中国香港和中国大陆与组团内部成员间的渔业隐含能源流动量占本组团渔业隐含能源总量的平均比例分别为 29.6% 和 42.6%,表明二者在组团中居于主导地位。此外,中国大陆-中国香港组团中的核心经济体和次核心经济体的数量随时间的变化而逐渐增多,多极化趋势明显。中国大陆-中国香港组团具有较强的集聚效应,东南亚组团受此影响最大。中国大陆-中国香港组团逐步吸纳了东南亚组团中的经济体,最终东南亚组团中的经济体全部脱离原组团而加入中国大陆-中国香港组团,中国大陆-中国香港组团的规模逐渐扩大,而东南亚组团则逐渐消失。中国大陆-中国香港组团的渔业隐含能源流动量占网络中渔业隐含能源总量的比例由 2007 年的 23% 攀升到 2016 年的 27%,表明组团内部渔业隐含能源流动联系日益紧密。由此可见,以中国香港和中国大陆为主导的组团三在网络中发挥着巨大作用,是网络中的核心组团。

日韩及中国台湾组团是"海丝"沿线经济体渔业隐含能源流动网络中最小的组团,组团成员为日本、韩国、中国台湾和菲律宾,但均为网络中的核心节点或次核心节点,反映了日韩及中国台湾组团整体上具有小而强的特点。日韩及中国台湾组团中各经济体的总核心度值呈波动上升趋势,组团内部渔业隐含能源流动量占网络中渔业隐含能源总量的比例始终在 20% 以上,表明日韩及中国台湾组团在网络中具有较强的影响力,是网络中的核心组团之一,地位仅次于中国大陆-中国香港组团。

从组团间的渔业隐含能源互动格局来看,中国大陆-中国香港组团与日韩及中国台湾组团间的渔业隐含能源流动联系强度最大,二者间的渔业隐含能源流动量占网络中渔业隐含能源总量的比例始终在 18% 以上,远大于其他组团间的渔业隐含能源联系强度。

3 "海丝"沿线经济体渔业隐含能源流动网络格局影响因素分析

3.1 变量选取及回归模型建立

"海丝"沿线经济体渔业隐含能源的流动联系受到多因素的综合影响。本文选取渔业贸易、经济发展差异、渔业能耗强度差异、科技水平差异、人口规模差异、地理距离和语言文化因素作为"海丝"沿线经济体渔业隐含能源流动网络的影响因素,并对应选取渔业贸易量(TRADE)、国内生产总值(GDP)、渔业隐含能源强度(ENERGY)、研发支出占GDP比例(TECH)、人口规模(POP)、地理距离邻近性(DIST)和语言邻近性(LANG)为统计指标,构建解释变量矩阵(表4)。

表4 解释变量及说明

变量符号	变量含义	数据描述	数据来源
TRADE	渔业贸易量	两经济体间最终需求端的渔业贸易矩阵(千美元)	Eora数据库
GDP	国内生产总值	两经济体间经济发展水平差异矩阵(美元)	世界银行数据库
TECH	研发支出占GDP比例	两经济体间科技发展水平差异矩阵	世界银行数据库
ENERGY	渔业隐含能源强度	两经济体间生产端渔业隐含能源强度差异矩阵(kJ/美元)	通过前文计算得出
POP	人口规模	两经济体间人口规模差异矩阵(人)	世界银行数据库
DIST	地理距离邻近性	两经济体间使用共同官方语言取值为1,反之为0	法国CEPII数据库
LANG	语言邻近性	两经济体间陆域相邻取值为1,反之为0	法国CEPII数据库

注:差异矩阵基于研究时段内指标均值的绝对差异所构建。

(1)渔业贸易网络。渔业贸易是渔业隐含能源流动和转移的主要途径,各经济体间的渔业贸易对渔业隐含能源流动网络有直接影响。

(2)经济发展差异。GDP是表征一个国家和地区经济发展水平的重要指标,引力模型理论认为经济体量较大的国家和地区会产生较大的贸易流动,而渔业贸易流动必然伴随着隐含能源的转移。

(3)渔业能耗强度差异。渔业能耗强度反映了经济体单位渔业产值所消耗的能源量大小,从而直接影响渔业贸易中隐含能源的流动量。本文以渔业隐含能源强度表征渔业能耗强度。

(4)科技水平差异。科技水平反向影响渔业隐含能源强度,进而影响经济体间的渔业隐含能源流动量。

(5)人口规模差异。人口规模直接影响渔业消费需求,从而影响经济体间的渔业贸易,进而影响渔业隐含能源流动。

(6)地理距离。据引力模型理论和地理学第一定律,经济体间的地理距离越长,越不利于发生渔业贸易,从而影响渔业隐含能源的流动。

(7)语言文化因素。已有研究表明,语言文化相近的地区越利于进行经贸活动。因此经济体间的语言文化差异可能会影响渔业隐含能源流动联系的形成。

本文以 2007—2016 年的"海丝"沿线经济体渔业隐含能源流动网络为被解释变量,以渔业贸易网络、经济发展差异矩阵、渔业能耗强度差异矩阵、科技水平差异矩阵、人口规模差异矩阵、地理距离邻近性矩阵和语言邻近性矩阵为解释变量,建立 QAP 回归模型,并运用 Ucinet 软件进行 5 000 次随机置换,得出回归结果(表5)。

表5　2007—2016 年"海丝"沿线经济体渔业隐含能源流动网络 QAP 回归结果

变量	年份									
	2007	2008	2009	2010	2011	2012	2013	2014	2015	2016
TRADE	0.959***	0.928***	0.930***	0.911***	0.907***	0.903***	0.903***	0.911***	0.910***	0.899***
GDP	0.031**	0.039**	0.035**	0.036**	0.038**	0.035*	0.038*	0.036*	0.040**	0.013
ENERGY	0.002	0.004	0.003	0.001	0.001	0.001	0.001	0.003	0.003	-0.001
TECH	-0.016*	-0.020**	-0.018*	-0.016*	-0.016*	-0.015	-0.013	-0.013	-0.014	0.008
POP	-0.033**	-0.045**	-0.042**	-0.044**	-0.043**	-0.043**	-0.046**	-0.043**	-0.044**	-0.046**
DIST	0.004	0.002	-0.003	0.015*	0.016*	0.014	0.012	0.012	0.005	-0.026**
LANG	0.002	0.004	0.001	0.009	0.009	0.008	0.008	0.008	0.006	0.004
R^2	0.921	0.863	0.863	0.834	0.829	0.820	0.819	0.834	0.831	0.796
Adj-R^2	0.921	0.862	0.863	0.834	0.829	0.819	0.818	0.833	0.831	0.796
样本体积	2 652	2 652	2 652	2 652	2 652	2 652	2 652	2 652	2 652	2 652

注:各变量的回归系数均为标准化回归系数;＊＊＊、＊＊、＊分别表示在1%、5%、10%的统计水平上显著。

3.2　回归结果分析

据回归结果显示,模型总体上通过了显著性检验,各解释变量对被解释变量的解释性较好。判定系数最低值为0.796,说明该模型对被解释变量的解释率在79.6%以上,具有较高的可信度和稳健性。总体来看,随着时间的推移,不同影响因素对"海丝"沿线经济体渔业隐含能源流动网络的影响方向和影响程度发生了不同变化,呈现差异化特征。

(1)渔业贸易网络是影响"海丝"沿线经济体渔业隐含能源流动网络的最重要因素。渔业贸易网络的标准化回归系数为 0.899~0.959,远高于其他解释变量矩阵,且在研究期内均通过了1%统计显著性检验,表明渔业贸易网络对"海丝"沿线经济体渔业隐含能源流动网络存在稳定的正向促进作用。经济体间的渔业贸易量越大,渔业隐含能源流动联系越强。

(2)经济发展差异矩阵对"海丝"沿线经济体渔业隐含能源流动网络总体上呈显著的正向促进作用。2007—2015 年回归结果均通过显著性检验,表明经济体间的 GDP 差异越大,渔业隐含能源流动联系越强。但 2016 年的标准化回归系数较之前年份大幅降低,且未通过显著性检验,说明 2016 年经济发展差异矩阵对"海丝"沿线经济体渔业隐含能源流动网络的影响不显著。

(3)科技水平差异矩阵对"海丝"沿线经济体渔业隐含能源流动网络的影响由显著转向

不显著。2007—2011年,科技水平差异矩阵的标准化回归系数均显著为负,说明在此期间科技水平相近的经济体之间拥有较强的渔业隐含能源流动联系。2012—2016年科技水平差异矩阵的回归结果未通过显著性检验,表明在此期间科技水平差异矩阵与"海丝"沿线经济体渔业隐含能源流动网络的相关性不强。可能原因在于次贷危机后,域内各经济体对科技发展的重视程度提高,对科技发展的投入不断增加,经济体间的科技投入水平差距逐渐缩小,而渔业隐含能源流动格局基本保持稳定,导致科技投入水平差距矩阵对"海丝"沿线经济体渔业隐含能源流动网络的影响变小。

(4)人口规模差异矩阵对"海丝"沿线经济体渔业隐含能源流动网络呈负向抑制作用。2007—2016年回归结果均通过5%统计显著性检验,说明经济体间的人口规模差异越小,渔业隐含能源流动联系越强。

(5)地理距离邻近性对"海丝"沿线经济体渔业隐含能源流动网络的影响关系比较模糊,2010年、2011年二者呈显著正相关,2016年呈显著负相关,其他年份则不显著。渔业能耗强度差异矩阵和语言文化因素对"海丝"沿线经济体渔业隐含能源流动网络的影响不显著。进一步研究发现,渔业隐含能源强度的差异对"海丝"沿线经济体渔业隐含能源流动网络的影响关系并不明晰,渔业隐含能源强度的差异小的经济体之间(如新加坡–中国香港)以及渔业隐含能源强度的差异大的经济体之间(如中国台湾–菲律宾)都可能存在较强的渔业隐含能源流动联系。语言邻近性与"海丝"沿线经济体渔业隐含能源流动网络的相关性不显著的可能原因在于科技的进步克服了语言沟通带来的贸易障碍,从而弱化了语言差异对贸易的影响。经过进一步探究发现,使用共同官方语言的经济体之间与未使用共同官方语言的经济体之间的渔业隐含能源流动联系有强有弱,没有呈现出明显的规律性。

4 结论与讨论

4.1 结论

本文在运用多区域投入产出法构建2007—2016年"海丝"沿线经济体渔业隐含能源流动网络的基础上,采用复杂网络分析方法测度了"海丝"沿线经济体渔业隐含能源流动网络的结构特征,通过QAP回归模型定量分析了影响"海丝"沿线经济体渔业隐含能源流动网络的主要因素。得到的主要结论如下:

(1)从网络整体结构特征来看,2007—2016年,"海丝"沿线经济体渔业隐含能源流动联系趋向紧密,但网络中的平均渔业隐含能源流动联系强度呈下降趋势。渔业隐含能源流动网络的内部集聚程度和传输效率不断提高,小世界性趋向明显。

(2)从网络节点特征来看,"海丝"沿线经济体渔业隐含能源流动网络中的节点呈现出非均衡化特征,节点强度排名前10的经济体的渔业隐含能源流动量占"海丝"沿线经济体渔业隐含能源总量的平均比例达83%。各节点在网络中的中介作用逐渐增强,枢纽节点主要分布在西亚及地中海沿岸地区、中国和东南亚地区,空间分布趋向分散。综合节点强度中心性、流介数中心性和信息中心性来看,中国和日本是"海丝"沿线经济体渔业隐含能源流动网络的绝对核心国家。

(3)从网络拓扑结构来看,"海丝"沿线经济体渔业隐含能源流动网络具有稳定的核心-边缘结构,核心节点间的渔业贸易隐含能源流动量占网络中渔业隐含能源总量的比例始终在62.8%以上,存在明显的"富人俱乐部"现象。中国大陆、中国香港、中国台湾、日本、韩国和泰国始终是网络中的核心节点,在网络中具有引领作用。"海丝"沿线经济体渔业隐含能源流动网络可划分为五个组团,其中,日韩台组团与中国大陆-中国香港组团为网络中的核心组团,二者间的渔业隐含能源流动联系强度远大于其他组团间的渔业隐含能源联系强度。中国大陆-中国香港组团具有较强的集聚效应,东南亚组团受此影响最大。随着时间的演进,中国大陆-中国香港组团逐步吸纳了东南亚组团中的经济体,最终东南亚组团中的经济体全部脱离原组团而加入中国大陆-中国香港组团,中国大陆-中国香港组团的规模逐渐扩大,而东南亚组团则逐渐消失。

(4)"海丝"沿线经济体渔业隐含能源流动网络受到多个因素的综合影响。其中,渔业贸易网络、经济发展的差异性、人口规模的相似性对"海丝"沿线经济体渔业隐含能源流动网络的形成具有促进作用,科技水平差异由显著的正向促进转向不显著,地理距离邻近性的影响模糊不定,渔业能耗强度差异与语言邻近性对"海丝"沿线经济体渔业隐含能源流动网络的影响不显著。

4.2 讨论

(1)实现渔业清洁生产,最大努力地降低渔业贸易中的隐含能源流动和隐含碳排放,是推进渔业节能低碳发展、保障能源安全的重要内容。从前文论述中可以看出"海丝"沿线经济体渔业隐含能源流动网络的形成主要与渔业贸易网络有关,与渔业隐含能源强度差异的相关性不显著,但网络中经济体间的渔业隐含能源流动量是由双边渔业进出口贸易量以及各自的渔业隐含能源强度直接决定的。其中,降低渔业隐含能源强度,提高能源利用效率,是实现渔业清洁生产的重要途径,也是降低渔业隐含能源流动量的有效方法。核心组团作为"海丝"沿线经济体渔业隐含能源流动网络的关键部分,对于控制域内渔业隐含能源流动量具有重要作用。中国大陆-中国香港组团和日韩台组团应发挥带头作用,努力降低渔业出口产品的隐含能源强度,减轻由渔业生产和贸易带来的环境问题。

(2)中国贡献了"海丝"沿线经济体渔业隐含能源的41.2%,是"海丝"沿线经济体渔业隐含能源流动量最大的区域。为在国际渔业贸易中取得优势,避免成为"污染天堂",中国应加大渔业及相关产业的科技投入,提高渔业产品附加值和能源利用率,帮助降低"海丝"沿线经济体渔业隐含能源流动总量。

(3)本文的不足和未来的研究方向。不足:①本文未将渔业中间贸易纳入计算范围,可能会导致计算得到的渔业隐含能源偏高;②本文未对各经济体的渔业隐含能源强度和渔业能源利用效率进行分析,而且未刻画"海丝"沿线经济体与全球其他地区渔业隐含能源流动格局,研究面相对较窄。未来的研究方向:①将渔业中间贸易、渔业能源利用效率、全球渔业隐含能源互动格局纳入分析范围;②渔业作为水-能-粮等关键资源汇集的典型产业,在生产和贸易中存在着复杂的资源流动和环境污染问题,并且渔业的发展与联合国可持续发展目标(SDG)的SDG2、SDG7、SDG12相关,未来的研究可以从渔业生产和贸易中的其他隐含流(虚拟水、隐含碳、虚拟土地等)的单独分析以及各个隐含流的综合分析入手,并结合联合国可持续发展目标研究渔业领域的可持续发展问题。

参考文献

[1] MARSHALL Z, BROCKWAY P E. A net energy analysis of the global agriculture, aquaculture, fishing and forestry system[J]. Biophysical Economics and Sustainability, 2020,

5(2)：1-27

[2]　徐皓,刘晃,张建华,等.我国渔业能源消耗测算[J].中国水产,2007(11)：74-76,78.

[3]　COSTANZA R. Embodied energy and economic valuation[J]. Science, 1980, 210
　　　(4475)：1219-1224.

[4]　OTTINGER M, CLAUSS K, KUENZER C. Aquaculture：relevance, distribution, impacts and
　　　spatial assessments-a review[J]. Ocean & Coastal Management, 2016, 119(6)：244-266.

[5]　汪艺晗,杨谨,刘其芸,等."一带一路"国家粮食贸易下虚拟水和隐含能源流动[J].资
　　　源科学,2021,43(5)：974-986.

[6]　ZHU B, SU B, LI Y, et al. Embodied energy and intensity in China's(normal and pro-
　　　cessing)exports and their driving forces, 2005—2015[J]. Energy Economics, 2020, 91：
　　　104911.

[7]　韦韬,彭水军.基于多区域投入产出模型的国际贸易隐含能源及碳排放转移研究[J].
　　　资源科学,2017,39(1)：94-104.

[8]　胡剑波,许帅.中国产业部门环境效率与环境全要素生产率测度[J].统计与决策,
　　　2022,38(3)：65-70.

[9]　刘会政,李雪珊.我国对外贸易隐含能的测算及分析：基于 MRIO 模型的实证研究
　　　[J].国际商务(对外经济贸易大学学报),2017(2)：38-48.

[10]　WU X F, CHEN G Q. Energy use by Chinese economy：a systems cross-scale input-out-
　　　put analysis[J]. Energy Policy, 2017, 108：81-90.

[11]　高鹏,岳书敬.中国产业部门全要素隐含能源效率的测度研究[J].数量经济技术经
　　　济研究,2020,37(11)：61-80.

[12]　黄宝荣,王毅,张慧智,等.北京市分行业能源消耗及国内外贸易隐含能研究[J].中
　　　国环境科学,2012,32(2)：377-384.

[13]　邓光耀,张忠杰.基于投入产出分解模型的中国各行业(产业)能源消费的关联效应
　　　研究[J].经济问题探索,2017(11)：91-98.

[14]　郭珊,韩梦瑶,杨玉浦.中国省际隐含能源流动及能效冗余解析[J].资源科学,2021,
　　　43(4)：733-744.

[15]　JIANG L, HE S, TIAN X, et al. Energy use embodied in international trade of 39 coun-
　　　tries：spatial transfer patterns and driving factors[J]. Energy, 2020, 195：116988.

[16]　安琪儿,安海忠,王朗.中国产业间隐含能源流动网络分析[J].系统工程学报,2014,
　　　29(6)：754-762.

[17]　芦风英,庞智强,邓光耀.增加值贸易视角下中美隐含能贸易研究[J].统计与决策,
　　　2020,36(24)：146-150.

[18]　韩中,王刚.基于多区域投入产出模型中美贸易隐含能源、碳排放的测算[J].气候变
　　　化研究进展,2019,15(4)：416-426.

[19]　黄伟如,张贤,查冬兰.中日贸易内涵能源的测算与分解：基于非竞争型投入产出表
　　　的分析[J].经济经纬,2016,33(5)：48-53.

[20]　李方一,刘卫东,公丕萍.中国产业能耗的区域差异与区域联系[J].地理科学,2015,
　　　35(1)：38-46.

[21]　郭朝先,胡雨朦.全球生产分工体系下隐含能源跨境转移研究[J].中国人口·资源

与环境,2019,29(12):26-35.

[22] ZHANGZ, LU X, SU B, et al. Energy, CO_2 emissions, and value added flows embodied in the international trade of the BRICS group: a comprehensive assessment[J]. Renewable and Sustainable Energy Reviews, 2019, 116: 109432.

[23] CHEN B, LI J S, WU X F, et al. Global energy flows embodied in international trade: a combination of environmentally extended input-output analysis and complex network analysis[J]. Applied Energy, 2018, 210: 98-107.

[24] 杨宇.中国与全球能源网络的互动逻辑与格局转变[J].地理学报,2022,77(2):295-314.

[25] 李虹,王帅.需求侧视角下中国隐含能源消费量及强度的影响因素[J].资源科学,2021,43(9):1728-1742.

[26] 谢建国,姜珮珊.中国进出口贸易隐含能源消耗的测算与分解:基于投入产出模型的分析[J].经济学(季刊),2014,13(4):1365-1392.

[27] 王丽萍,刘明浩.基于投入产出法的中国物流业碳排放测算及影响因素研究[J].资源科学,2018,40(1):195-206.

[28] 戴小文,漆雁斌,唐宏.1990—2010年中国农业隐含碳排放及其驱动因素研究[J].资源科学,2015,37(8):1668-1676.

[29] 王泽宇,张如昕,王焱熙.中国与周边国家盐业和盐化工业贸易网络演化与驱动机制[J].经济地理,2022,42(2):143-152.

[30] 马远,宫圆圆."丝绸之路经济带"能源贸易网络态势解构及影响因素:基于社会网络分析法[J].国际商务(对外经济贸易大学学报),2021(4):101-119.

[31] WANG Z, YIN F, ZHANG Y, et al. An empirical research on the influencing factors of regional CO_2 emissions: evidence from Beijing city, China[J]. Applied Energy, 2012, 100: 277-284.

[32] 管靖,宋周莺,刘卫东.全球粮食贸易网络演变及其驱动因素解析[J].地理科学进展,2022,41(5):755-769.

[33] 徐皓,张祝利,张建华,等.我国渔业节能减排研究与发展建议[J].水产学报,2011,35(3):472-480.

[34] 刘晃,车轩.中国水产养殖二氧化碳排放量估算的初步研究[J].南方水产,2010,6(4):77-80.

[35] 孙康,崔茜茜,苏子晓,等.中国海水养殖碳汇经济价值时空演化及影响因素分析[J].地理研究,2020,39(11):2508-2520.

[36] 姚秋蕙,韩梦瑶,刘卫东."一带一路"沿线地区隐含碳流动研究[J].地理学报,2018,73(11):2210-2222.

[37] LU Q, FANG K, HEIJUNGS R, et al. Imbalance and drivers of carbon emissions embodied in trade along the belt and road initiative[J]. Applied Energy, 2020, 280: 115934.

[38] 韩梦玮,李双琳."一带一路"海洋能源产品贸易网络结构特征及社团分布研究[J].经济地理,2020,40(10):108-117.

[39] 韩梦瑶,熊焦,刘卫东.中国跨境能源贸易及隐含能源流动对比:以"一带一路"能源合作为例[J].自然资源学报,2020,35(11):2674-2686.

[40] 李晨,李昊玉,孔海峥,等.中国渔业生产系统隐含碳排放结构特征及驱动因素分解 [J].资源科学,2021,43(6):1166-1177.

[41] NEWMAN M E J. The structure and function of complex networks[J]. SIAM Review, 2003, 45(2): 167-256.

[42] 刘军.整体网分析 UCINET 软件实用指南[M].2 版.上海:上海人民出版社,2014.

[43] 汪小帆,李翔,陈关荣. 网络科学导论[M]. 北京:高等教育出版社, 2012.

[44] FREEMAN L C, BORGATTI S P, WHITE D R. Centrality in valued graphs: a measure of betweenness based on network flow[J]. Social Networks, 1991, 13(2): 141-154.

[45] DEKKER A H. Centrality in social networks: theoretical and simulation approaches[J]. Proceedings of SimTecT, 2008: 12-15.

[46] STEPHENSON K, ZELEN M. Rethinking centrality: methods and examples[J]. Social Networks, 1989, 11(1): 1-37.

[47] NEWMAN M E J, GIRVAN M. Finding and evaluating community structure in networks [J]. Physical Review E, 2004, 69(2): 026113.

[48] BLONDEL V D, GUILLAUME J L, LAMBIOTTE R, et al. Fast unfolding of communities in large networks[J]. Journal of Statistical Mechanics: Theory and Experiment, 2008, 2008(10): 10008.

[49] AKIZU-GARDOKI O, BUENO G, WIEDMANN T, et al. Decoupling between human development and energy consumption within footprint accounts[J]. Journal of Cleaner Production, 2018, 202: 1145-1157.

[50] 龚炯,李银珠.中国与"一带一路"沿线国家贸易网络解析[J].经济与管理评论, 2021,37(2):27-37.

[51] LOHMANN J. Do language barriers affect trade? [J]. Economics Letters, 2011, 110 (2): 159-162.

[52] 李真,陈天明,李茂林,等.中国真实贸易利益的再评估:基于出口隐含环境成本的研究[J].财经研究,2020,46(6):64-78.

印度洋海域可开发波浪能资源评估

万 勇 张 文 冯晓顺

(中国石油大学(华东)海洋与空间信息学院,山东青岛,266580)

摘要:利用近 10 年的 ERA5(the fifth generation ECMWF re-analyses)数据,对印度洋海域的波浪能资源进行评估,确定波浪能可开发储量的计算方法,依据波浪能资源的储量指标和质量指标定义一个新指标——选址指标(site selection index, SSI),为印度洋沿岸不同国家波浪能发电站的建站选址提供决策参考。研究表明:印度洋海域波浪能资源的储量庞大,85%左右海域的可开发波浪能储量在 80 000 kW·h/m 以上,稳定性和持续性较好,非常适合开发。基于选址指标,在印度洋沿岸确定了 20 个波浪能站点,比较了不同装置在各站点的发电量和转换效率,发现 WaveStar 在印度洋近岸站点的性能较好。

关键词:印度洋;波浪能资源;可开发储量;选址;波浪能转换装置;性能

引言

随着能源危机和环境污染的加重,海洋波浪能因具有储量大、可再生和无污染等优点,备受世界海洋大国的青睐[1]。印度洋是世界第三大洋,整体水深较深,具有丰富的波浪能资源。此外,印度洋具有极其重要的地理位置,沿岸国家众多,是联系亚洲、非洲和大洋洲之间的交通要道。开发印度洋海域的波浪能资源,不仅可以供给沿线国家电能、发展海洋经济,还可以保护我们的生态环境、促进可持续发展。

开发和利用波浪能资源之前,必须开展资源的评估工作。评估目标海域的波浪能资源,为波浪能发电站选址,进而为不同的站点选择合适的波浪能转换装置。为此,郑崇伟等[2]结合多个指标对斯里兰卡海域的波浪能进行了系统的评估,为波浪能的开发提供了决策意见。万勇等[3]评估了中国近海的波浪能资源,提出了区域等级的划分方法,并为近岸站点筛选出最合适的波浪能装置。D. V. Bertram 等[4]提出了一种为波浪能发电站选择最适合的波浪能转换装置的方法,极大地提高了波浪能发电站的产能效率。本文基于 10 年 ERA5 数据评估了印度洋海域的波浪能资源,提出了一种新的选址方法,在近岸海域为波浪能电站选址,对比波浪能转换装置在不同站点的性能,为后续印度洋沿岸国家波浪能资源的开发提供决策指导。

1 区域与数据源

1.1 研究区域

本文的研究区域是东经30°到120°、南纬30°到北纬23.5°的印度洋海域。印度洋的整体水深较深,近岸区域的水深甚至可达上千米。印度洋的大部分区域位于热带,属于明显的热带季风气候,6月至9月盛行来自印度洋的西南季风,10月至次年5月盛行自亚欧大陆的东北季风。因此,印度洋海域的波浪能受季风气候的影响,具有明显的季节变化特征。

1.2 数据源

本研究使用的数据是欧洲中程天气预报中心(ECMWF)提供的高精度的ERA5数据,时间范围是2010年1月至2020年12月,时间分辨率为6 h,空间范围是15°S~30°N、30°E~105°E,空间分辨率为0.125°×0.125°。ERA5数据是ECMWF提供的最新的再分析数据集,具有较高的时空分辨率和精度。李爱莲等[5]使用浮标观测数据验证了ERA数据的准确性,发现ERA5数据与浮标数据的匹配度较好。ERA5数据满足精度要求,可以用于后续的研究。

2 印度洋波浪能资源的特性

2.1 波浪能资源的可开发储量

印度洋海域具有丰富的波浪能资源,但是,并不是所有的波浪能资源都可以被开发和利用。常见的评估波浪能资源丰富程度的指标有波功率密度和总储量,这两个指标只是对波浪能资源的数量有一个粗略的估计,还缺乏更加精准的计算。开发波浪能的主体设备是波浪能转换装置,现有的波浪能转换装置并不能在所有的海况条件下工作。在海况较高的情况下,海面上会产生风暴和巨浪,这种海浪条件不仅会损害波浪能转换装置,甚至会将整个装置摧毁。因此,当海浪较高时,波浪能装置会关闭。一般情况下,波高在4~6 m时,海浪的波长较长,风暴波时常出现。Amrutha等[6]提出波浪能转换装置关闭的波高上限值是4 m。

另一方面,当波高过低时,波浪能转换装置也无法产生电能,波浪能装置存在正常运行的波高下限值。Morim等[7]和Ribeiro等[8]提出波浪能转换装置产能失败的阈值是有效波高为1 m。因此,本文分别将4 m和1 m作为波浪能转换装置正常运行时有效波高的上限值和下限值。排除波浪能转换装置的关闭时间,在其他时间范围内,可认为目标区域内的波浪能是可以被开发的。

为方便计算目标海域可开发波浪能的储量,引入指标可开发比例r_E,它表示为可开发波浪能储量占总储量中的比例,计算方法是用一年中有效波高在1 m至4 m的时间与总时间作商,如下所示:

$$r_E = \frac{T_{1 \leqslant H_s \leqslant 4}}{T_{total}} \tag{1}$$

可开发波浪能储量的计算方法就是用可开发比例与波浪能资源的总储量相乘,如下所示:

$$J_{exp} = J_{total} \cdot r_E \tag{2}$$

其中,波浪能的总储量J_{total}可根据波功率密度计算得到,计算方法为用全年小时数与波功率密度作乘积。本文中波功率密度的计算方法参照万勇等[9]提出的方法。根据计算,可以获得2011—2020年印度洋海域的波功率密度的平均值。

通常认为，当波功率密度大于 2 kW/m 时，该区域的波浪能资源是可用的;当波功率密度大于 20 kW/m 时，该区域的波浪能资源是丰富的[10-11]。印度洋海域的波功率密度几乎都在 2 kW/m 以上，整个印度洋海域的波浪能资源都是可用的。印度洋海域具有丰富的波浪能，一半以上海域的波功率密度大于 20 kW/m。

根据印度洋的实际海况，可以计算波浪能的可开发比例。

除了阿拉伯海的小部分区域之外，印度洋海域波浪能资源的可开发比例都在60%以上，甚至大部分区域的可开发比例都超过了80%，可见印度洋海域的波浪能资源不仅丰富而且可开发性也很高。

由可开发比例和总储量计算得到印度洋海域波浪能的年均可开发储量，发现印度洋海域的波浪能资源十分丰富，85%左右海域的可开发波浪能资源储量在 80 000 kW·h/m 以上，储量非常庞大，具有极高的开发价值。

2.2 波浪能资源的稳定性和持续性

波浪能储量大的海域往往被选作波浪能发电站建站选址的首选区域，但是波浪能资源的储量并不是唯一的决定因素。相较于储量大但质量不高的波浪能资源，项目投资者往往更青睐于储量中等但质量较高的波浪能资源，因为质量高的波浪能资源更有利于收集和转换，有更多的经济收益。目前，常见的评价波浪能质量的指标有变化指数，它表示波浪能资源的稳定性。变化指数的数值越小越好，数值越小代表该区域的波浪能资源越稳定。变化指数 C_v 参照万勇等[12]提出的方法计算得到，用波功率密度的标准差与波功率密度的平均值作商，如下所示：

$$C_v = \frac{\sqrt{\frac{1}{N}\sum_{i=1}^{N}(P_W - \overline{P_W})^2}}{\overline{P_W}} \qquad (3)$$

通过计算得到印度洋的 2010—2020 年变化指数的平均值，印度洋绝大部分海域的海域稳定性较高，除了小部分海域，变化指数都在 1 以内，波浪能资源质量极高，非常适合开发和利用。

此外，持续性是评估波浪能质量的另一重要指标。所谓波浪能的持续性，就是指波浪能资源的储量能否持续性地达到指标值，具体地需要根据实际的海域状况制定指标值的数值大小。由于本文的研究区域是印度洋海域，所以指标值是根据印度洋的实际海况条件制定的。持续比例 P_s 的计算方法是：用印度洋海域的年际总储量除以总天数得到波浪能的日均储量，用该日均储量值作为指标值，再统计一年中每日储量值在该指标值之上的比例，如下所示：

$$P_s = \frac{D_{J_d \geqslant J_z}}{365} \qquad (4)$$

其中，D 表示天数；J_d 表示波浪能的日储量；J_z 是指标值，$J_z = J_{total}/365$。波浪能资源的持续性越高代表该区域波浪能资源越集中，波浪能资源的质量越高。

经计算，获得印度洋 2011—2020 年持续比例，印度洋海域波浪能资源整体的持续性较高，绝大部分海域的年均持续比例都在30%以上，甚至2/3以上区域波浪能的持续性高达36%，能量持续集中，可开发性好。

3 主流波浪能装置在印度洋近岸站点的性能对比

3.1 印度洋近岸站点的选址

印度洋的海域辽阔,沿岸国家众多,而且印度洋海域的水深较深,离岸区域的水深可达数千米。为了便于给不同的沿岸国家提供电能,需要遍历整个印度洋沿岸,为各个国家的波浪能发电站寻找最合适的建站位置,以谋求最大的能量收益。本文将印度洋分为 A、B、C、D、E 五个区域开展近岸波浪能发电站的选址工作,其中,区域 A 的范围是 0°~30°S、30°E~51°E,区域 B 的范围是 23.5°N~0°、30°E~60°E,区域 C 的范围是 23.5°N~6°N、67°E~94°E,区域 D 的范围是 23.5°N~8°S、94°E~120°E,区域 E 的范围是 30°S~18.5°S、112.5°E~120°E。

考虑技术限制问题,波浪能转换装置存在运行水深的上限值,目前主流的波浪能转换装置的运行水深都在 100 m 之内[12],因此需要在 100 m 水深范围内的海域建造波浪能电站。考虑现实的经济效益问题,离岸区域的波浪能资源虽然更丰富但离岸较远不利于电能的传送和运输。Patel 等[13]提出为获得较理想的经济收益,在为波浪能电站选址时,离岸距离最大取为 25 km。为此,本文依据波浪能资源的储量指标和质量指标定义了一个新指标——选址指标 SSI。它的计算方法为将波浪能的可开发储量与持续比例相乘再除以变化指数,如下所示:

$$\text{SSI} = \frac{J_{\text{exp}} \cdot P_s}{C_v} \tag{5}$$

计算 A、B、C、D、E 五个区域内所有网格点的 SSI 数值,筛选满足水深条件和离岸距离条件的网格点,依据 SSI 的数值大小将这些网格点进行排序,根据印度洋沿岸不同国家的地理位置,为各个国家筛选 SSI 数值最大的网格点作为后续波浪能发电站的建站位置。

根据印度洋沿岸不同国家的位置分布,共筛选出 20 个近岸波浪能站点,各站点的信息如表 1 所示。为方便记录,习惯于将东经取为正值、西经取为负值,将北纬取为正值、南纬取为负值。

表 1 印度洋近岸波浪能站点信息

站点	经度/(°)	纬度/(°)	SSI 值	水深/m
A1	31.25	−29.5	71 083	15
A2	35.125	−25	53 402	76
A3	40.875	−2.375	33 237	15
A4	42.375	−0.625	38 146	27
A5	47.375	−25	138 898	10
B1	49.125	6.25	54 449	62
B2	51.625	11.625	20 591	85
B3	56.875	17.875	13 895	52
C1	68.5	22	11 907	69
C2	78.125	8	53 098	42

表1(续)

站点	经度/(°)	纬度/(°)	SSI 值	水深/m
C3	81.625	6.25	80 570	30
C4	88.875	21.25	13 506	18
C5	92.375	20	17 723	68
D1	97.5	9.875	7 637	46
D2	102	11.5	202	54
D3	108.75	10.75	6 664	44
D4	115.5	6.375	3 132	74
D5	106.75	−7.5	145 992	22
D6	117.875	9.625	5 111	11
E1	113.375	−27	164 039	90

3.2　主流装置在近岸站点的性能对比

收集和转换波浪能的主体设备是波浪能转换装置,因此波浪能转换装置在整个实际波浪能开发项目中占据主体地位,而为波浪能发电站确定最合适的波浪能转换装置是波浪能评估工作中的重要环节。因此需要对比不同波浪能转换装置的性能,为波浪能发电站筛选出发电性能最好的波浪能装置。

一般来说,波浪能转换装置的产能越多,性能越好。年际发电量 AEP($\times 10^5$ kW·h)直观地展现了一个波浪能装置的发电性能,它是衡量波浪能转换装置性能最重要的指标之一,它的计算过程参照 Giassi 等[14]提出的方法。

$$\text{AEP} = \sum_{i=1}^{nT} \sum_{j=1}^{nH} P_{ij} \times T_{ij} \tag{6}$$

其中,P_{ij} 是功率矩阵中不同有效波高和能量周期对应的波浪能装置的发电功率值;T_{ij} 是该站点不同有效波高和能量周期对应的特定海况的发生小时数。

波浪能转换装置从海水中捕获波浪能并将其转换为电能,在这个过程中会存在能量的散射和损耗,并不是所有的波浪能都会被转换成电能。理想的波浪能转换装置不仅产能多,其转换效率也高。转换效率 C_e(%)表示波浪能装置的能量转换能力,它的计算方法为:

$$C_e = \frac{P_e}{P_{\text{wave}} \cdot \text{main\_dimension}} \tag{7}$$

$$P_{\text{wave}} = \frac{1}{16} \rho g H_s^2 \frac{\omega}{k} \left(1 + \frac{2kd}{\sinh 2kd}\right) \tag{8}$$

$$P_e = \sum_{i=1}^{nT} \sum_{j=1}^{nH} P_{ij} \cdot f_{ij} \tag{9}$$

其中,P_{wave} 是入射的波浪能功率[15];ρ 是海水密度;g 是重力加速度;H_s 是有效波高;k 是波数;d 是水深;ω 是波浪频率,$\omega = 2\pi/T_e$;P_e 是波浪能装置的电功率输出[3];f_{ij} 是近岸站点不同有效波高和能量周期对应的特定海况的发生频率;main_dimension 是不同波浪能转换装置的特征尺寸。

根据近岸站点的水深,本文选用了 Archimedes Wave Swing(AWS) 、Oyster、Oceantec、鹰式"万山号"、WaveDragon 和 WaveStar 这六个装置开展性能分析。其中,AWS 的特征尺寸是 144 m、适用水深是 40~100 m,Oyster 的特征尺寸是 26 m、适用水深是 10~20 m,Oceantec 的特征尺寸是 52 m、适用水深是 50~100 m,鹰式"万山号"的特征尺寸是 36 m、适用水深是 20~100 m,WaveDragon 的特征尺寸是 300 m、适用水深是 30~50 m,WaveStar 的特征尺寸是 70 m、适用水深是 10~30 m。经过计算,各装置在不同站点的年际发电量和转换效率如表2所示。

表2 不同的波浪能转换装置在印度洋近岸站点的性能

站点	AWS	Oyster	Oceantec	万山号	Wave Dragon	Wave Star	AWS	Oyster	Oceantec	万山号	Wave Dragon	Wave Star
	年际发电量 AEP/($\times 10^5$ kW·h)						转换效率C_e/(%)					
A1	—	8.90	—	—	—	20.27	—	11.45	—	—	—	9.68
A2	9.42	—	8.97	4.58	—	—	4.14	—	10.90	8.04	—	—
A3	—	4.68	—	—	—	11.73	—	14.71	—	—	—	13.71
A4	—	—	—	3.28	—	12.98	—	—	—	8.08	—	16.43
A5	—	11.39	—	—	—	25.71	—	9.36	—	—	—	7.85
B1	4.50	—	15.84	3.36	—	—	2.09	—	20.34	6.23	—	—
B2	6.84	—	14.34	3.37	—	—	3.45	—	20.07	6.81	—	—
B3	6.72	—	11.76	3.24	—	—	3.86	—	18.71	7.46	—	—
C1	7.79	—	8.23	3.56	—	—	4.84	—	14.15	8.86	—	—
C2	4.87	—	—	3.84	32.80	—	2.43	—	—	7.65	7.84	—
C3	—	—	—	5.31	43.88	17.18	—	—	—	7.11	7.05	11.83
C4	—	4.09	—	—	—	9.10	—	11.28	—	—	—	9.33
C5	6.95	—	5.99	3.12	—	—	4.10	—	9.77	7.35	—	—
D1	2.12	—	—	1.89	13.90	—	2.23	—	—	7.98	7.03	—
D2	0.04	—	0.12	0.11	—	—	0.32	—	2.47	3.49	—	—
D3	1.49	—	—	1.15	13.72	—	1.83	—	—	5.65	8.08	—
D4	1.34	—	3.10	1.45	—	—	2.62	—	16.82	11.37	—	—
D5	—	—	—	5.36	—	19.15	—	—	—	3.67	—	6.74
D6	2.50	—	—	—	—	6.06	17.08	—	—	—	—	15.40
E1	34.31	—	17.45	6.72	—	—	4.74	—	6.68	3.72	—	—

对比不同装置在印度洋近岸站点的年际发电量和转换效率,可以发现:对于站点 A1、A3、A5、C4 和 D6 来说,WaveStar 装置的发电量较高,但是转换效率却略低于 Oyster 装置,总的来说,在这五个站点建造 WaveStar 装置能量收益更高。对于站点 A2、B1、B2、B3、C1、C5、D2、D4

和 E1 来说,绝大多数情况下 Oceantec 装置的发电量和转换效率都是最高的,Oceantec 是最适合这九个站点的波浪能转换装置。对于站点 C2、D1、D3 来说,WaveDragon 装置的转换效率高,其年际发电量也远远高于其他装置。因此,在这三个站点中,WaveDragon 的性能最好。对于站点 A4 和 D5,WaveStar 装置的年际发电量和转换效率都高于"万山号",WaveStar 的性能更好。对于 C3 站点,WaveDragon 的发电量要远远高于其他装置,WaveStar 的转换效率要优于其他装置,这两个装置都可以用于 C3 站点波浪能资源的开发。

4 结论

本文利用近 10 年的 ERA5 数据,基于海况条件和波浪能装置的工作条件,定义了波浪能的可开发比例,分析了印度洋海域的可开发波浪能资源,提出了一种为波浪能发电站选址的新指标 SSI,确定印度洋近岸海域波浪能发电站的位置,并为各站点筛选合适的波浪能转换装置。结论如下:

(1)印度洋海域的波浪能资源非常丰富,85% 左右海域的可开发波浪能资源储量在 80 000 kW·h/m 以上,非常适合开发。

(2)印度洋海域的波浪能资源稳定性较高、持续性好,绝大多数区域的变化指数小于 1 并且持续比例高于 30%。

(3)在印度洋沿岸确定了 20 个波浪能发电站的站点,根据年际发电量和转换效率比较了六个主流波浪能装置的性能。总的来说,WaveStar 装置的性能更好。

参考文献

[1] 韩林生, 王静, 高佳, 等. 山东褚岛北部海域波浪能资源分析[J]. 太阳能学报, 2020, 41(2):7.

[2] 郑崇伟. 21 世纪海上丝绸之路:斯里兰卡海域的波浪能评估及决策建议[J]. 哈尔滨工程大学学报, 2018, 39(4):8.

[3] WAN Y, ZHENG C, LI L, et al. Wave energy assessment related to wave energy converters in the coastal waters of China [J]. Energy, 2020, 202:117741.

[4] BERTRAM D V, TARIGHALESLAMI A H, WALMSLEY M, et al. A systematic approach for selecting suitable wave energy converters for potential wave energy farm sites [J]. Renewable and Sustainable Energy Reviews, 2020, 132:110011.

[5] 李爱莲, 刘泽, 洪新, 等. 台风条件下 ERA5 再分析数据对中国近海适用性评估[J]. 海洋科学, 2021, 45(10):10.

[6] AMRUTHA M, KUMAR V S. Evaluation of a few wave energy converters for the Indian shelf seas based on available wave power [J]. Ocean Engineering, 2021, 244:110360.

[7] MORIM J, CARTWRIGHT N, ETEMAD-SHAHIDI A, et al. Wave energy resource assessment along the southeast coast of Australia on the basis of a 31-year hindcast [J]. Applied Energy, 2016, 184:276−297.

[8] RIBEIRO A S, DECASTRO M, COSTOYA X, et al. A delphi method to classify wave ener-

gy resource for the 21st century: application to the NW Iberian Peninsula [J]. Energy, 2021, 235:121396.

[9] WAN Y, ZHENG C, LI L, et al. Wave energy assessment related to wave energy convertors in the coastal waters of China[J]. Energy, 2020, 202:117741.

[10] 郑崇伟, 周林. 近10年南海波候特征分析及波浪能研究[J]. 太阳能学报, 2012(8): 1349-1356.

[11] 闻斌, 薛彦广, 张芳苒,等. 中国海波浪能资源分析[J]. 海洋预报, 2013, 30(2):6.

[12] 万勇. 面向工程开发的波浪能评估模型及其在中国海的应用研究[D]. 青岛:中国海洋大学, 2016.

[13] PATEL R P, NAGABABU G, KUMAR S, et al. Wave resource assessment and wave energy exploitation along the Indian coast[J]. Ocean Engineering, 2020, 217:107834.

[14] GIASSI M, CASTELLUCCI V, GTEMAN M. Economical layout optimization of wave energy parks clustered in electrical subsystems[J]. Applied Ocean Research, 2020, 101: 102274.

[15] 曹志伟. 一种综合利用海洋能的无人平台初步设计分析[D]. 镇江:江苏科技大学, 2019.

深远海岛礁供电困局及对策研究

王涌　金鑫　李伟　程宏　杨麒

（海军大连舰艇学院，航海系，辽宁大连，116018）

摘要： 中国沿海岛礁星罗棋布，为建设港口、旅游休闲等提供了得天独厚的条件。深远海岛礁作为"海上丝路"的战略支点，因其地理环境特殊，电力、淡水等供应不足，始终是限制其经济发展和军事利用的瓶颈。本文对深远海岛礁进行了界定，结合其地理环境特点分析了深远海岛礁的供电困局，并给出构建"波浪能+"海洋能多能互补高效微网的对策建议。

关键词： 供电困局；深远海；海洋能；孤岛微网；海岛群微网

引言

　　中国沿海岛礁星罗棋布，为建设港口、旅游休闲等提供了得天独厚的条件。深远海岛礁作为"海上丝路"的战略支点，电力、淡水供应不足是长期制约其开发利用的瓶颈问题。2016 年，《海洋可再生能源"十三五"规划》明确提出"研发深海漂浮式风电机组，探索海上风电和波浪能、潮流能等综合利用，掌握远距离深水大型海上风电场设计、建设及运维等关键技术，推进深海风电发展"。此后，合理利用海洋能资源帮助岛礁实现供电自给成为热点，但大多数研究是以沿岸近海岛屿为例展开的，深远海岛礁的电力供应难题很少有人涉及。鉴于此，本文结合深远海岛礁的地理环境特点，分析其供电困局并给出相关对策，有助于增强战略支点的生存能力，进而增强我国的海洋建设能力、对南海局势的掌控能力等，促进"海上丝路"健康、快速发展。

1　深远海岛礁地理环境特点

　　在不同行业领域，深远海概念有着不同的定义标准。海洋养殖业中，深远海通常是指水深超过 20 m、水流交换条件更好的海域。海上搜救领域，考虑我国救捞系统的饱和潜水搜救能力已实现水下 300 m，专业救助直升机的搜救作业半径一般为 100 n mile 左右，因而将深远海界定为水深大于 300 m 或离岸距离超过 100 n mile 的水域。海道测量领域，深远海是指水深大于 600 m 的水域或渤海、黄海及东海距岸 200 n mile 以上的水域，南海距岸 120 n mile 以上的海域。海上风能利用领域，水深大于 60 m 即为深水区域。我国《海岛保护法》按照海岛与陆岸距离的远近将其分为沿岸岛、近岸岛、远岸岛（表 1），其中与大陆距离大于 100 km 的海岛即为远岸岛。综合上述领域定义并结合本文研究应用，我们将深远海岛礁界定为水深大于 60 m 或离岸距离大于 100 km 的岛礁，主要分布在东海和南海海域，如南海诸岛等。

表1 我国海岛距岸分布

类型	离岸距离	占全国岛屿数量比例%
沿岸岛	与大陆距离小于 10 km 的海岛	70
近岸岛	与大陆距离为 10~100 km 的海岛	27
远岸岛	与大陆距离大于 100 km 的海岛	3

1.1　远离大陆　位置重要

深远海岛礁通常远离大陆,交通不便,生产生活所需物资很大程度上依赖大陆补给,淡水、电力供应不足,严重制约其经济发展。但这些岛礁又往往位于交通航线要冲,战略地位十分重要。如距离祖国大陆最远的南沙群岛,最南端的曾母暗沙距离大陆近 2 000 km,距海南岛约 1 600 km,地处太平洋至印度洋海上交通要冲,东亚通往南亚、中东、非洲、欧洲的必经航道上。

1.2　面积较小　空间有限

从成因上讲,深远海岛礁大部分属于珊瑚岛礁或火山岛,面积通常较小,生产生活所需的岛陆空间极其有限。如西沙群岛海域共有 40 座岛礁,其中露出海面的 29 座,是南海诸岛中露出水面岛洲最多的一群,但岛陆总面积仅约 10 km²,最大岛礁永兴岛的面积为 2.6 km²。且陆地地貌主要包括沙堤、砾堤、阶地、泻湖、洼地、残丘、火山岩地等,可直接利用的陆地空间非常有限。

1.3　生态环境系统脆弱

深远海岛礁大部分是珊瑚礁。珊瑚礁是地球上生物多样性最丰富的生态系统之一,被称为"海洋中的热带雨林",具有极高的初级生产力。但与此同时,它也是极为敏感脆弱的海洋生态系统,是全球气候变化最敏感的环境指示物之一。近年来,除自然因素外,围填海工程、污染物入海排放、粗放式旅游开发活动等人类活动给珊瑚礁生存带来很大压力。

1.4　海洋能源丰富多样

海洋能源包括波浪能、潮流能、潮汐能、盐差能、温差能、海上风能、太阳能等,是未来新能源研究和发展的重点领域。对于深远海岛礁而言,波浪能、海上风能、海上太阳能、温差能等的利用价值尤其突出,综合利用海上风能和波浪能是国际可再生能源利用领域的研究热点和学科前沿。作为海洋中分布最广的可再生能源,波浪能的平均能量密度高于风能和太阳能,可达到 2 000~4 000 W/m²,而风能的平均密度为 400~600 W/m²、太阳能的平均密度为 100~200 W/m²,且波浪能比其他新能源有更好的预测性,被视为其中最显著的能量形式。我国海上风能总量是陆地上风能总量的 3 倍,加之海面粗糙度小、海风更强更稳定、可用面积更广,深远海海上风能利用相比陆地具有很大优势。温差能是所有海洋能中最稳定且密度最高的能源,温差为 12~20 ℃时折合成有效水头为 210~570 mm。我国海洋温差能主要集中在南海地区。南海表层海水温度平均值为 25~28 ℃,上下温差为 20 ℃左右,适宜温差能发电,理论储量为 $14.4×10^{21}$~$15.9×10^{21}$ J,可开发总装机容量为 $17.47×10^8$~$18.33×10^8$ kW。

2 深远海岛礁供电困局

2.1 远离陆地 孤岛微网运行

深远海岛礁远离大陆,陆地电网无法覆盖,不可能从大陆远距离输电,也不可能火力发电,只能就地解决供电,因而只能设法建立孤岛微电网,供电不足严重制约当地居民的生产生活。传统燃油发电所用燃料需要依赖大陆补给,一定程度上受限于海上交通运输条件、气象灾害等因素。以风力发电和光伏发电作为能量来源,则由于风力和光照无法保持恒定,存在发出功率产生波动、影响供电网络安全运行等问题。当前,孤岛微网多由风力发电、光伏发电和柴油发电组合而成,公共连接点(point of common coupling)处电压的频率主要由柴油发电机支撑,并通过储能装置等设法减小风电和光电带来的频率波动,以提高系统稳定性。

2.2 空间狭小 发电规模受限

深远海岛礁的主要供电方式仍然以传统燃油发电技术为主,风力和光伏发电为辅。燃油发电技术成熟可靠,具有稳定、高效等特点,但对于岛陆空间有限的深远海岛礁而言,其优势显著不足。一是发电机组占地空间相对较大,随着岛礁开发利用的逐步深入,用电量大和用地空间少的矛盾会日益凸显。二是柴油燃料需要从大陆补给,运输保障任务重。三是要配套建设专门的储油设施,不仅同样存在占用有限岛陆空间的问题,且一旦发生紧急冲突,发电设施和油库等将成为首批核心打击目标,存在断电断网、难以快速恢复等潜在风险。四是生态影响不可忽视。远海岛礁生态环境脆弱,自我修复能力差,即使应用环保燃油发电设备短期内对环境影响较小,但长期污染积累势必会带来一定程度的不良影响。

2.3 功能多样 供电需求各异

深远海岛礁根据其所处位置和海洋地理环境的不同,功能定位上大体可分为军事型、旅游型、渔业型、海港型等四类。不同功能定位之下,对供电的需求负荷等也不尽相同。

渔业型岛礁通常面积不必太大,流动人口较多而常住人口较少,基本生活负荷不大,需重点保障冷库制冰装置、抽水机、气泵等的稳定供电。旅游型岛礁通常面积相对较大,流动人口较多,除基本生活负荷外,季节性用电、电动汽车、通信基站、海水淡化等稳定供电和峰值用电的需求较高。即使同为军事型岛礁,供电需求也会因其规模大小而有所差异。大型岛屿的驻守兵力、武器装备部署也相应较多,防御设施相对完备,对供电的规模和稳定性要求更高,同时更为注重电网的战时抗打击能力、短时间恢复能力、机动保障能力等。

3 构建"波浪能+"海洋能多能互补高效供电微网

借鉴陆上多能互补发电经验,构建"波浪能+风能+光能+温差能"的海洋能多能高效互补供电微网,成为解决深远海岛礁供电困局的重要发展方向。海洋能多能高效互补供电是综合利用交叉变化的海洋能,将海洋能发电装置产生的多路不平稳电力输入转化为单路平稳电力输出,独立为海岛供电或并入电网,对于解决能源供给与维护海洋生态环境意义重大。

3.1 精细化评估深远海岛礁海洋能资源

深远海岛礁海洋能资源评估是构建"波浪能+"海洋能多能高效互补供电微网的前期工作,精确缜密地调查、分析、估算、评价是实现海洋能多能高效互补供电的根本前提。

深远海岛礁适于开发的海洋能资源主要是波浪能、海上风能、太阳能及温差能,资源评估主要涉及自然条件、社会经济条件和环境约束三大方面。自然条件是指岛礁的水深、地形、地质、气象条件及灾害性气候状况等。社会经济条件包括岛礁面积、功能定位、国民生产总值、人口数量及分布、岛上交通、对外部交通的依赖、电力来源、电力需求与供给匹配程度、电力需求发展预测等。环境约束是指制约海洋能多能互补智能供电系统建设的环境条件,如军事用海、港口用海及发展预测、交通航运状况、渔业活动状况、是否海洋特别保护区、是否武器未爆炸危险区、已建海洋工程项目、海底电缆、管道等。对上述资源条件进行数据分析和条件估算,进而给出科学可靠的资源评价。目前,郑崇伟等对海上丝路沿线海域的风能、波浪能资源进行了中长期预估,可直接用于深远海岛礁海洋能资源评价体系。

孙庆颖利用迄今为止较精确的全球波浪数据 ERA5 对中国海域 1979—2018 年波浪能资源进行评估,结果显示:南海和东海地区波浪的可用度频率和富集度频率均较高,可用度频率为 60%~90%,富集度频率为 10%~20%,东海地区波浪富集度频率要比南海地区略高。南沙群岛海域外海地区属波能资源开发的优势海区。

3.2 最优化研究海洋能多能高效互补供电

结合深远海岛礁资源条件评估结果,根据各种海洋能发电装置每一装置的年发电量或年平均发电功率,确定多能高效互补组合方式。

横观国内外海洋能发展现状,目前国际上产业化程度最高的是海上风力发电,而国内波浪能发电处于示范化阶段,温差能发电研究尚处于起步阶段。从资源、技术等角度考虑,风能与波浪能互补在可靠性、安全性、经济性和环境效益等方面表现优异,且不占用岛礁宝贵的土地资源,成为深远海岛礁海洋能高能多效互补供电的首选。赵淑莉等开展了将风能、太阳能和潮流能等发电方式互补与配合运行的海上多能源高效互补智能供电系统技术研究。虽然潮流能不适用于深远海岛礁,但我们可借鉴其思路构建深远海岛礁的"波浪能+风能+太阳能+温差能"多能高效互补供电微网。波浪能发电装置在关键海域大面积散点布设,具有不易被敌侦察、隐蔽性好、防破坏能力强、抵抗台风打击能力强、节约土地资源等特点,在军事上可以作为一种有效的"软实力"。

3.3 科学化进行海洋能发电装置选型

固定式海洋能发电装置设计水深一般限制在 30~50 m,难以适应深远海岛礁海洋能源综合利用的需求。半潜式或漂浮式海洋能发电装置是深远海岛礁海洋能供电的首选。

彭翔依据美国可再生能源研究所公布的 5 MW 风机基础结构相关数据,设计了一种新型半潜式海洋能综合试验平台装置,采用悬链式多点系泊系统布置于水深为 100 m 的水域,为探索多种海上能源的综合开发利用提供了参考。深远海岛礁适宜采用漂浮于海面并通过锚固系统加以固定的漂浮式波浪能发电装置,可在波浪能资源丰富的深水区作业,波能利用率高,且受潮差影响小,机动灵活,便于进行海上浮运。漂浮式联合发电是适合在深远海应用的一种全新概念,Astariz 等研究表明,相对于独立利用联合发电可以有效地降低成本,而且操作和维护更加方便,由于海上风能与风速成三次方的关系,风速变化导致的波动不利于并网,波浪能的联合利用有利于提高功率输出的平稳性,相比于单独利用风能的风电场,联合发电停机时间降低了87%,输出功率波动降低了6%。目前国际上出现了一些大型海上漂浮式发电场概念。如日本国立环境研究所设计的五体船可航行风电场,双体船可航行风力发电场等,不仅可移动到适合的风况以最大化输出功率,还可避免台风等极端天气的影响。2022年9月26日,广东电网公司牵头研制的兆瓦级漂浮式波浪能发电装置在广东省东莞市开始组装,预计2023年年初完成建造,先在广东沿海进行海况试验,最后在远海并网运行,建成以波浪能为主体电源的新型电力系统示范岛。装置建成后平面面积超3 500 m^3,可抵抗16级超强台风,满负荷条件下每天可产生2.4万kW·h,大约能为3 500户家庭提供绿色电力,相当于为远海岛礁增加了一个大型"移动充电宝"。

3.4 构建孤岛独立微电网或海岛群微电网

依据深远海岛礁的功能定位、地理分布特征、用电需求、储能选择等,因地制宜地构建孤岛独立微电网或海岛群微电网。

孤岛独立微电网主要适用于规模较小,用电需求较低的小岛。以南沙群岛的南熏岛为例,面积0.18 km^2,除配备传统的燃油发电设备,还建有一个风力发电场和一座光伏发电站,目前已形成含光伏发电、风力发电及燃油发电组成的孤岛独立智能微网,保证岛上电力供应稳定。但由于光能风能的能量密度有限,只能满足小规模人员设施用电需求,对驻守大规模人员和设施的岛屿,仍然需要依靠更高效的供电方式。

海岛群微网是利用岛上可再生能源,计及海岛负荷分布特点,构建科学的海岛群微网系统。海岛群微网多选择离网组网模式,采用多海岛群互联结构,网内不仅包括风电、光伏,还包括波浪能、潮汐能和洋流能发电,并配置储能和柴油发电以保证系统可靠用电,具有资源充分利用、用电安全可靠、兼顾环保效益、建设运营成本较低等特点,特别满足深远海岛礁海洋能多能互补高效供电需求。

4 结语

本文在分析深远海岛礁地理环境特点和供电困局的基础上,结合当前海洋清洁能源开发利用技术现状,选取能流密度较高、供电稳定性较好、发电装置可海上漂浮布设的波浪能作为主要能源,从绿色发展的角度提出了构建"波浪能+"海洋能多能互补高效供电微网的对策。虽然目前海上风力发电产业化程度最高,但波浪能和温差能具有更好的供电稳定性,互补高效地运用多种海洋能,有望破解淡水补给和输电困局,有助于推动深远海岛礁经济发展,具有重要的经济意义。此外,波浪能发电在军事上可以作为一种有效的"软实力"。波浪能发电装置在关键海域大面积散点布设,不易被敌侦察,能有效避免战时被敌方全部摧毁,抵抗台风和船舶撞击的能力也较强,能够保证电力的不间断供给,利用波浪能、温差能等建立水下充电站,可以为自主式水下航行器(autonomous underwater vehicle,AUV)、无人水下航行器(unmanned underwater vehicle,UUV)等充电,增强其续航能力、隐蔽能力。在构想的具体实施层面,仍有很多细节问题有待深入研究,如多种海洋能互补发电时如何提升电能输出质量和系统效率、多能发电如何并网能确保供电的可靠性与稳定性、海岛群微电网的合理统筹配置、生态效益和社会效益的提升等。

参考文献

[1] 吴侃侃,李青生,黄海萍,等. 我国深远海养殖现状及发展对策[J]. 海洋开发与管理,2022,39(10):12-15.

[2] 刘鹤,邹庆国,缪宸,等. 某新型深远海救助船的救助设备配置及选型分析[J]. 广

东造船，2022，41(3):39-42.

[3] 吴宇晓. 我国深远海海道测量能力建设的思考[J]. 世界海运，2020，43(9):5-8.

[4] 郑伟. 基于多属性决策方法的深远海风场选址研究[D]. 上海:上海财经大学，2021.

[5] 陈卫星. 海上大功率风浪复合发电系统设计及关键技术[D]. 上海:上海交通大学，2016.

[6] 李大树，刘强，董芬，等. 海洋温差能开发利用技术进展及预见研究[J]. 工业加热，2021，50(11):1-4.

[7] 廖勇. 孤网下永磁直驱风-储发电系统稳定性及预测控制研究[D]. 成都:电子科技大学，2021.

[8] 邵萌. 海洋能多能互补智能供电系统总体开发方案研究及应用[D]. 青岛:中国海洋大学，2012.

[9] 赵淑莉，王冬海，郭明瑞，等. 海上多能源高效互补智能供电系统技术研究[J]. 环境技术，2020，38(4):123-126.

[10] 郑崇伟，李崇银. 海洋强国视野下的"海上丝绸之路"海洋新能源评估[J]. 哈尔滨工程大学学报，2020，41(2):175-183.

[11] 郑崇伟，高成志，高悦. "21世纪海上丝绸之路"波浪能的气候特征及变化趋势[J]. 太阳能学报，2019，40(6):1487-1493.

[12] 郑崇伟，李崇银. 中国南海岛礁建设：重点岛礁的风候、波候特征分析[J]. 中国海洋大学学报，2015，45(9):1-6.

[13] 郑崇伟，李崇银. 中国南海岛礁建设:风力发电、海浪发电[J]. 中国海洋大学学报，2015，45(9):7-14.

[14] 郑崇伟，李崇银. 21世纪海上丝绸之路：海洋新能源大数据建设研究:以波浪能为例[J]. 海洋开发与管理，2017，34(12):61-65.

[15] 孙庆颖. 基于ERA5的中国海域波浪能资源时空特征分析[D]. 烟台:鲁东大学，2020.

[16] 彭翔. 半潜式海洋能试验平台概念设计[D]. 哈尔滨:哈尔滨工程大学，2015.

[17] ASTARIZ S, IGLESIAS G. Output power smoothing and reduced downtime period by combined wind and wave energy farms[J]. Energy, 2016, 97: 69-81.

[18] 王鑫. 波浪能装置阵列布设相关理论方法及其应用研究[D]. 天津:天津大学，2019.

[19] 季宇，牛耕，曲雪原，等. 计及多能互补的海岛群微网系统规划评价方法[J]. 综合能源系统，2021，49(6):24-31.

资源-环境治理视域下中国构建北极命运共同体的角色定位与现实应因①

杨宇涵②   曲亚囡③

（大连海洋大学,海洋法律与人文学院,辽宁大连,116023）

摘要:近年来,受到全球气候变暖和科学技术进步的影响,北极资源开发变得更加容易,各国纷纷参与北极开发活动,但由此产生的环境问题也越来越突出。因此,资源-环境治理体系应运而生,它是构建北极命运共同体的理论创新、重要支点以及现实需求。基于此理论,中国以北极利益攸关者、北极资源开发者以及北极环境保护贡献者身份积极参与构建北极命运共同体。但在此过程中也受到来自地缘政治、北极争议、自身不足等多方面挑战,需要打造紧密的中国"北极蓝色伙伴关系"圈、助力形成以"北极生态环境共同体"为目标的北极资源开发模式,推动中国北极法律制度建设与国际合作。

关键词:资源-环境治理;北极命运共同体;角色定位与应因

引言

党的十八大以来,命运共同体理念日益成为中国外交的核心理念,也是中国为全球治理贡献的新方案。随着全球化进程的深入发展,包括环北极国家在内的各国均意识到北极众多治理议题都显示着命运共同体特征,构建北极命运共同体的治理理念也得到更多的支持。这一理念为中国维护自身在北极广泛的资源利益、环境利益、科研利益、政治利益奠定了坚实的理论基础。

通过阅览文献及相关书籍,发现国内学者近年来对北极命运共同体的研究主要集中在以下几方面:

第一,北极命运共同体与北极治理困境。白佳钰[1]认为北极命运共同体理念既是对三大国际关系理论在北极公域治理领域的巨大超越,也是克服北极公域治理困境的全新思路。朱宝林[2]认为北极命运共同体理念为实现北极环境治理等事关人类共同安全议题的安全化,以及推动北极能源、航道等非安全议题的去安全化意义重大。丁煌[3]认为北极命

---

①   基金项目:2018年国家社会科学基金青年项目"海洋命运共同体视域下南海航行自由制度研究"（18CFX082）。选题方向:深远海与极区建设的瓶颈与应对。

②   杨宇涵,女,1999年出生,大连海洋大学海洋法律与人文学院在读硕士,主要从事国际法、国际海洋法研究。

③   曲亚囡,女,1989年出生,大连海洋大学海洋法律与人文学院副教授,主要从事国际法、国际海洋法研究。

运共同体理念可以指导北极治理机制的创新,推进北极形成和谐共生、合作共赢的新机制,优化北极治理。

第二,北极命运共同体理念与国际关系协调。徐广淼认为构建北极命运共同体有助于凝聚各国广泛共识,维护北极地区的国际合作秩序,是弥合大国间北极区域内政治张力的重要理论基础[4]。李振福等[5]认为中国可以通过北极命运共同体的构建,进而积极参与到北极环境治理中,同北极国家展开多方合作,降低国家间的合作壁垒。

第三,中国构建北极命运共同体的路径选择。杨松霖认为科技合作是有效推进国际关系建设和北极领域命运共同体构建、促进北极地区可持续发展的关键路径[6]。而冯寿波则认为北极航道的通航为中国带来了新机遇,中国应以此为契机不断增加与环北极国家的经济领域合作,加强中国在北极的经济存在,筑牢北极命运共同体建设的经济基础。李振福认为在构建北极命运共同体过程中,中国应积极为北极治理提供公共产品,为北极的开发贡献力量[5]。

第四,构建北极命运共同体的重要意义。丁煌认为北极命运共同体理念是指导北极治理机制创新、实现北极可持续发展的重要路径,更是中国参与北极治理的关键理据之一[3]。朱宝林、刘胜湘认为,有了命运共同体理念的指导,中国可以把自身在北极域内的国家利益与人类共同利益相融合,与北极国家在资源、环境等领域展开协同合作[7]。白佳玉、王晨星则认为各国在北极命运共同体概念的规范下,更容易在北极治理过程中发现共同利益,实现北极的善治目标[8]。

目前,关于构建北极命运共同体的研究已经比较深入,但是相关研究散落在北极治理、国际关系等各个领域,缺乏对于该理念系统化的深度及广度研究。随着北极地区资源开发带来的环境问题日趋复杂,从资源－环境治理的角度来讨论北极命运共同体的建设不失为一种有益的尝试。

1 资源－环境治理的内涵

1.1 资源－环境治理与全球治理

资源和环境二者尽管在概念上存在差异,但它们都是人类生存和发展的基础,二者联系紧密,可以说资源是自然环境在人类社会映射下的侧影,二者构成一个矛盾统一体[9]。资源是环境中能够产生生态以及经济价值,并且可以提高人类当前或者未来生活质量的一部分;良好的环境在当前社会背景下又是重要的资源,二者可以相互转化[10]。也就是说,环境污染的问题必须从源头解决,资源开发过程中也要关注环境保护,由此构成一个相互耦合的治理体系——资源－环境治理体系。

全球治理原是一个社会学或国际关系的术语,是指为了解决超出一国或一地区的某一问题,而由各国进行政治协商以共同解决的方式[11],目前该理论已经广泛应用到生态破坏、能源危机等多个领域。随着人口的增长以及资源短缺情况加剧,资源开发所导致的污染问题越来越成为国际环境问题的重中之重,资源－环境治理理论应运而生,当前已是全球治理理论的重要组成部分。

资源－环境治理体系放弃了以单独一国家为核心的治理主体,不同于传统的二元对立思维,而是更为关注资源与环境的相互依赖、相互转化及相互影响,这也正是全球治理理论的要旨所在。全球治理理论就像一个集合体,包含着形态各异的子体系。资源－环境治理体系就是其关键组成部分,深刻地体现着全球治理体系的优越性和实用性[12]。

1.2 资源−环境治理与北极区域治理

北极区域治理是西方学界面临北极复杂且多样问题时所提出的尚在构建中的区域性治理体系,该治理理论的关键是主体资格的区域排他性、客体范围的区域集中性、利益争端的区域协商性以及终极目标的区域概念性[13]。近年来,随着勘探开发技术的进步以及北极科考的深入,该区域的各类资源不断被发现,各国围绕着北极丰富资源归属权及开发的竞争成了北极争夺战的主线[14]。随之而来的是资源开发和环境保护的矛盾越来越明显,因此,强调开发资源和保护环境双管齐下、资源与环境耦合的资源−环境治理体系被相关国家广泛应用于北极区域开发的多个领域,并发挥了积极作用。当前,资源−环境治理已经成了完善北极区域治理的重要理论之一。

在北极区域治理一体化趋势下,资源−环境治理理论作为实现北极区域发展的重要理论之一,没有固定化的实现路径,要根据北极不同区域的现实情况和具体需要采用不同的应用手段。要想实现北极地区的资源−环境治理,首先要更新北极治理理念,增强相关国家的环境保护意识,鼓励各国参与北极资源开发的同时也号召各国监督区域内的环境问题。其次,要不断完善北极域内的环境保护法律制度,避免出现资源开发领域的立法缺位以及重复立法[15]。这样才能确保北极资源与环境的协调,实现经济利益和生态利益的最大化。

2 资源−环境治理体系对构建北极命运共同体的重要意义

我国是北极命运共同体理念的提出者,同时也是北极理事会的观察员国之一,承担着同各国一道共同开发北极资源,维护北极生态环境、共建绿色北极的责任。在此背景下,资源−环境治理体系的提出对于推动北极命运共同体建设具有重要意义:是构建北极命运共同体的理论创新、重要支点以及现实需求,在推动北极环境良性治理、助力北极可持续发展进程中发挥了关键性作用。

2.1 是构建北极命运共同体的理论创新

受北极治理全球化的影响,更多国家开始接受中国提出的北极命运共同体理念。越来越多的域外国家开始加入北极资源开发的热潮中,环北极国家在"门罗主义"观念影响下的排他主义思想根本无法解决北极地区因资源开发导致的环境问题。原有的北极环境问题主要是通过北极理事会这一平台通过各国协商或者借助相关的国际环境保护条约解决。经过多年的探索与实践,发现在这些治理模式的调整下,北极环境管理仍然存在很多不足,如受经济利益影响,相关国家在北极环境领域的博弈大于合作,治理能力较低等问题[16]。

我们日益意识到北极环境问题是关系全球共同利益的国际事务,因此北极利益攸关国积极在北极生态环境领域展开国际协调与合作。中国作为负责任的大国也切实参与到北极资源−环境治理中,并在其中发挥重要作用,希望通过协商合作提出新理念、创新新理论。资源−环境治理体系就是北极命运共同体建设过程中,各国通过通力合作对解决北极资源开发导致的环境问题进行的理论创新,创造性地将二者放入同一个矛盾统一体中,互相成就、互为依托。

2.2　是构建北极命运共同体的重要支点

所有个体都不能脱离整体而得到持续性发展是"命运共同体"理念的核心思想,而北极命运共同体就是在此理念指导下产生的[17]。资源–环境治理体系也强调放弃单独一国为核心的治理模式,希望各国放弃对立,加强政治互信,增强资源开发与环境保护领域的国际合作,这一思想与"北极命运共同体"的内涵高度统一,并为"北极命运共同体"的构建提供崭新的理论支持。

随着北极航道利用的增加,北极资源开发呈现飞速发展的态势,但是开发热潮也必然会导致棘手的环境问题。偌大北极区域环境问题的解决仅靠一国的力量难以完成,各国均应摒弃政治对立,强化命运共同体意识,携手合作,合力解决北极复杂的环境问题。

2.3　是构建北极命运共同体的现实需求

北极资源开发加速进行的同时,由此直接导致的北极域内环境变化也在增多,这些环境变化不仅影响北极地区,而且对于全球的影响也不容小觑。这些变化主要包括资源开发导致的环境污染加剧、碳排放增多等,它们既给各国参与北极开发带来挑战,也带来了新的机遇,吸引了大批域外国家开始关注北极环境问题,加入北极治理的大家庭,共同体意识日益加深[18]。但是,解决这些由北极资源开发带来的环境问题、推进北极命运共同体建设,仅依靠北极国家的国内立法和国际条约远远不够,需要一种专门适用北极该领域问题的治理体系。基于构建北极命运共同体的现实需求,资源–环境治理体系应时而生。

3　中国在构建北极命运共同体中的角色定位

3.1　以北极利益攸关者参与构建北极命运共同体

中国政府于2018年正式发布了《中国的北极政策》白皮书,详尽解读了北极目前的形势与变化、中国与北极的关系、中国的北极政策目标和原则、中国参与北极的政策主张等,对中国参与北极事务具有重要战略意义。与此同时,白皮书对于中国是"北极事务重要利益攸关方"的身份进行了深入阐述,倡导要继续推进国际合作,与各国共同努力,实现北极地区的和平、稳定和可持续发展。

我国的学者,对中国以北极利益攸关者身份参与北极事务展开了不同的研究。王玫黎提议以"利益攸关者"身份参与北冰洋公海渔业资源的开发和治理[19]。阮建平认为"利益相关者"的概念可以缓解各国因不同的北极治理性质的认识而导致的互相排斥,深入推进经济、科技等多方面的资源整合,更好地为实现北极治理机制改革提供新机遇[20]。王新和则认为"利益攸关者"相较于"非北极国家"和"近北极国家"身份更具实用性和可塑性[21]。从全球治理核心概念——"利益攸关者"中衍生出的"北极利益攸关者"身份已在北极学术研究中被普遍使用,依据此理念,与北极利益密不可分的国家,无论身在何处,都有权参与讨论可能对自身发展和决策产生影响的问题,以此来平衡各方利益,实现互惠共赢[22]。

新时期下,北极航道通航的实现使得北极在经济、科技、资源等方面的战略价值不断显现,各国都对北极事务拥有极大的兴趣。我国虽然不是环北极国家,但是北极的生态环境、矿产资源、航道通行等方面都与我国的利益密不可分。作为全球最大的发展中国家以及北极理事会观察员国之一,我国高度关注北极的变化与发展,但是环北极国家相互抱团,提出

"中国威胁论"的不实理论,不利于中国参与北极开发合作。为了消除各国的疑虑,中国积极阐明自己北极利益攸关者的身份,推进北极命运共同体的构建,努力同世界各国一起为实现北极的发展做出贡献。

3.2 以北极资源开发参与者参与构建北极命运共同体

北极区域由极区北冰洋、边缘陆地海岸带及岛屿、北极苔原和最外侧的泰加林带构成,总面积为 2100 万 km²,其中陆地部分占 800 万 km²,包括挪威、冰岛、丹麦、芬兰、美国、瑞典、加拿大、俄罗斯八个国家的领土[23]。据相关调查研究显示,北极地区蕴藏着数量巨大的未开发资源,包括大量的自然资源、航道资源、军事资源以及科考资源[24]。

中国作为地缘上的近北极国家,虽然在北极区域内并未拥有领土,但却是北极资源开发的重要参与者,北极资源的开发直接关系到包括中国在内的北极域外国家的共同利益[25]。依据《联合国海洋法公约》《斯瓦尔巴德条约》等相关国际条约和法律的规定,中国在北冰洋海域拥有科考、航行、捕鱼等权利,在国际海底区域也享有资源勘探与开发的权利,这些都是中国以北极资源开发参与者角度参与构建北极命运共同体的重要国际法基础。中国参与北极资源开发不仅有利于优化我国的能源供应格局,为中国的经济发展提供强劲的动力,还有利于实现北极资源的合理有序开发。

目前中国已经参与了北极多领域的资源开发活动。如在矿产资源开发领域,中国早在2013 年就与俄罗斯的最大的民营天然气生产企业诺瓦泰克(Novatek)达成协议,收购旗下亚马尔液化天然气公司 20%的股权,走出了北极开发的坚实一步[26];在渔业资源开发方面,中国也与冰岛、格陵兰等国达成合作意向,加强渔业交流,扩大合作领域[27]。

3.3 以北极环境保护贡献者参与构建北极命运共同体

北极圈内虽然没有中国的领土,但是在地缘位置上距离较近,根据相关科学研究显示,北极环境的变化极易给中国带来影响[28],因此我国格外关注北极地区的环境问题。当然作为最大的发展中国家的中国,在推进我国参与北极环境治理的同时也拉动周边国家加入北极环境治理国际合作平台,不断为北极环境治理注入新力量[29]。

北极地区生态环境脆弱,对于环境保护的要求严格,可持续开发也变得越来越重要。北极的可持续开发由来已久,1993 年 AEPS 建立了可持续开发利用的专案组(SDU),之后成为北极理事会小组——可持续发展工作组(SDWG),北极可持续发展问题正式进入世界各国的视野[30]。在 2018 年《中国的北极政策》白皮书中也明确指出,实现北极的和平、稳定和可持续发展是我国应继续努力的方向。我国作为有责任感的国家,肩负着同有关国家在参与北极资源开发的过程中尊重相关环北极国家的主权和管辖权,重视北极地区环境保护的责任。

4 资源-环境治理视域下中国构建北极命运共同体的现实挑战与应因

4.1 中国构建北极命运共同体的现实挑战

资源-环境治理理论指导下的北极命运共同体建设以各国在北极资源开发与环境保护的共识为价值导向,强调"经济"与"环境"的平衡,追求既要绿水青山也要金山银山的发展目标,希望形成各国均遵守的行为准则和制度框架。但是在此过程中我国也面临着重重挑战,比如受到地缘政治的束缚、北极众多争议的制约以及中国自身能力的不足等。

(1)地缘政治的束缚

地缘政治是指地理要素在一国政治活动中起决定性作用的理论,是各国制定外交和国防政策的重要理论依据,但它从一开始就与国家关系中的强权政治紧密相连[31]。目前处于各国争夺焦点的北极各项资源开发活动同样深受地缘政治因素影响,在北极拥有领土的五国(俄罗斯、美国、丹麦、加拿大、挪威)利用本国所处的地缘优势极力开拓本国的北极资源权益,在"门罗主义"思想的影响下显现出明显的排他性,严重地冲击了中国所呼吁的北极命运共同体理论。

在地缘政治因素影响下,环北极国家排斥域外主体参与北极的资源开发,给北极域外国家参与北极事务造成重重挑战。环北极国家在北极治理的各个领域都推崇"北极是北极国家的北极"的地缘政治理念,导致北极治理的各个领域矛盾重重[32]。受地缘政治的制约,北极域外国家即使加入资源开发项目中,也永远不会拥有和环北极国家相同的话语权和决策权,也难以利用北极理事会维护其权益。如果无法摒弃地缘差异,真诚合作,构建北极命运共同体就无从谈起。

(2)北极争议的掣肘

在全球气候变暖的影响下,越来越多的国家加入北极开发的大潮中,北极的战略价值日益凸显。由于北极争夺愈演愈烈,争议也随之而来,目前北极争议主要涉及:北极周边国家的领土争议、海洋划界争议(包括对大陆架的划分),以及北极航道归属权争议[33]。这些争议出现的主要动因有:①资源,北极贮藏着丰富的能源资源和生物资源,这也是北极争议出现的关键导火线。据相关机构调查研究显示,约占世界已探明天然气和石油储量的45%和25%的石油及天然气尘封在这片海域,近年来北极地区的冰川消融给这些能源资源的开采带来全新的契机。除此之外,北极渔业等生物资源也受到各国的广泛关注。②航道,随着气候变暖,北极的东北以及西北航道通航可能性大增,也有可能实现穿越极点的最短距离跨洋航行,使商业运输成本急剧降低。③安全,受地缘政治影响,各国纷纷进行北极军事战略布局,而且配备核弹头的潜艇很适合在北极地区隐蔽,美国、俄罗斯等国都已经在此建立多个军事基地[34]。正因为这些北极争议的存在,也使得北极地区情况复杂,各国利益冲突明显,阻碍北极命运共同体构建的进程。

(3)中国自身能力的不足

北极命运共同体理念是基于党的十八大上提出的人类命运共同体所衍生出的解决北极区域治理困境的新方案[35],强调关注北极公域可持续发展,实现北极各国求同存异、兼容并蓄的协同开发。中国是该理念的提出者以及忠实推行者,但是在推动构建北极命运共同体过程中我国自身依然存在很多不足,阻碍着该理念在北极域内的践行。

新的时代背景下,北极事务变得多样且复杂,涉及环境、资源、科技等各个方面。面对这些新挑战,中国北极治理能力还远远不够,如北极开发领域的技术以及专业人才储备较少、缺少专门的北极事务管理机构等。除此之外,中国还缺少有关北极环境保护的国内立法和相关国际合作的保护。法律的制定有利于依法保障我国的极地资源权利,加强国际合作将会赋予我国更多的身份多角度地参与北极开发。我国在这两方面的不足是横亘在北极命运共同体构建道路上的两座大山。

4.2 中国构建北极命运共同体的现实应因

(1)打造紧密的中国"北极蓝色伙伴关系"圈

众所周知,海洋是北极的重要组成部分,蕴藏着丰富的资源。近年来,各国对北极海域资源的勘探日益增多,资源成为北极地区开发的重要环节。但受到地缘政治的影响,中国作为北极域外国家难以加入北极域内的资源开发中。为了应对这些现实困境,中国应同北极域内外各国都增强沟通,加强政治互信,深化域内多领域合作,打造更加紧密的中国"蓝色北极伙伴关系"圈,为推动北极命运共同体的建设打下坚实的国际基础。

中国政府于2017年6月正式提出建立"蓝色伙伴关系",并提倡与各国和国际组织一道,建立一个开放、包容、务实、互利共赢的蓝色合作伙伴关系[36]。2017年以来,中国已同葡萄牙、欧盟、赛舌尔等签订了关于蓝色伙伴关系的政府间文件,并与许多岛国就建立蓝色伙伴关系达成一致意见[37]。在这样的政治环境下,一种全新的国际合作关系在北极资源开发领域诞生——"北极蓝色伙伴关系",是蓝色伙伴关系在北极的新发展。"北极蓝色伙伴关系"是指以北极区域可持续发展为目标,强调北极域内外国家之间合作共赢、互相尊重的区域内合作机制。这一理论的开放性和包容性有助于实现各国海洋领域内的合作,同时也与习近平总书记亲惠互容的国际合作理念相一致。所以,为了加快构建北极命运共同体,中国应增强与环北极国家以及北极域外国家有关于北极安全、资源、环境等问题的交流与合作。建立健全北极多边合作与发展机制,本着相互尊重、互利合作的原则开展北极资源开发。此外,中国也应继续支持发展中国家加入北极资源开发的浪潮中来,共同参与北极治理,扩大北极命运共同体的范围,共享北极发展红利。

"北极蓝色伙伴关系"是在迅速变化的国际大环境下,资源-环境治理理论影响下维护北极海洋秩序以及推进构建北极命运共同体建设的全新理念,是中国坚持和完善北极独立外交政策的深刻体现,有利于推动构建相互尊重、亲惠互融的新型国际海洋关系以及深化各国构建北极命运共同体的意识[38]。

(2)助力形成以"北极生态环境共同体"为目标的北极资源开发模式

十八大以来,习近平总书记大力倡导建立人类命运共同体,并将其从"人类命运共同体"细化到区域和国别命运共同体,并提出了"中国-东盟命运共同体""中非命运共同体""海洋命运共同体""亚洲命运共同体"等概念[39]。随着各国对北极资源开发的加剧,北极的生态环境问题与各国的关系呈现出了牵一发而动全身的态势。为应对资源开发导致的北极气候变化、北极特殊自然环境和脆弱生态系统的破坏,北极生态环境共同体理念由此产生,它是对于人类命运共同体理念关于北极问题的具体实践。

《中国的北极政策》白皮书指出,中国在北极地区的活动中必须重视北极地区的生态环境,以保护环境为立足点,积极同各国就环境问题展开对话,共建北极生态环境共同体,促进北极有序开发。所以,应运用资源-环境治理理论来指导中国在北极公域内的资源开发活动,密切关注北极资源开发与生态环境保护的矛盾,严格遵守环北极国家有关环境的法律与国际公约;在适时、适度的原则下,实现资源开发和环境保护的协调[40]。最关键的是,在不背离资源-环境治理理念的情况下,研究现有国际法律对北极环境保护的适用与发展,为北极生态环境共同体的构建提供法律支持[41]。以实现北极生态环境共同体为目标的资源开发模式对促进北冰洋环境法治化、北极区域发展一体化具有举足轻重的意义。

（3）推动中国北极法律制度建设与国际合作

法律的完善是实现我国北极可持续开发、促进北极命运共同体建设的重中之重。打铁还需自身硬，因此当前要加速推动我国北极法律制度的建设、加强北极开发领域的国际合作，加快形成完整的北极资源开发体系。

完善法律制度之前首先要发现现有法律问题与法律缺位。就北极区域来看，当前最尖锐的矛盾为：日益深入的资源开发与深入资源开发造成众多环境污染问题难以解决之间的矛盾。面对这一问题，我国基于资源-环境治理理论出台相应推动北极区域协调发展的法律体系的重要意义也就不言而喻了。说到极地法律体系的完善，中国首先应该制定一部具有统领性、基础性，并且能够同时适用于南极与北极问题的《中华人民共和国极地法》，以此起到统领全局、满足极地区域对于法律最基本的需要。此外，我国在遵守相关环北极国家开发和国际条约规定义务的同时，也紧迫需要制定既能保障我国参与北极资源开发，又能促进北极和平利用、保护北极生态环境的北极环境保护法。在该法律出台前，我国可以在现有法律规定中适时地加入涉及极地治理的内容，更及时地解决现有极地问题，比如我国在《中华人民共和国国家安全法》中就首次将极地安全纳入调整范围[42]。这些措施的施行将有利于我国北极法律制度完善，为我国的北极区域治理法制化奠定基础。

作为北极域外国家，加强国际合作是我国参与北极全面开发必须要走出的关键一步。《中国的北极政策》白皮书指出，中国积极参与构建北极区域性政府间合作机制[43]。中国应认真履行其在北极理事会和联合国安理会的国际义务与责任，加强北极多领域的域内外合作。国内的北极法律制度建设和国际合作既是实现我国北极权益的路径，也是北极地区深化命运共同体建设的必然选择。

当前，全球面临着前所未有的巨变，北极地区与世界各国的联系日益密切，资源开发所导致的北极环境变化也将对各国产生或多或少的影响，北极资源、生态环境等领域更是越来越展现出共同体特征。资源-环境治理理论作为一个较新的理念，目前已经在北极环境治理领域发挥出自己的优越性，也为助力北极命运共同体建设做出了卓有成效的贡献。今后，中国还将推动北极成为全球的北极，使北极发展的红利惠及全世界人民。

参考文献

[1] 白佳玉.中国积极参与北极公域治理的路径与方法：基于人类命运共同体理念的思考[J].人民论坛·学术前沿,2019(23):88-97.

[2] 朱宝林.北极治理议题安全化态势下中国参与的策略研究[J].湖北经济学院报,2021,19(6):111-119.

[3] 丁煌,朱宝林.基于"命运共同体"理念的北极治理机制创新[J].探索与争鸣,2016(3):94-99.

[4] 徐广淼.变动世界中的北极秩序：生成机制与变迁逻辑[J].俄罗斯东欧中亚研究,2021(1):106-124.

[5] 李振福,崔林嵩.基于"通权论"的北极地缘政治发展趋势研究[J].欧亚经济,2020(3):25-38,125,127.

[6] 杨松霖.中美北极科技合作：重要意义与推进理路：基于"人类命运共同体"理念的分析[J].大连海事大学学报(社会科学版),2018,17(5):91-98.

[7] 朱宝林,刘胜湘.协同治理视域下的北极治理模式创新:论中国的政策选择[J].理论与改革,2018(5):38-47.

[8] 白佳玉,王晨星.以善治为目标的北极合作法律规则体系研究:中国有效参与的视角[J].学习与探索,2017,(2):7-26,174.

[9] 李敏.多重回归要素下的区域经济-资源-环境的互动效应研究[J].统计与决策,2014(6):133-135.

[10] 宋书巧,周永章.矿山资源环境一体化思想框架及其应用研究[J].矿业研究与开发,2006(5):1-4,86.

[11] 荆珍.可持续森林管理研究:全球治理理论在全球森林保护中的应用[J].安徽农业科学,2014,42(10):3099-3102.

[12] 张铎,张东宁.全球治理理论的困境及超越[J].社会科学战线,2017(4):274-277.

[13] 赵隆.北极区域治理范式的核心要素:制度设计与环境塑造[J].国际展望,2014(3):107-125,157-158.

[14] 章成.中国海外安全利益视角下的北极区域治理法律问题[J].云南民族大学学报(哲学社会科学版),2017,34(5):138-145.

[15] 李晓龙.区域环境合作治理的理论依据与实践路径[J].湘潮(下半月),2016(5):72-74.

[16] 杨振姣,韩琪.中国参与北极海洋生态安全治理的现实依据与国家实践[J].中国海洋大学学报(社会科学版),2020(5):48-57.

[17] 曲亚囡,赵海毅.论北极西北航道航行自由与环境保护的平衡路径[J].海洋开发与管理,2022,39(1):3-11.

[18] 孙凯,张亮.北极变迁视角下中国北极利益共同体的构建[J].国际关系研究,2013(1):96,121-128.

[19] 王玫黎,武俊松."利益攸关方"参与模式下中北冰洋公海渔业开发与治理[J].学术探索,2019(2):45-51.

[20] 阮建平,王哲.北极治理体系:问题与改革探析:基于"利益攸关者"理念的视角[J].河北学刊,2018,38(1):160-167.

[21] 王新和.国家利益视角下的中国北极身份[J].太平洋学报,2013,21(5):81-89.

[22] 阮建平."近北极国家"还是"北极利益攸关者":中国参与北极的身份思考[J].国际论坛,2016,18(1):47-52.

[23] 丁煌.极地国家政策研究报告(2015-2016)[M].北京:科学出版社,2015.

[24] 丁煌.极地国家政策研究报告(2014-2015)[M].北京:科学出版社,2014.

[25] 李建民.浅析中俄北极合作:框架背景、利益、政策与机遇[J].欧亚经济,2019(4):1-19,127.

[26] 杨华.中国参与极地全球治理的法治构建[J].中国法学,2020(6):205-224.

[27] 孙凯,张佳佳.北极"开发时代"的企业参与及对中国的启示[J].中国海洋大学学报(社会科学版),2017(2):71-77.

[28] 陆俊元.北极地缘政治与中国应对[M].北京:时事出版社,2010.

[29] 丁煌,马皓."一带一路"背景下北极环境安全的国际合作研究[J].理论与改革,2017

(5):83-93.

[30] 袁雪,张义松.北极环境保护治理体系的软法局限及其克服:以《北极环境保护战略》和北极理事会为例[J].边界与海洋研究,2019,4(1):67-81.

[31] 李振福.世界的大脑:北极地缘政治地位的新定位[J].通化师范学院学报,2017,38(9):63-70.

[32] 潘敏,徐理灵.超越"门罗主义":北极科学部长级会议与北极治理机制革新[J].太平洋学报,2021,29(1):92-100.

[33] 董跃.论海洋法视角下的北极争端及其解决路径[J].中国海洋大学学报(社会科学版),2009(3):6-9.

[34] 佚名.聚焦北极航道之三:逐鹿北极争议有待解决[J].中国海事,2010(11):16-18.

[35] 白佳玉.中国积极参与北极公域治理的路径与方法:基于人类命运共同体理念的思考[J].人民论坛·学术前沿,2019(23):88-97.

[36] 吴磊,詹红兵.全球海洋治理视域下的中国海洋能源国际合作探析[J].太平洋学报,2018,26(11):56-6.

[37] 朱璇,贾宇.全球海洋治理背景下对蓝色伙伴关系的思考[J].太平洋学报,2019,27(1):50-59.

[38] 姜秀敏,陈坚,张沐."四轮驱动"推进蓝色伙伴关系构建的路径分析[J].创新,2020,14(1):1-11,125.

[39] 魏郡,侯爱萍.人类命运共同体理念的逻辑进路、时代价值及实践向度[J].理论观察,2021(10):29-33.

[40] 程晓.新时代"冰上丝绸之路"战略与可持续发展[J].人民论坛·学术前沿,2018(11):6-12.

[41] 冯寿波.中国的北极政策与北极生态环境共同体的构建:以北极环境国际法治为视角[J].阅江学刊,2018,10(5):96-108,146.

[42] 杨华.中国参与极地全球治理的法治构建[J].中国法学,2020(6):205-224.

[43] 冯寿波.中国北极正当权益应受尊重[J].检察风云,2018(12):28-29.

"海上丝路"新能源科普工作现状

陈诗莉[①]

(西华师范大学,四川南充,637002)

摘要:科普工作是提升整体科技能力的重要手段之一。近年来,"海上丝路"科普工作开展有序,各大媒体、期刊、出版社均展开了大量工作。本文主要对海洋新能源科普工作开展的重要性以及开展的现状进行阐述,主要从论文发表、媒体报道、讲座开展、专著推送等多个方面梳理"海上丝路"新能源科普工作开展情况,期望可以为"海上丝路"的新能源开发做贡献,进而贡献可持续发展。

关键词:海上丝路;波浪能;海上风能;科普工作

引言

"21世纪海上丝绸之路"(简称"海上丝路")建设有利于构建和平稳定的国际环境,促进各国的经济贸易往来,推动沿线各国的经济持续健康的发展,将给人类的和平与发展做出积极贡献。"能源危机"一直是全球的热点话题。国际能源机构(IEA)总干事比罗尔表示,全球正面临着"第一次真正意义上的全球能源危机"。天然气作为一种化石能源,它比煤炭和石油燃烧效率更高,也更加清洁。随着技术进步,天然气在化石能源中的使用比例直线上涨,已经能和石油、煤炭三分天下了,而天然气已知储蓄量最高的国家是俄罗斯,占了全世界的四分之一。2021年俄罗斯是全球第三大天然气产出国,也是全球第一大的天然气出口国。此次能源危机主要受俄罗斯的液化天然气以及石油的出口遭受欧美制裁从而退出市场所带来的影响,使得全球的能源供应出现了一个较大的缺口。受能源危机的影响,欧洲多个国家电价都在不断飙升,突破各自的历史记录,2022年9月28日欧洲部分国家电价见表1。

表1　2022年9月28日欧洲部分国家电价

国家	电价/(元/kW·h)	国家	电价/(元/kW·h)
挪威	0.197~2.056	法国	2.712
瑞典	0.458	瑞士	2.901
芬兰	1.723	奥地利	2.753
丹麦	2.66	匈牙利	2.683
爱沙尼亚	1.723	斯洛文尼亚	2.663

[①] 作者简介:陈诗莉,女,2004年7月出生,本科在读,研究领域为注册会计师等。

表1(续)

国家	电价/(元/kW·h)	国家	电价/(元/kW·h)
拉脱维亚	2.549	克罗地亚	2.648
立陶宛	2.549	塞尔维亚	2.723
荷兰	2.62	罗马尼亚	2.482
比利时	2.603	保加利亚	2.482
德国	2.666	希腊	2.476
波兰	1.359	意大利	3.169
捷克	2.672	葡萄牙	0.749
斯洛伐克	2.676	西班牙	0.751

2021年年初至今,欧盟主要经济体的电价较一年前普遍高出一倍多,我国也出现多个省份限电情况,电价上调呼之欲出。随着能源危机愈演愈烈,"海上丝路"不断延伸,沿线国家的电力瓶颈也日益凸显。"海上丝路"沿线国家中各国发电能力大相径庭,2020年部分沿线国家发电量如下:中国发电量为7 503 400 GW·h,占全球总发电量的27.97%;日本发电量为1 004 800 GW·h,占全球发电量的3.75%;韩国发电量为574 000 GW·h,占全球发电量的2.14%;意大利发电量为282 700 GW·h,占全球发电量的1.05%;土耳其发电量为305 400 GW·h,占全球发电量的1.14%;印度尼西亚发电量为275 200 GW·h,占全球发电量的1.03%。剩余国家发电量不足全球发电总量的1%。沿线各国用电总量仅为世界水平的61%,且部分国家农村用电普及率甚至低至40%,人民生活用电尚存缺口,工业用电更难以得到保障,这严重影响了海上交通的高效开展,进而阻碍了"海上丝路"的建设与发展。

为了解决全球能源危机问题,各国都在寻找更为清洁的绿色新能源。海洋新能源作为近几年迅速崛起的绿色能源,其自然具有不可替代的优势。与陆地可再生资源相比,一方面,海洋中可再生能源的储蓄量更为丰富、能源密度更高,更加适合进行规模化以及集中性开发,同时对沿海经济发展起的支撑作用更加显著。另一方面,海洋空间更为灵活,立体空间更为广阔,不容易受地形、地表起伏状况以及地面建筑的影响,更容易进行规划,进行整体上的布局。

1 海洋新能源科普工作的重要性

1.1 保护生态环境

在气候变化以及人类活动的影响下,"海上丝路"沿线国家面临着洪水、风暴潮、岸滩侵蚀、生态环境遭受破坏等挑战。特别是传统的高消耗、高排放、低效率能源使用虽然促使了海洋经济的发展但也付出了高昂的环境代价。在此背景下,各国都在大力发展海洋新能源等可再生能源。近几年,海洋新能源发展迅速,海洋风能、波浪能、潮汐能等被有效利用。这些资源具有能源丰富、清洁干净、可再生能力强等特点,是联合国环境组织认为的目前最有效、最为理想的替代能源之一。积极开展海洋新能源科普工作,让更多的人意识到海洋新能源开发的重要性,推动海洋新能源的发展,能够有效保护海洋生态环境。

1.2　促进海洋经济发展

海洋新能源对于海洋事业的发展有着特别的作用:首先海洋新能源的开发能够促进海洋产业的发展,加速、扩大和提升海洋经济的规模以及内涵,从而带动沿海地区海洋经济的发展。其次发展海洋新能源能够帮助海洋经济结构的调整以及增长方式的转变,是海洋产业和技术发展的一个全新的抓手和重点。开展海洋新能源科普工作能够加深人们对于海洋新能源的认识促进海洋新能源的开发进而促进海洋经济带发展。

1.3　推动"海上丝路"建设

电力困境一直困扰着"海上丝路"沿线国家。边远岛屿一般是采用船舶补给的柴油发电,这种发电方式存在补给线易被切断、破坏生态、容易受恶劣海况影响等问题。为了打破这一局面,有效利用海洋新能源,波浪能成为一条出路,波浪能在海洋能中能量最高且无时不有、无处不在。同时海浪发电装置能够悬浮于海表,不会占用海岛土地资源,且抗台风打击和船舶撞击,能量供应也比太阳能稳定。除了波浪能,海上风能也是也是解决"海上丝路"沿线国家电力问题的有效工具之一。海上风能具有资源丰富、单机容量大、不占用土地、不消耗水资源等优点,海上风电将成为推动风电技术进步以及促进能源结构调整的重要发展方向。因此海洋新能源的发展能够有效地推动"海上丝路"的建设,为其提供能源支持。

2　"海上丝路"新能源科普现状

2.1　科普论文

在20世纪80年代,就有学者发表了与"海上丝路"有关的文章,随着时间推移,越来越多的人开始致力于"海上丝路"科普工作,越来越多的人发表"海上丝路"相关文章,为人们普及了"海上丝路"的历史发展进程,"海上丝路"沿线国家的文化,各国之间的经济往来情况等。其中发表成果较多的是郑崇伟、陈璇、潘天波等科技工作者,尤其郑崇伟等推出的"经略21世纪海上丝绸之路"专题研究以一系列沉甸甸的科学研究成果为我国"海上丝路"的开展提供了科技支持,重点对海洋能中的波浪能、海上风能进行了深入探讨,指出了海洋新能源开发的重要性。从论文的发表机构来看,海军大连舰艇学院、暨南大学、中山大学、中国科学院大气物理研究所、解放军理工大学等发表涉及"海上丝路"新能源的文章数量位居前列,其中对海洋能源评估、海洋环境特征的叙述较多。

2.2　新闻媒体报道

近几年,有关"海上丝绸"的报道越发频繁,新浪新闻、腾讯新闻、大众网、人民网、澎湃新闻等众多媒体都对"海上丝路"的发展以及海洋新能源进行了报道。其中中华人民共和国国务院新闻办公室更是对其进行了多次报道。为期4天的中国国际广播电台"泉州多媒体节目制作中心"揭牌暨"发现泉州"城市形象全媒体推广系列活动更是聚集了40多家媒体,70名记者对其展开报道。此活动聚焦泉州作为"海上丝路"起点城市,对其历史脉络和文化遗迹展开讲解,同时近距离观察与记录泉州实施"一带一路"倡议的发展进程,推动了"一带一路"沿线国家的人文交流。各大媒体主要讲解了如何开展"海上丝路",各地区"海上丝路"工作以及开展情况,"海上丝路"沿线国家经贸往来、文化交流和国际合作的经验与成果,以及波浪能、潮汐能、温差能、海上风能等海洋新能源的介绍。

2.3 相关讲座

近几年,为了更好地开展"海上丝路"科普工作,各地方政府部门都开展了相关的讲座,例如 2022 年 5 月 26 日,广州市文广新局主办了"海上丝绸之路与古代玻璃"专题讲座,介绍了广州出土的玻璃器,指出玻璃是从西方输入的主要贸易品之一,讲述了海上丝绸之路对中华文明发展的作用等。2022 年 7 月 25 日,广州市社会组织管理局开展了题为"读懂广州从读懂海上丝路发祥地谈起"专题讲座,讲述了广州市海上丝绸之路的历史故事和文化发展等。2020 年 10 月 29 日广东省方志馆举办海上丝绸之路文化讲座。讲座中对海上丝绸之路文化的研究和普及展开讲解,深化了人们对于"一带一路"倡议的认识。从讲座的开展地点来看,多为"海上丝路"沿途省份;从讲座内容上看,多是对本省"海上丝路"发展历程的介绍,也有对有关海洋新能源的介绍;从时间上看,开展时间多为 2013 年"一带一路"倡议提出以后,近三四年开展次数明显增多。总体看来,各个与"海上丝路"有着联系的省份都在积极宣讲有关知识,努力做好海洋新能源科普工作,推动"一带一路"倡议的建设和发展。

2.4 电影节

丝绸之路国际电影节由国家新闻出版广电总局于 2014 年创办,目的在于以电影为纽带,促进丝路沿线国家文化交流和合作。其主体为海陆丝绸之路沿线国家,用以贯彻落实"一带一路"倡议。该活动弘扬了丝路文化,为"一带一路"倡议的发展创造了良好的人文条件。2022 年 11 月 26 日至 29 日第九届丝绸之路国际电影节在陕西西安举行。本届及以往每届都邀请了各大明星作为形象大使,为其推广,有效地宣传了"海上丝路",指出海洋新能源开发的重要性,同时对相关能源、有关历史进程进行介绍,让更多的人了解并进一步认识"海上丝路"。

2.5 相关专著受国际顶级科研平台推送

2020 年世界海洋日,国际顶级出版社机构 Springer 以及国际顶级期刊 Nature 的官方公众号都推送了科研成果"21st Century Maritime Silk Road:Wave Energy Resource Evaluation"。该专著作者有海军大连舰艇学院的郑崇伟等,主要对"海上丝路"的波浪能进行评估、预测以及提供发展规划,同时进一步介绍了团队建立的国内外首套"海上丝路"波浪能资源数据集,属于"21 世纪海上丝绸之路"系列丛书的第三本。此系列内容涉及海洋环境和海洋新能源、气候变化、法律护航、偏远岛礁建设、海洋环境、海浪灾害预警以及能源法数据建设等方面,目的是为了帮助我们提高对海洋的认识,进而提高海洋建设能力,缓解能源危机,保护海洋生态环境,推动海上丝绸之路的建设。

2.6 电视节目特别讲解

《开讲啦》栏目开播于 2012 年 9 月,是由中央电视台综合频道制作的一部中国青年电视公开课节目,主持人为撒贝宁。本节目播放了几期有关"海上丝绸之路"的特别节目。在"海上丝路"战线的三个重要地标国家与世界进行互动:第一站是马六甲海峡,在这里探讨了创新经济与开发共享;第二站是连接了亚洲和欧洲、拥有世界古老文明的埃及,在这里探讨了文化的传承;第三站是进入欧洲的门户、开启欧洲文明的希腊,在这里一起仰望星空。此次特别节目探寻了人类文明的发展进程,积极响应国家推动"一带一路"倡议的构想,是一次为让更多人了解"海上丝路"科普工作的开展。

3　结论与展望

2013 年"21 世纪海上丝绸之路"倡议提出至今,这条丝绸之路见证了沿线各国的经济交流与合作以及交通的融合,促使了沿线各国的经济发展与文化交流。在此倡议提出后,我国积极推进海洋治理体系,推动其管理制度改革,努力建设和维护海洋权益。"海上丝路"新能源的科普工作已然成为助力推进"海上丝路"建设的一条途径,帮助人们认识到海洋新能源开发的重要性,努力探索更为清洁、容量更大、所占空间小的海洋新能源,从而替代原有能耗大、排放多、占地面积大的传统能源,保护海洋生态环境以及海洋资源,为"海上丝路"的建设护航。海洋新能源科普工作一直受国家高度重视,今后仍需努力开展,创新更多科普方式,将"海上丝路"新能源相关概念传播给更多的人,提高海洋新能源的认可度,让更多的科研人员重视海洋新能源的开发,探索新的海洋绿色能源。

参考文献

[1]　郑崇伟,李崇银. 海洋强国视野下的"海上丝绸之路"海洋新能源评估[J]. 哈尔滨工程大学学报,2020,41(2):175-183.

[2]　郑崇伟. 21 世纪海上丝绸之路:关键节点的能源困境及应对[J]. 太平洋学报,2018,26(7):71-78.

[3]　郑崇伟,李崇银. 21 世纪海上丝绸之路:海洋新能源大数据建设研究:以波浪能为例[J]. 海洋开发与管理,2017(12):61-65.

[4]　王梦萱. 中国海洋新能源产业发展研究[J]. 资源·环境,2016,27(13):12-14.

[5]　张永伟,韩魁良,张宏彬. 浅析国内海洋新能源的开发与利用[J]. 中国造船,2013,54(2):576-579.

"海洋命运共同体"背景下计算材料学的应用与发展

章文凯[1]① 王馨悦[2] 罗 倩[2] 于德川[2]

(1. 大连交通大学,辽宁大连,116028;2. 大连工业大学,辽宁大连,116034)

摘要:2022 年 10 月 16 日,习近平总书记在第二十次全国代表大会上的报告中强调促进世界和平与发展,推动构建人类命运共同体。"海洋命运共同体"是人类命运共同体在海洋领域的具体应用与发展。2022 年 6 月 8 日是第 14 个世界海洋日。随着科学技术的发展,海洋资源被过度开发,海洋污染问题日益严重,逐渐凸显。本文简要介绍了计算材料学的概念,在顺应"海洋命运共同体"的背景下,结合计算材料学的发展和应用,提出利用计算材料学中的技术,模拟材料在海洋环境中的场景,希望可以改造和设计出更加绿色环保、性能优异,更适合在海洋环境中使用的材料。

关键词:海洋命运共同体;计算材料学;人类命运共同体

引言

"海洋命运共同体"是习近平总书记于 2019 年 4 月 23 日,在青岛出席中国人民解放军海军成立 70 周年活动中提出的,"海洋对于人类社会生存和发展具有重要意义。海洋孕育了生命、联通了世界、促进了发展。我们人类居住的这个蓝色星球,不是被海洋分割成了各个孤岛,而是被海洋连结成了命运共同体,各国人民安危与共"[1]。该理念的提出是中国为全球海洋治理提供的中国方案、注入的中国力量、贡献的中国智慧,是扎根于现实的需要,是回应全球海洋治理面临的挑战,具有时代意义。当前计算材料学发展方兴未艾,在"海洋命运共同体"的背景下,我们结合计算材料学的发展和应用,提出利用计算材料学中的技术,模拟材料在海洋环境中的场景,以求能够设计出更加绿色环保、性能优异,更适合在海洋环境中使用的材料。

1 "海洋命运共同体"理念的提出

在 2017 年 10 月党的十九大报告中,习近平总书记首次提出"构建人类命运共同体"的理念。2018 年 3 月,第十三届人大一次会议将这个理念写进宪法序言。"人类命运共同体"理念坚持在政治上对话协商,在安全上共建共享,在经济上合作共赢,在文化上交流互惠,

---

① 作者简介:章文凯,2001 年 10 月出生,本科在读。

* 通信作者:于德川,1990 年 3 月出生,博士,讲师,研究方向为计算材料学。本文受中国科学院金属研究所项目资助。

在生态上绿色低碳。"人类命运共同体"理念是习近平总书记对马克思社会共同体思想的开创性应用和实践性发展,也是我国传统文化在现代国际交往中的运用[2]。"海洋命运共同体"是"人类命运共同体"思想的重要组成部分,是"人类命运共同体"理念在海洋领域的具体适用与发展,符合可持续发展的精神,同时也是"21世纪海上丝绸之路"建设的目标之一。该理念获得了包括联合国在内的国际社会的广泛认可。积极推动建设"海洋命运共同体",参与全球环境治理是我国生态文明建设的有机组成部分,不仅可以推动构建人类命运共同体,展现我国的大国担当,提高我国国际影响力,而且也可以降低全球生态环境给中华民族永续发展带来的风险。

1.1 "海洋命运共同体"理念产生的背景

21世纪是海洋的世纪,海洋承载着世界各国人民对美好生活的向往与追求。健康的海洋环境是自然财富,也是社会财富、经济财富,是全世界各国人民的生态福祉。在世界各国享受着海洋带来的经济效益与生态效益的同时,海洋生态破坏和污染的情况也不容乐观。很多国家都不愿以牺牲自身财力和精力为代价,换取同一地区对利益的共享。在人类的发展史中,曾发生过大量破坏自然环境的事情,给人类社会和地球环境造成难以挽回的损失。例如,1979年墨西哥湾井喷事件,石油公司的钻井机打入海底油层时发生井喷泄漏,严重污染了海洋环境。随着人类进入工业文明时代,全球极端气候多发,在海洋上创造巨大财富的同时,也加快了海洋环境的破坏,打破了原有海洋环境的平衡,人类与海洋的矛盾越来越显著,给人类的生存和发展带来了严峻的考验。海洋环境污染严重制约着人类的生活和幸福感。海洋环境污染严重等问题导致当代世界生态环境风险严重,需要国际社会共同携手面对。改革开放以来,尽管我国越来越重视生态环境的保护,但生态文明建设仍然是我国的一块短板,《中国气候变化蓝皮书(2022)》中指出,1952—2021年,中国地表年平均气温显著上升。要破解这块短板问题,就必须要打好海洋污染问题攻坚战,习近平总书记提出的构建"海洋命运共同体"恰逢其时。

"海洋命运共同体"的提出,在呼吁各国在享受海洋利益的同时,也要承担保护海洋的责任,实现海洋的可持续发展。一方面体现中国坚持世界和平发展的方针和中国人民世界大同的愿景,另一方面是合理提出中国对海洋秩序的诉求,为国际海洋秩序的建设提供理论选择,提高中国海洋话语权和影响力,展现大国当担。在尊重《联合国海洋法公约》和《联合国宪章》的宗旨和原则的基础上,中国政府不断完善海洋法律法规,积极参加全球海洋治理,优化海洋管理制度,倡导构建海洋命运共同体,推动当前海洋秩序朝着更加公正合理、科学有效的方向发展。这正是对人民群众对美好生活向往与追求的回应。

1.2 "海洋命运共同体"的意义

"海洋命运共同体"立足于现实,是习近平总书记把握国际海洋的发展阶段,分析国际海洋形式,结合我国国情,坚持党的思想,基于各国人民的利益提出的。

"海洋命运共同体"是习近平生态文明思想的拓展,是对于建设什么样的生态文明,在海洋方面的回答,是中国共产党不断探索海洋领域问题的升华和实践结晶,与习近平总书记的"江河战略"相呼应,是马克思、恩格斯共同体思想与中国优秀传统文化相结合、同生态文明建设相实践的重大理论成果。

"海洋命运共同体"是"人类命运共同体"在海洋方面的应有之义,是"人类命运共同体"的重要组成部分。"海洋命运共同体"是中国参与全球海洋治理提供的富有中国特色的智慧方案,是对现有全球海洋治理机构和机制上的补充,为国际社会构建新型国际海洋秩序提供的新智慧新思路新理念,生动地回答了中国在全球海洋治理变革中扮演的角色,是多方面全球治理理念上的凝练与总结,是人类社会实现可持续发展的共同思想财富,彰显了我国道路自信、理论自信、制度自信和文化自信,提高我国在国际上的话语权和影响力,推动全球海洋治理秩序朝着更加公正合理的方向前进,体现我国的大国担当精神,共谋全球生态文明建设之路。

结合"21世纪海上丝绸之路"倡议的丰富实践和中国海洋秩序观的内涵,"海洋命运共同体"理念不仅与全球海洋治理的价值追求相吻合,还推动了人与自然和谐共生的现代化,与绿水青山就是金山银山的理念相照应,是最惠普的民生福祉,符合绿色发展观,满足人民日益增长的优美环境的需要,且顺应人类文明进程。"海洋命运共同体"强调全球各国要共同承担保护海洋的责任,构建多元开放和利益兼容的主体。同时也说明了新时代背景下,人和海洋和谐共处的重要性,人类与海洋发展命运休戚与共。

1.3 "海洋命运共同体"的主要内容

"海洋命运共同体"具有广阔的未来,它的生命力来源于丰富的理论、现实和实践意义,是针对全球海洋治理法律、治理体系、治理责任和效果等问题做出的赋有中国特色的回答。"海洋命运共同体"将海洋生态环境保护视为全球共同的长远利益目标,积极推动世界各国公平、尊重、平等在海洋中的作用,协调世界各个国家短期和长期的利益,保障海洋资源的可持续发展[3]。推动构建海洋命运共同体有着十分丰富的内容和鲜明的时代特征。在经济上提倡海洋开发中开放包容、合作共赢,共享海洋经济发展成果,共同推进海洋生态文明建设,实现海洋可持续发展。在政治上强调各个国家相互尊重,平等互信,深化海洋领域务实合作。在文化上坚持和谐包容的理念,促进海洋文化的发展与交融。同时还强调世界各国应该合力维护海洋和平安宁,完善平等协商,危机沟通机制。

"海洋命运共同体"的核心在于"共同",体现在各国要共同应对气候变化,共同维护海洋环境,共同保障海洋安全,共同促进海洋发展,共同推进海洋责任体制和治理的完善,共同保护海洋多样性,实现海洋的可持续发展,推动打造人海和谐的全球海洋治理秩序。

为了解决越来越严重的海洋污染问题,遵循习近平总书记提出的"海洋命运共同体"理念,顺应百年未有之大变局的背景,各个领域都做出了相应的努力。例如,郑楠[4]就针对海洋微塑料污染问题提出构建全球海洋生态环境多元主体共治的模式,在海洋命运共同体的大时代背景下,该模式不仅解决了国内外对海洋问题碎片化治理体系的弊端,还保障了海洋资源和环境的可持续发展。由此启发,基于计算材料学中能模拟极端条件的特性,笔者提出用模拟软件模拟船舶、石油开采设备、输油管道和深海装备等在复杂海洋环境下的状态,再通过改性设计出性能更为优异、环境更为友好的材料。下文简要介绍了计算材料学的概念、发展和应用,并结合"海洋命运共同体"的理念列举了具体措施。

2 计算材料

2.1 计算材料学简述

材料、能源和信息共同构成了人类社会赖以生存和发展的基本资源,是现代科学和现代文明的三大支柱。材料技术不仅是一个独立的科学技术,也是其他科学技术的基础。纵观材料科学发展的历史,每一种材料的普及使用,都促进了人类科学技术和物质文明的进步。计算材料学(computational materials science)是近年来快速发展的一门新兴交叉学科,综合了物理学、化学、材料力学和计算机科学等学科,是关于材料四大要素的计算机模拟与设计的学科,是材料科学研究里的"计算机实验",被评为是连接材料理论与实验的桥梁。运用材料学设计和计算机模拟的理念,借助于物理、化学等原理,可以研究材料的宏观、微观、介观的结构和特征,也可以对设计新材料的结构和物性进行预测,是现代材料研发的重要手段。

2.2 计算材料学的产生与发展

计算材料学的发展与计算机科学技术、计算物理和量子化学计算等科学的迅猛发展有着不可分割的联系。"材料科学"的概念诞生于 20 世纪 50 年代,是美国为了追赶苏联人造卫星战略,计划采用先进的科学理论与实验方法来开发和研究新材料,并相继在美国的一些大学和研究机构成立了材料科学研究中心。世界上第一台计算机在 1954 年 2 月诞生于美国的宾夕法尼亚大学,它的诞生是一个新时代的开始,也是人类社会发展过程中的一个重要里程碑。随着几十年来科学技术的发展和普及,计算机技术成为我们不可或缺的组成部分,可以与各个学科领域相结合,融入社会生活的各个部分,成为人类社会现代化的标志。随着科学技术的进步和发展,材料科学与其他学科例如物理学和化学的相互交叉与渗透,于 20 世纪 80 年代成了一门独立的新兴学科——计算材料学。计算材料学是基于物理建模和数值计算方法,通过理论计算主动地对材料-器件-微系统的本征特性、结构与组分、使用性能以及合成与制造工艺进行综合设计,达到对材料结构和功能调控,并提供优化设计和协同制造技术的一门交叉学科[5]。

2.3 计算材料学的特点

计算材料学主要研究模拟计算和材料理论计算与设计两个问题。第一个问题的内容包括以材料科学的基本原理为基础,从实验数据出发,建立数学物理模型,模拟实验过程。它的优点在于材料的研究不只是停留在实验结果的数据上的分析,而是使研究的结果上升到材料体系的普遍、定量的理论。第二个问题是直接建立物理数学模型,设计或者预测材料的结构与性能,对材料的组成、结构和性质进行多层次、多尺度的研究。它的优点是使材料的研究更具有创新性和预测性,可以用于开发新材料,缩短新材料研发的周期,提高效率。大体的步骤可以是确定研究对象和条件,构建数学和物理模型,选择算法进行材料的计算和设计。根据尺寸、层次和范畴的不同所用的计算材料学的理论方法也有所不同。

随着社会科学技术的进步,人类对材料性能的要求的提高,材料测试技术的要求也越来越精确,材料科学的研究不再仅局限于微米级结构对材料性能的影响,而是在纳米结构、原子结构甚至达到了电子层次的研究。并且随着材料应用环境的日益复杂,以往普通的物理实验不仅难以达到现实环境的要求,而且成本问题也是不容忽视的。总而言之,仅仅依靠实验室的实验来进行材料的科学研究难以满足现代新材料的研究和发展的要求。而计算材料学的出现给我们带来了一个新的发展思路和技术手段。运用计算机科学,可以让材料在计算机虚拟的环境下,如模拟超高温、超高压等极端环境下,观察和测试在微观、宏观和介观尺度下材料性能,归纳总结出在模拟环境下材料的演变规律、失效机理,进而实现材料性能的设计和改善。也可以从基本原理的出发,通过计算和逻辑分析,预测未知材料的性能和制备方法。

目前,计算材料学可应用于模拟材料组织结构、热处理过程、材料焊接、材料塑性成型、材料铸造、材料腐蚀与防护等方面。

2.4 海洋新时代背景下的计算材料学应用与发展概述

海洋覆盖了地球三分之二以上的面积,是人类的生命之源。当前,全球海洋污染形势严峻,制约着人类社会和海洋的可持续发展。2019 年,我国生态环境部在《中国海洋生态环境状况公报》中报道石油及其产品的开采、运输、炼制和使用过程对海洋生物和海滨环境的危害最大。例如在石油的输送过程中,输油管的腐蚀渗漏会对土壤和地下水造成不可挽回的危害。由于海洋环境组成复杂,普通实验室难以模拟出其复杂的环境,如深度、pH 值、盐度、温度和运动等条件,但我们可以运用计算机模拟技术和材料基础即计算材料学的优势,模拟海洋的实际应用环境,开发和设计出防腐蚀性能更为优异的材料。目前,国内对于材料在海洋环境中的模拟,一般是在实验室中进行的,例如王海荣等[6]采用紫外线暴晒和周期浸润联合实验来模拟海洋大气环境下有机涂层的腐蚀情况。王贵容等[7]利用干湿交替实验装置模拟环氧防腐涂层在海洋中的应用过程。高洪扬等[8]利用海水压力罐模拟深海高压环境来观察环氧防腐涂层的失效行为。杨翔宁等[9]利用循环浸润试验箱模拟海洋大气环境对 7B04 铝合金板-TC16 钛合金腐蚀的实验研究。但在实验室对海洋环境进行模拟具有一定的局限性,不仅操作复杂,时间周期较长,还难以逼近海洋的真实环境状态。

随着计算机技术的飞速发展,各种仿真模拟软件的开发与应用,将材料技术与计算机结合测试性能的手段也出现了。王金华[10]等以 Vegaprime 和 Visual C++为开发平台,研究出一种虚拟海洋环境的模拟,优点是可对漂浮物、泡沫和鱼群进行模拟。结果表明该方法可有效指导实际工程设计应用。陈可钦[11]等模拟出的海洋环境,成功地应用于南海某油气田的虚拟现实系统,为海洋油气田虚拟现实系统的发展奠定了基础。2009 年,大连理工大学何其昀[12]针对复杂海洋工程防腐系统中的问题,创造性地利用 SMP 与 Cluster 并行结合,研发出了"海洋工程防腐系统数值模拟计算软件",推动了大规模海洋工程防腐体系数值模拟计算的发展。2013 年,周冰等[13]利用 BEASY CP 数值模拟软件,对在海洋中服役桩基平台阴极阳极保护进行模拟,为实际方案提供参考。刘昌艳[14]等用模拟软件模拟长距离海底管线牺牲阳极阴极保护的应用,开发与应用结果表明该方法具有一定的工程意义。这是计算材料学应用于实际问题成功的案例,也表明了这种方法是可实践的。目前,将计算材料学用于海洋中材料的研究的工作知之甚微。相信随着对海洋环境重视的提高,未来计算材料学的发展会越来越好。计算材料学与海洋问题相结合,有望制造和设计出更适合海洋环境和性能更为优异的材料,这不仅符合绿色可持续发展精神,还顺应了"海洋命共同体"的大时代背景。

3 总结

海洋是人类的生命之源,海洋资源利用和开发关乎着全世界各国人民的利益,海洋环境的变化不仅影响着全球气候,同时也与人类健康息息相关。关爱海洋环境就是爱护人类自身健康。近年来,人类不节制的活动造成海洋污染越来越严重,习近平总书记提出的"海洋命运共同体"恰逢其时。基于计算材料学的诸多优点和应用,将材料学中的模拟技术应用于海洋环境中,有望设计和制造出性能更适合在海洋环境中应用的材料。

参考文献

[1] 冯梁. 构建海洋命运共同体的时代背景,理论价值与实践行动[J]. 学海,2020(5):12-20.

[2] 段克,余静. "海洋命运共同体"理念助推中国参与全球海洋治理[J]. 中国海洋大学学报(社会科学版),2021(6):15-23.

[3] 薛桂芳. "海洋命运共同体"理念:从共识性话语到制度性安排:以 BBNJ 协定的磋商为契机[J]. 法学杂志,2021,42(9):14.

[4] 郑楠. "海洋命运共同体"背景下微塑料污染的联动防治[J]. 河北环境工程学院学报,2022,32(1):8.

[5] 李艳华. 新型 $MoS_2/TiO_2(ZnO)$ 范德瓦尔斯异质结的计算与设计[D]. 重庆:重庆大学,2017.

[6] 王海荣,张海信. 有机涂层在模拟海洋环境中的防腐性能研究[J]. 中国涂料,2018,33(9):6.

[7] 王贵容,郑宏鹏,蔡华洋,等. 环氧防腐涂料在模拟海水干湿交替条件下的失效过程[J]. 中国腐蚀与防护学报,2019,39(6):10.

[8] 高洪扬,王巍,许立坤,等. 改性环氧防腐涂层在模拟深海高压环境的失效行为[J]. 中国腐蚀与防护学报,2017,37(3):7.

[9] 杨翔宁,樊伟杰,张勇,等. 模拟海洋大气环境下 7B04 铝合金板-TC16 钛合金铆钉搭接件电偶腐蚀研究[J]. 表面技术,2022(5):51.

[10] 王金华,严卫生,刘旭琳. 一种简化虚拟海洋环境建模与渲染方法[J]. 系统仿真学报,2009(13):5.

[11] 陈可钦,郭宏,缪青海. 海洋环境计算机模拟方法及应用[C]// 中国石油和化工自动化年会,中国仪器仪表学会,中国石油和化工自动化协会,中国化工装备协会,2012.

[12] 何其昀. 海洋工程防腐系统数值模拟优化设计技术研究[D]. 大连:大连理工大学,2009.

[13] 周冰,赵玉飞,张盈盈,等. 在役海洋桩基平台牺牲阳极阴极保护数值模拟[J]. 装备环境工程,2021,18(1):9.

[14] 刘昌艳,李威力,韩德波. 计算机模拟技术在海管牺牲阳极阴极保护中的应用[J]. 全面腐蚀控制,2016,30(9):4.

乡村振兴视域下海洋渔业可持续健康发展路径探究①

杨　浩② 李程程

（烟台科技学院，山东烟台，265600）

摘要：实施乡村振兴战略是党的十九大做出的重大决策部署，是新时代"三农"工作的总抓手。党中央、国务院对实施乡村振兴战略高度重视，习近平总书记在党的十九大报告中指出"农业农村农民问题是关系国计民生的根本性问题，必须始终把解决好'三农'问题作为全党工作重中之重"；在2020年中央农村工作会议上强调要"坚持把解决好'三农'问题作为全党工作重中之重，举全党全社会之力推动乡村振兴，促进农业高质高效、乡村宜居宜业、农民富裕富足"；2013年3月，国务院发布《关于促进海洋渔业持续健康发展的若干意见》，明确了今后一段时期我国海洋渔业发展的主要任务和政策措施，是推进渔业现代化的纲领性文件，进一步促进我国渔业持续健康发展。习近平总书记对推动海洋渔业实现高质量发展做出了重要指示。在《中共中央国务院关于实施乡村振兴战略的意见》中，将渔业确定为乡村振兴的重点之一，为促进渔业高质量发展指明了方向和路径。

关键词：乡村振兴；海洋渔业；可持续发展

1　政策导向

近年来，海洋渔业成为乡村振兴战略中具有重要地位的产业之一。党的十八大以来，党中央、国务院出台了一系列关于海洋渔业促进经济社会可持续发展相关政策措施。2006年6月24日，国务院印发《中国水生生物资源养护行动纲要》；2013年3月，国务院发布《关于促进海洋渔业持续健康发展的若干意见》；2016年12月31日，农业部正式发布了《全国渔业发展第十三个五年规划（2016—2020年）》；2018年12月，生态环境部、国家发展改革委联合印发《长江保护修复攻坚战行动计划》；2021年，生态环境部与农业农村部联合印发《农业面源污染治理与监督指导实施方案（试行）》，并相继出台了《加快推进渔业转方式调结构的指导意见》《全国乡村产业发展规划（2020—2025年）》《全国沿海渔港建设规划（2018—2025年）》《国家级海洋牧场示范区建设规划（2017—2025年）》《"十四五"全国渔业发展规划》等政策文件，对海洋渔业高质量发展提出了明确要求。在各项政策的指导下，推动海洋渔业持续健康发展是各级政府和各部门必须始终坚持的原则。

---

①　选题方向：其他海洋领域。

②　作者简介：杨浩，1995年6月出生，学士，讲师，研究方向为新媒体、传播学、镇域经济。

1.1 创新驱动,强化科技支撑

科技创新是推动乡村振兴战略的关键支撑。为加快实施创新驱动发展战略,相关政策文件明确指出要"加快实施重大科技工程,培育壮大战略性新兴产业集群,提升传统优势产业竞争新优势",并提出强化科技支撑,当前我国海洋渔业行业面临的形势复杂严峻、机遇与挑战并存,亟须通过实施创新驱动战略、推进供给侧结构性改革等举措切实提升科技创新能力和水平。同时,要结合乡村振兴战略要求,制定一系列具有针对性、指导性和可操作性的规划和措施。

1.2 市场导向,推进绿色发展

市场的发展需求决定着市场主体的行为。要使海洋渔业市场化,就需要充分发挥市场在资源配置中的决定性作用,以市场需求为导向,推进优化配置各种资源。一是在政策导向上,要坚持市场导向,遵循市场规律,深化资源配置市场化改革,提升海洋渔业开发利用效益。二是在政策支持上,要加强生态环境保护、加强海洋综合管理、加强资源养护、加强科技创新、加强人才培养和激励政策保障。三是在行动导向上,要积极适应市场需求和市场变化趋势,加快海洋渔业科技创新团队建设和科技成果转化,推动海洋渔业产业转型升级;加快海洋渔业生态修复和海洋资源养护科技攻关进程;加快现代海洋渔业产业体系建设;引导和支持社会资本投资海洋渔业可持续发展领域。四是在政策实施上,要严格落实相关法律法规要求,加大政策执行力度,促进渔业资源合理利用。

1.3 以人为本,强化人文关怀

海洋渔业是人类赖以生存的家园,保护海洋的生态环境是人类社会可持续发展必须承担的重要责任。随着经济快速增长和社会转型,海洋渔业对人类文明的贡献不断增大,并成为影响乡村振兴进程与可持续发展的关键因素之一。在当今时代,渔民作为我国海域的重要生产者,在实施海陆统筹、渔业绿色发展过程中必须坚持以人为本、生态优先。一方面要加强农村海洋生态环境保护宣传教育,通过开展以"科学助推绿色可持续发展"为主题的相关科普活动引导渔民树立对海洋生态环境保护的正确认识;另一方面要加大对渔民开展科学培训、强化宣传教育手段等措施,提升渔民保护海洋生态环境的意识,并强化与渔民间合作、协作关系,加强交流和沟通,从而共同维护好海洋渔业健康有序发展。

1.4 产业融合,实现转型升级

乡村振兴战略的实施,需要产业转型升级,以海洋渔业为重点的产业融合发展作为其重要内容之一,是产业振兴的重要路径,也是乡村振兴建设的必然要求。当前,渔业也正面临着结构调整与转型升级的压力和挑战。海洋渔业在乡村建设中具有较大的带动作用。如上海、江苏等地开展了大规模人工鱼礁工程建设和水产养殖增殖放流工作,形成了经济、生态、社会等多方面效益,有力促进了相关产业可持续发展。作为全国首批"无公害、绿色、有机"食品产地认定单位,农业部"东海渔"系列品牌产品已连续多年获得中国农业国际博览会金奖和中国农产品地理标志证书。我国应加强渔业与农业科技、观光旅游以及休闲度假等行业间的结合,不断创新合作模式和产业业态,拓展和丰富渔业产业链条与市场空间。

1.5 开放合作,促进共赢发展

在实施乡村振兴战略的背景下,海洋渔业具有广阔的国际合作空间。要以积极开放的姿态融入全球海洋经济体系和区域经济发展格局,在发展中深化与其他国家、地区以及国际组织间的合作与交流,积极参与全球渔业治理,通过渔业领域相关国家、地区、国际组织之间的交流与合作,共同促进国际渔业可持续发展。同时,要加快推进海洋渔业标准化建设和认证体系建设,健全现代海洋渔业质量安全管理体系,为渔民提供优质安全的农产品和高效便捷的出行服务。

2 空间布局

以海岸带地区为重点,统筹沿海经济带、环渤海经济区、长江经济带等区域,将其作为支撑海洋渔业发展的重点区域。一要加快推进沿海经济带核心区渔港建设。依托渔港城市、滨海旅游区和港口等形成海上养殖、捕捞和休闲旅游等海洋渔业基地,打造一批休闲渔业示范区和海洋观光渔业基地;加强渔港岸线建设和码头建设,推动建设一批集生态养殖、休闲观光、海洋观光旅游为一体的海洋渔业园区和旅游区;依托渔港城市发展远洋渔业基地,培育新一批远洋渔业企业,拓展远洋渔业发展空间。二要构建具有区域特色的现代渔业发展空间格局。依托海洋渔业资源丰富、产业基础雄厚的优势条件,形成具有区域特色的现代渔业发展空间格局;坚持"以渔兴渔"理念,培育龙头、骨干企业,引导专业化分工、特色化发展,形成特色鲜明、竞争有力、可持续支撑的现代渔业发展空间格局;充分发挥海陆统筹、海陆一体,东西互助的优势,形成多层次、多类型、多功能的现代渔业发展空间格局。

2.1 环渤海经济区

环渤海经济区主要包括山东半岛、辽东半岛、河北沿海、海南沿海和渤海湾等的沿海省区市。该地区资源禀赋优良,但也存在产业结构单一、产业链条短、产业集中度低、竞争力弱、产业聚集效应不明显等问题。一方面,环渤海经济区沿海省市间渔业资源富集程度不一;另一方面,沿海省市之间对海洋生物资源保护、开发利用以及海洋环境保护方面尚存在一定的差异。为此,应围绕环渤海经济区现代渔业发展定位和目标对环渤海经济区现代渔业发展布局进行优化调整和布局优化。要加快推进环渤海经济区核心区渔港建设;提升环渤海经济区各省区市基础设施水平,优化渔港城市功能和布局;培育大型龙头企业和骨干渔业企业,引导专业化分工和特色化发展;加强渔港岸线建设和码头建设,推动建设一批集生态养殖、休闲旅游、海洋观光为一体的海洋渔业园区和旅游区;大力推进远洋渔业基地建设,积极拓展远洋渔船停靠避风港范围布局与功能;加强对区域内及周边水产养殖结构调整和转型升级的支持力度。

2.2 长江经济带

长江经济带是我国经济发展的战略要地,以长三角地区、长江中游地区为重点,大力实施长江经济带"共抓大保护,不搞大开发"战略,推动长江经济带实现高质量发展。同时,依托长江渔业资源丰富、产业基础雄厚等优势条件,优化布局现代渔业,促进"一江两河"流域现代渔业协同发展和渔业资源养护,增强长江渔业国际竞争力和可持续发展能力。一要统筹发展长江沿岸鱼类资源,加快推进长江流域重点港口岸线开发利用步伐;二要加快建设一批渔业特色小镇、养殖专业合作社示范区和捕捞基地;三要打造一批休闲渔业示范基地和旅游度假养生基地。加快推进远洋渔业基地建设,推动有条件的渔港城市发展远洋渔业;培育一批具有国际竞争力的远洋渔业企业和合作社;鼓励传统产业与旅游休闲渔业深度融合;支持远洋渔业企业与国内外知名远洋渔业企业加强联盟合作;加强渔船检验技术培训和科技创新推广工作;通过"走出去"为行业提供人才等方面支撑;鼓励有条件的渔港城市发展特色捕捞、休闲捕捞(养殖)产业;通过打造一批在国内外具有较高知名度和影响力、具有显著品牌效应的水产品加工龙头企业或专业合作社发展休闲渔业、特色捕捞(养殖)产业及相关产业等方式形成多层次、多类型、多功能复合体系。

2.3　长三角经济圈

长三角经济圈海洋渔业发展面临巨大挑战。一要构建绿色渔业发展新格局。以实施渔业绿色发展行动计划为契机,以长江经济带为重点,加强水产种质资源保护,加强区域合作和联动执法,构建渔业资源养护、捕捞、养殖协同机制,实现优质水产品规模化养殖,打造长三角绿色优质水产品基地。二要培育发展龙头企业品牌。培育壮大长三角渔业龙头企业队伍和骨干企业群体,发挥其辐射带动作用和引领示范作用;强化对龙头企业品牌培育引导,形成一批集种苗繁育、标准化养殖、精深加工、综合服务等一体的高端产业化主体以及休闲渔业设施设备、产品展示展销、产品加工包装等环节为一体的创新型服务企业;大力强化品牌战略意识和自主创新意识;提升现代化水平,打造现代渔业产业体系。

2.4　海峡西岸经济区

该经济区位于福建省东部,地处东南沿海,与福建其他地区相区别的一大特色是海洋渔业资源丰富,海域面积广阔。在该区域内,福建现有沿海渔港5个、渔场4个,主要集中在福州和厦门。未来应以渔港城市为中心建设一批重点海洋渔业园区和旅游区;加强渔业基础设施建设;培育和扶持海洋渔业龙头企业和骨干企业;加强海洋伏季休渔和渔业增殖放流活动;大力开发沿海近海养殖业务发展空间和海上观光渔业等特色产业;利用海峡西岸经济区优质区位自然资源和生态环境优势,鼓励发展远洋渔业和渔港经济项目。鼓励有条件的渔港城市建设水产品交易市场;支持企业扩大规模,提升加工水平,培育一批具有核心竞争力和国际影响力不低于全国行业平均水平的知名品牌鱼食品企业体系;支持具备条件的渔港城市积极申报国家级渔业转型升级示范区。

2.5　沿海经济带

沿海经济带是全国重要的渔业生产和供应基地,以山东、江苏、辽宁为核心,带动全国其他沿海省份的发展。山东以青岛、烟台、威海、日照、东营等为中心城市,重点发展深水网箱养殖、远洋渔业、水产品精深加工等产业;江苏以连云港、盐城、常州等为中心城市,重点发展深海网箱养殖、水产品精深加工、海洋牧场与休闲渔业等产业;辽宁利用滨海旅游优势,重点发展休闲渔业和水产品精深加工等产业;广东依托珠三角等地经济相对发达且劳动力成本较低等优势,重点发展临海工业;福建则积极推进福建省"一核两带三区"产业布局改革。沿海经济带整体格局较为成熟完善,但仍存在一些问题和不足:一是沿海渔业布局尚未形成合理规模;二是渔船渔具装备水平亟待提升;三是产业链条还不完善,产业集中度不高;四是科技支撑力度有待增强;五是政策体系不够完善,渔业政策体系有待完善。因此,要立足乡村振兴战略目标,在加快推进沿海经济带核心区渔港建设、培育壮大休闲渔业、促进远洋渔业发展方面下功夫。

3 产业发展

海洋渔业是现代海洋经济和现代渔业的重要组成部分。通过深入挖掘和发展海洋渔业资源潜力,推进海洋渔业资源养护、加工利用和休闲旅游融合发展,拓展产业空间,壮大产业规模,促进海洋渔业经济结构优化、质量提升、可持续发展。以促进渔港经济发展为抓手,推动渔港与现代港口相结合。加强渔港管理,积极开展港口建设与管理,完善港口功能,提升港口服务能力;促进渔港与旅游休闲相结合,以旅游休闲为主题开发海洋特色产品和旅游服务项目;优化渔业结构布局,大力推动休闲渔业发展。

3.1 注重品牌建设,塑造渔乡品牌形象

品牌是一个地区产业发展的核心竞争力,也是一个地区综合实力和经济竞争力的体现,要大力推动文化、科技、生态等各项资源与产品有机融合,塑造渔乡品牌形象,充分发挥品牌示范引领作用。在产品品牌方面,培育本土特色渔业品牌,围绕本地渔产品深加工、休闲旅游、文化创意等重点领域打造一批优势突出、特色鲜明、质量稳定、品牌响亮的特色区域品牌;打造一批适应现代农业发展需要、具有较强市场竞争力和较大品牌影响力的地方主导产业品牌;在文化品牌方面,打造一批体现地域特色,与新时代发展相适应、满足新时代人们文化需求的文化品牌。同时要加强人才培养和职业技能建设,打造一支高素质专业人才队伍。

3.2 大力发展休闲渔业与观光渔业,推动乡村渔业经济向深度和广度发展

乡村振兴战略对乡村渔业经济发展提出了新的要求,这为发展休闲渔业与观光渔业提供了契机,在推进乡村渔业振兴战略中发挥着重要作用。因此,应该充分利用乡村旅游等新兴业态引领资源、产业、文化等融合发展,在尊重农村传统习俗和民族文化等基础上,充分挖掘乡村文化资源优势,推动文化繁荣兴盛和渔业文化产业繁荣发展。要结合当地渔业资源特点和产业发展优势,围绕"一村一品"建设,以产业融合助推乡村休闲渔业发展进步。利用海产品加工技术,将其延伸到深加工领域;利用现代信息技术与农业产业链联动发展现代休闲渔业;利用海洋资源丰富、渔业产品种类多等优势,鼓励发展渔业休闲观光旅游;充分发挥各地区传统特色饮食文化优势,整合区域资源和文化特色,研发一批具有地方特色文化内涵、满足游客个性化需求以及具备较强市场竞争力的休闲渔业产品和服务项目,打造具有一定影响力的休闲观光渔业品牌产品;结合各地独特的渔业资源和自然资源及风俗习惯等因素,以传统饮食文化为基础推出富有地方特色和文化内涵的餐饮产品等;进一步健全完善休闲渔业产品市场营销机制,加大市场营销宣传力度与产品推介力度,鼓励相关渔村开办渔家乐。

3.3 注重渔业水域滩涂保护,构建乡村"蓝色粮仓"

将海洋渔业水域滩涂资源保护纳入乡村振兴战略总体规划,从生产源头上改善水生生

物栖息环境。通过实施近海增殖放流等措施,不断增加近海渔业资源种群数量。建立水生生物资源增殖放流制度,积极推进海洋生物多样性保护;在近岸海域开展生态增殖放流,推动实施"海上粮仓"建设;加强近岸海域和重要河口区域水生生物资源养护,实施增殖放流增殖工程;完善海上养殖水生生物防治体系,大力实施滩涂修复治理工程;科学利用海洋渔业水域滩涂资源构建乡村"蓝色粮仓";进一步提高海域水质污染防治水平。

3.4　注重渔民增收能力提升,提高农村基层治理能力

在"三农"工作重心不断下移、乡村建设全面推进的大背景下,做好基层治理与促进海洋渔业经济发展的关系,不仅有助于推进海洋渔业可持续健康发展,而且有助于提高农村基层治理能力。在加快海洋渔业新旧动能转换基础上,围绕打造"四化同步"新农村,推进"渔家乐""农家游"等休闲旅游产业发展,促进城乡产业融合发展,促进渔民持续增收。加快实施海洋渔业绿色发展行动计划、海洋渔业富民行动计划,建立和完善现代渔业产业体系,提升产业标准化水平;加快提升渔船安全质量水平、完善渔业安全风险防控机制;推动渔产品质量提升和渔民收入实现稳步增长;推动渔民就业创业,提升就业质量;推进渔业供给侧结构性改革和产业融合发展,努力形成一批产业兴旺、乡村振兴战略实施效果显著、产业融合基础较好、渔业资源得到有效保护和渔民持续增收的现代化农业产业体系。

4　乡村振兴

习近平总书记指出,"没有农业现代化,就没有国家现代化,没有农村现代化,也就没有中华民族伟大复兴"。新时代实施乡村振兴战略,要实现农业全面升级、农村全面进步、农民全面发展,必须按照产业兴旺、生态宜居、乡风文明、治理有效、生活富裕的总要求,着力解决好农村产业融合、农业绿色发展、农民生活富裕等问题。海洋渔业作为传统海洋经济中重要组成部分,其实现高质量和现代化发展,是推动乡村振兴战略实施的重要支撑和保障。当前国内海洋渔业发展正处于爬坡过坎新阶段,存在发展质量不高、结构不优等短板。通过海洋渔业发展实践可以发现,我国海洋渔业发展存在突出弊端——"总量不大、结构不优、科技支撑能力弱"等不稳定因素,海洋渔业绿色发展理念仍需深化。因此,在乡村振兴战略实施过程中需要探索创新海洋渔业发展模式。

4.1　完善顶层设计,坚持"人与自然和谐共生"理念

从中国共产党建党 100 多年来看,我国始终把人民对美好生活的向往作为奋斗目标,坚持发展为了人民、发展成果由人民共享。坚持新发展理念,深入实施创新驱动发展战略和全面深化改革战略,大力推动绿色发展、低碳发展,促进城乡资源共享、生态惠民、环境共治。一方面必须要树立和践行生态文明思想,另一方面在实践中要坚持人与自然和谐共生原则,坚持以提高资源利用效率为核心,积极发展远洋渔业等重大决策部署。完善国家海洋渔业规划和相关法规政策,全面提高海洋渔业科技水平和支撑能力,严格落实《关于加快推进海洋渔业高质量发展的指导意见》,进一步加强和规范围填海政策执行力度。同时在海洋渔业绿色发展领域持续发力,探索新型经营主体运营模式,充分发挥新型经营主体带动作用,引导市场主体加快创新发展。

4.2 创新发展模式,坚持"产业兴旺、生态宜居、乡风文明、治理有效、生活富裕"总要求

产业兴旺是实现乡村振兴的重要基础。渔业发展应围绕乡村振兴战略实施,在实现海洋渔业可持续健康发展和促进农民生活富裕中积极发挥重要作用。党的十九大提出了实施乡村振兴战略的总目标——农业农村现代化,这是新时代中国特色社会主义进入新时代、我国社会主要矛盾发生变化等重大理论问题对乡村振兴理论体系提出的明确要求。海洋渔业要坚持"产业兴旺、生态宜居、乡风文明、治理有效、生活富裕"总要求,实施乡村振兴战略也需要遵循这一总要求进行产业创新和布局:一是要统筹推进水产养殖业现代化转型和高质量发展;二是构建现代海洋渔业产业体系和产业融合发展体系;三是推进渔业供给侧结构性改革和转型升级;四是建设海洋文化传承体系;五是发展渔港经济和渔村经济;六是培育壮大村级集体经济。

4.3 加强海洋渔业产业体系建设,坚持产城融合、城乡一体的高质量发展要求

当前我国城乡一体化进程加快,农村人口向城市迁移,乡村基础设施和公共服务相对滞后,这为城市社会、经济发展带来了挑战。一方面,在我国乡村振兴战略实施过程中,产业结构调整需要加快步伐,促进乡村产业振兴。另一方面,加快推进城乡融合,促进农村产业升级,通过产业结构调整加快农村经济高质量发展。因此要加快推进"工、农、中、建、学"等涉农行业协调发展,全面提升海洋渔业产业体系建设水平,为海洋渔业可持续健康发展提供有力支撑。

4.4 强化人才支撑,坚持以市场为导向,推动"产加销"全产业链协同发展

在推动乡村振兴战略实施过程中,人才是关键要素之一,人才优势的转化利用是实现农业现代化的重要保障,当前国内海洋渔业发展的核心关键就是人才的开发。因此,在乡村振兴过程中要重视人才队伍建设。一要积极探索创新"双师"培育模式,充分发挥高校、科研院所和企业等在人才培养、科技创新、成果转化等方面的作用。二要深入推进"双创"活动,鼓励大学生、返乡创业人员等社会各界人员开展创业创新;鼓励企业、金融机构加大对产业人才支持力度,将产业人才纳入产业人才储备范围中来;探索实行灵活薪酬机制及住房保障制度;加大对乡村人才发展专项资金投入力度。三要完善职称制度和评价体系建设,不断健全吸引人才机制。要优化职称制度设计,探索建立符合产业发展需求与特色发展需要相结合的人才评价体系;通过创新职称评价方式,不断优化人才成长条件。

参考文献

[1] 姚林,李芳. 乡村振兴战略可持续发展路径探究[J]. 科教导刊:(电子版),2019(26):1.
[2] 邓闪闪. 乡村振兴战略视域下农村发展路径探究[J]. 安徽行政学院学报,2019,10(2):5.
[3] 李伟南,曹麟丰. 乡村振兴视域下农村集体经济发展路径探究[J]. 特区经济,2020(11):3.
[4] 孙瑜,慕永通,徐涛. 乡村振兴背景下渔业产业的成本效益和价值链研究:以山东省扇贝产业为例[J]. 中国农业资源与区划,2019,40(4):7.

［5］ 袁亚硕. 基于乡村振兴背景下农村经济发展的探究[J]. 经济学, 2022, 5(2):19-21.

［6］ 马彩云, 唐议. 乡村振兴战略背景下沿岸小型海洋渔业渔民自治组织发展研究[J]. 上海海洋大学学报, 2020, 29(2):8.

［7］ 周一新. 论我国海洋渔业发展中的问题及对策探究[D]. 舟山:浙江海洋大学, 2017.

［8］ 李鹏飞. 舟山渔业可持续发展战略研究[D]. 舟山:浙江海洋大学, 2017.

海洋环境监测与海洋渔业
军民融合思路探讨

陈　鹏[1]　陈一帆[1]　于海根[2]　张　欣[2]

(1. 海军大连舰艇学院,军事基础教研室,辽宁大连,116000;
2. 辽宁省渔港监督局,辽宁大连,116000)

摘要: 为适应国家提出的加快形成全要素、多领域、高效益的军民融合深度发展格局的整体发展思路,本文针对海洋环境监测多区域、隐蔽性、实时信息通信等需求,以及远洋渔船对船只安全保障、渔业环境参数、鱼群定位等需求,结合已在我国远海渔船普及安装的"北斗星通"导航设备,提出了一种海洋环境监测与海洋渔业军民融合的新思路,"组建一套船联网 建设两个数据中心 研制三套军民兼用系统"。"组建一套船联网"即利用分布于远海各处的渔船、渔监船及其搭载的"北斗星通"导航设备组建一套可以进行卫星信息传递的船联网,"建设两个数据中心"是指建设一个可用于海洋渔业经济的环境参数数据传输与存储中心,一个可用于军事海洋发展的环境参数数据传输与存储中心,"研制三套军民兼用系统"是指考虑军事海洋和海洋渔业环境兼用,研制一套可实现探鱼声呐和水声通信两种功能的水声设备,一套海底多参数自主观测系统,一套船载海气界面参数观测系统。本文旨在抛砖引玉,供同行参考批评指正。

关键词: 军民融合;海洋环境监测;海洋渔业

引言

　　习近平总书记早在十几年前的十二届全国人大三次会议解放军代表团全体会议上发表过重要讲话,深刻阐明了新形势下大力实施军民融合发展战略的重要性、紧迫性,为加快形成全要素、多领域、高效益的军民融合深度发展格局指明了方向。当前,我国发展仍处在由大向强的关键时期,统筹国家安全和经济发展面临诸多难题。近些年来,我国在军民融合发展上迈出了坚实步伐,取得了丰硕成果,促进了经济实力和国防实力的同步增长,但总体上看,目前我国的军民融合层次还比较低,范围还比较窄,程度还比较浅,与强军目标的要求相比,与世界发达国家军民深度融合相比,还存在不小差距。

　　开发海洋资源、发展海洋经济是我国国民经济的重要组成部分,保卫海洋国土是我国当前军事斗争的焦点。在海洋环境信息保障军民融合方面,国家通过军方以及 863 等立项了多个海洋环境监测专项,这些专项的顺利实施为海洋经济与海洋军事的军民融合奠定了夯实的基础[1]。近几年,随着南海及东海的紧张局势,为应对未来海战场所需的军事海洋信息保障能力建设,对远海海域水声、水文、气象、海底等环境参数监测提出了更高的要求,而海洋远洋渔业经济的发展及安全保障需求,对渔业作业海域的所关注的海洋生物、海洋化学、水质状态等参数提出了要求,现有手段无法完全支撑军民兼用、全海域、隐蔽观测、实时传输等要求。

为此本文提出了一种海洋环境监测与海洋渔业军民融合的新思路,概括之为"组建一套船联网 建设两个数据中心 研制三套军民兼用系统"。"组建一套船联网"是指利用分布于远海各处的渔船、渔监船及其搭载的"北斗星通"导航设备组建一套可以进行卫星信息传递的船联网,"建设两个数据中心"是指建设一个可用于海洋渔业经济的环境参数数据传输与存储中心,一个可用于军事海洋发展的环境参数数据传输与存储中心,"研制三套军民兼用系统"是指考虑军事海洋和海洋渔业环境兼用,研制一套可实现探鱼声呐和水声通信两种功能的水声设备,一套海底多参数自主观测系统,一套船载海气界面参数观测系统。本文旨在抛砖引玉,很多想法还没有进行深入调研,仅供同行参考批评指正。

1 卫星信息传递船联网资源利用

我国自主研发的第一颗北斗导航卫星在 2000 年发射成功,同时利用北斗的导航产品也相继研发投入市场,如基于北斗的渔船船位实时监测系统,如图 1 所示,该系统构建了一个海天地一体化的北斗卫星海洋渔业综合信息服务网络,开展基于位置的现代信息服务。系统主要提供远海及近海渔船船舶的位置监控、紧急报警、区域报警、渔船出入港报告等服务。通过整合卫星导航定位系统、地理信息系统、移动通信网络、因特网等,构建了统一信息管理、发布、共享平台——北斗天枢运营服务中心,可向各级渔业管理部门、渔业公司提供海上渔船的监控管理、遇险救助、短信息互通等服务。

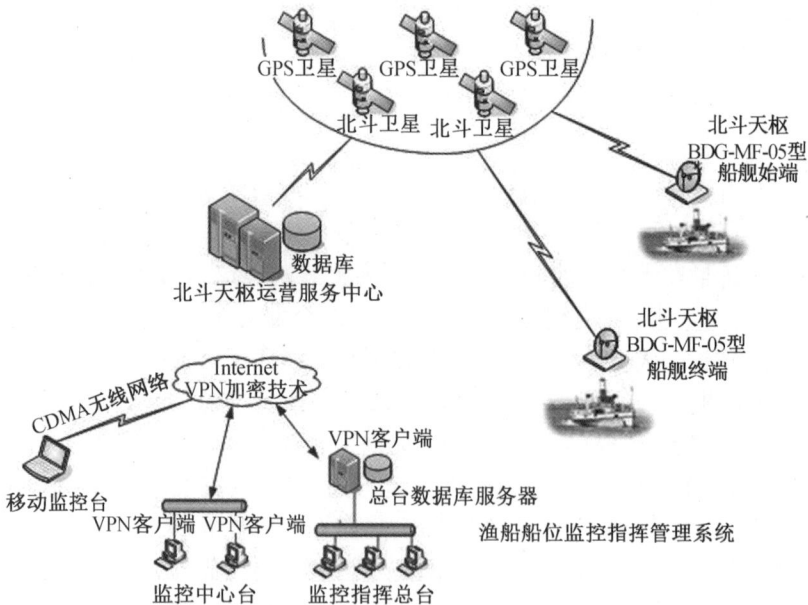

图 1 渔船船位实时监测与信息传递网络(来自互联网)

这种传递网络实际就是一种"物联网",其终端是分布在渤海、黄海、东海乃至南海的各种渔船,据粗略统计,目前已安装该系统的渔船有近十万艘。下一步,国家将在全国20万艘商船上安装应用北斗终端,这就意味着不只网络节点的大量增加,而且其分布范围将会延伸到全球各个海域。

当然目前的系统不能拿之即用,为了支持海洋环境的监测,还需要加装一些小设备,如海洋环境信息参数处理系统等,本文的想法是选择一定数量的渔船作为海洋环境监测的卫星信息传递节点,先组建小型的多节点网络,并对系统进行小幅度的加改装,使其在原定功能不变的前提下,具有传递海洋环境处理资料的功能。为了最大限度降低成本和提高数据传输效率,处理后用于传递的海洋环境处理资料应是平均化、最小化、实用化的。

2 数据中心建设

为了与网络衔接,同时具备数据传输、存储数据、调度管理等功能,需要建设两个数据中心,即一个可用于海洋渔业经济的环境参数数据传输与存储中心,一个可用于军事海洋发展的环境参数数据传输与存储中心。为了提高数据的综合利用效率和军民融合力度,二者之间可以进行互访问,数据完全共享。数据中心在未来可以加入大数据分析和云计算等功能。

表1为本文整理的主要的海洋水文、海洋化学、海洋声学、气象等参数在海洋渔业经济及军事海洋方面的作用情况,可以看出每一种海洋环境参数或多或少在军民两方面都有作用,因此提高数据的军民融合应用能力有其科学依据和合理的需求。

表1 海洋环境参数在渔业经济和军事海洋方面的作用

环境参数	在渔业经济方面的作用	在军事海洋方面的作用
海水温度	海洋生物随温度分层活动规律,生物生存区域	声呐背景参数,温度跃层的"断崖"效应
海水盐度	生物营养物质来源,随盐度分布活动规律	声呐背景参数
潮汐	海洋生物随潮汐活动规律	舰艇进出港
海流	海洋捕捞作业,渔业安全保障	舰艇航行安全保障
波浪	渔业活动安全保障	舰艇航行安全保障
气象	渔业活动安全保障	舰艇航行安全保障,雷达探测性能评估
海水透明度	渔业打捞作业,生物光合作用	卫星探潜、潜艇光学设计
生物发光	侦察鱼群	目标激励生物发光,夜间目标探测
氮、磷等化学参数	浮游植物养分来源	舰艇材料抗腐蚀设计
环境噪声	发声鱼类、虾等生物监测,探测鱼群行踪,水下音响集鱼器设计	声呐设计与应用
混响	使海豚、鲸类等发声动物致盲	主动声呐设计与抗混响

3 军民兼用系统研制

粗略估算我国拥有海运船队动力规模达2亿~3亿载重吨,中国远洋还稳居世界排名第一。这是我国海军走向远洋可以依托的资源。

在已有军、民成熟设备基础上,考虑军事海洋和海洋渔业兼用,通过改装、新研和集成等手段,研制几套可适用于本思路在关键海域海洋环境监测的测试系统,如图2所示,考虑已有技术基础和主要功能和参数要求,本文首先提出以下三套不同功能的军民兼用系统研制需求。

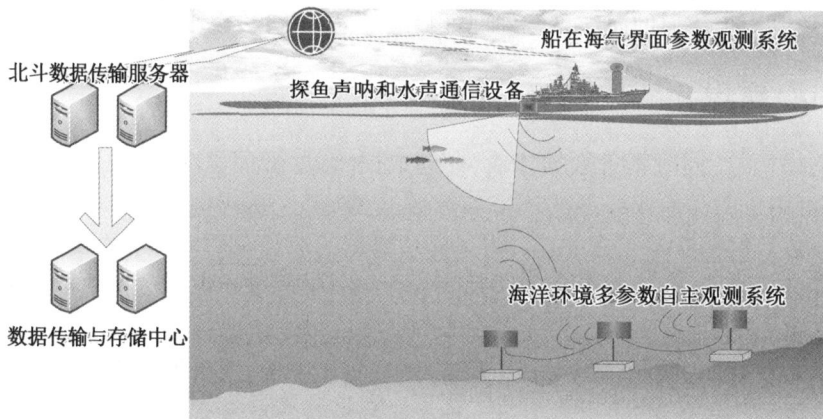

图 2 系统与数据信息流程图

(1)具备探鱼声呐和水声通信两种功能的水声设备

该系统主要包括控制计算机、功率放大器、发声换能器和水声编码器等组成,可安装于船底或船壳,在渔民作业时可利用探鱼声呐进行鱼群探测,提高渔民的捕捞效率;在进入并靠近布放于海底的观测系统时,可根据事先设置的测试系统位置信息,自动激发水声通信功能,利用观测系统上的水声通信设备,将观测系统的海洋环境参数资料传输到渔船的控制计算机中。

(2)海洋环境多参数自主观测系统

该系统主要布放于海底,通过供电装置实现多参数自主观测,观测参数主要包括海水温度、盐度、潮汐、海流、海水透明度等水文要素,含氮量、含磷量、溶解氧、叶绿素等海洋化学参数,以及海洋环境噪声等海洋声学参数,同时为了降低存储成本,提高数据传输效率,该系统应该具有数据处理与筛选功能,只存储有效的参数值,不存储过程数据。

(3)船载海气界面参数观测系统

该系统主要装于渔船节点,主要观测参数包括风速、风向、大气温度、海表温度、湿度、波浪等,风速等气象要素可以通过超声风传感器、温湿度传感器实现,波浪参数可以利用渔船上的导航雷达进行反演观测,该系统作为一个自动气象站可提供实时参数显示,可为渔民安全作业提供指导,同时记录存储各种参数数据,其数据通过北斗卫星传递或回港后导出,可根据实测海气边界层参数进行蒸发波导预报、雷达探测距离预报等军事海洋学研究。

4 总结

国家提出了加大军民融合力度的指导方针,并以"国家主导、需求牵引、市场运作、规划科学、管理规范、监督有力、系统配套"作为主导思想,参照主导思想,本文提出以下初步发展思路:

（1）国家主导需求牵引

在军内以（原）总参谋部、（原）总装备部，在地方以渔业部、海洋局等部门牵头部署，前期由各部门协调经费支持，加大军民融合在海洋环境监测方面的力度。要在海洋科技创新中兼顾军用和民用，整合非涉密性军地资源，促进军民科技互补和转化应用，以军民融合带动本领域的科技创新。

（2）市场运作

21世纪是海洋的世纪，海洋国土安全、海洋资源开发与利用是国家层面的重大需求，近期有关海洋领域的专家呼吁建设"透明海洋"，海洋环境多区域、长时立体监测是重要途径之一。大数据时代数据是最宝贵的产品，除了建设两个数据中心，还需建立有效的数据市场化、产品化机制，此外还可以衍生出相应的硬件产品，市场收益能够继续循环投入，从而扩大军民融合规模，最终使这种模式能够持续有效地进行下去。

（3）规划科学、管理规范、监督有力、系统配套

发动海洋科学、军事海洋、水声学、海洋生物、海洋渔业、卫星导航等方面专家共同制定发展规划，建设类似大洋协会的管理体制，制定各种管理规章制度，负责规范化管理和日常监督、系统建设与维护保养。集中国内技术优势，研发军民兼用海洋环境监测系统。这些发展需要着力解决的是水下长时供电、高速率水声传输等关键技术瓶颈。

参考文献

[1] 姜鲁鸣."五个协同"推动军民融合深度发展[J].中国军转民,2019(2):11-12.

[2] 曹洪军,孙继辉,武晓雯.基于海洋生态安全的"海洋命运共同体"构建研究[J].江苏海洋大学学报(人文社会科学版),2019(6):1-11.

[3] 吕子平,邓中亮.物联网及云计算时代的卫星通信[J].国际太空,2013(3):1-25.

[4] 朱坚真.海洋国防经济学[M].北京:经济科学出版社,2021.

[5] 王伟海,姜峰.推进海洋领域军民融合深度发展[J].中国国情国力,2018(10):13-15.

大气污染客观分区方法应用研究

姚雪峰[①]　黎爱兵　杨　磊　李国静　庞立泉　王雨歌

(解放军 96941 部队,北京,102206)

摘要:基于 2013—2019 年全国空气质量监测数据,构建了一种大气污染需求下的细颗粒物分区方法,期望可以为陆地和海洋生态环境保护提供参考。主要考虑地理边界连续性条件,以地级市为基本单位,首次将新疆按细颗粒物($PM_{2.5}$)浓度水平差异划分为 4 个区(北疆北部(Ⅰ区)、南疆北部(Ⅱ区)、乌昌石地区(Ⅲ区)、南疆南部(Ⅳ区)),筛选新疆与中东部的高污染区进行了对比分析,并讨论了典型分区 $PM_{2.5}$ 的时间变化特征。结果表明,Ⅲ区是北疆高污染区,呈现"达优率高、污染率高"的双高特征,该地区 $PM_{2.5}$ 中度以上污染频率高于中东部污染最严重的华北南部—黄淮西部地区(18% vs. 小于 16%)。Ⅳ区是南疆高污染区,污染频率远高于其他典型污染地区(约 52%)。此外,Ⅱ区在人为源和沙尘污染的混合作用影响下,污染时段呈延长态势。因此,在中东部地区大气污染显著改善的形势下、新疆污染态势改善有限;加之新疆地处中纬度西风带上游,沙尘、人为源的高水平污染及其二者混合作用,将对下游地区产生深远影响。

关键词:细颗粒物($PM_{2.5}$);分区;对比分析

引言

近年来,资源开发、城镇建设、经济发展等所引发的地区空气污染问题日渐突出。2013年《大气污染防治行动计划》出台后,中国中东部整体气污染物水平呈现下降趋势,其中,2017 年京津冀、长三角、四川盆地 NO_2 水平相对 2012 年分别下降了 74.1%、45.1%、33.2%;而新疆的大气污染物排放对全国的贡献率逐年增加。2016 年以来,新疆部分城市实施能源结构调整,空气质量有所改善,但是由于城市扩张、机动车保有量增加等的影响,在全国重点城市年空气质量排名中仍处较差水平。

目前,针对新疆地区大气污染时空分布规律及其影响因素的研究逐渐受到重视,为分析区域污染物类型及变化趋势等提供了科学依据。现有新疆空气质量变化研究多聚焦于局部地区或重点城市,缺少在全国角度与重点城市群的对比分析,无法突出东西部区域大气污染空间分布格局及污染水平差异,且研究时段较短,难以把握近年总体变化特征。

同时,复杂多样的地理气候使得新疆大气污染分布较其他地区呈现较大的空间分异性。多项研究表明,以民丰、和田为中心的南疆盆地是我国沙尘天气的高频中心;而北疆地区植被覆盖率较高,城市、能源开发和深加工产业相对集中,人为活动排放占比大。因此有必要分区域对新疆的大气污染展开研究。

---

①　作者简介:姚雪峰,1986 年 8 月出生,博士,工程师,研究方向为短期天气预报、大气污染分区。

2013年以来,新疆开始建设覆盖全省的空气质量监测站点,为评估区域大气污染水平提供了有力的数据支持。本研究立足2013—2019年全国空气质量监测站点数据,结合新疆不同地区的地理特点和大气污染水平差异,分区讨论新疆大气污染时空特征。基于分区结果,将新疆典型污染区与中东部重点污染区对比分析,考量东西部大气污染水平差异及变化趋势,以期为全国大气污染防治决策及跨区域综合治理提供数据支撑。

2 数据来源和研究方法

2.1 研究区域与数据来源

新疆地处亚欧大陆腹地,地形复杂,山脉和盆地交错。境内三座东西向山脉自北向南分别为:阿尔泰山、天山和昆仑山,昆仑山南侧即是青藏高原。三座山脉之间夹着准噶尔盆地和塔里木盆地。以天山山脉为界,以北为北疆地区,以南为南疆地区(图1)。受陡峭地形、复杂边界层过程和水汽输送等因素影响,北疆气候较南疆明显湿润。另外,在排放源结构上,煤石化基地主要位于北疆,而南疆中东部沙漠广布。

采用的空气质量数据为2013—2019年全国国控站点小时报(含6类大气污染物:$PM_{2.5}$、PM_{10}、O_3、NO_2、SO_2、CO),数据来源于中国环境监测总站。新疆地区站点共计41个,采用的气象数据包括2013—2019年新疆代表气象站实况观测数据和欧洲中心ERA5再分析数据、1951—2019年实测气温数据。其中,气象站实况资料时间分辨率为3 h,包含10 m风、2 m温度、能见度、天气现象等要素;再分析资料空间分辨率为0.25°×0.25°,时间分辨率为1 h。

2.2 研究方法

2.2.1 新疆$PM_{2.5}$分区

将新疆区内测站按$PM_{2.5}$区域年均浓度排序,用自然断点法给出测站的初步分类,即将浓度数值接近的站点分为同类;按照Yao等给出的方法,解决同类站点地理不连续的问题;最后按照行政区划对边界进行调整,给出新疆$PM_{2.5}$行政分区。

2.2.2 典型区域比较

基于新疆分区结果,挑选大气污染相对严重分区;根据中国$PM_{2.5}$行政分区结果,挑选中东部典型污染分区;对比分析新疆和中东部典型污染分区的$PM_{2.5}$污染水平和变化趋势。

2.2.3 时空变化规律分析

分析新疆各分区$PM_{2.5}$的日平均、月均及年均浓度结果的时空变化规律。本文数据处理所涉日平均值是指一个自然日内24 h平均浓度的算术平均值,月平均值是指一月内各日平均浓度的算术平均值,年平均值是指一年内各日平均浓度的算数平均值。用带双尾T检验的皮尔逊相关分析来检验数据显著性特征;用最小二乘法来检验数据的线性趋势。

3 结果与讨论

3.1 新疆$PM_{2.5}$分区

按降序给出新疆境内站点的年均浓度值,以断点猜测值为界,将41个测站划分成三类,分别是清洁站(12个,年均浓度<37 μg/m³)、中度污染站(12个,年均浓度37~80 μg/m³)、重度污染站(17个,年均浓度>80 μg/m³),得出新疆$PM_{2.5}$浓度自东北向西南递增,这与前人研究中2015—2017年新疆AQI的空间分布结果一致。

重度污染点位于在乌鲁木齐城市群和南疆南部两个区域,同时在乌鲁木齐城市群周围还存在地理不连续的孤立点。为解决上述问题,按照 Yao 等基于地理距离的分区修正算法,得到地理边界连续的站点分区结果。由于地级市是空气质量监测站点建设和大气污染控制策略实施的基本单位,以地级市作为分区单元,得到新疆 $PM_{2.5}$ 污染行政分区:分别是清洁区(Ⅰ区,位于北疆北部)、中度污染区(Ⅱ区,南疆北部)、重度污染区(Ⅲ区,包括以乌鲁木齐、昌吉、石河子在内的乌鲁木齐城市群,简称乌昌石地区)、严重污染区(Ⅳ区,南疆南部)。需要说明的是,Ⅲ区和Ⅳ区,虽然二者年均污染浓度接近,但是在地理位置(准噶尔盆地南缘/塔里木盆地)、人口密度(223.5/17.5(人/km²))等方面存在诸多差异,故将二者划分为不同污染区。

3.2 新疆不同分区 $PM_{2.5}$ 年变化趋势及其与全国典型 $PM_{2.5}$ 污染区对比

3.2.1 新疆不同分区 $PM_{2.5}$ 年变化趋势

2013—2019 年新疆全区 $PM_{2.5}$ 浓度总体呈现下降趋势(图 1),Ⅰ区—Ⅳ区 2019 年年均浓度较 2013 年分别下降 36.75%、18.74%、35.4% 和 23.98%。其中,Ⅰ区、Ⅱ区和Ⅳ区的浓度呈线性下降趋势(年递减率 <-1.91 μg/m³),且在 2017 年以后,线性下降趋势更为显著(年递减率 <-3.36 μg/m³)。Ⅲ区的浓度呈波动下降趋势,其年变化可分为三个阶段:①显著下降段(2013—2014 年)。2012 年以前,煤烟尘是区内采暖期 $PM_{2.5}$ 主要来源。2012 年后当地调整供热能源结构,开展"煤改气"工程,煤烟型污染有所改善。②上升段(2014—2017 年)。此阶段上升趋势与多项研究结果一致。由于"煤改气"工程并未实现全覆盖,SO_2 浓度下降程度有限;同时,受城市扩张、人口、工业排放增加影响,NO_2 排放稳定、铵盐在颗粒物组分中的占比逐年增加,区内冬季重污染天气频发。③缓慢下降段(2017—2019 年)。在区域能源结构再调整、发电站脱硝装置推行、车辆燃料升级等措施调控下,各项大气污染物排放呈下降趋势。

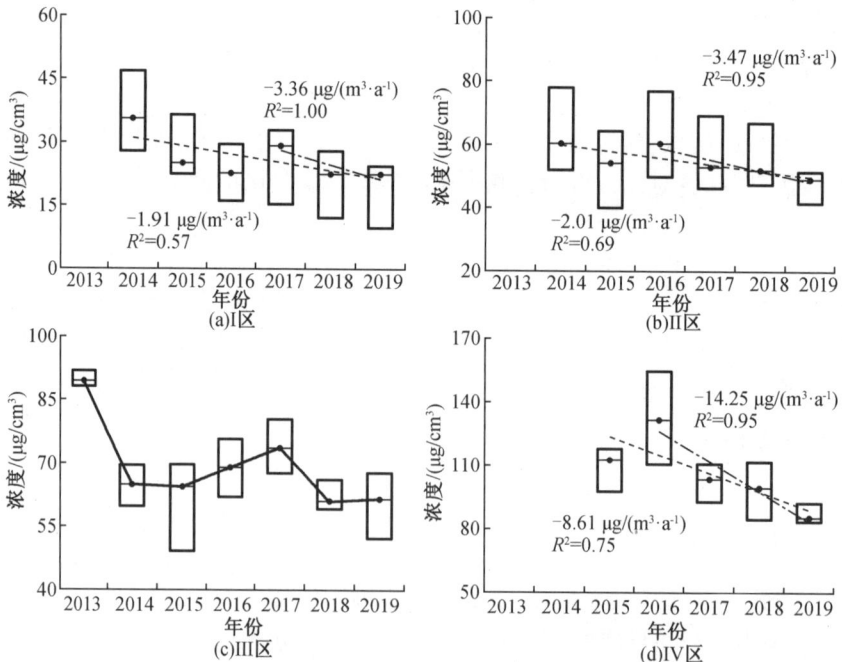

图 1　2013—2019 年新疆各分区 $PM_{2.5}$ 浓度年变化(实线、虚线为线性变化趋势)

3.2.2 东西部高污染区对比

2018 年 6 月,国务院印发了关于"打赢蓝天保卫战三年计划"的通知,将京津冀及周边、汾渭平原、长三角等地区列为大气污染联防联控重点区域。基于 2013—2018 年空气质量监测数据,Yao 等根据区域协同变化规律,以地级市为单元将全国划分为 17 个区,其中,蓝天行动涉及的重点区域被划分 4 个区,新疆划分为一区。上述地区年均 $PM_{2.5}$ 浓度由高到低分别为华北南部—黄淮西部地区($85.47\ \mu g/cm^3$)、汾渭平原($69.22\ \mu g/cm^3$)、华北北部($69.17\ \mu g/cm^3$)、新疆($65.97\ \mu g/cm^3$)、长三角($58\ \mu g/cm^3$)。其中,华北南部—黄淮西部地区也是全国污染水平最高的地区。但关于新疆的 $PM_{2.5}$ 污染空间分布,Wang 等指出,应将其分为南北两个区域分别研究。本文中,Ⅳ区和Ⅲ区分别为南北疆高污染典型区。为考察东西部代表地区 $PM_{2.5}$ 污染水平差异,对比了华北南部—黄淮西部、汾渭平原和新疆Ⅲ区、Ⅳ区共计 4 个区的污染频率变化如图 2 所示。

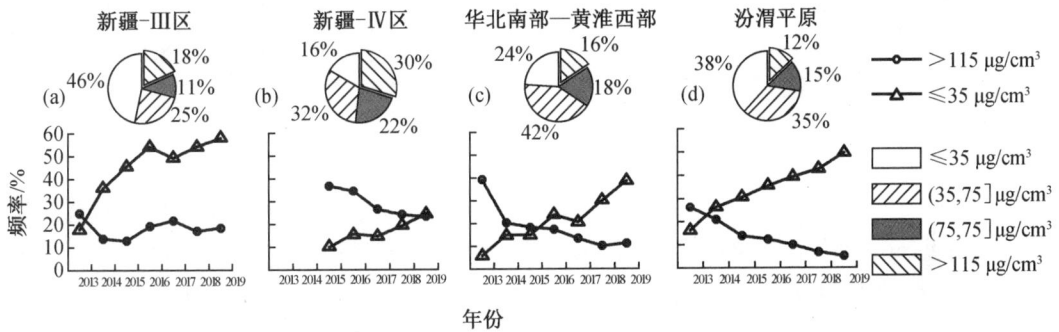

图 2 2013—2019 年新疆乌昌石地区(Ⅲ区,a)、南疆地区(Ⅳ区,b)、华北南部—黄淮西部地区(c)、汾渭平原(d)空气质量优(日均 $PM_{2.5}$ 浓度 0~35 $\mu g/cm^3$)、良(35~75 $\mu g/cm^3$)、轻度(75~115 $\mu g/cm^3$)及中度以上污染(>115 $\mu g/cm^3$)的平均出现频率饼图,中度以上污染出现频率和达优频率折线图

从年变化趋势来看(图 2 中折线图),新疆典型污染区的污染态势改善不如中东部显著。其中,Ⅲ区中度以上污染频率 2016 年后呈稳中上升趋势,反超并持续高于中东部污染最严重的华北南部—黄淮西部地区。而Ⅳ区污染水平维持高位,中度以上污染频率 7 年降幅远低于中东部二区(7.9% vs. 24.72 %);到 2019 年,Ⅳ区达优和中度以上污染频率才接近持平(~23%)。从多年平均水平看(图 4 中饼状图),新疆代表区重污染频率高。其中,Ⅲ区呈现"达优高,污染高"的双高特征;达优频率为六区之首(46%),同时中度以上污染频率超中东部四区(18% vs. <16%)。南疆南部地区则呈"达优低,污染高"的特征;达优率仅16%,而轻度以上污染频率(52%)远高于其他代表区。

3.3 过渡污染区时间变化特征

南疆北部中度污染区(Ⅱ区,区域年平均浓度 56.46 $\mu g/cm^3$),区内北部和中部均有煤、石化基地,东侧和南侧为沙漠,地处南、北疆高污染区中间过渡地带,北侧的人为排放和南侧的沙尘污染对其均有一定影响。图 3(a)给出了区内代表城市吐鲁番市 2016 年和 2019 年 1 月相关污染物日均变化曲线。可以看出,2016 年 1 中上旬月以 $PM_{2.5}$ 污染为主 $PM_{2.5}/PM_{10}>0.5$(方块虚线)。和 2016 年 1 月相比,2019 年 1 月虽然污染水平整体下降

（132.04 μg/cm³(2016) vs. 115.29 μg/cm³(2019)），但污染最长持续时间明显增长（20 天 (2016) vs. 29 天(2019)）。从Ⅱ区整体看来，2019 年 1 月最长污染持续日数较 2018 年明显增长，接近 2016—2017 年高位水平（~20 天）；此外，区内站点 $PM_{2.5}/PM_{10}$ 的变化曲线均呈现出与图 3(a)中类似的由低（沙尘污染为主）到高（$PM_{2.5}$ 污染为主）的变化趋势。结合气象观测数据来看，2018 年年末到 2019 年年初一次区域性沙尘过程是 2019 年 1 月初的颗粒物污染的直接原因，沙尘过程结束后，由于冬季是采暖导致的人为排放的集中时段，颗粒物污染持续，并向 $PM_{2.5}$ 为主导的污染转化。这说明，冬季沙尘和人为源混合污染是导致Ⅱ区污染时间延长的可能原因之一。

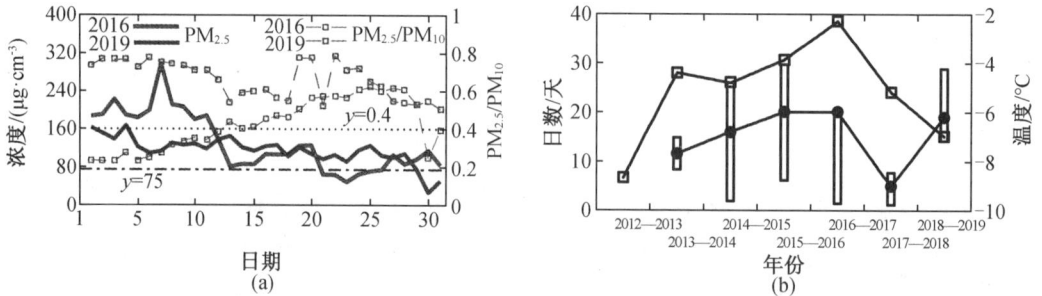

图 3 2019 年、2016 年 1 月吐鲁番市 $PM_{2.5}$ 浓度、PM_{10} 浓度和 $PM_{2.5}/PM_{10}$ 日均变化曲线（点划线为 75 μg/cm³ 水平线，日均 $PM_{2.5}$ 浓度超过该线即达污染水平；虚线为 $PM_{2.5}/PM_{10}=0.4$ 水平线，一般认为高于此水平线的颗粒物污染以 $PM_{2.5}$ 污染为主，低于则以沙尘污染为主）(a)；2013—2019 年Ⅱ区当年 12 月至次年 1 月区域平均温度（上方折线）、1 月污染过程最长持续日数（盒状图）(b)

Zhou 等认为，新疆沙漠腹地及周边区域秋冬季出现沙尘型污染的频率更高，吐鲁番盆地及其东南侧库姆塔沙漠是冬季沙尘污染的主要源区之一。冷空气及其伴随的大风是沙尘直接诱因，气温的日变化可反映天气尺度的冷空气活动，一段时间的气温距平可反映短期气候异常。本文统计了 1951—2019 年吐鲁番市当年 11 月至次年 1 月（时段简记为当年冬季，如 2015 年 11 月—2016 年 1 月记为 2015 年冬季）平均气温如图 4(a)所示，可以看出该地冬季气温呈线性上升趋势（升温率 6.5 ℃/100 a），其中，2015 年冬季较线性上升趋势明显偏暖（浅灰色圆点），2018 年冬季则为偏冷（黑色圆点）。

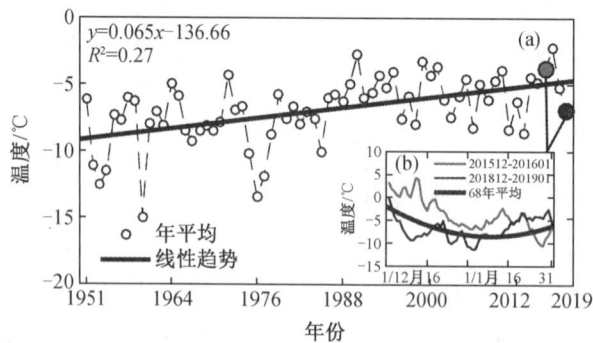

图 4 1951—2019 年吐鲁番市 12 月至次年 1 月平均气温和线性趋势(a)及 2015 年（2015 年 12 月—2016 年 1 月）、2018 年（2018 年 12 月—2019 年 1 月）、68 年平均 12 月至次年 1 月逐日气温(b)

进一步将2015年冬季、2018年冬季与1951—2019年同时段逐日气温对比如图4(b)所示:2016年1月中上旬出现暖极值(气温高出历史同期3.62℃),对应同时段PM$_{2.5}$连续污染时段;2019年1月在月初冷空气过程后气温上升呈偏暖趋势,对应同时段沙尘污染向PM$_{2.5}$污染转化的持续污染过程。这说明,在气候变化背景下,偏暖年份冬季气温变化相对平缓,静稳天气导致冬季易出现持续PM$_{2.5}$污染,而在偏冷年份气温波动剧烈,在冷暖转化期,易受沙尘和PM$_{2.5}$污染交替影响,沙尘和人为源混合效率增大、污染持续时间增长。

4 结论

基于2013—2019年空气质量监测站点的逐小时观测资料,综合PM$_{2.5}$浓度、地理气候以及行政区划,以地级市为单元将新疆划分为4个分区。挑选新疆高污染分区与中东部典型区域进行了比对,并分析了新疆北部冬季污染持续时间增长的可能原因。得到如下结论:

(1)新疆PM$_{2.5}$污染分区自北向南分别为:北疆北部清洁区(Ⅰ区)、乌昌石重度污染区(Ⅲ区)、南疆北部中度污染区(Ⅱ区)、南疆南部严重污染区(Ⅳ区)(Ⅰ~Ⅳ区,区域平均浓度依次递增)。除Ⅲ区外,新疆各分区PM$_{2.5}$浓度呈逐年下降趋势。

(2)Ⅳ区和Ⅲ区作为南北疆的高污染区,污染态势值得关注。从中东部典型污染区的对比来看,Ⅲ区秋冬季中度以上污染频率高于东部各区且2015年以来呈上升趋势。Ⅳ区由于达优率最低、污染频率最高,为东西部典型区域中PM$_{2.5}$污染最为严重的地区。

(3)虽从全域整体上,新疆污染水平低于中东部的传统污染地区;但从分区结果来看,新疆的PM$_{2.5}$典型地区的污染态势改善有限。Ⅲ区秋冬季和Ⅳ区PM$_{2.5}$的污染水平高于东部污染最严重地区。

(4)此外,Ⅱ区受人为源和沙尘混合作用,部分时段污染时间显著增长。新疆地处西风带上游,在气候变化背景下其污染变化将对中国中东部乃至更下游地区的PM$_{2.5}$防治工作产生深远的影响,须分区域、分时段制定差异化的防控措施。

参考文献

[1] 姜萍,潘新民,彭艳梅,等. 新疆地区空气质量时空分布特征分析[J]. 地理空间信息, 2020, 18(7): 85-86.

[2] ZHANG Q, GENG G, WANG S, et al. Satellite remote sensing of changes in NO$_x$ emissions over China during 1996-2010[J]. Chinese Science Bulletin, 2012, 57(22): 2857-2864.

[3] TURAP Y, TALIFU D, WANG X, et al. Temporal distribution and source apportionment of PM$_{2.5}$ chemical composition in Xinjiang NW-China[J]. Atmospheric Research, 2019, 218: 257-268.

[4] TANG X L, LV X, OUYANG Y. Spatial and temporal variations of extreme climate events in Xinjiang, China during 1961-2010[J]. American Journal of Climate Change, 2016, 5 (3): 360-372.

[5] GU K, ZHOU Y, SUN H, et al. Spatial distribution and determinants of PM$_{2.5}$ in China's cities: fresh evidence from IDW and GWR[J]. Environmental Monitoring Assessment, 2021, 193(1):15.

[6]   ZHAO X, ZHOU W, HAN L, et al. Spatiotemporal variation in $PM_{2.5}$ concentrations and their relationship with socioeconomic factors in China's major cities[J]. Environment International, 2019,133(Part A):105145.

[7]   苏锦涛,张成歆,胡启后,等. 基于卫星高光谱遥感的2007—2017年新疆地区大气 NO_2 时空变化趋势分析[J]. 光谱学与光谱分析, 2021,41(5):1631-1632.

[8]   HE Q Q, ZHANG M, SONG Y M, et al. Spatiotemporal assessment of $PM_{2.5}$ concentrations and exposure in China from 2013 to 2017 using satellite-derived data[J]. Journal of Cleaner Production, 2021,286:124965.

[9]   LIU Y X, TENG Y, LIANG S, et al. Establishment of PM_{10} and $PM_{2.5}$ emission inventories from wind erosion source and simulation of its environmental impact based on WEPS-Models3 in southern Xinjiang, China[J]. Atmospheric Environment, 2021,248:118222.

[10]   董佳丹,陈晓玲,蔡晓斌,等. 基于中国大气环境监测站点的2015—2019年大气质量状况时空变化分析[J]. 地球信息科学学报,2020,22(10):1983-1995.

[11]   王式功,王金艳,周自江,等. 中国沙尘天气区域特征[J]. 地理学报, 2003,58(2):193-194.

[12]   木尼拉·阿不都木太力甫,玉米提·哈力克,塔依尔江·艾山,等. 乌鲁木齐市主要大气污染物浓度变化特征研究[J]. 生态环境学报, 2018, 27(3):533-541.

[13]   MA Z Z, DENG J G, LI Z, et al. Characteristics of NO_x emission from Chinese coal-fired power plants equipped with new technologies[J]. Atmospheric Environment, 2016,131:164-170.

[14]   杨莲梅,刘晶. 新疆水汽研究若干进展[J]. 自然灾害学报,2018(2):1-13.

[15]   ZOU Y F, WANG Y H, ZHANG Y Z, et al. Arctic sea ice, Eurasia snow, and extreme winter haze in China[J]. Science Advances, 2017,3(3):e1602751.

[16]   YAO X, GE B, YANG W, et al. Affinity zone identification approach for joint control of $PM_{2.5}$ pollution over China[J]. Environmental Pollution, 2020, 265:115086.

[17]   仇会民,周成龙,杨帆,等. 塔里木盆地东部地区一次典型区域性沙尘天气分析[J]. 气象与环境学报, 2018, 34(2):19-27.

[18]   LI J, ZHUANG G, HUANG K, et al. The chemistry of heavy haze over Urumqi, Central Asia[J]. Journal of Atmospheric Chemistry, 2008, 61(1):57-72.

[19]   彭路. 西北地区不同季节沙尘天气的数值模拟与沙尘气溶胶的输送机来源[D]. 兰州:兰州大学, 2020.

生态正义视域下区域海洋生态补偿机制研究①

史宸昊②

(启迪海洋科技产业研究院,浙江舟山,316100)

摘要:海洋生态补偿能够加快海洋生态环境保护与修复的进度,解决海洋环境污染后出现的非生态正义的情况。目前各个省区市对于本区域的海洋生态补偿机制的建立与开展状况参差不齐,且发展水平差异较大,由于海水流动性的特点,极大影响了不同区域之间的交流和协作治理。因此,本文梳理海洋生态补偿相关理论,分析其内涵,基于区域海洋生态补偿机制,并佐以相关案例分析,构建了区域海洋生态补偿机制治理范式及实现路径。本文研究对于完善海洋生态补偿实际应用具有重要意义,能够为政府部门落实海洋生态补偿制度提供一定借鉴。

关键词:生态正义;海洋生态补偿;海洋生态环境;市场参与;社会参与

1 研究背景

生态正义是海洋生态环境保护的不懈追求。"生态正义要求全体人类正当合理地开发利用生态环境和生态资源,在对待自然生态和自然环境问题上,不同国家、地区或群体之间拥有平等的权利,承担相同的义务"。[1]生态正义包括代内正义和代际正义。"代内正义主要考察现实生活着的人们之间的生态利益分配和生态责任担当问题"。[2]"代际正义是指现在的每一代人与过去或将来的每一代人,在开发、利用自然资源和享有良好生态环境方面都具有平等的权利。"[3]在对海洋生态环境开展治理活动时,应当将生态正义作为准则来指导治理活动,在海洋生态补偿机制的建立过程中也需要秉承这一理念,不跨越这一红线,要在保证代内正义和代际正义的前提下对海洋环境进行修复,包括海岸线修复、海底生态再造等。

中共十九大报告明确提出,"启动生态系统保护和修复工程,进一步完善生态安全屏障体系,保护生物多样性,确保生态系统不被破坏,进一步提高生态系统质量"。进入 21 世纪,海洋的战略地位随着人们对其开发程度增加而逐渐上升,海洋所带来的经济效应、气候调节效应等都为社会的进步提供了必不可少的支持。但是随着开发力度的逐渐加大,超过了海洋环境的承载力范围,使得部分海洋区域存在赤潮频繁、海洋生物多样性锐减以及海洋地形地貌改变等问题,这些问题严重影响了日常人类活动的开展,并在一定程度上威胁

---

① 选题方向:其他海洋领域。

② 作者简介:史宸昊,1996 年 10 月 3 日出生,硕士研究生,研究方向为海洋环境治理。

到人类的生存环境。但是针对区域海洋而言,由于范围相对较小,问题相对集中、具体,可以通过财政划拨、社会募捐、企业资助以及责任赔偿等方式,从而为治理活动开展资金支持。因此,通过建立合理的区域海洋生态补偿机制,能够将海洋生态环境的损害情况数字化、货币化,从而依据相关责任主体来进行开展定量的海洋生态补偿活动。

目前,在我国范围内海洋生态补偿机制的建立与应用仍然存在一定的不足。2002年《中华人民共和国海域使用管理法》以国家立法形式确立了海域有偿使用制度,明确海域使用金包含海域自然属性改变附加金。2019年施行的《山东省海洋生态补偿管理办法》虽然对海洋生态补偿的概念、范围等进行了明确界定,但是其具体的补偿方式仍然没有明确说明,对于补偿金额的具体安排也没有明确规定,这会在一定程度上影响海洋生态补偿机制运作的科学性。就海洋生态补偿机制而言,其核心内涵应当侧重于补偿方式的多样化与资金收集方式的多渠道化,由于资金核算方式的确定性与科学性,应当以规范补偿资金的收集与使用方式来做好海洋生态补偿机制的优化与完善。

从生态正义视角入手,分析其理论基础与内涵,明确补偿主体、对象和方式,构建合理区域海洋生态补偿机制和实现路径,并以案例进行佐证。在生态正义视域下完善区域海洋生态补偿机制,是实现各地的海洋环境治理资金来源的一个关键决策,也是构建海洋生态环境治理体系的重要一步。

2 理论基础及内涵分析

基于对理论层面和内涵层面进行分析,摸清海洋生态补偿的理论源头与内涵机理,以期保证区域海洋生态补偿机制架构的科学性与合理性。

2.1 理论基础

区域海洋生态环境补偿机制是以生态系统服务价值理论为基础,以公共物品理论为搭建框架,以生态正义理论为分析手段,构建出适合区域海洋的海洋生态环境治理补偿资金收集与使用机制体制。

第一,生态系统服务价值理论。在经济学的概念上,海水、空气、阳光等物品的价值无法衡量,因而使得生态环境在内涵的界定上往往处于一种无价的状态,但是在人类社会的发展过程中,人们逐渐意识到生态系统在物质转换、信息传递、能量循环方面有着独特的作用,并且在进行相关生态系统交互工作时,也在一定程度上给予了人们许多相关服务,例如水质净化、环境改善、气候调节等。因此,人们意识到生态系统具有其具体的价值,主要包括:一是固有的自然资源价值,即未经人类劳动参与而天然产生的那部分价值,它取决于各个自然要素的有用性和稀缺性;二是固有的生态环境价值,即自然要素对生态系统的功能性价值,包括维持生态平衡、促进生态系统良性循环等,是一种间接价值;三是基于开发利用自然资源的人类劳动投入所形成的价值,包括为了保护和恢复生态环境所需的劳动投入[4]。随着海洋开发力度的加大与人类诉求的增长,使得海洋环境进一步恶化,海洋自然资源进一步短缺,以生态系统服务价值理论为理论基础,来明确界定海洋生态系统的价值衡量,从而构建合理的区域海洋生态补偿机制。

第二,公共物品理论。一个人的消费行为不会影响其他人对该件物品的消费,这就是公共物品的基本属性,其本质特征主要有两个:一是非竞争性,即一件物品可以多个人同时享用,例如一起看电视等行为;二是非排他性,即任何人都有资格去对这个物品进行消费活动,例如呼吸空气等行为。正是由于公共物品的这两个特征,导致人们不会愿意去购买这个商品,而是等其他人购买后自己去顺便享受它所带来的便利,这就是"搭便车"现象。如果没有人愿意为公共物品付费的话,那么公共物品就会产生供给不足现象。在现实生活中,海洋环境这类商品属于公共物品,海洋生态系统所具有的特点导致在海洋环境治理过程中,必须以政府作为牵头人,呼吁社会大众、企事业单位等加入治理,区域海洋生态补偿机制需要以制度形式协调利益相关方之间的关系,规划区域海洋生态系统建设,明确海洋生态系统红线,从而促进海洋生态系统的可持续发展。

第三,生态正义理论。生态正义是对环境权利与责任的合理公正的分配,是实现社会公平的重要内容[5]。生态正义理论要求我们要在消除破坏环境的行为和保障人类生存的前提下,公平的分配环境义务和权利,生态正义从权利与义务两个相对的角度出发,最后实现差异性与同一性的相统一的社会正义,并实现具有差异的共同体。由于海洋资源是有限的,在对于海洋自然资源的使用过程中应当进行选择判断,保证实现代内和代际生态公平,同时就一些对侵害环境义务和权利时提供必要的救济公平。生态正义理论是区域海洋生态补偿的调节手段,平衡相关利益主体的得失,最终实现海洋生态环境正义。

2.2　内涵分析

通过对文献以及资料的查阅,发现海洋生态补偿机制的内涵主要包括以下方面,分别是:概念、主体、对象、方式这四类,下面将一一进行解释叙述。

2.2.1　海洋生态补偿的概念

在生态学领域,海洋生态补偿是指"生物有机体、种群、群落或生态系统受到干扰时,所表现出来的缓和干扰、调节自身状态使生存得以维持的能力,或者可以看作生态负荷的还原能力"[6],因此,在生态学的理解框架下,海洋生态补偿更强调生态系统的自我修复能力与自我补偿能力。而仅仅依靠生态系统的自我净化能力无法应对当下逐渐加深的环境污染问题,更需要从生态正义的角度进行海洋生态补偿考量。通过恰当的经济分析手段调节相关利益主体的关系,协调各社会主体之间的利益均衡与社会公平,在政府宏观管理和制度规范下,向破坏生态环境的实施主体进行收费或向保护生态环境的实施主体实施资金补偿,继而将所收取的费用或补偿资金作用于因为生态环境破坏或保护生态环境而自身利益受到损失的社会主体或直接投入生态环境建设,以保护和实现生态系统的可持续发展。其更多的是一种建立在生态环境价值理论、公共物品理论和生态正义理论上的指导性的制度规划,海洋生态补偿机制只是一种经济手段,目的在于实现外部经济的内部化和生态环境的公平正义。在生态正义视域下,海洋生态补偿更需放大补偿行为的代际效应和补偿效果的广覆盖性,从而保证在时间流中实现海洋生态环境稳定有序的保护与发展。

2.2.2　海洋生态补偿的主体

海洋生态补偿的主体是指因海洋生态环境改善而受益的社会主体或是对海洋生态环境造成破坏的社会主体。在实际海洋生态补偿机制的运行过程中,具体主体主要由以下四类构成:一是海洋生态保护或修复的受益者,二是改变海域属性的个人或群体,三是污染海洋生态环境的个人或群体,四是影响海洋生态系统服务功能的个人或群体。

海洋生态补偿主体作为实施补偿、资金支付的利益相关者,在实际的海洋生态补偿过程中,会存在补偿主体缺乏补偿的积极性与主动性的情况,因此,应当将沿海各级政府作为代表,统一组织其管辖区内的补偿主体来进行补偿资金收集。政府部门作为海洋生态补偿机制的领导者和补偿主体的主要负责机构,可以根据统一的海洋生态补偿标准进行核算,也可以根据当地的情况开展独立的海洋生态补偿机制核算方式,可以委托第三方机构参与,例如生态环保基金会,给予其海洋生态补偿主体的管理权,并通过各项法规政策等的保障来协助政府部门开展管理工作。

2.2.3　海洋生态补偿的对象

海洋生态补偿的对象是指对海洋生态环境做出保护或修复的社会主体或是因为海洋生态环境破坏而受到损失的社会主体。在实际海洋生态补偿机制的运行过程中,具体主体主要由以下四类构成:一是保护者或修复者,二是海域的所有者,三是海洋生态环境污染的影响者,四是海洋生态系统服务功能退化的影响者。

由于海洋生态环境污染范围的扩展性与流动性,导致海洋生态补偿对象的数量相比海洋生态补偿主体多很多,这也会造成补偿资金的发放时对象的统计错误或者遗漏,因此,政府部门作为补偿资金发放的主要机构,应当开通多渠道的补偿对象上报路径,包括线上和线下相结合的形式。但是由于补偿资金的使用方式除了直接给予补偿对象外,很大一部分是交由政府部门来直接投资至海洋生态环境修复工程,即海域的所有者。

2.2.4　海洋生态补偿的方式

在日常的海洋生态补偿机制运行中,补偿的方式主要分为政府补偿和市场补偿,但是由于生态补偿的公共物品的特点,使得目前的生态补偿方式主要以政府补偿为主,以市场补偿为补充。在政府补偿的方式中,主要分为以下几类:一是货币补偿,二是实物补偿,三是政策补偿,四是生产能力补偿。

在当前的政府补偿中,货币补偿在补偿方式中占大多数,其主要是通过补偿主体直接以货币资金的补偿方式给予补偿对象,由于其便利灵活的特点,在海洋生态补偿的应用中会存在多种形式,例如补偿金、贴息、退税等形式。这种方式能够在一定程度上解决补偿对象在资金筹集和经济损失方面的问题。实物补偿是通过给补偿对象提供实际生活或生产所需的物资来完成海洋生态补偿,例如为部分由于海洋生态保护区建设中而失去住所的渔民提供其必要的生活住所和生活条件等。政策补偿是指通过制定各项优惠政策的方式给予补偿对象一定的补偿,目的是将货币补偿的方式转化为补偿对象对于自身发展机会的补偿方式,目的是在对补偿对象的发展起到一定的方向引导作用。生产能力补偿是指为补偿对象提供技术培训与免费信息咨询业务,目的是使他们掌握新技术,避免由于原先生产方式的转变失败而导致自身发展停滞。

3　生态正义视域下区域海洋生态补偿机制构建

在各省市的海洋生态补偿机制的应用中,其制定与操作过程往往是分步骤和模块来进行的,这就容易导致各个模块之间的衔接不够充分,且会产生由于部门之间的沟通不到位而治理效率不够充分的问题,这就造成了现在的海洋生态补偿困境。由于海水的流动性和海洋治理的整体性,不同区域间的海洋生态环境在一定程度上是相互联通的,因此就治理方式与治理原则的应用存在一定的共通性。在区域范围内建立海洋生态补偿机制,是作为区域海洋生态环境治理体系的一个重大决策,以提供范式海洋生态补偿框架的形式,并以当地情况为补充手段,从而提高海洋生态补偿的效率与科学性(图1)。

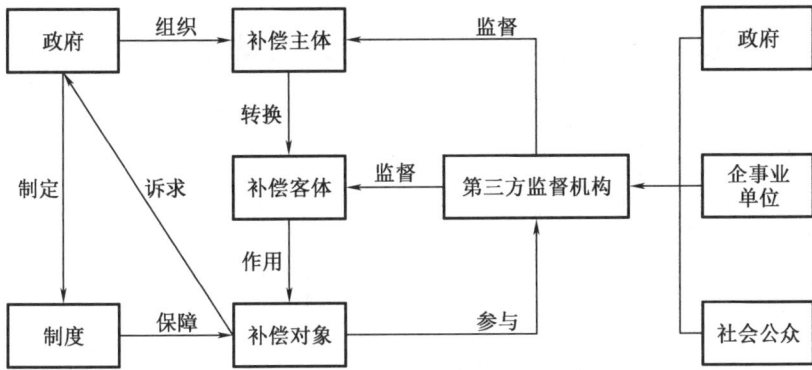

图 1　区域海洋生态补偿机制框架图

在生态正义视域下区域海洋生态补偿机制中,目前最缺少的是完善补偿主体与补偿对象之间的补偿客体的衔接,以及构建与第三方监督机构之间的环形体系。首先,就海洋生态补偿这一事项的特征来说,应当以生态正义为出发点,以行政强制力为依托,在政府部门的牵头下组织各级机关部门开展和引导生态补偿工作,政府部门组织补偿主体来进行统一的补偿资金的缴纳与支付,并出台相关制度来保障补偿对象的权利,使其在海洋生态补偿不处于劣势,且能够就其需求建立相应的诉求渠道,获得与政府部门直接进行沟通的权利。补偿对象作为海洋生态补偿机制的效果呈现者,其反馈的意见能够在一定程度上反应海洋生态补偿机制的成效。

其次,在区域海洋生态补偿机制的流程展开中,占主体的主要是实现补偿主体到补偿客体的转换以及补偿客体精准作用于补偿对象,补偿客体是除了政府部门之外沟通补偿主体与补偿对象之前的桥梁,其重要性不言而喻。在实现补偿主体向补偿客体的转换过程中,需要明确补偿客体的类型,由于区域海洋生态补偿的方式多种多样,除了最基础的货币补偿外还有实物补偿、政策补偿,因此,对于补偿客体的选择要以实际情况为主,例如对于发展前景较好且符合现今发展趋势的而因为海洋生态破坏而受影响企业,可以采取政策补偿的方式从经济和行政方面来助推其发展并实现其发展的方向指引作用,同时加强政府部门对补偿主体的组织管理,将不同的补偿主体按行政区划进行分类,并由所在行政区的相关政府部门进行管理,就海洋生态污染发生时明确补偿主体,在其监督下进行补偿客体的转换;在实现补偿客体作用于补偿对象的过程时,需要对补偿对象进行明确界定,通过政府部门对补偿对象的标准与要求进行明确规定,并辅以实地调研等手段来确定除规章制度外的需要进行补偿的情况,这样能在一定程度上避免了由于完全按照制度条文而使部分受到海洋生态污染而需要接受补偿的对象得不到补偿的情况。同时,补偿对象的管理也与补偿客体相类似,按其行政区划根据其所在区域的政府部门进行统一管理。

最后,在区域海洋生态补偿机制的运作中,仅仅依靠政府的监督力量不是够充分的,需要由第三方监督机构进行全过程的监督管理,其机构的构成需要由政府部门、企事业单位、社会公众主要组成,并就每一次的海洋生态补偿活动,可以由补偿对象中的相关代表暂时获得监督者的身份对补偿流程进行监督管理,在对自身利益的保障的前提下不对补偿流程产生阻碍,且补偿活动结束时收回其补偿对象的监督权,实现监督权的流动性。

4 生态正义视域下区域海洋生态补偿路径设计

"生态正义强调以公正态度和公平原则调节人类与自然之间的关系,要求作为生命共同体成员的人类,承担对非人类生命及其生存环境的保护义务。"[7]海洋生态补偿是实现生态正义的重要途径之一,是在海洋自然资源开发利用过程的同时保护海洋生态的重要手段,是实现海洋生态环境治理现代化的必经之路。因此,建立完善的区域海洋生态补偿机制来作为各个省区市开展本区域内海洋生态补偿项目的参考范式,将其制定标准科学化,补偿流程合理化,其路径完善内容将从以下方面进行研究。

4.1 法律法规建设完备化

完善好海洋生态补偿法律法规基础化建设,以生态正义为切入点,以法律条文的形式对海洋生态补偿的全过程进行规范,除此之外,对不同地区的海洋开发活动进行统一管理,使各地的开发活动都在一定的监管之下,避免其出现超越职权的随意行动。通过规划海洋自然保护区和划定开发红线的形式,对不同地区的海洋生态保护现实情况进行定级,从而在整体框架下适当结合现实因素开展补偿活动。同时,各地海洋生态环境保护与治理工作要相互沟通,各级政府部门要相互协调,以法律法规为建设出发点,以此来完善区域海洋生态补偿机制,共同维护生态系统平衡。

4.2 补偿手段与方式丰富化

强调生态正义不能仅仅从生态环境修复入手,更需要做好根源上的污染减轻行为。我们必须要明确的一点就是海洋生态补偿的手段与方式不能仅仅局限于货币补偿,即要积极推动政府补偿与市场补偿两只手的相互结合。作为政府部门,可以通过设立生态补偿专项资金、财政转移支付和制定相关企业发展政策的方式,为海洋生态补偿的方向提供政策指导与资金援助。然而仅仅依靠政府补偿时,会出现管理体制僵化、财政负担加重等问题,极其不利于海洋生态补偿机制的建设与发展,而市场补偿以产权交易、外部经济内部化等手段,能有效弥补政府补偿所带来的缺乏灵活性的问题,从而推动海洋生态补偿机制的发展进步。补偿手段与方式的多样性更能紧密贴合当下社会多元化发展的需要,并让更多的社会主体参与到区域海洋生态补偿活动中来,激发社会全员对海洋生态环境保护的积极性。

4.3 引入区域海洋生态补偿市场机制

区域海洋生态补偿市场机制在一定程度上是在政府框架的管理下以自治为主的区域海洋生态补偿机制,而此类型机制的出现也正是因为政府治理中所带来的管理成本大、财政负担重的问题。通过推动海洋资源市场化交易,对海洋生态补偿市场交易模式的探索,比如建立海洋生态环境污染权交易制度:首先政府部门需要确定排污许可证制度,即允许持有排污许可证的企业可向规定海域排放一定数量的污染物;其次政府部门要实现排污权的可交易性,以合理的价格向各个企事业单位进行出售,并且允许排污权的转让和交易,但是一切交易和转让行为都必须要政府的监管下进行,即在政府特定的海洋排污权网上交易平台上进行,买卖双方在网络平台上自由交易,并且价格由双方自己协定,政府部门在市场没有扰乱的前提下不能进行干预。海洋生态环境排污权交易制度只是区域海洋生态补偿市场机制的一部分,能够有效推动补偿机制的多样化。

4.4 建立区域海洋生态补偿社会参与机制

社会公众在一定程度上是区域海洋生态补偿活动的受益者,因此,应当动员其参与到区域海洋生态补偿活动中。在社会参与机制中,应当具体分为两类,一类是具有一定技术能力的社会组织或是行业协会,另一类就是有参与意愿的社会大众。首先,完善社会组织建设,将社会组织参与到区域海洋生态补偿机制的监督流程或实施流程中,以监督者的身份规范区域海洋生态补偿机制;其次,充分调动社会公众的力量,建立民间组织,充分利用民间流动资金,进一步拓宽海洋生态补偿的资金来源。在区域海洋生态补偿社会参与机制中,要将海洋生态补偿机制不再是由政府全权处理的政府事务,应当将其转变为全社会共同参与的机制体系。因此必须建立海洋生态补偿信息公开制度,对补偿资金的去向,补偿方式的选择或是新的补偿活动的开展都在公共平台上进行一一公布。打通政府与社会之间的沟通渠道,使社会大众的意见能够反馈到相关管理部门,并且政府部门加大关于海洋环境保护的宣传教育力度,培育社会公众海洋生态补偿意识,积极鼓励社会公众参与海洋生态补偿活动。

5 案例分析

目前,全国沿海各省市都根据自身的规划发展开展了相应的海洋生态补偿工作,通过实践总结找到区域海洋生态补偿机制的范式是案例分析的主要目的,本文通过列举两个案例来分析其经验内涵。

5.1 江苏省海洋生态补偿机制建设

江苏省委省政府对于沿海环境的保护与开发高度重视,强调生态环境是实现社会发展的根本所在,要求各地坚持在保护中开发、在开发中保护。在法律规划制定方面,江苏省编制了《江苏省海洋环境保护与生态建设规划》《江苏沿海地区环境保护和生态建设三年实施方案》《江苏省生态红线区域保护规划》《江苏省海洋环境保护与生态建设规划》等为海洋生态环境开发与保护相关的行政规划,在日常的生态区域划定,海洋生态建设等方面提供了必要的依据保障,同时,在地方性法规的制定方面,江苏省依据上位法内容和结合本地区的海洋生态环境情况,制定了《江苏省国有渔业水域占用补偿暂行办法》《江苏省生态补偿转移支付暂行办法》《江苏省海域使用金征收管理办法》等地方性法规,将海洋生态补偿机制从制度条款上进行明确规定,为江苏省的海洋开发与建设划定了底线,并且就海洋生态补偿机制的运作提供了政策参考,使江苏省海洋生态补偿机制的开展建立在制度框架之下。

在海洋生态补偿试点计划中,连云港市在 2010 年被国家海洋局列为全国首批试点城市之一。在试点计划中,连云港市将用海建设项目作为海洋生态补偿机制的实施对象,并参考重大生态工程作为示范案例,积极探索和推进海洋生态补偿工作。在用海建设项目中,连云港市对连云新城围填海工程、连云港港 30 万吨级航道一期工程等用海项目以政府为代表进行了索赔,总共获得 2 亿元补偿资金用于海洋生态环境修复。其中在 2011 年连云港市就 30 万吨级航道一期工程投入 9 900 万元补偿资金,用于海州湾海域以及其沿岸地区的海洋生态环境修复工程;除此之外,在 2017 年连云港市联合第三方海洋工程生态补偿组织开展人工鱼礁养殖和藻场建设为主的海州湾海洋牧场示范区建设,其治理成效显著,海州湾区域海洋生态环境明显改善。

江苏省通过将海洋生态环境监控、海洋生态环境建设和海洋生态补偿三者有机结合,构建"监、建、补"三位一体的海洋生态补偿机制。首先,在污染源上强化监控力度,借由与环保组织相互协作,加强对河道海洋的监管,并就检查情况发布具体报告;其次,完善海洋保护区划,并推进区域内的海洋生态环境修复工程;最后,建立健全海洋生态损害赔偿制度,严格落实海洋生态补偿工作。

5.2 粤港澳大湾区海洋生态补偿机制建设

粤港澳大湾区地处我国珠江的入海口,地理位置优越,拥有丰富的海洋资源且船舶航运便利。粤港澳大湾区海岸线较长,海运面积广阔,对于深水良港的建设极为便利,目前在其周围有深圳港、香港港以及广州港等国际性港口,航运能力突出,年均吞吐货物量均位于世界前列。大湾区附近有较多的海洋生物集聚地,海滨湿地众多,红树林分布较广。在这些基础条件下,粤港澳大湾区海洋经济的发展迅速。

在法律法规方面,为修复海洋生态环境和保护海洋生物资源,粤港澳三地携手合作,通过海洋保护区建设、行政规章制定以及环境保护组织参与等形式,为粤港澳大湾区海洋环境保护与治理提供政策支持与技术保障。2009年粤港澳三地联合发布《共建优质生活圈专项规划》为深圳港、香港港和广州港等港口的环境保护合作提供了政策要求,在2010年发布的《粤港合作框架协议》和2011年发布的《粤澳合作框架协议》中强调对破坏海洋生态环境的行为的查处和惩治,三地联合建立粤港澳大湾区湿地保护工程并围绕粤港澳大湾区建设自然保护区。

为补偿在珠江流域休渔期和南海伏季禁渔期时失去收入来源的渔民,广东省于2014年成立了财政专项补助资金,该政策的出台与应用使粤港澳大湾区周围由于之前过度捕捞而导致的海洋生物多样性下降的情况得到了缓解,海洋生态环境质量逐年提升,同时保障了渔民的基本生活来源,降低了由于其缺少收入来源而再次出海进行捕鱼作业的情况。除此之外,在港珠澳大桥建设过程中,粤港澳三地共同成立了专项资金,用于补偿由于大桥建设而受到影响的白豚和渔业资源。

5.3 案例总结与思考

通过对江苏省与粤港澳大湾区的海洋生态补偿现状进行论述与分析,可以看出两地的海洋生态补偿机制的建立是通过规章制度与专项资金相互结合来进行的,且取得了较好的成果。除此之外其专项资金的补偿主体与实施主体都是政府部门,其补偿活动的开展都是在政府的管控下进行的,这样做能够带来的好处有很多,例如方针的正确性与管理的统一性,但是其也有一定的不足之处,很容易造成治理模式的僵化以及调控的片面性。

因此,合理的区域海洋生态补偿机制不应当仅仅依靠政府的宏观力量,而是实现其权力的分散,将除政府之外的企事业单位、社会公众等一起作为区域海洋生态补偿机制的实施主体或是监督主体,这样能够有效避免由于政府一家独大而导致治理结构冗杂和治理效率不高等问题。同时,规章制度是开展区域海洋生态补偿活动的基础,任何补偿行为都需要以法律条文为基本依据,因此对于相关的制度建设也是当务之急。除此之外,需要根据用海建设项目的情况对于补偿对象采取不同的客体补偿,专项资金补偿只是其中的一种手段。

6 总结与展望

本文以生态正义视角为切入点,构建了生态正义视域下区域海洋生态补偿机制,并设计了区域海洋生态补偿机制的实现路径,形成了补偿主体与补偿对象之间和补偿行为与三方监督的双环体系,明确了以法律法规建设为主、多样补偿手段与方式为辅、市场机制与社会参与机制双制融合的建设对策,保证了生态正义视域下区域海洋生态补偿机制的有序运作与发展。

本文更侧重于理论层面的分析,在实证层面上较为浅薄,下一步将以区域为主体,着手分析生态正义视域下区域海洋生态补偿机制的实际应用与成效,以数据验证的形式来证明生态正义视域下区域海洋生态补偿机制的合理性与科学性。

参考文献

[1] 李永华.论生态正义的理论维度[J].中央财经大学学报,2012(8):73-77.

[2] 李培超.多维视角下的生态正义[J].道德与文明,2007(2):10-14.

[3] 肖祥,史月兰.区域生态文明共享的生态正义问题:基于泛北部湾的分析[J].广西师范大学学报(哲学社会科学版),2014,50(6):39-44.

[4] 李金昌,姜文来,靳乐山,等.生态价值论[M].重庆:重庆大学出版社,1999.

[5] 王小文.美国环境正义探析[J].南京林业大学学报:(人文社会科学版),2007,7(2):23-28.

[6] 《环境科学大辞典》编委会.环境科学大辞典[M].北京:中国环境科学出版社,1991.

[7] 薛勇民,张建辉.环境正义的局限与生态正义的超越及其实现[J].自然辩证法研究,2015,31(12):98-103.

海洋命运共同体视域下
日本核污染水排海的规制

张旭东[①]

（大连海事大学,辽宁大连,116026）

摘要:自单方面宣布核污染水排放计划后,日本逐步推进实际排放进展。一旦排放,核污染水将对海洋环境、渔业、滨海旅游业、海上运输业、国际法律秩序等多方面造成不利影响。目前,对核污染水排海的规制面临着参与方不足、规则滞后和信任危机等三大困境。"海洋命运共同体"理念可以妥善处理核污染水排海,包容多方利益,兼顾当下和未来发展。在"海洋命运共同体"视域下,秉持"共商、共建、共享"原则,采取多重措施,可以有效规制核污染水排海问题。

关键词:海洋命运共同体;福岛核事故;核污染水;共商、共建、共享

引言

奥地利物理学家薛定谔曾提出一个著名的思想实验——"薛定谔的猫"。根据量子力学理论,由于放射性的镭处于衰变和没有衰变两种状态的叠加,箱子里的猫就处于死猫和活猫的叠加状态。这一实验基于假设,但在海洋领域,这种不确定的现象即将上演。

2011年3月11日,日本东北海域发生里氏9.0级地震,地震引发海啸,导致日本福岛第一核电站的三个反应堆(第1,3,4号机组)爆炸,1个反应堆(第2号机组)破损,放射性物质大量泄漏。其后,日本政府将含有放射性物质的水用储水罐储存。2021年4月13日,日本政府声称储存空间不足,宣布将从2023年开始将用于冷却三个受损反应堆的核污染水在所谓"经过处理"后排放到太平洋,排放行为将持续30~40年。

时至今日,日本已经完成了排放核污染水的所有国内行政程序,排海管道也已经基本建成。如果不采取有效的治理措施,"薛定谔的海洋"将在不久的未来成为现实。

1 核污染水排海对海洋治理的影响

毋庸置疑,将核污染水排入太平洋,存在极大的安全隐患,将对海洋及其治理造成多方面的不利影响,包括但不限于:海洋环境、渔业、滨海旅游业、海上运输和国际法律秩序。

1.1 海洋环境

日本一旦排放核污染水,全球海洋环境将受到直接影响。在现有的技术条件下,彻底

---

① 作者简介:张旭东,1995年11月出生,硕士学位,博士研究生,研究方向为国际法、海洋法。

清除核污染水中的放射性元素是不可能的。因此,水中含有大量的放射性元素,包括但不限于氚、碳-14、钴-60、锶-90 等。尽管日本一再强调所谓"处理水"是"达标"的,但通过稀释的方法使氚浓度"达标"并不代表核污染水中的其他放射性物质就不存在了。日本和东电只关注核污染水中的氚,而对其他放射性元素视而不见。

不同放射性元素的半衰期是不一样的,有的在 10 年内就会消失,但最长的需要数万年甚至几十万年[1]。这些放射性物质随着核污染水进入太平洋,会污染海洋环境,破坏海洋生态,打击海洋生物多样性,可能会造成大量海洋生物死亡、变异乃至种族灭绝,最终长久地、不可逆地影响海洋环境。此外,在地域上,核污染水排放后,不仅会污染日本的海域,放射性物质还会随着洋流扩散到全球海域。这一点已被多家科研机构模拟证实[2-3]。

1.2 渔业

核污染水排放后,也将影响渔业和海鲜贸易市场。如前所述,核污染水排放后,其中的大量放射性物质会被海洋生物吸收,影响其繁衍生息。这对周边国家的海洋水产养殖和海洋捕捞不利,预计多种海产品的质量和结构将受到影响。

核污染水排放后,消费者可能会对海产品的质量和安全产生恐慌,降低对海产品的购买欲望,从而导致水产品的替代,影响水产品的整体消费结构,海产品贸易市场被重塑。日本核污水的排放可能会影响世界水产品贸易格局,特别是周边海域国家的水产品贸易格局[4]。

出海捕鱼的渔民或生活在海边的居民会直接接触被污染的海水,这些人群的健康受到极大的威胁。特别地,对于太平洋小岛国来说,鱼类是重要的食物来源。核污染水带来的鱼类产量和质量的下降将威胁他们的粮食安全,进而可能构成生存危机。

1.3 滨海旅游业

核污染水的排放还将影响滨海旅游业的发展。由于担心海水中的辐射水平,民众很有可能会改变其消费倾向,减少或不再前往海边旅游。滨海旅游业将受到重创,由此产生的行业低迷,将造成环太平洋地区数百万人的失业,进而影响到相关国家经济。新冠肺炎疫情之后,各国经济亟须恢复和重振,在此背景下,日本排放核污染水对滨海旅游业的冲击不可小觑。

1.4 海上运输

核污染水还会通过船舶压载水影响全球海上运输。为保持平衡,船舶会在出发时注入压载水,到港后排出。核污染水排海后,放射性物质进入海洋,扩散到整个太平洋,这导致船舶的压舱水中不可避免地存在不该有的放射性物质。这些物质随着船舶运输到全球各港口,被排放出来,污染其他国家海域。

存在这样的可能性,即核污染水排放后,沿海国采取严格措施,来防止放射性物质通过船舶扩散到近海与港口。如此一来,正常的海上运输和国际贸易必然受到影响。

1.5 国际法律秩序

核污染水排海还将冲击国际法律秩序。迄今为止,向海洋排放核污染水尚无先例,也不存在核污染水排海的国际标准。日本在有其他可行选项的前提下,没有进行国际协商和接触,单方面决定排放核污染水。这实际上是规避国际法的规制,无视国际义务,将损害基于规则的国际协议体系,包括以《联合国宪章》为基础的国际法体系和以《联合国海洋法公约》为主的国际海洋秩序。

此外,日本的单方面排放决定或将开创一个危险的先例[5]。核能国家有可能效仿日本,不顾邻国的反对,不受约束地向海洋肆意排放放射性物质。

2 规制核污染水排海的当前困境

目前,规制和应对日本排放核污染水事件面临着三大困境。

2.1 困境一:参与方不足

针对核污染水排海,国际原子能机构(IAEA)组织了跨国专家组进行监督,但仍然存在一些问题。这体现在三点上:第一,参与应对的国际机构不全面;第二,民间力量在很大程度上被忽视;第三,舆论关注度不足。

2.1.1 国际机构不全面

全球海洋环境治理体系涉及多个国际组织,具体到核污染水排海问题,涉及核与海洋两个领域。因此,在核污染水排海问题上,这两个领域的国际组织都应该参与治理。但目前,涉海组织的参与并不充分。

国际原子能机构是原子能领域的主管国际组织,其在核污染水治理中占据重要地位。尽管如此,不能忽视国际海事组织(IMO)、联合国粮农组织(FAO)、区域渔业组织、区域环境组织等机构的职能与作用。此外,考虑核污染水对渔民、沿海居民、海鲜消费者等群体的健康影响,世界卫生组织(WHO)也应参与治理。

2.1.2 民间力量被忽视

非政府组织在推动事件变革和发展趋势上起着越来越重要的作用,特别是在海洋环境保护领域。波罗的海的区域生态环境治理机制提供了一个很好的例子[6]。非政府组织、民间团体、学者专家等共同参与海洋治理,在能力建设、知识积累、信息分享等领域做出不可缺少的贡献,能够弥补国家与政府间组织力不从心的空白。

遗憾的是,在核污染水排海治理中,韩国民间团体、日本渔业联盟、太平洋岛国环保组织、绿色和平组织等非政府组织的意见被很大程度地忽视了。这一点已经饱受批评和指责,亟须改变。

2.1.3 舆论关注度不足

目前面临的问题是,全球对此关注不足,原因有三:其一,日本的全球公关;其二,西方的默许支持;其三,相比于新冠疫情和俄乌冲突等议题,核污染水排海的危害要在数年后才显现出来,其紧迫性明显不如前者。

2.2 困境二:机制滞后

将核污染水直接排放入海尚无先例,现有的治理机制则滞后于国际实践。这体现在两个方面:第一,相关规则不足,存在真空;第二,目前的争端解决机制存在局限性。

2.2.1 规则真空

针对放射性废物处置,国际原子能机构制定了一些国际条约:《核安全公约》《联合公约》《及早通报核事故公约》和《核事故或辐射紧急情况援助公约》。《核安全公约》并未涉及核设施退役后,尤其是发生了放射性事故引发的核污染水处置问题。《联合公约》没有对向海洋处置核废物做出具体规定,也没有对违反条约后的责任做出明确规定。《及早通报核事故公约》侧重于核事故或核辐射造成或可能造成跨越国界重要影响时缔约国的通报义务,并未针对类似福岛事故放射性废物处置的强制通报义务。《核事故或辐射紧急情况援助公约》侧重缔约国在发生核事故或辐射紧急情况时需要援助,不论事故或紧急情况始于其领土、管辖或控制范围之内,均可以直接或者通过国际原子能机构向其他缔约国或政府间国际组织请求援助。

在海洋污染方面,《防止倾倒废物及其他物质污染海洋的公约》(《伦敦公约》)及其议定书适用于"海上"倾倒的行为,即来自"海上船只、航空器、平台或其他人造构筑物"的倾倒。由于日本核污染水排放是由陆上沿海设施(通过海底隧道)排放的,因此该公约并不适用。

《控制危险废物越境转移及其处置公约》(《巴塞尔公约》)第1条明确规定不适用具有放射性而应由专门适用于放射性物质的国际管制制度(包括国际文书)管辖的废物,因此其不涉及放射性废物海洋处置问题。

作为"海洋宪章",《联合国海洋法公约》在第十二部分规定了对海洋环境保护和保全,日本排放核污染水涉嫌违反第192,194,195,197~201,204~207条规定[7]。但总的来说,这些条款过于原则化,缺少切实的执行机制,不具有强制性,很难有效实际阻止核污染水的排放进展[8]。

概言之,现有的国际规则不能直接规制福岛核污染水这一非传统放射性核废料[9],更遑论及时阻止日本排放核污染水或对其施加惩罚[10]。一个巨大的规则真空横亘在国际社会面前。

2.2.2 争端解决机制的局限性

一些文献讨论了通过国际机构解决核污染水排海问题的可能性,包括但不限于:在国际法院和国际海洋法法庭提起诉讼或申请临时措施、依据《联合国海洋法公约》附件七组建仲裁庭、提请联合国大会讨论、请求国际法院发表咨询意见等[7,11]。

毋庸置疑,这些机制对促进相关方的沟通合作很有帮助,但其本质上仍然是一种零和博弈的法律程序,不能双赢;也不能从根本上解决核污水排海问题,包括对环境、经济、社会和可持续发展的影响和损害;更不用说这些机制普遍存在着旷日持久、举证困难、程序复杂等固有弊端[11-12]。

2.3 困境三:信任危机

鉴于核污染水排海潜在的严重生态影响,日本政府及东京电力公司能否取得其本国公众与国际社会的信任,也是规制排放行为的一个重要方面。然而,令人担忧的是,人们对日本政府及东京电力公司的承诺普遍保持怀疑。

首先,日本选择将核污染水排海,而不是继续在陆地上储存,正是基于成本最低的考量[13]。核污染水排海,一方面可以节省时间成本,能够在较短时间内将数以百万吨的核污染水处理完毕;另一方面则可以节省经济成本,这一过程只需要耗费极少的资金,能够在很大程度上减轻日本政府的财政压力。

其次,日本政府实际上已经采取了一些措施,使了解核污染水的情况或获取证据变得更加困难。日本在2011年福岛核事故后颁布了《特定秘密保护法》,禁止非政府组织未经政府许可调查或发布与核安全有关的信息,导致媒体和个人面临法律制裁的威胁而对涉核真相保持沉默[7]。

最后,日本政府和东京电力公司此前的不可信记录使人们质疑其处理能力。长久以来,日本政府对福岛核电站的管制缺失广受质疑和批评,还存在其他问题,如:监管机构不独立、选址及应急机制不科学、通知及国际合作缺失等。东京电力公司曾多次捏造数据与瞒报事实。作为具体负责、实际进行核污染水处理的公司,东京电力公司却频繁曝出隐瞒虚报的丑闻。如此种种,都为日本政府与东京电力公司做出的承诺打上大大的问号。

3 "海洋命运共同体"理念的引入

"海洋命运共同体"理念吸收了中国传统文化中"天人合一"等哲学理念[14],对卢梭最早提出的共同体这一思想进行了继承,为中国参与全球海洋治理体系变革、构建新的海洋秩序提供价值论与方法论的指引。"海洋命运共同体"理念与西方国家的海洋观存在着本质区别:后者推崇"丛林法则",追求"强者的自由",奉行"赢者通吃"的逻辑;而前者则建立在"国家无论大小、强弱一律平等"的国际法基本准则基础上,充分尊重各国在海洋方面享有的主权、安全和权益,坚持开放包容、互利共赢、普遍安全,是一种"整体海洋观"。

在应对和治理核污染水排海问题上,有两点需要特别注意:①由于海洋的整体性以及海洋活动的国际性,任何一个国家都无法独力保护海洋生态环境,需要所有国家协同治理海洋生态环境问题。核污染水一旦排放,洋流将把其中的放射性物质,传播到整个海洋。很明显,核污染水造成的海洋环境污染具有跨界性,需要各国共同应对。②核污染水排海问题涉及生态环境、法律、经济、政治等多个因素,需要通盘考虑,同时兼顾,不可偏废。

"海洋命运共同体"理念可以很好地处理上述两个特点,其主要特征可以概括为"三个整体"。

第一,"海洋命运共同体"理念将海洋视为一个整体。现代国际海洋法的一大特点是将海洋分区划块进行治理,这种治理模式在应对全球性海洋问题上存在一定的缺陷,比如跨界海洋污染。这一点在核污染水排海问题上尤为突出。如前所述,核污染水不仅会直接污染日本周边海域,还会随着洋流扩散到全球的其他海域。海洋命运共同体将海洋作为一个整体来看待,打破因国家利益、海洋边界等因素产生的治理困境,能够对核污染水进行系统化的治理。

第二,"海洋命运共同体"理念将人类与海洋视为一个整体。其将人类命运与海洋未来联系起来,要求重新审视人类与海洋的关系。在核污染水排海问题上,"海洋命运共同体"理念一方面注意到人类的海洋利益,另一方面强调海洋的可持续发展,最终目的是实现人海和谐共存。

第三,"海洋命运共同体"理念将利益与责任视为一个整体。在海洋命运共同体框架下,海洋利益和海洋治理责任是统一的,不能只追求利益,逃避责任。对于日本来说,将核污染水排放入海,将摆脱核污染水这一负担,其利益是不言而喻的,但其责任也是不可逃避的。对于利益攸关方来说,空谈和无为是无益的,只有切实地行使治理责任,才能维护自身利益。换言之,对于包括日本在内的所有相关方来说,利益是共享的,责任是共担的。

概言之,在空间上,"海洋命运共同体"理念将所有的沿海国联系在一起;在时间上,"海洋命运共同体"理念将海洋的现在与未来联系在一起。这种时空上的整体观,为治理核污染水排海提供了宝贵的宏观视角。

4　海洋命运共同体视域下规制核污染水排海的具体之策

作为"人类命运共同体"理念在海洋领域的具体展开,适用"海洋命运共同体"理念应对和治理日本核污染水排海问题同样需要秉持"共商、共建、共享"原则。

4.1　多方共同协商

尽管在事后听取了公众意见,并邀请国际专家组予以监督,但在本质上,日本做出的核污染水排放决定是单方面的,未履行事前的通知义务。排放核污染水的严重后果将由所有受影响国家和人民共同承担,日本的单方面决定需要予以规制和纠正。

妥善处理日本核污染水排海将是一个系统性工程,需要多方面力量的密切配合与协作。因此,所有的利益攸关方应当共同参与核污染水排放的事前协商、事中处理和事后监督。主体应包括但不限于:主权国家、政府间组织、非政府间组织、学术界代表、工业界代表、媒体等。

在核污染水排海问题上,需要在三方面做到共同协商、充分讨论:第一,涉海、涉核、涉渔国际组织共同协商;第二,日本与潜在受影响国家共同协商;第三,官方机构和民间组织共同协商。

4.2　共同建设机制规则

第一,共同构建专门的区域治理机制或联合监测机制,确定监测规范和标准,做好生态影响评估,及时分享和公布数据,开展国际协调。一个可行的做法是,在政府层面成立一个核污染水排海应对跨国委员会,专司监测和监督事宜,以此协调各方与统一行动。在民间层面建立一个平行机构,吸引非政府间组织(渔业水产组织、环保组织等)与独立专家的参与。前者从官方角度联合监测、治理,后者则作为前者的补充,提供知识能力建设与监督,充分吸引和聚集多方力量、知识和智慧。

第二,共同创设国际规则。核污染水并非传统的放射性废水,目前缺少专门规则予以规制。需要创设新规则,有两条路径:其一,制定新的国际条约;其二,修订现有条约。核心问题在于,国际条约的谈判往往旷日持久,国家与利益集体间的博弈复杂坎坷,在短期内达成一项针对核污染水的专门性条约,并不现实。对现有条约的修订也面临着同样的问题,但日本的核污染水排放计划即将付诸实施,核污染水的种种威胁已经迫在眉睫。正式的制度构建在时间上恐来不及,可以倡议达成临时性的安排,先行运作,在实践中不断完善和优化。

4.3　共同分享数据信息

在核污染水排海问题上,情报、数据、信息、技术和研究成果的透明化极其必要。需要建设起分享和交换机制与平台,并接受广泛的监督,比如在政府间建立信息互换机制,并在民间建立专门网站以多国语言宣传和共享信息。

此外,还可以借鉴20世纪挪威协助苏联处理核废料事件,由我国发起倡议,联合各潜在受影响国家给予日本人员、技术或资金援助,协助其妥善处理核污染水。

5　结论

对于任何尚无明确科学证据的、影响海洋环境的行为,必须慎之又慎。日本的核污染水排放计划将产生多方面的不利影响,但目前面临着三重治理困境,国际社会对此做出的努力尚显不足。日本核污染水排海事件既是生态环境危机,同时也是海洋治理的机遇。以此为契机,秉持“共商、共建、共享”原则,从“海洋命运共同体”的角度出发,采取多重措施,可以对核污染水排海问题进行有效规制。

参考文献

[1] LU Y, GUO X Q, LI S W, et al. Discharge of treated Fukushima nuclear accident contaminated water:macroscopic and microscopic simulations[J]. 国家科学评论:(英文版),2022,9(1):3.

[2] BEHRENS E, SCHWARZKOPF F U, LÜBBECKE, et al. Model simulations on the long-term dispersal of 137Cs released into the Pacific Ocean off Fukushima[J]. Environmental Research Letters, 2012, 7(3):34004-34013.

[3] GRNHOLM S. A tangled web:Baltic Sea Region governance through networks[J]. Marine Policy, 2018, 98:201-210.

[4] 罗欢欣. 日本核污水排海问题的综合法律解读:对国际法与国内法上责任救济规定的统筹分析[J]. 日本学刊,2021(4):35-61.

[5] 郭冉. 从福岛核废水排海事件看国际法的现实阻碍与未来走向[J]. 贵州大学学报(社会科学版),2021,39(5):111-115.

[6] 梅宏. 论核污水排海的海洋生态损害赔偿责任[J]. 贵州大学学报(社会科学版),2021,39(5):116-119.

[7] 尹晓亮. 过程构建与关系利用:日本决定“排污入海”的生成逻辑[J]. 日本学刊,2021(4):15-34.

[8] 陈秀武. “海洋命运共同体”的相关理论问题探讨[J]. 亚太安全与海洋研究,2019(3):23-36.

[9] 孙超,马明飞. 海洋命运共同体思想的内涵和实践路径[J]. 河北法学,2020,38(1):183-191.

[10] 唐刚. 海洋命运共同体理念的思想渊源及重要价值[J]. 南京理工大学学报(社会科学版),2022,35(1):7-12.

[11] 程时辉. 当代国际海洋法律秩序的变革与中国方案:基于“海洋命运共同体”理念的思考[J]. 湖北大学学报(哲学社会科学版),2020,47(3):136-147.

[12] 朱锋. 从“人类命运共同体”到“海洋命运共同体”:推进全球海洋治理与合作的理念和路径[J]. 亚太安全与海洋研究,2021(4):1-19.

[13] 肖永平. 论迈向人类命运共同体的国际法律共同体建设[J]. 武汉大学学报(哲学社会科学版),2019,72(1):135-142.

[14] LU Y L, YUAN J J,DU D,et al. Monitoring long-term ecological impacts from release of Fukushima radiation water into ocean[J]. 地理学与可持续性(英文版),2021,2(2):95-98.

基于 FPGA 的太阳能跟踪系统设计与实现

曹延哲[①] 张志友[*] 毕京强

(海军大连舰艇学院,航海系,辽宁大连,116000)

摘要: 当今时代,随着化石能源的日趋枯竭,人类社会的能源危机问题日益凸显。太阳能作为一种可再生能源,其开发和使用过程中不会对环境造成污染,因而受到了世界各国的重视和关注。本文在深入研究传统太阳能跟踪系统实现方案的基础上,设计开发一种以 FPGA 为核心控制器的太阳能跟踪系统。经实际测量验证,本系统能使所载太阳能电池板跟踪太阳运行,跟踪系统俯仰角最大跟踪误差为 6.5°,方位角最大跟踪误差为 5°,且跟踪系统具有较强的抗干扰性能。

关键词: 跟踪系统;太阳能;FPGA

引言

当今时代,随着化石能源的日趋枯竭,人类社会的能源危机问题日益凸显。与此同时,大量使用化石能源所造成的诸多环境问题也时刻困扰着人们[1]。太阳能作为一种可再生能源,其开发和使用过程中不会对环境造成污染,因而受到了世界各国的重视和关注。太阳能跟踪系统能够明显地提高太阳能的采集效率,且其科研及设备成本不高,容易实现[2-3]。跟踪系统能够有效地提高光伏系统的太阳能采集效率,图 1 为香港建筑大学的 SCMHui 和 KPCheng 测量的太阳能固定系统与太阳能跟踪系统采集光强对比[4]。

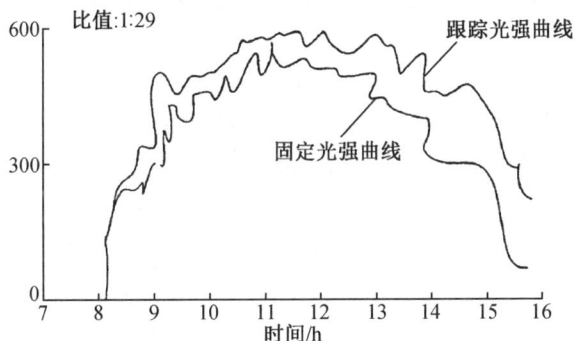

图 1 跟踪模式与非跟踪模式采样光强对比

①　作者简介:曹延哲,男,讲师,主要研究方向为惯性技术、航海技术、天文航海。

*　通信作者:张志友,邮箱 zhiyou626@ 163. com。

本文在深入研究传统跟踪系统实现方案的基础上,设计开发一种以现场可编程逻辑门阵列(FPGA)为核心控制器的太阳能跟踪系统,完成了跟踪系统的测量和控制。本文将光电跟踪方式及轨迹跟踪方式相结合,提高了跟踪系统跟踪精度且具有较好的抗干扰能力。

1 跟踪系统整体设计方案

本文设计太阳能跟踪系统为两轴跟踪系统,采用高度-方位式跟踪方案。跟踪系统通过实时调整两轴的转角以达到跟踪太阳的目的。所设计的太阳能跟踪系统中,根据其实现功能不同可以划分为主控制器、外围传感器、执行机构,如图2所示。

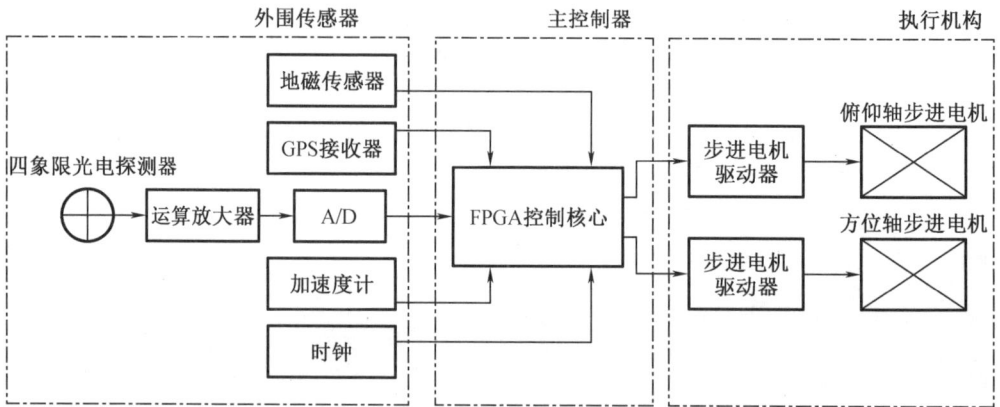

图2 太阳能跟踪系统整体设计框图

跟踪系统各部分具体组成如下:

(1)主控制器:选用FPGA作为核心控制器[5-6]。在跟踪过程中,主控制器完成了与外围传感器通信、解算太阳位置并驱动跟踪台体调整姿态。主控制器与外界传感器通信得到当前时间信息、当地经纬度信息、加速度计测量信息及地磁传感器测量信息;主控制器对上述信息解算得到了太阳位置的轨迹解算值及跟踪系统台体姿态,并进行台体姿态的调整;与四象限光电探测器通信并解算,能够得到太阳的精确位置,并调整跟踪系统姿态对太阳进行进一步精确的跟踪。

(2)外围传感器:包括加速度计模块、地磁传感器模块、时钟、GPS接收器及四象限光电探测器。加速度计模块提供重力加速度在其各轴上分量的测量值,地磁传感器模块提供地磁向量在其各轴上分量的测量值,通过这两组测量信息能够得到跟踪系统台体方位轴、俯仰轴的转动角度;四象限光电探测器将接收到的光信号转变为电信号,通过解算能够得到太阳光线的方位,即太阳方位;时钟提供了当前的时间信息;GPS接收器能够输出当地的经纬度信息;主控芯片通过对时间信息及经纬度信息的解算能够得到太阳位置信息。

(3)执行机构包括俯仰轴步进电机、方位轴步进电机及两轴步进电机驱动器。主控制器通过驱动两轴步进电机的转动方向及转动角度以调整跟踪台体姿态。

2 太阳运行轨迹推算

太阳能跟踪系统对太阳进行轨迹跟踪时,须根据太阳运行规律计算太阳运行轨迹。在每一时刻,通过计算得到太阳当前位置,并调整跟踪系统姿态,调整太阳能电池板正对太阳,使太阳光线与太阳能电池板垂直。本文所设计太阳能跟踪系统以当地地理坐标系为基准坐标系,采用高度角-方位角方式标记太阳位置。采用坐标系转换方法对太阳位置计算公式进行推导和研究(图3)。

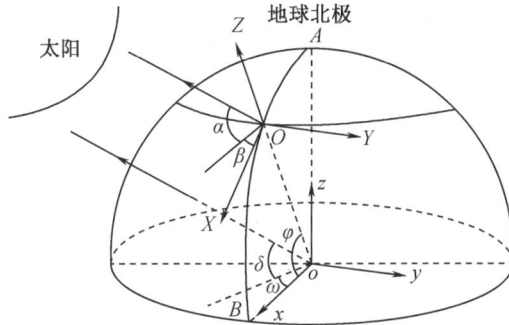

图 3 太阳光线方位示意图

于跟踪系统所在地建立地理坐标系 $O\text{-}XYZ$,其中 X 轴指向正南方向,Y 轴指向正东方向,Z 轴指向天向(这里假设观察点处于北半球)。计 X 轴、Y 轴、Z 轴单位向量分别为 $\vec{I}$、$\vec{J}$、$\vec{K}$。计单位向量 $\vec{S}$ 为由跟踪系统所在地指向太阳的单位向量,则 $\vec{S}$ 可以代表太阳光线方向,如图3所示。为便于运算,我们这里定义跟踪系统所在地与太阳连线在地平面投影与正南方向夹角为 β,定义投影在南偏西方向为正,在南偏东方向为负,单位为度。则角 β 与方位角 γ 关系为 $\gamma=180°+\beta$,我们称 β 为伪方位角。计太阳位置高度角为 α,单位均为度,则由图中关系可以得到:

$$\vec{S}=\cos \alpha \cdot \cos \beta \vec{I}-\cos \alpha \cdot \sin \beta \vec{J}+\sin \alpha \vec{K} \tag{1}$$

于地心处建立地球坐标系 $o\text{-}xyz$:其中 oz 指向北极点;x、y、z 指向定义为:在图3中弧 AB 为经过跟踪系统所在地的经线,则 ox 指向弧 AB 与赤道的交点;oy 与 ox、oz 垂直,并与 ox、oz 构成右手坐标系;$\vec{i}$、$\vec{j}$、$\vec{k}$ 分别为 x、y、z 轴方向单位向量。将地心与太阳连线,该连线与赤道平面夹角即为太阳赤纬角,计为 δ,单位为度;太阳时角计为 ω,为任意时刻太阳与地心连线在赤道面上投影与正午时刻太阳与地心连线在赤道上的投影的夹角,自北极向下看,顺时针方向为正,逆时针方向为负,单位为度。则于坐标系 $o\text{-}xyz$ 中,$\vec{S}$ 方向可由太阳赤纬角 δ 及太阳时角 ω 解算得到,可得向量 $\vec{S}$ 表达式为:

$$\vec{S}=\cos \delta \cdot \cos \omega \vec{i}-\cos \delta \cdot \sin \omega \vec{j}+\sin \delta \vec{k} \tag{2}$$

现在探讨地理坐标系 $O\text{-}XYZ$ 与地球坐标系 $o\text{-}xyz$ 之间的转换关系。计跟踪系统所在地纬度为 φ,观察图3可得,oz 轴与 OZ 轴夹角为 $\pi/2-\varphi$,ox 与 OX 轴夹角为 $\pi/2-\varphi$,oy 轴与 OY 轴平行。将地平坐标系和时角坐标系原点相重合,得到地平坐标系 $O\text{-}XYZ$ 与时角坐标系 $o\text{-}xyz$ 的位置关系(图4)。

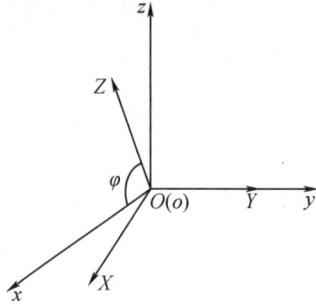

图 4 地理坐标系与地球坐标系变换关系

根据图 4,地平坐标系 $O\text{-}XYZ$ 到时角坐标系 $o\text{-}xyz$ 转换矩阵为:

$$\begin{pmatrix} \vec{i} \\ \vec{j} \\ \vec{k} \end{pmatrix} = \begin{pmatrix} \sin\varphi & 0 & \cos\varphi \\ 0 & 1 & 0 \\ -\cos\varphi & 0 & \sin\varphi \end{pmatrix} \begin{pmatrix} \vec{I} \\ \vec{J} \\ \vec{K} \end{pmatrix} \tag{3}$$

将式(3)代入式(2),得:

$$\vec{S} = (\cos\delta\cdot\cos\omega \quad -\cos\delta\cdot\sin\omega \quad \sin\delta) \begin{pmatrix} \sin\varphi & 0 & \cos\varphi \\ 0 & 1 & 0 \\ -\cos\varphi & 0 & \sin\varphi \end{pmatrix} \begin{pmatrix} \vec{I} \\ \vec{J} \\ \vec{K} \end{pmatrix}$$

$$= (\cos\delta\cdot\cos\omega\cdot\sin\varphi - \sin\delta\cdot\cos\varphi)\vec{I} - \cos\delta\cdot\sin\omega\vec{J} +$$

$$(\cos\delta\cdot\cos\omega\cdot\cos\varphi + \sin\delta\cdot\sin\varphi)\vec{K} \tag{4}$$

与式(1)对比,使 $\vec{I}$、$\vec{J}$、$\vec{K}$ 项对应项系数相等,得到:

$$\sin\alpha = \sin\delta\cdot\sin\varphi + \cos\delta\cdot\cos\omega\cdot\cos\varphi \tag{5}$$

$$\sin\beta = \frac{\cos\delta\cdot\sin\omega}{\cos\alpha} \tag{6}$$

其中,α 为太阳高度角;β 为伪太阳方位角;δ 为太阳赤纬角;ω 为太阳时角;φ 为跟踪系统所在地纬度。从而,可以据参数太阳赤纬角 δ、太阳时角 ω、跟踪系统所在地纬度 φ 解算得到太阳高度角及伪方位角:

$$\alpha = \arcsin(\sin\delta\cdot\sin\varphi + \cos\delta\cdot\cos\omega\cdot\cos\varphi) \tag{7}$$

$$\beta = \arcsin\left(\frac{\cos\delta\cdot\sin\omega}{\cos\alpha}\right) \tag{8}$$

将伪方位角 β 与方位角 γ 进行换算,得到太阳方位角解算公式为:

$$\gamma = \beta + 180° = \arcsin\left(\frac{\cos\delta\cdot\sin\omega}{\cos\alpha}\right) + 180° \tag{9}$$

进行太阳轨迹跟踪时,须根据测量得到的当前跟踪系统姿态及解算得到的太阳位置对跟踪系统姿态进行控制,则能够保证太阳能电池板正对太阳。太阳位置的解算过程可由图 5 表示。

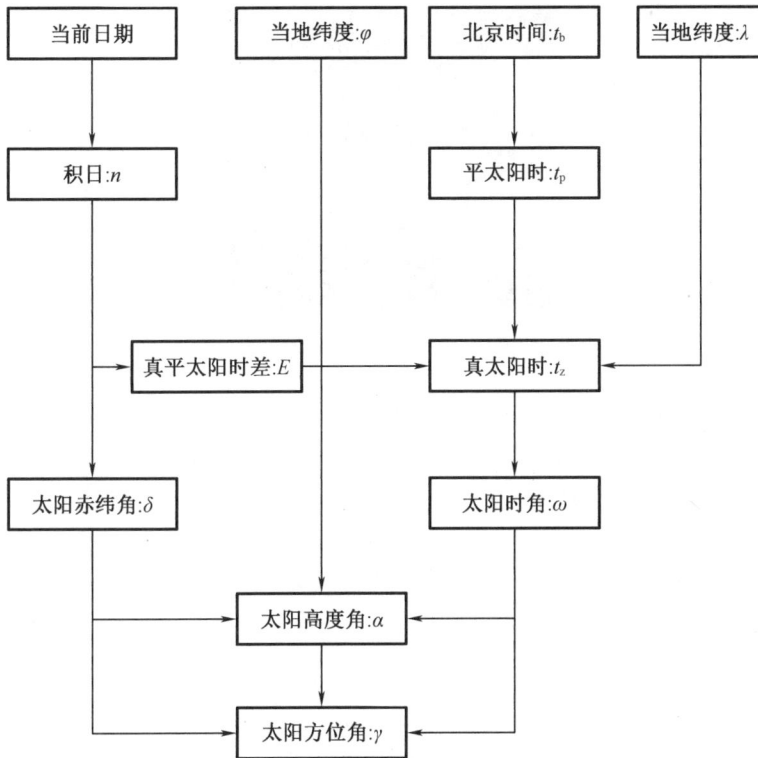

图5 太阳高度角及方位角结算流程图

3 太阳光线对跟踪系统姿态导引

太阳能跟踪系统中,光电跟踪这种方案被较为广泛地采用[7]。这种跟踪方式一般的实现方法为在太阳能电池板两侧安装光敏元件,利用光敏元件输出电信号差值驱动跟踪系统做姿态调整。这种跟踪方式具有灵敏度高、反应速度快的特点。但该方案实际工作时,由于自然环境中存在各种干扰光线,容易导致光电检测部分的误判,进而使跟踪系统进行错误的调整;而且采用该方案工作时,在太阳能板对准太阳附近容易产生震荡,对跟踪系统电机及机械结构损害较大[8]。

本文针对传统光电检测系统存在的上述不足,提出了一种改进的光电信息解算方法。该方法通过对光敏元件电信号解算得到太阳光线具体方位信息,进而根据解算结果对跟踪系统进行导引,不会出现震荡现象;以轨迹计算得到太阳位置信息为判据,对光敏元件采集信息可信度进行判读,能够识别出光敏元件是否受到外界光线干扰,从而有效避免了跟踪系统的误动作,提高了太阳能的采集效率。

本系统采用四象限光电探测器作为光信号敏感元件。图6为本系统所采用的S066A型四象限光电探测器。在使用时,须在光电探测器外部罩上光罩,使外部光线在四象限光电探测器上形成正方形的光斑。经计算,光罩通孔边长为感光面边长的1/2时光电探测器工作性能最佳。

图 6　四象限光电探测器

计分布于第一、第二、第三、第四象限光斑面积分别为 S1、S2、S3、S4,各象限对应电压信号分别为 V1、V2、V3、V4。计光斑中心在坐标系中的坐标值为(x,y),则根据面积进行换算可以得到光斑中心点横坐标为:

$$x = \frac{(U_1 + U_4 - U_2 - U_3)L}{2(U_1 + U_2 + U_3 + U_4)}$$ (10)

同理,可以得到光斑中心点纵坐标为:

$$y = \frac{(U_1 + U_2 - U_3 - U_4)L}{2(U_1 + U_2 + U_3 + U_4)}$$ (11)

可以根据四象限光电探测器电信号解算得到太阳方位角及太阳高度角:

$$\gamma_1 = \arctan \frac{-\cos \alpha \sin \beta x - \sin \alpha y - \cos \alpha \sin \beta z}{-\sin \alpha \sin \beta x + \cos \alpha y - \sin \alpha \cos \beta z}$$ (12)

$$\alpha_1 = -\arctan \frac{\cos \beta x - \sin \beta z}{\left[(\cos \alpha \sin \beta x + \sin \alpha y + \cos \alpha \sin \beta z)^2 + (\sin \alpha \sin \beta x - \cos \alpha y + \sin \alpha \cos \beta z)^2 \right]^{\frac{1}{2}}}$$ (13)

4　程序总体设计

鉴于太阳轨迹跟踪方式及光电跟踪方式互有优缺点,本设计将太阳轨迹跟踪方式和光电跟踪方式加以结合,使两种跟踪方式的缺点得到了克服,提高了跟踪精度及系统抗干扰能力[9]。

本系统工作时,首先进行太阳方位轨迹跟踪:CPU 通过与 GPS 芯片、时钟芯片通信可以获得当前的日期信息、时间信息及当地的经纬度信息[10-11]。在此基础上,运用太阳运行轨迹公式解算得到太阳当前位置;通过与加速度计、地磁的通信并解算,可以得到跟踪系统的姿态;CPU 将太阳位置及跟踪系统姿态作以比较,并进行跟踪系统姿态的调整,完成了太阳的轨迹跟踪。通过读取光电探测器光电转换信号并解算,得到当前太阳光线与太阳能电池板之间的位置关系[12-13];然而,光电探测具有易受外界干扰的缺点[14-15],故应通过光线的解算结果对光电探测器输出信号的可信度进行判断,并通过判断结果决定进一步的调整策略。跟踪系统跟踪过程流程如图 7 所示。

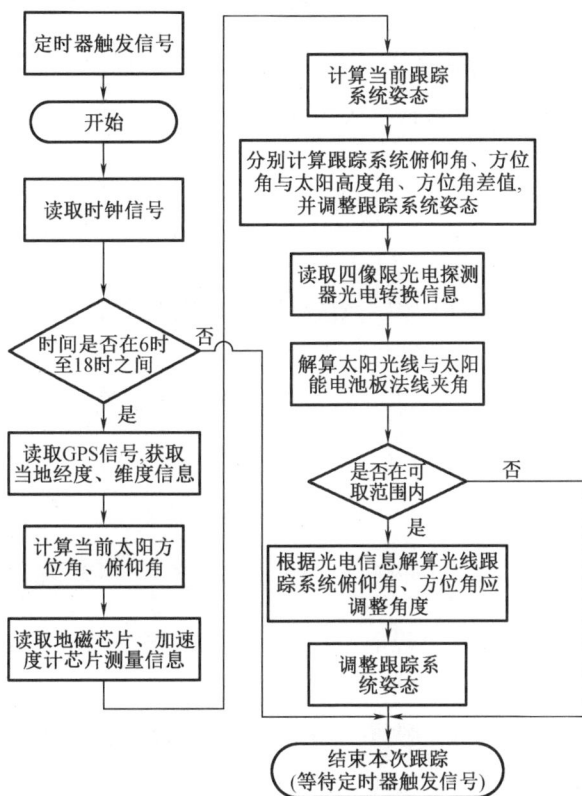

图 7 跟踪过程流程图

5 系统整体验证试验

选取空旷地带进行实地验证试验。试验当日天为多云,云彩会对太阳光线产生折射及反射作用。将跟踪系统放置于广场上进行跟踪试验。跟踪时间为 7:00—18:00。每半小时读取系统上地磁传感器及加表传感器测量值,将根据测量值解算得到的台体姿态与天文软件 SKYMAP 给出值进行对比。俯仰角及方位角跟踪对比曲线如图 8、图 9 所示。

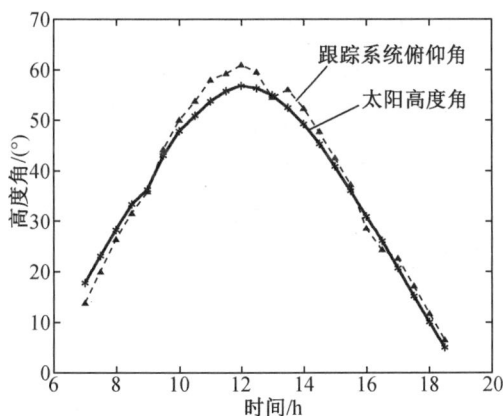

图 8 跟踪系统俯仰角与太阳高度角对比

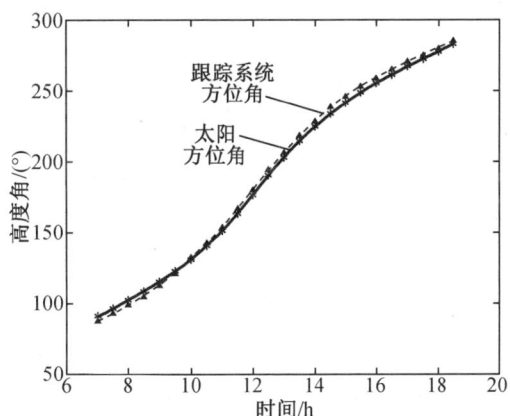

图 9 跟踪系统方位角与太阳方位角对比

由对比数据得到,跟踪系统俯仰角最大跟踪误差为 6.5°,方位角最大跟踪误差为 5°。且当日为多云天气,环境中干扰光线较多,跟踪系统运行并未受干扰光线的影响,说明本系统设计的抗干扰算法有效。本文设计的太阳能跟踪系统跟踪太阳精度较高,能显著提高太阳能收集效率。

6 结论

本文设计了一种新型的太阳能跟踪系统。该系统以 FPGA 芯片为控制核心,将太阳的轨迹跟踪、光电跟踪两种跟踪方式有机地结合在一起。实地试验验证结果表明,所设计太阳能跟踪系统具有跟踪精度高、抗干扰性强的特点。跟踪系统俯仰角最大跟踪误差为 6.5°,方位角最大跟踪误差为 5°,能够较好提高太阳能电池板能量采集效率,具有实用价值。

参考文献

[1] 侯梅芳,潘松圻,刘翰林. 世界能源转型大势与中国油气可持续发展战略[J]. 天然气工业,2021,41(12):9-16.

[2] 路绍琰,吴丹,马来波,等. 中国太阳能利用技术发展概况及趋势[J]. 科技导报,2021,39(19):66-73.

[3] WANG G,WANG C,CHEN SHAO Z. Exergy analysis of photo-thermal interaction process between solar radiation energy and solar receiver[J]. Journal of Thermal Science,2021,30(5):1541-1547.

[4] 张保民. 中国太阳能光伏发电产业的现状、问题及对策分析[J]. 中国高新技术企业,2011(36):9-10.

[5] 赵雅兴. FPGA 原理、设计与应用[M]. 天津:天津大学出版社,1999.

[6] 鄢永明. FPGA 器件结构及系统集成研究[J]. 吉首大学学报(自然科学版),2006(2):77-79.

[7] 王林军,门静,张东,等. 太阳自动跟踪系统中光电传感器的设计[J]. 农业工程学报,2015,31(14):179-185.

[8] 王正,张超,冉隆毅,等. 基于光电自动跟踪和人为矫正两种模式的四象限法则太阳能跟踪系统研究[J]. 热能动力工程,2020,35(4):275-279.

[9] 瞿华,闫梦飞,吕庆洲,等. 组合 FPGA 光电传感器阵列的顶管机激光姿态测量系统[J]. 电子测量与仪器学报,2020,34(7):50-57.

[10] EDWARDS B P. Computer based sun following system[J]. 1978,21(6):491-496.

[11] 曾金. 高速实时信号处理系统的 FPGA 软件设计与实现[D]. 北京:北京工业大学,2009.

[12] 余峰,何烨,李松,等. 四象限光电检测系统的定位算法研究及改进[J]. 应用光学,2008(4):493-497.

［13］ 唐涛,马佳光,陈洪斌,等.光电跟踪系统中精密控制技术研究进展［J］.光电工程,
2020,47(10):3-31.

［14］ 王宣.机载光电平台稳定跟踪系统关键技术研究［D］.长春:中国科学院长春光学
精密机械与物理研究所,2017.

［15］ 马经帅,于洵,刘晓宇,等.高精度光电跟踪系统中伺服稳定控制算法研究［J］.应用
光学,2021,42(4):597-607.

"海上丝路"波浪能资源前沿成果

何　阳① 陈云阁*

(海军大连舰艇学院,辽宁大连,116018)

摘要:本文首先梳理了国际能源危机现状,以"海上丝路""海洋命运共同体"对能源的需求为牵引,详细分析了近十年来国内在"海上丝路"波浪能领域的相关研究情况,主要从论文、专著、报告和讲座、奖励等几个方面展开。整体来看,多家军地高校、科研院所对"海上丝路"的波浪能研究做出了大量贡献,其中海军大连舰艇学院"海上丝路"资源与环境研究团队相关专家于2012年在国内外率先关注"海上丝路"的波浪能和海上风能资源研究,为国家倡议的高质量建设提供了数据支撑和科学依据,助力打开"海上丝路"新能源开发新局面。

关键词:海上丝路;波浪能;论文;专著;奖励

引言

　　能源是现代科技社会赖以生存的重要物质基础,在各国发展道路中占据着至关重要的战略地位。过去十年在全球范围内,特别是美国、日本、欧洲等主要能源消费国家率先经历了通货膨胀的浪潮,能源价格飙涨,能源危机也不断加剧。今年8月,欧元区19个国家的通货膨胀率达到9.1%,创下有记录以来的最高水平,德国、法国、意大利、瑞士等国更是成为能源价格飙升的重灾区。

　　在世界能源消费以石油为主导的大环境下,传统能源产能萎缩、绿色能源供给波动较大及极端天气的恶化都加深了国际能源的混乱,如果能源结构依然墨守成规,未来必然会发生更大的能源危机。太阳能虽然源源不断,但因其代价高我们在短时间内难以广泛使用,其他新能源也同样面临着类似的瓶颈。但不可再生矿物能源稀缺带来的巨大危机,让人类不得不将注意力整体转移到新的能源开发上,否则我们的生存将受到威胁。

　　全球疫情暴发以来,国际能源市场更是动荡加剧。《世界能源发展报告2021》(《世界能源蓝皮书》)的数据显示,全球疫情防控对社会经济活动流动性的限制,导致全球出现了70年内最大程度的能源需求衰退,2020年全球石油日均需求量比2019年降低9.47%;同时全球石油供给严重过剩,导致2020年全球油价大幅度下跌。此外,2020年全球天然气产量同比增长1.0%,远低于上年3.4%的增速,其中,液化天然气贸易增速大幅放缓,欧美和东北亚等主要天然气市场中的液化天然气价格创历史新低。

---

　　① 作者简介:何阳,本科在读,"海上丝路"资源与环境研究团队"硕博化开展本科教育"重点培养对象。

　　* 通信作者:陈云阁。

全球能源市场近两年以来的两轮能源危机,分别是在2021年百年难遇的严冬之下,德州电网瘫痪,电价大涨,居民及企业遭遇停电,其主因是能源供需失衡;另一个是2022年2月下旬,俄乌冲突的爆发与美国和西方对俄实施全面制裁引爆了第二轮全球能源危机。在这两轮能源危机中,欧洲均处于风暴的中心。我国是能源进口大国,全球能源的供应短缺和价格飙涨势必威胁到中国的能源安全。

1 波浪能优势与前景

1.1 优势

世界能源危机屡屡爆发,我国能源危机也迫在眉睫,如何有效保护现有能源,开发新的能源形式,助力海上丝绸之路的构建与实施,成为各国积极探索的命题。在"双碳"目标的推动下,清洁能源逐渐成为能源未来发展的主流方向。本文以波浪能为例,针对其优势及应用前景进行相关的分析。

波浪能是海洋能的一种具体形态,是指海洋表面波浪所具有的动能和势能,其发电原理就是将水的动能和势能转换为机械能,带动发电机发电。尽管波浪能的能流密度偏低,但蕴藏量大,它作为一种蕴含在海洋中的可再生能源,因其可再生性和绿色环保的优势,已成为一种亟待开发的新能源。我国沿岸和近海及毗邻海域的各类海洋能资源理论总储量约为 6.11×10^{11} kW,其中波浪能占比最大,约为 5.74×10^{11} kW;太平洋、大西洋东岸中纬度 $30\sim40°$ 区域,波浪能可达 $30\sim70$ kW/m,某些地方更高达 100 kW/m,可以保证可开发利用能源的总量。此外,冬季可利用的波浪能最大,可以有效缓解该季节能耗巨大的问题,同时它也在海洋中分布极广,是岛礁供电的有力保障。

根据新思界产业研究中心发布的《2022年全球及中国波浪能产业深度研究报告》显示,在各种可再生能源中,波浪能具有巨大开发潜能,预计2022—2027年,全球波浪能市场总额年均复合增长率将达18.0%以上,2027年增长至1.6亿美元。为抢占市场先机,全球包括美国、英国、中国等在内的国家均在开发各种波浪能技术及系统。

1.2 应用前景

1.2.1 波浪能滑翔器

小型的海上无人艇,具有体积小,移动灵活,布放和回收方便,隐身性能好,成本低等优点,在海洋资源勘探、水面水下军事侦察、海洋环境监测等方面具有重要的用途。但由于动力供应的问题,无人艇的航程受到制约。波浪能滑翔器可以完全不依靠外部动力行驶,能将海洋波浪能转换成向前的推力。当波浪抬升水面浮体时,由波浪能驱动的无人航行器解决了现有无人艇航行中存在的续航能力差、无法满足恶劣海洋环境下进行长航时大范围航行的问题。

1.2.2 岛礁供电

中国拥有 18 000 km 的海岸线和总面积达 6 700 km² 的 6 960 座岛屿,对于远离发电中枢的深远海岛、海上浮动设施、海洋观测平台等海上用电设备,通过长距离线路供电是不经济、不现实的,以风电和光伏为主的新能源在深远海岛也很难应用。风能发电在固定塔式风机的施工过程中必然导致珊瑚破坏,光伏电站的建设则必然需占用海岛珍贵的土地。波浪能发电具有就地取能、就地利用、不占用海岛土地、全生命周期环境影响小等特性,大力开发和利用波浪能资源,可有效减少海岛柴油发电的占比,在海岛新型电力系统多能互补、稳定供能、提升效能、环境保护等方面发挥重要作用。

1.2.3 水下潜航器

潜航器广泛应用于海洋资源勘探、海底搜救、水下军事侦察和海洋环境监测等领域,但有限的电能源对潜航器作业半径、航行速度、任务持续时间及负载设备承载能力等都有较大限制,海洋波浪能在很大程度上解决了这一能源供应问题。当潜航器受到洋流和波浪干扰时,本体会产生一定的摇摆,这时潜航器可以利用内置的随体发电装置,将摇摆的动能转化成电能,从而达到持续供电的效能。

2 "海上丝路"波浪能主要研究成果

掌握资源特征是研究新能源、夯实海上丝绸之路建设基础的前提条件。现将近年来我国国内对于"海上丝路"波浪能的研究及相关信息进行整合归纳。检索研究区域为"海上丝路""海上丝绸之路""南海—北印度洋",研究要素检索为"波浪能",论文检索结果见表1。整体来看,这方面的论文主要出自国防科技大学气象海洋学院、海军大连舰艇学院、解放军理工大学气象学院、92538部队、天津大学精密测试技术及仪器国家重点实验室。其中郑崇伟等于2012年在国内外率先关注"海上丝路"海域的波浪能研究,论文占比也最大,他们主要建立了一套波浪能预估模型,论述了海洋新能源在海洋强国建设中的重要作用,构建了国内外首份"21世纪海上丝绸之路"波浪能资源大数据框架,分析"21世纪海上丝绸之路"(主要包括南海—北印度洋)波浪能资源的气候特征及长期变化趋势,并针对波浪能选址的困境建立了一套能够全面考虑资源特征、海洋环境、成本效益的波浪能等级区划方案,为国家和参与"21世纪海上丝绸之路"建设的人员提供数据支撑和科学依据,助力打开"21世纪海上丝绸之路"新能源开发新局面。

3 涉及"海上丝路"波浪能的主要学术报告/讲座/研讨会

"海上丝路"波浪能学术研究成果的传播及普及,以报告会、讲座、研讨会等形式为载体(表2)。通过报告、讲座、研讨等形式,不仅可以开拓广大科研参与者的科研思路,激发科研灵感,还丰富、优化了当前"海上丝路"波浪能研究领域的学术体系。整体来看,海军大连舰艇学院"海上丝路"资源与环境研究团队在这方面的贡献占比最大,他们在专题讲座中分析了"海上丝路"关键节点的波浪能、海上风能,新能源评价、涌浪监测预警与大数据建设以及战略支点的海洋新能源、海洋环境等,以生动的语言传播了波浪能领域最前沿的科技信息。此外,中国海洋发展研究中心、中国科学院科技智库、中国航海博物馆等单位在这方面也做出了积极贡献。

4 "海上丝绸之路"相关书籍

"21世纪海上丝绸之路"是人类命运共同体的重要组成,是中国在全球格局深刻变革下为世界提供的和平道路,标志着中国积极开展国际多边合作、积极参与全球海洋治理。从出版书籍整体来看,郑崇伟等在"海上丝路"新能源专著方面的贡献占比最大,始于2018年,近4年保持每年在国际顶级出版机构Springer发行一部系列专著,他们不仅让"21世纪海上丝绸之路"的发展建设加快了步伐,还为中国在"海上丝路"研究领域增加了世界话语权(表3)。此外,许培源、龚缨晏、许利平、李新烽、王婷婷、陈万灵、王蕾、姚勒华、刘大海等专家学者在这方面也做出了大量贡献。

表 1 "海上丝路"海域波浪能主要论文

编号	海域	文章题目	发表期刊	发表年月	解决的主要问题	主要完成单位	作者
1	"海上丝路"海域	《近45年南海—北印度洋波浪能资源评估》	海洋科学(北大核心,CSCD)	2012.6	利用ERA-40海表10 m风场驱动第三代海浪数值模式,得到南海—北印度洋1957年9月—2002年8月的海浪资料,计算该海域的波浪能,分析波浪能流密度的四季分布特征,不同能级出现的频率及波浪能流速度的稳定性,为海浪发电、海水淡化等选址提供依据	解放军理工大学气象学院、92538部队等	郑崇伟等
2	"海上丝路"海域	《"21世纪海上丝绸之路":未来40年波浪能长期预估》	哈尔滨工程大学学报(EI检索)	2020.6	建立了一套波浪能预估模型,并以"海上丝路"作为实例,对"海上丝路"2020—2059年波浪能的一系列指标展开预估	海军大连舰艇学院	郑崇伟等
3	"海上丝路"海域	《海洋强国视野下的"海上丝绸之路"海洋新能源评估》	哈尔滨工程大学学报(EI检索)	2020.1	首先论述海洋新能源在海洋强国建设中的重要作用,梳理资源评估现状,探析资源评估难点,并提供应对措施,为资源开发提供科学依据,促进海洋新能源开发的产业化、规模化	海军大连舰艇学院	郑崇伟、李崇银
4	"海上丝路"海域	《21世纪海上丝绸之路:海洋新能源大数据研究——以波浪能为例》	海洋开发与管理	2017.12	构建国内外首份"21世纪海上丝绸之路"波浪能资源大数据框架,研究成果可广泛运用于海上风能和海流能等"21世纪海上丝绸之路"建设的大数据建设,为国家和参与"21世纪海上丝绸之路"建设的人员提供数据支撑和决策支持,助力"21世纪海上丝绸之路"新能源开发	国防科技大学气象海洋学院、海军大连舰艇学院等	郑崇伟、李崇银
5	"海上丝路"海域	《21世纪海上丝绸之路:斯里兰卡海域的波浪能评估及决策建议》	哈尔滨工程大学学报(EI检索)	2018.1	针对边远海岛的电力和淡水困境,利用来自ECMWF的ERA-interim海浪资料,分析"海上丝路"关键节点的波浪能特征,并以斯里兰卡海域作为实例,综合各种波浪能关键指标,对斯里兰卡海域的波浪能展开系统性评估,为波浪能开发提供决策建议	国防科技大学气象海洋学院、海军大连舰艇学院等	郑崇伟

表1(续)

编号	海域	文章题目	发表期刊	发表年月	解决的主要问题	主要完成单位	作者
6	"海上丝路"海域	《关于海洋新能源选址的难点及对策建议——以波浪能为例》	哈尔滨工程大学学报(EI检索)	2017.12	针对波浪能选址的困境,海洋环境,本文建立了一套能够全面考虑资源特征、成本效益等级区划方案,并以"海上丝路"的波浪能宏观等级区划,斯里兰卡海域的波浪能微观等级区划展开实例研究	国防科技大学气象海洋学院,海军大连舰艇学院等	郑崇伟,李崇银
7	"海上丝路"海域	《"21世纪海上丝绸之路"波浪能的气候特征及变化趋势》	太阳能学报(EI检索)	2019.6	利用来自ECMWF的ERA-Interim海浪再分析资料,分析"21世纪海上丝绸之路"(主要包括南海—北印度洋)波浪能资源的气候变化趋势	国防科技大学气象海洋学院,海军大连舰艇学院等	郑崇伟等
8	"海上丝路"海域	《21世纪海上丝绸之路:关键节点的能源困境及应对》	太平洋学报(北大核心、CSSCI)	2018.7	探析"21世纪海上丝绸之路"关键节点的功能及建设难点,紧紧围绕其关键节点能源困境,详述当前新能源研究的难点:原始海洋数据的获取,岛礁海洋新能源评价体系的建立、资源的短期和中长期预测模型的建立,海洋新能源大数据和中长期预报,有效保障海浪发电、海上风电、海水淡化等新能源工程的选址,业务化运行和中长期规划	河口海岸学国家重点实验室,海军大连舰艇学院等	郑崇伟
9	"海上丝路"海域	《海上丝绸之路浪能的时空分析》	海洋湖沼通报(北大核心、CSCD)	2022.2	采用2009—2018的ERA5波浪资料,对"海上丝绸之路"的波浪能资源的各项关键指标进行分析,为波浪能开发提供依据	天津大学精密测试技术及仪器国家重点实验室	段闪华等

表 2　涉及"海上丝路"波浪能的主要学术报告/讲座/研讨会

编号	报告（讲座/研讨会）题目	时间（年、月）实施地点（地级市＋具体单位）	报告人单位	报告人
1	《"21 世纪海上丝绸之路"及关键节点的波浪能、海上风能预先研究》专题讲座	2018 年 9 月 广州 中山大学海洋科学学院	海军大连舰艇学院	郑崇伟
2	《"21 世纪海上丝绸之路"及关键节点的波浪能、海上风能预先研究》专题讲座	2018 年 9 月 青岛 中国海洋大学工程学院	海军大连舰艇学院	郑崇伟
3	《"21 世纪海上丝绸之路"及关键节点的波浪能、海上风能预先研究》专题讲座	2018 年 10 月 连云港 江苏海洋大学	海军大连舰艇学院	郑崇伟
4	《"海上丝绸之路"新能源评价、涌浪监测预警与大数据建设》专题讲座	2020 年 12 月 南京 南京信息工程大学海洋学院	海军大连舰艇学院	郑崇伟
5	《"海上丝绸之路"新能源评价、涌浪监测预警与大数据建设》专题讲座	2016 年 7 月 南京 江苏省国际科技合作中心	海军大连舰艇学院	郑崇伟
6	《"21 世纪海上丝绸之路"及战略支点的海洋新能源、海洋环境预先研究》专题讲座	2018 年 1 月 烟台 鲁东大学	海军大连舰艇学院	郑崇伟
7	《浅谈如何推动"海上丝路""海洋命运共同体"实质化深层化》专题讲座	2022 年 1 月 海口 海南大学南海海洋资源利用国家重点实验室	海军大连舰艇学院	郑崇伟
8	《"海上丝绸之路"海洋环境研究》专题讲座	2020 年 12 月 武汉 大地测量与地球动力学国家重点实验室	海军大连舰艇学院	郑崇伟
9	《"21 世纪海上丝绸之路"及战略支点的海洋新能源、海洋环境预先研究》专题讲座	2018 年 1 月 江阴 中国卫星海上测控部	海军大连舰艇学院	郑崇伟
10	《"21 世纪海上丝绸之路"及关键节点的波浪能、海上风能预先研究》专题讲座	2018 年 9 月 广州 中科院南海所 LTO 国家重点实验室	海军大连舰艇学院	郑崇伟

表 2(续)

编号	报告(讲座/研讨会)题目	时间(年、月)实施地点(地级市+具体单位)	报告人单位	报告人
11	《"海上丝绸之路"沿线国家文化遗产保护与开发利用研究》讲座	2021 年 5 月厦门 集美大学	中国海洋发展研究中心、集美大学	曲金良
12	《中科院"海上丝绸之路科技创新"研讨会》	2021 年 12 月青岛 线上会议	中国科学院科技智库、中科院学部局、国际科技组织联盟	
13	《中国航海博物馆第九届学术研讨会:"海帆寻踪:文化遗产视野下的海上丝绸之路"》	2021 上海外国语大学9 月	中国航海博物馆、上海师范大学	

表 3　涉及"海上丝路"的主要专著

编号	书名	出版社	出版年份	主编
1	21st Century Maritime Silk Road: A Peaceful Way Forward	Springer	2018	郑崇伟等
2	21st Century Maritime Silk Road: Construction of Remote Islands and Reefs	Springer	2019	郑崇伟等
3	21st Century Maritime Silk Road: Wave Energy Resource Evaluation	Springer	2020	郑崇伟等
4	21st Century Maritime Silk Road: Wind Energy Resource Evaluation	Springer	2021	郑崇伟等
5	《海丝蓝皮书:21世纪海上丝绸之路研究报告(2018—2019)》	海上丝绸之路研究院	2020	许培源
6	《海丝蓝皮书:21世纪海上丝绸之路研究报告(2017)》	海上丝绸之路研究院	2018	许培源
7	《中国海上丝绸之路研究年鉴(2013—2020)》	浙江大学出版社	2014—2021	龚缨晏
8	《海上丝绸之路背景下南沙渔业集群化发展研究》	人民出版社	2018	赵祥,张德明
9	《"21世纪海上丝绸之路"与"全球海洋支点"对接研究》	中国社会科学出版社	2017	许利平
10	《21世纪海上丝绸之路:构建中国与太平洋岛国新型合作关系》	中国经济出版社	2020	中国(深圳)综合开发研究院
11	《郑和远航非洲与21世纪海上丝绸之路》	中国社会科学出版社	2018	李新烽,郑一钧
12	《统计学视角下的"21世纪海上丝绸之路"》	社会科学文献出版社	2022	王婷婷
13	《海上通道——21世纪海上丝绸之路》	重庆大学出版社	2018	陈万灵
14	《21世纪海上丝绸之路文化构建研究》	社会科学文献出版社	2018	王蕾
15	《"21世纪海上丝绸之路"与区域合作新机制》	上海社会科学出版社	2018	姚勤华,胡晓鹏
16	《"21世纪海上丝绸之路"海洋经济合作指数评估报告2020》	科学出版社	2020	刘大海,于莹

5 "海上丝绸之路"相关奖项

经过资料收集、整理后,我们发现"海上丝绸之路"作为重大研究领域,在获奖方面仍然较为稀少(表4)。从全国范围内的获奖情况来看,海军大连舰艇学院郑崇伟及其"海上丝路"资源与环境研究团队在此方面获得殊荣最多,他们在海洋科学、海上丝路能源及战略支点研究等方面都做出了巨大贡献。

6 结语

2013年10月,习近平总书记提出"21世纪海上丝绸之路"的战略构想,2019年4月,习近平总书记提出"海洋命运共同体"理念,进一步丰富了世界海洋和谐共生的价值指引。在近十年的探索创新中,我们深刻感悟到"21世纪海上丝绸之路"是"海洋命运共同体"理念的具体实施,而"海洋命运共同体"理念为"21世纪海上丝绸之路"提供了理论支撑。

中国已成为当今全球能源治理体系的积极参与者、建设者和贡献者,是国际能源事务中具有重要影响力的大国。面对俄乌冲突后能源危机在国际事务中日益凸显的严峻局势,致力于"双碳"需求下的海洋新能源开发、深远海建设的瓶颈与应对等研究方向,有助于国际社会共同维护国际能源安全,拓展能源合作领域,解决能源贸易争端,应对全球环境问题,最终实现互利共赢。

"21世纪海上丝绸之路"是"一带一路"倡议的海上之翼,中国可通过积极提供理念、制度、物质层面的各种公共产品的方式,深化与"21世纪海上丝绸之路"沿线国家的能源治理与合作,以其作为参与全球能源治理的重要实践,推动构建"一带一路"能源合作共同体,打造以合作共赢为核心的新型能源合作关系,从而可以更好地保障能源安全,拓展能源开发与利用,积极开展能源外交,推动全球能源治理改革与转型。

我国科研工作者积极投身于建设"21世纪海上丝绸之路"、共建"海洋命运共同体"的浪潮中,在海丝路新能源开发的全新领域,以波浪能为突破口,为如何解决在保护岛礁生态的条件下实现海洋勘探、岛礁供电、水下侦察等世界性难题提供了更清晰的思路与方法。

"海洋命运共同体"建设不仅需要解决能源问题,也需要推动中国与沿线国家在各个领域的务实合作,最大程度地淡化海洋在生态资源、地缘政治、文化传承等方面存在的危机,确保海丝路沿岸国家都能融入"海洋命运共同体"的伟大浪潮中。

表 4 涉及"海上丝路"的相关奖励

序号	奖项名称	年份	获奖内容	获奖人
1	海洋工程科学技术奖	2018	"海上丝绸之路"战略攸关区波浪能、风能开发预先研究	郑崇伟等
2	中国科协首批"高端科技创新青年项目"	2016	"21世纪海上丝绸之路"及其战略支撑点的海洋动力资源评估	郑崇伟
3	2021年度中国航海学会科技进步奖项目	2021	"一带一路"背景下我国海上通道支点评估技术及战略布局研究	毕珊珊等
4	全国"2021年航海风云人物""创新探索先锋	2022	创建了"海上丝路"新能源评估与大数据建设技术体系,解决了军地能源开发、远洋航海的宏观优化布局,微观精准选址、涌浪监测预警等国际瓶颈问题	海军大连舰艇学院"海上丝路"资源与环境研究团队
5	学术精要(2022年10—11月)高被引论文	2022	论文《21世纪海上丝绸之路:风能资源评查》	郑崇伟
6	学术精要(2022年10—11月)高被引论文	2022	论文《海洋强国视野下的"海上丝绸之路"海洋新能源评估》	郑崇伟等
7	学术精要(2022年10—11月)高PCSI,高被引论文	2022	论文《经略21世纪海上丝绸之路海洋环境特征系列研究》	郑崇伟等
8	学术精要(2022年10—11月)高下载论文	2022	论文《经略21世纪海上丝绸之路:重要航线、节点及港口特征》	郑崇伟等

参考文献

[1] 郑崇伟. 21 世纪海上丝绸之路:斯里兰卡海域的波浪能评估及决策建议[J]. 哈尔滨工程大学学报,2018, 39(4): 614-621.

[2] 郑崇伟,李崇银. 关于海洋新能源选址的难点及对策建议:以波浪能为例[J]. 哈尔滨工程大学学报,2018, 39(2): 200-206.

[3] 郑崇伟,高成志,高悦. "21 世纪海上丝绸之路"波浪能的气候特征及变化趋势[J]. 太阳能学报,2019,40(6):1487-1493.

[4] 郑崇伟,高悦,陈璇. 巴基斯坦瓜达尔港风能资源的历史变化趋势及预测[J]. 北京大学学报(自然科学版),2017,53(4):617-626.

[5] 郑崇伟,李崇银,杨艳,等. 巴基斯坦瓜达尔港的风能资源评估[J]. 厦门大学学报(自然科学版),2016,55(2):210-215.

[6] 郑崇伟,李崇银. 海洋强国视野下的"海上丝绸之路"海洋新能源评估[J].哈尔滨工程大学学报,2020,41(2): 175-183.

[7] 郑崇伟. 21 世纪海上丝绸之路:关键节点的能源困境及应对[J]. 太平洋学报,2018, 26(7):71-78.

[8] 郑崇伟,裴顺强,李伟. "21 世纪海上丝绸之路":未来 40 年波浪能长期预估[J].哈尔滨工程大学学报,2020,41(7): 958-965.

[9] 郑崇伟,李训强. 基于 WAVEWATCH-III 模式的近 22 年中国海波浪能资源评估[J]. 中国海洋大学学报(自然科学版),2011,41(11):5-12.

[10] 全毅,汪洁,刘婉婷. 21 世纪海上丝绸之路的战略构想与建设方略[J]. 国际贸易,2014,(8): 4-15.

[11] 刘敏,赵栋梁.西北太平洋 2017 年秋季海浪、波浪能观测分析[J].哈尔滨工程大学学报,2019,40(7):1269-1276.

[12] 栗冬慧.山东半岛蓝黄两区海域风能、波浪能资源数值评估[D].青岛:中国海洋大学,2015.

[13] 万勇.面向工程开发的波浪能评估模型及其在中国海的应用研究[D].青岛:中国海洋大学,2015.

[14] 万勇,张杰,孟俊敏,等.基于 ERM-Interim 高分辨率数据的中国东海南海波浪能评估[J].太阳能学报,2015,36(5):1259-1267.

[15] 方行明,何春丽,张蓓.世界能源演进路径与中国能源结构的转型[J].政治经济学评论,2019,10(2):178-201.

[16] FANG X M, HE C L, ZHANG B. Evolution path of world energy and transformation ofChina'S energy structure[J]. Review of Political Economy, 2019, 10(2):178-201.

俄乌冲突给全球能源供应体系带来的影响

荆安昕[①]

(海军大连舰艇学院,辽宁大连,116018)

摘要: 在国内持续推进完成"双碳"目标的前提下,我国主要能源供应体系正在度过一个改革的过渡时期,在经历了改革的阵痛期后,我国能源局势会呈现出绿色和可持续发展的局面;对于外部环境而言,我国能源进口特别使天然气进口有了高度的保障,能源局势正在不断地好转,能在长时间内,在西方国家的制裁下,保证自身能源的供给,也对我国的"一带一路"建设和海军的战斗力发展提出了更高的要求。

关键词: 俄乌冲突;能源供应;能源战略

引言

俄乌冲突是两个世界主要大国之间的战争,持续数月并有趋势发展为持续作战,作为世界主要能源出口国的俄罗斯与作为世界主要粮食出口国,有欧洲粮仓之称的乌克兰之间的战争,似乎从一开始就注定了对当今世界贸易体系有着不可逆转的影响。特别是在各国都参与进来的俄乌地缘政治冲突中,能源成了极为突出的问题,特别是在欧盟对俄实施高强度制裁的情况下,欧盟自身能源短板凸显,俄罗斯能源经济堪忧,对世界能源供应格局都有着极大的影响,也能为我国能源安全与能源战略提供参考。

1 基本背景

1.1 冲突爆发前

俄罗斯与欧盟特别是北欧各成员国之间存在着高度依赖的能源关系,这种关系开始于19世纪70年代,并在市场调节下,逐步形成了较为稳定并且持续的供需关系。欧盟统计局数据显示,2007年俄罗斯向欧盟出口的能源占欧盟总进口量的32%、总进口天然气占42%、总进口煤炭占26%;2019年之前,俄罗斯占欧盟总进口石油的27%,天然气占41%,煤炭占47%,由此可以看出欧盟能源长期依赖于从俄罗斯进行进口。数年来,欧盟不断倡导能源自主,并不懈寻求摆脱对俄罗斯能源依赖的自主之路,但是由于欧盟内部各成员国的意见不统一和能源转型升级所必须付出的大量努力,使得这条道路异常艰难曲折。首当其冲的便是"北溪-2"天然气运输管道,即便是在2014年欧美因乌克兰危机对俄罗斯实施制裁,该项目也依然在进行建设并在2021年完工。这也更加证明了欧盟在短时间内难以完全与俄罗

---

① 作者简介:荆安昕,2001年5月出生,本科学员,研究方向为舰艇航空指挥。

斯能源供应完全脱钩。

1.2 冲突爆发后

俄乌冲突自 2022 年 2 月 24 日爆发以来,已持续将近一年的时间,随着冲突爆发之后,北约各国与俄罗斯相继出台各项制裁与反制裁措施,打击了在俄罗斯现代化和战略领域发挥关键作用的企业和产业,使得全球化的供应链体系和能源供应体系变得更加错综复杂。在冲突持续的这段时间内发生的几起突发事件也从侧面印证了这一观点。

首先,好不容易才于 2021 年建成的"北溪-2"天然气输送管道在 9 月 29 日发生泄漏,后查明为人为因素;而后挪威海底电缆突然断裂。这使得德国在今年冬天的能源供应局势变得异常紧张。其次,在今年 7 月,各大媒体相继曝出驻叙利亚美军大摇大摆地从叙利亚油田窃取石油。

这些事件的发生,根源主要在于俄乌冲突的突然爆发和持续进行,也显现了作为俄乌冲突的主要幕后推手的美国,利用地缘政治来巩固美元石油霸权的野心。从中我们也不难看出一个国家的能源命脉必须要掌握在自己的手中,不然就只能形成被动挨打的局面。

2 能源供给侧市场变化

在政治加持、能源升级节奏、技术革新等因素的影响下,能源供给侧调整的总趋势将是化石能源占比不断下降,可再生能源占比不断上升。

2.1 供给侧交易变化

首先,美欧对俄的经济制裁引发了国际能源市场的持续动荡,导致能源等大宗铲平的价格暴涨,对全球油气供应体系造成了巨大的冲击。从 2020 年开始,疫情对能源供应的冲击在能源工序时间和空间错配,导致国际油气价格大幅上涨,而俄乌冲突使国际油气价格又上了一个大台阶。国际主要能源巨头退出对俄罗斯的交易,俄罗斯能源贸易的空间进一步收缩。

经济滞胀风险上升将本就难以为继的世界经济拖入了坠落的深渊。在俄乌冲突之后世界油气交易,特别是欧洲地区交易份额大幅减少,主要原因在于美国与石油输出国组织(OPEC)各国能源供应链较长导致的运输成本增加,这些额外增加的成本也只能落在消费者的头上。

2.2 能源出口国形式分析

由于在俄乌冲突中,欧洲站队美方并实行多轮严厉制裁,迫使俄罗斯能源逐步退出西欧和美国市场,使得俄罗斯油气对欧出口将会遇到供需两方面的难题,国内能源的出口和对欧轻工业产品的进口都受到大幅限制。而俄罗斯国内能源企业的形式也不容乐观,特别是卢布的大幅贬值和随之而来的环球银行金融电信协会(SWIFT)将卢布踢出国际贸易结算系统,以及多名能源寡头的意外身亡,无不说明俄罗斯能源在国际能源供应体系中的份额更为急剧的缩水,随之而来的是俄油气产业对中国市场的依赖会加深。总体上来说,俄罗斯能源出口将面临供大于求的局面。

此前一度主导国际油市起伏的 OPEC 在美俄欧围绕能源明争暗斗之时,显得十分淡定。为稳定世界石油价格,OPEC 向每个成员国都规定了石油的最大输出量。而且从市场实际表现来看,该组织确实无意出手,以期在当今石油价格大涨的趋势下能够利用俄乌冲突带来的机会,实现更多的利润。OPEC与俄罗斯的关系在近年来逐步拉近,成为近年来国际油市的一大深刻变化。

3 能源需求侧市场变化

由于短期内世界央行收紧政策、通胀、新冠疫情等一系列考验来袭,全球经济复苏和低增长仍将持续,总体能源需求弱增长的态势难以逆转。

3.1 需求侧交易变化

根据预测,西欧各国对主要来源于俄罗斯的管道天然气的进口依赖程度将从2014年的37%提升到2035年的50%。芬兰和斯洛伐克等俄罗斯邻国对俄罗斯天然气进口程度几乎达到99%,归纳于完全依赖俄罗斯型。捷克、波兰、德国等国家,甚至于这次俄乌冲突的主角之一的乌克兰,他们的依赖程度在50%左右,归纳于高度依赖俄罗斯型。虽然这些国家将俄罗斯放入了制裁名单内,但也明确表示在短时间内,无法完全体制进口俄罗斯能源。直接导致西欧各国宣布暂时放弃2035年的碳中和目标,间接导致各国生活和生产成本的大幅上涨。

3.2 能源进口国形势分析

从需求侧来看,欧洲各国是本轮能源危机的主要发动者,也是主要的受害人。经济复苏和严寒导致天然气和煤炭的需求量持续上涨,这是欧盟各国政府的判断失误,也没有考虑交易机制缺乏韧性、能源改革进程过快等因素的影响,最终演变成此次危机。面对危机,欧盟特别是西欧各国采取了能源供应多样化的举措。首先是增加了煤炭和核能的供应,并延迟碳中和目标。天然气订单转向了美国、卡塔尔、阿塞拜疆以及挪威等国家;而石油供应方面则在寻求沙特阿拉伯和阿联酋等OPEC成员国的支持。其次,为防止进口供应中断,能源储备再次被提上了议程。欧盟各成员国通过了新的储气立法,新法规规定了欧盟成员国有义务增加自身天然气储量,储气量应达到次年冬季天然气用量的80%并逐步提升到90%,以期进一步解决能源供给问题。

同样,俄乌冲突的爆发对于一些能源方面高度依赖外部进口的国家遭受了严重的打击,其中的典型便是日本。在俄乌冲突持续一个月的时候时,日元大幅贬值,日本国内通胀率上升,使得正在复苏的日本经济举步维艰。而日本正是众多能源输入国家的缩影,相似的还有韩国等特别是宣布对俄制裁的国家。

4 新的能源供需格局中,未来各国能源战略的新变化

4.1 俄罗斯能源战略和未来形势分析

俄罗斯能源战略烙有世情、国情、行情与人情的印记,经济危机等重大突发事件往往影响着俄罗斯能源战略的调整,如《2020年前俄罗斯联邦能源战略》《2030年前俄罗斯联邦能源战略》等分别于俄罗斯金融危机后的2003年、国际金融危机后的2009年出台。而最近的《2035年前俄罗斯联邦能源战略》则发布于2014年乌克兰危机,俄罗斯遭受新一轮制裁之

后。其中的主要内容便是能源创新战略。

在因俄乌冲突遭受美欧制裁以来,俄罗斯政府采取了各项手段来降低制裁带来的损失。虽说自苏联解体以来,北约各成员国不断对俄罗斯进行轮番制裁并不断压缩俄罗斯生存空间,俄罗斯的经济在多轮制裁中,不断发展出以内循环为主体,外循环以盟友国为中心的经济体制。首先,俄罗斯在面对俄乌冲突以来,卢布大幅贬值,卢布对美元汇率大幅跳水的情况下,宣布将央行利率提升50%。如此大胆的操作,不仅仅阻止了俄罗斯经济的外逃,也使得俄罗斯经济相对地集中在政府的手中,从而使卢布止降升值。其次,俄罗斯政府在卢布退出SWIFT后,高调宣布向欧洲"不友好"国家供应的管道天然气将以卢布形式进行结算。这不仅仅是为本不景气的俄罗斯经济和卢布汇率大了一剂强心针,更是俄罗斯战略中能源贸易"去美元化"的关键一环。事实上,在美国频繁以美元作为武器实施制裁后,所谓的美元信誉一降再降,美国精心构建的美元霸权开始逐步解体,许多能源生产国都在酝酿着能源贸易"去美元化"。俄罗斯的这一战略无意加速了世界美元霸权的瓦解。再者,俄罗斯将能源市场更多地倾向于中国和印度。自今年6月开始,俄罗斯连续数月成为中国第一大石油进口国,占我国石油进口比例高达20%。

总的来说,俄罗斯能源战略在今后一段时间内的发展方向必将围绕出口重心调整和卢布结算导致的"去美元化"两个方面上来;并优化国内相关产业链,提升天然气、石油等产品质量并增加清洁能源占出口中的比例。

4.2 欧盟能源战略和未来形势分析

西欧国家能源与俄罗斯脱钩已成大势所向,能源空余市场将被美国为首的国家占领,东欧诸国在能源方面高度依赖俄罗斯的局势不会改变,欧盟内部分歧将进一步加深。

首先是以英法为首的执意加速能源"脱俄"的国家,由于本身对俄罗斯能源的依赖较小,所以对俄罗斯的能源市场更是极尽打压之力;而欧盟在拒绝俄罗斯管道天然气之后首选的美国液化天然气的主要停泊港口便在英法境内,此举能在一定程度上掌握欧洲内陆各国的能源命脉,也能从中牟利。所以,这些国家的主要能源战略便是"脱欧靠美"。

其次是以德国、波兰等高度依赖俄罗斯能源的国家。这些国家在短时间内并不能完成能源与俄罗斯的完全脱钩,也没有可靠的可供替代的第二供应商,美国的液化天然气的价格又偏高。国内能源大涨,在冬季来临之时,国内民众更加恐慌。其中,特征尤为显著的就是德国,在德俄天然气供应管道"北溪-2"被人工炸毁之后,德国能源和经济局势更加紧张,且在短期甚至是未来很长的一段时间内,反而会加快与俄罗斯的能源合作。

最后是捷克、芬兰等在能源上完全依赖的国家。这些国家虽然在欧盟的体制内,但是对俄罗斯的制裁与其能源战略在根本上是相反的。在可预见的未来内,这些国家也将会一直是俄罗斯能源的坚定进口国,甚至是加强与俄罗斯的军事合作。

总的来说,欧盟主要国家都倾向于能源的"脱俄"战略,将在下面的几个方向进行调整:第一,欧洲加大与其他国家在能源方面的合作;第二,欧洲加快能源结构调整,进一步提高可再生清洁能源所占比重;第三,欧洲在战略上将深化和美国的战略合作。

4.3 美国能源战略和未来形势分析

美国在今后的一段时间里的主要战略目标为:成为世界第一大石油出口国和第一大天然气供应国,深化世界能源贸易体系与美元加速绑定,推动天然气成为继石油之后的实施美元霸权主义的工具。

首先，美国从此拥有更多的手段将欧洲与自己绑定在一起。第二次世界大战结束以来，美国对欧洲的主要战略是通过战后经济贷款实施经济影响和利用北约实施军事影响，或者接入特定的地缘政治冲突中，但在欧盟成立之后，双方在经济上产生了激烈的竞争。由于俄乌冲突暴露出的传统西欧能源弱势，使得美国能够参与到争抢西欧庞大的天然气能源市场之中。但是由于上述的各项原因，包括南美和中东在内的产油国家，无法弥补俄罗斯对西欧停供能源而产生的市场空缺。美国公司获取了大量的中长期订单，这使美国与欧盟的竞争又多了一个重要的经济顺逆差，在长期的角度来看，美国会成为欧盟的主要能源供应商，欧洲对美国的依赖性会加强。

其次，美国通过此次危机，会推进国内的能源基础设施建设和美国的"再工业化"。能源产业不仅仅是产业中的一项，而是一种工业体系，形成的是一种工业体系的闭环，会涉及装备制造、电气、探勘、智能、劳务、运输等诸多的产业。接着这个机会，美国可以进一步推进其国内的"再工业化"，推动相关领域的就业发展，提升美国国内工业制造水平，提振美国经济，解决美国国内高通胀率的燃眉之急。

最后，以美国为幕后推手的俄乌冲突，也消耗着美国用近百年来建成的美元信誉，瓦解着美元霸权体系。在新的形势下，更多的国家注意到了美元在国际贸易、特别是在能源供应体系中，几乎不可撼动的地位，也正因如此，许多国家、特别是能源供应国家，都感觉到了美元霸权对自身能源贸易带来的威胁。所以，以俄罗斯、沙特阿拉伯、印度为首的各国正加速自身能源贸易与美元脱钩。美国在过去辛辛苦苦建立的美元霸权正在逐步瓦解。

总结而言，战争促成了欧洲的能源危机，俄罗斯的断气犹如釜底抽薪般限制了欧洲的发展，这反映了战争这一暴力形式对全球化的破坏，而美国成为最大的战争收益方之一仅从能源一项就不难看出，俄乌冲突下美国的对欧政策，其背后不可否认存在精心的商业利益设计。美国这种"政商一体"的利益攫取模式，正是其超级大国的经济红利。战争是推动国际权力和财富转移最快最直接的方式，也是美国立国和持续成为全球主宰的重要基础。另一方面，"去美元化"的意外加速也是美国不愿意看到的，美国在全球能源中的统治地位也是其他能源出口大国所不愿意看到的。能源"去美元化"将在以后的一段时间内成为不可逆转的趋势，美元信誉将被进一步消耗。

5 对中国能源安全和战略的思考

俄乌冲突给世界各国敲响警钟，俄乌冲突局势尚不明朗，中美之间的合作大过贸易竞争，世界的整体基调并没有发生变化，中美的利益问题可以通过外交对话的渠道进行解决。但是未来国际形势必将日趋复杂，而我国仍未完成统一，能源安全和相关战略必将摆在首位进行考虑。

基于我国经济基本情况，俄乌冲突对我国经济和能源的影响可以说是危险与机会并存，就当前阶段来说，其带来的经济增长效益和能源供给大于其带来的世界格局风险。具体表现在以下几个方面：

（1）美国加大对欧盟的天然气出口，免不了进行海上液态天然气（LNG）的运输。LNG运输船和普通的货运船只差别很大，它的建造技术含量很高，由于要运输液压天然气而建造的高强度船身而身价不菲，世界上只有中日韩三国有建造LNG运输船的能力。凭借出色的船舶建造能力，中国在俄乌冲突持续的时间内，斩获了大量的LNG船舶建造订单，有利于进一步提升我国工业制造能力。

（2）俄罗斯在遭受美欧经济制裁之后，空闲的能源市场将会向中国倾斜，中国有望拿下与俄罗斯的中长期油气订单。比如，在俄乌冲突爆发不久的3月21日，中俄能源公司签署了每年对华供应380亿立方米天然气的30年合同。中国能够在未来很长的一段时间内，有效依靠俄罗斯这个盟友，摆脱对海上进口能源的依赖，使中国人的能源命脉能够彻底地掌握在中国人的手中。

（3）能源世界的"去美元化"也是中国所乐意看到的成果。美元的信誉下跌，也从侧面反映出了人民币成为世界可信赖货币的趋势，中国与沙特阿拉伯和中东各能源出口国的"人民币合作"会进一步加强。

我国作为石油、天然气双料进口第一大国，当前正处于"百年未有之大变局"的情况下，虽然我国能源供给体系总体安全，能源进口体系有强力保证，能源自给率仍然保持在较高水平，但受国内政策调整、能源转型的影响，许多传统能源产业行业在政府的帮助下进行转型，正处于改革的阵痛期，中俄近期签订的能源购买协议在很大程度上缓解了这种阵痛。但从今夏全国部分地区实行限电措施来看，不仅仅是因为气温过高引起的用电紧张，更是由于国内能源转型和火力发电所需的煤炭价格大幅上涨。

总的来说，在国内持续推进完成"双碳"目标的前提下，我国主要能源供应体系正在度过一个改革的过渡时期，在经历了改革的阵痛期后，我国能源局势会呈现出绿色和可持续发展的局面；对于外部环境而言，我国能源进口特别使天然气进口有了高度的保障，能源局势正在不断地好转，能在长时间内，在西方国家的制裁下，保证自身能源的供给，也对我国的"一带一路"建设和我海军的战斗力发展提出了更高的要求。

从当前世界能源供给格局的深刻变化来看，"进入欧洲，成为欧洲强国"是几百年来俄罗斯历史的主要内容。也正是由于走入欧洲，俄罗斯才得以从偏安一隅的神秘之国，变成了世界政治舞台上的主角之一。

参考文献

［1］ 曹志宏. 俄乌冲突对国际能源格局的影响及中国的应对［J］. 商业经济，2022（9）：93-95.

［2］ 康红普，谢和平，任世华，等. 全球产业链与能源供应链重构背景下我国煤炭行业发展策略研究［J/OL］. 中国工程科学：1-12［2022-12-04］. http://kns. cnki. net/kcms/detail/11. 4421. G3. 20220908. 0950. 002. html.

运用大数据分析俄乌冲突对全球能源供应的影响

王　瑞[1]① 邓　华[2] 董广智[3]
（1. 海军大连舰艇学院,图书馆,辽宁大连,116000；
2. 海军大连舰艇学院,供应保障处,辽宁大连,116000；
3. 海军大连舰艇学院,信息技术室,辽宁大连,116000）

摘要:2022 年 2 月爆发的俄乌冲突已经持续 9 个多月的时间,这场冲突不仅是俄罗斯、乌克兰两国的直接军事冲突,也是俄罗斯、美国及盟友的经济战,在短期内改变了全球能源供应体系。本文利用大数据分析方法以"俄乌""能源"等为关键词,对互联网数据进行搜索,使用 Citespace 软件对关键词进行聚类分析整理,得到影响能源供应体系变化的 7 个核心关键词,分析总结俄乌冲突对全球能源供应体系带来的影响,提出我国维护能源安全的对策。
关键词:俄乌冲突;能源供应;大数据分析

引言

　　能源供应不但能为世界经济发展提供不竭动力,同时,因为其辐射的产业链广,对有效吸纳居民就业、稳定人民生活水平具有较为显著的影响。2022 年 2 月,俄罗斯对乌克兰展开军事行动,俄乌冲突全面爆发。俄罗斯作为全球能源大国,世界第二大原油出口国、第三大煤炭出口国,在全球能源市场占有重要地位。随着俄乌局势不断恶化,欧美等西方国家对俄罗斯实施了各种制裁,该事件对世界政治、经济、军事、贸易、能源供需格局等均产生深远的影响。中国是全球最大的能源进口国,准确把握当前全球能源局势,研判未来能源发展趋势,是科学确定能源转型路径的基础。本文以俄乌冲突对世界能源发展的影响为着眼点,利用大数据方法搜索网上信息,聚类分析本次冲突对全球能源市场、能源贸易、能源安全等造成的冲击,总结能源危机对全球经济社会发展带来的影响,提出我国维护能源安全的对策。

1　信息搜集与聚类分析

1.1　信息特点

1.1.1　数据量大

俄乌冲突是世界历史发展进程中的分水岭,对国际格局、世界秩序造成了重大影响,正

---

①　作者简介:王瑞,1984 年 12 月出生,学士,副研究馆员,主要研究方向为情报分析、信息素质教育。

在重塑地缘政治现实。在俄乌冲突背景下,能源贸易承受着大国间的地缘博弈,日渐成为相互施压的政治工具。因此,俄乌冲突历史背景、冲突历程、冲突影响、冲突损失等各方面成为人们关注的热点焦点,信息量巨大。

1.1.2　时效性强

俄乌冲突的战时信息变化大,随着欧美制裁措施的不断升级,全球能源供需形势、能源价格等不断波动,使信息的时效性增强。

1.1.3　类型多样

数据类型较多,常见的有结构化、半结构化和非结构化等。非机构化数据以图像、视频为主,半结构化数据是战争数据、报道等信息,这些信息每天变化、不断增加,造成数据分析困难。

1.1.4　价值密度差异大

俄乌冲突相关信息类型多样,铺天盖地,但因信息战、舆论战需要,有些信息真假难辨,其信息含量和价值密度也不尽相同。

1.2　大数据分析设计

俄乌冲突爆发以来,积累了大量数据,根据俄乌局势发展进行了全球能源体系变化大数据分析基本逻辑与思路的探索,明确了大数据分析方法,如图1所示。

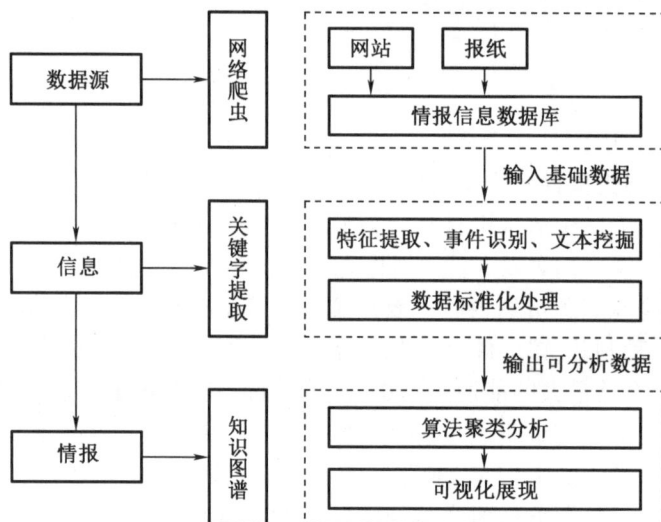

图1　情报大数据分析方法

1.2.1　数据收集

以俄乌、能源等作为关键词,通过网络爬虫进行数据爬取,检索到信息1万余条,信息主要以新闻标题、摘要、信息来源、新闻链接4种类型为主。

1.2.2　信息提取

由于数据爬取过程中存在部分数据缺失、大量数据重复等情况,需对获取到的数据进行处理。首先,以新闻标题、摘要为主要识别信息,删除重复数据,去除俄乌相关性较差的数据信息,处理后,得到4 478条数据。其次,对摘要进行关键词提取,运用Python脚本提取文本内容中的关键词;使用jieba控件从内容提取关键词,提取权重最高的5个名词;通过

TF-IDF算法,对摘要进行处理,获取关键词。最后,将采集关键词后的数据,按照可分析格式,这里采用仿制CNKI文献标准格式,进行标准化处理。

1.2.3 数据分析

利用Citespace进行关键词分析,先从数据集的标题、作者关键词、系统补充关键词以及摘要中提取名词性术语,然后选择Node Type(节点类型)为Term,对名词术语进行共词分析。CiteSpace的名词性术语(Noun Phrase)的共词分析主要是从标题(T1)、关键词(DE)、辅助关键词(ID)以及摘要(AB)中提取,采用LLR聚类结果进行分析,聚类平均轮廓值S值为0.862 3,聚类结果可信服,聚类模块值Q值为0.660 8,聚类结构显著。选取聚类明显的前7项进行可视化展现,形成关键词共现图谱结果如图2所示。

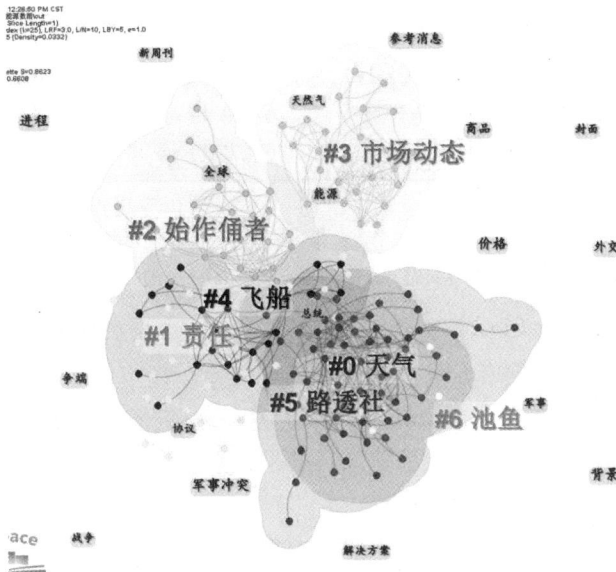

图2 俄乌冲突能源关键词共现图谱

2 数据统计结果分析

2.1 极端天气对能源供应的影响巨大

关键词"天气"成为第1聚类(表1),原因是俄乌冲突持续下,全球能源系统的稳定性在下降,这将放大极端天气对能源价格的影响,当前,海外尤其欧洲能源系统极为脆弱,若冷冬预期继续兑现,海外能源需求或进一步上升,从而加剧能源价格波动。

表1 核心词统计表

核心词	Size	Silhouette	Label(LSI)	Label(LLR)	Label(MI)
天气	44	0.804	(5.19)能源;(4.17)天气;(4.17)局局长;(4.17)紧迫感;(4.17)流动性	天气(3.7, 0.1);局局长(3.7, 0.1);紧迫感(3.7, 0.1);流动性(3.7, 0.1);总理(3.7, 0.1)	天气(0.52);局局长(0.52);紧迫感(0.52);流动性(0.52);总理(0.52)

2.2　双方作用下能源危机愈发严重

关键词"责任"（表2），原因是七国集团认为俄罗斯与乌克兰冲突正引爆全球能源危机，声称俄罗斯应该承担责任，俄罗斯认为制裁造成了能源危机，欧盟跟随美国对俄罗斯实施多轮制裁，但制裁造成欧洲能源供应紧张，天然气和电力价格飙升，整体通胀水平居高不下，令欧洲经济承压。

表2　核心词统计表

核心词	Size	Silhouette	Label（LSI）	Label（LLR）	Label（MI）
责任	30	0.934	（4.53）能源；（4.17）责任；（4.17）资深；（4.17）进攻性；（4.17）防御性	责任（3.67, 0.1）；资深（3.67, 0.1）；进攻性（3.67, 0.1）；防御性（3.67, 0.1）；议员（3.67, 0.1）	责任（0.53）；资深（0.53）；进攻性（0.53）；防御性（0.53）；议员（0.53）

2.3　美国对能源供应具有重要影响

关键词"始作俑者"（表3），在俄乌冲突中，美国试图限制俄罗斯石油的价格，打击其能源出口，并不只是为了削减俄罗斯的经济实力。美国意在利用这场冲突取代俄罗斯的能源出口地位，主导全球能源市场。布雷顿森林体系破产之后，石油美元是维系美元继续作为世界货币的主要原因。而美军、美元和美国科技是维系美国世界霸权的三种力量。

表3　核心词统计表

核心词	Size	Silhouette	Label（LSI）	Label（LLR）	Label（MI）
始作俑者	29	0.747	（5.17）局势；（4.17）始作俑者；（4.17）舆论；（4.17）边缘；（4.17）造势	始作俑者（4.07, 0.05）；舆论（4.07, 0.05）；边缘（4.07, 0.05）；造势（4.07, 0.05）；争端（2.85, 0.1）	始作俑者（0.41）；舆论（0.41）；边缘（0.41）；造势（0.41）；天气（0.41）

2.4　市场博弈将影响能源供应政策

关键词"市场动态"（表4），原因是美国成为世界上最大油气生产国后，不仅减少了对中东进口的依赖，更在油气出口市场上成了OPEC的竞争者，这一结构性变化改写了美沙关系的基本面，同时以沙特阿拉伯为首的OPEC国家由原来的石油美元输出者变成了需要巨大资金投入推动国家经济转型的资金需求方。国家角色的巨大转换，必然导致美国与沙特阿拉伯等OPEC国家关系的根本性改变。

表4 核心词统计表

核心词	Size	Silhouette	Label（LSI）	Label（LLR）	Label（MI）
市场动态	25	0.984	（8.34）市场动态；（5.68）能源；（5.17）局势；（4.34）油气；（4.34）能源供应	市场动态（5.58，0.05）；难民（2.78，0.1）；时刻（2.78，0.1）；阶段（2.78，0.1）；冲击波（2.78，0.1）	难民（0.95）；时刻（0.95）；阶段（0.95）；冲击波（0.95）；新闻（0.95）

2.5　新能源将迎来发展

关键词"飞船"（表5），原因是俄乌冲突影响科技领域，国际空间站是俄罗斯与美国太空合作的标志性项目，虽然双方在该项目上的合作目前依然在继续，但也面临不确定性。俄乌冲突表明，对化石燃料贸易的持续性依赖会造成严重的地缘政治脆弱性，也使得人们重新关注能源安全和清洁能源转型，在欧洲尤为明显。

表5 核心词统计表

核心词	Size	Silhouette	Label（LSI）	Label（LLR）	Label（MI）
飞船	23	0.869	（4.17）飞船；（4.17）媒体；（4.17）成本；（4.17）外媒；（4.17）专栏	飞船（4.34，0.05）；媒体（4.34，0.05）；成本（4.34，0.05）；外媒（4.34，0.05）；经济（4.34，0.05）	飞船（0.34）；媒体（0.34）；成本（0.34）；外媒（0.34）；经济（0.34）

2.6　能源输送途径严重影响供应

关键词"路透社"（表6），原因是路透社持续关注管道等多种能源输送途径，俄罗斯与乌克兰战争爆发以来，全球能源市场剧烈波动，石油、天然气和煤炭价格均大幅度上涨。由于俄罗斯在全球能源市场无可替代的地位，加之美国、欧洲等国家和地区对俄罗斯实施的经济、金融和能源等制裁，俄乌战争不仅冲击了全球能源市场，还产生了一个次生的影响，即世界油运价格也大幅度上涨。

表6 核心词统计表

核心词	Size	Silhouette	Label（LSI）	Label（LLR）	Label（MI）
路透社	18	0.848	（4.34）管道；（4.17）路透社；（4.17）流经；（3.52）能源；（3.17）争端	路透社（5.04，0.05）；流经（5.04，0.05）；管道（3.89，0.05）；争端（1.43，0.5）；外界（1.43，0.5）	路透社（0.22）；流经（0.22）；始作俑者（0.21）；天气（0.21）；难民（0.21）

2.7 通货膨胀受能源供给影响

关键词"池鱼"（表7），原因是俄乌战争持续升级，呈现出长期化的趋势，其实除了战场本身对战局有影响外，更大的影响是在战场之外的经济领域，而且这个领域影响世界更加深远，牵动了更多的国家和地区。这次经济战的核心是通货膨胀，谁先被通胀击败，谁的资产价格先崩溃，货币贬值幅度最大，谁就先出局，就是失败者。

表7 核心词统计表

核心词	Size	Silhouette	Label（LSI）	Label（LLR）	Label（MI）
池鱼	7	0.901	(2.17)池鱼；(2.17)民众；(2.17)苦果；(2.17)社会；(2.17)特稿	池鱼（2.09, 0.5）；民众（2.09, 0.5）；苦果（2.09, 0.5）；社会（2.09, 0.5）；特稿（2.09, 0.5）	始作俑者（0.08）；天气（0.08）；难民（0.08）；飞船（0.08）；时刻（0.08）

3 结论与对策建议

3.1 俄乌冲突对全球能源供应体系带来的影响

3.1.1 对能源市场结构的影响

受俄乌冲突影响，国际能源结构出现较大变化，欧盟国家将面临能源与财政的双重压力。一部分对俄罗斯能源依赖度较高的欧洲国家面临能源危机，不得不出高价购买其他国家能源产品。国际能源价格的上升将直接抬高欧盟的天然气与电力价格，导致各国生活与生产成本直接受到影响。

3.1.2 对能源贸易的影响

基于地缘因素，欧洲对俄罗斯的能源需求极大，受俄乌冲突影响，国际贸易市场能源价格飙升，迫使这些欧洲国家加速寻求能源供应多元化，将加大与美国、中东、西非、中亚国家的能源合作，不得不考虑重新进行能源开采，这会给天气变化、环境保护、节能减排带来巨大压力。

3.1.3 对能源供需平衡的影响

源于制裁的影响，俄罗斯能源产业遭遇了前所未有的发展瓶颈，能源出口面临考验，供大于求将是其未来能源出口的主要掣肘。

3.2 维护我国经济和能源安全的对策

未来国际形势将日趋复杂，作为油气双料进口第一大国，我国亟须全面评估能源供应安全可能面临的短期和中长期影响，并从长远战略视角优化调整国际能源合作重要方向、跨境通道布局和能源转型路径，以维护我国经济和能源安全。

3.2.1 保持能源供应多元化，减少国际变局对能源安全的冲击

俄乌冲突后，暴露出欧盟国家对俄罗斯能源依赖的软肋。对中国来说，只有丰富能源

供给渠道,避免深度的利益捆绑,扩大同欧佩克、中亚、中东、拉美等主要能源供给地区的合作,在保障能源自由贸易方面与各国寻找共同利益,才能最大限度地减少地区冲突和国际格局变化对我国经济和能源安全的冲击。要巩固和深化与"一带一路"国家能源合作,逐步搭建起"一带一路"能源合作伙伴关系合作网络。

3.2.2　在能源供给中寻找战略平衡点

在美欧制裁的背景下,必然导致俄罗斯将欧洲部分产能逐渐转移到中国、东亚市场。俄罗斯将更多地依赖东亚地区能源市场的稳定性,同时俄罗斯也需要利用人民币绕开美欧实施的金融制裁。这将有利于我国能源供给的稳定和增加能源储备。中国要提高自身能源安全,就要避免对他国油气形成依赖而遭到战略绑架。作为第二大油气消费国,我国必将成为美国和俄罗斯能源巨头争夺的市场,展开新的博弈。因此,我国需要因势利导寻找战略平衡点,提升我国的能源安全。

3.2.3　加速推动新能源发展

当前,石油和天然气等化石能源依然是能源供给的主要来源。一方面,中国需要完善化石能源供应体系;另一方面,在落实能源供应多样性上,应继续推动新能源发展,继续提高可再生能源占比。另外,要着力发挥节能"第一能源"作用,加强节约用能宣传教育和需求侧响应机制建设。

4　结语

随着中国经济的快速发展,国际感召力和影响力都在不断提升。二十大报告提出积极稳妥推进碳达峰碳中和、积极参与应对气候变化全球治理的总目标,体现了中国担当。同时俄乌冲突给全球能源供应带来的动荡,也给中国绿色低碳转型和能源供应体系带来诸多启示,使中国未来能源发展将传统能源供应安全与环境变化紧密相连,实现"双碳"的目标,同时将能源的资源属性向制造业属性转化,摆脱石油能源路径依赖,发展清洁能源,多元化构筑能源供应链,守护国家能源保障安全。

参考文献

[1]　李富兵,申雪,李龙飞,等. 俄乌冲突对中俄油气合作的影响[J]. 中国矿业,2022,31(8):8-15.

[2]　曹志宏. 俄乌冲突对国际能源格局的影响及中国的应对[J]. 商业经济,2022(9):93-95,126.

[3]　王孜健,李冬麒,庞京成. 俄乌冲突给能源领域带来哪些影响[J]. 山东国资,2022(7):127-128.

[4]　王树春,陈梓源,林尚沅. 俄乌冲突视角下的俄欧天然气博弈[J]. 俄罗斯东欧中亚研究,2022(5):81-101.

[5]　CHEN C . A Glimpse of the first eight months of the COVID-19 literature on microsoft academic graph:themes, citation contexts, and uncertainties[J]. Frontiers in Research Metrics and Analytics,2020,5:607286.

[6]　安峥. 多重挑战下,今年气候大会有何看点[N]. 解放日报,2022-11-7(016).

考虑极地船舶推进轴系安全的冰级桨全参数化设计[①]

卢 雨[②] 李 闯 吴春晓[*]

（大连海事大学，船舶与海洋工程学院，辽宁大连，116026）

摘要：常规螺旋桨设计主要是针对水动力性能的提升，而对于极地船舶航行的高冰级螺旋桨设计，需在计及水动力性能的同时，考虑由削冰碰撞等引发的冰级桨推进轴系安全问题。本研究将冰级桨的几何重构技术、水动性能评估技术、最优化技术结合起来，实现优化设计过程的自动化，建立冰级桨水动力构型全参数化设计方法。以各个径向处的螺距、厚度、拱度为优化设计变量，以冰级桨对轴系安全最大冰扭矩以及推进性能扭转力矩作为限制条件，选取推力系数、敞水效率为目标函数，采用 SOBOL 与 NSGA-Ⅱ优化算法，构建基于轴系安全的冰级桨全参数化设计系统。研究结果表明：优化方案较母型桨推力系数和敞水效率均有提升，且对轴系设备的最大冰扭矩有大幅降低，综合性能更佳。本研究验证了所建立的冰级桨水动力性能优化设计方法是有效可靠的，为冰区螺旋桨的推进性能数值计算及构型优化设计提供了参考借鉴作用。

关键词：轴系安全；全参数化螺旋桨；优化设计；冰扭矩；优化算法；敞水性能

引言

在海冰区域航行时，海冰会伴随着船舶的运动接近螺旋桨。海冰是危害船舶在冰区安全航行的重要问题，在冰区航行过程中，螺旋桨桨叶的运行会受到海冰影响。螺旋桨桨叶受到由于螺旋桨自身旋转产生的水动力载荷，以及与冰发生接触产生的冰载荷，相互作用的状态有切削、触碰、堵塞等。冰级桨与海冰的相互作用不仅会使螺旋桨船尾处流场发生改变，堵塞冰级桨的进流，使冰级桨的水动力性能产生改变，而且影响其推进性能，所以在有海冰的情况下研究冰级桨的水动力性能，具有一定的实用价值。在以往的研究中，研究者更多的精力放在了理论分析和试验研究上，对冰桨数值计算方法的开发研究得不多[1]。而本文是在基于 IACS URI3 规范下，在满足轴系设备冰级强度条件下进行水动力性能研

---

① 基金项目：国家自然科学基金面上项目（52171293）；国家自然科学基金青年项目（51809029）；大连市支持高层次人才创新创业项目（2020RQ009）；大连市科技创新基金重点学科重大项目（2020JJ25CY016）；辽宁省自然科学基金博士科研启动计划项目（2019-BS-025）；中央高校基本科研业务费专项资金资助（3132022112）。

② 作者简介：卢雨，男，1988 年出生，博士，副教授，研究方向为船舶水动力学。

＊通信作者：吴春晓，男，1998 年出生，硕士研究生，研究方向为船舶水动力学。

究,国内外学者对于螺旋桨与海冰之间的相互作用已经做了大量的分析研究。Luznik 等对某 R 级破冰船上的冰级桨进行研究分析,给出了不同进速下的冰级桨的水动力性能,并且获得了堵塞条件下的水动力性能以及敞水下的水动力性能。Searle、Later 等[2]在冰水池中对螺旋桨进行试验,采用了 EG/AD/S 模型冰,得到了该螺旋桨的水动力性能,研究了在不同进速下海冰对螺旋桨的影响。Moores 等[3]在冰水池中对大倾斜螺旋桨进行海冰与螺旋桨作用试验,采用了 EG/AD/S 模型冰,监测大侧斜螺旋桨模型的水动力性能参数(推力系数、转矩系数),研究了不同进速系数下,海冰对大侧斜螺旋桨的水动力性能参数(推力系数、转矩系数)的影响,主要检测由于大侧斜螺旋桨与海冰互相作用,海冰对其造成的损坏现象。研究海冰与螺旋桨的相互作用,武坤等[4]开发了冰桨流作用吊舱推进器载荷测试系统,在循环水槽进行了冰桨阻塞临近和冰桨碰撞切削等不同状态的吊舱推进器的螺旋桨整体推力和扭矩、单桨叶多分量载荷性能测试,试验结果表明冰桨流作用下的吊舱推进器的螺旋桨水动力性能是由冰桨相对位置和推进器运行工况等综合作用的结果。

国内外对于冰级桨的水动力性能优化方面的研究较少,因此本文以全参数化建模的方式,在基于 IACS URI3 规范的参考下,在满足轴系设备的抗冰强度条件下进行水动力性能研究,提出基于 CFD 方法,以各个径向处的螺距、厚度、拱度为优化设计变量,选取推力系数、敞水效率为目标函数,母型桨对轴系的最大冰扭矩以及母型桨的扭矩作为限制条件,采用 SOBOL 与 NSGA-Ⅱ多目标优化算法,构建基于轴系抗冰性能的参数化螺旋桨优化设计系统。

1 冰区螺旋桨强度的规范方法校核

1.1 冰桨相互作用形式分析

对于航行在冰区的船舶,螺旋桨受到的载荷可以被分为三种,它们分别为由于海冰的干扰产生的螺旋桨与海冰的水动力载荷、由于海冰与螺旋桨的接触产生的接触载荷以及由于螺旋桨自身的旋转产生的敞水载荷。这些载荷会造成冰级桨水动力性能的降低以及结构的破坏。

1.2 冰级桨强度校核规范方法

与常规螺旋桨相比,冰区螺旋桨对强度要求比较高,早期很多船级社都对冰区螺旋桨的强度做了规定,但是实践发现,这些规定并不能满足实际的要求,为了满足冰区船舶在北极安全航行的实际需求,国际船级社协会(IACS)对各个船级社的规范进行统一的整理和总结,从而建立 IACS URI3 冰级规范。

IACS URI3 规范[5]给出的螺旋桨设计冰载荷为螺旋桨在生命周期内,冰级桨能承受的最大冰载荷。对于开放式螺旋桨的桨叶,IACS URI3 规范载荷计算公式见式(1)至式(4)。

冰区船舶,螺旋桨全寿命内桨叶受到的最大向后弯曲载荷 F_b:

$$F_b = \begin{cases} -27 S_{ice}(nD)^{0.7}\left(\dfrac{EAR}{Z}\right)^{0.3}D^2 & D<D_{limit} \\ -23 S_{ice}(nD)^{0.7}\left(\dfrac{EAR}{Z}\right)^{0.3}H_{ice}^{1.4}\cdot D & D \geqslant D \end{cases} \quad (1)$$

$$D_{\text{limit}} = 0.85 \cdot H_{\text{ice}}^{1.4} \tag{2}$$

冰区船舶,螺旋桨全寿命内桨叶受到的最大向前弯曲载荷 F_f:

$$F_f = \begin{cases} 250\left(\dfrac{EAR}{Z}\right)D^2 & D < D_{\text{limit}} \\ 500\left(\dfrac{1}{1-\dfrac{d}{D}}\right)H_{\text{ice}}\left(\dfrac{EAR}{Z}\right)D & D \geqslant D \end{cases} \tag{3}$$

$$D_{\text{limit}} = \left(\dfrac{2D}{D-d}\right) \cdot H_{\text{ice}} \tag{4}$$

式中,d 为螺旋桨桨毂直径(m);n 为在船舶主机额定功率下转速的 85%(r/min);D 为螺旋桨直径(m);Z 为螺旋桨桨叶数;EAR 为螺旋桨盘面比;H_{ice}、S_{ice} 和 S_{qice} 见表1。

表1 冰级系数表

冰级	H_{ice}/m	S_{ice}	S_{qice}
PC1	4	1.2	1.15
PC2	3.5	1.1	1.15
PC3	3	1.1	1.15
PC4	2.5	1.1	1.15
PC5	2	1.1	1.15
PC6	1.75	1	1
PC7	1.5	1	1

表1中 H_{ice} 为用于对船舶推进系统进行设计的冰层厚度;S_{ice} 为表示螺旋桨桨叶所受到冰力的海冰强度指数;S_{qice} 为表示螺旋桨桨叶受到冰扭矩的海冰强度指数。

冰区船舶,螺旋桨对轴系施加的最大冰扭矩为:

$$Q_{\max} = \begin{cases} 105\left(\dfrac{1-d}{D}\right)S_{\text{qice}}\left(\dfrac{P_{0.7}}{D}\right)^{0.16}\left(\dfrac{t_{0.7}}{D}\right)^{0.6}(nD)^{0.17}D^3 & D < D_{\text{limit}} \\ 202\left(\dfrac{1-d}{D}\right)S_{\text{qice}}H_{\text{ice}}^{1.1}\left(\dfrac{P_{0.7}}{D}\right)^{0.16}\left(\dfrac{t_{0.7}}{D}\right)^{0.6}(nD)^{0.17}D^{1.9} & D \geqslant D \end{cases} \tag{5}$$

$$D_{\text{limit}} = 1.81 H_{\text{ice}} \tag{6}$$

式中,$t_{0.7}$ 为螺旋桨在 0.7R 处的最大厚度;$P_{0.7}$ 为 0.7R 处螺旋桨的螺距(m);n 为在系柱状态下螺旋桨的转速(r/min)。

在以下部分描述的优化过程中,假设轴系设备未更改,则使用上面列出的 IACS Polar UR 公式(式(5)~式(6))作为约束。冰区螺旋桨的强度已根据 IACS Polar UR 的要求进行了验证。

2　优化算法

2.1　SOBOL 优化算法

SOBOL 序列[6]是准随机序列的一种,SOBOL 序列算法的原理是计算每个变量,进而得到正确性的结果,能够以一种标准的形式扩散至整个可行域,达到全面均匀地扩散,得出较为均分的结果,所以可以根据较为少量的点来达到对随机变量较为完整地描述。SOBOL 搜索算法是以计算目标结果的方差,来获得设计变量各阶导数的方式,确定设计变量对模型灵敏度的分析,以此得到每个设计变量对优化目标的影响率。算法的主要方程如式(7)[7]中构建。

$$f(x_1, x_2, \cdots, x_n) = f_0 + \sum_{i=1}^{n} f_i(x_i) + \sum_{1 \leqslant i \leqslant j \leqslant n} f_{ij}(x_i, x_j) + \cdots + f_{12\cdots n}(x_1, x_2, \cdots, x_n) \qquad (7)$$

式中,f_0 是一个常数,每个子项式变量上的积分是零:

$$\int_0^1 f_{i_1, \cdots, i_s}(x_{i_1}, \cdots, x_{i_s}) \mathrm{d}x_{i_k} = 0, \quad 1 \leqslant k \leqslant s \qquad (8)$$

$f(x)$ 的总方差可以写为 $D = \int_{K^n} f^2(\bar{x}) \mathrm{d}\bar{x} - f_0^2$

$$D_{i_1, \cdots, i_s} = \int_0^1 \cdots \int_0^1 f_{i_1, \cdots, i_s}^2(x_{i_1}, \cdots, x_{i_s}) \mathrm{d}x_{i_1} \cdots \mathrm{d}x_{i_s} \qquad (9)$$

$$D = \sum_{i=1}^{n} D_i + \sum_{1 \leqslant i \leqslant j \leqslant n} D_{ij} + \cdots + D_{12, \cdots, n} \qquad (10)$$

由 SOBOL 算法生成的优化设计变量序列不仅分布均匀,且收敛速度较快,因此本研究采用 SOBOL 算法生成优化设计变量矩阵进行优化研究。

2.2　NSGA-Ⅱ多目标遗传算法

随着所面对的多目标优化问题越来越复杂的趋势,NSGA 算法在应用时产生了计算复杂度明显增加,迭代过程中搜索到的优秀个体可能被忽略保存等问题[8-9]。NSGA-Ⅱ带有精英策略的非支配排序遗传算法的基础上改进而来,其改进包括:

(1)运用快速非支配排序技术使算法的计算难度下降

(2)精英保留技术,且可以显著的使得 Pareto 解集涵盖更多个体。通过子父代种群进行融合,逐步将较优个体进行筛选,并进行统一分层存放,能够有效地避免满意解的丢失,最终使得种群的总体水平提高。

(3)运用拥挤度原理。基于此优化算法的特点,对于同层级中个体做出纳入拥挤度的评估与个体距离的计算比较的评优行为,使得种群具有多元化的特征。

3　优化设计流程

3.1　全参数化螺旋桨

本文采用的螺旋桨是基于 PP0000C0[10]的新型冰区螺旋桨为原型,螺旋桨主要参数见表2。

表 2 螺旋桨主要参数

参数	数值
直径/m	1.6
桨叶数	4
盘面比	0.738 7
螺距比	0.83
毂径比	0.3
侧斜角/(°)	0
翼型	Naca66Mod a＝0.8

为了对螺旋桨进行多目标优化设计,需要对螺旋桨进行参数化表达,用以实现外形的变化。当代螺旋桨已经是径向变螺距、周向带侧斜、轴向有纵倾的三维几何实体。传统的图谱表达方式面临着参数繁多、表达不够清晰的问题,特别是在当代舰船需要专配螺旋桨的情况下,导致螺旋桨设计工作量很大。所以需要用一种相对简单的方式把螺旋桨的几何特征表达出来,用以建立螺旋桨几何参数和螺旋桨性能之间的关系。

翼型剖面是螺旋桨生成的基础,翼型剖面建立的质量直接影响到螺旋桨的质量。使用参数化的方式建立螺旋桨翼型剖面有助于后续螺旋桨模型的建立,能够使螺旋桨实现由特征参数驱动的外形的变化。对于翼型剖面来说,为表达翼型剖面的形状,选定弦线为基准线,在基准线的两侧(吸力面和压力面)沿基准线弦向分布拱度和厚度,这种方式用于螺旋桨叶剖面形状的表达。首先用 F-spline 曲线定义拱度线和厚度分布,给定拱度线,使用厚度分布创建拱度线两侧的偏移曲线,从而实现翼型剖面的参数化。图 1 为该螺旋桨的参数化剖面翼型。

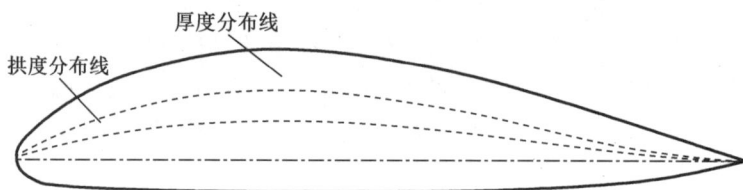

图 1 参数化剖面翼型

螺旋桨是由翼型剖面在空间中进行拉伸、旋转得到的三维实体。通常给出螺旋桨在各个剖面的参数径向分布来表示整个螺旋桨。对于螺旋桨叶片的设计变量主要用于螺旋桨叶剖面的形状表达和定位。弦长、最大厚度和最大拱度可以进行翼型剖面形状的表达。纵倾、侧斜和螺距则能准确地表示螺旋桨在周向、轴向、径向各叶剖面的分布。把螺旋桨不同径向的主要参数利用较少的控制变量准确拟合成参数曲线,在参数曲线拟合的过程中,主要选取 F-spline 曲线进行拟合,最后以一种参数化的方式把螺旋桨的几何特征表达出来,用以建立螺旋桨几何参数和螺旋桨性能之间的关系如图 2 所示。

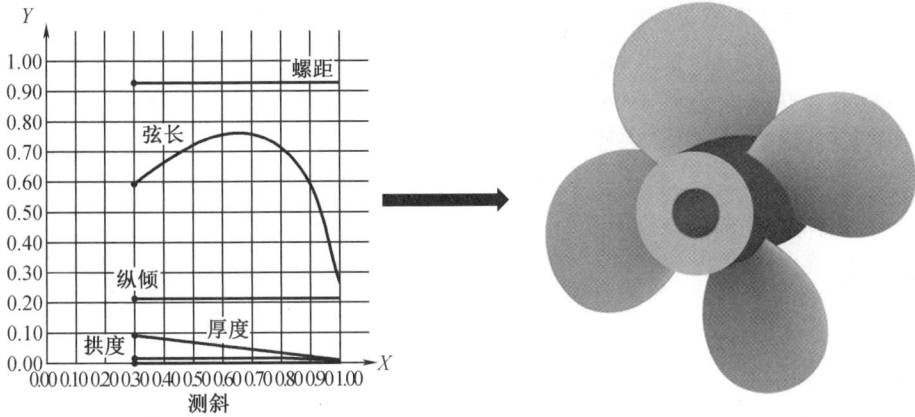

图2 全参数化螺旋桨模型

3.2 数值模拟

采用 MRF 模型进行螺旋桨真实的旋转环境的模拟,创建两个计算域:旋转域与静止域。静止域边界条件设定:静止域左边设为速度进口,静止域右边设为压力出口,轴向方向设为对称平面边界条件。采用定常 RANS 计算,湍流模型为 SST K-ω 模型,如图3 所示。

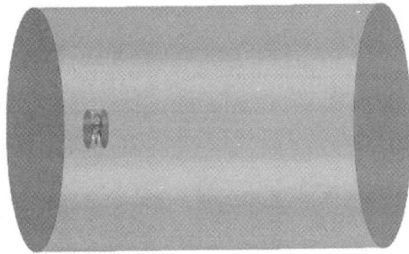

图3 螺旋桨计算域

网格划分旋转域选择切割体网格与棱柱层网格,静止域选择切割体网格。螺旋桨桨盘面处网格与轴向切面网格如图4 所示。

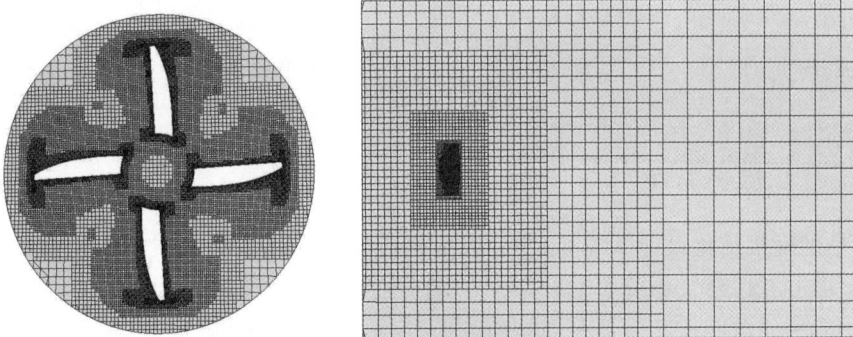

图4 螺旋桨网格示意图

由于该桨没有试验数据,用该网格验证4119型[11]螺旋桨,因为它有可用的试验数据进行比较和验证。此验证过程的网格数分别为136万、223万、320万和519万网格。采用这4种网格,在进速系数 $J=0.6$ 的情况下,不同网格数的螺旋桨的扭矩系数、敞水效率和推进系数的计算结果见表3。对比发现随着网格量的增多,CFD计算的准确度随之增加,当网格量达到320万时,扭矩系数、敞水效率和推进系数的误差值(Error)相对较小。考虑计算资源以及计算效率,因此选用320万的这套网格进行CFD数值模拟。

表3 不同网格数下水动力性能变化

网格数	CFD K_T	Error	CFD $10K_Q$	Error	CFD η	Error
136万	0.249 6	1.886%	0.412 3	0.561%	0.577 8	1.191%
223万	0.250 1	2.082%	0.412 5	0.610%	0.578 9	1.384%
320万	0.249 4	1.796%	0.409 9	-0.024%	0.580 8	1.716%
519万	0.249 1	1.673%	0.408 6	-0.341%	0.581 9	1.909%

如表3所示,本文使用了不同数量的网格进行网格无关性验证。进而在不同的进速系数 J 值(0.5~0.7)下,使用320万网格的数值模拟结果列于表4。从表4中可以看出,扭矩系数 $10K_Q$、推力系数 K_T、敞水效率 η 和试验值的误差均在5%以内,说明用这套网格计算的结果是可信的。

表4 不同进速下螺旋桨水动力性能误差对比

J	0.5	0.6	0.7
真实值 K_T	0.285	0.245	0.2
CFD K_T	0.294	0.248	0.205
Error	3.12%	1.22%	2.50%
真实值 K_Q	0.0477	0.041	0.036
CFD K_Q	0.046 5	0.040 8	0.035 3
Error	2.41%	-0.49%	-1.94%
真实值 η	0.475	0.571	0.619
CFD η	0.502	0.580 9	0.647
Error	5.68%	1.73%	4.52%

3.3 优化设计系统

图5是螺旋桨优化设计系统流程图,根据螺旋桨的径向参数,对其进行螺旋桨几何参数化建模,根据IACS规范,螺旋桨桨叶最大向后弯曲载荷 F_b 与螺旋桨最大向前弯曲载荷 F_f 与盘面比有关,而盘面比只与主要参数的弦长有关。轴系在冰区航行所能承受的冰区最大转矩 Q_{max} 与螺距、厚度有关,因此将螺距、厚度、拱度作为设计优化变量,通过螺距曲线和厚度曲线的变化,进而螺旋桨的几何模型变换。然后对其进行CFD数值计算得到水动力性

能,把优化桨对轴系的小于母型桨对轴系的最大转矩以及优化桨的转矩小于母型桨的转矩作为限制条件。螺旋桨的推力系数和敞水效率作为设计优化目标,先使用 SOBOL 算法对其进行全局均匀搜索,然后用 NSGA-Ⅱ算法对其进行多目标优化。以此进行迭代,从而得到最优桨型方案。

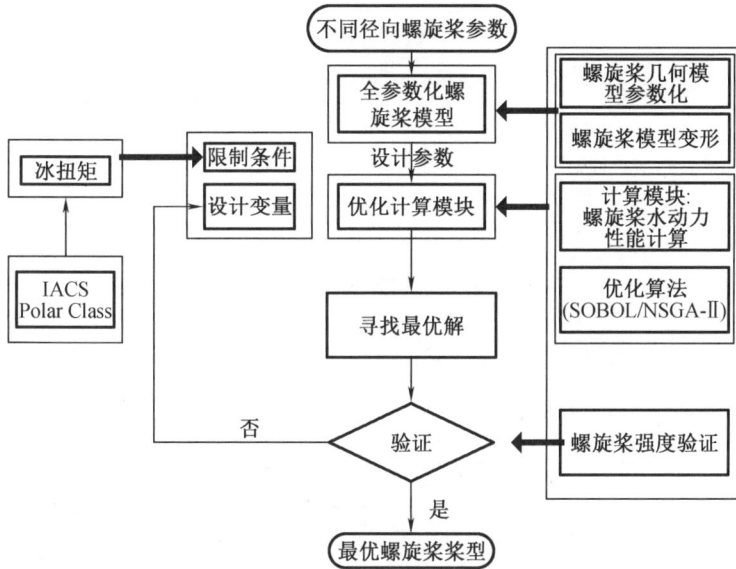

图5　优化设计系统流程图

4　结果分析

以上述螺距曲线、厚度曲线、拱度曲线作为设计优化变量,在设计推进速度 $J=0.4$ 时,对螺旋桨进行多目标全局优化。优化目标是螺旋桨的敞水效率和推力系数。约束条件是优化后的螺旋桨对轴系产生的最大冰扭矩小于母螺旋桨对轴系产生最大冰扭矩以及优化螺旋桨的扭矩小于母型桨的扭矩。先使用 SOBOL 优化算法在设计变量允许的范围内随机搜索 50 个个体,然后基于搜索的 50 个个体中选择较优的个体进行 NSGA-Ⅱ优化算法,采用这种方法可以加速优化目标的收敛。NSGA-Ⅱ优化算法优化过程中的种群规模为 12,总共进行了 12 次迭代,生成了 144 个个体,如图6所示。本文从中选择较好的个体进行分析,绿色圆点代表劣解,是指不满足本文所设置的约束条件。蓝色圆点代表非劣解,是指满足约束条件的解集。红色镂空星点代表 Parteo 最优解,代表满足优化目标的解集。红色圆点代表母型桨的推力系数以及敞水效率。红色星点为本文选取的效率较优,推力系数较优的优化螺旋桨。从图中可以看出,Pareto 最优解集均匀分布在 Pareto 前沿上。这些优化螺旋桨的扭矩是根据 IACS Polar UR 计算的,并且小于母型螺旋桨的扭矩。选取红色星点用于全进速螺旋桨敞水 CFD 数值计算。

通过对优化螺旋桨进行 CFD 计算,优化(optimized)螺旋桨和母型(parent)螺旋桨敞水曲线对比如表5与图7所示,并验证了优化后的螺旋桨满足 IACS Polar UR 规范的扭矩要求,见表6。对比可以看出,优化螺旋桨的敞水效率 η 和推力系数 K_T 在多数进速系数下高于母型桨,对轴系的扭矩降低了 18.03%,扭矩系数 $10K_Q$ 多数进速系数下低于母型桨,整体性能较优。本文选取的为效率较高的且推力系数较高的优化螺旋桨,在工程应用中,可以根据设计目标选取适用于不同情况的优化螺旋桨。

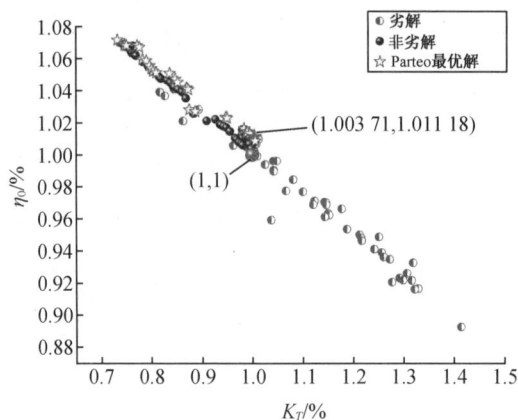

图 6   NSGA-Ⅱ优化解集

表 5   优化桨与母型桨水动力性能对比

J	0.4	0.5	0.6
parent K_T	0.229	0.184	0.138
optimized K_T	0.230	0.185	0.140
optimized	0.37%	0.68%	1.18%
parent $10K_Q$	0.304	0.256	0.208
optimized $10K_Q$	0.302	0.257	0.209
optimized	−0.75%	−0.01%	−1.18%
parent η	0.480	0.568	0.635
optimized η	0.485	0.572	0.637
optimized	1.12%	0.69%	0.43%

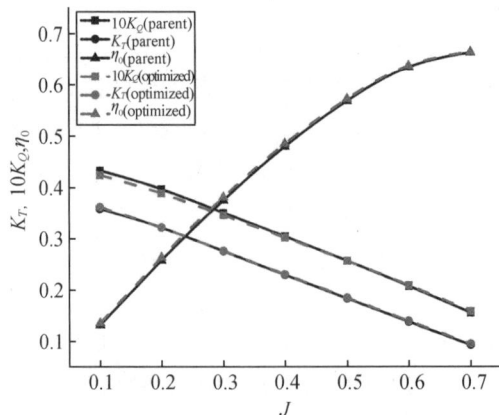

图 7   母型桨与优化桨敞水性能曲线对比图

表 6   IACS Polar UR 扭矩校核

P7	H_{ice}/m	S_{ice}	S_{qice}
	1.5	1	1
	母型桨		优化桨
Q_{max}/(kN·m)	22.978 1		18.833 3
Compared	0%		−18.03%

根据 CFD 计算的结果,选取 $J=0.4$ 的情况进行分析,图 8 和图 9 为 $J=0.4$ 进速下母型桨与优化桨表面压力对比及盘面处轴向速度对比。将螺旋桨叶面为压力面,叶背为吸力面。在同一进速系数下,母型桨导边以及叶梢附近压差较大,容易引起空泡,脉动压力较大,进而影响螺旋桨的水动力性能。母型桨表面压力的负值最大值为−638 144 Pa,正压的最大值为 267 780 Pa;优化桨表面压力的负值最大值为−638 144 Pa,正压的最大值为 27 211 Pa。随着优化桨螺距的增大,螺旋桨叶背处的负压逐渐增大,螺旋桨叶面上的正压也逐渐增大。最小负压有所增大,使螺旋桨表面压力不会降到饱和压力以下。极大程度上提高了螺旋桨的空泡性能。优化螺旋桨的叶面处的高压区明显大于母型桨的高压区,压差增大,螺旋桨的推力增加,因此优化螺旋桨的推力高于母型桨的推力。优化螺旋桨在导边以及叶梢处的压差有所降低,叶面与叶背压力分布得更加均匀,空泡性能较优。由螺旋桨盘面的速度云图可以发现,优化螺旋桨速度较高的面积增大,而且速度分布得更加均匀。

优化螺旋桨的强度也是本文要考虑的问题,由于不同径向下的螺距,厚度曲线是优化设计变量,所以需要验证优化螺旋桨的厚度是否满足厚度要求。本文采用了中国船级社 2001 年颁发的《钢质海船入级与建造规范》(简称《规范》)对优化螺旋桨的厚度进行校核。计算结果见表 7。

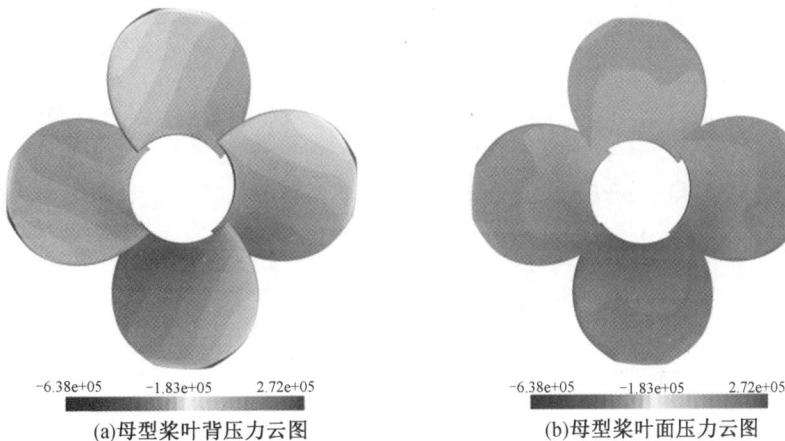

−6.38e+05   −1.83e+05   2.72e+05

(a)母型桨叶背压力云图

−6.38e+05   −1.83e+05   2.72e+05

(b)母型桨叶面压力云图

图 8   母型桨与优化桨表面压力云图

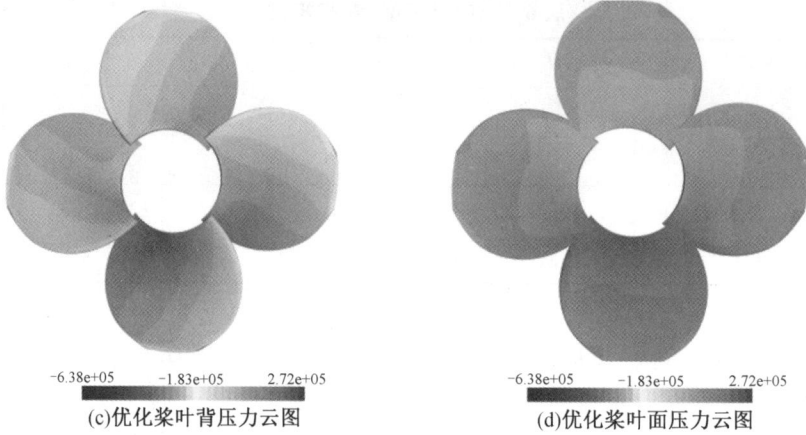

(c)优化桨叶背压力云图　　　　　　(d)优化桨叶面压力云图

图8(续)

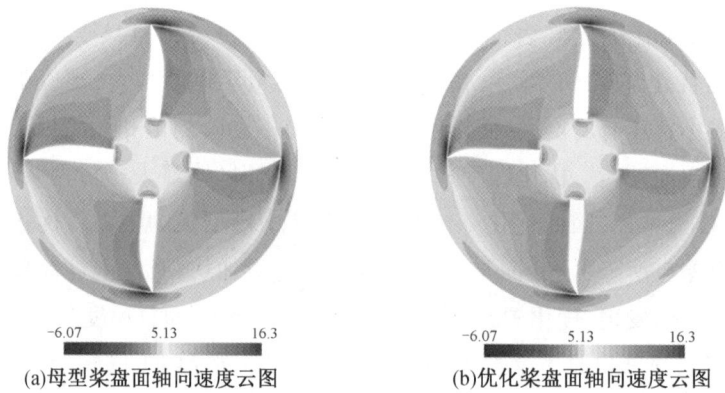

(a)母型桨盘面轴向速度云图　　　　(b)优化桨盘面轴向速度云图

图9　母型桨与优化桨盘面轴向速度云图

表7　优化桨强度校核

参数	0.35R	0.6R
Chord/m	0.594	0.755
0.7R D/P	1.211	1.211
$A_1 = \dfrac{D}{P}\left(K_1 - K_2\dfrac{D}{P_{0.7}}\right) + K_3\dfrac{D}{P_{0.7}} - K_4$	1 772.539	763.332
$A_2 = \dfrac{D}{P}(K_5 + K_6\varepsilon) + K_7\varepsilon + K_8$	1 835.331	1 574.219
$Y = \dfrac{1.36A_1N_e}{Zbn_e}$	3 374.111	1 142.486
$X = \dfrac{A_2GA_dn_e^2D^3}{10^{10}Zb}$	0.119	0.080
$t_{min} = \sqrt{\dfrac{Y}{K-X}}$/mm	51.731	29.649
t_1/mm	92.817	39.99

表7中Y为功率系数;X为转速系数;选取的材料为镍铝青铜。由表7可知优化螺旋桨切面厚度大于《规范》的要求,且略有裕度。表明优化螺旋桨的强度满足要求。

在优化螺旋桨满足《规范》的前提下,针对流体模拟结果进行螺旋桨结构强度模拟。表8为螺旋桨所用材料属性。

表 8   螺旋桨主要材料参数

参数	数值
Material	Nickel Aluminum Bronze
Elastic Modulus	117 GPa
Poisson's ratio	0.34
Density	7 600 kg/m^3
Allowable stress	620 MPa

图10为母型桨与优化桨 Stress Von Mises 应力云图对比。对比发现母型桨与优化桨在桨毂与桨叶连接处应力较大,母型桨所受应力的最大值为56.89 MPa,优化桨所受应力的最大值为53.9 MPa,说明优化螺旋桨满足强度要求。

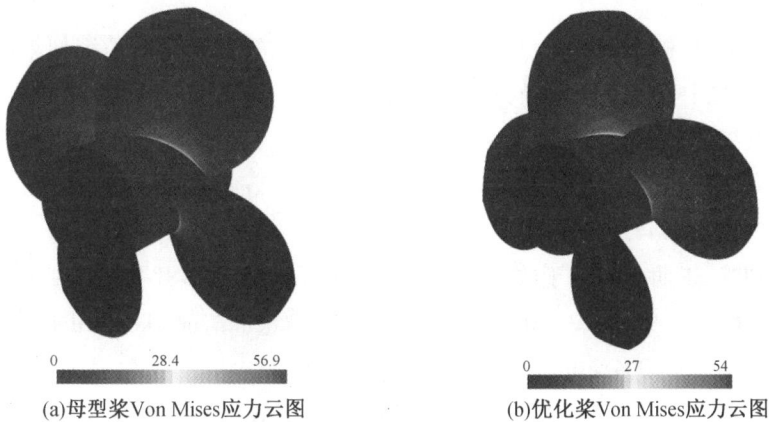

(a)母型桨Von Mises应力云图   (b)优化桨Von Mises应力云图

图 10   母型桨与优化桨 Von Mises 应力云图对比

5   结论

本文把螺旋桨的几何重构技术、水动性能评估技术、最优化技术结合起来,实现整个设计过程的自动化。首先采用全参数化建模方法完成冰级桨的几何建模,基于数值模拟技术进行冰级桨水动力性能预报。选取冰级桨全参数化构型中的径向参数作为优化设计变量,以冰级桨对轴系设备最大冰扭矩作为限制条件,以水动力性能为优化目标函数,借助全局智能优化算法完成冰级桨优化设计系统的构建。优化结果表明:

(1)所采用的参数化建模的方法可对螺旋桨的螺距、拱度和厚度进行控制,这对螺旋桨的效率、推力系数及轴系抗冰强度的提高是有利的。

(2)新的剖面表达方式有助于改善螺旋桨的载荷形式,并降低螺旋桨盘面处的压力梯度。所采用的全参数化方法和多目标优化策略对于提高冰级桨的敞水性能是可行的。

该研究为冰区螺旋桨的推进性能数值计算及构型优化设计提供了一定的参考和借鉴作用。

参考文献

[1] 常欣, 王栋, 王超, 等. 螺旋桨在冰桨铣削下的强度计算分析[J]. 哈尔滨工程大学学报, 2017, 38(11): 1702-1708.

[2] SEARLE S, VEITCH B, BOSE N, et al. Ice-class propeller performance in extreme conditions. Discussion. Authors' closure[J]. Transactions-society of Naval Architects and Marine Engineers, 1999, 107: 127-152.

[3] MOORES C, VEITCH B, BOSE N, et al. Multi-component blade load measurements on a propeller in ice[J]. Transactions of the Society of Naval Architects and Marine Engineers, 2003, 110(2003): 169-187.

[4] 周剑, 武坤, 芮伟, 等. 冰桨流作用下吊舱推进器载荷测试模型试验研究[C]//第十六届全国水动力学学术会议暨第三十二届全国水动力学研讨会论文集(上册), 2021: 647-654.

[5] 尹海龙, 廉勋, 赵志超, 等. 基于Sobol算法的排水管网优化调控模型系统开发与应用[C]//第二十九届全国水动力学研讨会论文集(下册), 2018: 679-685.

[6] 宋健, 佘湖清, 李超, 等. 基于Sobol'灵敏度分析的火箭弹自力弹射多目标约束优化[J/OL]. 推进技术: 1-9[2022-09-05]. http://kns.cnki.net/kcms/detail/11.1813.V.20220314.0944.002.html.

[7] 田震, 刘峰, 王萌, 等. 基于改进NSGA-II的载人潜水器多开孔耐压结构优化[J/OL]. 兵工学报: 1-9[2022-09-05]. http://kns.cnki.net/kcms/detail/11.2176.TJ.20220525.1734.004.html.

[8] 周士鹤, 冯寅, 张克冲, 等. 基于NSGA-II的多效蒸发海水淡化系统优化研究[J]. 热科学与技术, 2021, 20(2): 112-121.

[9] 敖翔. 非均匀来流下螺旋桨的流固耦合特性分析[D]. 哈尔滨: 哈尔滨工业大学, 2021.

[10] 张翔宇. 基于流固耦合的螺旋桨多目标优化设计方法[D]. 大连: 大连理工大学, 2021.

极地船舶航运风险指数预报及安全航行决策系统设计[①]

顾朱浩[②] 卢 雨 李 闯

(大连海事大学,辽宁大连,116026)

摘要:冰盖的减少给极地航运航线带来新机遇,但在极地航行中船舶的安全性往往得不到保证。本文主要针对极地船舶航行安全性的决策性问题进行评估,基于国际海事组织制定的极地运营限制风险指标体系,建立基于国际气象组织定义的 Egg Code 规则体系的冰况数据分析方法,统计分析全球极地冰区的历年海冰数据,最终完成极地船舶航运风险指数预报及安全航行决策系统的设计开发,实现冰区航线船舶所遭遇的真实冰区冰况的冰情预报功能,为极地船舶的安全航行提供保障基础。

关键词:极地船舶;海冰数据;安全航行;Egg Code;航运风险指数(RIO)

引言

北极冰层迅速融化,提高了北极航线航行的可能性,在深入研究海冰迅速融化的自然条件下,北极各个航线通航容量的动态变化,对于北极海域的保护和航道发展具有十分重要的意义。

我国对北极区域的有关活动十分重视,并将其纳入国家的重大战略。在 2018 年 1 月,国务院新闻办的《中国的北极政策》白皮书中指出,中国在北极问题上具有重大的影响力,在地缘上属于近北极地区,北极地区的自然环境变化直接影响到中国的气候和生态,并对中国在农业、林业、渔业、海洋等方面的经济发展产生重大影响。极地是我国能否实现海上强国的关键所在,我们要积极开展极地开发,发展极地设备和技术,以建立一个高效的极地设备建造体系[1]。

但大背景下,极地船舶的航行安全是一个热点问题。在规范方面,早在 20 世纪 30 年代芬兰瑞典政府颁布《芬兰瑞典冰级规则》[2],初步制定对极地船舶的安全性规范,2002 年与 2009 年分别颁布《在北极冰覆盖水域内船舶航行指南》[3]与《在极地水域内船舶航行指

---

① 基金项目:国家自然科学基金面上项目(52171293);国家自然科学基金青年项目(51809029);大连市支持高层次人才创新创业项目(2020RQ009);大连市科技创新基金重点学科重大项目(2020JJ25CY016);辽宁省自然科学基金博士科研启动计划项目(2019-BS-025);中央高校基本科研业务费专项资金资助(3132022112)。

② 作者简介:顾朱浩,1996 年 11 月出生,博士在读,研究方向为极地船舶冰力与安全航行研究及船舶水动力优化。

南》,这为极地船舶安全评估打下基础,2006 年国际船级社协会(IACS)颁布《极地船要求》,《极地船级要求》的出台使 IMO 的相关规定成为极地航行船舶的强制性要求。到 2021 年 6 月,ISO 已经颁布了 39 个现有的、适用于极地航行和操作的国际规范,可以为极地船舶和设备的设计、建造和试验提供依据,技术内容包括:低温材料和产品、极地近岸结构的要求、冰载荷的确定。

但船舶在特定的航线下是否能在极地航行,是否会有风险,这在大多数规范中没有涉及。本文以特定航线下船舶的安全性作为研究对象,以 IMO 规范为参考依据,建立基于蛋形准则(Egg Code)的极地航行安全评估决策系统。

1　极地航行风险评估系统

2016 年,IMO 海洋安全理事会公布了最新的极地规则。该报告借鉴了加拿大北极冰区航行系统(AIRSS)及俄罗斯冰区航行的可行性,并借鉴了其他沿海交通管理机构的管理经验,建立了一套综合评估系统,名为"极地航行安全风险评价体系"(POLARIS)。POLARIS 的基本原理是以船舶的冰级为依据,对不同冰情对船舶的危险性进行评估。POLARIS 采用 WMO 命名准则和极地船证等级策略,并在冰层上对不同等级的船舶进行风险指数评价。然后,利用历史或实时获得的海冰冰情资料,对特定冰区内不同等级的船舶进行综合航行风险系数进行评价。

本文首先对极地安全航行系统的建立流程进行简述。如图 1 所示,首先根据网上下载的冰况数据进行 Egg Code 解析,把国际通用标准 SIGRID-3 转换为 Egg Code 的计算格式,此部分内容如 2.1 节所示。接着,以 Egg Code 中的冰况类型为基础,结合船舶冰级计算风险指数,如 2.2 节所示。再者,把密集度与风险指数相结合,进行安全风险 RIO 值计算,如 2.3 节所示。最终引入航线数据或进行冰厚提取,进行航线数据下的极地航行安全风险评估与极地船舶优化设计。

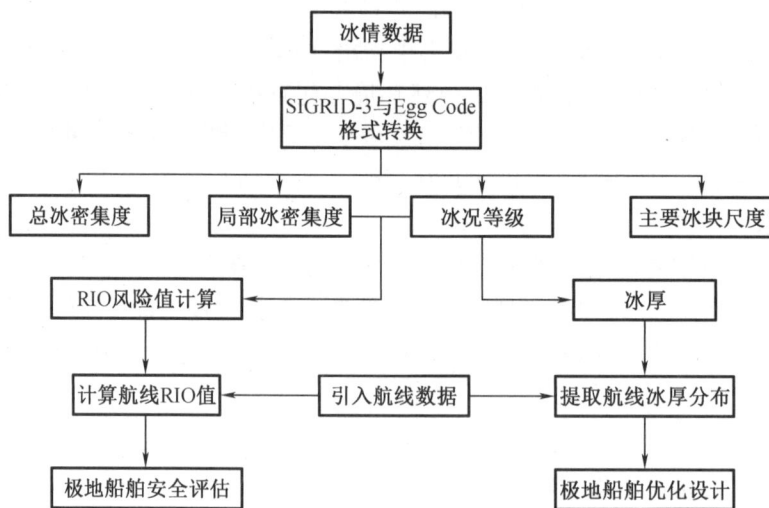

图 1　RIO 值计算流程图

2 Egg Code 分析与应用

Egg Code 为国际通用的表示冰况数据的法则。在冰区,不同区域的 Egg Code 表示形式各不相同,在 Egg Code 的统计中均是一周为单位,一周中冰况数据的均值被赋予相近的区域。故在每周,Egg Code 所表达的区域均有所不同,它是以冰况的相似性为基准进行区域划分。

2.1 Egg Code 说明

有关冰的密集度、发育阶段(年龄)和形式(浮冰大小)的基本数据包含在一个简单的椭圆形中。椭圆形内最多描述三种冰类型。这个椭圆形和与之相关的编码,被称为 Egg Code。图 2 为一个 Egg Code 的总结图。

在图 2 中,C_t 为冰区与水域面积之比;C_a 为最厚冰占水域的面积比例;S_a 为 C_a 对应的冰况等级;F_a 为 C_a 对应的冰块面积大小,并且图中 b、c 等皆为不同冰厚度的值。

在各国的冰情局内都有以 Egg Code 为基准的冰清数据的统计结果,例如:俄罗斯冰和水文气象信息中心(http://old.aari.ru/odata/_d0015.php? mod=1),但下载数据均为国际标准格式(SIGRID-3),此格式与 Egg Code 之间还需一定的转换,具体说明如下所示。

2.1.1 冰密集度

该地区冰的总密集度(C_t)以 10 为量纲进行赋值,其中最厚(C_a)、第 2 厚(C_b)、第 3 厚(C_c)和第 4 厚(C_d)冰分别代表不同厚度冰的密集度占比。基于 Egg Code 的 C 解析图如图 3 所示。SIGRID-3 与 Egg Code 的代码转换见表 1。

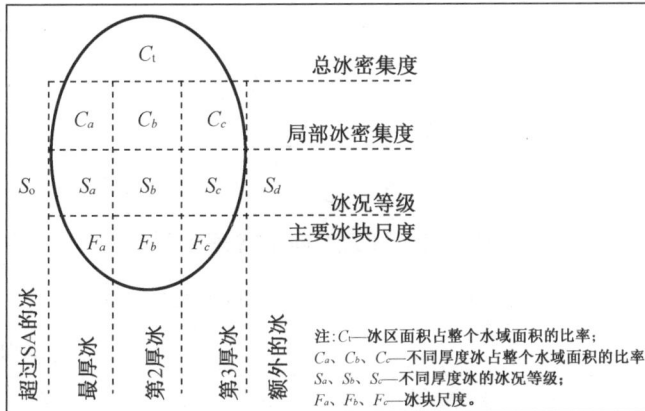

图 2 基于 Egg Code 的冰情解析图

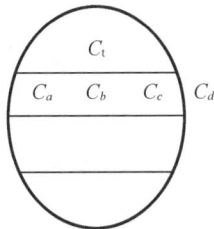

图 3 基于 Egg Code 的 C 解析图

表1　Egg Code 与 SIGRID-3 的 C 解析关系

Egg Code 定义	SIGRID-3 定义
1/10	10
2/10	20
3/10	30
4/10	40
5/10	50
6/10	60
7/10	70
8/10	80
9/10	90
10/10	92

2.1.2　冰厚

S 代表最厚(S_o)、第2厚(S_a)、第3厚(S_b)和第4厚(S_c)冰和较薄的、S_d 和 S_e 的冰厚发展阶段。基于 Egg Code 的 S 解析图如图4所示。SIGRID-3 与 Egg Code 的代码转换见表2，其中不同冰的类型均有冰厚范围可供参考。

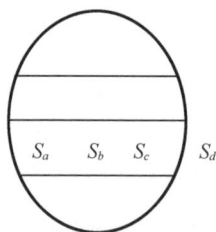

图4　基于 Egg Code 的 S 解析图

表2　Egg Code 与 SIGRID-3 的 S 解析关系

冰类型(Egg Code 定义)	冰厚	SIGRID-3 定义
Ice Free		55
Brash Ice	Given by AV, AT, AM, AT in Table 3.3	70
No Stage of Development		80
New Ice	<10 cm	81
Nilas, Ice Rind	<10 cm	82
Young Ice	10 ~ <30 cm	83
Grey Ice	10~15 cm	84
Grey-White Ice	15~30 cm	85

表2(续)

冰类型(Egg Code 定义)	冰厚	SIGRID-3 定义
First Year Ice	≥30~200 cm	86
Thin First Year Ice	30~<70 cm	87
Thin First Year Stage 1	30~<50 cm	88
Thin First Year Stage 2	50~<70 cm	89
For Later Use		90
Medium First Year Ice	70~<120 cm	91
For Later Use		92
Thick First Year Ice	≥120 cm	93
For Later Use		94
Old Ice		95
Second Year Ice		96
Multi-Year Ice		97
Glacier Ice		98
Undetermined/Unknown		99

2.1.3 冰形态大小

F_a、F_b、F_c、F_d、F_e 表示不同冰类型的形状大小。基于 Egg Code 的 F 解析图如图5所示。SIGRID-3 与 Egg Code 的代码转换见表3,具体冰大小描述见表3第2列。

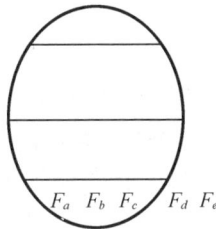

图5 基于 Egg Code 的 F 解析图

表3 Egg Code 与 SIGRID-3 的 F 解析关系

冰类型(按大小分)Egg Code 定义	冰块大小	SIGRID-3 定义
Pancake Ice	30 cm~3 m	22
Shuga/Small Ice Cake, Brash Ice	<2 m across	01
Ice Cake	<20 m across	02
Small Floe	20 m~100 m across	03
Medium Floe	100 m~500 m across	04
Big Floe	500 m~2 km across	05

表3(续)

冰类型(按大小分)Egg Code 定义	冰块大小	SIGRID-3 定义
Vast Floe	2 km~10 km across	06
Giant Floe	>10 km across	07
Fast Ice		08
Growlers,Floebergs or Floebiits		09
Icebergs		10
Strips and Patches	concentrations 1/10	11
Strips and Patches	concentrations 2/10	12
Strips and Patches	concentrations 3/10	13
Strips and Patches	concentrations 4/10	14
Strips and Patches	Concentrations 5 /10	15
Strips and Patches	concentrations 6/10	16
Strips and Patches	concentrations 7/10	17
Strips and Patches	concentrations 8/10	18
Strips and Patches	concentrations 9/10	19
Strips and Patches	concentrations 9+/10	91
Strips and Patches	concentrations 10/10	20
Level Ice		21
Undetermined/Unknown		99

2.2 风险指数

POLARIS 的基本原则是对与船舶所授予冰级有关的冰况而造成船所处风险的判断。这与船舶所授予的冰级相关。它采用了 WMO 的术语和关于极地船舶证书中提到的冰级。POLARIS 采用了风险指数(RIO),该指标是按照冰等级给予船只的风险等级。RIV 可以利用以往或现在的冰区地图资料,或利用实时船只的驾驶室资料,对在冰面上操作的船只进行限制。

船舶的风险指数值是根据船只的种类和海冰类型来决定的,它的数值大小即表征一定的海冰覆盖范围内行驶时的危险程度,RV 值为负,表明航行危险程度高,不宜航行,正值则表示可以通行,数值越高,则意味着航行的危险性降低。在某个区域航行时,船舶的综合航行风险(RIO)可以按照对不同类型的海冰种类进行权重计算。不同冰级的船舶,可以从图6和图7中查询得到海冰覆盖区域的 RV 值(RV,T)。

图6和图7中主要涉及两个方面以确定风险值,纵向第二列的船舶冰级与横向第二行的冰情。船舶冰级是根据各个海域的冰情统计数据,为保障船舶的安全航行,对在此航线上的冰区船舶进行船级划分,并提出相应的船级要求。符合相关规定的船只可以被划为对应的船型。冰情根据海冰的厚度状况划分为12种冰况。

冰级	无冰 (0-10cm)	新冰 (0-10cm)	灰冰 (10-15cm)	灰白冰 (15-30cm)	薄当年冰第1阶段 (30-50cm)	薄当年冰第2阶段 (50-70cm)	中厚当年冰第1阶段 (70-95cm)	中厚当年冰第2阶段 (95-120cm)	厚当年冰 (120-200cm)	二年冰 (120-200cm)	薄多年冰 (250-300cm)	厚多年冰 (>300m)
PC1	3	3	3	3	2	2	2	2	2	2	1	1
PC2	3	3	3	3	2	2	2	2	2	1	1	0
PC3	3	3	3	3	2	2	2	2	2	1	0	-1
PC4	3	3	3	3	2	2	2	2	1	0	-1	-2
PC5	3	3	3	3	2	2	1	1	0	-1	-2	-2
PC6	3	2	2	2	2	1	1	0	-1	-2	-3	-3
PC7	3	2	2	2	1	1	0	-1	-2	-3	-3	-3
IA Super	3	2	2	2	2	1	0	-1	-2	-3	-4	-4
IA	3	2	2	2	1	0	-1	-2	-3	-4	-5	-5
IB	3	2	2	1	0	-1	-2	-3	-4	-5	-6	-6
IC	3	2	1	0	-1	-2	-3	-4	-5	-6	-7	-8
无冰区加强	3	1	0	-1	-2	-3	-4	-5	-6	-7	-8	-8

图 6　风险指数值——非融化的冰况

冰级	无冰 (0-10cm)	新冰 (0-10cm)	灰冰 (10-15cm)	灰白冰 (15-30cm)	薄当年冰第1阶段 (30-50cm)	薄当年冰第2阶段 (50-70cm)	中厚当年冰第1阶段 (70-95cm)	中厚当年冰第2阶段 (95-120cm)	厚当年冰 (120-200cm)	二年冰 (120-200cm)	薄多年冰 (250-300cm)	厚多年冰 (>300m)
PC1	3	3	3	3	2	2	2	2	2	2	1	1
PC2	3	3	3	3	2	2	2	2	2	1	1	0
PC3	3	3	3	3	2	2	2	2	2	1	0	-1
PC4	3	3	3	3	2	2	2	2	1	0	-1	-2
PC5	3	3	3	3	2	2	2	1	1	-1	-2	-2
PC6	3	2	2	2	2	1	1	1	0	-2	-3	-3
PC7	3	2	2	2	1	1	1	0	-1	-3	-3	-3
IA Super	3	2	2	2	1	1	1	1	0	-1	-4	-4
IA	3	2	2	2	1	0	0	-1	-2	-4	-4	-4
IB	3	2	2	1	0	-1	-1	-2	-2	-4	-5	-6
IC	3	2	1	0	-1	-2	-1	-2	-3	-4	-5	-6
无冰区加强	3	1	0	-1	-2	-2	-2	-2	-3	-5	-6	-6

图 7　风险指数值——融化的冰况

2.3　理论公式与安全评估方法

安全风险 RIO 值计算具体如下所示:

$$RIO_V = \sum C_T \cdot RV_{V,T} \tag{1}$$

其中, $RV_{V,T}$ 为指船海冰覆盖区域航行的 RV 值; RIO_V 值则为复杂冰况下特定船舶航行的风险量化结果。

RIO 值的大小决定航行状态,POLARIS 强调了 3 个层次的操作,正常操作、高风险操作和超高风险(应特别考虑)的操作。

表 4　风险指数结果衡准

RIO	冰级 PC1~PC7	PC7 以下的冰级以及未授予冰级的船舶
RIO≥0	正常	正常
-10≤RIO<0	高风险	超高风险(应特别考虑)
RIO<-10	超高风险(应特别考虑)	超高风险(应特别考虑)

3 安全航行决策系统建立

基于国际海事组织制定的极地运营限制风险指标体系,结合冰级、航运时序和航行状态(独立破冰或护航跟驰)计算风险值(RV),借助冰况蛋形准则(Egg Code)确定极地环境中各区域的冰类型、冰密集度及冰块尺寸等冰情数据,通过历史数据及实时冰情建立极地海冰动态数据库。运用航行数据处理方法对极地船舶航线轨迹数据进行量化分析处理,联合冰情数据库,给出航线冰况分布规律及航运风险指数(RIO),研发极地航运综合冰情评估管理系统,完成该软件冰情预报的试验验证,为基于航运冰情的破冰船型优化提供设计依据。

建立基于国际气象组织定义的 Egg Code 规则体系的冰况数据分析方法,确定冰密集度、冰况等级及冰块尺度等冰情信息,采用 C/S 架构进行冰情数据库设计,设置定时任务完成冰况历史数据及实时信息的数据库更新。嵌入极地船舶航运轨迹数据,给出航线冰况分布规律及航运风险指数,实现冰区航线船舶所遭遇的真实冰区冰况及航行海况的冰情预报功能,完成极地航运综合冰情评估管理系统的开发及冰情预报的试验验证。

对于每一种冰级的船舶而言,在每一种冰情下都有其对应的风险值定义。而冰况可以通过 Egg Code 确定,通过 Egg Code 可以明确极地环境中各年份各区域的冰类型、冰密集度及冰块尺寸等冰情数据,所以 Egg Code 为航海人员以及其他使用者提供最为重要的冰情信息。通过采用 C/S 架构进行冰情数据库设计,设置定时任务完成冰况历史数据及实时信息的数据库更新。与此同时,嵌入极地船舶的航行数据,包括位置数据和航行日志等。基于此极地航运综合冰情评估系统,最终给出航线冰况分布规律及航运风险指数,实现冰区航线船舶所遭遇的真实冰区冰况及航行海况的冰情预报功能,并完成该系统软件冰情预报结果的试验验证。

基于 C#计算机语言可完成极地航运综合冰情评估系统的 GUI 界面设计,其中涉及功能实现的数据输入选项设计,包括作为分析目标的船舶冰级选取与航行时间范围设定、极地区域选取及相应的 Egg Code 数据导入、冰况抓取的分辨率设置、风险值及风险指数评估、多工况批处理、结果图片的效果显示附加项设置、冰情预报数据结果保存与数据集格式输出等功能。图 8 为 RIO 计算的基本流程,图 9 为通过该系统实现极地船舶营运的航线冰况数据预报结果解析图。

图 8　RIO 指数系统计算流程

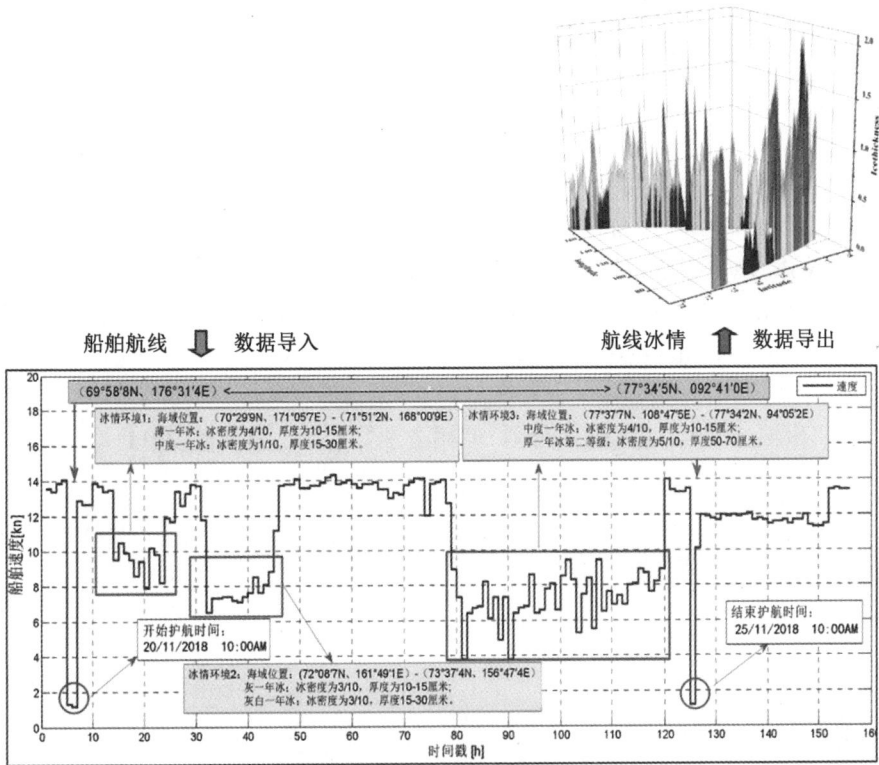

图 9　极地冰区航线冰情解析图

基于极地航运综合冰情评估系统获得的航线冰况分布规律及航运风险指数,可以为冰区航行船舶的破冰构型提供设计依据。同时,该预报结果还可以为极地船舶提供航行区域的冰情预测,或者为极地航线营运中的船舶冰级确定提供参考。所以,该系统的实现将对极地冰区航行管理机构、冰区航行船舶使用者及极地船舶设计者等提供强有力的结论参考。

4　结果分析

通过上述方法使用 RIO 风险软件计算,本节以 2011 年至 2020 年 11 月航行路线为例,计算 PC6 级别下 10 年内东北航线通航性的变化规律。

由于近年来 7~10 月的窗口期已经打开,11 月的冰也是较为薄弱的阶段,所以将 11 月的数据作为研究对象。通过计算可知,船舶在无护航情况下航行时,2011 年、2012 年与 2020 年的通航安全性较高。2013 年、2014 年、2015 年、2016 年的航行安全危险性较高,不适合通航。而 2017 年、2018 年、2019 年的 RIO 计算结果为 −30,这些年不建议通航。

结论

本文以极地航行船舶的安全性为研究目标,考虑不同航线上船舶的安全系数。通过使用 Egg Code 作为依据,对 RIO 进行计算,最后添加航线的影响,研究特定航线下不同冰级船舶的风险系数研究。通过可视化结果,给出通航建议,使用此方法可对极地安全通航提供可靠的参考依据。但研究结果可知,极地通航风险 10 年来并没有规律性可言,这同时也是对极地航行安全合理评估的一大挑战。由于采集时间较少,使用智能算法预报的数据集不够,故如何合理衡量极地船舶冰区航行安全是未来值得考虑的要点。

参考文献

[1] 新华网. 白皮书:中国是北极事务的重要利益攸关方[EB/OL]. [2008-01-26]. http://www. xinhuanet. com/ politics/2018-01/26/c_1122320423.

[2] KUJALA P, KÕRGESAAR M, KÄMÄRÄINEN J. Evaluation of the limit ice thickness for the hull of various Finnish-Swedish ice class vessels navigating in the Russian Arctic[J/OL]. International Journal of Naval Architecture and Ocean Engineering, 2018, 10(3): 376-384.

[3] 杨帆. "EGG CODE"(冰况代码图)使用方法[J]. 天津航海, 2011(1): 22-23.

综合灾害对沿海城市影响的风险评估
——以新西兰惠灵顿为例

于　文① 林建国

（大连海事大学,环境科学与工程学院,辽宁大连,116026）

摘要:全球气候变暖导致冰川融化速度加快,海平面上升,引发地震、火山爆发、海啸和山体滑坡等灾害,造成人员伤亡和设施损坏,所以评估极端天气引起灾害事件带来的风险显得尤为重要。与单一灾害的研究相比,本文旨在评估多重灾害事件对社会的影响,使用风险分析模型框架(RiskScape)软件,对代表性的沿海多灾害发生城市进行灾后风险、暴露性和脆弱性的评估。通过该模型与地理信息系统(Arc GIS)的结合使用,对沿海城市遭受地震、海啸和风暴潮多灾害后的受损情况达到数据化和可视化的成果。该脆弱性模拟方法有助于沿海城市乃至国家对灾害发生的预测和适应性规划,制定应对风险的管理战略,从而减轻全球气候变化引起的灾害对人类和社会的惨重损失。

关键词:全球气候变暖;综合灾害;暴露性;损害模拟;RiskScape

引言

全球气候变化的证据显而易见:极端天气、海平面上升、冰川融化、珊瑚礁死亡、旱涝灾害增加,降水模式正在发生变化,世界正在变暖。例如,根据政府间气候变化小组(IPCC)的评估,温室气体排放使全球表面平均温度升高 0.8~1.2 ℃,如果以当前的速度继续增加,全球气候将在 2030—2052 年升高 1.5 ℃[1]。当极端气候的频率和严重程度增加时,突然发生的灾害就会对环境和社会造成暂时甚至长期的破坏[2]。

纵观灾害发生的类型,其主要原因有两个:一是由大气圈、岩石圈、水圈、生物圈共同组成的地球表面环境孕育的自然灾害,二是人类活动诱发的自然变异。自然灾害的发生由孕灾环境、致灾因子和承灾体共同组成的地球表层变异系统相互作用的结果[3],是人类依赖的自然界中气候变化导致所发生的异常现象,它们之中既有地震、火山爆发、泥石流、海啸、龙卷风、洪水等突发性灾害[4];也有地面塌陷、地面沉降、土地沙漠化、干旱、海岸线变化等在较长时间中才能逐渐显现的渐变性灾害[5];还有臭氧层变化、水体污染、水土流失、酸雨等人类活动导致的环境灾害[6]。

科学地认识这些灾害的类型,从而准确把握自然灾害的特征。自然灾害具有广泛性和不确定性,海洋与陆地、城市与农村、山地与高原等都有可能发生自然灾害,而其发生的时

---

① 作者简介:于文,1995 年 11 月出生,博士研究生,研究方向为环境风险评估。

间、地点和规模等不确定性,很大程度上增加了人们抵御自然灾害的难度。此外,自然灾害具有区域的联系性,比如,南美洲西海岸发生"厄尔尼诺"现象[7],有可能导致全球气象紊乱;美国的工业废气排放,常常在加拿大境内形成酸雨[8]。灾害结果的联系性可以理解为自然灾害可以互为条件,形成灾害群或灾害链,例如火山爆发可导致大气污染、冰雪融化、物种灭绝等一系列的灾害。

研究自然灾害所带来的影响及如何减小灾后损害尤为重要,这已经是国际社会一个共同努力的主题[9]。自然灾害所造成的影响包括三个方面:经济损失、生态环境破坏和人员伤亡。自然灾害除了造成的直接财产损失,还对整个国家的资本市场形成扰动,比如,2005年8月美国遭遇的"卡特里娜"飓风灾难对49个城市的经济造成了1.56亿美元的损失,占了美国当年国内生产总值(GDP)的2%(7.64万亿美元)[10]。相对而言,经济的影响更主要的表现是因灾害产生的间接财产损失,就通货膨胀来说,由于灾后恢复基础建设产生很大的费用,政府必须对此进行巨额的财政支出,很有可能负担不起额外的债务累计,通过中央银行发行更多货币来解决财政危机的结果就是加大通胀的压力,此外,受灾地区经济基础遭受损害,因市场紊乱造成通货膨胀,粮食、医疗器械、建筑材料和能源价格高升。自然灾害的间接影响大大降低了经济的增长,尤其是在低收入国家[11]。

自然资源与环境的破坏很大程度上直接导致人员的伤亡。在遭受地震、海啸和飓风时,建筑物、管线等基础设施导致城市供水系统的破坏,使居民的正常供水中断,同时由于管道的破坏,使饮用水源被人畜排泄物、尸体以及被破坏的建筑中的污物所污染,特别是在低洼内涝地区,灾民被洪水较长时间的围困,更易引起水源性疾病的暴发流行[12]。此外,大规模的居住条件的破坏使露宿的人们易于受到吸血节肢动物的袭击,虫媒传染病的发病率可能会增加,如疟疾、乙型脑炎和流行性出血热等[13]。气候变化导致海面温度和海平面升高,从而导致水传播传染病和毒素,相关疾病的发病率增加,如霍乱和食用海洋生物中毒[14];人口居住的拥挤状态,使一些通过人与人之间密切接触传播的疾病流行[15],如肝炎、红眼病等。由于自然灾害具有广阔性的特征,加之基本生活条件和交通运输途径的破坏,食物和燃料短缺,迫使人们在恶劣条件下喝生水、使用生冷食物,因此造成食物中毒。

明白自然灾害的特征及其所带来的损害对于预测灾害的发生、及时实施抢救措施至关重要,地球上的气候变化导致难以避免、伤害力极强的自然灾害,如地震,风暴潮和海啸,它们影响了社会的脆弱度从而导致了人员伤亡、基础设施损坏和环境污染。它们通常是突然产生的,因此不便于在它们发生之前采取行动。Boakye[16]对大数据进行概率分析来评估和预测灾害对人类产生的"创伤";Álvarez[17]通过机器学习和大数据技术分析了不同种类的灾害情况,为应对这些自然灾害提出了新颖和创新的方法;Ginantra[18]利用批量训练方法预测了印度尼西亚的自然灾害及其影响;Nerrise[19]基于ML-ABM模型,在保留真实风暴的复杂物理过程作用的同时,快速建模来预测飓风的轨迹;Natalia[20]使用RiskScape风险评估软件描述如何评估火山灾害及其影响。纵观相关文献可以发现,目前文献中研究单种灾害情况居多,而针对某一地点多重灾害的文献普遍缺少。为此,本文以新西兰首都惠灵顿为例,使用RiskScape风险预测模型,精确模拟和预测惠灵顿具有代表性的地区遭遇地震、海啸和风暴潮,不同基础设施生命线和建筑物遭受的多重损坏状态,以达到灾前预防和灾后重建的目的。

1 研究模型与方法

1.1 模型介绍

全球气候变化导致了恶劣天气频率的增加,从而导致灾害发生的概率加大,以风险为中心,分析多个灾害和地域面临的风险对地方和国家当局越来越重要[21]。本文使用的RiskScape是一个将灾害中的危险暴露信息转化为一个地区的可视化后果的软件,将环境破坏范围、人员伤亡、设备损坏呈现在一个涵盖一系列自然灾害的、通用的、基于计算机编程的平台上。某个区域遭受灾害的后果在一个共同的平台中呈现,有利于构成高效的规划和优先规避风险的缓解措施。RisksScape是使用开源Java编程语言实现的,并行处理操作满足了不同空间尺度下风险量化的高计算要求,同时还能够在风险模型工作流中一致应用地理空间和统计数据处理操作[22],其引擎默认插件支持Python编程语言。Python是一种解释性、具有大量数学函数集合库(如脆弱性函数、损伤函数、损伤到损失函数)的编程语言,建模者可以根据自定义的数据分类和逻辑表达式在模型管道中执行漏洞函数。这种灵活性允许使用条件语句或嵌套语句对漏洞函数进行排序,以量化单一灾害或多重危险灾害的暴露和影响[23]。

RiskScape模型首先确定特定危险的影响区域,并确定其局部强度和重现间隔。首先,可以通过叠加每个事件的危险暴露程度,计算出不同强度事件的影响,这些危害暴露超出了环境承载力清单和暴露于此类事件的人群的人口统计特征。其次,通过参考人员及事件的脆弱性库,量化这些事件造成的损失和伤亡。RiskScape为了将危险强度与单个资产相关联,需要建高分辨率的计算机模型来模拟灾害,也可以对过去记录的事件进行一些验证来帮助调整模型。除此之外,RiskScape还能够从以前的研究中直接导入灾害的属性(如洪水的深度和流速、飓风的强度、火山灰流速),或在模型内部计算这些灾害强度[24]。本文最终使用了概率方法分析和比较不同灾害带来的风险和后果。后果分析生成事件影响表,用于后续风险分析和模型输出报告。该表结合了表示每个对象暴露的影响和模型输入数据的结构。针对影响度量计算描述性统计数据,并根据对象暴露性属性或地理位置在事件影响表中报告。然后,风险分析需要对模型输入元数据中定义的危险事件的对象暴露影响度量值进行数据聚合[25]。数据结果以表格形式导出后进行处理和分析,或处理后利用Arc GIS,根据属性或地理区域进行筛选或分组,对数值聚合后可视化导出。

1.2 模型数学公式

风险在IPCC中被定义为当多种有价值的事情发生并且结果不确定时产生后果的可能性,然后,风险可以被量化为后果发生的概率,即表示为事件严重程度与发生概率各自分布的卷积[26]。在RiskScape软件中,以建立的风险量化概念框架为核心进行模型设计:

$$R = f_c(H_i, E, V_i) \tag{1}$$

其中,R为风险;H为灾害事件;E为风险因素;V为暴露脆弱性;i为单一或多个灾害事件;f_c为风险因素在灾害事件中被暴露的后果函数,重点放在多灾害风险分析上。

自定义步骤函数对风险确定性量化并分析,灾害事件的确定性风险可被定义为:

$$I_{m_{ij}} = f_c(H_{ij} \mid E_{ij} \mid R_{ij}) \tag{2}$$

其中,$I_{m_{ij}}$ 为暴露性总影响值;f_c 为脆弱性函数;H 为灾害事件;E 为一种有形或者无形的暴露;R 为资源;i 为事件;j 为发生位置。定义的事件 i 可以在位置 j 发生单个或多个灾害事件 H。事件 i 的对象暴露的总影响值可以通过以下公式进行数值汇总:

$$I_{m_{ij}} = \sum_{j=1}^{N_E} I_{m_{ij}} \tag{3}$$

其中,$I_{m_{ij}}$ 为暴露性总影响值;N_E 为独立事件 i 的总数。可以根据输入数据和地址处理步骤选择函数,通过对象暴露属性(如住宅建筑)或地理区域(如郊区)汇总和报告影响值。基于确定性的阶跃函数可用于计算事件影响表中每个成对事件的事件预期影响(EEI),具体如下:

$$EEI = \frac{1}{N_E} \cdot \sum_{j=1}^{N_E} I_{m_{ij}} \tag{4}$$

1.3　损伤率参数设定

为了使 RiskScape 准确的根据脆弱性模型读取与危险参数和资产相关的信息,将受灾地区资产的损伤状态分为 6 个等级分别为:没有、微小的、轻度的、中等的、严重的、灾难的,见表1。

表1　6 种不同级别的损伤状态及相对应的损伤率

损伤状态	详细描述	损伤率(0~1)
0 没有	无破损	0
1 微小的	轻微非结构性损坏	0~0.02
2 轻度的	仅非结构性损坏	0.02~0.1
3 中等的	可修复的结构损坏	0.1~0.5
4 严重的	无法修复的结构损坏	0.5~0.95
5 灾难的	结构完整性失效	>0.95

1.4　研究区域概况

人类引起的气候变化对气温上升的影响不容忽视。当冰川融化时,地壳上的巨大重力减少,地壳反弹回来,科学家称之为"等静压反弹",该过程可以重新激活断层并且提高火山内部岩浆室的压力,从而增加地震活动[27]。同时,全球气候变暖导致冰川融化的巨量海水在两极冰盖、大陆冰川和大洋海盆之间往返转移,为达到地壳中重力均衡,地壳运动迫使底下软流层发生反向流动,破坏了地壳的重力平衡,由此引发深海强震和海啸[28]。本文研究的地点为新西兰的惠灵顿地区,地处东经 175°,南纬 41°左右,来自印度洋的温暖湿润的西风带给惠灵顿带来丰富降水的同时也使其常年受到西风带的控制,再加上库克海峡的"峡管效应",使到达惠灵顿的风力十分强劲,一年中大部分日子都在刮风,故惠灵顿又被称为"风城"。更值得注意的是,在地质构造上,惠灵顿位于地震带上,一条十分明显的断层纵贯该区内。1848 年 10 月 16 日的马尔堡地震,在惠灵顿地区持续 2 min 的震动,对该地区的砖石结构的建筑造成了广泛的破坏[29]。1855 年 1 月 Wairarapa 地震在惠灵顿地区持续了 50 s,其强度大到 8.2 级,在陆地上造成了大面积的垂直运动,形成了一条主要的断层直接通过市中心,导致了地面大范围的开裂,房屋坍塌[30]。2015 年 6 月 19 日,新西兰南岛遭遇风暴袭击,在强风和巨浪将停泊在近海的游艇吹到礁石上后,惠灵顿的几栋沿海房屋也被淹没[31]。当地震发生时,不仅会对沿海基础设施造成损坏,对整个社会和经济更是沉重的打击。所以多重灾害给沿海地区所带来的风险和居民区的灾后损伤情况是很值得研究的。

2 结论与分析

2.1 地震对电力设施的影响

本模拟研究结果发现,在地震的影响下,232 个变电站均遭到了不同程度的损坏,其中严重损坏 112 个,灾难性损坏 120 个,地下电缆最严重的损坏了 1 825 个。在地震发生震动的过程中,饱和砂土的孔隙水压力迅速增加,抗剪强度或剪切刚度降低并趋于消失,导致土壤从固态转变为黏性流体。此时,砂土会发生液化并伴有沸腾、地面开裂和侧向扩展的现象发生。惠灵顿地区的变电站和地埋式电缆在地震灾害的影响下沿海地区的变电站和地埋式电缆损坏程度比较严重。图 1 和图 2 分别为变电站和地下电缆的损坏数量。

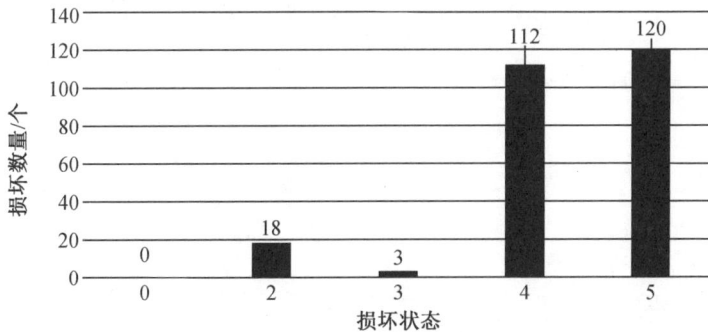

图 1 变电站的损坏数量

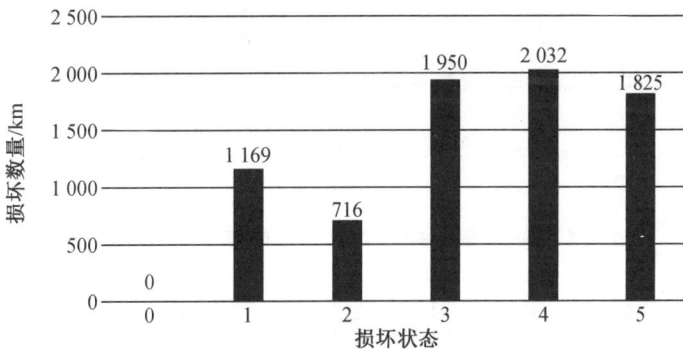

图 2 地下电缆的损坏数量

2.2 地震对饮用水设施的影响

本研究将从水井、水处理厂和管道三个方面对饮用水设施进行分析(图3、图4、图5)。惠灵顿城市内的水井都遭到了破坏,其中有73%严重损坏,图4展示了受损最为严重的水井。根据地震震级和管道的特性,损坏程度从轻微到严重不等,但众多地下水网络管线中,只有6条管线没有被损坏。从表2中可以看出,对城内的8个水处理厂进行10次地震灾害模拟,其中有3次发生了灾难性的损坏。水网管线对生计非常重要,它可以称之为城市的生命线,地震导致管道破裂和泄漏,造成水损失和水污染,很可能导致人员健康和环境污染问题,严重影响城市居民的正常生活。

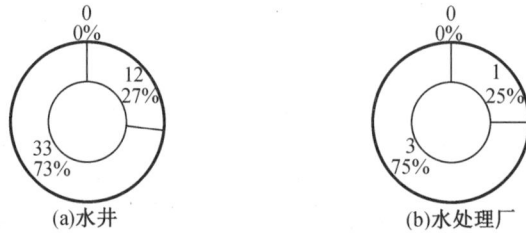

图3 水井和水处理厂损坏比例和数量

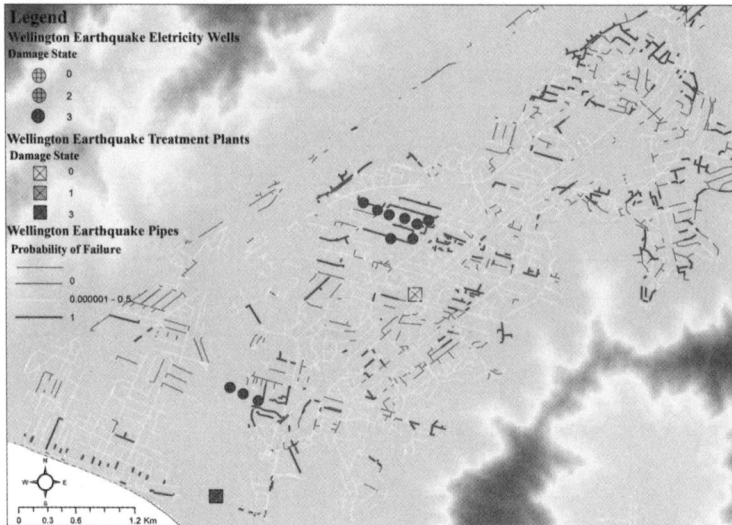

图4 地震对惠灵顿饮用水设施(水井、处理厂、管道)的影响

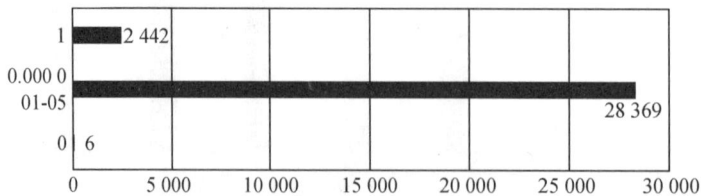

图5 管道在地震中的可能破坏程度(其中"1"表示管道将受损,"0"表示管道不会受损)

表2　10次地震模拟下水处理厂的状态

Asset	Run_1	Run_2	Run_3	Run_4	Run_5	Run_6	Run_7	Run_8	Run_9	Run_10
Treatment Plants1	None	None	None	None	None	None	None	None	None	None
Treatment Plants2	None	None	Light	None	Insignificant	None	None	None	None	None
Treatment Plants3	None	None	Light	None	None	None	None	None	None	None
Treatment Plants4	None	None	None	None	None	None	None	None	None	None
Treatment Plants5	None	None	None	Insignificant	None	None	None	None	None	None
Treatment Plants6	None	None	None	None	None	None	None	None	None	None
Treatment Plants7	None	None	None	Light	None	None	None	Insignificant	None	None
Treatment Plants8	None	None	None	None	None	None	None	None	None	None

2.3　海啸对建筑物的影响

沿海城市容易受到海啸的影响,惠灵顿南海岸的暴露率特别高,在海啸事件中,建筑物不仅会遭受重大的结构破坏,甚至有一些可能被冲走。由图6可知,所有建筑都遭受了不同程度的损坏,高达20 145栋房屋遭受了严重的损坏。

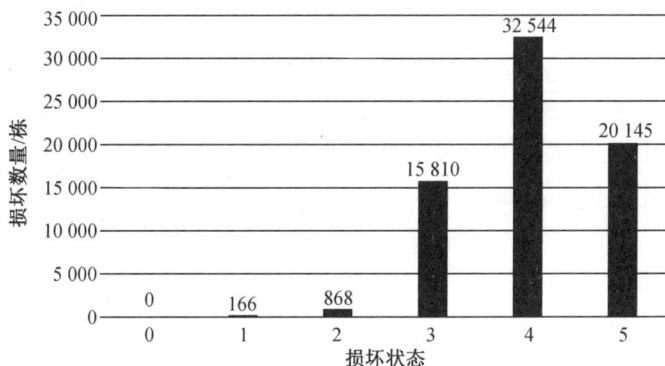

图6　海啸对建筑物的影响数量

2.4　海啸和地震对建筑物的影响

图7显示了海啸和地震同时在惠灵顿地区发生,可知有更多的建筑遭受严重破坏,如果两种灾害同时发生,惠灵顿整个城市的房屋将遭受巨大破坏。

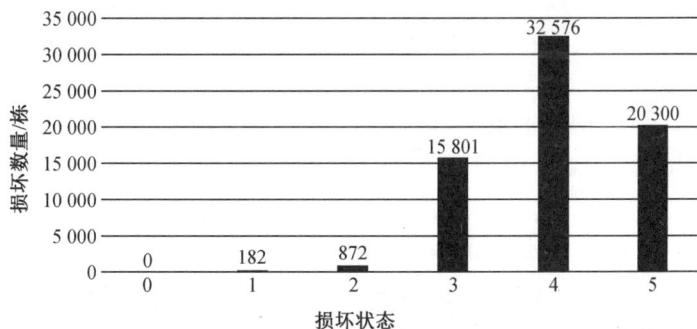

图7　海啸和地震对建筑物的影响数量

2.5 风暴潮对建筑物的影响

图 8 显示了风暴潮对惠灵顿建筑的影响,在风暴潮期间,沿海地区的建筑物结构性能对各种脆弱性参数很敏感,其中 4 个建筑物已经达到了不可修复的损伤状态。

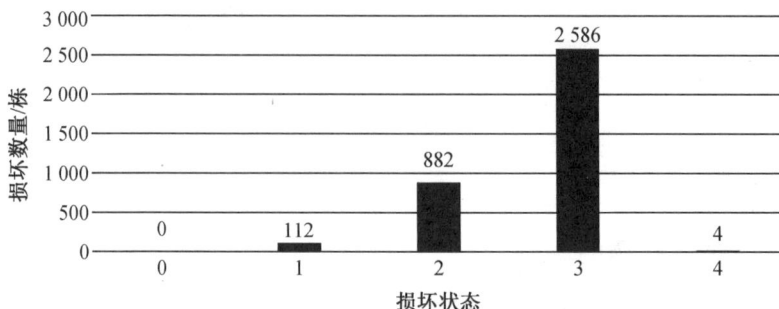

图 8 风暴潮对建筑物的影响数量

3 结论

本文首次模拟并评估了沿海城市基础设施生命线和建筑物遭受多重灾害破坏的脆弱性。地震和海啸来临之后,整个沿海城市的地下管线和房屋等受到的破坏涉及面广、损伤严重,因此本文以 GIS 空间技术为手段,建立风险评估模型,开展多重灾害风险评估,为灾前政策制定和预防工作奠定了基础。

参考文献

[1] IPCC. Climate change 2022: impacts, adaptation and vulnerability[R]. Contribution of Working Group Ⅱ to the Sixth Assessment Report of the Intergovernmental Panel on Climate Change, 2022.

[2] BANHOLZER S, KOSSIN J, DONNER S. The impact of climate change on natural disasters[J]. Reducing Disaster: Early Warning Systems for Climate Change, 2014: 21-49.

[3] CAVALLO E A, NOYILAN. The economics of natural disasters: a survey[R]. IDB Working Paper, 2009.

[4] NIVOLIANITOU Z, SYNODINOU B. Towards emergency management of natural disasters and critical accidents: The Greek experience[J]. Journal of environmental management, 2011,92(10):2657-2665.

[5] MORRISSEY S A, RESER J P. Natural disasters, climate change and mental health considerations for rural Australia[J]. Australian Journal of Rural Health, 2007,15(2): 120-125.

[6] CANNON T. Vulnerability analysis and the explanation of 'natural' disasters[J]. Disasters, development and environment, 1994,1: 13-30.

[7] TRENBERTH K E. The definition of el nino[J]. Bulletin of the American Meteorological Society, 1997,78(12): 2771-2778.

[8] BURNS D A, AHERNE J, GAY D A, et al. Acid rain and its environmental effects: recent scientific advances[J]. Atmospheric Environment, 2016, 146: 1-4.

[9] THOMALLA F, DOWNING T, SPANGER S E, et al. Reducing hazard vulnerability: towards a common approach between disaster risk reduction and climate adaptation[J]. Disasters, 2006, 30(1): 39-48.

[10] VIGDOR J. The economic aftermath of Hurricane Katrina[J]. Journal of Economic Perspectives, 2008, 22(4): 135-154.

[11] BOTZEN W, DESCHENES O, SANDERS M. The economic impacts of natural disasters: a review of models and empirical studies[J]. Review of Environmental Economics and Policy, 2019, 13(2):167-188.

[12] STEINMANN P, KEISER J, BOS R, et al. Schistosomiasis and water resources development: systematic review, meta-analysis, and estimates of people at risk[J]. The Lancet infectious diseases, 2006, 6(7): 411-425.

[13] SELLERS R F. Weather, host and vector-their interplay in the spread of insect-borne animal virus diseases[J]. Epidemiology & Infection, 1980, 85(1): 65-102.

[14] THILLE A W, MULLER G, GACOUIN A, et al. Effect of postextubation high-flow nasal oxygen with noninvasive ventilation vs high-flow nasal oxygen alone on reintubation among patients at high risk of extubation failure: a randomized clinical trial[J]. Jama, 2019, 322(15): 1465-1475.

[15] SALATHÉ M, KAZANDJIEVA M, LEE J W, et al. A high-resolution human contact network for infectious disease transmission[J]. Proceedings of the National Academy of Sciences, 2010, 107(51): 22020-22025.

[16] BOAKYE J, GARDONI P, MURPHY C. Using opportunities in big data analytics to more accurately predict societal consequences of natural disasters[J]. Civil Engineering and Environmental Systems, 2019, 36(1): 100-114.

[17] MARTÍNEZ-ÁLVAREZ F, MORALES-ESTEBAN A. Big data and natural disasters: New approaches for spatial and temporal massive data analysis[J]. Computers and Geosciences, 2019, 129: 38-39.

[18] GINANTRA N L W S R, HANAFIAH M A, WANTO A, et al. Utilization of the batch training method for predicting natural disasters and their impacts[J]. In IOP Conference Series: Materials Science and Engineering, 2021, 1071 (1): 012022.

[19] NERRISE F. Predictive agent-based modeling of natural disasters using machine learning [J]. In Proceedings of the AAAI Conference on Artificial Intelligence, 2021, 35(18): 15976-15977.

[20] DELIGNE N I, HORSPOOL N, CANESSA S, et al. Evaluating the impacts of volcanic eruptions using RiskScape[J]. Journal of Applied Volcanology, 2017, 6: 18.

[21] CREMEN G, GALASSO C, MCCLOSKEY J. Modelling and quantifying tomorrow's risks from natural hazards[J]. Science of the Total Environment, 2021, 817(15): 152552.

[22] SCHMIDT J, TUREK G, MATCHAM I, et al. RiskScape an innovative tool for multi-hazard risk modelling[J]. In Geophysical Research Abstracts, 2007, 9: 1-11.

［23］ PAULIK R, HORSPOOL N, WOODS R, et al. RiskScape: a flexible multi-hazard risk modelling engine［J］. Natural Hazards, 2022: 1-18.

［24］ SCHMIDT J, MATCHAM I, REESE S, et al. Quantitative multi-risk analysis for natural hazards: a framework for multi-risk modelling［J］. Natural Hazards, 2011, 58(3): 1169 -1192.

［25］ CARDONA O D, ORDAZ M, REINOSO E, et al. CAPRA-comprehensive approach to probabilistic risk assessment: international initiative for risk management effectiveness ［C］// In Proceedings of the 15th world conference on earthquake engineering, 2012.

［26］ FIELD C B, BARROS V, STOCKER T F, et al. A special report of working groups I and II of the intergovernmental panel on climate change［R］. Managing the Risks of Extreme Events and Disasters to Advance Climate Change Adaptation, 2012.

［27］ LAMBECK K. Late Devensian and Holocene shorelines of the British Isles and North Sea from models of glacio-hydro-isostatic rebound［J］. Journal of the Geological Society, 1995, 152(3): 437-448.

［28］ 杨学祥. 地壳均衡与海平面变化［J］. 地球科学进展, 1992, 7(5): 22-30.

［29］ HUYNH A, BRUHN A, BROWNE B. A review of catastrophic risks for life insurers［J］. Risk Management and Insurance Review, 2013, 16(2): 233-266.

［30］ HANCOX G T. Landslides and liquefaction effects caused by the 1855 Wairarapa earth-quake: then and now［C］// In the 1855 Wairarapa Earthquake Symposium. Wellington: Greater Wellington Regional Council, 2005.

［31］ GODOI V A, BRYAN K R, GORMAN R M. Storm wave clustering around New Zealand and its connection to climatic patterns［J］. International Journal of Climatology, 2018, 38: e401-e417.

全球涌浪时空特征及海洋建设区划①

王凯珊[1][②]　韦定江[2]　吴　迪[3]*

（1. 海军大连舰艇学院学员五大队，辽宁大连，116018；

2. 中国人民解放军 91593 部队，海南三亚，57200；

3. 海军大连舰艇学院，军事海洋与测绘系，辽宁大连，116018）

摘要：涌浪对海洋工程建设存在风险，同时又存在着一定的开发潜力。利用 1981—2020 年的 ERA-5 再分析数据集，分析全球海域涌浪盛行波高波向特征及长期变化趋势。根据涌浪波高划定工程建设安全区和风险区，根据逐年变化趋势数值划分潜力区和缩减区。结果表明：①全球大洋涌浪由赤道向两侧递增，南半球高于北半球。风险区有南半球西风带等，安全区有印尼群岛、地中海等地。②变化趋势大部分呈现正增长，潜力区有南大西洋等，缩减区包括太平洋东部等。

关键词：涌浪；时空特征；长期变化趋势；建设区划

引言

Semedo 等研究指出全球海洋中的波浪主要是涌浪占据主导[1]，大致呈现"弓"型分布[2]。庄晓宵和林一骅[3]、徐广鹏[4]利用 ERA-40 海浪资料研究得到有效波高在大洋东岸强于大洋西岸的结论，即涌浪"东向强化现象"，Chen 等[5]根据此种现象利用涌浪能量分布划分提出了三大涌浪池。郑友华[6]将风浪涌浪分离，分别计算能流密度，在三大涌浪池的基础上进一步补充划分得到六大涌浪池。主要位于南北半球的西风带附近，该区域强劲持久的西风为风浪的生成提供动力条件，随着波浪的运动生成涌浪[7]。郑崇伟[8]指出印度洋的有效波高等值线分布则呈向北突出的圆弧，且圆弧向孟加拉湾一侧弯曲。刘金芳[9]指出太平洋中部波向是北向，而在靠近两岸的涌浪又有向两岸收拢的迹象。

复杂的涌浪环境对深海开发建设产生极大影响。我国承建的以色列 Ashdod 港的 Q28 码头桩基属于外海无掩护施工区域，涌浪强度较大，利用传统的施工技术则无法克服涌浪的影响满足施工要求[10]。大型预制构件的固有周期与波浪周期重合，构件发生更严重的动态响应，影响大型预制构件浮游稳定和沉放安装施工[11]；同样，涌浪也对航行安全产生较严重影响，2008 年，一艘 9 万多吨的集装箱船在航行过程中遇到东南方向的涌浪影响，并且在

---

①　选题方向：(五)全球气候变化与海洋环境风险 2. 海洋自然环境的时空分布特征。

②　作者简介：王凯珊，1999 年 12 月出生，男，硕士在读，"海上丝路"资源与环境研究团队"硕士教育博士化"重点培养对象。

*　通信作者：吴迪，女，副教授，主要从事海洋遥感与测绘研究。E-mail：lnwuyashan@163.com。

遭遇一个大浪拍击后倾覆,造成严重的海难事故[12]。然而,蕴藏巨大的能量使得涌浪既是一项挑战,也是一项机遇。波浪能具有可再生、无污染、无危害、储量大、分布广、全天候等特点[13],再开发过程也能保护岛礁脆弱的生态环境。同时海浪发电为沿岸国家以及开展各项任务提供重要支撑。建立防波堤后的岸线变化也会受波浪沿岸输沙运动影响[14]。

以往学者都是就某类涌浪造成的事故直接分析或仅对涌浪时空分布特征进行描述,并没有根据涌浪特点划分海洋建设的重点区和风险区。本文从涌浪整体特征出发,重点论证全球涌浪的时空特征。利用 40 年涌浪数据开展涌浪波高长期变化趋势的分析,为防灾减灾、海洋开发提供参考。

1 涌浪波高波向的时空特征

1.1 全球涌浪波高波向分布

涌浪有效波高在赤道处最低,随着纬度增大涌浪高度递增,南半球涌浪高于北半球,南半球以 50°S、110°E 为涌浪高值中心,有效波高最大值超过 3 m,分析大洋东部强于大洋西部的原因可能是强大的西风带使得波浪在传播过程中遇到东岸陆地使得涌浪在大洋东岸叠加。波向总体呈低纬度南北向、中高纬度东西向的特征,位于 35°S~60°S 西风带区域的涌浪方向主要是西向。

太平洋海域在大洋东侧 30°N~50°N 存在一个高值区域,横跨经度范围较大。而在大洋西侧,有效波高在 1 m 以下,原因是封闭海域使涌浪的传播受到限制[15-16],大部分区域波高为 1.5 m 左右。与刘金芳[8]指出的太平洋中部为南北向传播不同,本文发现北太平洋基本是东西向传播,在 0~30°N 为东向,而在 30°N 以北偏西或西南向。

北大西洋来相比于北太平洋高值中心跨纬度范围更大,位置也更偏北,波高可到 2.5 m,向外辐射分布,大西洋中部波高为 1.5 m 左右,南北分布比较对称。大西洋波向除赤道地区以东北向为主,其他海域均沿着大西洋的轮廓由南向北传播。

印度洋海域涌浪呈现圆弧状向内传播,在传播过程中遇到澳大利亚地形阻挡向内弯曲,所以呈现出圆弧向孟加拉湾一侧弯曲的现象,另一侧的阿拉伯海受风浪影响更大。偏南向涌浪占据主导,在靠近海岸又垂直于两岸。

1.2 全球涌浪波高波向分布季节变化

南半球涌浪带呈现较规则的条带状向南北递减,春夏两季波高高达 3 m 以上,夏季在澳大利亚西南部海域出现 3.5 m 高值中心。秋季涌浪范围和强度较夏季都有所下降,涌浪高度分界线都南撤 15 个纬度不等,3 m 以上高度中心基本消失,大西洋南部海域在秋冬两季中心消失,波高降至 2 m,是南半球涌浪带波高最小地带。冬季与秋季无明显变化,2 m 等值线与北太平洋相连。波向季节变化不显著,与全年一致。

北太平洋春季 1.5 m 涌浪占据大部分区域,夏季,北太平洋 1.5 m 涌浪高度分界线南撤,值得注意的是 1.5 m 分界线向我国周边海域延伸,引起涌浪高度增高。秋季北太平洋海域开始出现 2.5 m 高值中心并向外扩散,1.5 m 分界线"闯入"我国南海区域,使得我国东海、南海区域波高升高。冬季太平洋地区达到最高值,2.5 m 中心进一步成长 3 m 中心。北太平洋海域由于高值中心位置变化较大因此波向的季节变化也较大,在秋冬季节出现高值中心,波向主要从中心向外扩散,变化最大的是澳大利亚北部海域,秋冬两季为东北向,春季为偏西向,夏季则为东南向。

大西洋海域始终在 30°N~60°N 存在一个涌浪中心,夏季该中心高度最低为 1.5 m,位置也更靠南,与南半球 1.5 m 高值线成掎角之势。秋季,南北的 1.5 m 分界线相连,并在北大西洋出现 3 m 高值中心向外扩散,位置也相对靠北。冬季,3 m 中心达到最大范围,中心位置移到最北。春季,3 m 中心消失,仅留有 2 m 高值中心。波高季节变化相差不大,墨西哥湾东部海域在夏季为东向,其余季节为东南向。

印度洋海域涌浪以圆弧状向印度洋内侧传播,变化最明显的则是 2 m 分界线的位置。春季该分界线在 12°S 左右,夏季 2 m 分界线延伸孟加拉湾海域,同时受到季风影响,阿拉伯湾出现背靠陆地的 2 m 涌浪中心。秋季季风减弱以及南半球涌浪降低,印度洋的 2 m 分界线南撤,整体不超过 15°S。冬季印度洋海域盛行季风方向为东北方向,风向与南传的涌浪方向相反,使得阿拉伯海和孟加拉湾两地的涌浪达到最低 1 m。波向季节变化与年均变化一致。

2 海洋建设区划

2.1 风险区域划分

根据全球涌浪波高分界线位置以及最大化利用海洋资源的原因,划定波高超过 2 m 的为风险区,波高小于 1 m 的为安全区,在两者之间为适中区。

$$\begin{cases} 风险区\ h > 2\ m \\ 适中区\ 1\ m < h < 2\ m \\ 安全区\ h < 1\ m \end{cases}$$

在全球涌浪分布区域中,大西洋北部和太平洋东部海域春夏两季波高在 1.5 m 左右,可以进行一定海洋建设,而在秋冬两季两处出现 2.5 m 以上涌浪为海洋工程建设的风险区。南半球西风常年有大涌分布,因此也划分为风险区。我国沿海区域以及印尼群岛地区由于波高常年较小,划分为安全区。值得注意的是,印度洋北部海域为适中区,而在印度洋南部,特别是夏季,涌浪强度增强,划分为危险区。在大西洋和太平洋的 0° 范围波高维持在 2 m,划分为适中区。

表 1 全球海洋建设区划季节分布

季节	南半球西风带	太平洋	大西洋	印度洋
春	风险区	适中区	适中区	适中区
夏	风险区	适中区	北:适中区 中:安全区	风险区
秋	风险区	东:风险区 西:适中区	风险区	北:安全区 中:风险区
冬	风险区	东:风险区 西:适中区	风险区	北:安全区 中:风险区

从季节变化来分析,变化显著的海域有印度洋地区,由于印度洋在夏季增强,冬季减

弱,夏季的 2 m 涌浪向北延伸,夏季 30°S 以北地区由适中区转变为风险区。太平洋和大西洋地区在春夏季向秋冬季节过渡时也要注意风险区域的转变,尽可能选择风险区较小的区域和季节开展海洋工程建设。

2.2 效益区域划分

根据逐年增长趋势划定趋势超过 0.004 的为潜力区,趋势小于 0 的为缩减区,在两者之间为静止区。全球海域基本处于增长趋势。

$$\begin{cases} \text{潜力区 } t>0.004 \text{ m/a} \\ \text{静止区 } 0<t<0.004 \text{ m/a} \\ \text{缩减区 } t<0 \end{cases}$$

南半球西风带区域呈现逐年增长的趋势,且年均增长的极值位于澳大利亚东南区域,年度增幅达到 0.008 m/a,整个南半球西风带增幅在 0.005 m/a 以上,将该地涌浪带划分为开发建设潜力区,该处涌浪常年保持较高水平且呈逐年增长趋势,蕴含强大的开发潜力。

北太平洋东部海域涌浪变化保持静止或呈逐年递减趋势,将该地划分为缩减区。而西部太平洋及我国沿海海域,以 0.004 m/a 的趋势逐年增长,划分为海洋开发建设的潜力区。

印度洋北部沿岸趋势不够明显基本保持静止,北部可视为静止区,在 0° 以南出现 0.004 m/a 的增长区域,基本与 2 m 涌浪分界线一致,向南趋势逐渐增大。该地可划分为海洋开发建设的潜力区。

大西洋中南部呈现微弱的增长趋势,不超过 0.003 m/a,将南大西洋划分为静止区,相比北大西洋在 30°N 以北海域,出现年均增长极值中心,大部分在 0.005 m/a 以上,有着较好的开发潜力。

通过分析,可以得出变化趋势的主导季节和开发潜力最大的季节。

北太平洋东部区域的逐年递减在四个月份无明显差距,该地全年处于缩减状态。而我国沿海和太平洋西部在冬季增长趋势最显著达到 0.005 m/a,其余季节保持静止,因此该地主导季节是冬季,并且冬季该地处于涌浪最大状态,有利于效益开发。靠近南美洲一侧的太平洋地区年均增长趋势为正,而该地冬春秋季却相对静止,说明主导该地增长速度的夏季,且在夏季有较强的增幅,根据这一特性可以在春夏季节在南美洲西侧的太平洋地区进行海洋建设开发,效益可达到最大。

印度洋南部则在秋季增长最明显,出现 0.012 m/a 的增长中心,而夏冬两季在该处保持静止。该地可选择在春秋两季进行海洋建设,这两个季节蕴含较大潜力。

大西洋北部除夏季外均呈明显的增长趋势,且在秋冬两季都出现了甚至高于南半球西风带的增长趋势,潜力巨大,有良好的开发价值。但该地在秋季也出现了 -0.006 m/a 的降低趋势。

根据分析得到表 2 全球具有开发潜力区划的季节变化,东太平洋海域涌浪波高四个季节均处于缩减状态,而西太平洋海域在冬春两季为潜力区,夏秋季节则为静止区。南印度洋开发潜力则比北印度洋要好得多。大西洋基本全年处于潜力区,南大西洋在冬季为静止区,而北大西洋在夏季为静止区,这与涌浪波高以及涌浪传播也有一定的关系,值得注意的是,在秋季在北大西洋存在着潜力区和缩减区共存的现象。

表2 全球海洋开发潜力区划季节分布

季节	西太平洋	东太平洋	南大西洋	北大西洋	南印度洋	北印度洋
春	潜力区	缩减区	潜力区	潜力区	潜力区	潜力区
夏	静止区	缩减区	潜力区	静止区	静止区	静止区
秋	静止区	缩减区	潜力区	潜力区、缩减区	潜力区	缩减区
冬	潜力区	缩减区	静止区	潜力区	静止区	缩减区

3 结论与决策

3.1 结论

(1)开发风险区划主要存在有南半球西风带区域、大西洋北部和印度洋南部。安全区有太平洋西部、印度洋北部以及印尼群岛地区。其余为适中区。

(2)建设效益区划主要有南半球西风带特别是澳大利亚东南以及好望角等地,太平洋西部和北大西洋地区,建设缩减区划主要是太平洋东部、大西洋中部。

(3)我国沿海以及太平洋西部、印度洋北部既是潜力区又是适中区,具有良好的开发前景。太平洋西部既是缩减区又是风险区,不利于下一步长期的开发建设。

3.2 决策

寻找涌浪波高较低以及逐年增长趋势较大的区域进行开发,有利于海洋能源开发,划定风险区划对于海上航行安全以及避险等提供有力决策,有利于沿岸港口、码头、防波堤等海上工事的建设,同时对海洋钻井平台、海洋起重作业船等海洋建设提供指导性意见和建议。

参考文献

[1] SEMEDO A, SUSELJET K, RUTGERSSON A, et al. A global view on the wind sea and swell climate and variability from ERA-40[J]. J Climate,2011,24(5):1461-1479.

[2] 张婕.风-浪要素的全球分布特征研究[D].青岛:中国海洋大学,2010.

[3] 庄晓宵,林一骅.全球海洋海浪要素季节变化研究[J].大气科学,2014,38(2):251-260.

[4] 徐广鹏.大洋东西岸波高与周期的关系研究[D].青岛:中国海洋大学,2014.

[5] CHEN G E, CHAPRON, et al. A global view of swell and wind sea climate in the ocean by satellite altimeter and scatterometer.[J]. Journal of Atmospheric & Oceanic Technology, 2002,19(11):151.

[6] 郑友华,郑崇伟,李训强,等.基于ICOADS海浪资料的全球海域波浪能研究[J].可再生能源,2011,29(5):108-112.

[7] 李大鹏,赵栋梁.利用卫星高度计与浮标数据分析世界大洋的风浪与涌浪分布[J].青

岛农业大学学报(自然科学版),2013,30(2):135-141,147.

[8] 刘金芳,江伟,俞慕耕,等.北太平洋海浪场时空变化特征分析[J].热带海洋学报,
2002(3):64-69.

[9] 郑崇伟,李崇银,李训强.印度洋的风浪、涌浪和混合浪的时空特征[J].解放军理工大
学学报(自然科学版),2016,17(4):379-385.

[10] 梁胜光,孙琦,杨帅,等.步履式顶推平台在强涌浪海域钢管桩沉桩中的应用[J].水
运工程,2017(4):181-184.

[11] 赵娟,应宗权,林美鸿.大涌浪海域沉箱结构选型方案[J].水运工程,2015(1):196-
199.

[12] 张志伟.基于多源卫星数据的全球航船事故失事海况分析[D].济南:山东师范大
学,2017.

[13] 郑崇伟.海上可再生能(波浪能、风能)资源利用的理论研究[D].长沙:国防科技大
学,2018.

[14] 童朝锋,王波,鲁盛,等.海南岛西南岸沿岸输沙特性及防波堤影响[J].水利水运工
程学报,2016(1):9-16.

[15] 杨振勇,吕迎雪,孔丛颖,等.海上工程施工期波浪(涌浪)预报系统[J].中国港湾建
设,2017,37(5):6-9.

[16] 张鲲鹏.基于再分析数据的波候和波浪能资源分析[D].青岛:中国海洋大学,2020.

2212号台风"梅花"北上路径及其对黄渤海区影响分析

刘志宏[①]　陈晓斌*　王英俊　谭小昆

(92538部队,辽宁大连,116041)

摘要: 为更好地掌握三重拉尼娜事件下北上台风路径特点及其对黄渤海区所造成的影响,以2212号台风"梅花"为分析对象,综合使用了台风数据集、浮标、ERA5再分析资料、船舶实况资料进行分析。结果表明:台风"梅花"是拉尼娜事件背景下副高引导北上的台风;对于台风"梅花"在9月份北上登陆大连,主要是由台风易生成区SST异常偏高(菲律宾以东大面积超过30 ℃区域)和分布在日本岛南部的副高环流所共同决定;2000年、2022年同为三重拉尼娜事件年,后者9月份菲律宾以东的台风易生成区SST偏高0.8 ℃,这为台风"梅花"生成和北上进入黄渤海区提供了必要条件。

关键词: 北上台风;SST;副热带高压;ONI指数;Nino3.4指数

引言

台风作为一种热带强天气系统,对海上军事行动有很强的影响(如掠海飞行[1-2]),伴随大风而来的巨浪,一般可采用海浪模式进行分析预测[3]。作为辽东半岛最南端的旅大地区很少受台风正面影响[4],基于统计方法,我们可以推断每个月的台风频次[5],结合4种路径的分布规律,基本可以知道北上台风的个数。北上台风对渤海的影响巨大,其中,2022年第12号台风"梅花"极具代表性,它是1949年以来最晚登陆辽宁大连的台风,同时也是有历史记录以来唯一一个登陆我国4个不同省份的台风。对于旅大地区而言,此次台风第一个特点是大暴雨覆盖范围广,极端性强,7个测站降雨量大于250 mm,198个测站降雨量为100~250 mm;第二个特点前期雨势平稳后期雨强大,持续时间长,14日20时至15日20时全市平均降雨量54.7 mm,随着台风移近,15日20时至16日20时平均降雨量为107.2 mm,本次降雨历时长达60 h;第三个特点是风力大,受此次台风影响,全市出现了8~11级大风天气,长兴岛港曾观测到最大风力11级(31.1 m/s)。

近40年登陆大连的8509号台风"Mimie"(强热带风暴级,风力11级)和9415号台风"Ellie"(强热带风暴级,风力10级),都发生在盛夏的8月中上旬,而台风"梅花"发生在已过中秋的9月中旬,却依然表现出顽强的生命力。本文通过分析上述三个北上台风[4,6-8]在形势场上的异同,探索副热带高压外围气流引导其北上的机理,以及与三重拉尼娜事件的

---

①　作者简介:刘志宏,1969年8月出生,男,大学本科,正高职高级工程师,研究方向为气象水文保障。

*　通信作者:陈晓斌,工程师,邮箱 cxbhero@163.com。

密切联系。

1 3个台风的路径及天气形势对比分析

根据温州台风网历史资料显示,台风"梅花"出现在9月份,进入48 h警戒线后维持了8天,而其他2个台风都出现在8月份,进入警戒线后也仅维持了4~6天。从北上的强度来看,2个8月份的台风在上海以北都是强热带风暴级(10~11级),梅花则是热带风暴级(9级);从路径上来看,台风"梅花"和8509台风路径最为相似,但前者的抛物线路径更为经典。因此今年9月份的副高明显北抬,是典型的副高引导台风北上路径,且"梅花"期间的副高形态和位置都很稳定。

为了清晰刻画出当时的背景场,下载和分析了欧洲中心ERA5资料集当中1985年、1994年、2022年8~9月的500 hPa月平均位势高度和海表温度(SST)分布。

对于位势高度场:1985、1994年8月西北太平洋副高所围成的区域基本位于日本岛东南方向,其中1994年588线北端可以到达朝鲜半岛,而2022年8月副高范围明显增大涵盖了整个西北太平洋且西伸明显甚至可以达到青藏高原地区,因此2022年的8月并不具备台风正面北上进入黄渤海的优势;到了9月份,副高整体南撤,其中1994年副高南撤至160°E附近,其他年份副高北侧位于日本岛最南端,所以1994年9月也并不具备北上台风的优势,至此1985年与2022年9月环流特征较为相似,都存在北上的可能。

对于SST场:2022年8~9月台风多发地的SST比其他年份同期都要高,2022年8月超过30 ℃的区域主要位于0~30°N,100°E~160°E,其中台湾以东洋面还有接近31 ℃的高温区,到了9月份接近或超过30 ℃的区域最北端南撤至15°N;而2022年9月的SST甚至强于1985年、1994年8月,单从SST分布可见2022年9月产生北上台风可能性增大。

综上,对于台风"梅花"的移动路径应该是副高以及SST分布共同作用决定的,即在9月份,台风易生成区SST异常偏高和分布在日本岛南部的副高环流引导所共同决定。

2 台风"梅花"的船测资料分析

由于历史资料有限,对台风梅花采用了浮标观测资料和船测资料,观测时间统一为2022年9月15日09时—16日22时(共38个时次),其中观测船舶位于渤海中北部。台风"梅花"16日在早上8时离开山东半岛,一路向北穿越渤海海峡,于中午12时40分前后在大连金普新区登陆,在进入渤海海峡直至登陆的过程中,风力始终维持在9级,7级大风圈半径为170 km,而旅大地区与渤海中北部的直线距离在150~200 km,可见基本上被7级风圈所覆盖。

从图1可知,观测到风力达到6级的时间为15日下半夜,1船最大风力(8级)时段为16日11时—14时,最大平均风速19.5 m/s(16日12时),2船最大风力(7级)时段为16日5时—10时,最大风速17 m/s(16日7时),3船最大风力(8级)时段为16日7时—12时,最大平均风速20 m/s(16日9—12时)。基本上台风梅花登陆前1个小时以内风力达到最大,而且大多观测到了8级风的风力,风力减弱的时段基本为16日15时以后,据当时观测的波高可知,在16日21时(风力在5级)仍能观测到2 m波高(图略),可见这次台风过后的涌浪不小。

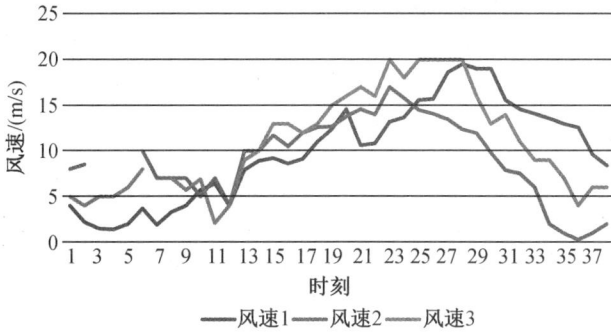

图 1   船测平均风速分布

根据大连气象台提供的 2 个浮标(渤海中部和黄海北部)资料,可以看到如下的浮标风场和波高演变情况(图 2):对于 1 号浮标(有缺测值),16 日 2 时开始出现 7 级阵风,3 个时刻阵风均达到 20 m/s 以上,最大阵风为 23 m/s(16 日 13 时),8 级的平均风也存在 3 个时刻,最大平均风速为 18.2 m/s(16 日 10 时),16 日 6 时有效波高开始超过 2 m,最大达到 3 m(11 时和 13 时),而观测到的最大波高可以达到 5 m;对于 2 号浮标,出现 7 级阵风的时间较晚(16 日 5 时),最大阵风 19.3 m/s,而只有 1 个时刻平均风力达到 7 级,16 日 9 时有效波高开始超过 2 m,3 m 以上有效波高持续有 5 个小时,最大有效波高 4.4 m,而观测到的最大波高为 6.5 m。浮标 1 对应的大风风向多为 N 或 NE,而浮标 2 对应的风向为 SE 或 SW,由于前者位于渤海,而后者位于黄海北部,台风的路径是朝向黄海北部,加上前期台风登陆山东半岛在黄海中部所造成的涌浪叠加,使得后者的观测波高明显高于前者。

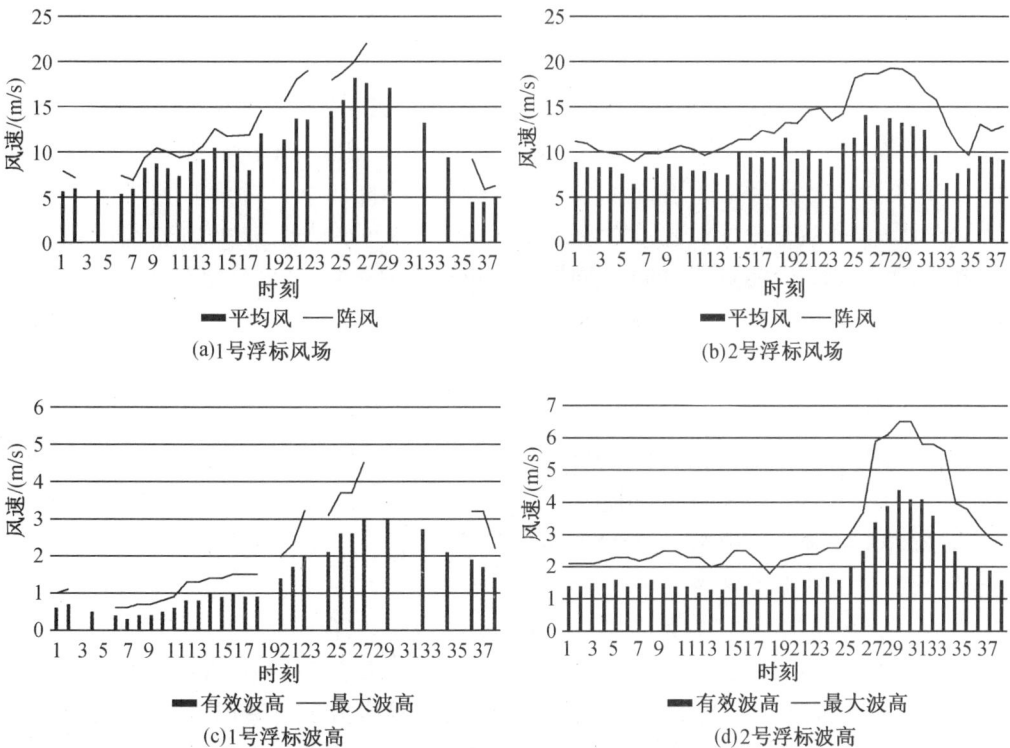

图 2   1 号、2 号浮标波高与风场分布

为了验证上述情况,基于 ERA5 资料绘制台风"梅花"期间在黄渤海区的最大波高、大风区分布图(图略):其中红色线条为≥2 m 的大浪区,阴影区为风速≥12 m/s 的大风区,台风"梅花"在穿越渤海海峡的路径上造成了两个大风大浪区(二者区域较为一致),即渤海中、北部以及黄海北部、成山头以东海域。相比之下,渤海中部的最大波高(3.5 m)区域最为明显,其越向北波高递减越快,但即便是接近辽东湾海域时波高仍超过 2 m,1 号浮标所在位置就是对应波高 3.5 m 的区域之中,而黄海北部的最大波高区位于海洋岛以东海域,2 号浮标则位于波高在 2 m 处的区域内;就风场而言,两个海域都出现过 8 级的最大风力,在辽东湾和秦皇岛等地也都有 6~7 级的风力。综上,船测资料、浮标资料和 ERA5 资料相比是比较吻合的。

3　三重拉尼娜事件与台风"梅花"的关系

拉尼娜[9-11]事件的出现会减弱副热带高压的强度(西北太平洋低纬度地区海温升高),其次在拉尼娜年会使副高位置更靠北。由于拉尼娜事件与台风生成、路径关系密切,在判定是否出现拉尼娜事件时,常采用 Nino3.4 区指数[12](对应赤道东太平洋的一个海温关键区,即 5°N~5°S,170°W~120°W)来表征海水温度的异常降低。当该指数 3 个月滑动平均的值≤-0.5 ℃,且持续至少 5 个月,判定为一次拉尼娜事件。根据 1950—2022 年的 Nino3.4 区指数计算可知(图略),共发生了 3 次三重拉尼娜事件(1954 年 5 月—1956 年 9 月、1998 年 7 月—2001 年 2 月、2020 年 8 月—2022 年),而前两次三重拉尼娜事件均是在严重的厄尔尼诺现象之后,2022 年的事件则不是;1984 年 10 月—1985 年 8 月为一次传统拉尼娜事件,而 1994 年未出现拉尼娜事件。为此基于 ERA5 资料(没有 1959 年以前数据)还对比分析了三重拉尼娜年(2000 年、2022 年)8—9 月的平均 SST,发现 2022 年 8—9 月 SST 明显高于 2000 年对应月份,尤其是 2022 年的 8 月台湾岛以东的大部分西北太平洋海温在 30 ℃以上(台湾岛以东甚至呈现出接近 31 ℃的东北-西南走向的高温区),而 2000 年 9 月西北太平洋的 SST 有所回落(菲律宾以东的台风易生成区 SST 接近或不超过 29.2 ℃),因此 2000 年 9 月北上台风进入黄渤海可能性较低(2000 年 9 月并没有台风进入黄渤海区)。台风"梅花"就是生成在这样的"三重拉尼娜"背景下,结合之前的高空形势场,三重拉尼娜事件下的 8 月较 1985 年、1994 年同期副高位置更为靠北,这也是导致台风"梅花"能在 9 月份在副高引导下于大连金普新区登陆的原因之一。

4　结论

通过对 8509、9415、2212 号台风路径,相关月平均 500 hPa 位势高度、SST、浮标、船测资料以及 Nino3.4 区指数的分析,得到以下结论:

(1)在拉尼娜现象的影响下,2022 年 9 月份的副高明显北抬,且副高形态和位置都很稳定,台风"梅花"是典型的副高引导下的北上台风。

(2)台风"梅花"北上登陆大连发生在 9 月份,主要是由台风易生成区 SST 异常偏高(菲律宾以东大面积超过 30 ℃区域)和分布在日本岛南部的副高环流引导所共同决定的。

(3)作为 21 世纪首个三重拉尼娜现象,其在台风易生成区所造成的 8—9 月 SST 明显高于 2000 年三重拉尼娜事件,9 月份两个事件的 SST 可以相差 0.8 ℃,这为 9 月份台风易生成和台风北上进入黄渤海区提供了必要条件。

(4)在台风"梅花"的 7 级风圈半径外,仍可观测到 8 级甚至是 8 级强的平均风力,因此黄渤海区台风影响下的风力预报应该还要考虑其他环流因素的配合而适时高报 1~2 级。

参考文献

[1] 郑崇伟,潘静.台风浪对掠海飞行器击水概率的影响[J].解放军理工大学学报(自然科学版),2013,14(4):467-472.

[2] 郑崇伟,邵龙谭,林刚,等.台风浪对掠海飞行安全性的影响[J].哈尔滨工程大学学报,2014,35(3):301-306.

[3] 郑崇伟,周林,宋帅,等.1307 号台风"苏力"台风浪数值模拟[J].厦门大学学报(自然科学版),2014,53(2):257-262.

[4] 纪广辉.北上台风对渤海湾的影响浅析[J].船舶物资与市场,2019(9):28-29.

[5] 陈璇,郑崇伟,左常鹏,等.台风活跃季月活动频次指数的构建及其应用[J].厦门大学学报(自然科学版),2020,59(3):394-400.

[6] 徐灵芝,卜清军.北上台风及其对渤海湾的影响分析[J].天津航海,2017,4:65-68.

[7] 金荣花,高拴柱,顾华,等.近 31 年登陆北上台风特征及其成因分析[J].气象,2006,32(7):33-39.

[8] 王达文.北上热带气旋分析与预报[M].北京:气象出版社,2001.

[9] 骆高远.我国对厄尔尼诺、拉尼娜研究综述[J].地理科学,2000,20(3):264-269.

[10] 涂方旭,李耀先,李桂峰.厄尔尼诺与拉尼娜的诊断[J].广西气象,2001,22(1):44-46.

[11] 杨琳.厄尔尼诺(拉尼娜)事件与海温资料的拟合诊断[C]// 2011 年第二十八届中国气象学会年会,2011:1-7.

[12] 李晓燕,翟盘茂.ENSO 事件指数与指标研究[J].气象学报,2000,58(1):102-109.

近43年北上黄渤海区典型台风案例分析

陈晓斌[1]① 刘志宏[1] 陈 璇[2] 李 湘[1]

(1.92538部队,辽宁大连,116041;2.31024部队,广东广州,510510)

摘要: 以近43年北上黄渤海区的台风为统计对象,综合使用台风数据集、浮标、ERA5再分析资料、船舶实况资料分析了8509号台风"Mimie"、1818号台风"温比亚"、1909号台风"利奇马"和2212号台风"梅花"。结果表明:1990—2019年北上至黄渤海区的台风呈现明显增多的趋势;北上进入黄渤海区的台风大概率出现在8月,其次是7月,9月北上台风出现的背景是拉尼娜年;北消失路径下高值中心(5 m)相对西登陆路径下(3.5 m)偏西,成山头东北都存在高值中心,但西登陆路径下波高中心值更高(5.5~6.5 m),而且渤海中北部可出现暴雨,西登陆路径下黄海北部风力最大(8~9级),北消失路径下渤海中部风力最大(8级)。

关键词: 北上台风;SST;副热带高压;拉尼娜事件

台风是一种强大而深厚的热带天气系统,破坏性极强,一般在夏秋季节影响我国东南沿海地区,对掠海飞行[1-2]等有较大影响。目前,仍有基于统计的台风预测方案[3],不过,在具体分析领域(如台风浪[4]),仍以数模为主。台风主要有4种路径,其中,西北和转向路径的台风有北上的可能,其最远可以穿越黄渤海进入东北地区或影响东北地区[5-8]。历史上著名的8509号台风"Mimie"一路北上影响山东半岛、东北地区,其中青岛市区降水量高达255.8 mm,9415号台风"Ellie"卷起的台风浪袭击了黄海北部及渤海海峡沿岸;还有近几年的1818号台风"温比亚"、1909号台风"利奇马"、2212号台风"梅花"更是严重威胁了黄渤海区的人员、渔业和军事行动安全。

近几年北上进入渤海和黄海北部(下文统称为黄渤海区)的台风呈现增多趋势,危害性也更强,本文试图依托有限的海上浮标观测资料、船测资料及ERA5再分析资料对典型北上台风案例进行综合分析,重点探讨北上的机理以及与ENSO事件的关联性,以通过此次研究为北上至黄渤海区的台风预报提供一定的依据。

1 数据与方法

本文所用资料包括了温州台风网历史台风、大连1号和2号浮标、欧洲天气预报中心的ERA5再分析数据、黄渤海相关船测资料。

本文依托温州台风网1980—2022年历史台风资料统计了能进入黄渤海区的台风数量,并探讨了其分布规律;分别根据ERA5资料和实测资料(浮标和船测)给出了影响黄渤海区

---

① 作者简介:陈晓斌,1985年1月出生,男,硕士研究生,工程师,研究方向为气象水文保障。

台风的要素分布特征;对 8509 号台风"Mimie"、1818 号台风"温比亚"、1909 号台风"利奇马"和 2212 号台风"梅花"4 个台风案例的形势场以及相关要素场做了必要的分析。

2 北上台风特征

2.1 北上黄渤海区台风统计

对于能够进入渤海及黄海北部的台风个数而言(图 1),1980—1989 年为 8 个,1990—1999 年为 1 个,这 10 年已经呈现明显锐减趋势,但之后的 20 年,北上台风又开始呈现明显的递增趋势,并在 2010—2019 年达到了 11 个,而近 3 年北上台风数已经为 4 个,可见近 30 年北上至上述海区的台风呈现明显增多的趋势。

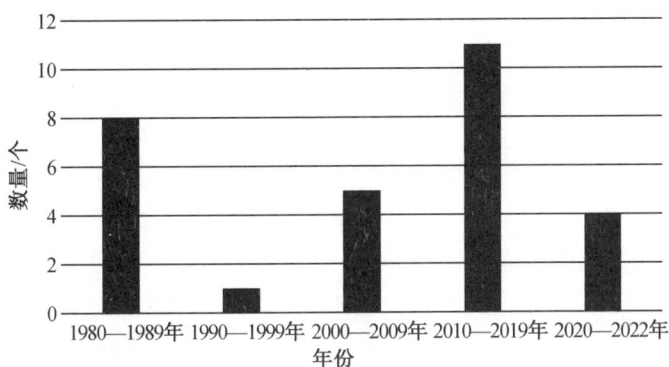

图 1　近 43 年北上进入渤海及黄海北部台风数量分布

2.2 影响黄渤海区的相关要素分布

本文统计了近 43 年的北上台风发现,对于能够北上至黄渤海区的共有 24 个,其中 20 个分别属于西登陆(台风汇合在琉球群岛后以西北路径在山东、河北、天津、辽宁沿海登陆)和北消失(台风在我国东南沿海登陆后一直偏北移动,逐渐减弱进入 35°以北消失)两种路径[9],为此给出西登陆和北消失两种路径下的最大雨量和大风分布(图略)有助于理解和把握该型路径下的台风影响势力范围,为后续影响黄渤海台风的预报提供必要参考,所用资料为 ERA5 资料。其中红色线条表示 1 小时降水强度,所绘区域都为大雨以上区域(根据定义 1 小时降水 8~16 mm 为大雨,16~50 mm 的为暴雨);阴影区为风速≥12 m/s 的大风区;蓝色线条为≥2 m 的大浪区。可以看出,两类台风的最大风速区和最大波高区有很好的对应关系,风大浪也大,在渤海中部都可存在明显大浪区,北消失路径下高值中心(5 m)相对西登陆路径下高值中心(3.5 m)偏西,两个路径下黄海北部的波高由北向南递增,成山头东北都存在高值中心(波高至少在 4 m),但西登陆路径下波高中心值更高(5.5~6.5 m);西登陆路径下,渤海中北部及黄海北部单小时降水强度在 20~25 mm(暴雨级别),而北消失路径下,降水区主要在渤海中北部,强度 20~30 mm(暴雨级别);西登陆路径、北消失路径下的最强大风区分别分布在黄海北部和中部、渤海中部,前一个路径下黄海北部的风力在 8~9 级,渤海中、北部风力普遍达到 7 级(包括辽东湾地区),后一个路径下黄海北部风力普遍在 7 级,渤海中部的风力以 8 级风为主,辽东湾附近风力也可达到 7 级。

3 典型北上台风个例分类分析

通过上文分析可知,能够北上至黄渤海区的台风为北消失类和西登陆类,其中北消失类最多,这样的路径特点主要由副高的强度和位置来决定,而 ENSO 事件的发生直接影响西北太平洋特别是菲律宾群岛以东和琉球群岛附近生成台风数量的多少,还可决定台风北上的路径。比如拉尼娜[10-12]事件的出现会减弱副热带高压的强度(西北太平洋低纬度地区海温升高),其次在拉尼娜年会使副高位置更靠北,发生北上的机会增加,而厄尔尼诺事件会增强副高的强度,使得台风易生成区台风数量减少(2020 年 7 月西北太平洋甚至没有台风生成)。近 43 年能够北上的 25 个台风,大部分发生在 8 月,其次是在 7 月,9 月份出现的极少(拉尼娜事件背景下发生),最近的北上台风是三重拉尼娜事件下的 2212 号台风"梅花",随着拉尼娜事件越来越引起关注,为此本文将北上台风分为拉尼娜事件和非拉尼娜事件两类,由于篇幅有限,选取上文提到的 4 个典型台风进行形势场或相关要素场的分析。

3.1 拉尼娜事件下北上台风个例

2212 号台风"梅花"是在三重拉尼娜事件背景下生成的且发生在 9 月,而 8509 号台风"Mimie"所在年份为一次普通拉尼娜事件年,二者路径最为相似,但前者的抛物线路径更为经典,二者同为典型的副高引导下的北上台风路径,本节探讨的重点集中在副高位置和 SST 分布对于北上路径的共同作用。

1985 年 8 月西北太平洋副高外围区域基本位于日本岛东南方向,而 2022 年 8 月副高范围明显增大且西伸明显甚至可以达到青藏高原地区,台风北上的可能很低;到了 9 月份,副高整体南撤,但副高北侧位于日本岛最南端,因此 1985 年与 2022 年 9 月都存在北上的副高环流引导条件。就 SST 而言,2022 年 8 月超过 30 ℃的区域向北达到了 30°N,向东达到了 160°E,其中台湾以东洋面还有接近 31 ℃的高温区,到了 9 月份接近或超过 30 ℃的区域虽然有所南撤,但菲律宾群岛以东仍然存在高温区,这又为 2022 年 9 月北上台风生成提供了必要条件。

3.2 非拉尼娜事件下北上台风个例

综合考虑非拉尼娜事件和对黄渤海区所造成的危害主要分析了 1818 号台风"温比亚"、1909 号台风"利奇马"。

图 1 主要分析了 2019 年 8 月 10 日 08 时—13 日 00 时利奇马北上期间的 1 号浮标(位于渤海)、2 号浮标(位于黄海北部)及当时位于辽东湾附近的船测资料,所分析的要素涉及风场、波浪场。1 号浮标于 8 月 11 日 03 时开始风大,11 日 03 时—12 日 07 时平均风力至少为 6 级,11 日 11 时风力达到 7 级,其间 16 h 平均风力数据出现差错,但对应的阵风对此次台风北上的过程影响趋势很准确,11 日 13 时开始阵风超过 20 m/s(最大超过 29 m/s),因此可以判断 7 级风大致维持了近 20 h;2 号浮标所对应的风力则要小一些,11 日 22 时—12 日 06 时平均风力为 6 级,对应的阵风主要为 7 级(最大为 18.5 m/s)。对于波浪场,有效波高和最大波高都呈现了滞后性,1 号浮标有效波高在平均风力达到 7 级后才达到 2 m,最大有效波高达到了 3.8 m,而观测的最大波高可以达到 5.8 m,以有效波高考虑的话为大-巨浪;2 号浮标有效波高比 1 号浮标早 6 个小时达到 2 m,而且维持的时间还要长 6 个小时,最大有效波高 3.6 m,最大波高为 6.4 m,同样为大-巨浪。图 4(e)给出了 8 月 11 日 20 时—

13 日 00 时在辽东湾附近锚泊的 5 组船测资料(存在缺测记录),波高为目测值,分析显示各船风力趋势基本一致,而且与浮标对应关系也较好,11 日 20 时—12 日 12 时风力大体维持在 8~9 级,部分船观测到风速 25.6~27.2 m/s 的 10 级大风(因为浮标的位置更靠南,所以会更先感受到风力增大),波高基本在 3~4 m,部分船观测到 4~5 m 波高(图略)。当利奇马在莱州湾附近徘徊时,其中心最大风力只有 7 级,而从浮标站和辽东湾的实际观测数据来看,都观测到了 8~10 级风,分析当时 10—13 日地面天气图(图略)可知:贝加尔湖以南已有明显的冷空气渗透,而且冷高压到达了内蒙古中西部,利奇马后部与冷空气之间形成了较为明显的气压梯度,这是造成此次大风也是预报大风的重要原因。

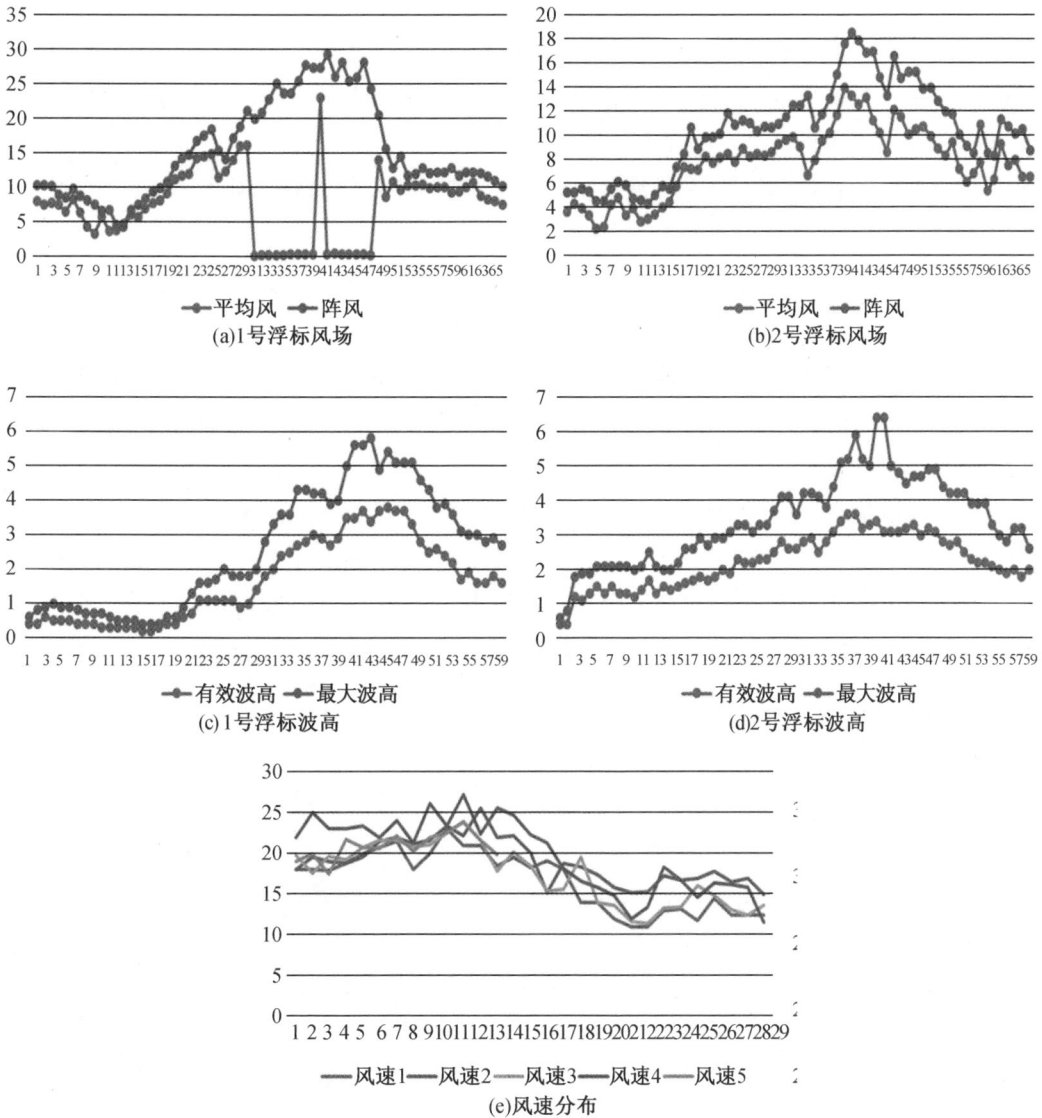

(a)1号浮标风场　　(b)2号浮标风场

(c)1号浮标波高　　(d)2号浮标波高

(e)风速分布

图1　利奇马北上路径与浮标、观测资料

台风"温比亚"离开山东后继续向东移动,分别经过渤海中南部、渤海海峡、黄海北部,入海的强度一直维持在 8 级,由温比亚 8 月 20 日全天的最大波高和大风区分布(图略),其中阴影区表示最大风速(≥12 m/s),红色实现表示最大波高(≥1.5 m)。渤海最大风速在14~16 m/s,而黄海北部的最大风速在16~18 m/s;最大波高与最大风速区也有明显的对应关系,风大浪也大,渤海中部最大波高为2.5 m,而黄海北部最大波高为3.5 m,黄海南部的波高也可达到2.5 m,主要原因是黄海的风区面积更为宽广。这里需要指出,再分析资料显示临近大连的海域也有2~2.5 m浪高,而8月20时早晨大连760所码头出现东南大风,且不断有大浪从南面传递过来,最终形成的拍岸浪可达十几米。再分析资料虽能比较清晰的刻画出这次台风浪的影响范围,但尚不能如实体现拍岸浪的大小和危害。

4 结论

通过对近43年北上进入黄渤海区的台风数量分布、黄渤海区受影响下的相关要素分布以及对8509号台风"Mimie"、1818号台风"温比亚"、1909号台风"利奇马"和2212号台风"梅花"4个典型案例的分析,得到以下结论:

(1)1990—2019年北上至黄渤海区的台风呈现明显增多的趋势,其中2010—2019年最多,有11个台风北上至上述海区。

(2)近43年北上进入黄渤海区的台风大多属于西登陆和北消失两类,渤海中部都可存在明显大浪区,北消失路径下高值中心(5 m)相对西登陆路径下(3.5 m)偏西,成山头东北都存在高值中心,但西登陆路径下波高中心值更高(5.5~6.5 m),而且渤海中北部都可出现暴雨,西登陆路径下黄海北部风力最大(8~9级),北消失路径下渤海中部风力最大(8级)。

(3)8月份是北上台风最多月份,9月份出现的极少,后者为拉尼娜事件背景,2212号台风"梅花"的生成(9月)和北上是三重拉尼娜事件下适宜副高环流和异常SST共同决定。

(4)实际观测风力往往会比台风中心最大风力大1~2级,因此必须在预报时考虑上游冷空气的补充问题,还要考虑台风北上时拍岸浪造成的难以实测的大浪区。

参考文献

[1] 郑崇伟,潘静.台风浪对掠海飞行器击水概率的影响[J].解放军理工大学学报(自然科学版),2013,14(4):467-472.

[2] 郑崇伟,邵龙谭,林刚,等.台风浪对掠海飞行安全性的影响[J].哈尔滨工程大学学报,2014.35(3):301-306.

[3] 陈璇,郑崇伟,左常鹏,等.台风活跃季月活动频次指数的构建及其应用[J].厦门大学学报(自然科学版),2020,59(3):394-400.

[4] 郑崇伟,周林,宋帅,等.1307号台风"苏力"台风浪数值模拟[J].厦门大学学报(自然科学版),2014,53(2):257-262.

[5] 沈阳,吴海英,孙燕,等.热带气旋"利奇马"(1909)暖心演变分析及变性过程探讨[J].气象科学,2020,40(1):53-64.

[6] 纪广辉.北上台风对渤海湾的影响浅析[J].船舶物资与市场,2019(9):28-29.

［7］ 徐灵芝,卜清军.北上台风及其对渤海湾的影响分析［J］.天津航海,2017,4:65-68.

［8］ 金荣花,高拴柱,顾华,等.近 31 年登陆北上台风特征及其成因分析［J］.气象,2006, 32(7):33-39.

［9］ 王达文.北上热带气旋分析与预报［M］.北京:气象出版社,2001.

［10］ 骆高远.我国对厄尔尼诺、拉尼娜研究综述［J］.地理科学,2000,20(3):264-269.

［11］ 涂方旭,李耀先,李桂峰.厄尔尼诺与拉尼娜的诊断［J］.广西气象,2001,22(1):44-46.

［12］ 杨琳.厄尔尼诺(拉尼娜)事件与海温资料的拟合诊断［C］// 2011 年第二十八届中国气象学会年会,2011:1-7.

2019 年西北太平洋和南海台风活动特征及成因分析①

张红岩②　吕海龙　李　烨　李洪雷

（中国人民解放军 92020 部队，山东青岛，266003）

摘要：本文利用中央气象台台风资料、西太平洋副热带高压资料及 NCEP/NCAR 再分析资料，对 2019 年西北太平洋和南海台风活动特征及成因进行分析。得出以下结论：2019 年台风具有以下特点：①生成时间集中，生成位置偏西、偏北；②生成个数偏多，春夏季生成个数偏少且强度偏弱，秋季生成个数明显偏多且强度偏强；③登陆我国个数偏少，登陆地点分散，强度偏弱。其主要原因是以下几个因素的综合作用：①厄尔尼诺事件的影响是重要外强迫因素之一。②副热带高压整体偏强、面积偏大、西伸脊点偏西、春夏季脊线偏南、秋季脊线偏北。③春夏季垂直风切变大，秋季垂直风切变小。④春夏季热带对流活动弱且分布不均，秋季对流活动强且范围大。

关键词：台风活动特征；成因分析；厄尔尼诺；垂直风切变；对流活动

引言

　　台风是发生热带洋面上一种发展强烈的暖性气旋性涡旋，往往伴随着大风、暴雨和巨浪等现象，是全球最具有破坏性的自然灾害之一。全球热带海域每年大约有 80 个台风生成，其中西北太平洋是全球台风生成最多的海域，平均每年大约有 35 个台风生成，其中约有 26 个达到至少热带风暴的强度，我国是受西北太平洋台风活动影响最严重的国家之一，平均每年由此产生的经济损失可达 200 多亿元，人员伤亡可达数百人[1]，因此研究该区域生成和登陆的台风特征，分析和探讨其成因，为台风的长期预报工作提供有益思路，最大限度减少台风带来的灾害。本文利用中央气象台发布的 2019 年西北太平洋和南海台风资料，分析西北太平洋和南海台风特征的成因，以期对相似年份的台风预报提供借鉴。

1　2019 年台风概况

　　2019 年共有 29 个台风在西北太平洋和南海海域生成，达到台风及以上强度的 17 个，约占 59%，其中超强台风 7 个，强台风 6 个，台风 4 个，强热带风暴 5 个，热带风暴 7 个。2019 年最强台风为 1919 号台风"海贝斯"和 1923 号台风"夏浪"，中心最大风力 18 级

---

　　①　选题方向：其他海洋领域。

　　②　作者简介：张红岩，1974 年 8 月出生，硕士，高级工程师，长期从事短期天气预报和海洋天气预报相关领域研究。

（65 m/s）。5个台风在我国沿海登陆：1904号台风"木恩"、1907号台风"韦帕"、1909号台风"利奇马"、1911号台风"白鹿"和1918号台风"米娜"，登陆次数达9次，其中，1907号台风"韦帕"三次登陆我国南部沿海。1909号台风"利奇马"是2019年登陆我国最强的台风；1902号台风蝴蝶是2月史上第一个超强台风；而1918号台风米娜是21世纪以来第一个10月登陆舟山的台风，并且是有记录以来第三个10月在浙江登陆的台风。

2 2019年热带气旋特征

2.1 生成个数偏多，生成时间集中，秋季明显偏多，强度偏强

2019年西北太平洋共有29个台风生成，较常年（25.3个，1990—2019年平均）偏多3.7个。强台风级以上13个，比常年（9.5个）多3.5个。从月际对比看，上半年台风生成偏少，1~6月只有3个生成，比常年（4.2个）偏少1.2个。春季（3—5月）无台风生成；夏季（6—8月）生成台风10个，比常年（11.3）偏少1.3个；秋季生成台风16个，比常年（10.6）偏多5.4个，占全年生成台风总数的55%，尤其是11月份生成台风6个，比常年（2.2个）偏多个3.8个，与1991年11月并列为1949年以来同期最多，且秋季强度达到台风以上级别的有12个，占全年台风级总数台风的71%，而1—8月只有4个达到台风以上级别（图1）。

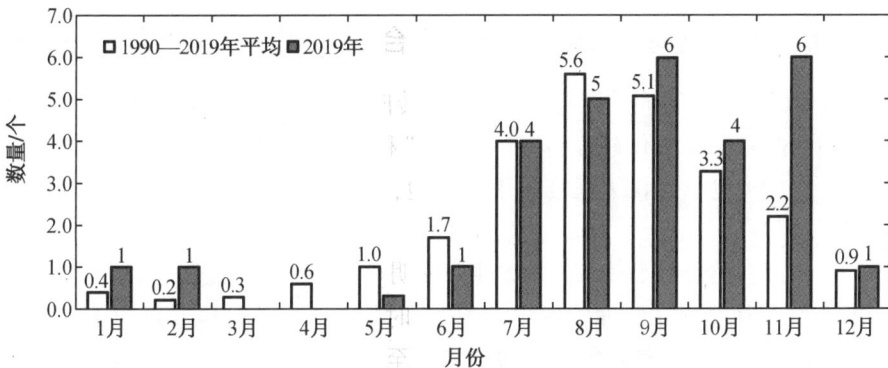

图1 2019年西北太平洋和南海台风生成数量月际分布

2.2 生成源地集中，位置偏西、偏北

西北太平洋和南海台风生成源地一般集中在三个区域：南海中北部海域、菲律宾以东洋面和马里亚纳群岛附近。2019年台风生成源地总体偏西、偏北，其中分别有19个热带气旋生成于15°N以北海域和140°E以西的西北太平洋和南海海域，分别约占生成总数的66%，比常年平均（10.7个，12.6个）[2]明显偏多。5°N~15°N生成的台风是10个，约占34%，比常年平均（15.6个）明显偏少；其中1903号热带风暴"圣帕"（生成源地31.6°N，133.6°E）为今年生成源地最北的台风。

2.3 登陆我国个数和次数偏少，登陆地点分散，强度偏弱

2019年有5个台风登陆我国（表1），较常年（7.2个）偏少2.2个。登陆次数为9次，分别为海南2次、浙江2次、福建1次、广东1次、广西1次、台湾1次、山东1次。其中登陆我

国的5个台风中,除"利奇马"登陆时达超强台风级别外,其余4个为热带风暴或强热带风暴级;平均登陆强度为27.4 m/s(10级),明显低于常年值(30.7 m/s)。

表1　2019年台风对我国的影响情况

台风编号及名称	登陆地点	登陆时间（月.日）	登录时最大风力（风速/(m/s)）	影响省(市、区)
1904 木恩	海南万宁	7.3	8级(18)	
1907 韦帕	海南文昌	8.1	9级(23)	广东、广西、海南
	广东湛江	8.1	9级(23)	
	广西防城港	8.2	9级(23)	
1909 利奇马	浙江温岭	8.10	16级(52)	河北、辽宁、吉林、上海、江苏、浙江、安徽、福建、山东
	山东青岛	8.11	9级(23)	
1911 白鹿	台湾屏东	8.24	11级(30)	福建、江西、湖南、广东、广西
	福建东山	8.25	10级(25)	
1918 米娜	浙江舟山	10.1	10级(30)	上海、浙江

2.4　台风路径转向多,深入内陆西行台风少,超强台风"利奇马"影响大

2019年台风路径以转向和西行为主,其中转向路径有14个,占全年台风数的48%,深入内陆西行台风少,除8月份超强台风"利奇马"和10月份台风"米娜"给浙江、江苏等地带来较强降雨外,无其他台风深入长江中下游等地,一定程度上缺少台风降雨,加剧了长江中下游地区旱情发展。

今年第9号超强台风"利奇马"极端性特征明显。1909号超强台风"利奇马"于2019年8月4日9时在菲律宾以东洋面上生成,5日18时加强为强热带风暴级,7日15时加强为超强台风级。在24 h内由强热带风暴级快速增强至超强台风级。8月10日1时45分,"利奇马"在浙江省温岭市沿海登陆,登陆时中心附近最大风力为16级(52 m/s),中心最低气压为930 hPa。此后于11日20时50分在山东省青岛市沿海二次登陆,登陆时中心附近最大风力为9级(23 m/s),中心最低气压为980 hPa,13日00时00分减弱为热带低压。据统计,超强台风"利奇马"是1949年以来登陆我国大陆地区强度第五位超强台风,在登陆浙江的台风中强度排名第三,浙江温岭局地风力超过17级,浙江、安徽、江苏、山东部分地区降雨量达到350~600 mm,远超当地历史极值,"利奇马"共造成我国浙江、山东、江苏、安徽、辽宁、上海、福建、河北、吉林9省(市)64市403个县(市、区)1 402.4万人受灾,66人死亡,14人失踪,209.7万人紧急转移安置,直接经济损失515.3亿元人民币[3]。

3　2019年热带气旋的影响因子

3.1　副热带高压的活动特征

西北太平洋副高是夏季控制我国及西北太平洋的重要天气系统,它的位置和强度对西

北太平洋热带气旋的生成、发展及移动有重要的影响。2019 年西太平洋副热带高压面积偏大,强度偏强、西伸脊点偏西,1—3 月西太平洋副高位置偏北,4—8 月位置偏南,9—12 月位置偏北。台风多发区域受副热带高压下沉气流影响,抑制对流活动的发展。副高的这些特点是导致台风生成源地偏北、生成时间集中偏晚,个数偏多的主要原因。分析对流层垂直运动(图略),3—5 月 20°N 以南热带洋面上空为下沉气流控制,上升运动主要位于 20°N 以北,6—8 月低纬度热带洋面上升运动有所发展,但强度较弱,不利于台风扰动的形成。导致2019 年春季无台风生成,夏季台风较常年偏少。9—11 月,20°N 台风多发区为一致的上升运动,有利于台风扰动的形成。研究表明西太平洋副高脊线指数与秋季台风生成数具有显著的正相关关系[3],当西太平洋副高脊线位置偏北时,西北太平洋台风生成个数偏多,相反,当西太平洋副高脊线位置偏南时,西北太平洋台风生成个数偏少。2019 年秋季,西太平洋副高脊线位置明显偏北,这也是 2019 年秋季台风明显偏多的一个重要原因,尤其是 11 月份有 6 个台风生成,比常年(2.2 个)偏多近 4 个(图2)。

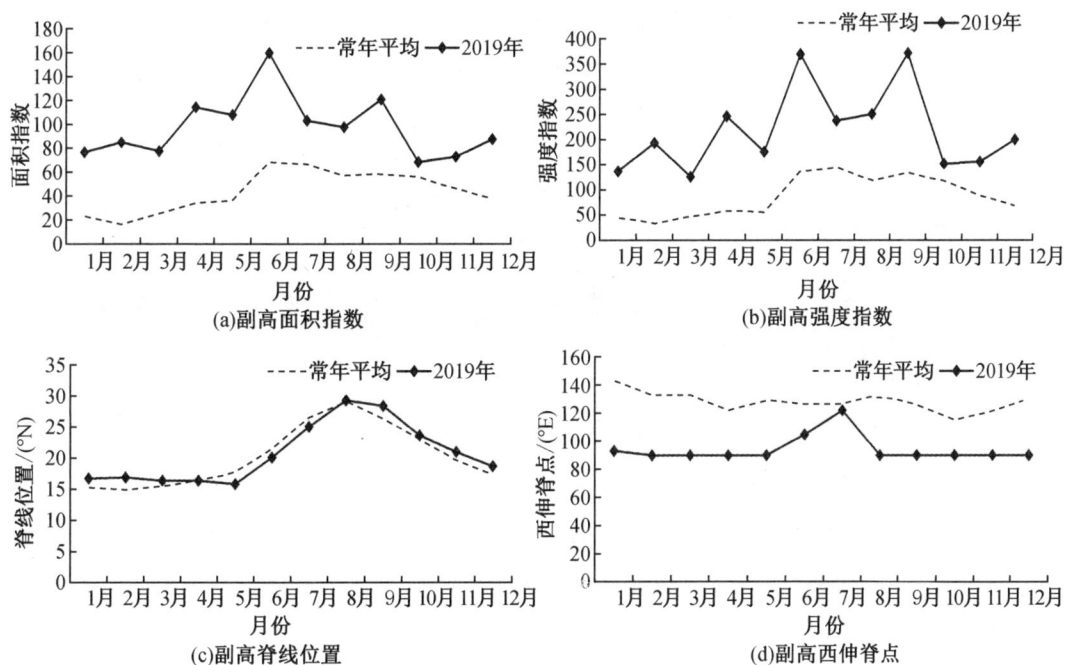

图2 2019 年西太平洋副热带高压各项指数月际化

3.2 垂直风切变

影响热带气旋形成的另一个关键环境因素是垂直风切变不能太大,因为大的垂直风切变会抑制对流的发展,从而限制上层暖心和涡旋的形成,而较小的垂直风切变可以使得初始扰动的对流凝结所释放的潜热能集中在一个有限的空间范围,热量能在对流层中上层集中,形成暖心结构,促使初始扰动的气压不断下降,有利热带气旋的形成。这里考虑 850~200 hPa 纬向风的垂直切变的影响。由 2019 年西北太平洋 850~200 hPa 的月平均纬向风垂直切变分布,可知春季(4 月)20°N 以南热带气旋多发区垂直风切变较大,最大达到了30 m/s 左右,不利于热带气旋的生成;夏季(7 月)热带气旋有 3 个生成于负切变 5~15 m/s

的 140°E 以西洋面,这可能和西南季风的发展变化有关,较大垂直风切变不利于台风的发展,4 个热带气旋强度较弱,均为热带风暴级别;秋季(11 月)6 个台风,有 5 个生成于垂直风切变小于 5 m/s 的弱切变区域,且强度较强,5 个达到了台风以上级别,一个为超强台风。说明弱的垂直风切变对热带气旋的生成和强度的发展至关重要。

3.3 海表温度

台风的发生发展是海气相互作用的结果。海表面温度作为大气外强迫因子之一,其异常将改变海洋向大气输送的水汽、潜热通量等导致局地对流活动和高低层流场的改变,并通过大气遥相关作用机制进而影响全球的大气环流,从而导致气候异常。赤道东太平洋海温对全球气候的变化有重要作用,通常我们用 Nino3.4 区的海表温度距平(SSTA)来表征赤道中东太平洋海温的变化。研究表明,在西北太平洋,台风的活动有明显的年际变化和季节内变化,而 ENSO 对西北太平洋台风的影响很明显[5-6],海面温度与台风的生成频数有关[7-8]。Nino3.4 区 2018 年 9 月开始,指数≥0.5 ℃,到 2019 年 1 月,达到一次弱的中部型厄尔尼诺事件标准[9]。热带东太平洋偏暖状态从 5 月起开始持续减弱,至 7 月厄尔尼诺事件结束,Nino3.4 指数<0.5 ℃(图 3),但热带中太平洋(Nino4)依然维持偏暖状态,这是2019 年春夏季我国的台风生成数偏少、路径偏北的重要原因。

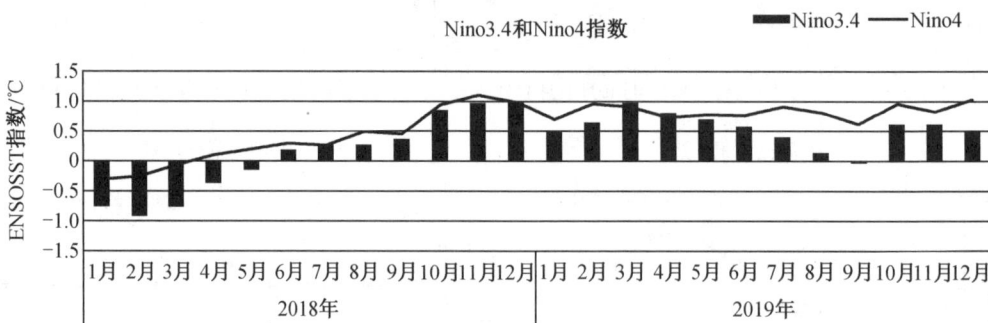

图 3 2018 年 1 月—2019 年 12 月 ENSO SST Nino3.4 和 Nino4 指数变化

海洋表面温度(SST)作为一种外源强迫,对大气会产生重要的影响。热带气旋的形成和发展与 SST 的大小及分布密不可分,吴国雄[4]采用 GFDL 气候模式进行的数值试验表明,台风生频率在暖 SST 区明显增加。从 SST 分析来看,2019 年秋季热带太平洋,5°~20°N,110°~160°E 之间的大片海域,SST 均大于 29 ℃,部分海域超过 30 ℃,较常年平均偏高 1 ℃左右(图略)。广阔的暖洋面是台风能量的主要来源,海表面温度偏高,容易加热西北太平洋上空大气,使低层大气层结不稳定性增加,在适合的环流背景场影响下容易产生异常的上升气流,利于热带地区扰动的发展和增强。这种高海温强迫产生的异常环流场是 2019 年秋季台风异常偏多,强度偏强的重要原因之一。

3.4 热带对流活动

在热带洋面上,射出长波辐射(OLR)可反映出热带对流活动的强弱。一般而言,对流发展越旺盛,OLR 值越小;相反,对流发展越弱,OLR 值就越大。研究表明,西太平洋热带气旋都是生成在低频振荡的对流位相,热带辐合带(ITCZ)强的对流活动有利于热带气旋的生成和登陆[10]。因此,台风生成的频数与其位置和强度密切相关。2019 年春季(4 月),台风多发区 10°~20°N 为大范围 OLR 正距平,说明对流活动较常年明显偏弱,春季没有台风活动。夏季(7 月),热带对流活动有所发展,但分布不均,10°N 以南维持正距平,对流活动较弱,10°~25°N 正距平和负距平相间分布,4 个台风均生成在对流相对活跃的负距平区,但因对流强弱分布不均,导致生成的台风总体较弱。秋季(11 月),25°N 以南热带大片海区为大范围 OLR 负距平覆盖,最大负距平值达到了 32 W/m² 广阔的深对流有利于台风的生成和强度的发展,2019 年秋季 16 个台风生成,12 个达到了台风以上级别。11 月初生成的 1923 号台风夏浪发展为当年最强台风,中心附近最大风力达 18 级。

4 结论

通过对 2019 年西北太平洋和南海热带气旋活动特征和影响因子进行分析,得出以下结论:

(1)2019 年热带气旋具有生成个数偏多、生成时间和生成源地集中、登陆我国个数偏少、登陆地点分散,强度偏弱,秋季明显偏多偏强等特点。

(2)2019 年春夏季西太平西太平洋副热带高压面积偏大,强度偏强、西脊点偏西,脊线偏南,同时大尺度上升运动偏弱,秋季副高脊线偏北,大尺度上升运动强,是春夏季台风偏少,秋季异常偏多的重要原因之一。

(3)对流层垂直风切变对台风的生成和发展至关重要。2019 年春夏季台风多发区垂直风切变较强,台风生成偏少,强度总体偏弱秋季风切变弱,台风生成偏多,强度偏强。

(4)弱的中部型厄尔尼诺现象影响使得春夏季台风偏少,秋季热带西太平洋海温偏高,有利于台风的发展加强,台风生成个数偏多,强度偏强。

(5)广阔的深对流有利于热带气旋的生成和强度的发展。春夏季热带对流活动弱,分布不均,台风生成偏少,强度弱。秋季热带大范围强对流活动为台风生成发展提供了重要条件,使得秋季台风生成个数偏多,强度偏强。

参考文献

[1] 黄荣辉,皇甫静亮,武亮,等. 关于西北太平洋季风槽年际和年代际变异及其对热带气旋生成影响和机理的研究[J]. 热带气象学报,2016,32(6):767-785.

[2] 黄焕卿,张海影,魏立新,等. 西北太平洋台风发生个数及源地的统计分析[J]. 海洋预报,2009.26(3):59-61.

[3] 李莹,曾红玲,王国复,等.2019 年中国气候主要特征及主要天气气候事件[J].气象,2020,46(6):551.

[4] 吴国雄. 海温异常对台风形成的影响[J]. 大气科学,1992,16(3):322-332.

[5] 王慧,丁一汇,何金海. 西北太平洋夏季风的变化对台风生成的影响[J]. 气象学报,2006,64(3):345-356.

[6] CHAN J C L,SHI J E,LAM C M. Seasonal forcasting of tropical cyclone activity over the western North Pacific and the South China Sea [J]. Wea Forecasting,1998,13(4):997-1004.

[7] CHAN J C L,SHI J E,LIU K S. Improvements in the seasonal forecasting of tropical cy-

clone activity over the western North Pacific[J]. Wea Forecasting,2001,16(4):491-498.

[8] 王会军,范可,孙建奇,等.关于西太平洋台风气候变异和预测的若干研究进展[J].大气科学,2007,31(6):1076-1081.

[9] 郑志海, 龚振淞.全球海洋监测预测简报-第 40 期[OL].(2019-10-19)[2022-5-1].http://cmdp.ncc-cma.net/pred/cn_enso.php? product=cn_enso_ncc

[10] 孙秀荣,端义宏.对东亚夏季风与西北太平洋热带气旋频数关系的初步分析[J].大气科学,2003,17(1):67-74.

黄渤海海雾天气低能见度计算方法研究

岳政名[1][①]　虞　洋[2]

（1. 中国人民解放军 92493 部队，辽宁葫芦岛，125000；
2. 中国人民解放军 92020 部队，山东青岛，266003）

摘要：海雾天气低能见度预报是气象预报中的重难点问题，目前国内外对于低能见度雾的预报大都采用数值预报产品释用的方法，实现雾和大气能见度的定量化预报。现有的几种能见度方案的计算公式均是国外专家根据当地观测的能见度与气象要素关系统计拟合的，但不同区域的气候特征存在差异，这些方案对本地的雾与能见度是否有可预报性还需要进一步验证。基于湿度信息的 FSL 算法和 AFWA 算法，构建了 A–F 能见度算法。利用黄渤海周边 20 个沿岸和岛屿测站 2011—2020 年雾天的风、温度、湿度、能见度等地面观测数据，对 A–F 能见度算法的参数进行了优化，并将之应用于黄渤海海区海雾天气低能见度预报。结果表明，与常用的根据模式预报的湿度气象要素诊断能见度的 FSL 算法和 AFWA 算法相比，A–F 算法对 5 km 以下的低能见度预报效果更好，说明 A–F 算法对黄渤海海区海雾和低能见度数值预报具有一定应用价值。

关键词：黄渤海；海雾预报；低能见度预报；数据拟合；能见度计算方法

引言

　　海雾是指在海洋的影响下，在海上、岛屿或沿海地区的低层大气中，由于水汽凝结而悬浮的大量水滴或冰晶使得水平能见度小于 1 km 的微物理现象[1]。从狭义上定义，海雾通常是指在一定的大气环流形势下，在海洋的直接影响下，生成在海面上的平流冷却雾。而从广义来讲，海雾就是"海上的雾"，海上出现的锋面雾、辐射雾、蒸发雾都应该是海雾，但这几类雾在所有海雾类型中所占比例很少，所以本文将重点研究黄渤海雾季的平流冷却雾下的低能见度。每年 4—7 月是黄渤海的雾季，雾日数可达 50 多天，海雾导致的低能见度对海上航运、港口作业及沿岸交通等都可造成严重影响[2]，使得社会对海雾发生时能见度的准确预报需求迫切。

　　海雾的预报方法主要有天气学方法、统计预报方法以及数值预报方法[3]，均在我国沿海地区海雾的业务预报中取得了一定成效[4]。近年来，国内海雾数值预报研究成果丰硕，初步建立了黄渤海、华东沿海等地区的海雾数值预报系统，为沿海地区海雾预报业务提供了技术支撑。以往的预报技术多数可以提供雾的有、无二分类预报或者是分级的定性预报，无法给出雾出现时能见度的定量预报，而定性预报已经不能满足公众日益增长的气象

---

①　作者简介：岳政名，1987 年 7 月出生，硕士学位，工程师，研究方向为水文气象保障。

服务需求。随着科技进步和现代计算机技术的发展,利用数值方法对大气能见度的模拟研究方兴未艾,其中广泛受到关注的是与雾有关的大气能见度的模拟及预报。目前国内外对于低能见度雾的预报大都采用数值预报产品释用的方法,利用能见度计算公式,对数值模式输出结果进行加工处理,实现雾和大气能见度的定量化预报。

有关大气能见度的早期研究在20世纪初期就已经开展[5]。针对出现雾天气时低能见度的预报,国外学者根据大量观测数据和试验设计了不少能见度诊断方案,如 Kunkel 方案[6]、Stoelinga and Warner(SW)方案[7]、Gultepe 方案[8]、NCEP 的 Rapid Update Cycle(RUC)方案[9]以及 Forecast Systems Laboratory(FSL)方案[10]等,并进行了预报应用。这些能见度方案利用模式输出的液态含水量、相对湿度与温度露点差等要素值计算能见度,从而为雾出现时能见度的定量预报提供了参考依据。已有能见度算法大致分为3类:一是根据水凝物信息计算能见度[7-8];二是根据气溶胶浓度和相对湿度等要素来构建能见度的统计回归方程[11,12];三是仅基于湿度信息诊断能见度[10,13]。相比于前两类算法,第三类算法包含了更多的湿度变量,代表性算法有美国空军气象局(Air Force Weather Agency,AFWA)提出的算法[13](记 AFWA 算法)与美国国家海洋和大气管理局预报系统实验室(Forecast Systems Laboratory,FSL)提出的算法(记 FSL 算法)。由于湿度信息可从观测数据与模式预报中得到,因此它比较适合海雾能见度诊断算法的统计构建以及应用于模式能见度的诊断预报。

上面提到的能见度方案均是由国外学者根据大量当地观测试验得到,然而不同区域气候特征存在差异。国内学者利用这些方案对低能见度雾进行初步预报试验。林艳等[14]的研究表明,不同环境条件下,利用数值模式做雾及能见度的预报,需要对能见度算法的适用性做进一步检验。本文将基于湿度信息的第三类算法的代表 FSL 以及 AFWA 方案进行进一步优化调整,通过沿海测站、卫星云图、海洋站及浮标站观测结果反复对比验证,调整优化各项参数,使其更加符合黄渤海海域及沿海海雾的生消特点,为海雾的精细化预报提供参考,以期提高黄渤海海雾预报保障质效。

1 资料和方法

1.1 FSL 方案

FSL 方案由美国国家海洋和大气管理局(National Oceanic & Atmospheric Administration,NOAA)的预报系统实验室 Forecast Systems Laboratory(FSL)研发,FSL 方案计算的能见度专门用于航天预报业务,该方案基于大量观测试验,利用能见度和温度露点差与相对湿度的关系进行拟合,公式如下:

$$X_{vis} = a \cdot \frac{T-T_d}{RH1.75} \tag{1}$$

式中,$T(℃)$、$T_d(℃)$与 $RH(\%)$分别表示温度、露点温度与相对湿度。其中 $a=6\,000$,对应 X_{vis} 单位为 mile;当 X_{vis} 单位换算为 km 时,$a=9\,656.1$。由式(1)可知,当 $T=T_d$(即 $RH=100\%$)时,$X_{vis}=0$ km。

1.2 AFWA 方案

$$X_{vis} = \begin{cases} (170.2-RH)(0.058-0.039/Mix), & RH \leqslant 90\% \\ (101.5-RH)(0.518-0.908/Mix), & RH > 90\% \end{cases} \tag{2}$$

式中，X_{vis} 为能见度（km）；RH 与 Mix 分别为相对湿度（%）与水汽混合比（g·kg^{-1}）。

1.3 观测站点和数据

用于检验能见度与雾预报效果的数据为中国气象局观测网每 3 h 下发一次的常规气象观测资料。选取了黄渤海周边 20 个沿岸与岛屿测站（图 1）的地面观测数据（3 h/次；2011—2020 年）来进行能见度算法的统计拟合，要素包括：风向、气压、温度、露点温度、能见度和天气现象，站点包括营口、兴城、秦皇岛、皮口、长海、大连、旅顺、长岛、蓬莱、龙口、烟台、威海、成山头、石岛、青岛、日照、赣榆、西连岛、射阳、吕泗。

1.4 观测数据筛选

首先根据天气现象筛选出雾天，且同时没有降水的数据。以 2011 年至 2020 年的黄渤海周边 20 个沿岸与岛屿测站的地面人工观测资料能见度、地面风向和天气现象作为挑选海雾记录的依据，并以"0,1"二元变量表示无雾和有雾。当能见度低于 1 km，且天气现象记录为雾时，记为 1；当能见度大于 1 km，或能见度小于 1 km，但天气现象为降水时记为 0。另外，由于沿海地区的雾有可能混杂了辐射雾等其他不同性质的雾，一方面黄渤海沿海海雾（平流冷却雾）多出现在偏南风情况下，另外一方面，由于海上观测匮乏，为了尽可能地利用沿岸观测代表海上情况，且最大限度地排除陆上气溶胶和污染物的干扰，所以只保留风向为向岸风的观测数据。向岸风是从海上吹向陆地的风，相比于离岸风，吹向岸风时测站气象条件与海上的情况更接近。因此删除了在上述大雾记录中地面风向范围为 270° 至 360° 以及 0° 至 90° 记录。经上述预处理后，最终得到了约 5 038 组海雾记录数据（记为观测数据集），每组包含相对湿度、水汽混合比、温度露点差和能见度。

2 数据拟合

最小二乘法（又称最小平方法）是一种数学优化技术，优化是找到最小值或等式的数值解的问题。它通过最小化误差的平方和寻找数据的最佳函数匹配。利用最小二乘法可以简便地求得未知的数据，并使得这些求得的数据与实际数据之间误差的平方和为最小。最小二乘法还可用于曲线拟合，其他一些优化问题也可通过最小化能量或最大化熵用最小二乘法来表达。本文选用最小二乘法，用观测数据集实况数据进行拟合，以得到黄渤海海区最佳的拟合参数。

将 FSL 算法能见度公式（1）中常数分别设为待定参数 a，得到公式：

$$X_{vis} = a \cdot \frac{T-T_d}{RH1.75} \qquad (3)$$

利用观测数据集中的全部数据进行拟合，确定 a 的值，得到公式：

$$X_{vis} = 1289.8 \cdot \frac{T-T_d}{RH1.75} \qquad (4)$$

此时，式（4）能见度计算值的 RMSE（均方根误差）为 0.28 km，能见度保证率为 13.2%；式（1）能见度计算值的 RMSE 为 1.56 km，能见度保证率为 2.9%。拟合后式（4）RMSE 降低为式（1）的 17.9% 左右，能见度保证率也大幅提升，但数值偏低，需要进一步分段进行拟合。

将 AFWA 算法能见度公式（2）中常数分别设为待定参数 b、c、d，得到公式：

$$X_{vis} = \begin{cases} (b-RH)(c+d/Mix), & RH \leqslant 90\% \\ (b-RH)(c+d/Mix), & RH > 90\% \end{cases} \tag{5}$$

分别针对观测数据集中相对湿度>90%和≤90%的两部分,确定式(5)中的待定参数后,得到公式:

$$X_{vis} = \begin{cases} (61\ 165.2-RH)(0.012\ 776-0.026\ 023/Mix), & RH \leqslant 90\% \\ (103.671\ 3-RH)(51.5+9.1/Mix), & RH > 90\% \end{cases} \tag{6}$$

$RH>90\%$时,式(6)能见度计算值的 RMSE(均方根误差)为 0.25 km,能见度保证率为 13.6%;式(2)能见度计算值的 RMSE 为 1.27 km,能见度保证率为 5.8%。拟合后式(6) RMSE 降低为式(2)的 19.7%左右,能见度保证率大幅提升,但数值仍未超过 20%,也需要进一步分段进行拟合。

$RH\leqslant90\%$时,式(6)能见度计算值的 RMSE(均方根误差)为 0.27 km,能见度保证率为 34.4%;式(2)能见度计算值的 RMSE 为 6.18 km,能见度保证率为 0.0%。拟合后式(6) RMSE 降低为式(2)的 4.3%左右,能见度保证率从 0%提升至 34.4%,基本适用于黄渤海海雾天气能见度的计算,因此 $RH\leqslant90\%$时的计算公式可以使用 AFWA 计算方法。

前人研究得到,对于低能见度,FSL 算法明显优于 AFWA 算法;对于高能见度,AFWA 算法则明显优于 FSL 算法。FSL 算法和 AFWA 算法都可以描述能见度与相对湿度、水汽混合比的关系。因此,针对黄渤海区域,首先改进 AFWA 算法让它适合较高能见度的诊断,然后融合进适合低能见度诊断的 FSL 算法,从而构建一个新的能见度公式(记为 A-F 算法)。

$$X_{vis} = \begin{cases} (b-RH)(c+d/Mix), & RH \leqslant 90\% \\ (b-RH)(c+d/Mix), & 90\% < RH \leqslant 95\% \\ a \cdot \dfrac{T-T_d}{RH1.75} \cdot 1\ 000, & RH > 95\% \end{cases} \tag{7}$$

分别针对观测数据集中按照相对湿度 96%和 90%分为三部分,确定式(7)中的待定参数后,得到公式:

$$X_{vis} = \begin{cases} (61\ 165.2-RH)(0.012\ 776-0.026\ 023/Mix), & RH \leqslant 90\% \\ (390.9-RH)(1.716\ 743-0.296\ 341/Mix), & 90\% < RH \leqslant 95\% \\ 2\ 233.7 \cdot \dfrac{T-T_d}{RH1.75} \cdot 1\ 000, & RH > 95\% \end{cases} \tag{8}$$

$RH\leqslant90\%$时,式(8)能见度计算值的 RMSE 为 0.27 km,能见度保证率为 34.4%;$90\%<RH\leqslant95\%$时,式(8)能见度计算值的 RMSE 为 0.25 km,能见度保证率为 33.9%;$95\%<RH$时,式(8)能见度计算值的 RMSE 为 0.25 km,能见度保证率为 7.0%;基本适用于黄渤海海雾天气能见度的计算,仅在低能见度下的能见度保证率偏低。

3 多个能见度计算公式的效果评估

选取 2011—2020 年 1—12 月黄渤海周边的旅顺、小平岛、威海站、青岛站等 4 个沿岸与岛屿测站的观测数据来检验 FSL 算法。只使用天气现象为雾天且为向岸风的观测数据,剔除了 2 次观测能见度>10 km 的数据,此外没有进行额外的质量控制。

3.1 平均绝对误差(mean absolute error,MAE)

利用平均绝对误差(MAE)来评估多种方案对能见度的预报效果,使用这种评估方法可

以避免正负误差相互抵消,使评估结果更客观,公式为:

$$MAE = \frac{1}{N} \sum_{i=1}^{n} |f_i - o_i| \qquad (9)$$

式中,f_i 为不同方案模拟的能见度;o_i 为实况观测的能见度;n 为站点数。由表1可得:低能见度区间,MAE 数值较小,随着能见度区间得增大,误差逐渐增大。

表1 利用 2011—2020 年 1—12 月观测数据对 A-F 算法的检验结果

观测能见度区间/km	RMSE/km	MAE/km	保证率/%	数据量
[0,0.5)	0.48	0.13	67	363
[0.5,1)	0.48	0.46	100	137
[1,2)	1.56	1.06	16	111
[2,3)	1.65	1.46	15	123
[3,4)	1.43	2.14	30	119
[4,5)	1.70	2.27	63	131
[5,6)	2.16	2.93	33	9
[6,7)	2.10	2.45	16	115
[7,8)	3.25	3.79	2	46
[8,9)	4.66	5.08	0	3

3.2 均方根误差(root mean square error,RMSE)

$$RMSE = \sqrt{\frac{\sum_{i=1}^{n} (X_i - X_{\text{obs}})^2}{n}} \qquad (10)$$

式中,X_i 为不同方案模拟的能见度;X_{obs} 为实况观测的能见度;n 为站点数。庄晓翠等指出,均方根误差<4.5 个单位可评价要素预报具有参考价值。由表1可得:低能见度区间,RMSE 数值较小,随着能见度区间得增大,误差逐渐增大。除了 8~9 km 时,RMSE>4.5 km,其余区间均小于 4.5 km,误差值在合理范围内。

3.3 能见度保证率

除了 RMSE 与 MAE,进一步定义了能见度保证率来定量评估能见度算法的效果。若能见度计算值误差在观测值±20%范围内,则认为计算正确。表1可得:总体而言 A-F 算法的能见度保证率为在 1 km 以下 4~5 km 时,保证率达到最大均超过60%,它基本适用于黄渤海海雾天气能见度的计算,但在 6 km 以上时,保证率迅速减小,说明 A-F 改进算法对高能见度(>6 km)的计算能力还有待加强。

4 数值模式应用

能见度不是数值模式的直接预报变量,已有关于雾的数值研究中,它多是根据云水含量的预报值来诊断得到。与云水含量相比,模式对相对湿度与水汽混合比的预报误差较小。因此,利用 A-F 算法诊断的能见度极有可能优于依据云水含量诊断的能见度。接下来将 A-F 算法应用于黄海海区海雾和低能见度的数值预报。

选取 2022 年 4 月 24 日海雾过程进行预报验证,根据卫星云图分析,整个黄海海区都被大片海雾覆盖,结果表明,改进后的模式预报效果较好,预报能见度小于 1 km 的范围和卫星云图海雾实况范围基本吻合,同时进行了能见度分级预报,黄海中南部的偏西海域最差能见度在 100 m 以内,渤海海区虽然未出现小于 1 km 的大雾,但是能见度均在 1~2 km 范围内。同时说明这是一次系统性的海雾天气过程,海雾范围大,影响区域广,厚度较厚,如果环流形势稳定,海雾将一直持续。对海上舰船航行、训练及补给等兵力行动都有较大影响。

5　结论

基于湿度信息的 FSL 算法和 AFWA 算法,构建了 A-F 能见度算法。利用黄渤海周边 20 个沿岸和岛屿测站 2011—2020 年雾天的风、温度、湿度、能见度等地面观测数据,对 A-F 能见度算法的参数进行了优化,并将之应用于黄渤海海区海雾和低能见度预报,得到以下结论:

(1)与常用的根据模式预报的湿度气象要素诊断能见度的 FSL 算法和 AFWA 算法相比,A-F 算法的均方根误差、平均绝对误差以及能见度保证率总体上优于 FSL 算法以及 AFWA 算法,比较分析了 A-F 算法与 FSL 算法和 AFWA 算法对黄渤海海雾能见度的计算效果,发现 A-F 算法更适合海雾天气低能见度(<1 km)的诊断。

(2)A-F 算法对 5 km 以下得低能见度预报效果较好;5 km 以上时,能见度预报效果迅速转差,它基本适用于黄渤海海区海雾和低能见度的预报,但是对于高能见度预报还需进一步研究。

(3)4 月 23 日至 25 日,黄海出现了一次大范围海雾过程。基于欧洲格点资料的温度、露点温度、气压三个要素,分别利用 FSL、AFWA 以及 A-F 能见度算法,得到了该时段黄渤海海区能见度分级预报产品,通过对比分析得到,A-F 改进后的模式预报效果更好,预报能见度小于 1 km 的范围和卫星云图海雾实况范围基本吻合。说明 A-F 算法对黄渤海海区海雾和低能见度的数值预报具有一定应用价值。

(4)由于数值模式的各种偏差和能力不足,对地面湿度气象要素的预报有很大的误差,造成地面低能见度计算的困难。用常规场在后处理中对雾进行再诊断不失是一种较实用的方法。但这种方法的精度仍依赖于模式输出的常规场的预报精度。未来可以尝试对欧洲中心等数值模式的湿度信息等输出产品进行人工订正,以得到黄渤海等局地较为准确的湿度预报信息,进而提高黄渤海海雾和低能见度的预报能力。

参考文献

[1]　王彬华.海雾[M].北京:海洋出版社,1983.

[2]　张苏平,鲍献文.近十年中国海雾研究进展[J].中国海洋大学学报,2008,38(3):359-366.

[3]　章国材.中国雾的业务预报和应用[J].气象科技进展,2016,6(2):42-48.

[4]　高荣珍,李欣,任兆鹏,等.青岛沿海海雾决策树预报模型研究[J].海洋预报,2016,33

(4):80-87.

[5] THIESSEN A H. Meauring visibility[J]. Mon Wea Rev,1919:401-402.

[6] KUNKEL B A. Parameterization of droplet terminal velocity and extinction coefficient in fog models[J]. Climate Appl Meteor,1984,23(1):34-41.

[7] STOELINGA M T,WARNER T T. Nonhydrostatic,mesobetascale model simulations of cloud ceiling and visibility for an East Coast winter precipitation event[J]. Journal of Applied Meteorology,1999,38(4):385-404.

[8] GULTEPE I,MÜLLER M D,BOYBEYI Z. A new warm fog parameterization scheme for numerical weather prediction models[J]. J Appl Meteor,2006a,45:1469-1480.

[9] SMIRNOVA T G,BENJAMIN S G,BROWN JM. Casestudy verification of RUC/MAPS fog and visibility forecasts[C]//American Meteorological Society. The 9th Conference on Aviation,Range,and Aerospace Meteorology. Orlando,Florida:AMS,2000:31-36.

[10] DORAN J A,Roohr P J,BEBERWYK D J,et al. The MM5 at the Air Force Weather Agency-New products to support military operations[C]//Proceedings of the 8th Conference on Aviation,Range,and Aerospace Meteorology. Dallas,Texas:American Meteorological Society,1999:10-15.

[11] 侯灵,安俊琳,朱彬. 南京大气能见度变化规律及影响因子分析[J]. 大气科学学报, 2014,37(1):91-98.

[12] 樊高峰,马浩,张小伟,等. 相对湿度和 $PM_{2.5}$ 浓度对大气能见度的影响研究:基于小时资料的多站对比分析[J]. 气象学报,2016,74(6):959-973.

[13] CREIGHTONG,KUCHERA E,ADAMS-SELIN R,et al. AFWA diagnostics in WRF[EB/OL]. (2014-09-10)[2019-03-28]. http://www2. mmm. ucar. wrf/users/docs/AFWA_Diagnostics_in_WRF. pdf.

[14] 林艳,杨军,鲍艳松,等. 山西省冬季雾中能见度的数值模拟研究[J]. 南京信息工程大学学报(自然科学版),2010,2(5):436-444.

拉尼娜影响下的西北太平洋多台风活动复盘

王含嘉[1]① 左 斌[1] 韩蕾蕾[1] 高雪茹[2] 李 爽[1]

(1.海军大连舰艇学院,辽宁大连,116018;
2.中国民用航空呼伦贝尔空中交通管理站,呼伦贝尔,021000)

摘要: 全球气候变化大大增加了各方对于台风的预报难度。近年来,随着全球气候变化,台风移动路径、系统引发降水量级、落区等关键致灾因子也难以准确预报,为地方防范应对工作造成极大困难。受东太平洋拉尼娜现象等异常天气影响,2022年台风活跃期较往年偏后,9月西北太平洋各台风活动事件也较往常复杂。为对后续台风预报业务及气象服务工作提供参考,对2022年9月西北太平洋海上多个典型台风事件复盘。首先,系统梳理2022年9月西北太平洋上影响我国天气的各台风事件对于我国天气影响并复盘地方防台风所采取的监测预警、应急响应、隐患排查、研判风险等工作情况;然后重点剖析几个罕见台风过程的主要特征、移动路径和天气影响;最后在航行和生活方面提供若干对策建议。

关键词: 西北太平洋;台风;2022年9月

引言

受东太平洋拉尼娜现象等异常天气影响,2022年9月西北太平洋洋面活动台风共8个,台风活动较往年活跃。其中,2211号超强台风"轩岚诺",2212号台风"梅花"4次登陆我国,西北太平洋罕见"三台共舞"等多个罕见事件均发生于本月,对我国海上及沿海内陆相邻省份天气影响巨大。我国沿海地区人口密集、港口密布,极易受到近岸和登陆台风带来的风灾影响,每年受台风直接影响造成的经济损失高达数百亿,因灾转移人口消耗的成本巨大,严重影响社会稳定和人民生产生活。因此,及时总结和复盘重点台风过程,一方面有利于发现台风预报中的难点问题,积累预报经验;另一方面全面回顾台风活动及灾害影响有利于有针对性地防灾减灾,为进一步趋利避害提供重要的参考和依据。

本文利用中央气象台台风实时观测资料、全国地面自动气象站观测资料、国家气象信息中心历史记录资料以及日本东京一台发布气象资料,对2022年9月西北太平洋台风活动的主要特征进行分析概述,以为台风预报业务、制定航行计划和生产生活方面提供参考。

1 9月西北太平洋台风活动特征及防灾工作概述

根据国家气象信息中心数据,8月为每年台风集中活跃期,平均生成台风频次为

① 作者简介:王含嘉,1997年1月出生,硕士研究生,助教,长期从事航海气象相关领域的教学与研究。

5.7 个/年。2022 年受东太平洋拉尼娜现象的持续影响,我国近海台风的产生源持续异常,抑制夏季台风生成;另外,今年西太平洋副高一直维持较强态势,也阻碍了台风的形成。受上述原因影响,今年 8 月西北太平洋和南中国海共生成台风 5 个,且总体强度一般。经对比,显得 9 月台风活动异常活跃,仅西北太平洋生成台风就有 7 个。另外,由于 2211 号台风轩岚诺对于我国影响主要发生在 9 月 1 日其吞并西侧低压 98w 之后,所以也被纳入本文研究。如表 1 所示,2022 年 9 月西北太平洋洋面活动台风共有 8 个,较历史偏多。其中影响我国海上和陆地的台风过程主要包括 2211 号"轩岚诺"、2212 号"梅花"、2214 号"南玛都"和 2216 号"奥鹿"。

表 1　2022 年 9 月西北太平洋海上活动台风一览表

台风编号	台风名称	生成时间(北京时间)	强度等级	停编日期(北京时间)
2211	轩岚诺	8.28-1400	超强台风级	9.06
2212	梅花	9.08-0800	强热带风暴级	9.16
2213	苗柏	9.12-0800	热带风暴级	9.13
2214	南玛都	9.14-0200	超强台风级	9.20
2215	塔拉斯	9.8-0800	热带风暴级	9.24
2216	奥鹿	9.23-1400	超强台风级	9.28
2217	玫瑰	9.26-0800	热带风暴级	9.29
2218	洛克	9.28-2000	强台风级	10.2

受 2211 号台风"轩岚诺"影响,我国东海南部、台湾以东洋面海况恶劣。2022 年 9 月 3 日 17 时,交通运输部根据 2211 号台风"轩岚诺"动态发布防台Ⅲ级预警。预报 9 月 3~4 日,东海南部、台湾以东洋面出现 8~10 m 狂浪到狂涛区,浙江近岸海域 4~6 m 巨到狂浪,上海近岸海域 3.5~5.5 m 大到巨浪,长江口至杭州湾沿海出现 50~120 cm 风暴增水。国家海洋预报台发布红色海浪预警和风暴潮蓝色预警。自然资源部启动Ⅱ级应急响应,提醒东部沿海,特别是浙江、上海、福建沿海有关单位提前防浪避浪。

9 月 12 日 11 时,受 2212 号台风"梅花"影响,浙江省气象局发布重大气象灾害业务服务Ⅲ级应急响应。预报 14 日午后,东海南部出现 6~10 m 狂浪到狂涛区,上海、浙江近岸海域出现 4~6 m 巨到狂浪,江苏南部近岸海域出现 3~4 m 大到巨浪,山东南部、江苏北部、福建北部出现 2~3.3 m 中到大浪。江苏连云港至南通沿海出现 60~150 cm 风暴增水,长江口至浙江宁波沿海出现 100~280 cm 风暴增水,浙江台州至温州沿海出现 50~100 cm 风暴增水。上海和浙江部分地区发布橙色风暴潮预警,确保沿海政府及相关部门按照职责做好应急抢险准备。

9 月 16 日晚,浙江省海洋检测预报中心发布海上大风浪提醒。17 日白天,受 2214 号强台风"南玛都"与冷空气共同作用,渤海、黄海、东海大部海域风力 6~8 级,阵风 9~10 级;东海东部部分海域风力 9~11 级,阵风 12~13 级。台风经过海域,海上风力 12~16 级,阵风 17 级以上。另外,2214 号台风携带大量水汽和能量,除对浙江省沿海带来大风天气外,还会给浙江中北部带来降水。

9 月 23 日,2216 号台风"奥鹿"生成,以 15 km/h 向偏西方向稳定移动。27 日晚,海南省气象局发布台风Ⅲ级预警和暴雨Ⅲ级预警。受 2216 号台风和偏东急流共同影响,27 日夜间,西沙群岛附近海面风力 10~12 级,海南岛东部和南部海面、中沙群岛附近海面风力 9~11 级,琼州海峡、海南岛西部海面和北部湾海面风力 6~9 级。海南岛东部暴雨、局地大暴雨,西部中到大雨。海南省水务厅和海南省气象局联合发布蓝色山洪灾害气象风险预警,三亚、琼海、万宁等地山洪气象风险蓝色预警,提醒各部门和群众警惕或因短时强降水引发山洪灾害的可能。

2 罕见台风活动过程复盘

2.1 2211 号超强台风过程复盘

8 月 28 日 14 时生成的 2211 号超强台风"轩岚诺"中心最大风速达 16 级,移动呈罕见"V 形路径"并吞并其南侧低压,至 9 月 6 日 20 点于日本东北部洋面变性为温带气旋。作为今年以来西北太平洋上的最强台风,其复杂的环流形势大大增加了我国气象工作人员的预报难度。

8 月 28 日,2211 台风"轩岚诺"位北纬 25.9°,东经 149.3°生成,以每小时 20~25 km 的速度向西偏北方向移动。随后 72 h 其强度迅速加强,移速迅速加快,受西太平洋副热带高压影响一直以每小时 30 km 左右的速度向西南偏西方向移动。此时虽然 2211 台风"轩岚诺"中心气压较低,但是由于其外围云系配置较弱,仅导致我国南部部分地区的分散性暴雨。直至 8 月 31 日,发展成超强台风级的 2211 号"轩岚诺"吞并了其南侧低压,发展到第二个峰值强度。由于其南侧被吞并的低压系统一直在低纬度地区发展,水汽更为充沛,导致其体积迅速变大的同时顺利完成眼墙置换,发展成为今年以来的"风王"(2211 号台风吸引并吞其西侧台风胚 98w 的过程就是藤原效应)。9 月 1 日,受其超强体量影响,系统移动速度明显减慢,于台湾以东洋面回旋,并在 2 日早转向北上。受本过程影响,9 月 1—2 日我国东部大部、台湾海峡、巴士海峡、台湾以东洋面,以及台湾岛沿海、福建沿海、浙江沿海、上海沿海、江苏南部沿海、长江口区等地 6~8 级大风,阵风 9~10 级;其中台湾以东洋面的风力达到 9~12 级,阵风 13~15 级,台风中心经过的海域风力达到 13~17 级,阵风 17 级以上。

9 月 2 日,2211 号台风经眼壁置换后减弱为台风级。但随着台风持续北上加强,于 9 月 4 日再次升级为超强台风。与前阶段不同,此时的 2211 号台风除系统强度较强外,还伴随水汽充沛的台风云系。受外围云系影响,我国台湾岛、浙江东北部、上海、江苏东南部等地有大到暴雨,局地大暴雨。

另外,9 月 5 日在气旋强度衰减至强台风级过程中恰逢四川甘孜州泸定县发生 6.8 级地震。国家气象台发布预警:受 2211 号台风影响,6 月 5 日起泸定震区及周边开始发生降水,预计 7 日夜间至 8 日夜间将有中雨,局地大雨,以夜间降水为主,累积降水量 20~40 mm,局地 50~70 mm。灾后地质条件脆弱,及时准确的气象预报使得公众、应急救援和现场工作人员足够警惕降水引发的滑坡、崩塌和泥石流等二次灾害,及时防范因降水对交通造成的不利影响。

此次预报过程伊始,由于各物理场配置原因各方更关注其南侧低压(后被吞并),并不看好 2211 号这个由中纬度地区生成低压。中期,由于 2211 号水汽条件较差,依然不被看好。直至其出现眼壁置换趋势,才被重视起来。此次"轩岚诺"眼壁置换过程堪称完美,小眼换大眼后再次收紧变小,强度持续增加,对我国海上和沿海地区造成重大影响。由于各地方气象单位密切关注此次台风走向,实时调整预报方案,及时发布防台部署,已将本次自然灾害所造成的损失降到最小。

2.2 2212号台风多次登陆我国事件复盘

中央气象台报告显示,1949年至今年8月,仅2个台风4次登陆我国,分别为199012号台风"杨西"和1416号台风"凤凰"。其中,199012号一次登陆台湾,三次登陆福建;1416号2次登陆台湾,1次登陆浙江,1次登陆上海。此次2212号台风"梅花"先后登陆浙江、上海、山东、辽宁4个不同省(市),为1949年以来首次。

2020年9月8日,2212号台风"梅花"在西北太平洋洋面生成后持续加强,开始移动速度较慢,移动路径也并无特别,经过石恒岛后风力一度下降,并未引起各方过多关注。但到了9月12日,2212号台风"梅花"进入东海后,风力再次恢复至42 m/s,达到14级强台风级,其中心位于我国钓鱼岛附近124°E,25.8°N,中心气压955 hPa,沿西北方向移动速度达10~15 km/h。此时,各方预测2212号大概率会从象山到宁波一带沿海登陆。此时台风路过温暖洋面不断发展,开始被各家预测为今年最强登陆台风。

9月14日10时,中央气象台发布台风红色预警,预计2212号台风"梅花"将于14日傍晚登陆我国,对我国造成重大影响。14日20时30分,台风2212号于我国浙江舟山普陀沿海登陆,此时台风梅花中心最大风速42 m/s,强度达到14级强台风级,是1949年以来9月在浙江象山岗以北登陆的最强登陆台风;15日0时30分,台风级2212号"梅花"于上海奉贤二次登陆,此时台风中心最大风速35 m/s,强度达12级,是1950年以来登陆上海的最强台风;16时0时,热带风暴级2212号于山东青岛崂山区沿海三次登陆;同日12时40分再次于辽宁省大连市金普新区登陆,是1949年以来最晚登陆我国山东、辽宁的台风。最终登陆我国东北后继续向东北方向移动,逐步减弱变性为温带气旋,于16日20时停编。

本次台风过程强度较大,大风影响范围广,导致浙江东部、上海、江苏东部、山东半岛、辽宁东部等地阵风达到8~10级,上海沿海、浙江沿海及附近岛礁阵风12~15级,最大16级。影响持续时间长,影响浙江东北部海上12级大风累积时长达12 h。系统水汽条件充沛,导致影响我国降水强度很大,9月12日至17日,浙江北部和东部、上海、江苏东部、山东半岛、辽宁东部及台湾岛北部累积降水100~200 mm;其中,浙江省部分地区局地降水达600~700 mm,山东福山日降水量突破建站以来的历史极值。

受2212号台风"梅花"影响,各方气象服务中心及时发布台风预警。浙江、上海、江苏、山东等地航班大面积取消,部分列车停运,海上航行停航。此外,"梅花"核心影响时段恰逢农历八月十八(阳历9月13日)前后的天文大潮期,受叠加效应影响沿海迎来一次明显的风暴潮天气过程。但是,受2212号台风流场和湿沉降作用影响,华东地区$PM_{2.5}$和PM_{10}浓度显著下降,空气质量得到显著改善。

2.3 "三台共舞"事件复盘

除发展强盛的2211号台风"轩岚诺"、2212号台风"梅花"的单系统影响外,9月的西北太平洋上出现罕见"三台风共舞"现象。同一时间,西北太平洋洋面2212号台风"梅花"、2213号台风"苗柏"、2214号台风"南玛都"同时处于活动状态。统计学研究表明一般三个台风共存现象出现频次为1.5次/年。但是根据国家气象信息中心历史记录,上一次三个台风共存发生在2017年的1705号台风"麋鹿"、1709号台风"纳莎"和1710号台风"海棠"。

西北太平洋上发生多台风共存现象主要是由于西北太平洋暖水海域范围较为宽广,广阔洋面为热带气旋的生成提供了有利条件。另外统计学研究表明,热带气旋生成时需要海温高于 26.5 ℃。西北太平洋夏秋季海温往往能达到 28~29 ℃,为热带气旋的生成提供了有利的物理环境。

双台风距离小于 1 000 km 时,往往会互相吸引、合并,出现藤原效应。三个台风共存时,往往两台风互相靠近、牵引,另一个主要受多系统相互作用影响改变移动路径。此次三台风共存时,距离较近的 2212 号"梅花"和 2214 号"南玛都"就产生了藤原效应。受其影响,2212 号台风移动路径的不确定性大大增加了气象单位的预报难度。

3　结果与讨论

3.1　小结

2022 年 9 月,西北太平洋洋面台风过程数量繁多,过程复杂。系统梳理、总结和复盘影响我国的典型台风过程对于积累预报经验和有针对性地防灾减灾,为进一步趋利避害提供重要的参考和依据,得到以下结论:

(1)2022 年受东太平洋拉尼娜现象和西太平洋副高异常强态势的持续影响,我国近海台风的产生源持续异常,抑制夏季台风生成。台风集中期后移至 9 月以后,明显晚于往年。

(2)由于西北太平洋暖水海域范围宽广,海温适宜,为多个热带气旋的藤原效应提供了有利条件。受其影响,台风移动路径的不确定性大大增加了气象单位的预报难度。本月是藤原效应高发的一月,在台风生成初期各家都没有看好 2211 号和 2212 号的发展。鉴于本月高频的多热带气旋相互作用,未来在台风预报中应更加重视此方面的影响。

(3)2022 年 9 月,经实时对比中央气象台和日本东京一台发布各台风预警结果发现,我国台风预报产品在近几次预报中,无论是对台风移动路径的预报还是发展趋势的预报均更好。

3.2　航行与生活建议

(1)以往船上多配套接收日本东京一台发布的台风预警天气图,但近期我国上海也在逐步向海上发布天气预报产品,并且对应我国的近海防控预警信息也更及时充分,所以建议未来可多加参考我国自主的天气预报产品。

(2)若海上作业期间遇到台风,一定要警惕台风动向,尽早回港避风或选择合适防风锚地机动防台。及时清理排水管道,保持船舱内外排水畅通。港口应尽早加固设施,防止船只走锚、搁浅或发生碰撞事故。

(3)台风过境期间,人员应尽量减少外出。相关地区也应当加强沿海建筑设施的巡查,薄弱地区和危险地区的海堤加固除险,注意防范因强降水引发山洪、地质灾害的可能。必要时,组织相关人员迅速撤离转移至安全地带。

参考文献

[1]　陈联寿,端义宏,宋丽莉,等.台风预报及其灾害[M].北京:气象出版社,2017.

[2]　端义宏,陈联寿,梁建茵,等.台风登陆前后异常变化的研究进展[J].气象学报,2014,

72(5):969-986.

［3］ 康斌,向纯怡,许亮亮,等. 2021 年全国防台风工作回顾[J]. 中国防汛抗旱,2022,32
(2):5-9.

［4］ 柳龙生,吕心艳,高拴柱. 2018 年西北太平洋和南海台风活动概述[J]. 海洋气象学报,
2019,39(2):1-12.

［5］ 向纯怡,高拴柱,刘达. 2021 年西北太平洋和南海台风活动概述[J]. 海洋气象学报,
2022,42(1):39-49.

［6］ CHEN L S,LI Y,CHENG Z Q. An overview of research and forecasting on rainfall associated with landfalling tropical cyclones[J]. Adv Atmos Sci,2010,27(5):967-976.

［7］ LI R C Y,ZHOU W,SHUN C M,et al. Change in destructiveness of landfalling tropical cyclones over China in recent decades [J]. J Climate,2017,30(9):3367-3379.

近5年西北太平洋台风活动特征及其与ENSO事件的关联性分析[①]

余丹丹[②]　韩玉康　刘赛赛　李荔珊

（中国人民解放军 31016 部队,北京,100081）

摘要:针对海洋短期气候预测业务的实际需要,利用各类资料对 2017—2021 年西太平洋台风活动特点进行了梳理总结,全面复盘台风预测检验情况,详细分析 ENSO 事件与台风频数异常的关系,为今后开展台风气候预测模型及预报方法研究提供有益的参考。结果表明:近5年,台风生成个数处于年代际"正常略偏多"阶段,台风整体强度不强,影响偏弱,危害程度有所下降;台风阶段性生成,频繁出现多个台风同时活动的现象,台风极端性强,预报难度加大,台风频数预测检验结果出现较大偏差,主要原因是没有准确预测出 ENSO 事件秋冬季发展变化;全年台风频数厄尔尼诺衰减年最少,厄尔尼诺和拉尼娜维持年其次,拉尼娜衰减年最多;随着全球气候变暖,ENSO 事件与台风频数的关系变得日趋复杂。

关键词:ENSO;台风预报;气候预测

引言

　　西太平洋是台风活动最为频繁而强烈的区域,该地区台风活动对我国影响很大。研究影响我国的台风活动的基本气候特征、规律及影响因子,对南海及华南沿岸减灾防灾工作意义重大[1-3]。西太平洋台风的生成数、路径、登陆数以及造成的灾害每年都有差异,2021年台风活动也有其鲜明的特点。从整体情况来看,2021 年台风生成个数和登陆个数较常年平均明显偏少,且具有台风整体偏弱、生成集中、极端性强、致灾风险大等特点。

　　大量研究揭示了 ENSO 事件与西北太平洋热带气旋发生频数关系密切。赤道东太平洋海温异常可以通过影响太平洋低纬地区的纬圈环流、热带辐合带、海温、对流、风切变幅度进而影响西太平洋台风的活动频次、强度和位置[4-5]。全球变暖使得极端天气气候事件出现的频率与强度增加,高影响台风事件频发,台风变得更加剧烈,难以预测。开展对台风频数气候预测和检验评估,不仅是汛期气候趋势预测会商的重要内容,更是为军事训练和科研试验计划提供海洋灾害预测信息,正确部署抢险救灾提供重要决策依据。

　　基于此,本文利用 2017—2021 年台风报文资料,统计分析近5年西北太平洋和南海台风气候特征和活动规律,同步开展台风预测检验工作,详细分析了 ENSO 预测因子对台风频数异常的影响,为汛期海洋灾害气候预测会商提供有益的参考。

---

①　选题方向:全球气候变化与海洋环境风险。
②　作者简介:余丹丹,1979 年 12 月出生,博士,工程师,研究方向为海气相互作用。

1 台风活动特征

1.1 频数变化特征

1.1.1 年际变化

1981—2021 年,41 年间西北太平洋和南海海域共有 1 049 个台风生成,年平均 25.6 个;共有 290 个台风登陆我国,年平均 7 个(图 1)。台风生成频数共经历三个突变期,分别为:1981—1994 年(均值 28.6)、1995—2011 年(均值 22.8)、2012—2021 年(均值 26.2)。近 5 年来(2017—2021 年,以下同),台风生成个数处于年代际"正常略偏多"阶段,2018 年、2019 年连续出现小高峰(29 个)后,2020 年、2021 年持续下降;登陆个数年际趋势变化不明显,近 3 年登陆频数较常年明显偏少。

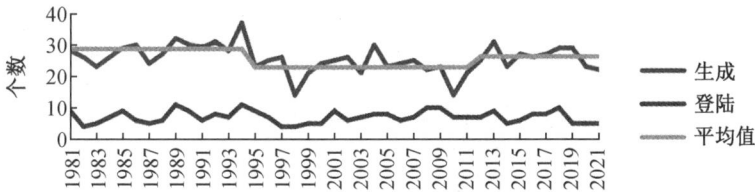

图 1　1981—2021 年西北太平洋台风生成频数和登陆频数年际变化

1.1.2 季节变化

1981—2021 年,西北太平洋台风生成频数季节变化显著,呈单峰型分布。西北太平洋各月均有台风活动,1—4 月较少,5 月开始增多,7—10 月是生成台风活跃期,占全年总数 71.5%,8 月达到峰值,12 月迅速回落。

如图 2 所示,近 5 年来,台风月生成个数年际差异很大,2017 年峰值出现在 7 月,2018 年峰值出现在 8 月,2019 年和 2020 年出现双峰型分布,2021 年无峰值。最值得注意的是,几乎每年都有个别月份生成频数出现极端异常值,6 月,2018 年有 4 个生成;7 月,2017 年有 8 个生成,2020 年生成 0 个;8 月,2018 年有 9 个生成;10 月,2020 年有 7 个生成;11 月,2019 年有 6 个生成。这表明台风生成更为集中,多以群发并存的方式出现。

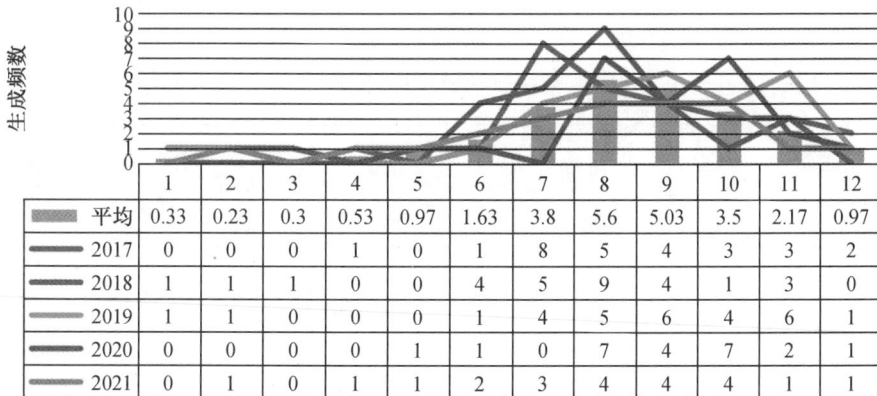

	1	2	3	4	5	6	7	8	9	10	11	12
平均	0.33	0.23	0.3	0.53	0.97	1.63	3.8	5.6	5.03	3.5	2.17	0.97
2017	0	0	0	1	0	1	8	5	4	3	3	2
2018	1	1	1	0	0	4	5	9	4	1	3	0
2019	1	1	0	0	0	1	4	5	6	4	6	1
2020	0	0	0	0	1	1	0	7	4	7	2	1
2021	0	1	0	1	1	2	3	4	4	4	1	1

图 2　近 5 年西北太平洋台风逐月生成频数

1.2 强度变化特征

1.2.1 台风累积能量

台风累积能量值能反映台风的活跃程度和危害程度,根据美国 NOAA 中心的定义,台风累计能量指数(accumulated cyclone energy,ACE)是强度大于热带风暴级别的台风每 6 h 一次的中心最大风速的平方累计和。本文选取大于等于 17.2 m/s 的风速计算全年 ACE,即

$$ACE = \sum_{j=1}^{m} \sum_{i=1}^{n} u_i^2$$

其中,m 表示台风的个数;n 表示该台风中心风速大于 17.2 m/s 的次数。1981—2021 年,西北太平洋台风累积能量与台风频数变化趋势基本一致,近 5 年来,台风生成累积能量自 2018 年出现峰值后持续下降,2021 年达到新低(图 3);台风登陆累积能量年际趋势变化与登陆频数较为一致,自 2018 年开始呈下降趋势,这说明近 5 年台风影响整体偏弱,危害程度有所下降。

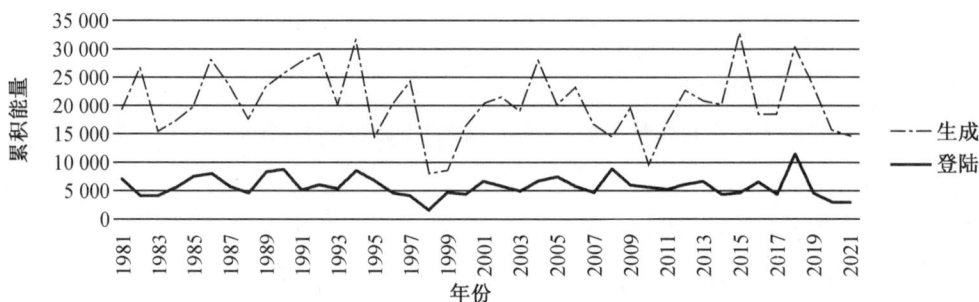

图 3　1981—2021 年西北太平洋台风累积能量变化

1.2.2 不同强度台风频数变化

为了研究不同强度的台风频数的变化特征,将超强台风和强台风级划为强台风类,台风和强热带风暴级划为中等强度台风类,热带风暴级单独划为弱台风类,统计这三类台风频数变化。如图 4 所示,从整个年代际变化来看,强台风频数变化不大,中等强度台风频数整体呈下降趋势,弱台风频数呈上升趋势。近 5 年,三类台风占比基本相近,整体强度不强。

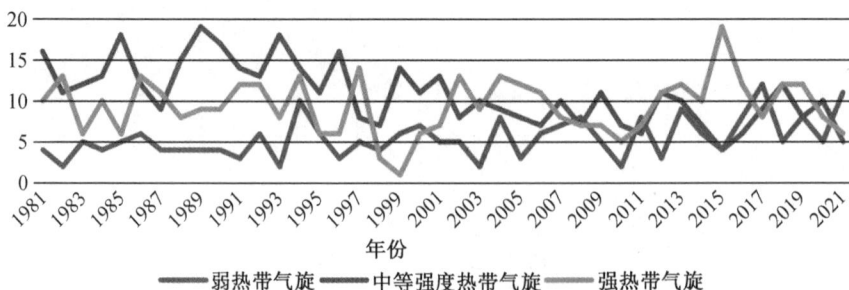

图 4　1981—2021 年不同强度台风频数的年际变化

1.3 异常活动特征

（1）整体强度偏弱

近 5 年，虽然台风生成个数处于年代际"正常略偏多"阶段，2018 年、2019 年连续出现 29 个，但整体强度偏弱，累计能量指数 2018 年开始呈下降趋势，热带风暴级别的台风偏多；连续 3 年登陆我国的台风只有 5 个，较常年明显偏少，2017 年虽然登陆个数有 8 个，但有 4 个登陆时为热带风暴级，登陆强度偏弱。

（2）阶段性生成

2020 年 7 月无台风生成，为 1949 年以来首次。2017 年 7 月、2018 年 8 月、2019 年 11 月、2020 年 10 月台风呈爆发性增多，比常年同期偏多，西北太平洋频繁出现多个台风同时活动的现象，其活跃程度超历史纪录。

（3）极端性强

2017 年 12 月中下旬，台风"启德""天秤"隆冬罕见双台风给南海带去狂风巨浪；2018 年 8 月 26 天内接连 3 个台风登陆上海，为 1949 年以来首次；2020 年 8 月上中旬接连 3 个登陆台风在近海突然增强，登陆强度远远超出预期，预报难度加大；2020 年 8 月下旬至 9 月上旬，我国东北地区连续 3 次遭受台风袭击，路径相似、间隔时间短、影响区域高度重叠；2021 年台风"烟花"陆地滞留时间历史最长；12 月中旬，超强台风"雷伊"正面袭击南沙群岛。

2 台风预测检验

通过对近 5 年以来台风预测结论与实际情况对比发现，预测与实际偏差较大，尤其是 2019—2021 年，生成个数偏差 3~4 个，登陆个数偏差 2 个，2019 年报常年，结果偏多，2020 和 2021 年报偏多，结果偏少。

从主要气候预测因子分析来看，副热带高压和季风的预测结果基本准确，近 5 年来，西太平洋副热带高压持续偏强、偏西，ENSO 事件春夏季预测基本准确，但是秋冬季预测结果出现偏差较大：2017 年秋冬季发生弱拉尼娜事件，2019 年秋冬季发生厄尔尼诺事件，2021 年秋冬季发生拉尼娜事件，这 3 次过程均没有报出来。从 ENSO 事件监测结果来看，近 5 年来，厄尔尼诺和拉尼娜事件交替出现，转换更加频繁，共发生 2 次厄尔尼诺事件和 3 次拉尼娜事件。可见，ENSO 事件与西北太平洋台风频数的关系变得更加复杂。随着全球气候变暖，影响我国的台风频数的变化特征以及它与 ENSO 事件的联系是值得进一步研究的问题，这也是我们下一步气候预测的工作重点。

3 ENSO 对台风活动的影响

ENSO 事件是影响大气环流和气候异常的最强信号，必然会对台风的年际和年代际变化产生影响。因此，ENSO 是目前做台风频数预测考虑的首选因子。根据 ENSO 事件判别标准，从 1951 年到 2021 年，共发生 21 次厄尔尼诺事件，17 次拉尼娜事件，整体来看，暖事件频次和强度都强于冷事件。ENSO 事件存在明显的年代际变率，20 世纪 70 年代中期以前 ENSO 冷事件持续时间更长、强度强，ENSO 暖事件相对强度弱、持续时间短。70 年代中期以后 ENSO 暖事件发生更加频繁、持续时间更长、强度更强。进入 21 世纪，ENSO 冷暖事件交替出现，周期缩短，共发生 7 起暖事件和 7 起冷事件，除了 2014—2016 年长达 19 个月的超强厄尔尼诺事件之外,其他几次强度都比较弱。

3.1 四种类型典型年划分

将 1951—2020 年出现的厄尔尼诺年和拉尼娜年进行分类,分为厄尔尼诺衰减年、厄尔尼诺维持年、拉尼娜衰减年和拉尼娜维持年,对这四类典型年份的台风频次进行统计分析,研究 ENSO 信号对台风频数的影响。

(1)厄尔尼诺维持年:前一年冬季 Nino3.4 区指数为正,同时到第二年夏季 Nino3.4 区指数有下降,但是仍然保持较高的正指数水平,则将该年定义为厄尔尼诺维持年。

(2)厄尔尼诺衰减年:前一年冬季 Nino3.4 区指数为正,但是第二年夏季 Nino3.4 区指数变为负,则将该年定义为厄尔尼诺衰减年。

(3)拉尼娜维持年:年冬季 Nino3.4 区指数为负,同时到第二年夏季 Nino3.4 区指数有下降,但是仍然保持较高的负指数水平,则将该年定义为拉尼娜维持年。

(4)拉尼娜衰减年:前一年冬季的 Nino3.4 区指数为负,但是到第二年夏季 Nino3.4 区指数变为正,则将该年定义为拉尼娜衰减年。

3.2 典型年份台风特征

统计分析四种类型典型年的逐月台风频数(图 5),可以发现只要是拉尼娜年,不论是衰减年,还是维持年,冬春季和夏季台风频数总体水平要高于厄尔尼诺年。但是,到了夏季,厄尔尼诺衰减年 Nino3.4 区指数转为负,有利于台风的生成,拉尼娜衰减年 Nino3.4 区指数转为正,不利于台风的生成,拉尼娜和厄尔尼诺维持年 Nino3.4 区指数处在 −0.5~0.5 这一区间,ENSO 信号不强,所以到了秋季,台风频数最多的典型年为厄尔尼诺衰减年,其次为厄尔尼诺和拉尼娜维持年,最少为拉尼娜衰减年。因此,总的来看,全年台风频数厄尔尼诺衰减年最少,厄尔尼诺和拉尼娜维持年其次,拉尼娜衰减年最多。

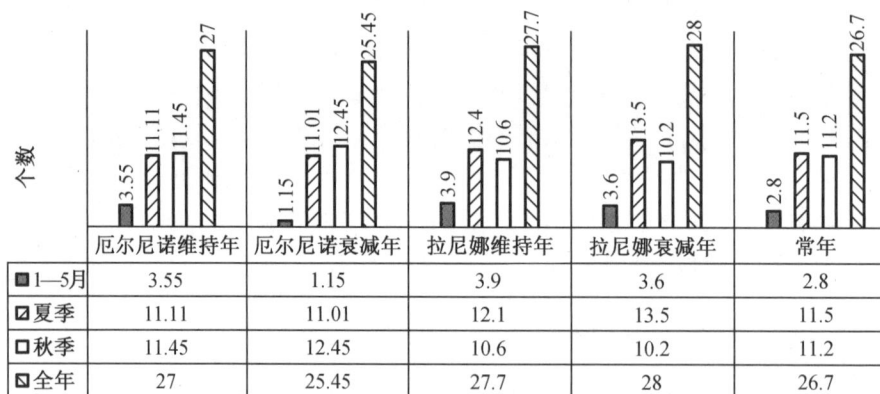

	厄尔尼诺维持年	厄尔尼诺衰减年	拉尼娜维持年	拉尼娜衰减年	常年
■1—5月	3.55	1.15	3.9	3.6	2.8
▨夏季	11.11	11.01	12.1	13.5	11.5
□秋季	11.45	12.45	10.6	10.2	11.2
▨全年	27	25.45	27.7	28	26.7

图 5 四种典型年不同季节台风频数图

总的来说,赤道东太平洋海温年际变化与西北太平洋台风生成频数的年际变化之间,存在着显著的负相关关系。随着全球气候变暖,ENSO 事件与西北太平洋台风频数的关系变得更加复杂:前冬和春季赤道太平洋海温分布决定了 1—8 月台风的频数,夏季赤道太平洋海温分布决定了 9—12 月台风的频数。当前一年冬季有厄尔尼诺事件发生,但是到了夏季迅速衰减,则当年夏季台风最少,虽然秋季台风偏多,但全年总数最少;当前一年冬季有拉尼娜事件发生,但是到了夏季迅速衰减,则当年夏季台风最多,虽然秋季台风偏少,但全年总数最多。

3.3 极端年份台风特征

2010 年和 1998 年都是厄尔尼诺衰减极端年份,从厄尔尼诺年的衰亡期进入到拉尼娜年的上升期,赤道中东太平洋海温是持续下降的。这样的海温分布异常导致在 7 月前几乎没有台风生成并影响我国,虽然秋季台风集中生成并频繁影响,但是总个数仍然偏少。2020 年也是厄尔尼诺衰减年,前冬有厄尔尼诺事件发生,8 月开始转为拉尼娜状态,1—7 月,西北太平洋和南海仅有 2 个台风生成,较常年同期严重偏少,特别是 7 月无台风生成,为 1949 年以来首次。虽然 10 月,有 7 个台风集中生成,但全年总个数仍然偏少。

2019 年是厄尔尼诺维持年,2021 年是拉尼娜维持年,按统计结果应该 2019 年台风频数偏少,2021 年台风频数偏多,但事实上,恰恰相反。分析原因,2019 年台风频数偏多主要是因为 11 月份台风呈爆发性增多,生成 6 个,比常年同期(2.4 个)偏多 2 倍以上,其活跃程度追平 1991 年的历史记录,是异常的极端气候事件。2021 年台风频数异常偏少可能与当年南海季风偏弱、副高异常强大有关。因此,ENSO 因子是做台风气候预测的关键因子,但不是绝对因子,还要综合考虑其他因子的相互作用。

4 小结

(1)近 5 年,台风生成个数处于年代际"正常略偏多"阶段,登陆个数年际趋势变化不明显,近 3 年登陆频数较常年明显偏少;台风整体强度不强,影响偏弱,危害程度有所下降。

(2)近 5 年,台风阶段性生成,频繁出现多个台风同时活动的现象。台风极端性强,预报难度加大。台风频数预测检验结果出现较大偏差,主要原因是没有准确预测出 ENSO 事件秋冬季发展变化。

(3)统计分析 4 种类型典型年的台风频数特征,研究发现全年台风频数厄尔尼诺衰减年最少,厄尔尼诺和拉尼娜维持年其次,拉尼娜衰减年最多。

(4)随着全球气候变暖,ENSO 事件与台风频数的关系变得日趋复杂。2019 年和 2021 年,台风活动极端异常,出现了与统计结果相反的结论,这可能与季风、副高等其他东亚夏季风因子相互作用有关。

参考文献

[1] 雷小途.全球气候变化对台风影响的主要评估结论和问题[J].中国科学基金,2011,25(2):85-89,104.

[2] 陈联寿,端义宏,宋丽莉,等.台风预报及其灾害[M].北京:气象出版社,2009.

[3] 王会军,范可,孙建奇,等.关于西太平洋台风气候变异和预测的若干研究进展[J].大气科学,2007,31(6):1076-1081.

[4] 李崇银.厄尔尼诺影响西太平洋台风活动的研究[J].气象学报,1987,45:229-235.

[5] 陶诗言,李吉顺,王昂生.东亚季风与我国洪涝灾害[J].中国减灾,1997,7(4):17-20.

2020 年西北太平洋台风活动异常分析[①]

刘赛赛[1][②]　佘丹丹[1]　韩玉康[1]　高　泽[2]

（1. 中国人民解放军 31016 部队,北京,100081;

2. 中国人民解放军 61741 部队,北京,100094）

摘要：采用 NCEP/NCAR 逐月和逐日全球再分析资料及台风报文资料对 2020 年西北太平洋台风活动特征进行了总结,分析了台风活动异常的成因。结果表明,2020 年台风活动具有阶段性集中生成的特点,北上台风和影响南海台风异常偏多。2020 年夏季前期副高面积偏大、位置偏西,台风源地对流受到抑制,加上南海夏季风偏弱,造成 7 月"空台";夏季风持续到 10 月底,结束偏晚,是 10 月台风异常偏多的重要原因;8 月副高东退且位置偏北,造成台风生成偏多,接连北上,而 10 月副高呈带状,造成台风多以偏西路径影响南海。同时高海温为台风的生成提供了良好的下垫面条件。

关键词：台风活动;异常;西太副高;夏季风;海温

引言

西北太平洋是全球台风最主要的生成源地和活动海域[1],而我国也是世界上少数几个受台风影响最严重的国家之一,平均每年约有 7 个台风在我国登陆。台风主要灾害有强风、暴雨、风暴潮等,台风在海上活动严重影响舰船航行,而靠近沿海及登陆后往往给人民生命、国家财产和工农业生成等造成严重损失。

近几十年来,很多气象学者对热带气旋活动与大气环流、海洋状况等的关系做了大量分析和研究[2-6],指出热带气旋的活动是与其周围天气系统紧密联系的。

每年 6~11 月是台风多发的季节,但历年的实际情况又有所不同,生成个数、登陆地点、发展强度等都受气候背景的影响而呈现出不同的特征。开展台风年度总结及成因分析,对西北太平洋的热带气旋活动规律、气候特征及影响因素进行研究,有助于加深对热带气旋生成发展机理的理解,为更好地预测台风提供帮助,有利于为防灾减灾提供预报保障,对防灾减灾工作意义重大。

1　资料和方法

台风路径信息来源于中央气象台台风报文,气候资料主要来自 1991—2020 年 NCEP/

---

①　选题方向:全球气候变化与海洋环境风险。

②　作者简介:刘赛赛,1992 年 2 月出生,硕士研究生,助理工程师,主要从事海洋气象预报保障与研究。

NCAR 逐月和逐日全球再分析资料(2.5°×2.5°),包括位势高度、海平面气压、风场等要素,2020 年逐日向外长波辐射(OLR)资料及 NOAA 逐月海温资料(1°×1°)。

2 2020 年台风活动概况及特点

2020 年西北太平洋共有 23 个台风生成,登陆 5 个,较常年平均(1991 年至 2020 年平均生成 25.07 个,登陆 7.2 个)偏少(表 1),从图 1 可以看到,2020 年西北太平洋(含南海)生成台风主要集中在 8~10 月,占全年的 78.3%,其中 8 月和 10 月均超过气候平均值,而 1~4 月以及 7 月则没有台风生成。2020 年台风主要生成源地为菲律宾以东海域、南海和 20°N 附近,以北上和西行路径为主。总的来说,2020 年台风活动有以下几个突出特点:

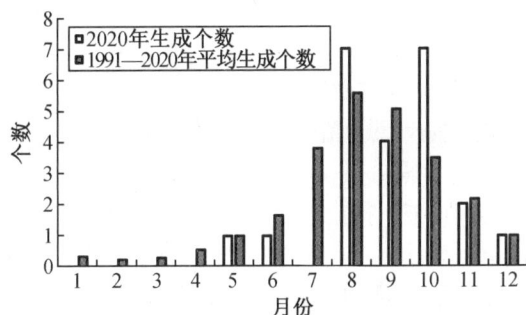

图 1 2020 年西太平洋生成台风时间分布图

表 1 西北太平洋热带气旋出现次数

月份	1	2	3	4	5	6	7	8	9	10	11	12	合计
2020 年生成个数	0	0	0	0	1	1	0	7	4	7	2	1	23
常年平均(1991—2020)	0.33	0.23	0.3	0.53	0.97	1.63	3.8	5.6	5.03	3.5	2.17	0.97	25.07

(1)前期台风生成数少,后期生成时段集中,10 月台风生成数异常偏多。

8 月之前,西北太平洋和南海仅生成 2 个台风,其中有 1 个(第 2 号台风"鹦鹉")登陆我国,较常年同期(平均生成 7.8 个,登陆 2.6 个)严重偏少。7 月没有台风生成,为 1949 年以来首次。8 月,西北太平洋进入台风活跃期,陆续生成 7 个台风,其中有 3 个登陆我国,较常年(生成 5.6 个,登陆 2.3 个)偏多,台风活跃的阶段性特征突出。10 月,西北太平洋和南海共生成 7 个台风,其中有 1 个登陆我国,生成个数为常年同期(3.5 个)的两倍,追平历史 10 月生成个数记录(1984 年,1992 年)。

(2)北上和西行路径居多,东北频遭台风袭击,南海台风偏多。

8 月以来,有 5 个台风呈现北上路径,其中,第 4 号台风"黑格比"为 2020 年第一个北上的台风。随后,第 5 号台风"蔷薇"也沿路北上,进入高纬度地区。从 8 月 27 日起,8 号台风"巴威"、9 号"美莎克"和 10 号台风"海神"生成后从海上一路向北,经朝鲜半岛进入我国东北地区,路径相似,历史罕见,我国东北地区半个月内遭受台风"三连击",为有气象记录以来首次。10月生成的7个台风中,除第14号台风"灿鸿"为西北转向路径外,其余6个均为西行,接连影响我国南海。全年共15个台风进入或影响南海,较常年(9.0个)明显偏多。

3 台风活动异常成因分析

3.1 副高和热带辐合带

副热带高压是决定台风生成和移动方向的重要因素。前期西北太平洋副热带高压(以下简称副高)异常偏西偏强、面积偏大,台风生成源地被副高控制,盛行下沉气流,对流活动受到抑制。从7月平均850 hPa流场、500 hPa位势高度分布图(图略)可以看到,副高呈带状分布,588线西伸至108°E附近,整个菲律宾以东洋面盛行偏东风,西风和东风的辐合带位于南海中西部,不利于台风生成,因此出现了整个7月"空台"的情况。进入8月,副高开始北抬东退,势力减弱,西南风发展增强,辐合带移入菲律宾以东洋面,海上对流逐渐旺盛,台风活动进入活跃期。同时,副高位置偏北,西边界东退到海上后,在低纬度地区生成的台风通常会在其外围环流引导下呈现北上路径,导致多个台风接连影响东北。9月,东亚大槽较强,海上的副高主体继续东退,辐合带位置偏东偏北,生成的台风大多位置偏北且远海转向,对陆地无影响。10月,从距平和588线位置来看,副高强度依然偏强、位置偏北、偏西,呈带状分布,辐合带位于(10°N,135°E)附近,有利于台风在菲律宾以东洋面生成,并沿副高南侧西行移入南海,造成10月影响南海的台风较多。

3.2 夏季风和越赤道气流

根据国家气候中心的监测结果,2020年夏季风于5月第4候开始,10月第6候结束,与常年(5月第5候开始,9月第6候结束)相比,爆发偏早、结束异常偏晚,强度异常偏弱。2020年南海夏季风较常年偏晚6候结束,与2016年并列为1951年以来结束最晚的年份。南海夏季风强度指数为−2.61,强度异常偏弱,为1951年以来最弱的年份。

从850 hPa沿100~150°E平均纬向风的分布(图2(a))来看,6月开始南海至菲律宾以东洋面一带低纬地区西风有所增强,但随后很快减弱,该区域仍以东风异常为主,此时南海夏季风已经形成,但从低纬平均纬向西风大小来看,南海夏季风强度十分弱,不利于台风形成。7月底开始这一区域低纬地区低层以西风为主,并逐渐增强,并向北扩展至北纬25°附近,南海夏季风全面爆发,9月上旬有所减弱后又继续加强,持续到11月初结束。这段时间热带低纬西风与副热带高压南侧的偏东信风共同形成热带辐合带,辐合区为热带气旋的生成提供了有利的条件,对应着西太平洋热带气旋从8月开始活跃,持续到9月上旬,9月中旬后又继续活跃,10月生成明显偏多。从沿赤道925 hPa经向风的时间剖面(图2(b))来看,南海至菲律宾以东一带的越赤道气流从5月初开始有所增强,持续到10月下旬,这为南海夏季风的形成创造了条件。

南海夏季风结束偏晚,为台风发展提供了充足的水汽;越赤道气流偏强,季风和越赤道气流的偏西风和副高南侧的偏东风形成辐合,产生上升运动形成扰动,在合适的环境条件下台风容易生成发展。另外受拉尼娜等因素影响,8月大气环流发生变化,菲律宾以东洋面由下沉气流控制转为上升气流控制,加上热带大气季节内震荡(MJO)的上升波列移动到西北太平洋,即气旋性环流控制该区域,有利于对流的发生、发展和维持,为热带扰动发展成为热带气旋提供了足够的动力条件。

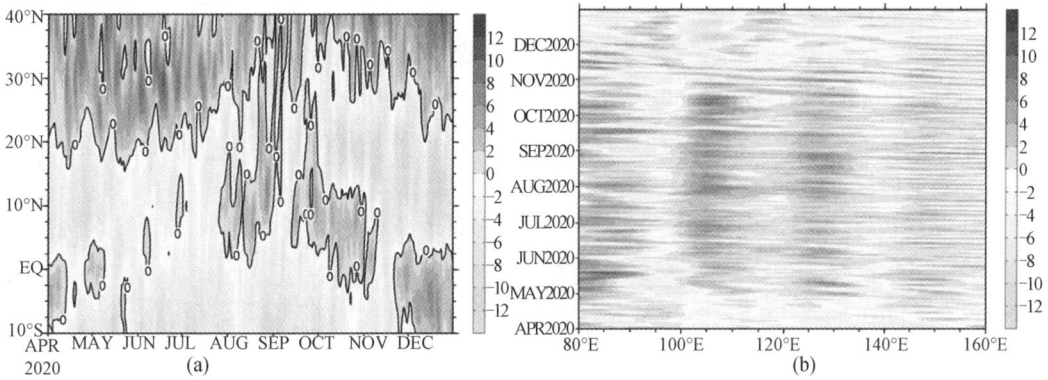

图 2 **2020 年 4~12 月 850 hPa 沿 100~150°E 平均纬向风(a)、沿赤道 925 hPa 经向风(b) 经度–时间剖面**

进一步分析 850 hPa 流场距平,从图中可以看到,7~9 月南海及菲律宾以东洋面 850 hPa 为东风距平,说明夏季风整体偏弱,10 月则为西风距平,这也是 10 月台风异常偏多的原因之一。

3.3 海温

7~9 月,南海至菲律宾以东洋面整体海温较常年偏高 0.5~1 ℃,海温达到 30 ℃以上,进入 10 月,南海西部海温较常年偏低 0.5 ℃左右,东部至菲律宾以东洋面海温仍然偏高,导致海洋上能量充足,为台风生成提供了良好的热力条件。

4 主要结论

2020 年台风生成数和登陆数均较常年偏少,台风活动具有“前期生成少、后期生成多、北上台风和影响南海台风多”的特点,主要原因有以下几点:

(1)前期西太副高呈带状分布,位置偏西、面积偏大,台风生成源地对流活动受到抑制,加上南海夏季风爆发后强度一直很弱,辐合带位于南海中西部,不利于台风生成,导致整个 7 月“空台”的情况。随着副高北抬东退,势力减弱,西南风发展增强,辐合带移入菲律宾以东洋面,海上对流逐渐旺盛,台风活动进入活跃期,使得 8 月台风活动明显偏多。南海夏季风持续到 10 月底才结束,是 10 月明显偏多的重要原因。而夏季风结束偏晚与越赤道气流持续的活动密切相关。

(2)8 月副高东退,位置偏北呈块状,导致多个台风沿副高外围接连北上影响我国东北地区。进入 10 月后,副高呈带状分布,强度依然偏强、位置偏北、偏西,使得菲律宾以东洋面生成的台风多沿副高南侧西行移入南海,造成 10 月以后影响南海的台风较多。

(3)台风活跃期南海和西北太平洋海温较高,海洋上能量充足,为台风生成提供了良好的热力条件。

参考文献

[1] 陈联寿,丁一汇. 西太平洋台风概论[M]. 北京:科学出版社, 1979:491.

[2] 丁一汇, 莱特 E R. 影响西北太平洋台风形成的大尺环流条件[J]. 海洋学报, 1983,

5(5)：561-574.

［3］ 陈光华，黄荣辉. 西北太平洋暖池热状态对热带气旋活动的影响［J］. 热带气象学报，2006，22(6)：527-532.

［4］ 郝赛，毛江玉. 西北太平洋与南海热带气旋活动季节变化的差异及可能原因［J］. 气候与环境研究，2015，20(4)：380-392.

［5］ 韩翔，赵海坤，孙齐. 夏季热带大气准双周震荡对西北太平洋台风生成的影响［J］. 热带气象学报，2018，34(4)：524-534.

［6］ 曹西，陈光华，黄荣辉，等. 夏季西北太平洋热带辐合带的强度变化特征及其对热带气旋的影响［J］. 热带气象学报，2013，29(2)：198-206.

基于可视化技术的海洋大数据建设探索

王建国①　门金柱　张本辉

(海军大连舰艇学院,辽宁大连,116018)

摘要:为提升海洋大数据建设质量和效率,提出基于可视化技术的海洋大数据建设方案。通过全球广域数字建模,构建大场景下的三维可视化平台;构建海底地形地貌、海水温度、盐度、密度以及台风路径等海洋大数据;并可结合三维可视化平台进行实时展示,方便海洋大数据的管理和展示。文章所提方法可为海洋大数据库建设提供参考。

关键词:可视化技术;海洋大数据;建设探索

引言

随着我国经济的发展,海洋在社会经济发展中的地位显得越来越重要,海洋权益也不断扩展。海洋大数据是大数据技术在海洋领域的科学实践,具有数据量大、种类多、流转快以及价值高等特点,是在大数据框架下的海洋价值实现。建设海洋强国的目标具体化就是"数字海洋、生态海洋、安全海洋、和谐海洋"。其中,最基础的是数字海洋,它关系到国家海洋安全建设、海洋经济开发。而海洋大数据又是数字海洋的根基。因此,海洋大数据库的建设是国家海洋建设的重要手段。可视化技术将微观的数据通过三维渲染直观地展示出来,使海洋大数据更加形象、更加直观,更加便于使用。关于海洋大数据的建设,国内外也进行了大量的研究,文献[1]对海洋大数据平台架构进行了设计,并研究了部分要素的可视化展示;文献[2]运用云计算技术构建高效海洋大数据综合信息管理平台,采用 Hadoop 与 WebGIS 进行有机集成,实现了海洋地形数据的分析与展示。上述海洋大数据研究均只对海洋地形地貌等海洋部分数据进行了可视化,同时也未对相关数据进行智能化预测以便为海洋利用提供辅助决策,论文在上述研究的基础上,采用可视化技术对海洋地形地貌、海水温度盐都以及海况等海洋大数据进行研究探索,动态实时展示海洋环境要素,为海洋建设提供参考。

1　海洋大数据建设

海洋大数据建设首先要明确建设要素,以数字化为基础的数字海洋建设,数据是基础。海洋大数据中包含的数据可以分为两大类[3],即海洋自然类数据和海洋社会科学类数据。其中海洋自然类数据主要包括海底地形地貌、海洋动力环境信息(海水温度、盐度以及海浪

---

①　作者简介:王建国,1981 年 06 月出生,博士研究生,副教授,研究方向为航空指挥及三维可视化研究。

等)、海冰等,海洋自然数据的获取主要依靠探测观测器材,从实际观测得到。海洋社会科学类数据主要包括海洋战略类数据、海洋经济数据以及海洋文化数据等,本文主要介绍海洋自然类数据为主。通过海量的静态与动态数据的共同协作,展示海洋的自然演变过程,提升对海洋的认识。

1.1 海洋大数据要素

1.1.1 海底地形数据

海洋底部也不是平坦的,既海山、海丘,又有海岭、海沟,还有深海平[4],如图1所示。起伏的海底对水面舰艇、潜艇航行会带来很大的影响。海底地形地貌数据是海洋大数据的基础数据,格式形式为经度、纬度、深度以及相邻点之间的网格连结关系,在经纬度位置点的基础上,常用颜色进一步直观表示深度,如图2所示。

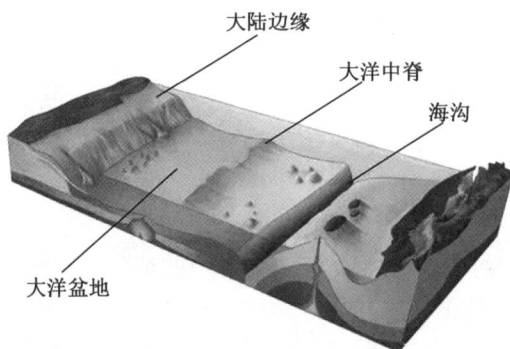

图1 海底地形地貌

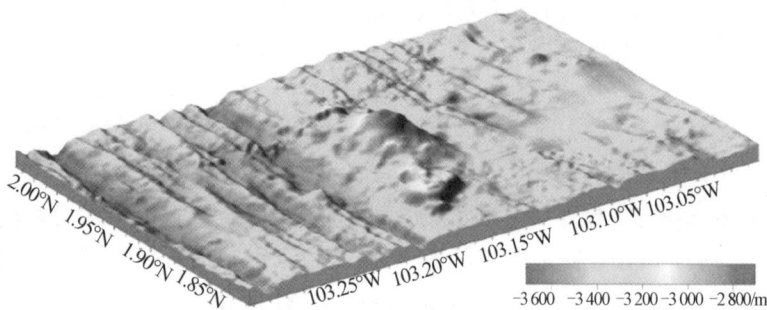

图2 啸哥海丘海底三维地形图[3]

1.1.2 温度、盐度以及密度等海水性质

海水的温度、盐度和密度都能在一定程度上反映海洋的特征,是海洋环境的重要因素,对其的分布规律研究,是研究海洋的基础性工作,因此,海洋大数据包括海水温度、盐度和密度等要素。其中,海水密度影响海水的多种运动,海水温度影响大气温度,从而影响地球气候变异;海水盐度是研究海洋许多物理、化学过程的重要指标。海水温度(盐度和密度)数据格式形式为时间、地点(经度、纬度)以及相应的参数值,三维可视化平台即可展示同一位置不同时间内的海水温度(盐度和密度)的变化,也可展示同一时刻不同位置的海水温度(盐度和密度)的差异。

1.1.3 海水运动数据

海洋大数据不仅包括海底地形地貌、海水盐度(温度、密度)等静态数据,还包括水下的暗流、水面的洋流以及空中的大气流(如台风等)动态数据,这些数据也是海洋大数据的重要组成,对于分析海洋科学具有重要意义。海洋动态数据的数据格式形式为种类、时间、路径点以及强度等。根据动态数据,可以通过三维可视化展示平台,可以动态、直观地展示这些海洋特征的变化发展过程以及运动路径,图3表示台风三维风流场运动情况。

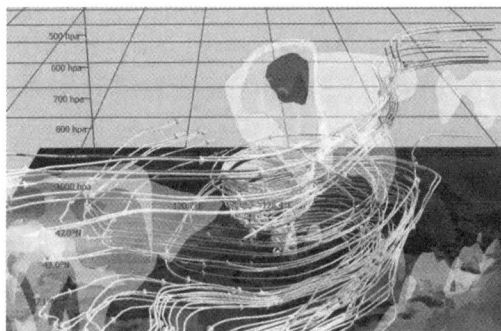

图3 台风三维风流场展示(图片来自网络)

1.2 海洋大数据库建设

通过各种传感器对海洋数据进行测量,可以得到大量的数据,这些数据形成了海洋环境数据库。这些数据可以反映不同地域、不同时期的海洋环境,主要形式是数值型数据,一般以数据文件的格式存储于服务器中,需要使用时读取,并进行三维可视化显示。

海洋大数据建设主要包括两大部分内容,一是保存于数据库内的静态、动态数据形成的数据库,二是各数据之间的关联情况。其中,静态、动态数据可以根据测量直接得到,而数据之间的关联则需要通过后期处理得到,各数据之间相互影响,需要通过对数据进行挖掘得到。关联规则挖掘的过程如图4所示。

图4 海洋大数据关联流程框图

2 基于可视化技术的海洋数据三维展示平台

海洋大数据具有规模大、非结构化等特点,依靠传统的二维数据展示平台很难满足需求,所以需要借助三维可视化技术,实现相关数据的图形化、三维化展示,方便用户更好、更快捷地对底层数据进行理解和运用。

全球三维可视化平台是海洋大数据展示的主要平台。相比其他三维展示平台,全球三维可视化平台要求具有以下特点:一是展示区域大,展示的内容涵盖全球主要海洋区域;二是展示的区域主要以海洋为主。

全球海洋数据三维可视化平台框架如图 5 所示。系统框架总共分为三层,分别为硬件平台层、算法平台层以及应用与展示平台层。硬件平台层包括高性能 GPU 和大容量数据存储器,其中高性能 GPU 主要为海量数据计算提供算力保障[5],大容量数据存储器则为海量数据提供物理存储保障。算法平台层主要包括各种相关算法,实现对海量数据的大规模展示和智能化处理。如针对海量数据的调度算法、针对数据处理的数据结构化处理算法、针对海洋专业应用的专用算法等;还包括各种智能算法,如分布式存储、云计算以及深度学习算法等。应用与展示平台层则主要用于对海洋特定领域的应用及效果展示。一是通用可视化展示平台,如海底地形地貌、不同海况天的海浪等海洋地理环境的三维展示以及盐度、温度等海洋要素的三维可视化展示;二是专用可视化展示平台,如海浪预报、灾害性天气预报以及应用辅助决策可视化展示等。

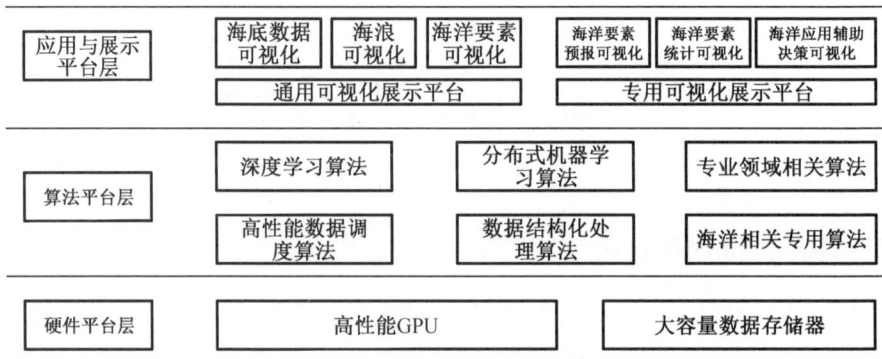

图 5　全球海洋数据三维可视化平台框图

3　基于可视化技术的海洋数据应用

3.1　海洋经济开发

海洋中蕴含大量的资源,是大自然给予人类最宝贵的财富。海水中有丰富的鱼类等可再生资源,海底储藏着大量的石油、天然气等不可再生资源,是人类经济发展的聚宝盆。人类对海洋的开发也在持续进行中。采用先进的海洋探测技术,建设数字海洋,为海洋的精确开发、持续发展提供了可靠保障。基于可视化技术的海洋大数据开发技术依托先进的鱼群探测、海底矿产探知技术,可以更加准确地发现感知相关资源,直观地了解和利用海洋资源,为海洋开发提供了大范围、精确的海洋环境数据保障。同时,利用网格、高性能计算、智能感知等先进技术,综合考虑海洋开发效益、成本以及对周边的影响,明确"在哪开发、什么时候开发以及开发到怎样程度"等,为决策者提供最佳方案。

基于可视化技术的海洋大数据开发技术依托先进的鱼群探测、海底矿产探知技术,可以更加准确地发现感知相关资源,直观地了解和利用海洋资源,为海洋开发提供了大范围、精确的海洋环境数据保障。同时,利用网格、高性能计算、智能感知等先进技术,综合考虑海洋开发效益、成本以及对周边的影响,明确"在哪开发、什么时候开发以及开发到怎样程度"等,为决策者提供最佳方案。

3.2 海洋防灾减灾

海洋不仅给人类带来资源,也会带来海洋灾害。近年来,台风、风暴潮等海洋灾害频发,海洋防灾减灾面临也面临巨大的考验。基于可视化的海洋大数据建设平台可以将感知的灾害性天气进行可视化展示,在此基础上,提供专业的分析工具,通过对数据的处理、挖掘,形成海洋灾害性天气预报服务产品,提升对灾害性天气的应对措施。如中国海洋大学开发的 i4Ocean 系统可以实时展示海洋三维流场、涡流特征三维流线等(图6),为海洋灾害性天气的预测提供参考。如通过可视化的海洋数据展示技术可以实时展示风暴潮的作用范围和影响区域,运用大数据分析技术,进一步分析风暴潮的演变和发展,并进行灾害预警、人员疏散和撤离以及对灾害的损失进行及时评估。

图6 海洋三维流场、涡度特征三维流线可视化

3.4 海洋军事应用

海洋大数据对于军事应用影响很大,尤其是对于海军远海作战。一是提升舰船全球航行安全。随着使命任务的扩展,海军走出国门驶向大洋。舰船远洋航行、极地航行,潜艇水下航行等对于海底地形地貌要求都很高,借助于可视化的海洋地形数据,可以直观展示航行海区水下地形地貌,为舰艇/潜艇航线选择提供决策依据,大大提升航行安全;同时台风、暴雨等恶劣天气严重影响舰艇航行安全,危害平台安全。如借助于卫星等广域传感器,实时探测所在海域海洋大气数据,并实时进行三维可视化,可使指挥员及时掌握任务海区海况、气象等信息,同时借助于智能算法,及时准确预测未来海况变化趋势,未舰艇航行决策提供参考。二是为兵力兵器使用提供海洋环境保障。海洋环境不仅影响舰艇航行安全,也会对兵力兵器的使用带来影响。如舰载机的出动与海区气象密切相关、导弹等武器的命中精度与海区气象息息相关等。在使用这些兵力兵器前,指挥员不仅需要了解海区当前的天气,也需要预测未来天气的变化趋势。依托海洋大数据展示平台和相关智能算法,可为指挥员的作战指挥提供辅助决策,更好地使用兵力兵器。

4 结束语

海洋大数据建设涉及方方面面,文章对海洋大数据建设进行了初步探索,采用可视化技术对海量数据进行三维直观显示,并对相关应用进行了探讨。未来,采用机器学习、深度神经网络等先进技术对海量海洋数据进行进一步的挖掘,总结规律,预测发展,逐步提升对海洋的认识和利用,建设海洋强国。

参考文献

[1] 肖士杰. 基于大数据技术的海洋信息监测系统研究与设计[D]. 济南:山东交通大学, 2020.

[2] 曹丽娜. 海洋大数据管理与应用技术研究[D]. 舟山:浙江海洋大学, 2018.

[3] 侯雪燕, 洪阳, 张建民, 等. 海洋大数据:内涵、应用及平台建设[J]. 海洋通报, 2017, 36(4):361-369.

[4] 孙湘平. 关注海洋-中国近海及毗临海域海洋知识[M]. 北京:中国国际广播出版社, 2012.

[5] 何书锋, 孙钿奇, 林文荣. 海洋大数据平台架构设计及应用[J]. 煤矿海洋, 2020(5):76-79.

羊角型透空堤作用数值研究[①]

修春仪[②]　李雪艳*　曲恒良　程　志　杨沫遥　陈澜铠

(鲁东大学 水利工程学院 & 山东省海上航天装备技术创新中心，

山东烟台，264025)

摘要：本文提出一种羊角型透空堤结构。基于 CFD 商用软件 Fluent，采用 VOF 方法建立二维数值波浪水槽，编制 UDF 程序构建波浪与羊角型透空堤作用的数值模型。应用理论解和 T 型透空堤的结果对所建数值模型进行了验证，分析了不同周期作用下羊角型透空堤所受波浪压强分布特征。结果表明：相同波浪要素条件下，迎浪面挡浪板表面所受正负压强近似呈对称分布，波浪正压最大可达到 1.2 kPa，负压最大可达到 −0.84 kPa；水平板后端的压力测点受力普遍小于水平板前端压力测点的受力；竖直挡浪板和水平板交接处压力测点压力值比竖直挡浪板板底压力值小。本文结论可为实际工程提供一定的理论依据。

关键词：透空堤；受力特性；Fluent

引言

　　港口发展是沿海地区进行的主要经济活动之一[1]，为了保证船舶在港区内安全高效地航行、停靠与系泊，需要建造防波堤以达到消减波浪，提供平稳水域的目的。防波堤的结构形式对消波性能及其自身所受荷载作用具有重要影响。透空式防波堤因其施工便利、造价较低和利于港内外水体交换等特点，成为研究应用的热点，具有重要的社会和经济意义。随着计算机技术及计算流体力学技术发展，数值模拟在海岸海洋工程中的应用已达到实用工程水平[2]。在此背景下，采用数值方法模拟波浪与透空式防波堤相互作用已成为主要的研究手段。

　　早在 20 世纪 50 年代，国外的 Uresll[4] 研究了无限水深情况下单挡浪板透空堤的透射效果，Wiegel[5] 基于线性势流理论，推导了有限水深条件下规则波在单挡浪板透空堤上的透射系数，Isaacson 等[6] 证明了带有挡板结构的透空堤通常会减小透射系数，该结论对透空堤的结构形式优化有着深远影响。

---

①　选题方向：(一)"海洋命运共同体"前沿成果展示与共享示范。基金项目：山东省自然科学基金面上项目 (ZR202110280004)，山东省海上航天装备技术创新中心 (鲁东大学) 开放课题基金 (MAETIC2021B)。

②　作者简介：修春仪，女，硕士研究生，从事波浪与结构物相互作用的研究工作。

*　通信作者：李雪艳，女，博士，副教授，从事波浪与结构物相互作用的研究工作。E-mail：yanzi03@126. com。

最早在 20 世纪 80 年代,透空式防波堤在国内已有工程案例[7-8]。近年来,国内的研究不断深入,很多学者运用了物理模型和数值模型试验探究其机理。程永舟等[9]通过物理模型试验研究发现了透空水平双层格栅板式防波堤在出水状态下的消浪效果优于淹没状态下。Li[10-12]等通过物理模型试验和数值模拟试验研究了单弧形板、双平形板以及双弧形板的波浪透射、反射、波压以及周围流场变化,研究发现双弧板消浪效果最佳且结构物周围产生明显的涡旋。孙骁帆等[13]通过物理模型试验和数值模拟试验,对防波堤内外侧波浪观测数据对比,得到反映其消浪效果的内外比波高系数。邵杰等[14]通过物理模型试验研究了不同结构形式的垂直挡浪板透空堤的透射系数,并指出透射系数随挡浪板入水深度的增大会显著减小。桂劲松等[15]通过物理模型试验和数值模拟试验,对前倾斜、后垂直的双挡浪板桩基透空堤的波压力以及流场等水动力特性进行了系统研究。金凤[16]等基于 Fluent 软件分析"厂"式防波堤的透射系数,探讨透射系数随波浪要素与结构布置形式等参数的变化关系。

由于波浪和透空防波堤的作用十分复杂,关于透空堤结构所受波浪冲击荷载的研究还不充分。因此,本文研究波浪作用下透空防波堤结构所受到的波浪力,对研究透空堤结构安全性以及优化透空防波堤方案等有重要的意义。

1 数值模型建模与验证

1.1 数值模型构建

基于流体力学商用软件 Fluent 构建二维数值波浪水槽,流体控制方程的离散采用有限体积法,该方法可灵活地运用结构化网格,二维数值波浪水槽的控制方程采用以速度和压力为变量的不可压黏性流体的二维 N-S(Navier-Stokes)动量方程和连续性方程。

连续方程:

$$\frac{\partial \mu}{\partial x}+\frac{\partial v}{\partial z}=0 \tag{1.1}$$

动量方程:

$$\frac{\partial u}{\partial t}+u\frac{\partial u}{\partial x}+v\frac{\partial u}{\partial z}=g_x-\frac{1}{\rho}\frac{\partial p}{\partial x}+\upsilon\left(\frac{\partial^2 u}{\partial x2}+\frac{\partial^2 u}{\partial z^2}\right)-u(x)u \tag{1.2}$$

$$\frac{\partial v}{\partial t}+u\frac{\partial v}{\partial x}+v\frac{\partial v}{\partial z}=g_z-\frac{1}{\rho}\frac{\partial p}{\partial y}+\upsilon\left(\frac{\partial^2 u}{\partial x2}+\frac{\partial^2 v}{\partial z^2}\right)-u(x)v \tag{1.3}$$

式中,坐标系为欧拉直角坐标系,水平方向为 x 轴,右向为正;垂直方向为 z 轴,向上为正,u、v 分别为 x、z 方向的速度分量;ρ 为流体密度;υ 为流体的运动学黏性系数。u 和 v 分别为流体在 x 和 z 方向的速度分量;p 为流体压强;g_x 代表水平重力加速度,$g_x=0$;g_z 代表垂直重力加速度,$g_z=9.81$ N/kg;$\mu(x)$ 代表消波系数,流体区域 $\mu(x)=0$,消波段 $\mu(x)$ 是一个从 0 开始的单调递增函数。

数值波浪水槽上部分边界与空气连通,数值水槽水面属于汽水两相分界面,VOF 法则可用于追踪流体运动过程中的自由表面,对于处理具有复杂自由表面的波浪问题十分理想,可以清晰地分析出波浪作用时的冲击压力。通过定义流体体积函数 F 来追踪自由表面位置和形状。F 表示在不同时刻中,每个网格中的流体体积占比的百分数。$F=1$,表示当下时刻此网格中的充满一种流体(水)状态,解释为流体单元。当 $F=0\sim1$ 时,表示该单元中既有水又有空气,此单元解释为部分流体单元。$F=0$,表示当下时刻此网格中的充满一种流体(空气)状态,解释为空单元。

应用有限体积法对控制方程进行离散。连续方程使用中心差分格式;动量方程中的对流项使用二阶迎风格式;压力方程采用体力加权(body force weighted)格式。压力速度耦合方式采用PISO(pressure implicit with splitting of operators)算法,该算法包含一个预测步和两个修正步,目的是更好的保证压力和速度同时满足两个方程(动量方程和连续方程),可以有效地加快了一个迭代步骤的收敛速度,计算速度快,有相对明显的优势。水槽左边边界设定为造波区,造波方法为速度造波,水槽中的流体在初始时刻式静止的,入射波由速度势生成。水槽右边边界设定为消波区,设置消波段为2倍波长,消波方法为阻尼消波,用以吸收向右传播的波浪。数值水槽底部边界采用光滑壁面条件,法向速度为0。

1.2 数值模型验证

基于Fluent建立二维数值波浪空水槽,如图1.1所示。水槽整体长为40 m,高为1 m,将其设置为3个计算域,分别是造波区、波浪工作区及消浪区。利用该数值模型,通过对水深$h=0.5$ m、波高$H=0.06$ m、周期$T=1.2$ s和波长$L=2.048$ m的规则波浪进行数值模拟,在距离最左端造波位置12 m、22 m处布置两根浪高仪N_1、N_2,在空水槽最右端设2倍波长长度阻尼消波段,为验证数值水槽的消波效果在距离最左端造波位置39.5 m处布置浪高仪N_3,并将这三处位置得到的数值结果进行分析,如图1.2所示。结果表明,在数值水槽前端和中间部分得到的数值解与理论解基本吻合,说明应用上述方法建立的数值水槽能够产生持续稳定的规则波浪,可以用来进行后续的模拟研究。当波浪传播到39.5 m处也就是水槽后部,波面高程趋近于零,说明波能几乎全部被吸收。通过波面历时曲线计算与二阶Stokes波对比分析发现,采用上述方法建立的数值模型具备理想状态的造波和消波能力。

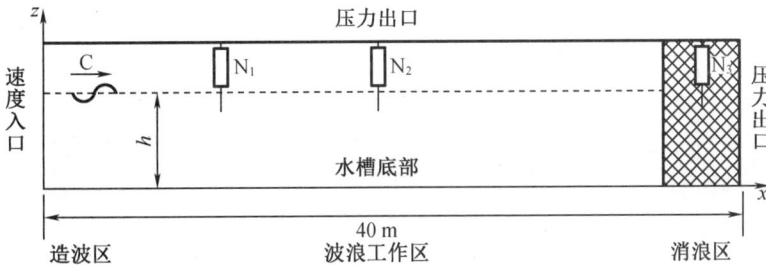

图1.1 二维数值波浪空水槽模型示意图

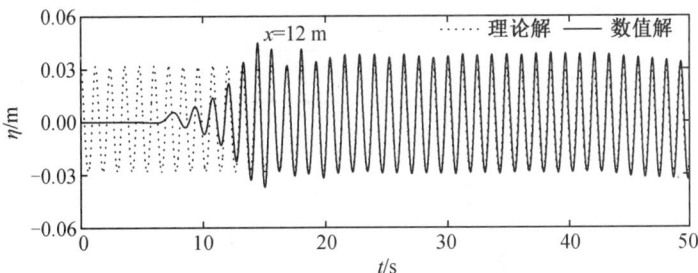

(a)$x=12$ m处波面历时曲线验证

图1.2 波面历时曲线验证

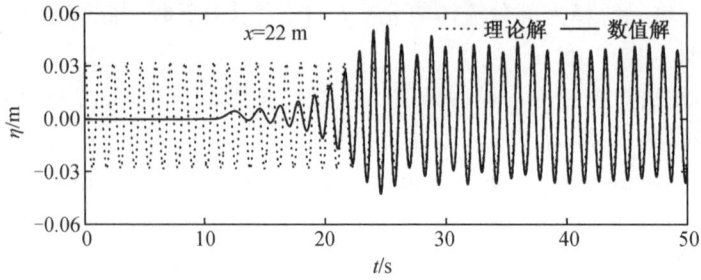

(b)x=22 m处波面历时曲线验证

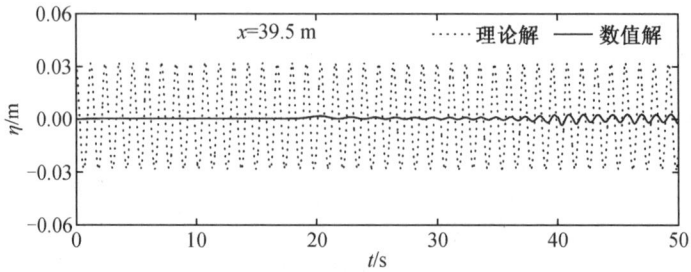

(c)x=39.5 m处波面历时曲线验证

图 1.2(续)

通过与前人[17]得到的 T 形透空堤物理试验数据进行对比来验证上述数值模拟水槽,采用的规则波波浪要素为水深 $h=0.5$ m、波高 $H=0.04$ m、周期 $T=0.9$ s、1.0 s、1.15 s、1.3 s、1.5 s,在结构物的相同位置处布置 1#、3#、17#压力测点,通过对比压力历时曲线对数值模拟水槽进行验证,T 形透空堤水槽示意图数值模拟如图 1.3 所示,T 形透空堤模型结构示意图如图 1.4 所示。对测点的结果进行分析如图 1.5 所示。在各波浪周期条件下,数值计算结果与试验观测等到得结果吻合度较高。

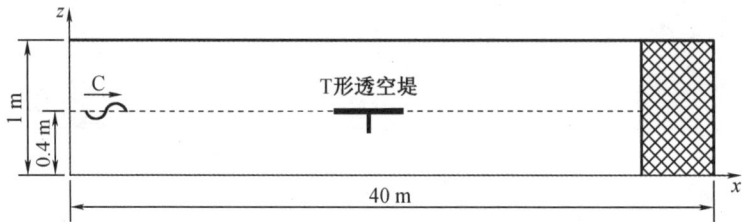

图 1.3　T 形透空堤水槽示意图水槽数值模型示意图

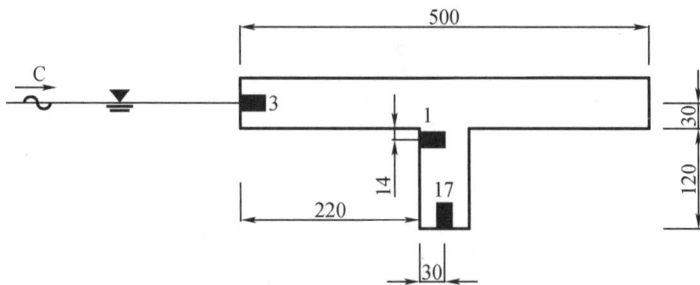

图 1.4　T 形透空堤模型结构示意图(单位:mm)

2　数值试验设计

模型为羊角型透空堤结构,模型设计如图 2.1 所示,根据实际工程透空堤尺寸,本文依据重力相似准则,按照 1∶15 的比尺设计模型尺寸,水平板沿波浪传播方向的宽为 0.5 m,厚度为 0.04 m;每块羊角弧形挡浪墙厚度均为 0.02 m,弧顶超高均为 0.1 m;竖直挡浪板长度为 L_d,厚度为 0.02 m。

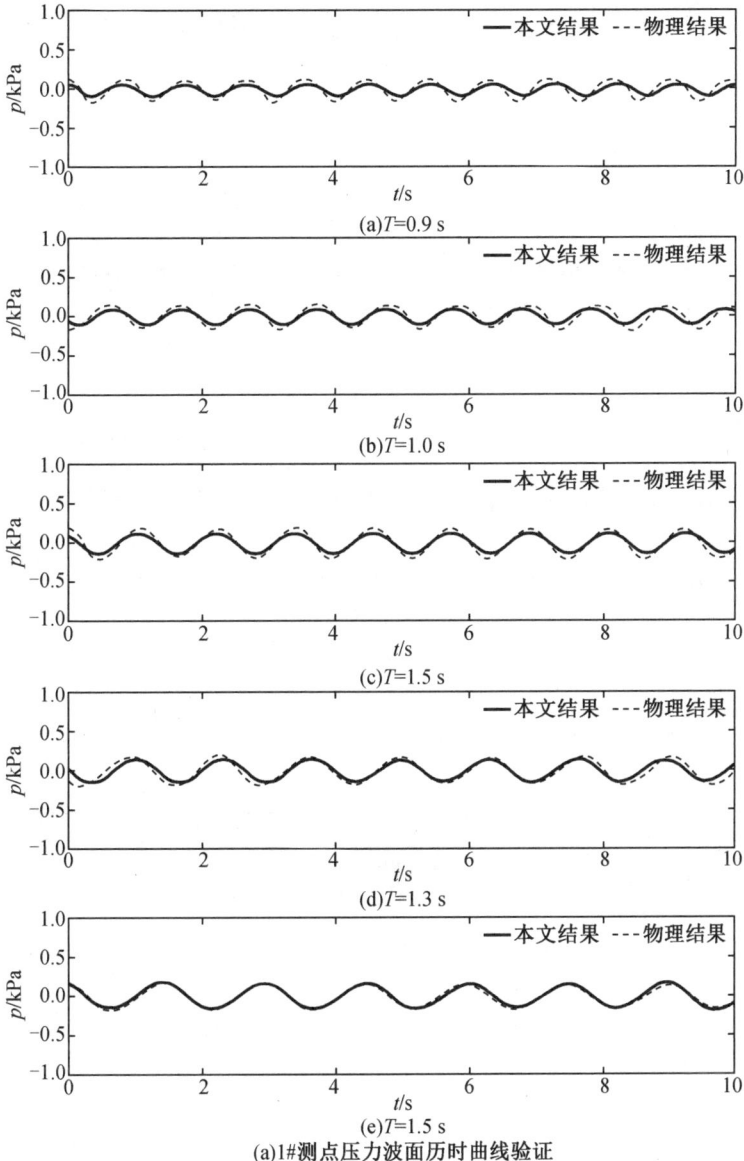

(a)T=0.9 s

(b)T=1.0 s

(c)T=1.5 s

(d)T=1.3 s

(e)T=1.5 s

(a)1#测点压力波面历时曲线验证

图 1.5　测点压力波面历时曲线验证

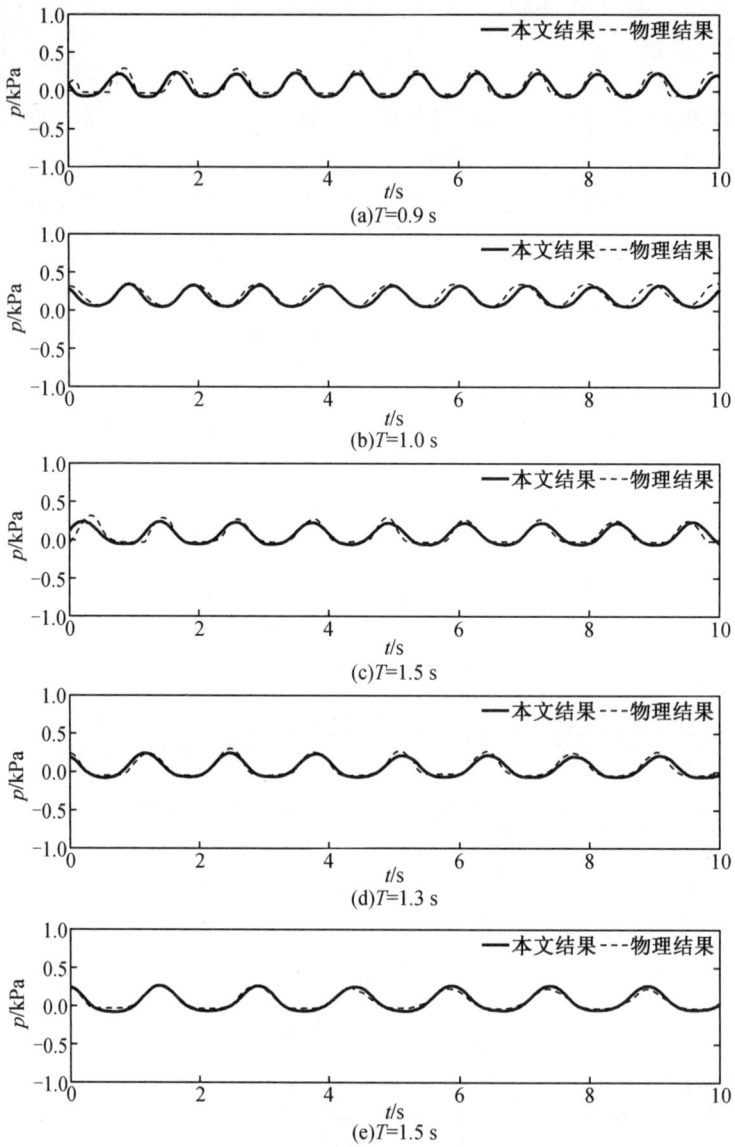

(a)T=0.9 s

(b)T=1.0 s

(c)T=1.5 s

(d)T=1.3 s

(e)T=1.5 s

(b)3#测点压力波面历时曲线验证

图 1.5(续 1)

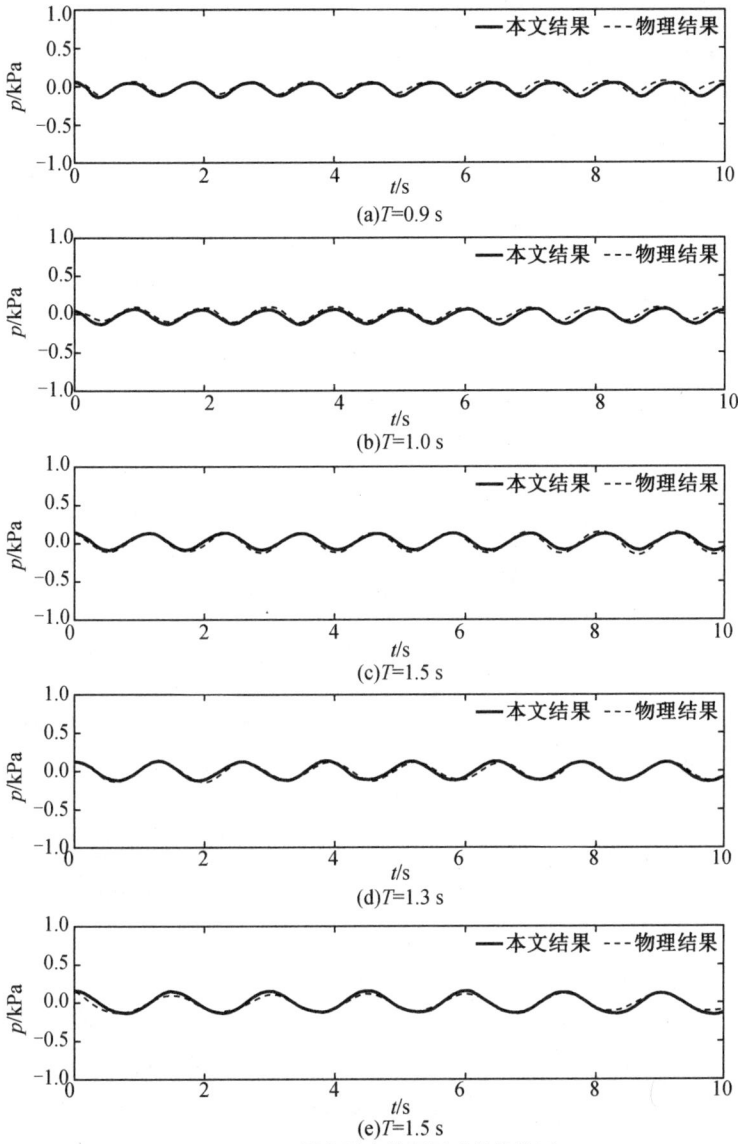

(a)T=0.9 s

(b)T=1.0 s

(c)T=1.5 s

(d)T=1.3 s

(e)T=1.5 s

(c)17#测点压力波面历时曲线验证

图 1.5（续 2）

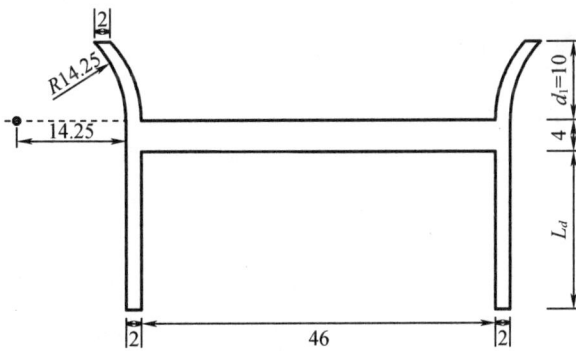

图 2.1　羊角型透空堤结构示意图（单位：cm）

为了监测结构的受力,对该结构进行压力测点布置。位于迎浪面的挡浪板前测面从下至上布置测点 1#、2#、3#、4#、5#、6#、7#、8#,用以监测挡浪板的受力特性。为监测波浪与透空堤内部相互作用的受力特性,与挡浪板垂直的水平板从前至后依次布置压力测点 11#、12#、13#、14#、15#、16#,迎浪面的竖直挡浪板下部后侧布置压力测点 9#、10#,背浪面的竖直挡浪板下部前侧布置测点 17#、18#。本研究未考虑背浪面的挡浪板受力。三种模型压力测点具体布置如图 2.2 所示。

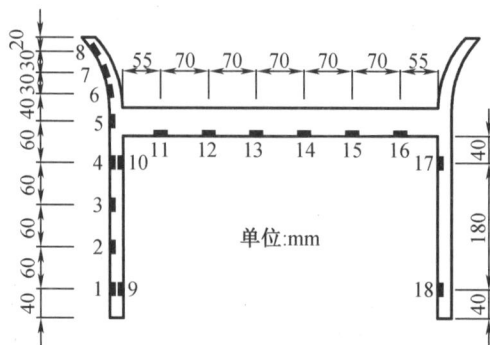

图 2.2　数值水槽模型压力测点布置图

数值模拟采用规则波,水深为 0.50 m,波高为 6 cm、10 cm,波周期为 1.2 s、1.4 s、1.6 s、1.8 s、2.0 s,五种波周期所对应的波长分别为 2.12 m、2.71 m、3.27 m、3.82 m、4.36 m。按照 1∶15 模型比尺,实际原型海域波高为 0.9 m、1.5 m,实际波长为 31.8 m、40.7 m、49.1 m、57.3 m、65.4 m,实际周期符合我国大部分海域周期,分别为 4.6 s、5.4 s、6.2 s、7.0 s、7.7 s。经过不断调整波高、波周期等参数,进而研究模型受力性能随各种因素的影响规律。模拟工况设计 18 组,每组 5 个工况,总计进行 90 次。

数值模型受力主要是从结构物表面的监测点所反映的不同测面压强情况和结构物所受的总力情况两个方向进行数据处理。其中,压力数值以波浪稳定一段时间后压力测点所监测到的压力数据最大瞬时压强均值;结构物承受的波浪总力,假设测点处的压强表示为周围面积压强的平均值,那么该测点附近所承受的波浪力的大小可以表示为测点压强与面积的乘积,多个测点受力的叠加,即可算出在单位宽度下承受的总力。计算公式为:

$$F(t) = \sum_{i=1}^{n} p_i(t) * S_i \qquad (2.1)$$

3　羊角型透空堤水动力特性数据分析

根据上一章中数值参数的设定,本文将针对羊角型透空堤开展数值模拟研究,工况设计 18 组,每组 5 个工况,总计进行 90 种工况开展其受力性能数值模拟,本文主要分析结构物在迎浪面挡板外侧、迎浪面内侧及背浪面挡板内部的受力。

3.1　计算网格剖分

根据模型特点,网格应用结构化网格剖分方法,为兼顾数值精度和计算效率,整个计算域网格尺寸 $y = 0.01$ m,$x = 0.02$ m,如图 3.1 所示。

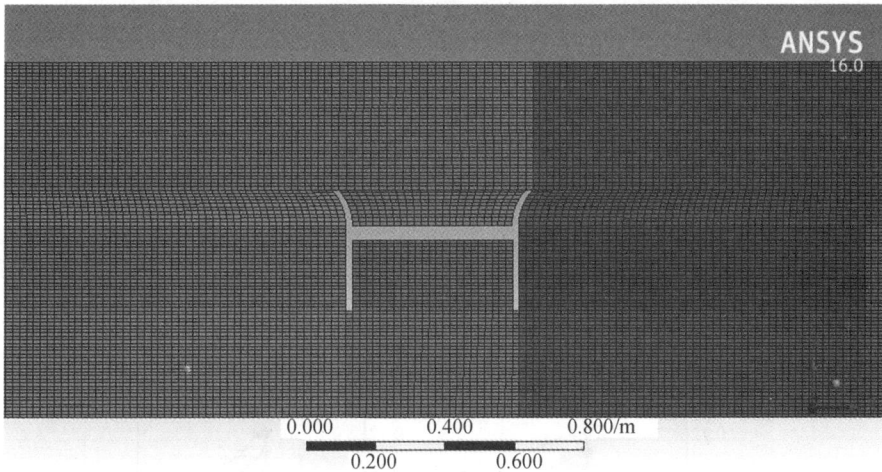

图 3.1　网格划分

3.2　迎浪面挡浪板压力包络图

图 3.2 给出了水深 $h=0.50$ m,迎浪面挡浪板板长 $L_d=0.26$ m,入射波高 $H=6$ cm、$H=10$ cm,波浪周期 $T=1.2\sim2.0$ s 时,迎浪面挡浪板 1#、2#、3#、4#、5#、6#、7#、8#测点的压力变化。在入射波高 H 一定的情况时,主要特征是:正压以 0 m 水位线为分界线,靠近水位线测点受力大,距离水位线越远的测点受力越小,满足微辐波理论,趋势为从下至上,正压呈现先增大后减少的趋势,最大值出现水上 0.02 m 的 5#测点;负压以 0 m 静水位线为分界线,静水位线下压力测点相对于静水位线上压力测点受力大,满足微辐波理论,趋势为从下至上,负压呈现先增大后减少的趋势,最大值出现水下 -0.10 m 的 2#测点。其中 5#测点在 $T=1.8$ s、$H=10$ cm 正压受力最大,最大值为 1.2 kPa,2#测点在 $T=1.8$ s、$H=10$ cm 负压受力最大,最大值为 -0.84 kPa。位于水下的压力测点随着位置的升高增大,位于水上的测点随着位置的升高而减少,主要原因是波动主要集中在水体上层,在表层 $2\sim3$ 倍波高的水层厚度内集中了 90%以上的波能。在实际工程中,则要关注水面附近结构物的受力状态,避免波浪冲击过强而造成结构物的破坏,应加固水面附近的部分构件。

3.3　水平板压力包络图

图 3.3 给出了水深 $h=0.50$ m,迎浪面挡浪板板长 $L_d=0.26$ m,入射波高 $H=6$ cm、$H=10$ cm,波浪周期 $T=1.2\sim2.0$ s 时,水平板 11#、12#、13#、14#、15#、16#测点的压力变化。以迎浪面为前端,水平板后端的压力测点受力普遍小于水平板前端压力测点的受力。在图 3.3(a)中,在周期 $T=1.2$ s,入射波高 $H=10$ cm 时,16#比 11#正压减少了 8.1%,负压减少了 20.4%;在图 3.3(d)中,周期 $T=1.8$ s 时结构物受力最大,在入射波高 $H=6$ cm 时,16#比 11#正压减少了 4.9%,负压减少了 11.3%。主要原因是相同波浪要素作用于不同板长,一部分波浪被反射,一部分波浪传入羊角型透空堤身内,一部分则透过竖直挡板传入羊角型透空堤后。在实际工程中,则要关注靠近迎浪面挡浪板后侧水面附近结构物的受力状态,为避免结构物的破坏应加固前后挡浪板和水平板的连接构件。

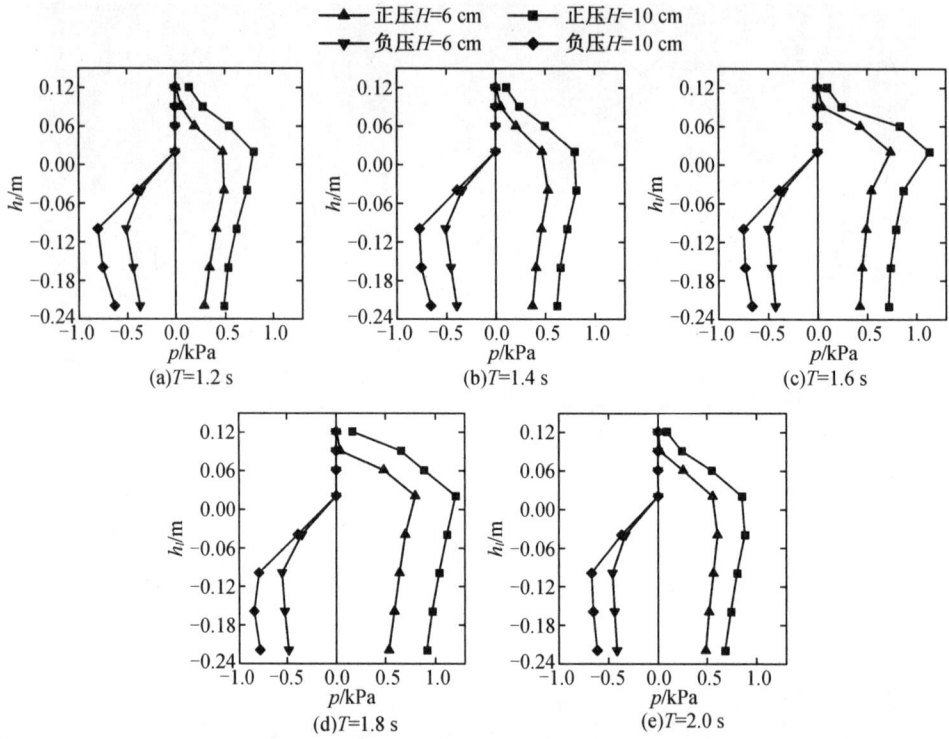

图 3.2　前部挡浪板压力包络图

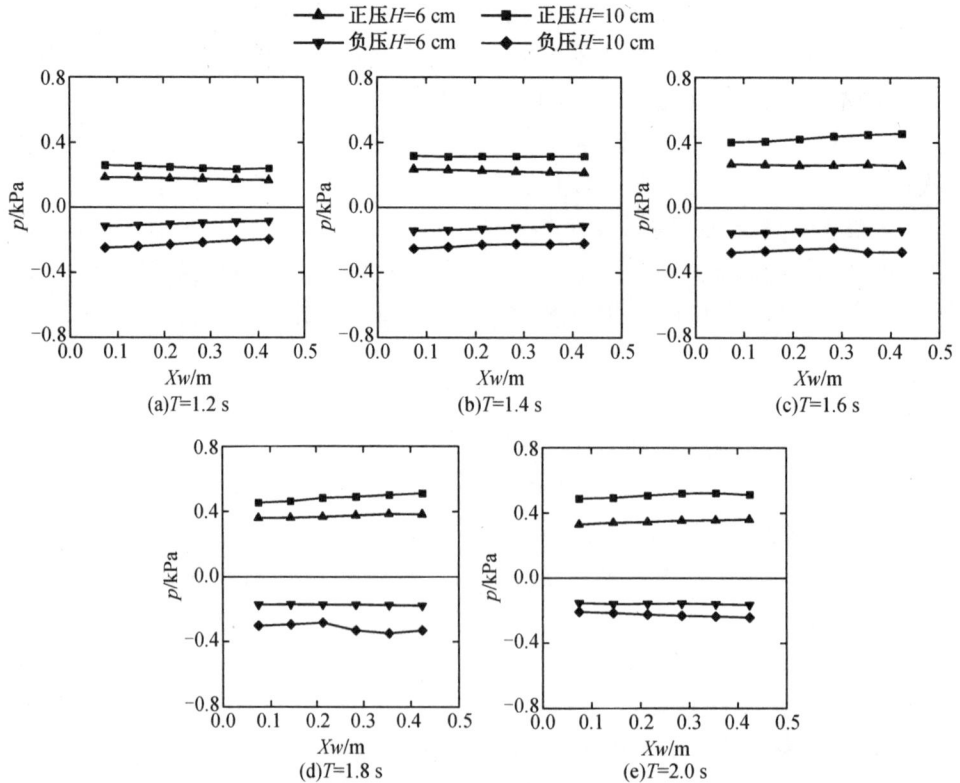

图 3.3　水平板压力包络图

3.4 竖直挡浪板下部测面压力

表 3.1 和表 3.2 给出了水深 $h=0.50$ m,迎浪面挡浪板板长 $L_d=0.26$ m,入射波高 $H=6$ cm、$H=10$ cm,波浪周期 $T=1.2\sim2.0$ s 时,迎浪面的竖直挡浪板下部后侧压力测点 9#、10#和迎浪面的后部挡浪板前侧压力测点 17#、18#的压力数据。结果显示,不同波高对测面的压力值影响明显,波高 H 从 6 cm 提升到 10 cm 时,由表 3.1、表 3.2 对比可以明显观察到压力增大的现象。在竖直挡浪板和水平板交接处压力测点压力值比竖直挡浪板板底压力值小,主要原因是一部分波浪作用至板底,作用加剧在结构物上,且前部挡板压力值均大于后部挡板前侧压力值,主要是因为波浪向前传递,能量衰减。在实际工程中,则要关注靠近迎浪面挡浪板底部的受力。迎浪面和背浪面,不同波高、不同周期的正压以及负压导向变化有一致性。

表 3.1 入射波高 $H=0.06$ m 压力数据

压力测点编号	$T=1.2$ s		$T=1.4$ s		$T=1.6$ s		$T=1.8$ s		$T=2.0$ s	
	正压/kPa	负压/kPa	正压/kPa	负压/kPa	正压/kPa	负压/kPa	正压/kPa	负压/kPa	正压/kPa	负压/kPa
9	0.15	−0.20	0.20	−0.22	0.23	−0.24	0.30	−0.23	0.28	−0.23
10	0.13	−0.17	0.18	−0.20	0.21	−0.21	0.31	−0.22	0.27	−0.21
17	0.11	−0.13	0.16	−0.16	0.20	−0.19	0.33	−0.23	0.30	−0.22
18	0.10	−0.11	0.15	−0.15	0.19	−0.19	0.34	−0.23	0.31	−0.23

表 3.2 竖直板,入射波高 $H=0.10$ m 压力数据

压力测点编号	$T=1.2$ s		$T=1.4$ s		$T=1.6$ s		$T=1.8$ s		$T=2.0$ s	
	正压/kPa	负压/kPa	正压/kPa	负压/kPa	正压/kPa	负压/kPa	正压/kPa	负压/kPa	正压/kPa	负压/kPa
9	0.24	−0.35	0.30	−0.35	0.40	−0.39	0.45	−0.39	0.39	−0.25
10	0.21	−0.30	0.27	−0.31	0.35	−0.33	0.40	−0.36	0.43	−0.26
17	0.19	−0.25	0.26	−0.27	0.40	−0.32	0.47	−0.39	0.45	−0.30
18	0.18	−0.21	0.28	−0.26	0.41	−0.35	0.45	−0.49	0.45	−0.32

4 结论与不足

本文采用 CFD 商用软件 Fluent,在水深 $h=0.50$ m,迎浪面挡浪板板长 $L_d=0.26$ m,入射波高 $H=6$ cm、$H=10$ cm,波浪周期 $T=1.2\sim2.0$ s 对羊角型透空堤进行受力分析,得到结论如下:

(1)羊角型透空堤迎浪面挡浪板测面,以 0 m 静水位线为分界线,靠近水位线测点受力大,距离水位线越远的测点受力越小,满足微辐波理论;

(2)羊角型透空堤以迎浪面为前端,水平板后端的压力测点受力普遍小于水平板前端压力测点的受力。

本次数值模拟过程中,未对后部竖直挡浪板后侧测面布置测点,主要原因是:波浪运动

过程中,前部迎浪面挡浪板已经消耗一部分能量,后续波浪运动能量减少,后部挡浪板受力必然小于前部挡浪板,故未在后部竖直挡浪板后侧测面布置测点,实际工程中可参照前部挡浪板受力建设透空堤。

参考文献

[1] MOF A, EHLF A, ES B. Impacts of coastal structures on hydro-morphodynamic patterns and guidelines towards sustainable coastal development：A case studies review-ScienceDirect[J]. Regional Studies in Marine Science, 2021,44:101800.

[2] 黄飞扬, 戴文鸿, 姚毓, 等. 基于 FLUENT 的波浪溢流水动力数值模拟[J]. 海洋工程, 2022, 40(3):159-168.

[3] 王国玉, 黄璐, 任冰, 等. T 型透空式防波堤消波性能的理论分析[J]. 水利水电科技进展, 2014, 34(2):1-5.

[4] URSELL F. The effect of a fixed vertical barrier on surface waves in deep water[J]. Mproc of the Cam Bridge Philo Sophical Society,1947,43:374-382.

[5] WIEGEL R L. Transmission of Wave Past a Rigid Vertical Thin Barrier[J]. Journal of Waterways and Harbors Division, 1960,86(1):1-12.

[6] ISAACSON M, PREMASIRI S, YANG G . Wave Interactions with Vertical Slotted Barrier [J]. Journal of Waterway Port Coastal & Ocean Engineering, 1998, 124(3):118-126.

[7] 杨荣喜. 深水防波堤透空结构设计研究[J]. 港口工程, 1996(4):30-34.

[8] 孙士勇.挡板(透空)式防波堤消浪效果分析[J]. 水运工程,1998(1):12-16.

[9] 程永舟,杨小桦,黄筱云,等. 新型透空格栅板式防波堤消浪性能试验[J]. 水利水电科技进展, 2016, 36(2):30-34.

[10] LIU S T,WANG C L,YUAN C Q,et al. A comparative study of the hydrodynamic characteristics of permeable twin-flat-plate and twin-arc-plate breakwaters based on physical modeling[J]. Ocean Engineering, 2021, 217:108887.

[11] LI X Y, LI Q, WANG Q, et al. Numerical and experimental investigation on the hydrodynamic characteristics of an arc-shaped plate-type breakwater under the action of long-period waves[J]. Ocean Engineering, 2021, 219:108198.

[12] LI X, XIE T, WANG Q, et al. Numerical study of the wave dissipation performance of two plate-type open breakwaters based on the Navier-Stokes equations[J]. Journal of the Brazilian Society of Mechanical Sciences and Engineering, 2021, 43(4):11.

[13] 孙骁帆,闻学,刘鹏飞. 低透空率桩基防波堤消浪效果研究[J]. 水运工程,2022 (5):14-20.

[14] 邵杰,陈国平,严士常,等. 不规则波作用下垂直挡浪板式透空堤透浪系数试验研究[J]. 海洋工程, 2016, 34(1): 50-57.

[15] 桂劲松,夏曦. 倾斜挡浪板桩基透空堤水动力特性[J]. 水利水电科技进展, 2021, 41 (6):32-38.

[16] 金凤,钱慧,马佑. "厂"形板式防波堤消波性能数值模拟[J]. 水运工程,2020(4): 15-21.

[17] 黄璐. T 型透空式防波堤消波性能分析[D]. 大连:大连理工大学,2013.

一次降水后层云-海雾天气过程分析

虞　洋　程源清　张红岩

（92020 部队，山东青岛，266003）

摘要：利用常规气象观测资料、卫星云图、雷达资料以及 NCEP/NCAR 0.25°×0.25°再分析资料，对青岛近海一次降水后的层云-海雾天气过程的环流背景、边界层特征以及其他物理量因子进行综合分析。结果表明：(1)降水停止后，青岛近海低层维持着过饱和的状态，形成了大量的层云；(2)出雾前，海气温差达到最大为 $-1.25\ ℃$；(3)层云-海雾过程的水汽主要来自 30°N 以南的西太平洋海区，水汽在 1 400 m 以下层次积累，为层云-海雾形成提供了充足的水汽条件；(4)逆温层高度下降直至基本减弱消失，是层云下降至海面形成大范围不规则海雾的重要成因；(5)青岛 300 m 以上高度对应着降水后相对稳定的层结，低层 50~200 m 存在弱的条件性不稳定层结，局部形成了"上稳下湍"的结构；(6)海面风场、水汽通量强度以及垂直风切变强度的迅速减弱，是层云转化海雾非常关键的气象要素指标。

关键词：层云；海雾；边界层特征；平流输送

引言

　　海雾是指在海洋的影响下，在海上、岛屿或沿海地区的低层大气中，由于水汽凝结而产生大量的水滴或冰晶使得水平能见度小于 1 km 的微物理现象[1]。海雾是海气相互作用的产物，是海上出现的一种灾害性天气[2]。海雾导致海上或沿海能见度降低，对船舶航行、水产养殖、海洋捕捞、军事活动的安全带来很大危害。在海上和沿岸的经济、社会和军事活动中，海雾都是我们需要高度关注的重要因素[3]。

　　我国海雾研究起步较晚，20 世纪 80 年代，王彬华首先对中国沿海海雾进行了研究。黄海是中国近海海雾发生最频繁的海区，每年的 4 月至 7 月是黄海海雾多发季节[4]。前人研究表明，黄海海雾多属于平流冷却雾，即暖湿空气流经冷海面，底层空气降温达到其露点而形成雾。黄海海域海雾的发生发展与有利的天气形势、来自南方的暖湿空气输送[5-7]，以及海气边界层结构演变等因素密切相关[8-10]。目前国内外对平流雾研究较多，对层云和海雾相互演变研究较少。

　　国外研究表明，海洋大气边界层(MABL)中的层云可以下降成雾[11]，并给出美国西海岸层云下降转化为海雾的物理模型：大范围高压控制下，离岸的越海岸山脉偏东气流沿山坡下沉，导致近海上空逆温层高度下降，MABL 中的层云高度不断降低至海面形成海雾，该模型一直在海雾预报中应用[12]。Koračin 等[13]认为在大尺度下沉的背景下，低空逆温和云顶长波辐射冷却是层云下降成雾的主要机制。我国黄海多雾时期是东海多层云时期,韩美[14]对一次春季黄海海雾和东海层云关系进行了研究。

目前国内对黄海海区平流雾研究较多,对层云和海雾相互演变研究较少。层云-海雾演变过程复杂,规律性不强,定性和量化预报难度较大。本文通过对近海一次降水后的层云与海雾个例进行研究,积累层云-海雾的预报经验,建立层云-海雾天气预报预警业务的经验性指标,为气象保障提供参考。

1 资料和方法

本文使用以下资料:(1)中国气象局气象信息综合分析系统(MICAPS)提供的地面观测资料和标准化探空数据,对大气环流、层结条件以及海雾事实进行分析;(2)青岛气象台 L 波段二次测风雷达和 GTS1 型数字式探空仪的探空资料,雷达站位于黄海沿岸(120°20′E,36°04′N),海拔高度 75 m,资料垂直分辨率为 50 m,时间间隔 12 h;(3)青岛周边(奥帆基地、朝连岛、大公岛、董家口港)自动化站观测资料,时间间隔 1 h;(4)近海浮标站观测资料,时间间隔 1 h;(5)美国国家环境预报中心(NCEP)提供的 Final Analysis(FNL)0.25°×0.25°再分析数据,垂直分辨率 31 层,时间分辨率为 6 h;(6)NOAA 和澳大利亚气象局联合研发的 HYSPLIT-4 模式,用于计算和分析大气污染物输送、扩散轨迹,揭示海雾水汽来源;(7)韩国气象厅提供的红外/可见光卫星云图,时间分辨率 10 min。

2 天气过程

2.1 降水天气过程

此次天气过程发生在 4 月。22 日,受低层偏南流场控制,渤海、山东半岛以及半岛南部海区有大片海雾并维持(图略)。22 日 23 时,受低涡和切变线影响,青岛市区及近海开始降水。23 日 12 时青岛市区降水停止;14 时青岛近海(朝连岛)降水停止,降水主要集中时段是 23 日 04 时至 07 时,如图 1 所示。

2.2 能见度演变过程

青岛市区:图 1 可以看出,22 日凌晨至上午,市区各站点均出现了大雾;22 日白天受日变化影响,岸上能见度好转,最大可达 25 km 左右。22 日下半夜受降水影响,能见度降至 2~6 km。23 日 08 时能见度迅速回升至 15~20 km,上午能见度再次转差,14 时前后观象山能见度最低约 1~2 km,23 日下半夜开始出现大雾。

青岛近海:22 日白天,除 10~14 时朝连岛能见度 1~2 km 外,其余时次能见度基本在 1 km 以下;22 日夜间受降水切变影响,海雾结构遭到破坏,能见度略微好转,其中海上长门岩浮标最大能见度可达 6 km。23 日全天,朝连岛及大公岛受海雾影响,能见度小于 1 km。长门岩浮标于 23 日 13 时后能见度开始下降,23 时出现海雾现象。说明此次海雾过程,青岛近海的海雾空间分布不均匀,符合层云-海雾的特点。

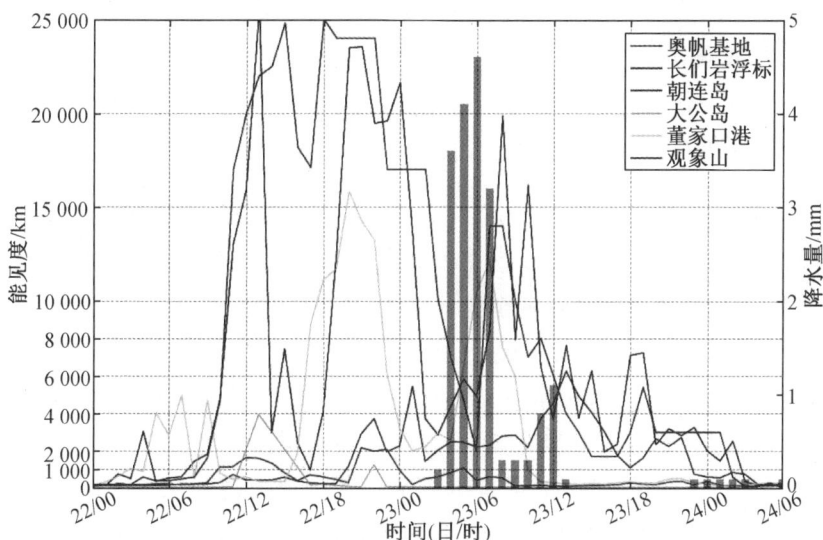

图 1 22~24 日能见度、降水演变过程

2.3 卫星云图演变特征

利用韩国红外/可见光卫星云图资料,结合青岛市区及近海的观测实况资料确定降水区以及雾区的演变过程,便于下步对雾区进行分析。22 日上午,黄海及渤海部分海区出现块状云区,表现为乳白色、表面均一、纹理光滑、边界清晰,符合海雾在可见光云图上的表现特征;22 日下午,青岛周边上空开始出现高云。23 日凌晨,降水形势的不稳定层结移近,破坏了海雾的稳定环境,黄海海区海雾开始消散,但因被云层所遮挡,无法判别雾区的消散过程;23 日 15 时,降水云系移出以后,青岛近海出现大量的层云-海雾,能见度转差。

2.4 环流背景和天气形势

23 日 2 时,500 hPa 在河北、河南交界处有一个低涡中心,青岛近海位于高空槽前;850 hPa,青岛近海受持续偏南暖湿气流控制,海上有大片海雾。随着 500 hPa 高空槽逐渐接近山东半岛,8 时青岛近海位于高空槽线附近,利于低层低压系统的发展。850 hPa 青岛近海有一个明显的暖式切变,破坏了低层大气稳定层结,从而破坏了海雾形成的条件,低空急流将南海和西北太平洋的水汽源源不断向青岛近海输送,主要降水时段也集中在该时段。

14 时(图略),500 hPa 槽线从青岛移至成山头附近海区,主体水汽输送以及降水区也相应移至黄海中部海区,青岛近海高空转受偏西气流控制,降水停止。850 hPa,青岛近海以及黄海中部海区低层由偏南气流转为偏东气流,黄海中部海区降水区域的饱和水汽持续向西输送至青岛近海低层。降水停止后,青岛近海低层一直维持着过饱和的状态,形成了大量的层云。云底高降低接海后,形成大范围不均匀的海雾,导致能见度迅速转差。24 日(图略),青岛近海转为高空槽后控制,低层转为偏北风,海雾过程结束。

3 大气边界层特征

3.1 海气界面特征

海面风场:22日,青岛近海风速较弱,均在4 m/s以下。23日,风速缓慢增加,6时风速达到6 m/s,风向由东南转为偏东,开始受暖湿空气和降水的影响;14时风速达到最大为9 m/s;14至15时,东南风风速迅速减至3 m/s,与14时30分前后海上实况出雾较为吻合。24日,风向转为东北,风速缓慢减弱,能见度转好,海雾消散。

海气温度:青岛近海长门岩浮标站观测资料表明(图2),22日18时前,最高最低温差整体变化不大,18时后,受暖湿气流影响,温度开始逐渐增高。23日14至15时,海气温差达到最大为-1.25 ℃,与前人研究的适宜平流雾形成的海气温差-3.5~0.5 ℃较为吻合。23日15~16时,层云接海形成海雾后的1 h内降温幅度达到最大,为1 ℃/h,主要原因是14~15时出现了海雾,而雾顶长波辐射冷却效应,导致了大幅降温。

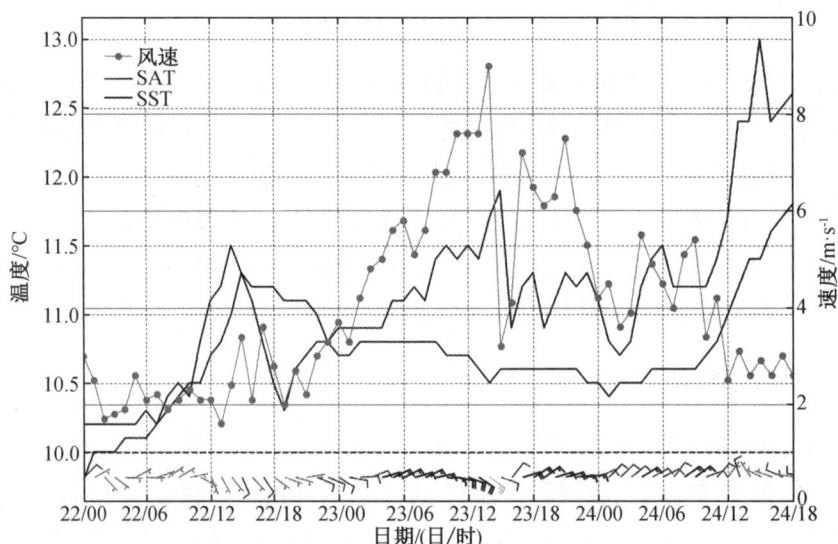

图2 22~24日青岛近海浮标观测的近海面气温(SAT)、海表面温度(SST)以及风场时间序列图

3.2 低空水汽轨迹追踪

本文中用HYSPLIT-4模式进行气块的向后追踪轨迹计算。HYSPLIT-4模式是NOAA和澳大利亚气象局联合研发的一种用于计算和分析大气污染物输送、扩散轨迹的模式,它能较好地向后追踪空气质点来源。利用HYSPLIT-4模式对海区雾区气块进行向后追踪,分析大雾发生时和维持阶段的水汽轨迹(GDAS),可以有效地揭示海雾水汽来源。以4月23日15时海雾最盛时期为终止时刻,选取任务海区附近朝连岛(35.88°N,120.88°E)作为跟踪起点(溯源点),对青岛近海的10 m、300 m、1 000 m等3个不同高度的气块向后进行36 h追踪(图3)。

对照追踪轨迹结果,可得出此次海雾过程的水汽主要来自黄海南部海区,与春季海雾的大部分水汽来源基本一致。气块在自西向东运动中,气块路径前半段为反气旋弯曲,反映了高压环流的影响;后半段为弱的气旋弯曲,反映了受低压环流控制。23 日 8 时,各层气块高度降至最低,300 m 气块由 500 m 左右高度降至 100 m;1 000 m 气块由 1 000 m 降至 500 m,证明了反气旋式环流下沉气流的存在。23 日白天各层高度再次升高,存在明显上升运动。

23 日 2 时前,10 m 至 1 000 m 三层的相对湿度相对较小,一般维持在 80% 或以下,不足以形成海雾;2 时以后,相对湿度急剧增加,8 时相对湿度已达到 95% 以上,此时气块位于 34°～36°N;14 时,湿度进一步增加,水汽条件达到饱和,为海雾的形成提供了充沛的水汽条件。湿度和温度变化规律比较吻合,但是高度和温度的变化不一致:22 日 8 时至 23 日 8 时,气块高度持续下降。高度下降过程中,前半段温度和湿度基本维持或略有升高,后半段温度却持续下降,应该主要受周边环境空气的降温作用,最终导致湿度迅速增大。

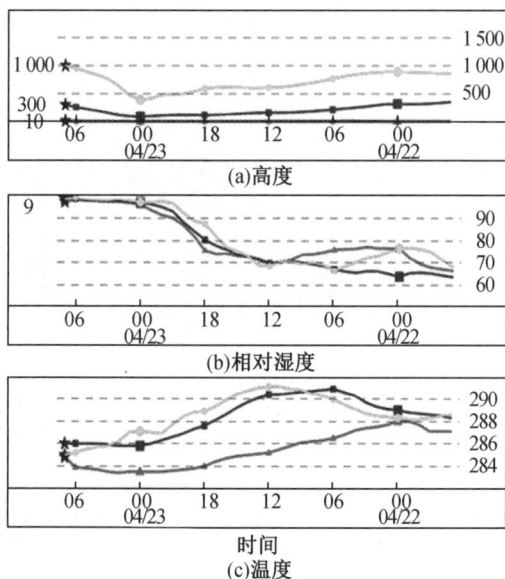

图 3　23 日 15 时对青岛近海气块向后追踪 36 h 的结果

3.3　层云-海雾过程边界层特征

利用青岛气象台 L 波段二次测风雷达的探空资料,分析青岛周边大气边界层的结构特征(图 4),4 月 22 日 20 时,1 500 m 以下东南风带来暖湿空气的作用下,在海面到 700 m 之间形成了逆温。23 日凌晨开始,1 500 m 以下层次低层湿度逐渐增大;23 日白天,50 m 高度左右近地面层形成了大湿度区,相对湿度大值区可延伸至 1 300～1 400 m 高度,水汽主要在 1 400 m 以下层次积累,为海雾形成提供了充足的水汽条件。23 日 8 时开始,青岛上空存在逆温,高度可达 700 m;8 时后逆温层高度下降,11 时后逆温层基本减弱消失,与层云下降至海面形成海雾吻合。

4　垂直稳定度

4.1　假相当位温

　　由图 5 可看出,23 日 11 时以后,青岛站 300 m 以上存在一个向高空传输较弱的假相当位温暖湿舌,静力稳定度 $\partial\theta_{se}/\partial z>0$,对应着降水后相对稳定的层结。50-200 m 间存在假相当位温等值区,而 100 m 以下的静力稳定度 $\partial\theta_{se}/\partial z<0$,近地面层存在条件性不稳定层结,而其上为相对稳定层结。这样,局部形成了"上稳下湍"的结构,是典型的雾季海上大气层结结构特征[15]。

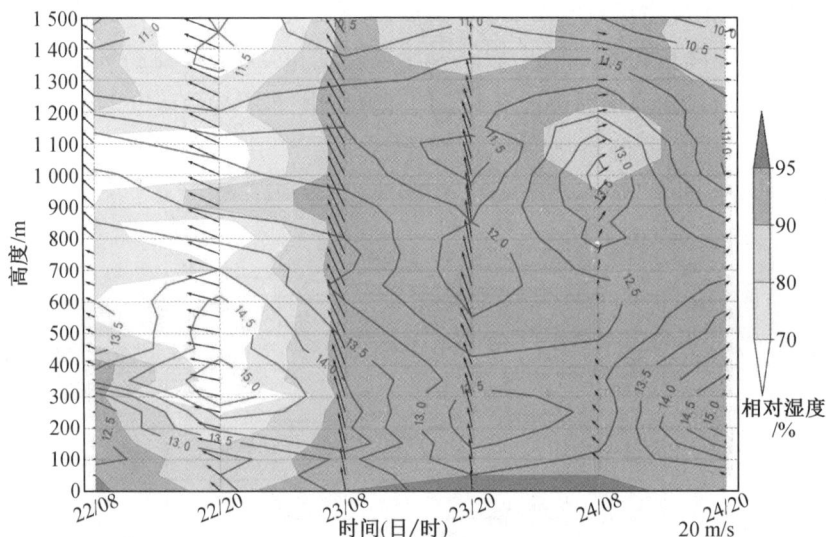

图 4　4 月 22 日至 24 日青岛站探空观测

注:相对湿度(填色,单位为%)、水平风矢量(m/s)、气温(红色等值线,单位为 ℃)

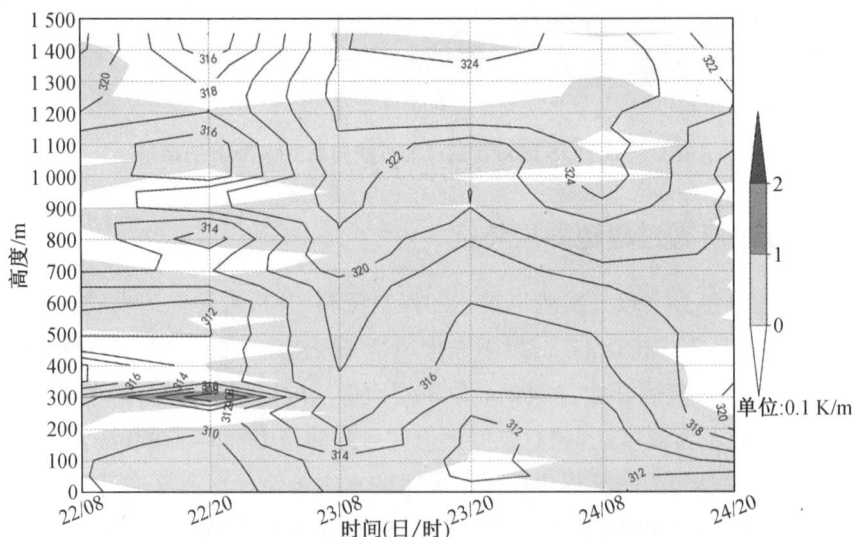

图 5　22~24 日青岛市假相当位温、静力稳定度($\partial\theta_{se}/\partial z$)垂直剖面图

4.2 理查森数

理查森数(Ri)表示浮力项与流剪切项的比值的无量纲数。在物理学上,Ri 数用来表示势能和动能的比值;在物理海洋学中,被用来研究海洋湍流和海洋混合;在大气上,表示大气静力稳定度与垂直风切变的比值。Ri 数最早作为湍流能否发展的判据,后来根据风垂直切变讨论斜压不稳定时,Ri 数是区分各种尺度扰动系统不稳定性判据之一。

计算温度和风速的梯度理查森数:

$$Ri = \frac{g}{\theta_v} \frac{\partial \theta_v / \partial z}{(\partial u / \partial z)^2 + (\partial v / \partial z)} \tag{1}$$

公式(1)中 θ_v 为虚位温,u、v 分别为纬向和经向风,g 为重力加速度。Ri 代表了机械剪切项和浮力项对湍流作用的相对贡献大小,一般认为,当 $Ri>1$ 时表示机械剪切项不能突破浮力项的限制产生湍流,大气运动以层流为主不能产生湍流;当 $Ri<0.25$ 时表示机械剪切项有足够的能量产生湍流;当 Ri 介于 0.25 和 1.0 之间时,如果原来已经存在湍流,湍流能继续下去,当 $Ri<0$ 表示流体是静力和动力不稳定的,则始终处于湍流状态[15]。

22 日 20 时至 23 日 8 时,青岛 100 m 以下高度存在强的垂直风切变,不利于海雾的形成。23 日 8 时至 14 时,100 m 以下存在着合适的风切变强度,有利于湍流的混合,促进了海雾的形成;14 时后风切变强度迅速减弱,导致了层云转化为海雾(图6(a))。海雾过程 Ri 值基本都大于1,没有明显的湍流混合区(图6(b))。这是层云-海雾系统和平流雾系统的不同之处,层云-海雾没有强的湍流过程,对应着没有明显温度传导过程。

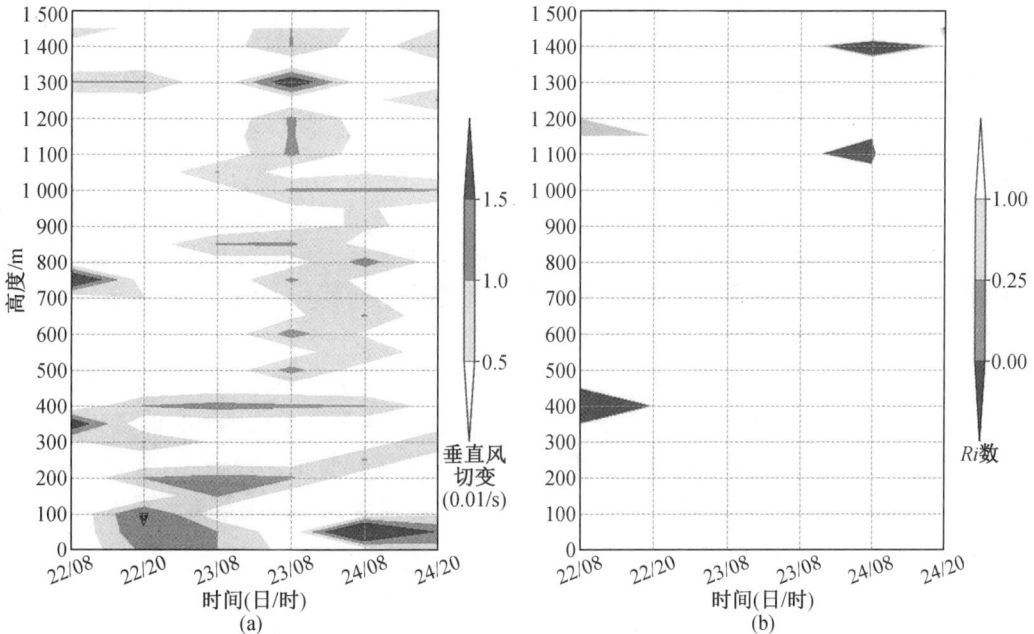

图6 23 日青岛站探空资料的边界层稳定度分析

注:图(a)为垂直风切变(单位:10^{-2}/s);图(b)为 Ri 分布(单位:10^{-2} K/m)。

5　温度平流和水汽输送

温度平流:此次过程黄海海域的暖平流与东-东南气流相联系。从暖平流的来源来看,此次过程暖湿气流来自30°N以南的西太平洋上空。23日2时至08时,黄海南部和东海北部的暖平流输送至青岛近海;14时至20时,盛行风速以及暖平流强度减弱,导致近地面层水汽堆积。水汽输送的方向由东南向偏东方向转变,与浮标站的气温变化是一致的。

水汽通量输送:水汽通量又称为水汽输送量,用以判断水汽是否充足,以及水汽的方向。水汽通量散度用来判断各方向输送过来的水汽是否可以在降水区集中起来,即水汽是辐合还是辐散。

4月23日2时至20时,1 000 hPa水汽主要来源与温度平流一致,来源于30°N以南的西太平洋海区,与春季黄海海雾形势较为一致。强的水汽通量辐合区由连云港以东海区逐渐向东北方向移动,14时移至朝连岛以东海区,与海上14时以后降水停止的实况吻合,且14时水汽通量减少,应该与低层风速减小有关,水汽通量减弱的时间与层云下降至海面形成海雾时间段基本吻合。

6　结论

本文通过对一次层云-海雾天气过程的个例分析研究,得到以下结论:

(1)本次青岛近海的层云-海雾天气过程是在有利的大尺度环流背景下产生的,主要是由于850 hPa高度上青岛近海低层由偏南气流转为偏东气流,将黄海中部海区的降水区域的饱和水汽持续输送至青岛近海低层。降水停止后,青岛近海低层一直维持着过饱和的状态,形成了大量的层云。云底高降低接海后,形成大范围不均匀的海雾。

(2)此次层云-海雾过程的水汽主要来自30°N以南的西太平洋海区,与春季海雾的大部分水汽来源基本一致。50 m高度左右近地面层形成了大湿度区,水汽主要在1 400 m以下层次积累,为层云-海雾形成提供了充足的水汽条件。

(3)海雾过程临近时,盛行风速以及暖平流强度减弱,导致近地面层水汽堆积。出雾前,海气温差达到最大为-1.25 ℃,与前人研究的适宜平流雾形成的海气温差-3.5~0.5 ℃之间较为吻合。层云接海形成海雾后的1 h内降温幅度达到最大,为1 ℃/h,主要原因是出现海雾后的雾顶长波辐射冷却效应,导致了大幅降温。

(4)逆温层的出现,为海雾的发生提供了稳定的层结,保证了暖湿结构能量的聚集。逆温层高度下降直至基本减弱消失,是层云下降至海面形成大范围不规则海雾的重要成因。

(5)"上稳下湍"的结构是典型的雾季海上大气层结结构特征。层云-海雾过程的形成不需要有强的湍流过程,对应着没有明显的温度传导过程,这是层云-海雾过程和平流雾过程的不同之处。

(6)形成大量层云后,海面风场、水汽通量强度以及垂直风切变强度的迅速减弱,是层云转化海雾非常关键的气象要素指标。

参考文献

[1]　王彬华.海雾[M].北京:海洋出版社,1983:401-461.

[2]　程相坤,程航,徐杰,等.一次黄海海雾成因分析及数值模拟试验[J].气象与环境学

报,2013,29(6):15-23.

[3] 张苏平,鲍献文.近十年中国海雾研究进展[J].中国海洋大学学报,2008,38(3):359-366.

[4] 李建华,崔宜少,李爱霞.山东半岛及其近海大雾的统计与分析[J].海洋预报,2010,27(6):51-56.

[5] 周发琇,王鑫,鲍献文.黄海春季海雾形成的气候特征[J].海洋学报,2004,26(3):28-37.

[6] 张苏平,杨育强,王新功,等.低层大气季节变化及与黄海雾季的关系[J].中国海洋大学学报,2008,38(5):689-698.

[7] 白慧,张苏平,丁做尉.青岛近海夏季海雾年际变化的低空气象水文条件分析:关于水汽来源的讨论[J].中国海洋大学学报,2010,40(12):17-26.

[8] 傅刚,王菁茜,张美根,等.一次黄海海雾事件的观测与数值模拟研究:以2004年4月11日为例[J].中国海洋大学学报,2004,34(5):720-726.

[9] 黄彬,高山红,宋煜等,黄海平流海雾的观测分析[J].海洋科学进展,2009,27(1):16-23.

[10] 张苏平,刘飞,孔扬.一次春季黄海海雾和东海层云关系的研究[J].海洋与湖沼,2014,45(2):341-352.

[11] LEIPPER D F. Fog on the U.S. west coast:A review[J]. Bull Amer Meteor Soc,1994,75:229-240.

[12] LEWIS J, KORACIN D, Redmond K. Sea fog research in the United Kingdom and United States:Historical essay including outlook[J]. Bull Amer Meteor Soc, 2004,85:395-408.

[13] KORACIN D, LEWIS J, THOMPSON W T, et al. Transition of stratus into fog along the California coast:observations and modeling[J]. Atmos Sci, 2001,58(13):1714-1731.

[14] 韩美,张苏平,尹跃进,等.黄东海大气边界层季节变化特征及其成因[J].中国海洋大学学报, 2012,42(S1):34-44.

[15] 孙健翔,黄辉军,张苏平,等.海雾对沿海地区的影响程度初探:2008年春季两次黄海海雾过程分析[J].海洋与湖沼,2017,48(3):483-497.

全球变暖对海战场环境的影响[①]

王英俊[1][②]　孙雪雷[2]　罗海波[3]　宫鹏涛[1]　陈晓斌[1]

（1.92538 部队,辽宁大连,116041;2.91550 部队,辽宁大连,116041;
3.96833 部队,湖南怀化,438008）

摘要:全球变暖背景下,大气、海洋等地球系统发生了巨大的变化,也造成海战场环境的改变。为了更好地了解和掌握这些变化,本文阐述了气候变化的事实,从七个方面分析了海战场环境的改变和影响,包括北极海冰、大气层与大气环流、气象灾害、海水的物理性质、海平面上升、大洋环流以及海洋灾害等,并建议加强海战场环境的观测监测、数据分析与释用,最大限度地提高军事活动的作战效能。

关键词:全球变暖;海战场环境;气象灾害

引言

　　战场是敌对双方作战活动的空间,是作战双方的军事思想、战略方针、作战意图、作战编成、作战形式和作战手段等在一定的时间、空间集中表现和较量的场所。按其空间性质不同可分为陆战场、海战场、空战场和太空战场。

　　海战场是敌对双方进行海战活动的空间,不仅仅指水面或水下,现代战争还涉及空中、太空的使用,因此包括一定的海域及其相关的空域,还包括濒海陆地、岛屿等。

　　海战场环境是海战场及其周围对海上作战活动有影响的各种情况和条件的统称,包括自然环境、社会环境和军事环境等,具体要素可包括海洋与濒海陆地的地形地质、水文、气象等自然条件,人口、民族、交通、建筑物、工农业生产、经济发展等社会条件,以及战场建设、武器装备使用、电磁信息获取等军事条件[1]。

　　科学技术的进步不仅扩大了战场的物理空间范围,也极大地拓宽了战争所涉及的空间领域,由原来的陆、海、空三维主要战场,拓展为陆、海、空、太空、电磁信息等五维一体的战场空间。许多高科技武器系统的使用,增加了其对战场环境的依赖性。

　　全球变暖引起地球系统各圈层的变化,也造成海战场环境的改变,只有了解和掌握这些变化,才能更准确把握海战场环境要素的基本特征和一般规律,对保证遂行作战任务顺利完成有着重要意义。

---

①　选题方向:全球气候变化与海洋环境风险。

②　作者简介:王英俊,1980 年 2 月出生,硕士,工程师,研究方向为气象水文预报保障。

1 全球变暖的事实

从地球气候史演变的角度来看,地球气温变化可分为三个阶段:(1)地质历史时期的气候变化。时间跨度在 10 万年以上,在此期间冰期与间冰期交替出现。(2)历史时期的气候变化。主要指距今 1 万年左右以来的气候变化,其间可划分为四次比较寒冷的时期和三次相对温暖的时期。(3)近代的气候变化。主要描述一、二百年以来有气象记录时期的气候变化。国外机构根据不同数据集制定了全球平均气温相对于工业革命前的变化趋势,如图 1 所示。

可以看出,自 19 世纪工业革命以来,全球气温先处于区间振荡,20 世纪 40 年代以后气温振荡较之前上一台阶,而 20 世纪 80 年代以后,全球平均气温更是突破了振荡区间快速上升,并且屡创新高。如此快速的升温原因是什么? 政府间气候变化委员会(IPCC)做了大量的工作。IPCC 自 1988 年成立以来,组织全球数千名杰出的科学家从海量的科研成果中整理出工作报告,迄今已发布六次评估报告。越来越多的证据表明 1951 年以来的全球气温升高与人类活动紧密相关。工业革命以后,人类活动燃烧化石燃料,排放出大量的温室气体(尤其是二氧化碳),不合理的土地利用,破坏森林植被等碳汇,使得温室气体浓度剧增,气温快速升高,也引起气候系统的变化。

人类影响的气候变化已经造成全球范围许多气象和气候的极端事件发生,包括热浪、特大暴雨、干旱等,全球变暖还引起森林火灾增加、粮食减产、海洋酸化、生态破坏、冰川冻土融化、病毒疫情肆虐等,严重威胁经济发展和社会稳定[2]。

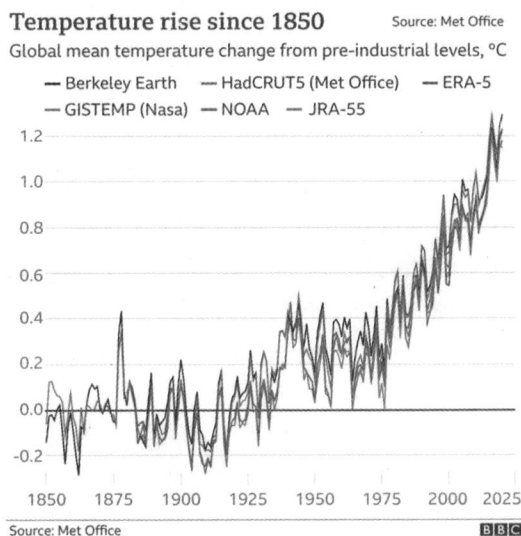

Temperature rise since 1850　Source: Met Office
Global mean temperature change from pre-industrial levels, ℃
— Berkeley Earth　— HadCRUT5 (Met Office)　— ERA-5
— GISTEMP (Nasa)　— NOAA　— JRA-55

Source: Met Office　BBC

图1　全球平均气温变化趋势

2 海战场环境的变化

2.1 北极海冰

在全球变暖的背景下,北极地区气候变暖尤为突出,其升温速度是地球其他地区的两倍。近十年来,北极温度异常偏高的年份越来越多,来自大西洋和太平洋的海水对北冰洋海冰分布也有显著影响。大西洋的海水主要通过巴伦支海和弗莱姆海峡进入北冰洋,而太平洋的海水通过白令海峡进入北冰洋,直接导致海冰大面积融化[3]。若气温较工业革命前上升 2 ℃,北极海冰在夏季可能消失,北极将出现广阔的可用于航行的水域,其中最重要的是位于俄罗斯北部的北海航道和穿过加拿大群岛的西北航道。相比绕行苏伊士运河以及非洲南端的好望角,走北极航线可以让欧洲、中东地区前往太平洋沿岸的航程缩短至少三分之一。同时北极还拥有大量的石油和天然气资源,包括金刚石、金、银、铂等贵金属在内的矿产资源、丰富的自然资源和渔业资源。这些都凸显出其重要的经济与战略地位,因此美国和俄罗斯都在北极圈内增加军事及相关设施部署,北约、挪威、加拿大、丹麦等国家也对北极充满兴趣,都希望在北极获取最有利于本国的利益。

2.2　大气层与大气环流

大气对流层中产生的云、雾、雨、雪、冰雹等不仅和人们生活息息相关,还影响战场行动,比如飞机飞行的平稳与安全,通信侦查的实施等。电磁波在大气中传播,受云、雾、雨、雪等水汽凝结物作用,发生散射、折射及吸收,使电磁波衰减,影响通信效果、目标信息获取、卫星定位准确性等。尽管有时受大气波导影响,电磁波传输距离增加,可以获取有效作用距离以外的目标信息,但在波导层外也会产生盲区。因此如何准确获取战场信息,利用好大气物理性质,并给对方干扰和阻止,已经成为决定战争胜负的关键。

对流层中云的变化与气候变暖互相促进。美国科学家 Joel Norris 和 MarkZelinka 等总结了卫星观测和数值模式方面的进展,指出在全球变暖背景下的云的辐射效应为正的辐射反馈。在正常情况下,全球的云量最多区域集中在赤道热带地区和气旋活动的中纬度区域,这些区域也是全球降水最多的地区,而夹在热带和中纬度之间的副热带地区则云量少,天气晴朗少雨。过去几十年,一方面云带向两极移动,另一方面高层云的高度有所升高。当低层云向两极移动时,它们阻挡的不再是低纬度的强烈太阳辐射,而是较高纬度的温和的辐射,其冷却能力随即大大降低,形成正的辐射反馈。高云的云顶高度增加使得从云顶向外的红外辐射量减小,这样带来的也依然是增暖的效应。

随着全球变暖,对流层中上层的气温也呈升高趋势,与之对应的对流层顶升高明显,其中南半球升高最为显著,北半球和东亚地区升高程度低于全球平均和南半球。东亚对流层温度及高度变率最大的区域出现在俄罗斯、印度半岛及阿拉伯海、印度尼西亚、菲律宾、乌兹别克斯坦及中国西北一带[4]。

大气环流的动力直接来源是太阳辐射,还与下垫面性质紧密相关。从高度场资料来看全球大气环流的变化,低纬度高度场上升,高纬度高度场下降,对流层中纬度西风加强[5]。海面对大气的加热作用也明显增强,哈得莱环流热带上升支在过去几十年间发生了非对称的变化。南半球哈得莱环流上升支表现为持续增强的趋势,而北半球环流上升支则表现为减弱趋势,主要由热带海温的非对称变化引起[6]。

2.3　气象灾害

随着全球变暖,暴雨、暴雪、洪水、干旱、冰雹、龙卷、高温等灾害性天气发生次数显著增加。联合国发布的《灾害造成的人类损失 2000—2019》指出,气候相关灾害数量激增,1980—1999 年,全球与气候相关的灾害有 3 656 起,而 2000—2019 年增至 6 681 起。其中,洪水和风暴是最高频发生的灾害事件。在过去的20年里,洪涝灾害发生的次数增加了一倍多,从1 389次增加到3 254次,平均每年发生163次。洪水灾害共造成104 614人死亡,并且影响全球16亿人口。飓风、旋风和风暴潮等风暴的发生次数从1 457次增加到2 043次,导致近20万人死亡,成为第二大致命的灾害。干旱、山火、极端气温等灾害发生次数也显著增加。

面对恶劣的气象灾害条件,不仅是对军队人员、装备自身的考验,也是对执行抢险救灾等任务时组织能力、装备器材发挥效能的考验。平时需充分准备,战时迅速到位,加强组织与协同,才能圆满完成任务。

2.4　海水的物理性质

海水的温度、盐度和密度是海水的3个状态参数。海水温度的变化受水深、季节、纬度及海流、海面蒸发、降水等因素影响,表层水温分布主要取决于太阳辐射的地理分布和大洋环流的配置。海水温度对鱼雷发射、水雷布放、潜艇活动及水声器材的使用和海上救生打捞等均有重要影响。如布放声波水雷和感光水雷时,要考虑所在海区水温的变化,因为水温高低直接影响声和光在海水中的传播。海水的盐度分布不均,主要受蒸发、降水、结冰、融冰和陆地径流的影响,两极附近、赤道海区和受陆地径流影响的海区,盐度较小,南北纬20°的海区,海水盐度较大。盐度会影响武器装备的寿命。海水中的盐分可腐蚀舰体、锚链,影响舰船的使用期限。在盐度大、水温高的海区使用锚雷,会加速雷索的腐蚀,缩短其使用寿命。海洋上层海水密度主要取决于温度和盐度的变化。一般水温降低,盐度增加,海水密度增大;水温升高,盐度降低,密度减小。在大洋深层,密度随深度增加而显著增大。海水密度对海上武器装备的使用有较大影响,如锚雷定深要考虑海水密度;因密度垂直变化形成的密跃层对声波传播和潜艇活动有重要影响[1]。

随着全球变暖,海水表面温度也同步升高,上升速率约是大气的一半。根据美国NASA的数据,以1880—1900年的温度为基准,2018年地表温度上升了1.68 ℃,同年海表温度上升了0.73 ℃。最新数据表明:2021年成为有现代海洋观测记录以来海洋最暖的一年,地中海、北大西洋、南大洋、北太平洋海区温度均创历史新高[7]。海水的温度上升是在表面风应力和热通量异常的作用下发生变化。赤道外海表面温度异常变化主要由热通量异常引起,而近赤道海表温度异常的变化除了由热通量异常引起外,还由风应力异常强迫引起[8]。海温的变化也并不是均匀的,太平洋、大西洋、印度洋三大洋的海温在年际、年代际的变化上呈现具有其自身特点的单极子或偶极子型,温跃层的分布与深度受影响也相应发生变化[9-10]。

2.5　海平面上升

IPCC第六次评估报告(AR6)指出,不论是从验潮站的观测数据重建计算,还是利用卫星高度计的测量分析,都证明20世纪全球平均海平面上升速率在过去3 000年中是最高的。自1960年全球海平面加速上升,西太平洋上升最快,东太平洋上升最慢。从1901年至2018年,上升了约200 mm。在30多年(1993—2022年)的卫星测高纪录中,全球平均海平面估计每年上升3.4±0.3 mm。1993—2002年和2013—2022年期间,这一速度翻了一番。影响海平面上升的因素有许多,包括海洋热膨胀、极地冰盖与山地冰川融化、陆地水存储、海洋动力过程和地壳均衡调整等。其中,海洋热膨胀的贡献约50%,冰盖和冰川融化的贡献约42%,是最主要的两个影响因素。

海平面上升会导致海岸带侵蚀加剧,盐水入侵增强,并影响沿海地区生态系统,破坏处于不利地理位置的关键性军事设施,缩短武器装备的使用寿命,增加维护成本。由于海平面上升,岛礁可能被淹没,岛屿面积减小。2001年,太平洋岛国图鲁瓦就被迫举国移民新西兰,成为世界上首个因为海平面上升而全民迁移的国家。因岛屿面积、岛礁大小、领海基线的改变,使领海区域、专属经济区的范围发生变化,不同国家对海域的使用上更易产生争端。海平面上升也会扩大海洋、气象和生态灾害的影响,更易引发洪水、风暴潮等,军队也面临越来越多的灾害救助、地区维稳、灾后重建等任务。

2.6 大洋环流

大洋环流是海水在海表的风、热通量和淡水通量,以及海洋内部的温度和盐度差异所共同驱动下,形成的首尾相接的独立循环系统,有上层环流和深层环流之分。海表风应力是上层环流的主要驱动力,深层环流则主要是热盐效应产生。大洋环流对高低纬间的热量输送和交换,调节全球的热量分布极为重要,对流经海区的沿岸气候、海洋生物分布和渔业生产、航海等均有影响。舰船在大洋中航行,除要综合分析海区的地理、水文、气象等,还要了解和掌握大洋环流的构成,对选择最佳航线、确保航行安全十分重要。全球增暖会使海冰融化,海温升高,海水变淡,海水密度随之降低,海水下沉减弱,高低纬间大洋的热盐环流减弱,模拟研究发现这种情况在北大西洋较为明显[11]。

2.7 海洋灾害

海洋环境发生异常或剧烈变化,导致在海上或海岸发生灾害。灾害主要有两类,一类是突发性灾害,包括风暴潮、海冰、巨浪、海啸、海雾、赤潮等;一类是缓发性灾害,包括海岸侵蚀、海湾淤积、海水入侵沿海地下水层等。引发灾害的主要原因有大气的强烈扰动(如台风、寒潮)、海洋要素的异常变化(如海底地震、火山爆发)以及人为引发灾害(如海洋污染、地下水过度开采引发海水入侵)。

其中,风暴潮灾害居海洋灾害之首。世界范围内,西北太平洋、北大西洋和北印度洋等沿海国家易受到风暴潮的影响,如孟加拉国、美国、菲律宾等。我国海岸线长,从北到南都可能遭受风暴潮灾害。风暴潮不仅可使海上船只沉没,破坏海上设施,而且严重侵袭沿岸地区,造成人员伤亡,破坏房屋与工程设施,淹没城镇、村庄、耕地,造成严重损失。风暴潮除了引起风暴增水,也会引起风暴减水,如渤海海区强寒潮过程,渤海湾和莱州湾及渤海南岸为东北大风迎风岸,常引起增水,而对辽宁沿岸的辽东湾及河北秦皇岛一带则为离岸风,常常为减水,减水过程会使吃水深的舰船发生触底或搁浅等事故,这一方面也应引起注意。

全球变暖情况下极端气象灾害频率增加,也会引起与其相伴随的海洋灾害增多,因此在灾害防范上要加强监测与预报,加强沿海工程设施建设,提高人们防灾减灾的意识和自救能力。

3 结语

海战场环境对海上军事行动的影响是全方位、多层次和全程性的,能否掌握利用好环境要素关乎军事行动的成败。在全球变暖的背景下,海战场环境的水文、气象要素变化明显,需要加强观测监测,及时更新海战场环境信息数据,且应不断向多维空间、远距离、长时间和高精度发展,提高数据分析处理与释用的能力,使情报获取、传输、处理、分发更具有时效性和准确性。

　　加强对海战场环境的研究,根本目的在于正确认识遂行海上作战行动的客观条件,了解海战场环境的基本特征,揭示自然环境、社会环境、军事环境等对军事行动的影响,以便更好地利用海战场环境,趋利避害,为正确实施作战指导提供依据,最大限度地提高信息化战争的作战效能。

参考文献

[1]　李福林.军事海洋水文[M].2版.北京:中国大百科全书出版社,2007.

[2]　王英俊,李荣波,李柄更,等.气候变化的危害与应对[J].科技资讯,2021,19(13):92-95.

[3]　朱大勇,赵进平,史久新.北极楚科奇海海冰面积多年变化的研究[J].海洋学报(中文版),2007,29(2):25-33.

[4]　吴涧,杨茜,符淙斌,等.全球变暖背景下东亚对流层顶高度演变特征的研究[J].热带气象学报,2007,23(6):595-600.

[5]　朱锦红,王邵武,张向东,等.全球气候变暖背景下的大气环流基本模态[J].自然科学进展,2003,13(4):417-421

[6]　SUN B. Asymmetric variations in the tropical ascending branches of Hadley circulations and the associated mechanisms and effects[J]. Adv. Atoms. Sci, 2008,35:317-333.

[7]　CHENG L, ABRAHAM J,TRENBERTH K E, et al. Another record:ocean warming continues through 2021 despite La Nina conditions[J]. Adv. Atoms. Sci. ,2022,39:373-385.

[8]　陈光泽,张铭,李崇银.表层洋流对外强迫响应敏感度的数值研究[J].大气科学学报,2011,34(2):199-208.

[9]　赵珊珊,杨修群,朱益民.热带大西洋年际和年代际变率的时空结构模拟[J].海洋学报(中文版),2003,25(3):8-19.

[10]　王英俊,刘群燕,蒋国荣,等.人类活动影响与三大洋海表水温的变化及数值模拟[J].海洋预报,2008(4):90-101.

[11]　周天军,宇如聪,刘喜迎,等.一个气候系统模式中大洋热盐环流对全球增暖的响应[J].科学通报,2005:269-275.

俄乌冲突中无人集群作战样式的分析与思考

莫登沅[1] ①　　秦清亮[2]　　王玉峰[3]

(1.武昌职业学院,武汉,430012;2.中国人民解放军海军参谋部,北京,100166;
3.中国人民解放军 92292 部队,青岛,266400)

摘要:由无人机、水面/水下无人船艇共同构成的异构无人集群已经从研讨和演训真正走上了战场,在近岸浅海环境中展现出丰富多彩的作战样式,而"海上丝绸之路经济带"的战略支点区域均位于近岸浅海环境,如何构建应对无人集群攻击的区域防护体系亟待引起重视。本文在梳理俄罗斯对乌克兰实施的顿巴斯特别军事行动中的典型无人集群作战行动,尤其是回顾异构无人集群作战案例的基础上,分析了在近岸浅海区域应对异构无人集群攻击的解决思路,探讨了此类防卫作战中的关键要素与基本样式,并就无人集群防护体系构建及所需典型技术装备及措施提出了建议。

关键词:俄乌冲突;无人集群;战略支点区域;防护体系

引言

2012 年 11 月,习近平总书记提出了"全球命运共同体"这一深具中国特色的世界发展理念;2019 年 4 月,习近平总书记在青岛集体会见应邀出席中国人民解放军海军成立 70 周年多国海军活动的外方代表团团长时首次讲述了"我们人类居住的这个蓝色星球,不是被海洋分割成了各个孤岛,而是被海洋连结成了命运共同体,各国人民安危与共"的"海洋命运共同体"理念,指出人类应以海洋为通道加强相互交流,以海洋为载体强化共同发展,不仅要努力做到人类种族自身的和睦共存,也要尽力与自然界、与海洋和谐共生。

然而,当前世界面临着百年未有之大变局,越来越多潜在热点地区的历史民族矛盾、资源纷争、经济纠葛正在被以美国为首的西方帝国主义集团利用并有意激化,用以打击潜在竞争对手,增强对关键航道与战略区域的控制。其中,北约持续东扩,已经将其势力范围拓展到了波兰,并支持乌克兰政府对俄罗斯族裔占优势的乌克兰东部顿巴斯地区进行了长达 8 年的武力攻击,这就将俄罗斯战略安全空间压缩到了极限,导致俄罗斯不得不做出强烈反弹,自 2022 年 2 月对乌克兰发起了特别军事行动[1],俄乌冲突全面爆发。

俄乌冲突事实上是一场高技术条件下的现代化局部战争。俄罗斯与北约支持下的乌克兰角力至今,战况已焦灼在第聂伯河沿线,至今仍看不到结束的征兆。尽管这场战争展示在世人面前的是源自苏联的、传统的陆空联合作战,但海空天战场上的争斗其实也异常

---

①　作者简介:莫登沅,1974 年 12 月出生,博士学历(硕士学位),研究方向为无人机测绘技术、海洋声学。

激烈。2022 年 4 月 13 日前后，俄罗斯黑海舰队前任旗舰"莫斯科"号巡洋舰被击伤并沉没[2-3]、黑海舰队现任旗舰"马卡罗夫海军上将"护卫舰在 10 月底又被攻击[4-6]，是北约军事集团将异构无人集群作战应用于海空战场的最新案例。

伴随着"一带一路"倡议被沿线国家逐步接纳并落到了实处，中国海外利益的拓展与保护必将推进中国人民解放军海空战略力量向全球投送，必然也要求在"海上丝绸之路经济带"战略支点区域内针对无人集群作战[7]，构建有效的防护体系。

本文拟从俄乌冲突中典型无人作战案例——黑海舰队旗舰被打击——回顾与总结出发，分析异构无人集群攻式作战的战术要点和技术要点；在此基础上，探讨在"海上丝绸之路经济带"典型战略支点区域遂行陆海空天一体化信息保障条件建设的关键需求，并对无人异构集群攻防所需装备发展、对应指挥体系建设的发展需求做一些不太成熟的思索与展望。

1 对俄乌冲突中无人集群作战的梳理与初步分析

1.1 无人集群在近岸浅海对大型舰艇的攻击作战——黑海舰队"莫斯科"号被攻击并沉没

俄乌冲突前，黑海舰队的旗舰为排水量 1.2 万吨的 1164 型巡洋舰"莫斯科"号，如图 1 所示。

图 1 黑海舰队原旗舰"莫斯科"号

通过综合开源信息，我们大致可以复原"莫斯科"号旗舰被攻击并沉没的基本过程。

（1）2022 年 4 月 12 日（北京时间，以下同），莫斯科号在黑海敖德萨沿海区域战斗巡航（图 2）。

（2）4 月 13 日，乌克兰使用 TB-2 无人机群（图 3）吸引了"莫斯科"号的防空雷达及火控系统的注意力，在北约情报与指挥支援下（俄方有报道说美国海军 P-8A 巡逻机（图 4）在袭击发生前后也出没于该地区，表明美国可能已经向乌克兰提供了详细的目标信息），并趁机发射了两枚"海王星"岸舰导弹，采用掠海飞行方式击中了"莫斯科"号舯部的主动力舱室（图 5）。

（3）4 月 14 日，俄罗斯国防部公布消息称"莫斯科"号上的明火已经熄灭，舰上导弹武器系统"没有损坏"，舰体保持浮力，所有舰员已被疏散，舰艇正在拖船的协助下被拖航，返回塞瓦斯托波尔港。这表明，"莫斯科"号上损管及自救工作基本宣告失效。

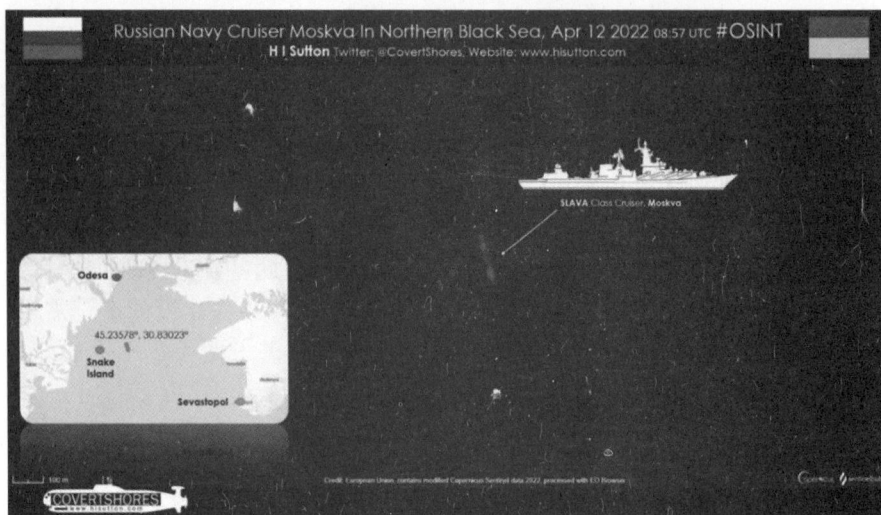

图 2 "莫斯科"号被攻击海域简图

图 3 土耳其产 TB-2 察打一体无人机

图 4 美国海军 P-8A 反潜巡逻机

Moskva Hit Location

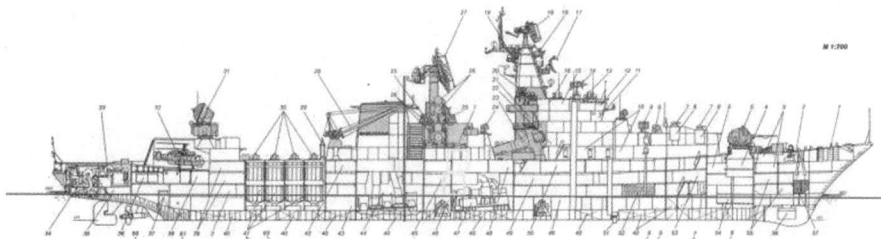

图5 莫斯科号被击中部位示意简图

(4)4月15日,俄罗斯国防部最终宣布,"莫斯科"号在拖拽回港的过程中,因为狂风巨浪导致舰体大量进水,不幸沉没;4月22日,俄国防部公布了"莫斯科"号巡洋舰舰员的命运:一名军人牺牲,27名船员失踪,其余的396名船员撤离。

1.2 无人集群配合有人装备攻击大型水面舰艇作战样式的简析

从攻击过程中可知,"莫斯科"号巡洋舰是乌克兰在北约情报与指挥支援下,以无人集群——TB-2无人机群——的伴动,吸引了"莫斯科"号的防空雷达及火控系统的注意力,以P-8A为数据链中心节点、"海王星"岸舰导弹为打击火力等有人控制装备所击伤的,这是典型的"无人集群+有人装备"攻击作战样式。

这种作战样式中,攻击一方操控无人集群在中高空上伴攻,即便将伴攻转变为主攻,其代价仅为无人集群中少数被击落,而其低空、超低空打击能力和意图如同从腋下刺出的匕首一样,因此攻击效果往往出其不意,一击必中。

防守一方,如果仅靠单舰或少数水面预警观测节点,必然会形成较大的预警盲区,难以有效应对来自多个方位的攻击。

1.3 无人集群在近岸浅海港内自主攻击——"马卡罗夫海军上将"号被攻击

莫斯科号被击伤并沉没后,旗舰职责转由排水量3 000 t的11356型护卫舰"马卡罗夫海军上将"号承担(图6)。与有着40年舰龄的莫斯科号不同,"马卡罗夫海军上将"号护卫舰是2017年下水的新锐护卫舰。

图6 黑海舰队现任旗舰"马卡罗夫海军上将"号

10月29日俄罗斯国防部证实,在当日夜间由9架无人机以及7艘海军无人艇发起的对克里米亚半岛俄罗斯黑海舰队司令部所在地塞瓦斯托波尔港的袭击(图7、图8),已导致多艘舰船受损:"我们从塞瓦斯托波尔获悉,除了'马卡罗夫上将'之外,埃森上将号护卫舰也被击中。"

图7 从无人艇上拍摄的黑海舰队舰艇及直升机拦截作战的视频截图

图8 从无人艇上拍摄的攻击黑海舰队舰艇的视频截图

被用于攻击黑海舰队的自杀式无人艇(图9),根据公开消息[5],美军全球鹰无人机(图10)在此次攻击行动期间,也出现在相关水域上空。

(a)

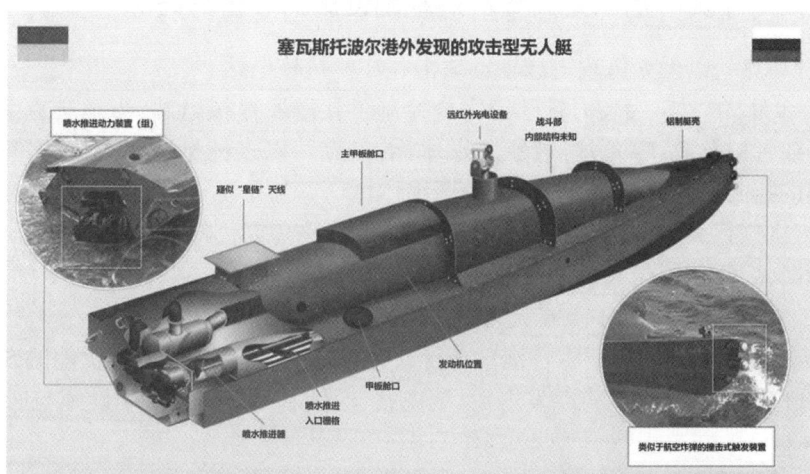

(b)

图 9　疑似用于攻击"马卡罗夫海军上将"号等的无人艇

图 10　美军高空长航时无人机 RQ-4 全球鹰（Global Hawk）

1.4　异构无人集群自组网攻击大型水面舰艇作战样式的简析

从战术角度看,这次无人集群攻击作战行动成功而且精彩,充分展示了异构无人集群自组网、入港攻击大型水面舰艇的作战方式。

如前所述,针对"莫斯科"号的袭击,是单艘大型作战舰艇在近岸区域低速巡航时,以无人集群为辅助角色发起的攻击行动:主要打击兵器是岸对舰导弹,TB-2 无人机群的主要作用是伴动和侦察,通过数据链系统将搜集到的目标方位和运动参数发送给导弹,有力地引导岸对舰导弹准确击中目标。

而针对"马卡罗夫海军上将"号等的攻击,实际上是乌军针对以"无人机引导"+"无人艇渗透"方式,对塞瓦斯托波尔港内黑海舰队发起的自杀式攻击中的一部分。

由于靠港休整,大型水面舰艇抛锚停靠在码头边,非常有利于无人艇、小型察打一体无人机、大型侦察型无人机等自动组网,自主寻找攻击目标。

在这个异构的无人作战集群中,入港的无人机、无人艇均可以作为攻击兵器使用,攻击过程中既可以由预先设定的自主程序对整个集群进行控制和引导,也可以"人在回路"方式,适时调整作战节奏,其中,高空长航时的大型侦察无人机——全球鹰——似乎承担了攻击网络自主控制与信息传递关键节点的作用。

1.5 俄乌冲突中空中无人集群对基础设施的攻击与破坏

1.5.1 乌克兰以无人机攻击或辅助攻击扎波罗热核电站

2022年3月,俄罗斯武装力量已经完全控制了扎波罗热核电站,当地乌克兰武装力量或者被驱逐或者被解散;7~8月,俄罗斯媒体称,乌克兰以多种类型无人机、多批次攻击被俄罗斯占领的扎波罗热核电站;9月,俄罗斯媒体称乌克兰在使用火炮轰击扎波罗热核电站时,使用无人机进行火炮射击校正;10月,俄罗斯媒体称乌克兰特种部队渗透进入核电站进行破坏活动时,广泛使用无人机做伴随侦察。

1.5.2 俄罗斯以Shahed-136无人机攻击乌克兰基础设施

2022年10月以来,俄罗斯将特别军事行动升级到第二阶段,以源自伊朗的Shahed-136无人机(图11)大范围攻击乌克兰发电厂、变电站、通信基站等固定基础设施与居民聚集区。

图11 Shahed-136无人机外形图

从目前开源渠道了解的信息,Shahed-136构造极为简单(图12)[8],使用摩托车发动机驱动尾部的螺旋桨,平均价格接近2万美元/枚,比常规巡航导弹低廉得多;该型无人机仅采用"卫星导航+惯性导航"的被动制导模式,不带任何主动寻的探测设备,其攻击目标位置坐标是事先装订好的,因此尽管攻击精度并不特别高,但是在飞行过程中一般的电子干扰措施对它们几乎不产生任何影响。

该型无人机飞行速度较快、飞行距离远,目前只能采用击落的方式予以阻拦,如采用地空导弹阻拦,即便是肩扛的"针"式或者"毒刺",成本都远高于该型无人机,也就是说导弹拦截费效比太低;而一般地面炮火,对于这类低空小目标又难以奏效,因此对于打击固定基础设施而言,这种无人机成了大批量使用的、廉价的、非常有效的攻击武器。

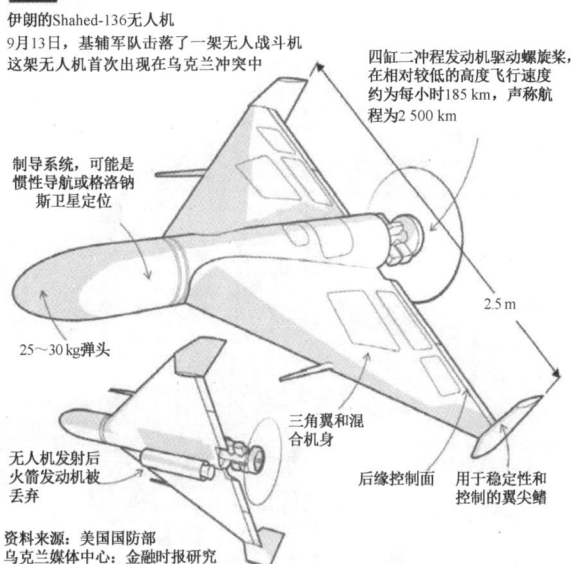

图 12　Shahed-136 无人机基本结构示意图

1.6　多类别无人集群组合攻击固定设施作战样式的简析

在目前俄乌冲突中,俄罗斯显然已经从最初攻击乌克兰军事目标为主的特种作战,升级为了对乌克兰基础设施实施广泛攻击的局部战争。

综合俄乌互攻的方式,我们发现,如果将多种类别的无人集群组合起来,攻击敌方在战场与后方的各类战术或战略目标,能够形成类别繁多、高性价比的作战样式,如图 13 所示。

在图 13 中,位于顶端的是中低轨道人造卫星星座和高空长航时无人侦察机(也可为高空长航时有人侦察飞机),它们构成了指挥控制链的关键节点。值得一提的是,在公开报道中,美国星链系统已经成了对指挥控制数据及时传递起到关键作用的明星装备。

从发动攻击的无人装备而言,主要有来自空中、地面、水面、水下的四类无人装备,如图 13 上半部分所示。

从被攻击的对象来看,主要包括地面固定设施、码头固定设备、海上移动目标等,如图 13 下半部分所示。

从图 13 中很容易发现:

(1)对"莫斯科"号的攻击,是以"(4)+(10)+(i)"这个组合作为佯攻(这里的链路 10 实际上不是中低空无人机与高空无人侦察机的链接,而是中低空无人机与高空有人飞机的链接),为掠海导弹攻击创造机会。

(2)而对于塞瓦斯托波尔港内黑海舰队的攻击,则是以"(3)+(9)+(h)"+"(4)+(9)+(h)"+"(2)+(8)+(k)"所构成的异构无人集群自组网遂行攻击作战。

(3)如果将地面无人车[9]作为攻击载具也考虑进来,可能的攻击集群组合种类更加丰富多彩,所能够攻击的目标还可将临近港口的机场、仓库、电站、堆场、汽车集中停放区等固定目标也纳入其中。

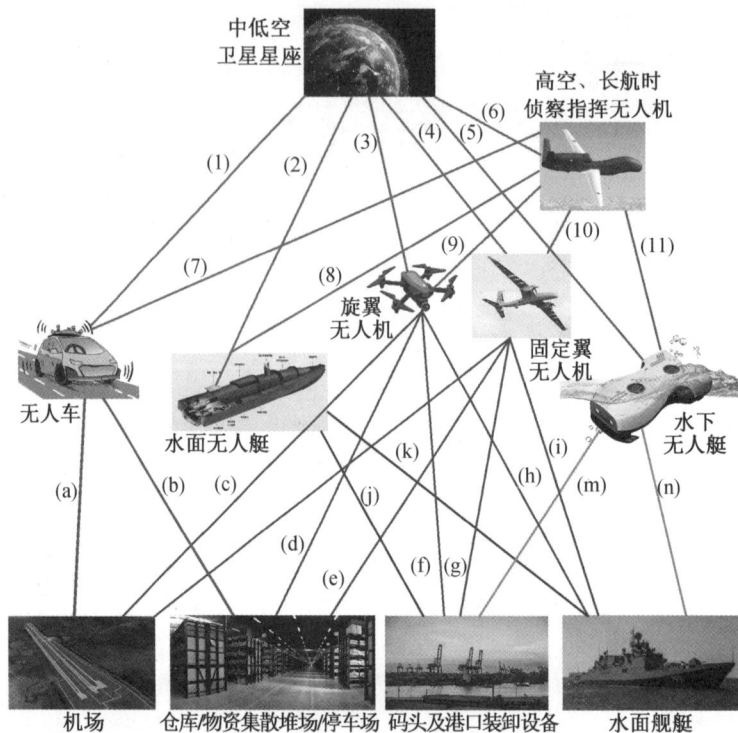

图13 无人集群攻击组合简图

2 典型战略支点区域的攻防体系

"海上丝绸之路经济带"的战略支点区域,都是具有战略意义的沿海城市港口。通过对俄乌冲突的观察与思索,我们认为"海上丝绸之路经济带"战略支点区域会受到种类繁多、组合形式灵活、性价比极高的无人集群所带来的威胁。

在图13中已经展示了不同无人集群组合,它们可以在分布式或者集中式的指挥下,对港口、码头、机场等设施以及停靠的舰船、飞机等分别或同时发起攻击。

因此,针对无人集群,尤其是异构无人集群这种安全威胁,探讨在"海上丝绸之路经济带"战略支点区域构建有效的防护体系,应该引起我们的重视。

从国家战略层面来看,建设完备的、具有全球战略威慑能力的综合力量,将"海上丝绸之路经济带"典型战略支点区域也有机纳入综合力量中去,是有效防护各类敌对活动的基础,这涉及对外经济合作、军事交流、文化传播与影响等。

从技术层面来看,为有效应对无人集群的攻击,形成立体攻防作战合力,在战略支点区域应以港口或机场为依托,与所在国军方充分合作,共同构建以我为主、自主可控、海陆空天一体的无人集群防护体系(图14)。

在这个防护体系内,"空天信息支持"是指在综合卫星、高空有人/无人预警机等天基、空基平台,对典型战略支点区域的大范围监控信息,如果驻军或者建立军事补给基地的话,也可将若干临近战略支点区域的反潜巡逻机、反潜直升机等空中平台统筹起来,对空中、地面、水面、水下持续搜集感知信息,实现对可能潜在无人集群目标的监视与早期预警,为预防无人集群提供非实时的信息支持。

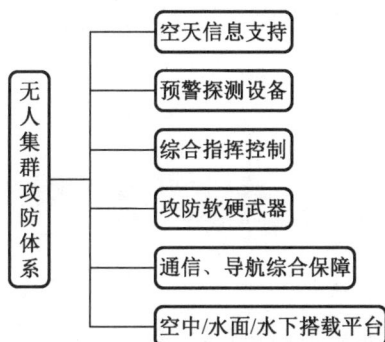

图14　无人集群防护体系结构简图

"预警探测设备"一般是指以典型战略支点区域为主要停靠地或补给地的旋翼或短程固定翼无人机、水面舰艇、潜艇、UUV,如果条件许可,还可在战略支点区域港口、要地、前沿阵地等海域,固定/机动布放深海空间站、预置平台、浮/潜标等平台,用于完成对水面无人艇USV、水下UUV等目标的预警探测任务,提供实时目标探测信息保障。

"综合指挥控制"装备往往架设在典型战略支点区域的地理制高点、控制塔台或者高空气球上,也可搭载于有人平台或合适的无人平台上,综合运用探测、武器、保障等作战资源,完成信息共享分发、统一态势生成、兵力协同指挥、攻防作战预案演练、多平台武器协同攻防控制、防护作战效果评估等信息处理与指挥控制任务。

"攻防软硬武器"由水下、水面以及空中等作战平台搭载,用于完成对来袭的各类无人载具或目标——无人车、无人机、水面/水下无人舰艇、鱼雷——甚至是蛙人等机动类目标,对战略支点区域内的重点岛礁、港口等近岸目标做好防御。

"通信、导航综合保障"相关装备,主要由部署在各类节点上的无线通信、水声通信、卫星通信、导航探测、海洋环境感知等装备组成,为应对无人集群的立体攻防作战提供多链路、多手段通信保障、自主与组合导航信息保障、先验与实时海洋环境信息保障。

"空中/水面/水下搭载平台"是预警探测、指挥控制、攻防武器、综合保障等装备的部署平台,主要包括空中、地面、水面、水下搭载平台等,通过各类装备的组合配置,形成功能不同、性能各异的作战节点。

防护体系的立体形貌,如图15[10]所示。

3　对抗体系建设及强化训练的建议

从攻防体系对抗的角度来看,图13中的无人集群攻击组合方式还可以有更多的形式,这就意味着,只要我们持续观察俄乌冲突,我们还将看到俄罗斯与北约集团在这场局部战争中更加丰富多彩的无人集群作战样式。

将图13进一步简化,可以得到如图16所示的无人集群攻击体系层级图。

从下向上来看,图16包括打击对象层、攻击载具层、通信链路层与指挥控制节点层。

从体系攻防与对抗来看,应积极保护自身的攻击载具、指挥控制节点和通信链路,尽可能地从对手攻击载具、指挥控制节点和通信链路上寻找薄弱环节,予以有效的攻击,以削弱直至瘫痪对方体系的作战能力。

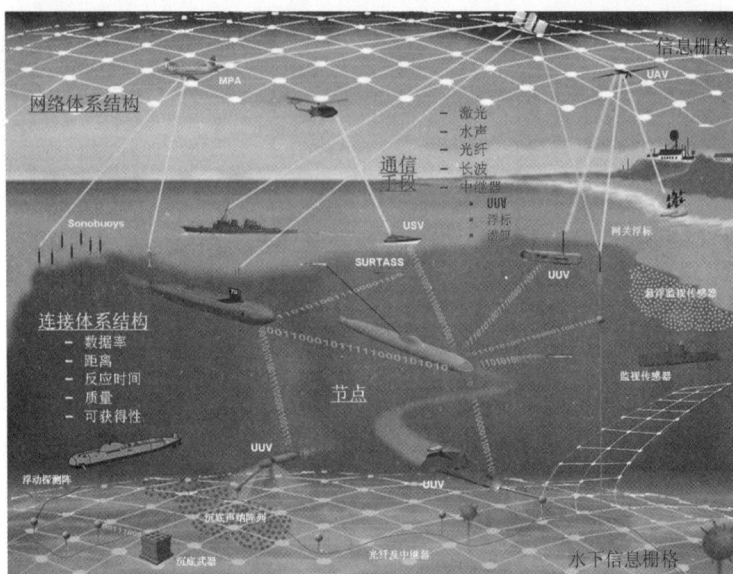

图 15　无人集群防护体系立体形式简图

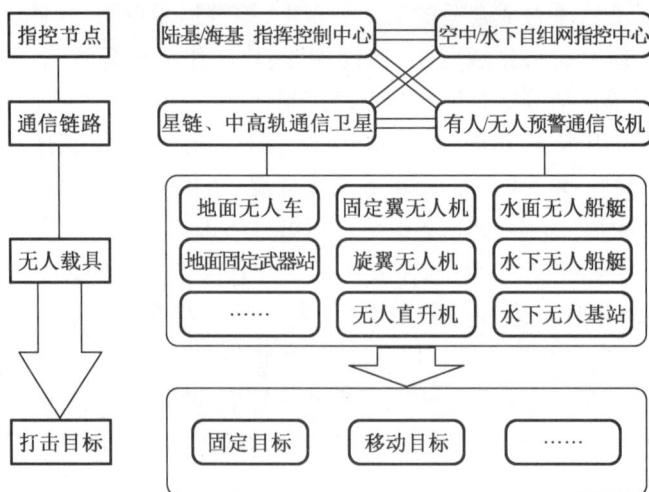

图 16　无人集群攻击体系层级图

因此,从对战略支点区域防护的角度来看,可以重点考虑以下几个方面。

(1)构建有效的区域综合预警体系

区域综合预警体系,可以在已有的天基预警体系基础上,通过布设战略支点区域的空基、陆基和水面、水下等多种预警探查装备来建设与完善。区域综合预警体系应以有效探查敌方来袭的无人载具或者有人控制载具,迅速确定攻击载具的种类、数量、进入方位和可能的攻击对象为能力建设目标。

这里值得一提的是水下预警体系构建,完全可以在现有的海洋环境探测体系中选取适当节点及对应单元,再与新的探测技术相融合而成。

在图 15 中的底部和右侧,我们可以看到了以水声探测为主的浮动探测阵、沉底声呐阵列、悬浮监测传感器阵,是传统海洋环境监测的常用工具,用于支点区域近海的综合预警,同样适用;以当前应用于内河水道清淤、沉没物探测搜索等方面的无人船水面激光扫描/水下多波束扫描综合成图技术(图17)作为辅助配合手段,可能就能够有效增强支点区域港口内的水下探测预警能力。

图 17　无人船水面激光扫描/水下多波束扫描综合成图技术

(2)建设耐用、好用的无人集群反制系统

在战略支点区域,预设耐用、好用的无人集群反制系统,其基本框架如图18所示。

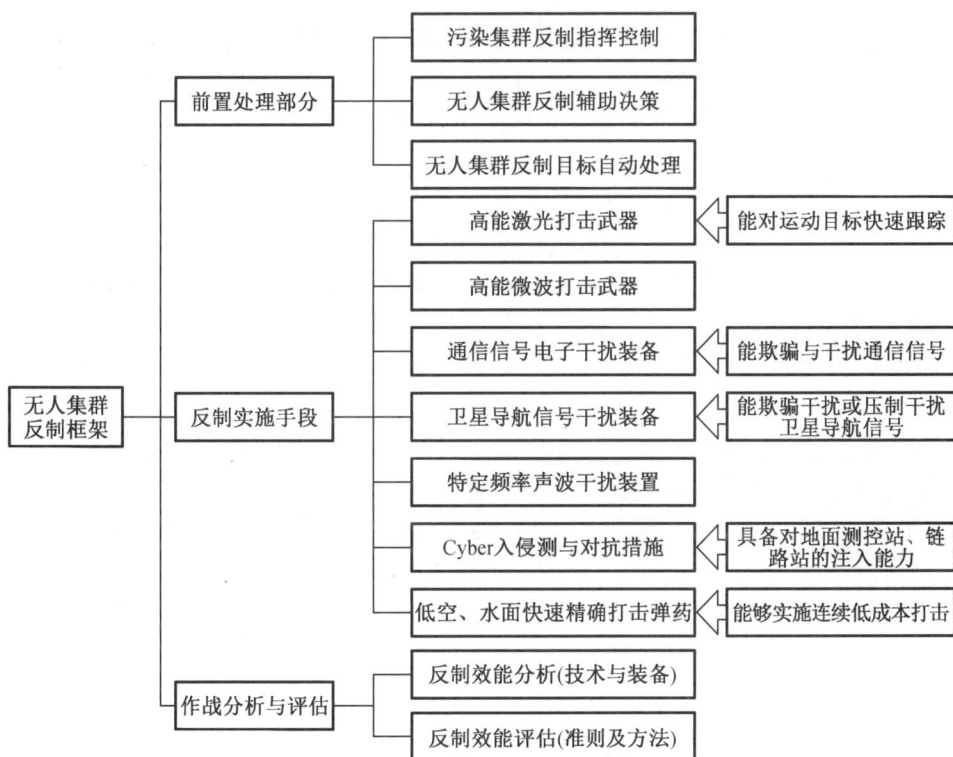

图 18　无人集群反制系统框架

在这个框架中,还可以将区域综合预警体系中的部分,作为其综合反制的前端探测部分纳入整个反制系统中去。

应根据各战略支点区域的地形特点、周边民风民情等,合理设置反制作战阵地并设置相应的对抗装备,当预警体系发出示警以后,对来袭无人集群实施对应的、合理的反制手段或组合实施之,以有效打击来犯的无人集群。

(3)强化训练,加强人与装备的结合,有效提高对抗作战能力

在开源信息中,我们无意中查到了塞瓦斯托波尔港内针对黑海舰队的攻击行动中,乌军无人艇集群渗透入港过程中,是被一名俄军水兵最早发现并及时发布了警报,才使得港内的俄海军舰艇有了一定时间做出反应,来组织拦阻行动。

"人"始终是战场的主控者,立足现有装备,充分发挥人的主观能动性,针对无人集群攻防,组织有针对性的训练,是我军面对无人集群攻防对抗、有效发挥体系作战效能的重要途径。

参考文献

[1] 普京决定在顿巴斯地区发起特别军事行动[EB/OL]. 人民网>>国际(2022-02-24) http://world.people.com.cn/n1/2022/0224/c1002-32358949.html.

[2] 突发!俄黑海舰队旗舰发生"爆炸" 乌军:我们干的[EB/OL]. 腾讯新闻(2022-04-14)https://new.qq.com/rain/a/20220414A046E300.

[3] 已确认沉没!回顾俄黑海舰队旗舰"莫斯科"号导弹巡洋舰服役历程[EB/OL]. 腾讯新闻(2022-04-15)https://new.qq.com/rain/a/20220415A01PNG00.

[4] 张江平. 乌官员称俄黑海舰队4艘军舰发生爆炸,包括1艘护卫舰,俄方暂未回应[EB/OL]. 环球网(2022-10-29)https://m.huanqiu.com/article/4AFtMMQuH4O.

[5] 柳玉鹏,谢戎彬. 俄媒:俄黑海舰队基地遭袭时,美军"全球鹰"在黑海上空空域出没[EB/OL]. 环球网(2022-10-31)https://mil.huanqiu.com/article/4AGzkzXt9aH.

[6] 乌克兰发动袭击,如果俄马卡罗夫号被击中,黑海舰队成为舢板海军[EB/OL]. 腾讯新闻(2022-11-01)https://new.qq.com/rain/a/20221101A04QR000.

[7] 张耀华,袁俊,杨小艳,等. 海域环境舰船应对异构无人集群防御构想[J]. 现代防御技术,2020,48(2):22-29.

[8] 俄罗斯的"伊朗小摩托"Shahed-136无人机单价需要多少钱?[EB/OL]. 知乎(2022-10-23)https://zhuanlan.zhihu.com/p/576355296.

[9] 周思全,化永朝,董希旺,等. 面向空地协同作战的无人机-无人车异构时变编队跟踪控制[J]. 航空兵器,2019,26(4):54-59.

[10] 司广宇,苗艳,李关防. 水下立体攻防体系构建技术[J]. 指挥控制与仿真,2018,40(1):1-8.

气象与军事:热带气旋的军事应用初探

陈国杰[1][①]　韩佳威[1]　贺扬清[2][*]　张　国[2]

(1.91959部队,海南三亚,572099;2.海军大连舰艇学院,辽宁大连,116018)

摘要:热带气旋作为广阔洋面上的重要气象系统,对各项军事活动有着极为重要的影响。本文就热带气旋的军事应用展开初探,从对掠海飞行器击水概率的影响、对舰艇航行安全的影响、对舰艇作战能力发挥的影响等三个方面分析热带气旋对武器装备、作战平台的威胁,并结合我国周边主要海域的热带气旋路径和热带气旋数值预报产品,分析如何利用热带气旋进行军事活动。

关键词:热带气旋;西北太平洋;军事应用

引言

自古以来,战争与气象一直密不可分。古人所云的制胜三原则"天时、地利、人和"中的"天时"指的就是气象。从我国古代的火烧赤壁,到近代的诺曼底登陆,再到现代的越南战争、海湾战争,气象一直扮演着举足轻重的角色。不同形式的气象系统以其巨大的能量,直接左右着各项军事行动的结果。以我国南方夏季最常见的雷暴系统为例,据有关专家预测,一个强雷暴系统的能量与一枚250万吨当量的核弹爆炸相当。因此,在进行军事活动时,战争气象是交战双方指挥员在拟定作战计划、部署作战兵力时必须考虑的关键因素之一。

《三国演义》中的"赤壁之战"也是典型的气象影响战局的案例。建安十三年,由曹操率领的号称八十万的大军在赤壁与孙权、刘备联军遭遇,孙刘大军凭借长江天险,占据了一定的主动。为了扭转局势,曹军听从庞统的建议,采用"连环战船"的方法,把所有战船连到一起,以此来弥补北方士兵不擅水战的劣势。而孙、刘一方则巧妙利用当时的气象,以东风为助力,采用火攻的方式大败曹军。

1941年6月22日,德军对苏联发动闪电战,仅仅不到3个月的时间,就突入苏联境内600~800 km。9月初,为了迫使苏联投降,德军制定了代号为"台风"的计划,企图在10天之内占领莫斯科。然而,当希特勒认为完成"一切准备工作"时,他却忽略了一项最重要的准备——应对极端严寒气象的物资准备。在温度低至零下40 ℃的环境下,德军大量武器装备被牢牢冻在地上而无法使用,士兵缺少棉衣和取暖设备,非战斗减员不计其数。最终,德军"不可战胜"的神话被打破,欧洲战场的形式发生了根本性的转变。

---

①　作者简介:陈国杰,本科,主要研究方向为海洋环境分析,E-mail:1120268052@ qq. com。

*　通信作者:贺扬清,1986年5月出生,湖南衡南,硕士学位,研究方向为作战指挥和作战实验。

科索沃战争期间,北约在空袭行动中共出动 3.5 万架次飞机,受阴雨天影响,仅有不到三分之一架次的飞机进行了实际攻击。在恶劣的气象条件下,许多飞机甚至尚未到达目标区域就带弹返航。

对于海上作战力量来说,海洋水文气象是敌我双方唯一无法加以控制却又具有决定性意义的因素,因此,正确把握活动海区气象水文特征,对海上作战力量开展军事行动具有重要意义。而在风、雾、云、雨等各类气象条件中,热带气旋凭借其巨大的影响范围和破坏力,无疑是最值得关注的海上极端天气系统。鉴于此,本文旨在通过分析热带气旋对武器装备、作战平台的影响,分析我海军主要活动范围海区(西北太平洋、印度洋、南中国海)的热带气旋路径,结合 2216 号台风"奥鹿"期间风场数值预报产品于实测情况比对分析数值预报产品可靠性,对热带气旋路径在军事领域的应用进行初探,以期为我海军部队在该海域的战法研究提供思路。

1 数据与方法

热带气旋在军事领域的研究方法如图 1 所示。

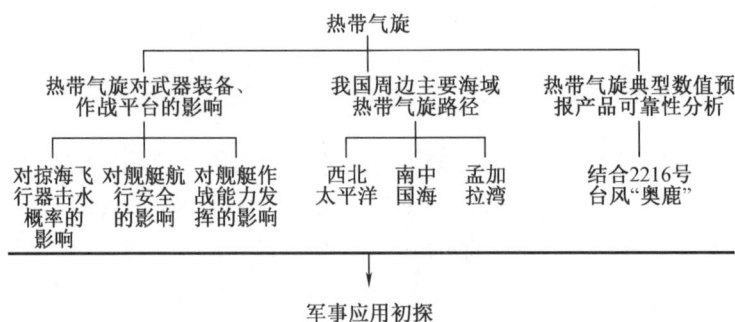

图 1 热带气旋研究方法

2 热带气旋对武器装备、作战平台的影响

2.1 热带气旋对掠海飞行器击水概率的影响

掠海飞行器是目前各国海军对敌舰艇实施战略、战术进攻和防御作战的主要武器,包括低空飞行的直升机、固定翼飞机、无人机、反舰导弹、巡航导弹等。这些飞行器主要依靠低空掠海飞行提高隐蔽性能。因此,海浪的高度对掠海飞行器的生存、突防能力有着重要的影响。热带气旋造成的台风浪场会导致其影响范围内海浪的 SWH 值明显高于往常,从而增加飞行器的击水概率,甚至可能触发导弹引信,导致任务失败。

郑崇伟[1]等曾对 2009 年 10 月影响我国的台风"芭玛""茉莉"和"卢碧"展开分析,研究其台风浪过程对不同飞行高度的掠海飞行器击水概率的影响,研究发现:台风浪对掠海飞行器的击水概率有着很大的影响,对于飞行高度为 10 m 的飞行器来说,大值区的击水概率甚至达到 30% 以上。台风西行时,掠海飞行器在台风第一、四象限的击水概率较高;台风北上时,掠海飞行器在台风第一、二象限的击水概率较高;台风向东北前进时,掠海飞行器在台风第一象限的击水概率较高。

2.2 热带气旋对舰艇航行安全的影响

热带气旋最显著的特征是在移动过程中伴随着狂风、暴雨和巨浪。经验表明，在舰艇航行过程中，当海上风力达到 7～8 级时，会对舰艇的操纵性造成很大的影响，极易引发海上交通事故；当风力达到 10 级以上时，如果操纵人员操作不当，很容易造成船舱进水、主机失控，甚至发生倾覆、沉船事故。在舰艇锚泊时，大风容易引发舰艇因走锚而导致的主机失控，大幅增加舰艇的搁浅风险。而西北太平洋的热带风暴中心风力等级一般都在 10 级以上。如：1918 号台风"米娜"活动期间[2]，其中心风速达 30 m/s 以上。因此，热带气旋所带来的大风是舰艇在安全航行中不可忽视的重要因素。

同时，热带气旋可形成其影响范围内海面的巨大海浪。在气旋中心大风的作用下，随着热带气旋的不断成熟，中心区海浪的波高也逐渐成长，这种大浪在离开气旋中心向远处传播时，便形成了涌浪。涌浪以热带气旋移动速度 2～3 倍向外传播。对于发展到台风级别的热带气旋来说，其影响区的波高一般在 10 m 左右。如：1918 号台风"米娜"的 SWH 大值达 10 m 以上。舰艇在海浪的作用下将会产生 6 个不同方向的摇摆，即艏摇、横摇、纵摇、垂荡、横荡、纵荡。剧烈摇摆会给舰艇造成一系列的危害[3]，如：螺旋桨出水空转，对主机造成损伤；舰艇失速，影响操纵性；出现淹没、飞溅、砰击、甲板上浪、舰艇中拱、中垂、发生共振等情况，损坏舰体结构和舱面设备，如：1944 年 12 月，美海军第三舰队进攻吕宋岛期间遭遇台风"海尔赛"，高达数十米的巨浪使 3 艘驱逐舰沉没，2 艘航空母舰严重受损（图 2）。除此之外，舰艇航行时遭海浪追尾，如航速小于波浪速度，就会因为作用于舵叶上的水流速度为零或方向相反而失去操纵性，使舰艇处于危险的境地。

图 2　美海军第三舰队进攻吕宋岛期间航母受损（资料图）

2.3 热带气旋对舰艇作战能力发挥的影响

驱护舰和航空母舰是现代海军力量的重要组成部分，对于驱护舰而言，其战斗力主要取决于预警探测器材和武器装备。驱护舰搭载的各武器装备对海况都有一定的要求，当海况达到一定等级时，舰艇姿态将无法满足导弹发射条件，因此，热带气旋带来的风浪会导致驱护舰战斗部位无法正常使用。同时，热带气旋会显著影响海洋水下环境噪声（海洋水下环境噪声的重要来源之一便是海洋表面动力过程中激发的风生海洋噪声和雨生海洋噪声[4]，风速越大，噪声越大；降水强度越大，噪声越大。由于热带气旋总是伴随着大风和强降雨,因此,在热带气旋的影响范围内,海洋水下环境噪声将会急剧增大),使得驱护舰搭载的各型对潜探测器材探测能力大大降低。

航空母舰的战斗力来源于其搭载的各型固定翼舰载战斗机,因此,舰载机的起降安全是影响航空母舰战斗力的关键因素。舰载机在着舰时,需要航母平台和着舰飞机同时满足一定的姿态要求。

对于航母平台而言,风浪会使航母平台产生沿3个轴的平移运动和绕3个轴的旋转运动(3个轴为航母在空间直角坐标系中的3个轴)。着舰引导系统的各级设备在航母平台的摇晃下会产生不同程度的误差,即系统中不同传感器对同一目标的距离、方位、高度测量结果不相同。当误差超过一定程度时,会影响着舰引导系统的引导精度,从而影响舰载机飞行员对着舰姿态的判断,进而导致着舰失败。

对于着舰飞机而言,热带气旋影响范围内海表风场的不规则变化会产生舰尾流和侧风。舰尾流和侧风的存在,不仅增大了驾驶员的操作难度,而且会引起较大的着舰偏差[5]。以侧风为例,当风速达到0.8 m/s时,在无驾驶员干预的情况下,舰载机便无法抵御侧风的影响,当侧风超过一定程度时,着舰飞机由于副翼操纵面允许偏角的限制而无法定直保持下滑,造成着舰失败。

3　我国周边主要海域热带气旋路径

3.1　西北太平洋的热带气旋路径

全球每年生成约90个热带气旋,其中西北太平地区的热带气旋活动尤为活跃,约占全球总数的29%[6]。热带气旋在西北太平洋海域的主要路径有三种,即西北路径、转向路径以及西行路径。

(1)西北路径。7~9月份的热带气旋大多按照西北路径移动,有的进入大陆后又转到海上。热带气旋从菲律宾以东海面向西北方向移动,穿过琉球群岛,在浙江、上海一带登陆;或向西北偏西方向移动,横穿台湾海峡,在福建、浙江一带登陆。如1911号台风"白鹿"(图略)。

(2)转向路径。7~11月份是转向路径热带气旋的盛行时期,一般在6月前或9月后影响东海的热带气旋主要取此路径,这种路径呈明显的抛物线状。热带气旋从菲律宾以东海面向西北方向移动,行至25°N附近时再转向东北方向向日本移去。如1918号号台风"米娜"(图略)。

(3)西行路径。9~12月以及1月、2月的热带气旋大多沿这条路径移动。热带气旋从菲律宾以东海面一直向西移动,穿越吕宋岛或巴士海峡、巴林塘海峡进入南海,在越南和海南岛以及华南登陆。如1809号热带风暴"山神"(图略)。

3.2　南海土台风路径

我国南海地区是热带气旋最为活跃的海区之一。南海的热带气旋主要分为两类:一类来自西太平洋,另一类则在南海海域生成。后者又称为南海土台风。本文对1992—2021年被中央气象台编号的123个南海土台风进行统计,统计结果表明,南海土台风的强度一般为

热带风暴(占 45.8%)或强热带风暴(占 34.2%),其的移动路径复杂多变,其中主要路径为以下四种(图3):

(1)第一种热带气旋生成后一直西行或向西偏北方向前进,最后在中南半岛东部沿海登陆,其前进路线有可能自东向西横穿海南岛。如:2003 号热带风暴"森拉克"(图略)。

(2)第二种热带气旋生成后先西行或西北行,到达西沙群岛北面海域时转为北上或者东北行,进而在广东沿海登陆。如:0801 号台风"浣熊"(图略)。

(3)第三种热带气旋生成后先北上或沿北偏东方向移动,中通转为西行或西偏北行,最后在广东沿海或横穿雷州半岛、琼州海峡后登陆。如:9913 号强热带风暴"CAM"(图略)。

(4)第四种热带气旋生成后直接北上,通常生成于中沙群岛、东沙群岛附近海域,在广东省沿海登陆。如:9710 号强热带风暴"VICTOR"(图略)。

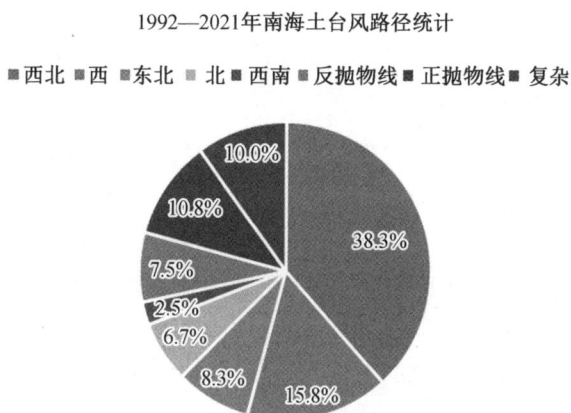

图3 南海土台风主要移动路径

3.3 孟加拉湾的热带气旋路径

北印度洋的热带气旋活动也十分活跃。南北两半球的信风气流在印度洋表面形成辐合地带,热带地区的热量、水汽再次集中,极易形成热带扰动,进而发展为热带气旋。孟加拉湾的热带气旋路径较为复杂,受周围地形影响,其路径大都沿东北或西北方向移动,并在孟加拉国和缅甸南部登陆。

4 热带气旋典型数值预报产品可靠性分析

对于海上作战平台而言,主要依托各类气象数值预报产品进行热带气旋动态分析,同时,还可利用舰载雷达、气象观测设备等器材进行实时气象探测,比对分析具体海区的风场浪场,为下步行动提供决策参考。本文对 2216 号台风"奥鹿"期间的气象数值预报产品和实时探测情况进行对比,分析气象数值预报产品的准确性、可靠性,为热带气旋军事应用初探提供参考。

4.1 2216 号台风"奥鹿"基本情况

台风"奥鹿",是 2022 年太平洋台风季第 16 个被命名的台风,于 2022 年 9 月 23 日形成于菲律宾以东海域,后逐渐增强。该台风全程保持西行,于 24 日晚开始出现爆发性增强,25 日上午发展成为超强台风,中央气象台认定当时台风中心最大风速 62 m/s,并于当日晚登录并穿越菲律宾,期间强度有所减弱。台风进入南海暖洋面后再度发展,并于 27 日再度发展为超强台风,28 日凌晨 4 时 30 分前后登陆越南广南省岘港市,后持续减弱,28 日晚 20 时,中央气象台停止对其编号。

4.2 数值预报产品对比分析

根据欧洲中期天气预报中心 9 月 26 日发布的台风"奥鹿"期间西北太平洋海表 10 m 风场预报图及日本东京一台 9 月 26 日发布的亚太地区地面及 500 hPa 高空预报图(图略)进行对比。

结合 500 hPa 高空预报图,不难发现,在"奥鹿"活动过程中,副热带高压持续稳定。最一开始,"奥鹿"位于副高南侧,此时为 10 月份,副高向西延伸范围广,向南影响范围辐射至南海。在"奥鹿"活动的整个过程中,副高持续稳定,使得"奥鹿"全程保持西行路径,这是一个典型的副高影响台风移动的过程。

同时,分析气象预报产品,我们发现,27 日 0800 时,台风"奥鹿"中心位于西沙海域,最大风速大于 24.5 m/s,我船位于珠江口附近海域,该海域最大风速 16 m/s,风向为东偏北;28 日 0800 时,台风"奥鹿"中心位于越南占岛附近海域,最大风速 17.2~20.8 m/s,珠江口以南海域最大风速达 12 m/s,风向为东风,我船受大风浪影响将逐渐减弱,500 hPa 高空受副高控制,最大风速达 14 m/s,风向为西风;29 日 0200 时,台风"奥鹿"位越南登陆,珠江口以南海域最大风速 8~10.8 m/s,风向东偏南。我船使用搭载的设备进行气象探测,通过分析风的径向矢量预估不同高度的风向风速,从探测产品分析得知,27 日 1500 时风向为东偏北,风速约为 14 m/s,28 日 0200 时,高度在 1 000 m 以下的低空云团向西运动,速度为 15 m/s,随高度上升,云团转为向东运动,速度为 17 m/s,既当时珠江口以南海域近低空风向为东风,风速 15 m/s,1 000 m 以上高空逐副高影响,风向转为西风,风速 17 m/s。28 日 1700 时,风向转为东偏南,高空风向转为西偏北,风速约为 14 m/s。比对表明,上述两种该气象预报产品对台风"奥鹿"期间的风场预报结果较为准确,其风速、风向的变化趋势基本符合实际情况。

5 热带气旋军事应用初探

对海上军事行动而言,海洋大气环境是必须要考虑的行动背景。热带气旋作为灾害性气象系统,蕴含的能量巨大深刻影响着作战兵力的部署和应用,从而左右着海上军事行动的战略、战役、战术等各层次的军兵种运用、战役决心、战术机动。我们以如何利用热带气旋路径特征展开军事应用进行初探。按照军事力量的部署空间划分,在广阔大洋上活动的军事力量可以分为空中作战打击群、水面作战打击群和水下作战打击群。

对于水面或者空中作战打击群来说,在战略层面上,如果在我国周边海域进行作战,应当尽量选择在 12 月至次年 4 月,避开热带气旋多发季节,以防止热带气旋造成的不可控因素影响战局。在战役层面上,可利用欧洲气象台发布的西北太平洋海表 10 m 风场预报图等气象数值预报产品,分析 3~7 天内热带气旋路径走向,将海上作战兵力部署在热带气旋路径后侧,尾随热带气旋的推进进行兵力行动,占领有利阵位,采用此法作战时,敌方水面作战打击群为躲避热带气旋造成的巨大风浪场的影响,不得不考虑绕道或从我打击群后方进攻,故此时我方可避免与敌对遇作战,我方重点警戒探测范围可由原先的0°~360°(舰艏方向为0°)缩小至90°~270°,可大大减小我方防御压力;登陆作战时,将我方兵力部署在热带气旋登陆路径后侧,以热带气旋为掩护,实行登陆作战,达到"出其不意"的效果。在战术层面上,可利用舰载雷达、气象观测设备进行实时气象探测,分析研判热带气旋对当前海区的具体影响和风浪场变化趋势,为舰载飞行器战术使用提供决策支持。

对于水下作战打击群来说,在战略层面上,应当尽量选择在6月至11月的热带气旋多发期展开兵力行动。在战术层面上,可利用热带气旋造成的巨大海洋环境噪声为掩护,实现隐蔽航渡,突破敌方封锁监视网,实现战术机动;也可在登陆台风的掩护下,利用水下作战力量在敌方重要港岸附近布设水雷,对敌方港口、码头进行封锁。

参考文献

[1] 郑崇伟,潘静,等.台风浪对掠海飞行器击水概率的影响[J].解放军理工大学学报:自然科学版,2013,4(14):467-472.

[2] 陈国杰,高元博,刘鸿禹,等.台风"米娜"海浪场数值仿真模拟分析[J].海军大连舰艇学院学报,2020,6(43):58-62.

[3] 杨继鉝,曹祥村.台风浪特征分析及其对船舶安全影响[J].航海技术,2008,4:2-4.

[4] 徐东,李风华.台风中的降雨对水下环境噪声的影响[J].声学技术,2019,1(38):71-76.

[5] 许东松,刘星宇,王立新,等.变化风场对舰载飞机着舰安全性影响[J].北京航空航天大学学报,2010,1(36):77-81.

[6] 侣长刚,冯强,蔡夕方,等.热带气旋及其预测预警技术[J].海洋预报,2008,3(25):43-52.

琼州海峡东口潮流沙脊沉积动力学分析及资源意义①

仝长亮

（海南省地质测试研究中心，海口，570206）

摘要：琼州海峡东口独特的沉积动力特征，使得海峡东口分布大量潮流沙脊。通过计算可知，在中央水道、海峡北岸和浅滩区，流速相对较大，其垂向平均流速可达 0.7~1.0 m/s，其他区域流速为 0.3~0.5 m/s；东向流流速较西向流大，但在海峡北岸，由于粤西沿岸流的存在，使得西向流显著大于东向流。底质类型显示，研究区以砂砾质沉积为主，主要分布在中央水道、浅滩区和海峡北岸海域，全区平均粒径均值为 2.67φ，总体分选较差。利用输运率计算模型，海峡北岸的输运率最大，其次为中央水道和浅滩区，其分布大小与潮流沙脊的位置和走向具有较好的一致性，总体上，推移质净输运方向为东向。琼州海峡东口海砂主要为潮流沙脊堆积体系，海砂资源潜力巨大，据估算，其资源潜力可能会达到 590 亿 m³。

关键词：潮流沙脊；沉积动力；海砂资源；琼州海峡东口

引言

琼州海峡东口，是南海和北部湾水沙交换的重要通道，分布有规模巨大的潮流沙脊，该潮流沙脊是海峡东西往复潮流和独特地形作用下塑造而成[1]。研究发现，琼州海峡水动力较强，使得海峡内部沉积物发生严重侵蚀，被搬运至海峡出口处，形成了独特的指状沙脊地貌[2-6]。

沉积物的运动一直是海洋地质学的重要研究领域，其对于地形地貌的塑造、资源的富集和环境的演化具有重要意义[7]。在海流作用下，沉积物输运造成相应的堆积和冲刷，从而会改变海底的形态，不仅会给海洋工程带来问题，而且影响海砂资源的合理评估与开发利用[8]。

1 研究区概况

海峡东口潮流沙脊共十多条，呈开角约 50°的放射状排列，沙脊处水深 5~20 m，与该区域潮流方向基本一致，单条沙脊长 20~40 km，宽度 5~8 km；沙脊间为冲刷槽，水深可达 50 m，地形起伏较大，边缘处平均坡度可达 0.5°~1.0°[8]。该区域底质主要砂砾质沉积物，且由西向东呈逐渐变细的趋势，沙脊末端则多为粉砂质成分[9]。琼州海峡东口属不规则半日潮，平均潮差 1.42 m，表层最大流速可达 1~3 m/s，底流最大可达 1 m/s[10-11]。区域内余流方向多为西向，表层最大流速 10~40 cm/s[11]。

---

① 选题方向：海洋自然环境的时空分布特征。

2 材料与方法

根据研究区的基本环境特征,本次研究的主要关注点在于潮流作用下的沉积物输运。为了获取该区域的潮流特征,本次采用数值模拟的方法来建立区域上的潮流分布情况,考虑到海峡附近区域地形复杂,采用适合非结构化三角网格的半隐式跨尺度水文科学综合系统模型(SCHISM),该模型对于复杂地形区域可以有较为稳定的性能,近年来被广泛地应用于近海沉积动力研究等方面。潮流模拟范围为南海西北部($105° \sim 113°E$,$16° \sim 22°N$);水平网格最小为 200 m,位于琼州海峡内部;水平网格最大达到 10 km,位于开放深海;总节点数 49 221 个,三角形 91 827 个。通过与验潮站的潮位观测序列对比进行验证,并截取琼州海峡东口的潮流数据进行沉积动力分析。

海底底质数据来自该区域的沉积物表层样的粒度分析。采样间距约 5 km(局部有加密),如图 1 所示。粒度分析采用筛分法加激光粒度仪方法。粒度参数的计算采用图解法,沉积物类型划分和命名采用 Folk 三角形分类系统[12]。

沉积物输运率的计算采用 Hardisty[13]对非黏性颗粒的计算公示进行计算,公式如下:

$$q_b = k_1 (U_{100}2 - U_{100cr}2) U_{100} \tag{1}$$

(1)式中,q_b 为推移质输运率(kg/(m·s)),U_{100} 为距底 1 m 处的流速矢量(m/s),U_{100cr} 为距底 1 m 处的临界起动流速(m/s)。各参数可通过 Soulsby[14]的经验公式进行估算。

3 沉积动力特征分析

3.1 潮流动力分析

总体上,在一个潮周期内,受控于北部湾和南海潮波系统的水位差,研究区潮流形式有涨潮西流、落潮西流、涨潮东流、落潮东流四种,流向一般转换一次。涨潮西流阶段,东部陆架潮流方向为西北向,进入海峡后,流向逐步与海峡走向一直,而流速在浅滩区、中央水道、海峡北岸和海南角等区域较大,其平均流速在 $0.83 \sim 0.95$ m/s;落潮西流阶段,东部陆架潮流方向则为西南向,流速较大的区域位于中央水道、海峡北岸以及罗斗沙附近的水道,且流速显著高于涨潮西流阶段,平均流速在 $0.97 \sim 1.02$ m/s;而涨潮东流阶段,除部分近岸海域和东部陆架外,其他区域流速均较大,各区域平均流速在 $0.66 \sim 1.40$ m/s,均值达到 0.86 m/s,潮流出海峡东口后,主要沿东北方向运动,且流速递减;落潮东流阶段,中央水道和海峡南北岸的流速降低近 2/3,而浅滩区的流速只降低 40% 的程度,因此该阶段流速较大的区域仅为浅滩区,且流向逐步转为东南向。

平面分布上,中央水道的流速始终保持较大数值,特别是在落潮西流和涨潮东流阶段,其平均流速多数超过 1 m/s,最大值可达 $1.9 \sim 2.0$ m/s,流向多为东向。另外,位于罗斗沙附近的水道也是强劲潮流的重要通道,平均流速多在 $0.9 \sim 1.2$ m/s,最大流速可达 $1.6 \sim 1.7$ m/s,该结果与前人的实测数据具有较好的一致性[15]。相对来说,海峡南岸和东部陆架区,流速普遍较小,多在 $0.3 \sim 0.4$ m/s,变化幅度较小。

3.2 底质类型分析

研究区沉积物各粒级组分含量,砾质组分主要分布于研究区西侧,靠近海峡内部,且分布比较集中,含量多在 $20\% \sim 50\%$,其他区域含量多小于 10%,全区平均值为 9.7%;砂质组分含量全区平均值为71.0%,为研究区的优势粒级,高含量区主要集中于海峡口门的潮流沙脊处和部分沿岸河口区,含量在40%~100%,分布面积占比超过60%,低值区砂含量也在10%~30%,主要分布于潮流沙脊东侧的开阔陆架;粉砂组分含量高值区位于潮流沙脊东侧的开阔海域和海峡沿岸的海湾内,含量在30%~70%,其他区域含量基本小于20%,全区粉砂含量平均值为15.3%;黏土组分含量分布情况与粉砂类似,高值区含量在8%~18%,其他区多在4%以下,全区均值为3.9%。

各组分的分布特征,体现了水动力的强弱,砾质沉积主要分布于海峡冲刷槽内,受东西向往复流的作用,中细颗粒物质被侵蚀,砾质成分残留在原地;而潮流沙脊区,随着流速的减缓,自西向东,逐渐沉积砂质和泥质成分,形成了粒度逐渐变细的分布韵律。研究区沉积物平均粒径范围为−1.15~8.07φ,均值为2.15φ,其中在潮流沙脊区粒径范围在−1φ~2φ,属中粗砂级,泥质区沉积粒径在4φ~6φ之间;研究区沉积物分选系数0.40~4.27,均值为1.69,总体分选较差,其中在潮流沙脊区,分选系数相对较低,指示了潮流沙脊区是重要的沉积物搬运汇集区。总体上,平均粒径和分选系数的分布特征与潮流沙脊的走向具有较好的相似性。

4 沉积物输运特征分析

4.1 推移质输运率

研究区大部分区域砂砾含量(推移质)超过的50%,其泥沙运动形式可能以推移质为主。本文利用公式(1)估算了全区潮周期内的输运率变化,见表1。可以看到,潮期的输运率均值可达0.069 kg/(m·s),输运率的大小变化与流速的变化呈现较好的正相关。从平面分布看,海峡北岸受到强烈西流的影响,沉积物主要沿罗斗沙及其附近水道向西南输运(水深多在10~40 m),输运率最大,在0.015~0.216 kg/(m·s),全潮周期均值为0.138 kg/(m·s);中央水道和浅滩区的输运率次之,全潮周期均值分别为0.075 kg/(m·s)和0.085 kg/(m·s);海峡南岸输运率为0.034 kg/(m·s),但分布不均匀,在南渡江河口、海南角附近输运率较大,其他海湾内则输运率较小;东部陆架的输运率比其他区域低1~2个数量级,均值为0.008 kg/(m·s)。可见,推移质的主要输运区域为海峡北岸(罗斗沙附近水道)和浅滩区和中央水道,其运动形式为随着东西向潮流进行往复运动,输运率较大时段主要体现涨潮东流阶段,表明了研究区推移质整体向东的输运趋势(海峡北岸除外)[4,10]。

表1 研究区推移质输运率特征(单位:kg/(m·s))

区域位置	4种潮流形式				全潮周期平均
	涨潮西流	落潮西流	涨潮东流	落潮东流	
中央水道	0.037 81	0.079 38	0.151 54	0.006 56	0.074 80
浅滩区	0.062 16	0.044 24	0.182 30	0.041 59	0.085 01
海峡南岸	0.029 50	0.011 44	0.079 28	0.009 32	0.034 47
海峡北岸	0.109 79	0.173 31	0.216 36	0.015 34	0.138 39
东部陆架	0.008 10	0.002 23	0.006 65	0.021 50	0.007 87
全区	0.050 33	0.052 70	0.136 11	0.024 56	0.069 03

4.2 潮周期内单宽净输运量

为了分析潮周期内推移质的输运情况,将各时段的输运率进行正交分解,并分别按照时间进行积分,获得潮周期内的推移质单宽净输运量,如表2所示。可以看到,推移质单宽净输运量在海峡北岸、浅滩区和海峡南岸较大,基本超过 5 000 kg/(m·d),其中在罗斗沙附近海域、西方浅滩、西北浅滩、北方浅滩、南方浅滩等地,净输运量可以达到 15 000 kg/(m·d)以上,其他区域则多小于 1 000 kg/(m·d)。全区净输运量的均值为 2 617.97 kg/(m·d),中位数为 1 429.56 kg/(m·d),最大值为 33 476.52 kg/(m·d),净输运方向上,海峡内以北东东方向为主,在东部陆架,净输运方向主要为东南向,而在海峡北岸,净输运方向为沿岸的西南方向,在罗斗沙北侧附近输运方向形成顺时针的涡旋,这一特征在研究区东南侧也有体现,使得出水浅滩的净输运方向为西北向,经过南方浅滩时,转变为了南东东方向,但西向的单宽输运量要显著小于东向输运。

从净输运的东分量来分析,海峡中部(包括浅滩区和东部陆架)的输运趋势向东,在海峡北岸以及南岸部分区域,输运趋势向西;对于北分量,只有海峡北岸的输运趋势向南,其他均向北,且在出水浅滩、西方浅滩、西北浅滩和罗斗沙以北的区域,北向分量较大。

表2 研究区推移质单宽净输运量(单位:kg/(m·d))

统计指标	全区	西向输运(占比39%)	东向输运(占比61%)
均值	2 617.97	2 021.87	2 910.61
中位数	1 429.56	718.40	1 750.36
最大值	33 476.52	33 476.52	27 855.00

总体上,推移质的净输运特征体现了东西向往复流在流速、历时和方向的不对称性,东向流显著强于西向流,使得推移质产生了向东的净输运。但在海峡北岸,由于粤西沿岸流未受到较多阻碍,水流顺直,西向流在流速和历时均高于东向流,使得该区域净输运方向为西南至西向[4]。而在海峡南岸,岬湾的崎岖程度更高,水流至岬角处,断面变窄,流速加大,通过岬角后,流速下降,输运率降低,因此,海峡南岸推移质净输运方向,往往是在岬角两侧方向相反,且方向指向岬角[4]。

5 海砂资源效应分析

根据琼州海峡东口的沉积物类型,砂砾质沉积物分布面积较大,主要分布于潮流沙脊及其沙脊间冲刷槽中,覆盖了8处浅滩(白沙浅滩已被填岛)和4条主要水道,面积占比超过50%,属堆积环境,海砂的分选较好,含泥和含砾组分较低,只有在西南浅滩至海南角一带才出现砂质砾;而位于海峡东口内部的中央水道,由于狭管效应的海流冲刷,原有地层被侵蚀,剩余较粗的砂砾质组分堆积,且砾质组分占比较高,多形成砾质砂或砂质砾;而在雷州半岛和海南岛沿岸,由于水动力较弱,多分布泥质堆积,仅在部分开阔海湾区域,分布有少量砂质堆积,该堆积主要为水下岸坡,水下沙坝成因,规模较小;而潮流沙脊以东为陆架开阔海域,基本没有海砂的分布。

琼州海峡东口海砂直接出露海底,主要赋存于全新世的潮流沙脊堆积体系[1]。从前期的勘查结果分析,全新世沉积厚度变化较大,侵蚀沟槽处大致 10 m,而沙脊处则有 40~50 m,且侵蚀沟槽地层呈层性较好,代表了原生的沉积环境,而沙脊处则具有明显的多次堆积的特点。因此,琼州海峡东口海砂多为全新世沉积,厚度具有一定规模,但差异较大。中央水道受到强潮流的侵蚀,海峡中部缺少全新世沉积,一般厚度在 5~10 m,局部厚度较大,但与沉积物类型并无太大关联;而在潮流沙脊区全新世沉积厚度较大,一般厚度 15~40 m,多数被钻孔所证实,目前证实最厚处位于南方浅滩,可达 67 m,浅滩间冲刷槽厚度稍薄,但也在 15 m 左右[8-9]。

海峡东口的潮流沙脊群,规模较大,由数十条北东向至东西向的沙脊组成,该区域主要受到海峡东西向往复流和粤西西南西向沿岸流的作用,将琼州海峡内部物质和粤西的陆源物质搬运于此,形成了面积较大的砂质沉积,其东侧界线可延伸至 50 m 等深线附近,该区域水动力较强且稳定,沉积物具有良好的分选性,以中细砂为主,含泥量极少,海砂质量最佳。海峡西口可能由于其开口方向与水流方向较为一致,该区域流速减缓效应不如东口强烈,虽然在地貌上形成了多条沙脊,但其沉积物颗粒普遍较细,只在沿东西向的一个长条带区形成了明显的砂质沉积[8-9,16]。海峡内部由于流速较快,已使得数十米的地层受到侵蚀,较粗的砾质组分残留在原地,形成了一定规模的粗砂、细砾等级的海砂资源区[9]。前人研究估算,在琼州海峡东口南侧浅滩区 880 km² 范围内,海砂资源潜力约 130 亿 m³[8];而琼州海峡东口潮流沙脊区面积约为 4 000 km²,其沉积环境和沉积物厚度,与东口南侧浅滩区类似,因此可以进行粗略的比例换算,整个琼州海峡东口海砂资源潜力可能会达到 590 亿 m³。

6 结论

琼州海峡东口主要受到东西向往复流的控制和地形影响,在口门处形成了规模巨大的潮流沙脊,研究区以砂砾质沉积物为主,砂含量一般大于 50%;海峡中央遭受强烈的冲刷,残留较多的砾质组分,含量在 20%~50%。

数值模拟显示,琼州海峡东口呈现不规则半日潮特征,并有涨潮东流、落潮东流、涨潮西流和落潮西流四种形式,其中,东向流流速明显大于西向流,但在海峡北岸,则以西向流为主导;分区域看,中央水道、浅滩区和海峡北岸的流速显著高于其他区域,这是水体交换的主要通道。

研究区输运率较高的区域位于海峡北岸、浅滩区和中央水道,净输运方向上,海峡北岸存在明显向西、向南输运的趋势,海峡南岸只有在近岸和海南角以东的抱虎湾一带存在向西的输运趋势,其他区域潮周期内的净输运趋势均为向东和向北,且净输运量的大小与浅滩的分布和走向呈现良好的一致性。

琼州海峡东口海砂资源丰富,属现代潮流沙脊沉积体系,分布面积约为 4 000 km²,粗略计算,整个琼州海峡东口海砂资源潜力可能会达到 590 亿 m³。

参考文献

[1] 刘振夏,夏东兴,王揆洋. 中国陆架潮流沉积体系和模式[J]. 海洋与湖沼,1998,29(2):141-147.

[2] 金波,鲍才旺,林吉胜. 琼州海峡东、西口地貌特征及其成因初探[J]. 海洋地质研究,1982,2(4):94-101.

［3］　叶春池.琼州海峡沉积与地形发育［J］.热带地理,1986,6(4):346-353.

［4］　李占海,柯贤坤,王倩,等.琼州海峡水沙输运特征研究［J］.地理研究,2003,22(2):151-159.

［5］　李占海,柯贤坤.琼州海峡潮流沉积物通量初步研究［J］.海洋通报,2000,19(6):42-49.

［6］　彭学超.琼州海峡地质构造特征及成因分析［J］.南海地质研究,2000(12):44-57.

［7］　高抒,Michael Collins.沉积物粒径趋势与海洋沉积动力学［J］.中国科学基金,1998(4):11-16.

［8］　仝长亮,张匡华,陈飞,等.海南岛北部海域海砂资源潜力评价［J］.中国地质,2020,47(5):1567-1576.

［9］　仝长亮,黎刚,陈飞,等.海南岛东北部海域海砂资源特征及成因［J］.海洋地质前沿,2018,34(1):12-19.

［10］　陈沈良.琼州海峡南岸海岸动力地貌研究［J］.热带海洋,1998(7):35-42.

［11］　侍茂崇.北部湾环流研究述评［J］.广西科学,2014,21(4):313-324.

［12］　FOLK R L,ANDREWS P B,LEWIS D W. Detrital sedimentary rock classification and nomenclature for use in New Zealand［J］. New Zealand Journal of Geology and Geophysics, 1970, 13(4):937-968.

［13］　HARDISTY J. An assessment and calibration of formulations for Bagnold's bedload equation［J］. Journal of Sedimentary Petrology, 1983, 53:1007-1010.

［14］　SOULSBY R L. Dynamics of Marine Sands［M］. London:Thomas Telford Services Limited, 1997:249.

［15］　杨正清,刘振宇,李双伟,等.雷州半岛东部近岸海域潮流特征分析［J］.广西科学,2019,26(6):690-697.

［16］　陈俊仁,郑祥民.南海北部内陆架沉积物来源及控制因素的研究［J］.海洋学报(中文版),1985(5):579-589.

军民融合海上补给相关问题研究

王仁龙[①]

(91998部队,辽宁大连,116041)

摘要:本文以运载成品油的中型油船(0.6~3.5万吨载重吨)为例,研究海上维权斗争中地方船舶为军舰或执法船进行补给的方式,全面分析航行纵向补给、锚(漂)泊并靠补给的优缺点,探索地方船舶为海军综合补给舰接力补给形式和可行性,提出"中小型油船以航行纵向形式向大型综合补给舰反向补给方法"。本文研究存在问题,制定解决方案,形成一套安全性、操作性和普适性较强的海上补给方法,可为其他船型海上补给提供借鉴。

关键词:军民融合;接力补给;反向输送

引言

习近平总书记高度重视海洋强国建设,围绕海洋事业多次发表重要讲话、做出重要指示,强调"建设海洋强国是实现中华民族伟大复兴的重大战略任务"。虽然近年来我国海洋事业取得了突飞猛进的发展,海运能力、海洋资源勘探与利用等均走在世界前列,但仍然面临较多不利因素,比如海盗、国家间的海上纠纷以及美与美盟打着"航行自由"旗号公然对我开发利用海洋资源进行干扰。随着我国执法船和军舰吨位、装备性能的提高,我国在维护海洋权益方面的能力不断加强,但存在海外补给基地、综合补给舰数量较少等短板,仍然限制了我国海上力量执法、维权能力的拓展。为破解以上难题,我国应大力发挥军民融合作用,利用好民间海上运输能力,以运载成品油的中型油船为主要力量,对我国长期执行海上维权任务的执法船和军舰实施补给,达到缓解补给舰船海上补给压力、延长任务舰船续航力、缩短综合补给舰往返基地与保障海域之间时间、路程的目的。

1 军民融合海上补给案例

1.1 英阿马岛之战

在英阿马岛战争中英海军动员了50余艘共60余万吨的商船,英军特混舰队的后勤保障船占60%,其中动员的民间商船又占了2/3。英特混舰队向马岛航渡期间,民间商船为其运载了96架飞机、42万吨油料和10万吨其他物资,进行伴随保障。

---

① 作者简介:王仁龙,1985年11月出生,学士,无职称,无资金资助,研究方向为海上作战支援。

1.2 海湾战争

美军尽管拥有世界上最强大的海上运输力量,但仍把民用船只看作是海军战时重要的后备力量。海湾战争中,美军除动用了 70 多艘第一类预备役船只外,还租赁 282 艘国内外商船向海湾战区运送军队及装备物资,两者占整个海运船只总数 385 艘的 91%。启用和租赁的船舶包括集装箱船、滚装船、载驳船、半潜式起重船、油船等多种船舶,运送到海湾战区的干货 242 万吨,油料 680 万吨,为美军在海湾战争的行动提供了有力支援。

1.3 伊拉克战争

伊拉克战争期间,美军紧急动员了预备役船只,而且还征用了 50 余艘商船,租用了其他国家商船和军用补给船,同军用保障力量一起向海湾地区输送了 20 多万人员和 300 多万吨物资。

通过以上案例可以发现,仅通过军队或执法部门现有补给舰船完成海上维权任务是不可能的,随着我国海洋权益日益拓展,大力发展军民融合海上补给势在必行。

2 军民融合海上补给存在的主要问题

2.1 民船军事应用相关法律制度体系尚需健全

民船运输补给应用,涉及环节多、范围广,应做到法律先行、有法可依。加强国防动员和宣传教育力度,使相关企业明确自己的权利和义务,同时开展执法监督和奖惩制度,逐步解决"征不来、用不上、责不清、效率低"的问题。

2.2 民船相关数据库尚需完善

我国民船数量庞大、种类繁多、分布海域广,难以快速集中、随时调用,相关部门应对船只分布地点、性能、协同能力等进行登记联网,实现全时空数据共享,实时掌握民船位置、装载、技术性能等信息,精准协调海上补给行动。

2.3 民船海上补给相关设备尚需优化

民船种类、船型多种多样,装卸物资、油料的设施设备标准、型号与军用舰船衔接较困难,且未考虑航行补给或遇有紧急情况的应急解脱器材。应根据民船的实际情况、保障对象和任务特点进行科学论证,明确平时加改装和应急加改装的内容。确保民船平时工作能正常开展,战时能及时转产。

2.4 海上补给协同训练尚需强化

军民融合海上补给作业程序复杂,需协调环节多,应参照军方补给规范,建立并完善民船海上补给作业组织指挥相关规定。进行常态化动员支前演练,强化协同训练,逐步在东海、南海、印度洋等各主要方向建立起一定规模的常备动员船队,达到"随时征召、征召即用"的目的。

尽管军民融合在保障任务舰艇海上补给方面具有重大作用,但是由于民用船舶多为运输船,而非专业的海上补给船,在装备配备、人员训练、技术衔接等方面均存在较多困难。

解决这些难题,需要我们研究出一种相对来说最优的补给方式,在对民船加改装工作量最小、协同训练复杂程度最低的情况下,安全顺利地完成海上补给任务。

3　海上补给主要方式与优缺点

3.1　锚(漂)泊并靠补给

由单艘油船对单艘或两艘舰艇同时进行补给。两艘舰艇对单艘锚(漂)泊状态下的油船进行慢速舷靠,并靠后,补给站与接收站核对补给数量、明确作业程序。油船将输油软管连接后,接收舰艇将软管对接、固定,实施补给。

优点:一是补给效率较高,同时对两艘舰艇实施补给,且可在相对集中的时间对锚地多艘舰艇进行补给;二是不需对油船进行加改装,只需配备油管和油口转接头即可;三是油船与接收舰艇相对静止,避免了碰撞危险;四是锚泊补给时海域面积要求低。

缺点:一是高海况时,在涌浪的作用下,油船与接收舰艇上下颠簸易扯断缆绳与油管;二是锚泊补给时对于锚地水深、底质和交通环境要求较高,漂泊补给时对于海域面积和碍航物分布要求较高;三是应急解脱用时较长,易受火灾、外敌袭扰等影响。

3.2　航行纵向补给

油船在航行状态下,保持稳定的航向、航速,接收舰艇与油船组成单纵队,队列间隔5链,航速8~14 kn,待航向与航速比对完毕后,接收舰艇以8~14 kn的航速机动至油船船尾100~150 m,占领补给阵位。油船从船尾释放浮标,起动软管绞车,放出软管。接收舰艇在浮标位于舷侧横距8~12 m时,抛出捞锚,捞起浮标引缆并连接。补给作业期间,油船及接收舰艇保持航向航速,确需转向及变速时,每次转向不大于5°,增(减)航速不大于1 kn。补给完毕后,接收舰艇解脱并撤出补给阵位。

优点:一是对于海况要求较锚(漂)泊并靠补给作业底,5级海况以下即可实施;二是补给过程可以转向与增减航速,对于机动水域要求较低;三是应急解脱迅速,接收舰艇仅需解脱快速脱钩即可撤离补给阵位。

缺点:一是两船距离较近且处于航行状态,操纵要求高,易碰撞;二是受纵向补给软管承压能力限制,补给效率较低;三是油船需加装航行纵向补给装置和纵向补给软管,加改装工程量大。

以上两种补给方式各有优缺点,在实际补给时补给与接收双方应根据补给任务要求合理选择补给方式。另外,地方油船航速慢、自身防御能力弱,不能够对任务舰艇实施伴随补给,海上补给灵活性较差。因此,地方油船对军内补给舰接力补给就显得尤为重要。

4　接力补给

4.1　主要形式

接力补给主要由3线补给船依次实施。一线为大型综合补给舰,为海上任务舰艇实施伴随补给;二线为海军内部千吨油船,一般从码头装载油料对大型综合补给舰实施补给;三线为民用油船,可从码头装载油料或在海上运输期间临时听令对大型综合补给舰实施补给。通过此种三线补给设置,可最大限度减少综合补给舰往返保障海域与岸基基地的频次,节省路程、时间及自身燃油消耗。

4.2 航行纵向反向补给

综合分析锚(漂)泊并靠补给和航行纵向补给优缺点,为降低补给行动对于海况、海域机动面积的要求,达到减少地方油船加改装工程和应急情况快速解脱的目的,本文提出"中小型油船以航行纵向形式向大型综合补给舰反向补给方法",油船在后,补给舰在前,油船使用本船卸油装置通过补给舰纵向补给软管向补给舰输送燃油(图1)。

4.3 实施方法

在5级海况以下时,由综合补给舰在前,放出航行纵向补给软管,油船在后,将综合补给舰的补给软管捞起后对接到主甲板卸油口,由油船通过补给软管向综合补给舰反向补给燃油。

(1)综合补给舰预先选定航行纵向补给海域,漂泊待机,补给部门备便器材,做好接收补给准备。

(2)油船到达补给海域后,确认补给目标。

(3)综合补给舰单车航行,航速5 kn,补给航向、航速稳定后,令油船船占领综合补给舰左舷舰尾120~180 m阵位,油船占领阵位后,2艘舰船以10 kn航速同向航行。

(4)综合补给舰从舰尾施放引缆浮标和输油软管,每放出50 m通报油船,油船捞起引缆浮标和输油软管,对接至本船主甲板并靠补给输油口。

(5)油船和综合补给舰确认安全,补给舰通过高压空气进行预扫线,确认油路畅通后,油船开泵通过综合补给舰输油软管向其补给柴油,补给完毕,补给舰进行扫线,油船解脱并撤出补给阵位。

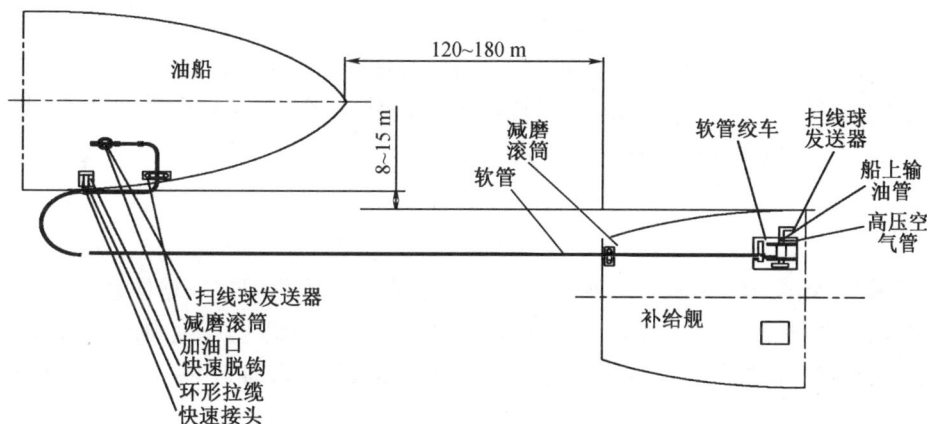

图1 航行纵向反向补给示意图

4.4 存在问题及对策措施

4.4.1 某型补给舰纵向补给流量计(图2)为单向设计,影响反向输送货柴油

对策措施:经过实地考察,某型补给舰航行纵向补给系统流量计是通过两端法兰与纵

向补给管路连接且设置在室外,周围空间较大,易于更换。可制作同等长度、直径的管路,管路两端焊接法兰,用于反向补给时替换流量计,补给数量的计算通过某型补给舰货油舱室容积和油船流量计比对实现。

图 2　某型补给舰航行纵向补给流量计

4.4.2　油船并靠补给系统无扫线功能

纵向补给软管一般长度为 180~240 m,直径 4~6 寸[①]。补给完毕后,软管内存油 1~2 t,若无扫线功能,解脱后软管内存油会流入海中,造成资源浪费和环境污染。

对策措施:补给结束时,由某型补给舰通过本舰航行纵向补给扫线装置进行扫线,将输油软管内存油扫入油船货油舱。

4.4.3　地方油船主甲板无补给辅助装置

航行纵向补给因两船相距较近、航速较快、涌浪颠簸等不利因素,易出现碰撞、软管受力断裂,软管摩擦破损等危险,紧急情况下需借助辅助设备快速解脱。

对策措施:为了安全顺利完成补给任务,在出现紧急情况时能够快速解脱,油船可在主甲板加装减磨滚筒、快速脱钩、环形拉缆、快速接头和扫线球接收器。

4.4.4　补给用时较长,海域受限

以 6 寸补给软管为例,受补给软管承压能力限制,纵向补给速度不大于 160 t/h,若补给燃油 1 000 t 则需航行 6 h,按补给航速 8 kn 计算,航程近 50 n mile。

对策措施:航行纵向补给过程中的 2 艘舰船,可协同转向,每次转向不大于 5°,增(减)航速不大于 1 kn,在(8×8)n mile 的区域内完成。

5　结论

习近平总书记指出"实施军民融合发展战略是构建一体化国家战略体系和能力,实现党在新时代强军目标的必然选择"。文章研究了"中小型油船以航行纵向形式向大型综合补给舰反向补给方法",提出了海上补给行动地方油船最低限度加改装的方案,有利于高效利用潜在资源,充分发挥国家动员能力。

参考文献

[1]　胡浩,熊伟.从军民融合的角度看战士海上运输补给保障[J].中国水运,2012(10):22.

---

①　1 寸=0.033 m。

［2］　曹雷,喻子敬.关于提高我海洋补给能力的思考［EB/OL］.（2017-04-17）［2022-11-
　　　　15］.http：//www.bjlhcq.com/index.php/Movile/News.html.

［3］　"海陆空天惯性世界".美军航母海上补给能力分析［EB/OL］.（2020-11-27）［2022-
　　　　11-15］.http：//www.mq.weixin.qq.com.

"海洋命运共同体"视野下的海上救护工作

张　霞① 　王冰冰* 　钟　丹*

（第 967 医院，辽宁大连，116041）

摘要："海洋命运共同体"是我国贡献给世界和平的又一创新方案。开发海洋建设海洋，难以避免的一个工作是海上救护，尤其是面临恶劣海洋环境时如何展开海上救护？这是全人类迈向深蓝必须面对的问题，也是安全高效展开海洋建设的关键支撑。海上救护与陆上救护最大的区别在于其面临复杂的海况。本文据此提出"做好恶劣海况下的海上医疗救护"观点，结合海上救护的特点、我国近海海洋环境特征展开研究，期望可以为海上救护保障的高质量展开提供科学依据。

关键词：海上救护；海洋环境；恶劣海况

引言

随着科学技术飞速发展，人类迈向深蓝的步伐也不断深入，然而台风、风暴潮、冷空气等恶劣海洋环境却给海洋建设带来了严重挑战，这就对高质量的海上救护带来了迫切需求。海上救护与陆上救护最大的区别在于其面临复杂的海况。

谢培增等[1]展开了不同海况下的海上救护实验，根据海况将实验分为两组，结果表明海洋环境对手术时间、质量、动物死亡率有显著影响。海上的湿热环境也会造成医护人员疲劳、效率降低等，严重的情况下还会使医护人员中暑造成非战斗减员，严重影响护理工作。在海上出现紧急情况时，对落水伤病员最佳的救治时间通常是落水后的几小时内，超出时间后救治成功率整体较低。这就要求我们救护人员熟悉海况及站现场救治技术要领，其中低体温、海水浸泡伤、伤口浸泡后的处理等相关伤情重点。郭洪德和杨金宝[2]曾展开了海上救护艇医疗队训练方法探索，指出海上救护条件存在空间紧张、海洋自然环境复杂等情况，这些都是与陆上救护明显不同的地方。

以往的海上救护演练往往在陆地展开，虽然尽可能营造海洋环境，但是离实际的海上救护仍有很大差距，且医护人员因为大环境和个人原因不能长期固定在某个医疗岗位，导致先期训练得不到有效发挥，不利于海上医疗救护工作的开展。随着制度改革，人员相对稳定，医护人员也可以长期稳定某个岗位，更有利于海上救护工作的建设发展。

---

① 　作者简介：张霞，本科，主要研究方向为护理服务管理、海上救护。

* 　通信作者：王冰冰，硕士研究生，主要研究方向为临床护理、护理管理。钟丹，本科，主要研究方向为海伤救护及治疗。

1　数据与方法

首先探析海洋环境对海上医疗救护的影响,并以 QN(QuikSCAT/NCEP)混合风场驱动目前国际先进的海浪模式 SWAN,模拟得到中国海域近 10 年的海浪数据,并利用卫星高度计资料检验其有效性。而后以海上医疗救护工作对海况的实际需求为牵引,利用该数据统计 1 月和 7 月的大浪频率,分析大浪频率的时空特征,最后提出了关于海上医疗救护的相关建议,期望可以为提升海上医疗救护效果提供科学依据。

QN 混合风场是对卫星散射计(QuikSCAT)观测数据和美国国家环境预报中心(national centers for enviromental prediction,NCEP)分析数据进行时空混合分析的结果。该数据的空间范围覆盖 88°S~88°N,180°W~180°E,时间范围从 1999 年 8 月至 2009 年 7 月。QN 风场具有较高的精度和分辨率,常被用作海浪模式的驱动场。下载地址为:http://dss.ucar.edu/datasets/ds744.4/data/。

2　恶劣海况与海上救护

恶劣海洋自然环境对救护艇海上救护有着显著影响,救治环境不同于陆地,对于恶劣海况下的海上救护训练,多数训练单位较少进行实践。中国近海的大浪频率分析:

1 月(代表冬季),在冬季强劲而又频繁的冷空气影响下,中国海域的大浪频率相对较高,因此在冬季展开海上救护时受影响较大,尤其是冬季在南海展开活动时需要引起重视。渤海、渤海海峡、黄海北部、北部湾、泰国湾的大浪频率基本在 5% 以内。大浪频率的大值区分布于吕宋海峡和中南半岛的东南部海域,在 30% 以上,等值线整体呈东北-西南走向。7 月(代表夏季),中国海域的大浪频率整体较低,基本在 15% 以内,该季节展开海上救护受海况影响相对较小。只是在中南半岛东南海域展开活动时需要引起重视,该区域属于夏季的相对大浪区。黄渤海、东海大范围海域、北部湾、泰国湾的大浪频率基本在 5% 以内,夏季在上述海域展开海上医疗救护时受影响较小。

日常应增多对特殊海况下的救护训练,以应对特殊时期的海上救护工作。日常训练日加强体能训练同时也要加强专业技术训练,尤其是海上各种伤情如低温症的紧急处理及复温毯的熟练使用,伤后海水浸泡伤的救治,坠海后的呛溺处理,以及人员的任务前后的心理状态调整。同时模拟海上恶劣天气加以训练。训练计划应有年计划、季计划、月计划、周计划,以及训练方案和相关考核。

对于日常训练,可以多设几个成本较小的廊桥,在廊桥上搭建简易的手术室、换药室、治疗室及简易病房,在训练时晃动廊桥下进行相关训练,护理静脉输液可以在晃动廊桥后护士双眼蒙黑纱下进行操练。情况允许的情况下每月可以申请海上训练一次。要求医护人员对救治物品的摆放及固定要有创新想法,以应对海上的恶劣环境下正常展开医疗护理救治工作。日常训练对于设备及物资管理应责任到人,训练设备不能有损坏,物资不能有过期现象,定期检查、维护、消毒、更换,有效期前提前更换到科室使用,避免物资设备的浪费。

特殊环境下,在设备、物资的准备上应考虑多备一组,海上救护时如有特殊情况及时应对。政策批准下,日常应采集相关人员的信息,如:姓名、年龄、性别、血型、指纹等,方便特殊环境下的救治,如采集后,工作人员可利用指纹核对信息,信息核对准确后可节省相关核对及检验时间。今年某科室对所保障地区的人员进行了幽门螺旋杆菌检测发现阳性率极高,且同是某一部门的人员感染率占60%以上。是否与单位餐食餐具消毒不彻底有关?海上环境不好时,海上工作人员胃部疾患也很容易受到相关影响。在规定允许的范围内,平时医护人员在训练间应多给基层人员讲解医疗护理知识、自救互救常识、医疗卫生常识、同时一起在恶劣环境下模拟海上救护演练,大批量病人需要后送时,医护人员的紧急方案的实施情况,为"救得快、救得好"做准备。

大批病人后送至医疗船后的救治,也是日常训练的主训,医疗设备的储备,医疗队员的技术,物资的供给,及医护人员对伤病员救治的班次,都是重点。这就需要模拟相关环境在平时训练中反复推演,以便随时"拉得出""用得上""救得好"。平日里也要关注船员的心理状况,在月计划训练实施后,医护人员在船上可以同时开展人员的心理测试,而后针对每个船员不同心理状况进行心理干预,如沙盘等疗法来缓解重要时期的演练或恶劣天气或环境而给船员带来的心理压力,从而使船员"轻装"上阵。随船医护人员,建议到上级单位每年到内科、外科等轮训,以理论实践相结合,更好的保障人员健康。

当前,海上任务多,可考虑每月拉练海上医护人员同时训练,优点:(1)节省训练经费。(2)队员与船员同时展开训练更贴实际状态,多加磨合,能及时发现训练中的问题,随时调整,及时更新相关内容及要求。(3)更好地适应真实的训练环境,特别是在恶劣天气及环境中加强急救训练,使医护人员加快适应恶劣天气或环境下的救治工作。我们日常体能训练时还加强游泳的练习,医护人员只有拥有强健的体魄、过硬的医疗技术,才能在特殊环境中执行好任务,发挥个体力量,提升海上医疗救护质量。

3 相关建议

在充分研究海洋环境对海上救护的影响的同时,还有必要做好以下工作:

(1)打造专业化海上救护队伍。1973年开始,南海石油医院为中国海洋石油南海海域的石油勘探、开发、生产提供海上医疗救助及海上医疗技术服务,并与相关临海医院展开了合作,建立了相关海上救护的制度,为打造专业化的海上救护队伍提供了思路和技术途径。

(2)加强自救能力。通过出版简洁、易懂的专业海上自救手册,增强伤病员的海上自救能力。日常加强对常年在海上工作人员的海上自救讲座与培训,增强其海上自救能力。此外,还有必要加强对常年在海上工作人员的心理疏导与干预,促进健康阳光的心理。

(3)加强专业的海上救护平台、设备建设。海洋环境通常是高温高湿,导致高腐蚀性[3],这就要求加强专业的海上救护平台、设备建设,所使用的材质需要能够抗高温高湿高腐蚀。此外,还需要定期对海上救护平台、设备展开检查和维护保养,并做好记录。此外,不同季节的海洋环境有着明显差异,因此需要有针对性地展开不同季节的装备和平台的维护保养方案。任喜英和李召勇[4]指出,海上救护艇上卫生装备的保养与检修管理需要3个月一小修,6个月一中修,12个月一大修。通过上述措施,确保装备可靠、随时可用。

(4)加强精细化管理。王文珍等[5]指出,还需要加强海上医院船的精细化管理工作,也需要加强有丰富海上救护经验老护士的传帮带工作。此外,还需要加强对海上救护人员的客观结构化临床考核[6]。还需要重点做好海上救护人员的老、中、青结构搭配。

(5)做好重大任务需求下的海上救护演练。载人航天飞行、海上搜救、深潜等重大任务对海上救护也有着迫切需求[7]。有必要根据任务特点,结合任务海域的海洋环境特征展开有针对性的重点海上救护训练。

4　结语

海上救护是一个系统而又复杂的工程,通过常态模拟海上环境及每年多次海上演练,医护人员能很好地完成训练任务,也能够积累平时工作中诊治及护理患者的经验,多总结,发明相关专利。学科多元化,医护人员不局限研究某个专科,在日常工作及训练中练就过硬本领,要科科通、科科精、科科专,随时跟得上,保打赢。护士不局限单纯护理技术,浅学全科医学常识及心理学,特殊时期可以随时配位、顶岗。工作及训练中多发现,多研究、多发明海上救治时需要或方便实用的物品及装置。政策及条件允许情况下医用船可以配备高压氧舱,潜水减压病的舰员可以在平日训练及执行任务时随时得到及诊疗救治,节省救治时间。先进的救治设备,医护人员过硬的救治技术及良好的恶劣环境适应能力是海上救援的根本。日常训练时,基本的规章制度,责任分工,必须严格执行。

参考文献

[1]　谢培增,汪先兵,陈大军,等. 不同海况下重度海战伤海上救护的实验研究[J]. 中华航海医学与高气压医学杂志,2010,17(5):257-260.

[2]　郭洪德,杨金宝. 海上救护艇医疗队训练方法探索[J]. 解放军医院管理杂志,2010,17(5):427.

[3]　李针,于秀崎,王宜娜,等. 探讨影响海上救护卫勤保障因素的多元化感知与控制[J]. 东南国防医药,2017,19(4):439-441.

[4]　任喜英,李召勇. 海上救护艇上卫生装备的保养与检修管理措施[J]. 医疗卫生装备,2012,33(9):140.

[5]　王文珍,黄叶莉,蔡伟萍,等. 精细化管理在医院船海上救护演练护理排班中的应用[J]. 解放军护理杂志,2013,30(12):62-63.

[6]　王宜娜,戴聪叶,张学敏,等. 客观结构化临床考试在海上救护队护理培训中的应用[J]. 华南国防医学杂志,2016,30(2):110-112.

[7]　宋秋美,薛娟,王颖. 载人航天飞行海上救护可预见性护理卫勤保障程序[J]. 实用医药杂志,2014,31(8):734-736.

基于波浪能的水面无人艇路径规划研究

毕京强① 吴 明 郑振宇

(海军大连舰艇学院 航海系,辽宁大连,116018)

摘要:水面无人艇(unmanned surface vessel,USV)无论在民用领域还是军事领域都发挥着不可估量的作用,路径规划技术是保证水面无人艇能够有效执行任务、独立自主完成路径跟踪、轨迹跟踪,并在航行中自动规避障碍物、优化航行路径的关键技术。传统的路径规划侧重于考虑最优距离而忽视了续航能力的要求,而波浪能发电可为水面无人艇持续提供电力。针对水面无人艇路径规划中距离和续航力不能同时兼顾的问题,本文以水面无人艇为主要研究对象,分析其在运动过程中的耗能情况,并对其进行运动学约束,基于波浪能重新建立评估函数,应用改进 A * 算法和 DWA 算法相结合进行能耗和距离同时最优路径规划,利用海浪模式 WW3 计算波浪能流密度,最后生成基于波浪能的水面无人艇路径规划算法,从而达到最优运动距离和最大续能同时约束的目的。

关键词:水面无人艇;改进 A * 算法;DWA 算法;路径规划;波浪能

引言

　　日益严峻的资源危机、环境危机给人类的生存与可持续发展造成了严重威胁,据统计,2040 年全球能源消耗将比 2010 年增长 30%左右,可再生能源的开发利用变得更加迫切[1]。海洋波浪能作为一种优质的新型可再生能源,具有安全清洁、能量密度大、传播过程损失小等优点。波浪能是海洋能源中蕴藏最为丰富的能源之一,有效利用波浪能的方式是发电。据统计,全世界波浪能的理论值可以达到 10^9 kW,是世界发电总量的数百倍。因此波浪能有着广阔的开发和利用前景,也逐渐成为各国海洋能源项目研究开发的重点。

　　随着人工智能技术的快速发展,水面无人艇(unmanned surface vessel,USV)在海上巡逻安防、反水雷作战以及反潜作战等领域中扮演着日益重要的角色。路径规划技术是保证USV 能够有效执行任务、独立自主完成路径跟踪、轨迹跟踪,并在航行中自动规避障碍物、优化航行路径的关键技术。按照对周围环境感知情况的不同,路径规划可以分为环境信息全部掌握的全局静态路径规划和环境信息部分未知的局部动态路径规划。国内外学者对USV 路径规划已经做了广泛的研究,并且取得了一定的成果。杨全顺[2]等提出一种分层强

---

① 作者简介:毕京强,1988 年 1 月出生,硕士,助教,研究方向为航海技术。

化学习方法,对作为无人艇路径规划器的进化神经网络进行训练,构建了具有环境感知和
自主决策能力的无人艇模型。杨琛[3]等为了提高算法适应性与寻优能力,提出了一种多目
标粒子群-蚁群的无人艇路径规划算法,实现无人艇多目标全局路径规划。舒伟楠[4]等提
出的改进 A * 算法能够确保 USV 远离障碍物,且算法遍历节点总数和规划路径上的转折点
都较少。Lazarowska[5]将人工势场法运用于船舶航运路线生成中,利用 4 种不同的障碍物
情景进行了有效性验证,结果表明,人工势场法能够快速、高效地找到一条安全的航线,但
没有解决局部最优问题。Lin[6]等提出了一种可实时路径规划的 DWA 算法,同时可以考虑
多个静态和动态障碍物,具有很强的适应性。A * 算法具有搜索效率高的优点,被广泛应用
于多种类型的搜索问题中。本文针对存在动态障碍的复杂海洋环境中 USV 的应用,分析其
在运动过程中的耗能情况,并对其进行运动学约束,基于波浪能重新建立评估函数,提出了
改进 A * 算法和 DWA 算法的 USV 路径规划算法,从而达到最优运动距离和最大续能同时
约束的目的。

1 波浪能发电技术发展和应用

1.1 波浪能发电技术原理

目前,波浪能发电技术种类很多,但原理基本一致,按照能量的捕获方式,波浪能发电
装置可以归纳为震荡水柱式、震荡体式和越浪式三大类。波浪能发电装置工作的基本原理
为:先通过捕能机构捕获波浪中的能量,再通过传动系统将波浪能转换成稳定输出的机械
能,最后利用发电装置将机械能转化成电能[7]。波浪能从获取到利用包含三级能量转换过
程:一级转换是利用物体在波浪作用下的生沉和摇摆等运动将波浪能转换为机械能;二级
转换是通过能量转换系统将捕获的波浪能转换成发电设备需要的能量;三级转换主要是通
过发电设备及电力变换设备输出用户所需的电能(图 1)。

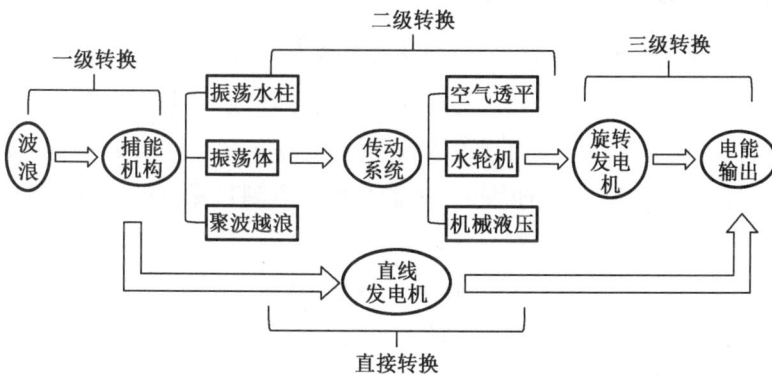

图 1 波浪能装置发电原理

1.2 波浪能发电装置在船舶上的应用

波浪能发电装置在船舶上应用的最大问题是发电装置会增加船舶航行阻力,降低机动

性能,这对波浪能发电装置的稳定性和生存性能提出了更高要求。为了实现波浪能发电装置的灵活存放,安德雷·夏伦等于2011年设计了2种波浪能发电船,它们由一个船体和多个吸收波浪能的浮体组成,具备自航能力,可驶回港口躲避极端海况,可降低对装置生存性能和安全性能的要求。航行时可将装置浮体部分收起,不会增加航行阻力。

我国的波浪能发电技术已应用于小型灯船、海航航标船,1990年,我国研制的装有后弯振荡水柱式波浪能转换系统的100W导航航标船"中水道1号"成功完成了为期1年的海上测试。2012年,我国"鹰式一号"振荡浮子式半潜船在万成山海域进行海试。由于振荡浮子式波浪能发电装置具有成本低、捕能效率高、免受海水侵蚀、输出电能稳定等特点,因此在传播上应用上有着广阔前景[8]。

2 改进 A∗ 算法的距离和能耗同时约束的全局路径规划

2.1 传统 A∗ 算法简介

A∗算法是在 Dijkstra 算法基础上提出的一种启发式搜索算法,启发式搜索可以有效地避免无标的搜索路径,提高搜索效率。A∗算法主要依据评价函数拓展节点,评价函数表示为

$$f(n) = g(n) + h(n) \tag{1}$$

式中,$f(n)$ 是评价函数,表示从起始点到目标点的估计代价;$g(n)$ 表示从起始点到节点 n 的实际代价;$h(n)$ 为启发函数,表示从节点 n 到目标点的估计代价;$h(n)$ 对评价函数的影响是最大的,本文采用欧几里得距离 $h(n)$,即

$$h(n) = \sqrt{(x_g - x_n)^2 + (y_g - y_n)^2} \tag{2}$$

式中,x_n、y_n 分别为节点 n 的横纵坐标;x_g、y_g 分别是目标点的横纵坐标。

2.2 改进 A∗ 算法的路径规划

传统 A∗ 算法生成的路径不够平滑,对于在复杂的海洋环境下 USV 的运动十分不利。我们对传统 A∗ 算法进行改进,采用改进后的算法对路径做出判断并进行平滑处理。与传统 A∗ 算法相比,考虑海况的级别对评价函数进行相应的改动,对启发函数增加一个相应的权重系数 $\zeta(\zeta > 1)$,通过控制权重的大小来控制当前节点到目标点的成本比重。最终,评价函数公式为:

$$f(x) = g(x) + \zeta h(x) \tag{3}$$

在改进的 A∗ 算法中,不断调节权重的大小,在不断地搜索过程中,找到全局规划的最优路径。改进的 A∗ 算法路径规划流程如图 2 所示。

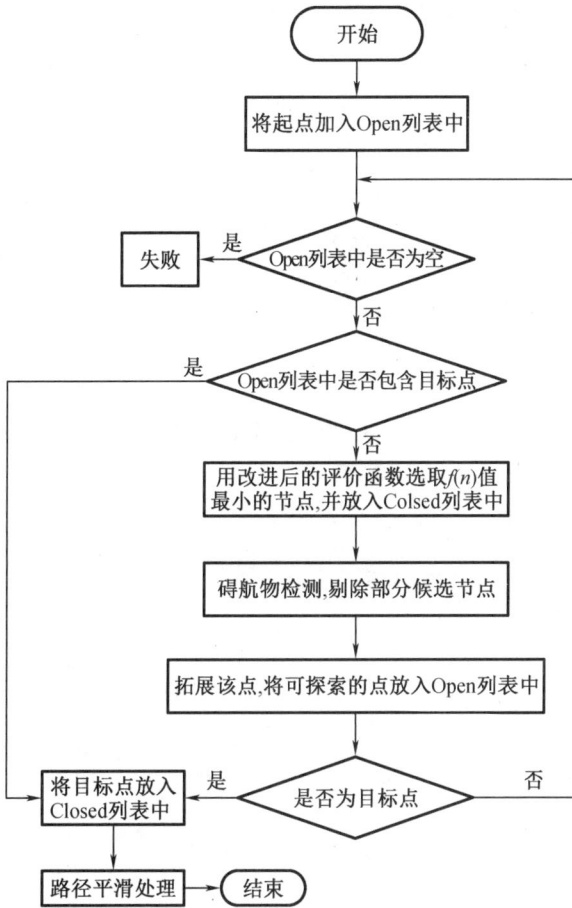

图 2　改进的 A ∗ 算法路径规划流程

3　改进 A ∗ 和 DWA 融合算法的距离和能耗同时约束的全局路径规划

USV 在海面航行时的真实环境错综复杂,不仅存在岛屿等静态障碍物,还有其他航行器对 USV 造成影响的动态障碍物。A ∗ 算法的优点是能够准确地避开静态障碍物,但是对于动态障碍物,单纯使用改进 A ∗ 算法进行路径规划,无法准确无误地规划出一条完整的路径。为了实现对动态障碍物的躲避,本文引入动态窗口方法 DWA (the dynamic window approach to collision avoidance)在全局路径规划基础上进行优化,提出了一种基于改进 A ∗ 和 DWA 相结合的融合算法。

DWA 是基于速度采样的局部路径规划方法,在可行空间中对多组速度(v,ω)进行采样,并模拟这些速度在一定时间内 USV 的运动轨迹。评估功能用于评估这些轨迹,并选择与最佳轨迹相对应的速度来执行[9]。

3.1　速度采样

假设 USV 的线速度为v,角速度为ω,其速度集为(v,ω)。根据 USV 本身的限制和环境限制,可以将导航系统输出速度的采样空间限制在一定范围内。USV 运动约束条件如下:

第一个约束是每个 USV 的固有属性,定义为

$$V_m = \{(v,\omega) \mid v \in [v_{\min}, v_{\max}] \wedge \omega \in [\omega_{\min}, \omega_{\max}]\} \tag{4}$$

式中,$v_{\min}$、$v_{\max}$、$\omega_{\min}$ 和 $\omega_{\max}$ 分别表示速度和角速度的最小值和最大值。

第二个约束是对 USV 加减速性能的限制,有一个动态窗口,定义为

$$V_d = \{(v,\omega) \mid v \in [v_c - \dot{v}_b \cdot \mathrm{d}t, v_c + \dot{v}_a \cdot \mathrm{d}t] \wedge \omega \in [\omega_c - \dot{\omega}_b \cdot \mathrm{d}t, \omega_c + \dot{\omega}_a \cdot \mathrm{d}t]\} \tag{5}$$

式中,v_c 和 ω_c 为当前速度和角速度,为最大 $\dot{v}_a$ 和 $\dot{\omega}_a$ 加速度和角加速度,$\dot{v}_b$ 和 $\dot{\omega}_b$ 为最大减速度和角减速度,$\mathrm{d}t$ 是时间间隔。

由于 USV 具有惯性大的特性,因此,为了使其在到达目标点时能够停止,对速度进行约束。

$$V_s = \{(v,\omega) \mid v \leqslant \sqrt{2 \cdot dist \cdot \dot{v}_b}\} \tag{6}$$

式中,$dist$ 是当前位置到目标点的距离。

最终采样空间是的交集。

$$V = V_m \cap V_d \cap V_s \tag{7}$$

3.2　评价函数

传统的评价函数设定规则为:在避开障碍物的同时尽可能短距离的靠近目标点,其评价函数公式为:

$$G(v,\omega) = \alpha \cdot \mathrm{Head}(v,\omega) + \beta \cdot \mathrm{Vel}(v,\omega) + \chi \cdot \mathrm{Dist}(v,\omega) \tag{8}$$

式中　α、β、χ——三个权重系数;

Head(v,ω)——方位角偏差函数;

Vel(v,ω)——速度大小评价函数;

Dist(v,ω)——障碍物间距评价函数。

传统的 DWA 算法适用于局部避障,对于全局路径规划有很大的缺陷。为了提高 DWA 算法的有效性,本文将 DWA 算法与改进的 A * 算法相融合,得到了改进后 DWA 算法,其评价函数定义为[10]:

$$G(v,\omega) = \delta(\alpha \cdot \mathrm{Head}(v,\omega) + \beta \cdot \mathrm{Vel}(v,\omega) + \chi \cdot \mathrm{Path}(v,\omega) + \tau \cdot \mathrm{Occ}(v,\omega)) \tag{9}$$

式中　δ——平滑系数,设定 $\delta < 1$;

α、β、χ、τ——各子函数的权重系数;

Goal(v,ω)——机器人当前节点到目标点距离的距离评价函数;

Path(v,ω)——当前节点距离改进 A * 路径的距离评价函数;

Occ(v,ω)——评价机器人轨迹到障碍物的距离评价函数。

当 Path(v,ω) 值越小时,说明新的规划路径离原始路径更近,反之则越远,在此我们设定 $0 < 1 - \mathrm{Path}(v,\omega) < 1$;当 Goal$(v,\omega)$ 的值越小时,说明机器人当前点距离目标点距离越短,反之则越远;当 Occ(v,ω) 值越小,代表机器人到障碍物的距离越近,小于机器人驾驶半径的值就有可能发生碰撞。

在评价函数中,我们设定 DWA 算法的当前点坐标为 (x_2, y_2),当前点偏向全局路径角度为 θ,则有:

$$\mathrm{Head}(v,\omega) = 180° - \theta \tag{10}$$

$$\text{Path}(v,\omega) = \min\sqrt{(x_2-x')^2+(y_2-y)^2} \tag{11}$$

因此机器人的距离评价指标为:

$$\text{Goal}(v,\omega) = \|x',x_{\text{goal}}\| \tag{12}$$

因此,可以得到融合算法的评价函数变换为:

$$G(v,\omega) = \delta(\alpha \cdot (180°-\theta) + \beta \cdot \text{Goal}(v,\omega) + \chi \cdot \min\sqrt{(x_2-x')^2+(y_2-y)^2} + \tau \cdot \text{Occ}(v,\omega)) \tag{13}$$

以上就是提出的一种基于改进 A * 和 DWA 相结合的融合算法,在搜索路径中,由改进 A * 先建立全局路径,然后 DWA 进行实时搜索,不断接近于全局路径,从而得到距离和能耗同时约束的路径规划路径。

4 基于波浪能的 USV 路径规划

4.1 波浪能数据模型

波浪能流密度,又称波浪能功率密度,是整个波浪能资源评估中的主要考察对象,可直接体现波浪能资源的富集程度[11]。波浪能流密度的计算方法为:

$$P_w \approx 0.5 \times H_{1/3}^2 \times \overline{T} \tag{14}$$

式中,P_w 为波浪能流密度(kW/m),$H_{1/3}$ 为 SWH(1/3 部分大波平均波高——significant wave height,单位 m);$\overline{T}$ 为平均周期(s)。上述公式也是 Roger 和美国 EPRI(Electric Power Research Institute)波浪能资源评估的计算方法[12]。

2009 年 Roger 通过第三代海浪模式 WW3(WAVEWATCH-Ⅲ)成功预报了太平洋东海岸的波浪能,实现数值预报可以更好地为波浪能开发利用提供参考,更有效地提高波浪能装置的采集效率。郑崇伟[13]以 T639 预报风场作为 WW3 海浪模式的驱动场,对 2013 年 3 月发生在中国周边海域的 2 次冷空气过程所致海浪场进行模拟,检验了 WW3 模式对波浪能流密度的预报能力,实现了利用 WW3 模式和 T639 预报风场对中国周边海域的波浪能流密度进行数值预报。本文利用 WW3 模式模拟得到逐小时的 SWH 和数据,进一步利用公式(14)计算得到逐小时的波浪能流密度,从而实现波浪能流密度的数值预报。

4.2 基于 WW3 波浪能模型的 USV 路径规划

2013 年 3 月 8 日—16 日,先后有 2 个较为强劲的冷空气影响中国周边海域,本文以 WW3 模式对这 2 次冷空气过程所致海浪场进行模拟。

可以得出,在山东半岛东部黄海海域有一股强冷空气,并随时间推移逐渐南下,最大平均波浪能流密度达到 60 kW/m 以上,其他大部分海域的平均波浪能流密度在 6 kW/m 以下。

本文选取 2013 年 3 月 8 日—16 日时间段,黄海周边海域作为 USV 路径规划范围。2013 年 3 月 8 日—16 日,根据基于改进 A * 和 DWA 融合算法的距离和能耗同时约束的全局规划路径以及基于波浪能的 USV 规划路径可以看出,本文所提的融合算法能够得到一条完整的规划路径,结合了 A * 和 DWA 算法的优点。由表 1 可得出基于波浪能的 USV 路径规划不仅得到一条完整的规划路径,而且还为 USV 提高了续航力。

表 1 融合算法和波浪能规划路径结果对比

路径	算法	天数
1	基于改进 A * 和 DWA 融合算法的 USV 路径规划	9
2	基于波浪能的 USV 路径规划	10~11

5 结论

USV 的路径规划方法主要分为两种,一种为全局路径规划,另一种为局部路径规划,本文对这两种路径规划算法进行改进,提出一种基于改进 A * 算法和 DWA 算法相结合的融合路径规划算法。针对 USV 路径规划中距离和续航力不能同时兼顾的问题,分析了 USV 在运动过程中的耗能情况,并对其进行运动学约束,基于波浪能重新建立评估函数,利用海浪模式 WW3 计算波浪能流密度,最后生成基于波浪能的 USV 路径规划算法,从而达到最优运动距离和最大续能同时约束的目的。

参考文献

[1] HELGE H H. Invited perspective:the outlook for energy:a view to 2040[J]. Journal of Petroleum Technology, 2015, 67(4):14-16,18-19.

[2] 杨琛,陈继洋,胡庆松,等.基于多目标 PSO-ACO 融合算法的无人艇路径规划[J].华南农业大学学报,2023,44(1):65-73.

[3] 杨全顺,尹洋,陈帅.基于强化学习的反水雷无人艇局部路径规划[J].电光与控制,2021,28(7):11-15.

[4] 舒伟楠,赵建森,谢宗轩,等. 基于改进 A * 算法的水面无人艇路径规划[J].上海海事大学学报, 2022(2):43.

[5] LAZAROWSKA A. A discrete artificial potential field for ship trajectory planning[J]. Journal of Navigation, 2019, 73(1):1-19.

[6] LIN X, FU Y. Research of USV obstacle avoidance strategy based on dynamic window [C]// IEEE International Conference on Mechatronics & Automation. IEEE, 2017:1410 -1415.

[7] 刘延俊,武爽,王登帅,等.海洋波浪能发电装置研究进展[J].山东大学学报(工学版),2021,51(5):63-75.

[8] 熊玮, 谷汉斌, 刘海源,等. 波浪能发电技术在船舶上的应用[J]. 水运管理, 2018, 40(3):4.

[9] 李文刚, 汪流江, 方德翔,等. 联合 A * 与动态窗口法的路径规划算法[J]. 系统工程与电子技术, 2021,43(12):3694-3702.

[10] 王子静,陈熙源.基于改进 A * 和 DWA 的无人艇路径规划算法[J].传感技术学报,2021,34(2):249-254.

[11] 刘志伟,熊指南. 基于 WW3 模式的台湾岛周边海域的波浪能资源模拟研究[J]. 可再生能源, 2020, 38(9):7.

[12] 郑崇伟,林刚,邵龙潭. 台湾周边海域波浪能资源研究[J]. 自然资源学报,2013,28(7):1179-1186.

[13] 郑崇伟. 利用 WW3 模式实现中国周边海域波浪能流密度数值预报——以 2 次冷空气过程为例[J]. 亚热带资源与环境学报,2014,9(2):18-25.

南海深海声速剖面特点随季节变化分析

李　婷[1]①　高　策[2]　李政阳[2]
（1. 海军大连舰艇学院水武与防化系，大连，116000；
2. 海军大连舰艇学院学员一大队学员一队，大连，116000）

摘要：由 Sell 折射定律可知，海洋的声速分布特点决定了声波的传播路径，对利用声呐进行水下探测等活动具有重要意义。本文通过对我国南海深海海域实测声速剖面进行分析，着重考虑季节因素对浅层海水声速分布的影响，给出不同季节南海深海海域声速分布的一般规律：春季，易形成负梯度声速剖面，夏季海表面声速最大，通常大于 1 540 m/s，秋冬季节形成混合层较厚可达 100 m 左右。

关键词：南海；深海；声速剖面

引言

　　声波作为水下探测的重要信息载体，其在海水中的传播的方向由声速分布决定。通常认为海洋声速分布是随深度变化的，水平变化忽略不计，声速随深度变化的曲线称作声速剖面。声速剖面直接关系到水下探测声波的传播路径，是海战场环境保障和海洋环境资源探测重要基础[1]。海洋声速剖面特点具有随季节和时间分布的差异，不同海域声速分布特点也不尽相同。我国南海有大面积深海，随着"一带一路"倡议的提出，以及海洋资源的开发利用，加深对海洋的了解至关重要。特别是当前以美国为代表的海洋强国正逐渐加强对深海军事技术的发展，对我国周边深海海域的常态化航行与海洋环境观测活动日渐增多，企图主导全球海洋规则制定，因此深海战场将是我国未来反介入/区域拒止高烈度环境下维护我国海洋领土完整和主权的主战场。

　　对南海的声速特点的研究中，亓晨[2]研究了南海声速跃层随季节的变化，指出春季跃层较浅等结论。现有的研究注重在跃层的季节变化。对于声呐水下探测而言，海面附近声速变化以及深海声道效应的利用是非常重要的问题。南海深海海域，海表面附近的浅层海水经常会出现混合层，而这一特点随季节的变化并未有相关文献进行研究。

　　本文首先对深海声速分布的一般特点进行介绍，然后通过实测声速剖面的特点，对南海深海海域声速剖面随季节变化特点进行分析总结，给出声道轴的位置和浅层海水声速分布随季节变化的特点。

---

　　① 　作者简介：李婷，1985 年 2 月出生，博士，讲师，研究方向为水下声探测。资金资助：学院科研发展基金。

1 深海声速剖面特点

1.1 影响声速分布的主要因素

海水声速具有明显的深度分布,其原因在于海水中的声速是关于温度、盐度和深度的函数,且海水中声速随着温度、盐度和深度的增大而增大,其中温度对海水中声速的影响最为显著,由于海面受日照的影响,温度变化较大,因此声速受温度变化的影响是关注的重点。目前有很多计算声速的经验公式。以较为常见的 Medwin 公式为例:

$$c = 1\ 492.9 + 4.6t - 0.055t^2 + 0.002\ 9t^3 + (1.34 - 0.01t)(S - 35) + 0.016H \tag{1}$$

式中,$0\ ℃ \leqslant t \leqslant 35\ ℃$;$0\ \text{ppt} \leqslant S \leqslant 45\ \text{ppt}$;$0\ \text{m} \leqslant H \leqslant 1\ 000\ \text{m}$。

在大多数海洋区域中,相较于声速的垂直梯度,水平梯度变化很微乎其微,有数据表示声速的垂直梯度约为水平梯度的 1 000 倍。只有在暖流和寒流的交汇区域,水平梯度有时会与垂直梯度相近。因此,海洋在某些近似条件下可看作是一种平面分层介质,其特性仅与深度变化有关,而在水平平面内近似视作不变[3]。

1.2 典型深海声速剖面

1.2.1 海水温度水深度变化的一般特点

深海海域,海水中的温度随深度变化的一般情况如图 1 所示。"等温层"或"恒温层"通常由于风浪的搅拌作用,使得表层海水温度均匀,温度上下趋于一致。"温度跃变层"或"跃变层",在等温层往下,海水温度在不太厚的水层内发生剧烈的变化,即"跃变"。"缓慢变化层",穿过跃层后,海水温度变化缓慢的层。如果某层海水的温度随深度的增加而减小,称之为"负梯度",反之称之为"正梯度"。

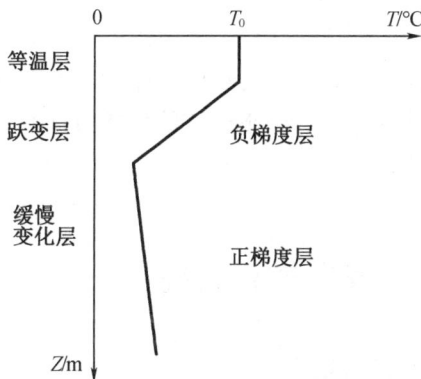

图 1 深海温度的分层介质模型

1.2.2 典型深海声速分布曲线

图 2 为典型的深海声速剖面示意图,深海声速按照深度变化可以分为四层:表面层、季节温跃层、永久温跃层、深海等温层,它们在不同时间有各自不同的特征。如图 2 所示,表面层位于海表面下方,因此该层声速对温度和风作用的日变化和地区变化很敏感。有研究表明表面层含有由风吹过海面时混合作用形成的一层等温海水,因此变面层是混合层。声波

在表面层传播相当于在声道中传播。混合层会在长时间平静的日照条件下消失,继而变成温度随深度降低的水层;表面层下方是季节跃变层,在跃变层中温度随深度变化剧烈。季节跃变层中的声速梯度为负(温度或声速随深度增加而减小),且该梯度因季节而异;季节温跃层的下方是永久温跃层,其特征随季节变化不大,该层温度比深冷处海水温度高得多;永久温跃层之下一直到海底是深海等温层,它的特征为温度是近似不变的 $39°F$,同时由于深海压力对声速影响较大,声速是随深度增加而增加的正梯度。最重要的是位于永久温跃层的负声速梯度和深海等温层的正梯度之间有一处声速的极小值,称为声道轴,在深处传播的声波由于折射而向声速极小值处弯曲(或聚焦)。

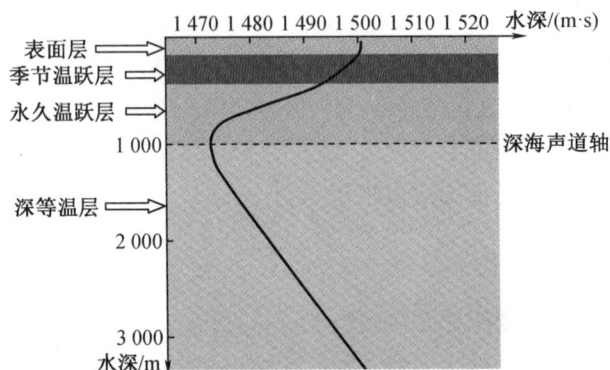

图 2　典型的深海速度曲线

1.3　声道宽度与声道内声传播特点

由于深海声道存在声道轴这个显著的特点,以声道轴为对称,向海底海面方向必存在声速对称相等的两个深度。通常将深海声道宽度定义为:若海面声速比海底声速大,则在海面附近,有一深度上的声速等于海底处声速,将该深度到海底的垂直距离视为声道宽度。如果海面声速比海底声速小,则在海底附近,必有一深度上的声速等于海面处声速,将海面到该深度的垂直距离视为声道宽度[4]。由于声波的传播方向总是弯向声速较小处,而典型深海声道内必有声速极小值处——声道轴。若声源和接收器位于声道内,则一部分声波限制在声道内传播,不与海底海面反射,能量损失较小,有利于远距离探测。

2　南海深海声速剖面的季节变化特征

2.1　南海浅层声速剖面的季节变化特点

我国南海位于热带季风带,12 月平均风速可达 8.2 m/s,冬季平均风速大于夏季[5]。本节通过实测声速剖面分析我国南海海域声速垂直分布随季节变化的特点,主要讨论浅层海水的声速分布。

以北纬 17.76°,东经 119.1°处为例,图 3 至图 6 分别给出四季某个月份的声速剖面。表 1 是南海深海海域(N18.9° E119.7°和 N18.6° E115.6°)混合层深度,在一年内每个季度的平均值。对比图 3 至图 6 结合表 1,分析发现:受日照影响,四季中以夏季海表面声速最大,通常大于 1 540 m/s,其他季节海表面声速略低。受日照和风的影响,在南海海域春季海表面比较容易形成负梯度声速剖面,主要是海面温度不高且风的作用不明显导致的。在南海深海海域四季都有可能在海面附近形成等温层。以春季等温层最薄(也可能没有,而是负梯度声速分布)、冬季等温层最厚为特征。深海声道轴的位置比较稳定,在 1 100 m 至 1 200 m 之间。

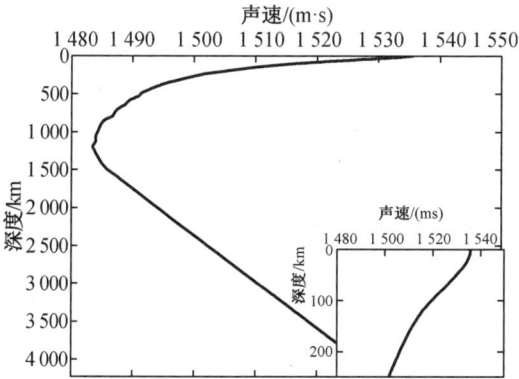

图 3　春季三月声速剖面图

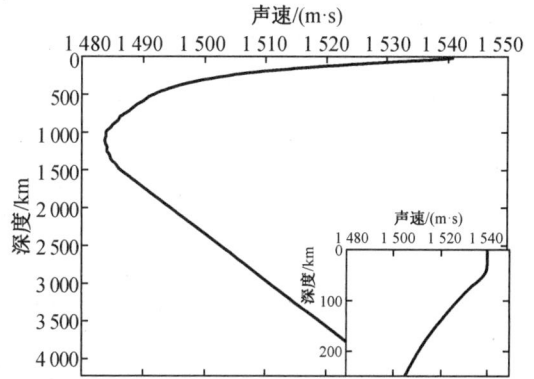

图 4　夏季八月声速剖面图

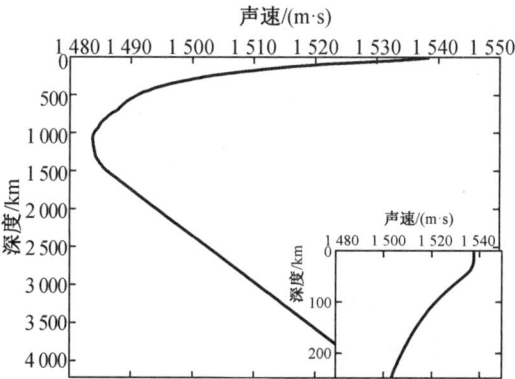

图 5　秋季十一月声速剖面图

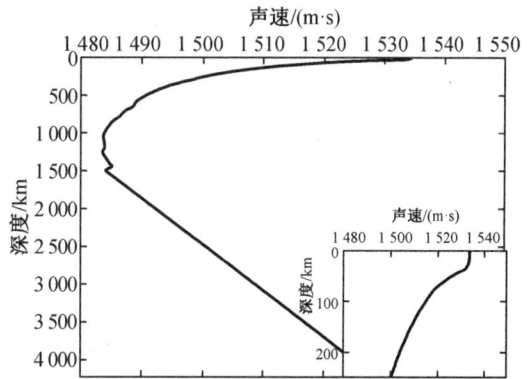

图 6　冬季一月声速剖面图

表 1　南海深海混合层厚度随季节变化示例

季节	春	夏	秋	冬
混合层深度/m	10	25	65	75

2.2　南海深海声道轴位置的季节变化特点

声道轴是深海声速分布中最典型的特点,由 Snell 定律可知,声线总是弯向声道轴,进而形成声道。图 7 和图 8 分别是南海海域中海深 4 300 m 和海深 1 838 m 两处声道轴深度随月份变化图。表 2 中的数值是每个季度声道轴位置的 3 个月份的平均值从图中和表 2 中可以看出,同一位置处,秋冬季节声道轴深度略深。由图 7 和图 8 可得,秋冬季节声道轴深度比春夏季节声道轴深度要深。

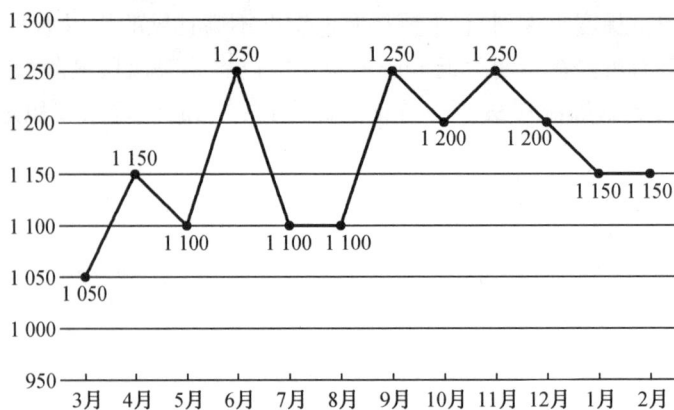

图 7　N12. 9° E115. 5°处深海声道轴深度随月份变化图

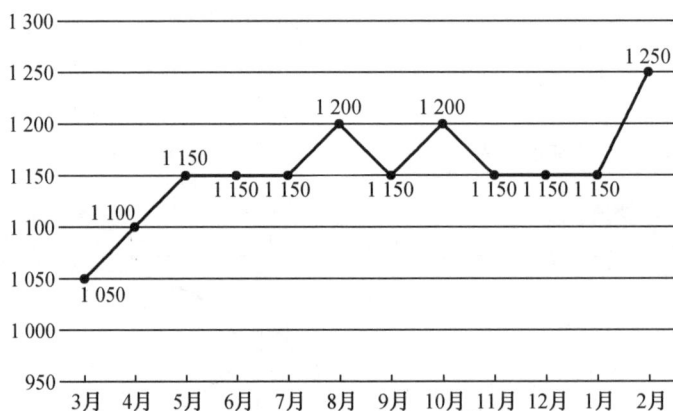

图 8　N18. 3° E112. 4°处深海声道轴深度随月份变化图

表 2　南海深海声道轴深度随季节变化示例

季节	春	夏	秋	冬
海深 4 360 m	1 100 m	1 150 m	1 233 m	1 167 m
海深 1 939 m	1 100 m	1 167 m	1 167 m	1 183 m

2.3　南海深海声道宽度的季节变化特点

图 9 至图 12 是南海海域(N18. 3° E112. 4°)海深为 1 838 m 的深海声速剖面。从图中可以看出,深海声道的上边界在海面以下 400 m 处左右。表 3 是深海声道上边界的位置随季节变化示例。表 3 中的数值是每个季度的 3 个月份的平均值。从图中结合表 3 所示,深海声道上边界随季节变化不明显。

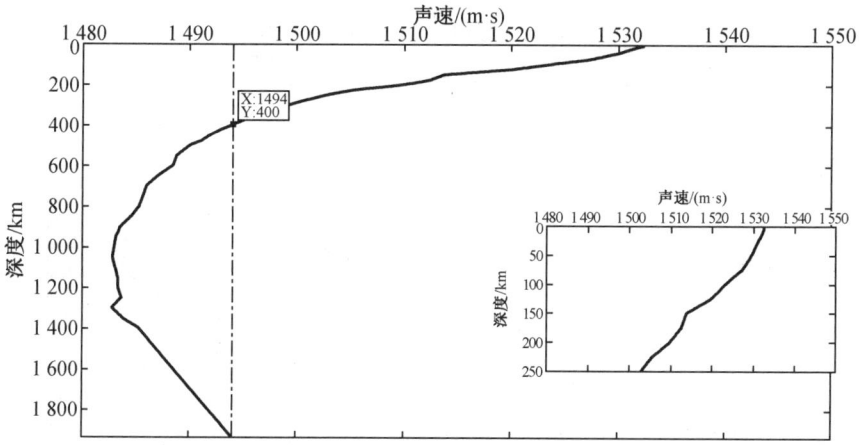

图9　春季三月声速剖面图

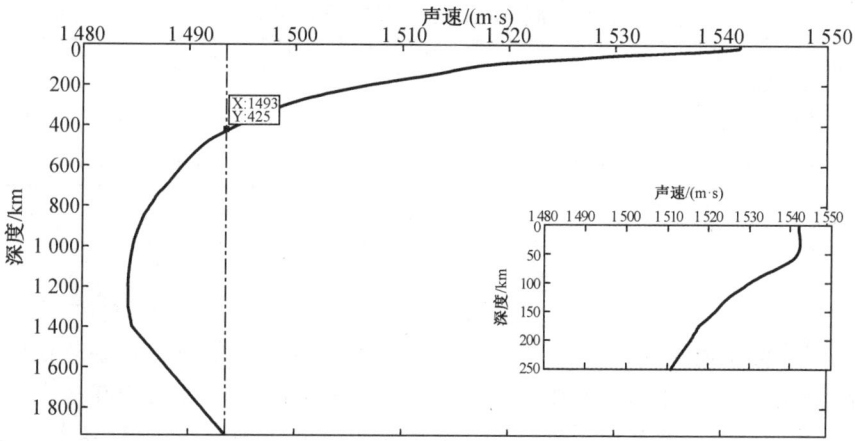

图10　夏季八月声速剖面图

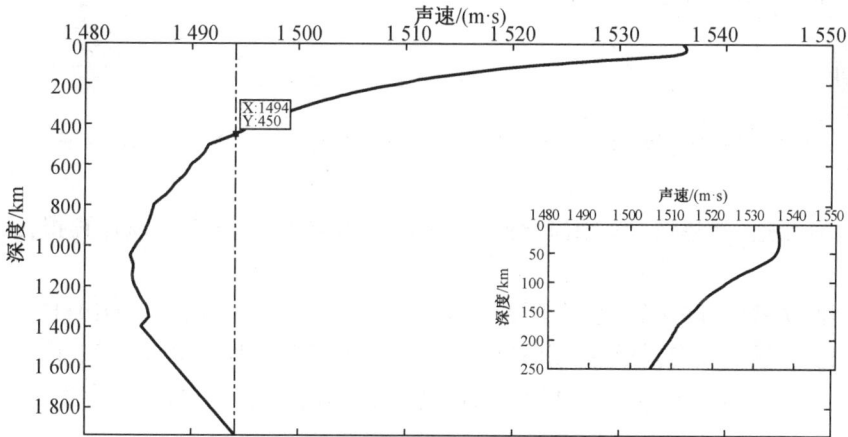

图11　秋季十一月声速剖面图

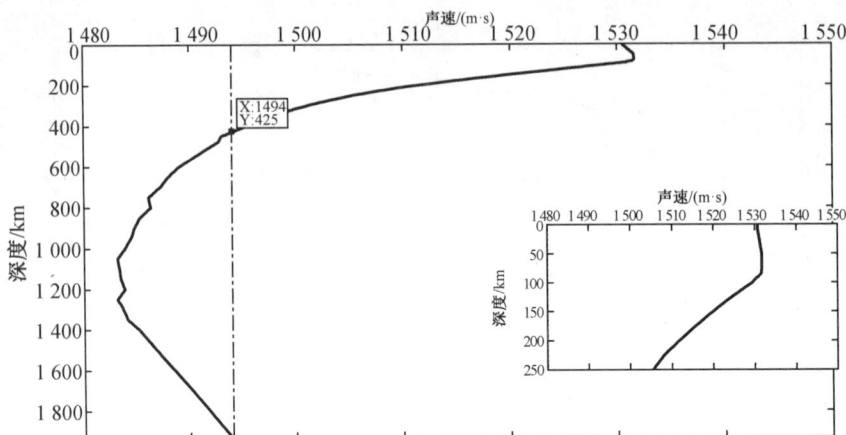

图 12　冬季一月声速剖面图

表 3　南海深海声道上边界深度随季节变化示例

季节/声道上边界深度	春	夏	秋	冬
N18.3° E112.4°	408 m	416 m	425 m	425 m
N12.9° E115.5°	68 m	77 m	83 m	60 m

3　结论

本文通过实测南海声速剖面,分析南海深海海域声速剖面的分布随季节变化的特点。在我国南海海域,深海声道的声道轴普遍分布在水面以下 1 100 m 到 1 200 m 之间,随季节变化不明显,相同位置处秋冬声道轴略深。海面附近经常出现混合层,秋冬季节混合层较深,可达 100 m 左右,春夏季节略浅,在十几米到几十米不等。此结论可为南海深海进行水下声探测提供声速变化参考。

参考文献

[1]　杨帆,王华,高文典,等.北大西洋深海声速类型区划及会聚区特征分析[J].海洋预报,2021(6):103−110

[2]　亓晨,刘宇迪,刘建强,等.南海声速跃层季节变化特征分析[J].海洋预报,2011(6):47−53.

[3]　刘伯胜,黄益旺,陈文剑.水声学原理[M].3 版.北京:科学出版社,2019:139.

[4]　乔方利.中国区域海洋学——物理海洋学[M].1 版.北京:海洋出版社,2012:301.

[5]　阮海林,杨燕明,牛富强,等.基于 Argo 数据的吕宋海峡东部海域的会聚区特征分析[J].海洋学报,2015(7):78−84.

基于"差值法"的常规声线跟踪模型精度指标分析

刘国庆[1] ① 谷东亮[1]* 王秋云[1] 侯跃鹏[2]

（1. 海军大连舰艇学院,辽宁大连,116018;2.92292 部队,山东青岛,266400）

摘要:多波束测深是当下最高效的一种水深测量方式。受制于海水的声速特性,多波束测深的声线跟踪模型对测深精度起着决定性的影响。本文在分析目前常规的几种声线跟踪模型的基础上,提出了一种"抗差性"作为精度指标,利用差值法对常规声线跟踪模型进行精度比较。经 Matlab 仿真数据研究表明,常梯度声线跟踪模型的"抗差性"最好,从理论上证明了该模型的最佳适用性,对多波束相关理论研究和实际应用具有一定的参考价值。

关键词:多波束测深;声线跟踪模型;抗差性;差值法;精度指标

引言

21 世纪是海洋世纪,为了解决当今世界海洋治理难题,抓住发展机遇建设海洋强国,习近平总书记提出"海洋命运共同体"的时代命题[1]。该命题立意深远,内涵丰富,囊括了政治、经济、文化、生态和科技等多个方面。作为海洋科技发展前沿之一的海洋测绘是一切海上活动的基础[2]。多波束测深系统作为海洋测绘领域的主流系统是一种高精度、高分辨率和全覆盖的水深测量技术[3]。测量时每一次收发信号(1Ping)的过程中,在一个扇面内存在多个不同角度的波束,可以获得一个"条带"状的水深数据,相比于传统的单波束单点水深测量,实现了海底地形的"点—线"到"线—面"的历史性变革[4],大大提高了测量效率与测深的覆盖面积。多波束测深原理是基于换能器,而多波束换能器特点是发射一束声波,且各声波是以不同的角度入射到水中,由于海水的分布不均,当声波传播到不同的声速界面时,会发生声线弯曲现象[5]。基于上述原因,在多波束测深系统的声速改正中,必须要对声线进行跟踪。针对声线跟踪,学界提出了不同的模型,常规的有三角法模型、常声速模型和常梯度模型。本文将对上述几种声线跟踪模型进行简单的介绍,在此基础上提出一种"抗差性"作为精度指标,利用差值法对常规声线跟踪模型进行精度比较并得出明确的结论,以期为模型的选择提供有益的参考。

---

① 作者简介:刘国庆,男,讲师。

* 通信作者:谷东亮,邮箱 670884240@ qq. com。

1 多波束测深常规声线跟踪模型

1.1 三角法模型

三角法是声线跟踪模型中最简单的一种一级近似,即认为海底声速不变,声音传播为直线[6],如图 1.1 为三角法声线跟踪模型示意图。

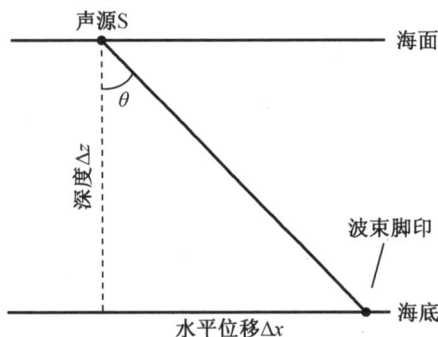

图 1.1 三角法声线跟踪示意图

设海底声速为常数 C_0,且不随深度变化而变化,多波束测深单程回波时间为 T,在 1ping 内,取一条声线进行跟踪,波束入射角为 θ,则水深可表示为:

$$z = TC_0 \cos \theta \tag{1.1}$$

该波束到达海底时的水平位移为:

$$x = TC_0 \sin \theta \tag{1.2}$$

1.2 常声速模型

在形式上,常声速声线跟踪法和常梯度声线跟踪法都属于层追加法,根据声速剖面测量区间进行分层,常声速假设层内声速不变,即每一层内,声波沿直线传播[7],如果有 N 层水柱,就有 N 条折线,将 N 条折线连接,即为近似声线,图 3.6 为常声速-声线跟踪法示意图。

假设声波经历了 N 层水柱,层内声速不变,取区间上层声速值,设第 i 层声波入射角为 θ_i,声波在第 i 层,满足 Snell 定律:

$$\sin \theta_i = pC_i \tag{1.3}$$

结合图 1.2,设厚度为 $\Delta z (\Delta z = z_{i+1} - z_i)$,在第 i 层,声波的水平位移 x_i 和传播时间 t_i 为:

$$x_i = \Delta z \tan \theta_i = \Delta z \tan \left[\arcsin(C_i p) \right] \tag{1.4}$$

$$t_i = \frac{\Delta z}{\cos \theta_i C_i} = \frac{\Delta z}{\cos \left[\arcsin(C_i p) \right] C_i} \tag{1.5}$$

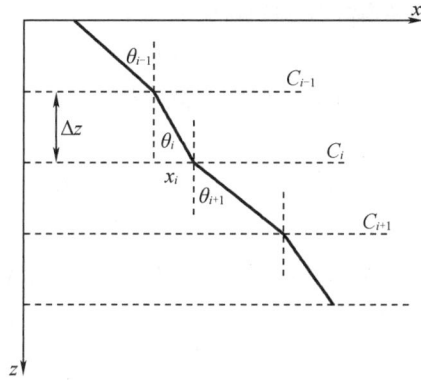

图 1.2　常声速-声线跟踪示意图

根据式(1.4)和式(1.5),波束在 N 层水柱的水平位移 x 和传播时间 t 为:

$$x = \sum_{i=1}^{N} \Delta z \tan\left[\arcsin(C_i p)\right] \tag{1.6}$$

$$t = \sum_{i=1}^{N} \frac{\Delta z}{\cos\left[\arcsin(C_i p)\right] C_i} \tag{1.7}$$

1.3　常梯度模型

常梯度-声线跟踪模型在常声速-声线跟踪模型基础上,依然根据声速剖面测量区间进行分层[8],假设每层声速按 g_i 变化,其中 g_i 为常数,设第 i 层的上界面对应水深值为 Z_i ,声速为 C_i ,下界面水深值为 Z_{i+1} ,声速为 C_{i+1} ,层宽度为 Δz ($\Delta z = Z_{i+1} - Z_i$),在第 i 层:

$$g_i = \frac{\mathrm{d}c}{\mathrm{d}z} = \frac{C_{i+1} - C_i}{\Delta z} \tag{1.8}$$

波束在常梯度层内传播轨迹为一段连续且具有一定曲率的圆弧,设圆半径为 R_i ,假设第 i 层声速梯度为负,声线向下弯曲,下面根据图 1.3 推导 R_i 表达式:

第 i 层声速函数可表示为:

$$C^i(Z) = g_i(Z - Z_i) + C_i \tag{1.9}$$

则第 $i+1$ 层声速可表示为:

$$C_{i+1} = g_i(Z_{i+1} - Z_i) + C_i \tag{1.10}$$

对式(1.10)进行微分可得:

$$\mathrm{d}C_{i+1} = g_i dZ_{i+1} \tag{1.11}$$

由 Snell 定律可得:

$$\sin\theta_i = pC_i \tag{1.12}$$

$$\sin\theta_{i+1} = pC_{i+1} \tag{1.13}$$

根据几何关系可知,水层厚度可表示为:

$$Z_{i+1} - Z_i = R_i(\sin\theta_i - \sin\theta_{i+1}) = R_i(pC_i - pC_{i+1}) \tag{1.14}$$

对式(1.10)进行微分可得:

$$dZ_{i+1} = -R_i p dC_{i+1} \tag{1.15}$$

将式(1.11)代入式(1.15)可得轨迹半径为:

$$R_i = -\frac{1}{pg_i} \tag{1.16}$$

根据几何关系,可得波束在第 i 层的轨迹弧长为:

$$S_i = R_i(\theta_{i+1} - \theta_i) \tag{1.17}$$

波束在第 i 层的声速采用 Harmonic 平均声速代替:

$$C_{\text{Har}} = \frac{Z_{i+1} - Z_i}{t} = (Z_{i+1} - Z_i)\left(\frac{1}{g_i}\ln\frac{C_{i+1}}{C_i}\right) - 1 \tag{1.18}$$

则波束在第 i 层的传播时间 t_i 为:

$$t_i = \frac{S_i}{C_{\text{Har}}} = \frac{R_i(\theta_i - \theta_{i+1})}{C_{\text{Har}}} = \frac{\theta_{i+1} - \theta_i}{pg_i^2\Delta z}\ln\left(\frac{C_{i+1}}{C_i}\right) \tag{1.19}$$

波束在第 i 层的水平位移 x_i 为:

$$x_i = R_i(\cos\theta_{i+1} - \cos\theta_i) = \frac{\cos\theta_i - \cos\theta_{i+1}}{pg_i} \tag{1.20}$$

考虑 $\cos\theta_i = (1-(pC_i)^2)1/2$,则第 i 层水平位移 x 和传播时间 t 为:

$$\begin{cases} x_i = \dfrac{\sqrt{1-(pC_i)^2} - \sqrt{1-(pC_i+pg_i\Delta z)^2}}{pg_i} \\ t_i = \dfrac{\arcsin(pC_i+pg_i\Delta z) - \arcsin(pC_i)}{pg_i^2\Delta z}\ln\left[1+\dfrac{g_i\Delta z}{C_i}\right] \end{cases} \tag{1.21}$$

最后将波束在 N 层水柱的水平位移 x_i 和传播时间 t_i 累加得到总位移 $x = \sum_{i=1}^{N} x_i$,总时间 $t = \sum_{i=1}^{N} t_i$。

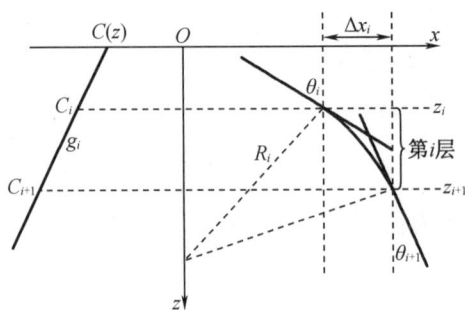

图 1.3　常梯度声线跟踪示意图

2　多波束声线跟踪仿真

2.1　输入输出参数

进行声线跟踪仿真,首先要明确输入输出数据,输入数据为:海底声速剖面(svp)数据,多波束 1Ping 测深数据。输出数据为:每条声线跟踪后落点的深度 z、水平位移 x。

图 2.1 为多波束声线跟踪过程及输入输出参数示意图,虚线为声剖分层处,svp 文件包含了每层的水深数据及对应的声速数据,多波束 1Ping 测深数据包含了声线入射角度 θ 及对应单程回波时间 T。

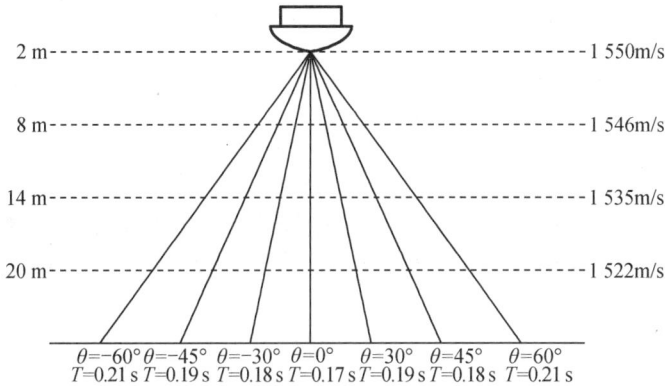

图 2.1　多波束声线跟踪示意图

2.2　仿真实现步骤

1. 三角法声线跟踪具体实现

(1)在声速剖面仪中获得声速函数 $C_0(z)$。

(2)确定换能器表面声速及所在深度,对声速函数进行内插,得到新的声速函数 $C(z)$。

(3)计算声速的平均值 C_0 作为声速值。

(4)根据回波时间 T 初射角 θ 和声速值 C_0 通过式(1.4)和式(1.5)计算水平位移 x 和深度 z。

2. 常声速和常梯度法声线跟踪具体实现

常声速法和常梯度法实现思路一致,都是利用“层追加法”实现,首先需要确定换能器的位置,内插后得到新的声速剖面[9],从换能器表层开始,计算声线在各层的水平位移 x 和传播时间 t,经过逐层累加后得到声剖范围内的总水平位移和传播时间,唯一不同的是,在根据时间反求深度的过程中,常梯度法需要用到二分法或牛顿迭代法来计算残余深度和残余水平位移。以下为实现过程,两种方法仅在步骤(6)存在区别。

(1)在声速剖面仪中获得声速剖面数据,确定换能器表面声速 C_0 和深度 z_0,根据初射角 θ 和换能器表面声速 C_0 确定 Snell 常数 p,对声速剖面进行内插,得到新的声速函数 $C(z)$,余下的声速采样点个数记为 N,分层间隔记为 Δz。

(2)确定声速采样间隔 Δz,从换能器表面开始,根据式(1.4)和式(1.5),计算每一层的水平位移 x_i 和传播时间 t_i,连续累加到达每一层的水平位移 $x = \sum\limits_{i=1}^{N-1} x_i$ 和时间 $t = \sum\limits_{i=1}^{N-1} t_i$,记为水平位移 $X_i(i=1,2,\cdots,N-1)$ 序列,时间 $T_i(i=1,2,\cdots,N-1)$ 序列,其中 i 代表层数。

(3)输入多波束单程回波时间 T,判断 T 与 T_{N-1} 的大小关系,列举以下三种情况进行讨论。

(4)若 $T>T_{N-1}$,说明声线超过声速剖面最后一层,假设声速剖面范围以外声速不变,采用三角法计算,余下的传播时间为 $T-T_{N-1}$,根据声速函数获取最后一层的声速值 C_N,根据 Snell 定律算计算残余声线入射角度 θ_N,三角法计算残余水平位移为 $\Delta x' = (T-T_{N-1})C_N\sin\theta_N$,残余水深为 $\Delta z' = (T-T_{N-1})C_N\cos\theta_N$,则总水平位移 $x = X_{N-1}+\Delta x'$,总深度为 $z = \sum\limits_{i=1}^{N-1}\Delta z +$

$\Delta z'$。

（5）若 $T \leqslant T_{N-1}$，且 $T=T_i(i=1,2,\cdots,N-1)$，说明声线最终落点没有超出声速剖面范围，且正好落在第 $i+1$ 层，则总水平位移为 X_i，总深度为 $z = \sum\limits_{i=1}^{i} \Delta z$，但这种情况一般不会发生。

（6）若 $T \leqslant T_{N-1}$，且 $T_i < T < T_j$，说明声线最终落点没有超出声速剖面范围，且正好落第 $i+1$ 层和 $j+1$ 层之间，此时两种方法存在计算差别：（Ⅰ）常声速法：当声线到达第 $i+1$ 层后，残余时间为 $T-T_i$，利用声速函数获取第 $i+1$ 层声速值 C_{i+1}，根据 Snell 定律算计算经过第 $i+1$ 层后的入射角度 θ_{i+1}，三角法计算残余水平位移为 $\Delta x' = (T-T_i)C_{i+1}\sin\theta_{i+1}$，残余水深为 $\Delta z' = (T-T_i)C_{i+1}\cos\theta_{i+1}$，则总水平位移 $x = X_i + \Delta x'$，总深度 $z = \sum\limits_{i=1}^{i} \Delta z + \Delta z'$。（Ⅱ）常梯度法：当声线到达第 $i+1$ 层后，残余时间为 $T-T_i$，利用声速函数获取第 $i+1$ 层声速值 C_{i+1}，计算 $i+1$ 层和 $j+1$ 层间的声速梯度 g_{i+1}，在式（1.21）中代入残余时间 $T-T_i$、$i+1$ 层声速值 C_{i+1}、声速梯度 g_{i+1}、Snell 常数 p 作为已知量，残余深度 $\Delta z'$ 作为未知量，利用二分法或牛顿迭代法求式非线性方程的解得到 $\Delta z'$，最后计算总水平位移 $x = X_i + \Delta x'$，总深度 $z = \sum\limits_{i=1}^{i} \Delta z + \Delta z'$。

3　声线跟踪模型抗差性分析

声线跟踪准确性依赖于海底声速的测量准确程度，海底声速测量误差越大，声线跟踪越不精确。声线跟踪模型跟踪精度与声速剖面度测量精度的相关性越强，声线跟踪模型精度越高。换句话说，声速剖面仪的测量精度越高，越好的声线跟踪模型归算就会越准确，如果人为减小声速剖面仪的测量精度，测深数据会产生偏差，其中抗差能力越强的模型，精度越高，抗差能力越弱的模型，精度越低。

综上所述，比较声线跟踪模型的精度可以转化为声线跟踪模型对声速剖面的抗差性比较，本小节采用差值法对三角法，常梯度和常声速三种声线跟踪的抗差性进行比较，具体分析声剖的改变对模型精度的影响。

取最大水深为 100 m 的声剖剖面数据，分层间隔为 0.25 m，声速梯度始终为负，声速变化区间在 1 420~1 550 m/s，如图 3.1 所示。

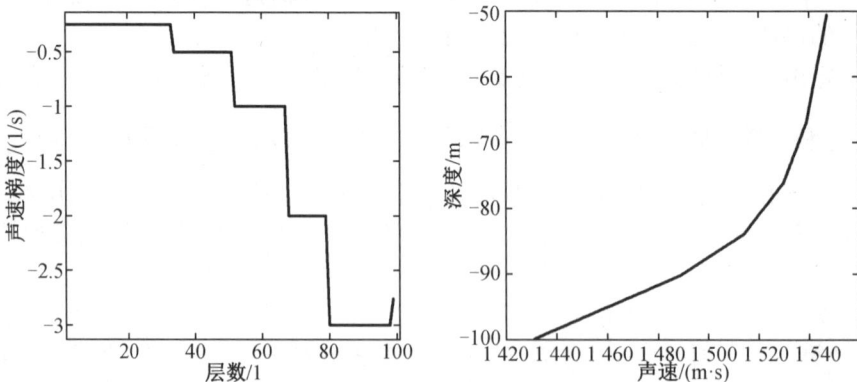

图 3.1　声速剖面及声速梯度

依据此声速剖面进行多波束声线跟踪仿真实验，共统计 5 条声线，假设多波束换能器发

射的声波初射角 $\theta=[15°,30°,45°,60°,75°]$，对应的回波时间 $T=[0.06\,s,0.07\,s,0.08\,s,$ $0.11\,s,0.16\,s]$，为了使模型简化，在此不考虑换能器的深度，即声线跟踪从海表面进行，依据此声速剖面对三角法、常声速和常梯度三种声线跟踪模型进行声线跟踪仿真，再对声剖进行等间隔抽稀，5 次抽稀后分层间隔为 $H=[0.5\,m,1\,m,2\,m,4\,m,8\,m]$，再进行声线跟踪仿真，得到所有角度，所有分层区间下的水平位移 x、深度 z，由于三角法只有一层，所以在此不用考虑分层，C_0 取所有声速层的算术平均值，将计算结果填入表 3.1~表 3.5。

表 3.1　15°初射角声线跟踪结果

分层间隔	常声速		常梯度		三角法	
	x/m	z/m	x/m	z/m	x/m	z/m
0.25 m	22.179	87.889	22.172	87.876	23.294	86.935
0.5 m	22.188	87.905	22.173	87.876	23.295	86.938
1 m	22.201	87.929	22.173	87.877	23.295	86.937
2 m	22.230	87.983	22.174	87.878	23.295	86.939
4 m	22.284	88.084	22.174	87.879	23.295	86.936
8 m	22.394	88.286	22.175	87.880	23.295	86.938

表 3.2　30°初射角声线跟踪结果

分层间隔	常声速		常梯度		三角法	
	x/m	z/m	x/m	z/m	x/m	z/m
0.25 m	49.675	92.957	49.660	92.946	52.501	90.934
0.5 m	49.695	92.970	49.662	92.948	52.503	90.937
1 m	49.725	92.990	49.661	92.948	52.502	90.936
2 m	49.791	93.034	49.664	92.950	52.503	90.938
4 m	49.914	93.116	49.666	92.950	52.502	90.938
8 m	50.156	93.276	49.681	92.951	52.640	89.936

表 3.3　45°初射角声线跟踪结果

分层间隔	常声速		常梯度		三角法	
	x/m	z/m	x/m	z/m	x/m	z/m
0.25 m	80.726	89.802	80.699	89.799	84.854	84.854
0.5 m	80.759	89.806	80.701	89.799	84.858	84.858
1 m	80.808	89.811	80.702	89.800	84.856	84.856
2 m	80.920	89.823	80.703	89.801	84.858	84.858
4 m	81.123	89.844	80.707	89.800	84.856	84.856
8 m	81.533	89.886	80.709	89.800	85.079	84.851

表 3.4　60°初射角声线跟踪结果

分层间隔	常声速		常梯度		三角法	
	x/m	z/m	x/m	z/m	x/m	z/m
0.25 m	135.417	95.240	135.368	95.258	142.897	82.501
0.5 m	135.478	95.218	135.359	95.255	142.902	82.505
1 m	135.570	95.186	135.357	95.255	142.900	82.503
2 m	135.773	95.112	135.355	95.254	142.903	82.505
4 m	136.152	94.974	135.332	95.253	142.899	82.503
8 m	136.903	94.698	135.140	95.252	143.275	82.506

表 3.5　75°初射角声线跟踪结果

分层间隔	常声速		常梯度		三角法	
	x/m	z/m	x/m	z/m	x/m	z/m
0.25 m	221.572	95.550	221.467	95.649	207.850	120.002
0.5 m	221.708	95.420	221.485	95.630	207.858	120.007
1 m	221.909	95.229	221.492	95.625	207.854	120.005
2 m	222.351	94.808	221.498	95.620	207.860	120.008
4 m	223.165	94.024	221.369	95.618	207.854	120.004
8 m	224.770	92.452	220.918	95.604	207.648	120.320

通过分析以上数据可以发现:

(1)同一声速剖面下,各模型的水平差距随着初射角的增加而增大,声线跟踪模型的抗差能力随初射角的增大减弱。

(2)同一声速剖面下,常声速和常梯度模型的垂直差距并不随着初射角的增加而增大,最明显的是在45°时最小,75°时最大,其他角度无明显规律;三角法模型随角度的增加而单一的增大。

(3)同一声速剖面下,常梯度和常声速模型的水平差距随声剖分层间隔的增大而增大,两种模型的水平抗差能力随声剖分层间隔的增大减弱;初射角小于45°时,常声速模型水平差距在分米量级,对声剖分层依赖性很大,常梯度模型水平差距在毫米量级,对声剖分层依赖性很小;初射角大于45°时二者水平位移对声剖依赖性变大,但对总体抗差性而言,常梯度模型明显优于常声速模型。

(4)同一声速剖面下,常梯度和常声速模型的垂直差距随着声剖的分层间隔增大而增大,两种模型的垂直抗差能力随声剖分层间隔的增大减弱,但常梯度模型垂直抗差能力明显强于常声速模型,前者变化在厘米量级,后变化在分米量级;初射角大于75°时两种模型的抗差能力变弱,常声速模型最大误差达到了 3.098 m,难以满足 s-44 海道测量需求(100 m 时深度误差 $\Delta z \leqslant \pm 1.38$ m),而常梯度模型垂直差距依然可以满足测深需求。

(5)三角法模型水平差距和垂直差距随声剖分层间隔变化不明显,由于三角法是将精密的常梯度 0.25 m 分层作为基准,可以分析出三角法总体误差较大,初射角在45°以内,水平差距和垂直差距在 0~5 m,初射角大于 45°时,水平差距在 5 m 以上,垂直差距在 10 m 以上,仅在 100 m 以内就难以满足测深精度需求。

4 结束语

多波束测深系统是目前测量精度最高的一种全覆盖水深测量方式。由于其系统的复杂性,影响多波束测深精度的因素也很多,其中声线跟踪模型的选取对多波束测深起着至关重要的作用[10]。本文围绕几种常规声线跟踪模型进行研究,提出了一种"抗差性"作为衡量各种声线跟踪模型精度的指标,在利用 Matlab 对多波束声线跟踪过程进行仿真实现的基础上,采用差值法对各声线跟踪模型进行"抗差性"精度分析。仿真实验结果表明,常梯度模型的抗误差能力最强,在三种声线跟踪模型中精度最高,从理论上推证了常梯度模型的优越性。当然,常梯度声线跟踪模型自身也存在缺陷,例如推导过程中用到了 Harmonic 平均声速近似,追踪层内残余深度时采用二分法或牛顿迭代法的计算精度问题等。下一步要对常梯度声线跟踪模型进行改进,寻找一种系统误差更小的、与声速剖面耦合程度更高的声线跟踪模型。

参考文献

[1] 魏建勋."海洋命运共同体":全球海洋治理的价值向度[J].南海学刊,2022,5:59-70.

[2] 张立华,殷晓冬.海洋测绘概论[M].大连:海军大连舰艇学院,2021.

[3] 李胜雪.水下声学定位中声速改正方法研究[D].山东:中国石油大学,2015

[4] 黄谟涛.海洋测量技术的研究进展与展望[J].海洋测绘,2008,28(5):77-82.

[5] 赵建虎,刘经南.多波束测深及图像数据处理[M].武汉:武汉大学出版社,2008.

[6] 刘雁春,翟国君.海洋测绘学科发展报告[R].中国测绘学科发展蓝皮书(中国测绘学会编).北京:测绘出版社,2006.

[7] 孙文川.海底地形信息数据获取与质量控制[D].大连:海军大连舰艇学院,2015.

[8] 陈志勇.浅谈多波束测深系统的主要误差来源及影响因素[A].重庆:长江重庆航道测绘处,2018.

[9] 王美娜,边刚,徐卫明.海洋测深学[M].大连:海军大连舰艇学院,2018.

[10] 王建.多波束测深的声速改正方法研究[D].山东:中国石油大学,2012.

过去几十年全球变暖史实及对可持续发展的影响

刘宇诺[1][①]　陈国杰[2]　姜　伟[3][*]　李付稳[1][#]

（1. 海军大连舰艇学院，辽宁大连，116018；
2. 91959 部队，海南三亚，572099；3. 92896 部队，辽宁大连，116018）

摘要：针对全球变暖史实下海洋温度变化时空特征研究的迫切需要，利用来自欧洲中期天气预报中心（ECMWF）的海表温度（SST）数据，分析了近 40 年（1979—2018 年）全球海域 SST 的长期演变规律。结果表明：(1) 近 40 年，全球 SST 以 0.011 1 ℃/a 的趋势显著性逐年递增，夏秋季对 SST 的逐年递增趋势的贡献更显著。(2) 全球海域 SST 增温降温与大洋热平衡的冷源与热源联系密切，区域年平均升温高于全球平均的西北太平洋海域，其升温显著区域位于黑潮、日本暖流和北太平洋暖流延伸区。(3) 1979—2018 年，西北太平洋海域的平均 SST 呈现逐年线性递增的趋势，以平均 0.016 9 ℃/a 的速率上升，其中 6 至 10 月升温趋势更强，整体升温贡献率更高，1 至 4 月升温趋势更弱，整体升温贡献率更低。

关键词：全球海域；海表温度；变化趋势；可持续发展

引言

海洋是地球系统的重要组成部分，在调控全球的气候变化以及维持地球生态平衡中起着极其重要的作用[1-5]。21 世纪以来，气候变化已经成为全球瞩目的重要议题，全球海洋温度变化是其中一个重要的研究热点[6-9]。海洋环境具有十分复杂的周期与非周期性动态变化，时域与地域差异巨大，海洋环境的各个参数往往表现出极强的不确定性，各参数之间存在复杂的非线性关系，具有明显的混沌特征[10]，海洋温度是众多海洋水文要素中最基本也是最重要的变量，深入研究海洋温度在多年尺度上的变化趋势，对于正确认识全球气候变化具有重要意义。海表温度（SST）是海洋温度的基本参数，它是海洋热力、动力过程和海洋与大气相互作用的综合结果，是影响海洋和大气运动的重要因素，也是地球表面能量平衡系统中的重要参数。对 SST 的分析研究对于了解全球气候变化趋势、对未来海洋温度的时空分布关系的准确测量与预测以及许多领域的发展具有重要意义，比如海洋天气和气候预报、海洋生物变化、海洋环境保护、近海人类活动、海洋军事等。

---

①　作者简介：刘宇诺，本科在读，四川江油人，研究方向为海洋要素调查与资料分析。"海上丝路"资源与环境研究团队"硕博化开展本科教育"重点培养对象。

刘宇诺和李付稳为共同第一作者。

*　通信作者：姜伟，博士，高级工程师，山东龙口人，研究方向为军事海洋、作战指挥。

在过去的研究中,对海洋温度的研究主要源于经济需求和国家需求,我国的研究集中在黄、渤、东海和南海,在二维空间分布、三维温跃层等方面有一定的研究成果,并且在 Argo 浮标、CTD 等优势海洋测量方式的帮助下,这些海域的研究成果十分显著。樊博文等[11]基于 Argo 数据可视化表达的结果,利用 GIS 技术从南海海温年变化、随纬度的变化、垂向变化、季节分布特征四个方面对南海的海温时空特征进行了分析,具有较好的参考和重复价值;2005 年,张秀芝等[12]利用英国气象局哈德莱中心(Met Office Hadley Centre)的 SST 数据,在渤海、黄海、东海、南海分别选择了具有代表性的区域,分析了中国近海 SST 的长期变化特征,发现中国近海在近 100 多年来各海区呈增温趋势,此外还发现,渤海、黄海、南海的年平均 SST 存在 2~4 年、准 7 年的变化周期;2007 年,潘蔚娟等[9]利用实测月平均 SST 资料发现在华南近海区域的 SST 在近 44 年的线性增长率为 0.12~0.19 ℃/10a;2009 年,冯琳等[13]利用 Hadley 中心的 SST 数据,发现在 1945—2006 年东中国海的 SST 平均每年升高 0.015 ℃,在整个 62 年期间共升高了 0.9 ℃,其中福建和浙江两省沿岸向东北方向拓展的大片海域是 SST 递增趋势的大值区;以上研究侧重于中国区域性海洋温度变化方面,郑崇伟等[6,14-15]的研究将视野扩展到了全球海域,对全球范围内的变化强劲区域做了重点分析,2011 年,郑崇伟等对 1870—2011 年的全球海域 SST 变化趋势进行了研究,对逐年变化、季节变化和整体性差异做了特别研究并对显著性变化的部分区域做了区域性差异分析。此外,郑崇伟等[3-5]还在国内外率先实现了中国海域大浪频率演变规律、"海上丝路"海域的波浪能资源演变规律分析,为防灾减灾、波浪能资源开发等提供了可靠依据。在西北太平洋暖池及其延伸区水温研究方面,Wang[11]等发现黑潮延伸体区域大尺度的海面温度异常存在季节内变化特征,并且通过海气相互作用驱动北太平洋海盆尺度的风应力旋度,构成耦合模态,该季节内振荡信号在夏季最强。张自银等[7]利用西太平洋地区 8 个珊瑚代用资料序列重建的 1644 年以来 3~7 月西太平洋暖池区平均 SST,发现西太平洋暖池区 SST 在 1888—2006 AD 有强烈上升趋势(0.04 ℃/100 a),其中 20 世纪 50 年代以来的增温达到了 0.67 ℃/100a。在 SST 变化对区域的影响层面,刘贝等通过建立台风强化值与 SST 之间的回归模式,证明了平均而言,南海海域平均 SST 每增加 1 ℃,台风强度强化度增加 12.5%。因此暖池的热状况对于东亚季风、ENSO 系统有着重要的影响,是理解东亚气候变率需要重点考虑的因子。

前人的研究对探索海洋变暖过程与发展趋势做出了重大贡献,本文在对全球海域 SST 变化情况进行分析的基础上,选择在北太平洋输送暖池海水的黑潮、日本暖流、北太平洋暖流的直接输送影响区域进行区域宏观研究,虽然这样的分析方法忽略掉某些重点海域的个别变化特征,但在将北太平洋的热量输送区域与热量消耗区的分别研究方面,具有一定的参考价值。本文利用 ECMWF 的数据,对 40 a 全球海域的平均后 SST 逐年和逐季变化趋势,与西北太平洋海域的变化趋势与月变化情况进行了研究。

1 SST 研究数据来源

研究采用了来自欧洲中期天气预报中心(ECMWF)的 ERA5 海表温度(SST)数据。ECMWF 是一个包括 34 个国家支持的国际性组织,是当今全球独树一帜的国际性天气预报研究和业务机构,其前身为欧洲的一个科学与技术合作项目。这些数据具有样本大、精度高的特点,数据提供了 1970—2018 年末每月的数据,据了解 ECMWF 也通过由世界气象组织(WMO)维护的全球通信网络向世界所有国家发送部分有用的中期数值预报产品,其使用的模式充分利用四维同化资料,可提供全球在 65 km 高度内 60 层的 40 km 网格密度共 20,911,680 个点的风、温、湿预报(https://www.ecmwf.int/)。在本研究中,只保留了海表温度场一个三维面的经纬二维数据,以月份为单位对时间进行了划分,使本文所用的数据结构简单、易于再分析、便于体现研究重点。

2 全球海域 SST 变化趋势

2.1 全球海域 SST 的年代际变化

首先将资料中 40 年(1979—2018 年)数据,以十年为单位进行划分,以十年为期平均,获得四张全球海域逐十年平均 SST 分布图(图略)。在赤道区域,存在间隔非洲大陆后环绕全球的平均 SST 大于 27 ℃的区域。其在太平洋西部、印度洋北部与大西洋西部沿岸跨越纬度范围最广,几乎占据了整个热带海域;而在太平洋东部与大西洋东部,平均 SST 大于 27 ℃海域分布较为薄弱,只占据了赤道地区较小范围,这与东北信风与东南信风对海表海水漂流作用有关。

以平均 SST 大于 27 ℃大值区为起点,随着纬度升高,平均 SST 呈条带状逐渐降低。在北半球,经过 30°N 线后 SST 降至 21 ℃左右,经过 60°N 线后 SST 降至 3 ℃以下。仅从这四张图来看,全球海域平均 SST 存在分布较广的平均 SST 大于 27 ℃的区域,以及分布较大的平均 SST 在 3 ℃以下的南北极低温海水区,两个极值 SST 分布区域的稳定性对于全球海洋温度变化存在重要影响。同时,以西太平洋暖池区为例,观察暖池区域边界,可以清晰地观察到暖池在逐年向外扩张,全球海洋存在 SST 普遍升高现象。

2.2 全球海域 SST 的年代际变率

在每十年平均的 SST 图中,我们得出了全球十年平均 SST 的区域分布特征,并以西太平洋暖池边界扩大为例,判断存在全球性的 SST 升高现象。为更加充分地反映全球 SST 的变化,以下四十年中,以十年为间隔,做后十年平均 SST 减去前十年平均 SST 得出 SST 的年代际变率(图略)。

通过观察可得到,全球 SST 整体趋于一个稳定状态,平均 SST 升高幅度并不大,但整体大面积区域仍处于小幅度上升状态,在全球出现了局部高强度升温与局部高强度降温同时存在的情况。

在全球海域平均 SST 差值大面积处于-0.3 ℃到 0.3 ℃区间,在太平洋南部临近南极洲部分,出现来了面积较大的高强度降温区域,其中心降温烈度最高低于-0.9 ℃,而升温较高区域面积很小,特别是升温烈度高于 0.9 ℃的区域。而在太平洋的南部,出现了一块在第二个十年间快速且高强度降温的区域,最强降温区域达-0.9 ℃/a 以下,说明南极海冰出现了剧烈溶解吸热现象,导致区域 SST 降低。

全球海域 SST 差值大面积处于-0.3 ℃到 0.3 ℃区间,但变化幅度较大的区域明显大于第一张图,在太平洋南部存在的降温显著区面积明显缩小。在太平洋东部出现了大面积降温区呈现 W 形分布,且降温烈度最高的区域处于南北美洲沿岸。这说明在第三个十年中,太平洋地区发生了强烈的拉尼娜现象,东北信风与东南信风带风力增强,将太平洋东部的表层海水吹向了西部,使太平洋东部的深层海水上浮,该地区 SST 下降。同时也使西太平洋暖池区的水量激增,总热量增大,增强了暖池区的水量输出作用。西北太平洋地区升温烈度较高的区域明显增大,特别是烈度高于 0.9 ℃的区域在西北太平洋黑潮、日本暖流、北太平洋暖流的延伸区出现。在大西洋北部出现了大面积的烈度高于 1.2 ℃的区域,而在上一个十年中,这里还是 SST 较稳定的区域,这说明北极海冰对此处的降温作用减弱,同时赤道热水对此处的输送增强。

　　全球海域平均 SST 差值出现大面积降低,特别是在出现强升温的大西洋北部海域,出现了一块面积巨大的降温幅度高于 −0.5 ℃ 的区域。这与 2009 年 8 月 Knight 等[8]首先指出的,1999—2008 年全球变暖出现停滞现象是吻合的。关于变暖停滞的问题,英国气象厅于 2013 年 7 月发布了三个报告,给出了变暖停滞期的 SST 特征[9],在停滞期中 SST 略有下降趋势。

2.3　全球海域 SST 的逐季节与逐年平均变化趋势

　　将 SST 从 1979—2018 年进行四十年平均,对 MAM(March,April,May)、JJA(June,July,August)、SON(September,October,November)、DJF(December,January,February)做全球四十年平均 SST 季节分布情况(图略)。

　　以 SST 高于 27 ℃ 区域的面积在四个季节的分布情况,可以估计在全球 SST 变化中,四个季节具有不同的升温贡献情况。以 4,7,10,1 月分别代表春夏秋冬的 SST 情况,取其变化趋势作图 1,对其线性变化趋势做线性分析并检验。

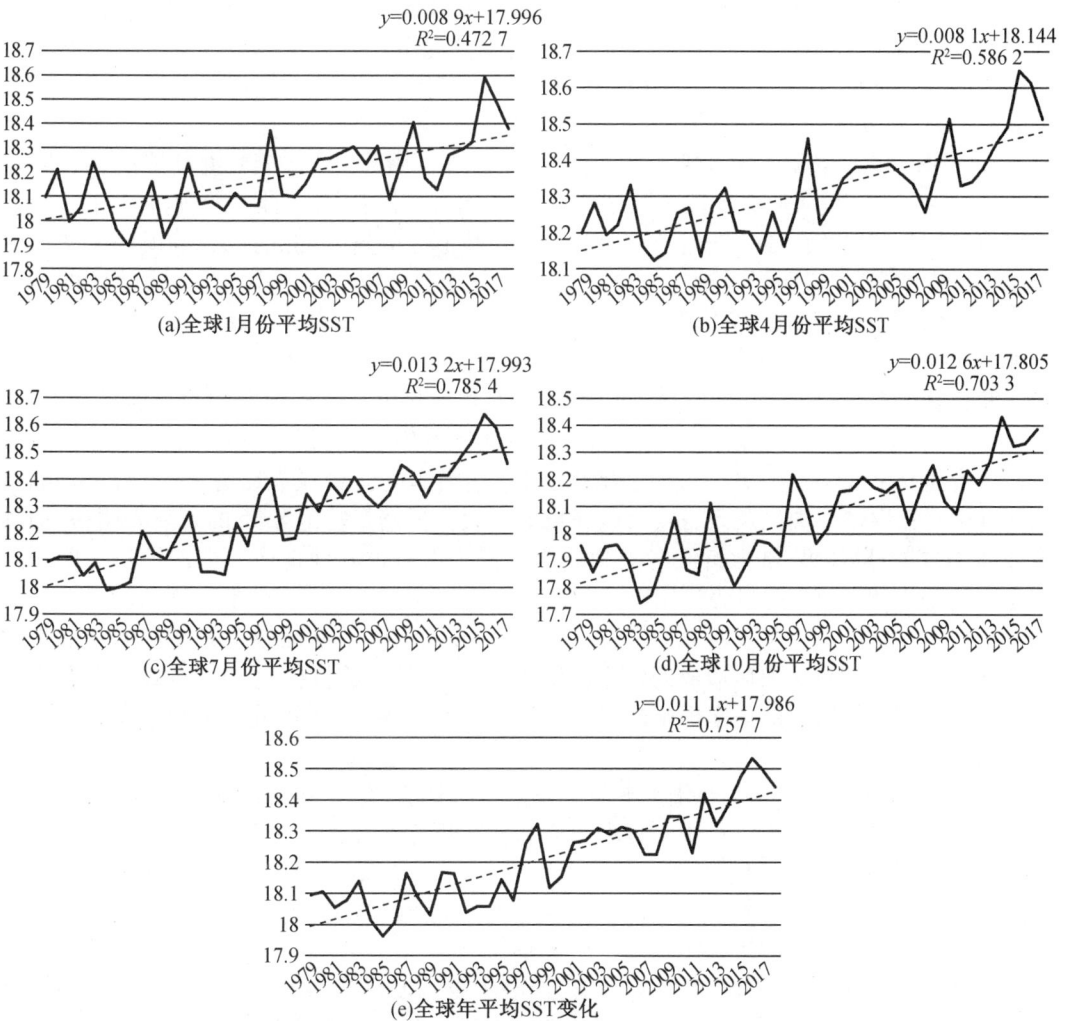

图1　近四十年全球年平均与春夏秋冬变化趋势

一月 R 为 0.687 5、四月 R 为 0.765 6、七月 R 为 0.886 2、十月 R 为 0.838 6、全球平均年平均 R 为 0.870 5,五个数值均大于 0.407 64,通过了 99%的信度检验,表明全球海域 SST 不论 4 个代表月还是逐年趋势,都呈显著性递增。1 月平均 SST 增长速率为 0.008 9 ℃/a、4 月平均 SST 增长速率为 0.008 4 ℃/a、7 月平均 SST 增长速率为 0.013 2 ℃/a、10 月平均 SST 增长速率为 0.012 6 ℃/a,逐年变化率为 0.011 1 ℃/a。可知在过去 40 年,7 月和 10 月 SST 的递增趋势强于 1 月和 4 月,对全球 SST 增长的贡献率更高。

3 西北太平洋 SST 变化趋势

3.1 西北太平洋海域 SST 年代际变化与年代际变率

采用与前文相同的研究方法,得到西北太平洋地区十年平均 SST 分布情况、西北太平洋每十年平均 SST 差值情况。在前文的全球海域十年平均 SST 分布情况中,发现了在西太平洋存在一个极其强大的暖池区,而在每十年平均 SST 差值图中,又发现在第三个十年(1999—2008 年)和第二个十年(1989—1998 年)平均 SST 差值图中,西北太平洋的增温较显著区域与暖池热水输送路径存在重合。于是选择了输送西太平洋暖池热水的太平洋西北部海域受黑潮、日本暖流、太平洋暖流所控制海域为重点研究区域。这些区域的温度升高极大地依赖于暖池热水,同时又从南向北对中国产生影响,是中国近海温度变化的直接影响因素,对海温变化与近海渔场分布等产生直接影响。

以中国海南岛和台湾岛为观察参考,可以明显看到逐十年的 27 ℃温度线的存在明显的北扩进程,27 ℃线从远离到逐步与中国海南岛和台湾岛接壤,如果继续这种进程,20 年内海南岛与台湾岛就会被完全包围。西北太平洋暖池区的这种向北扩大,既说明了暖池区域海水热量增加,也说明了暖池区对该区域的常见天气系统会产生影响,使暖池区的常见天气现象如热带气旋(TC)发生区向北偏移。Tu 等[16-18]认为 2000 年以后,西北太平洋-东亚地区的 TC 路径有从南海、菲律宾海地区向我国台湾地区附近和我国东部地区偏移的趋势。此外龚道溢等[19-22]也提出 1980 年以来,副高明显偏强且范围向西向南显著扩展,使西太平洋 20°N 以南 TC 活动相对偏弱,而 20°N 以北洋面 TC 活动相对增强。TC 的活动增强,会造成台风登陆我国的频次与可能性增高,对我国沿岸的防台减灾压力增大,台风登陆造成的直接经济财产损失以及人身安全威胁也会增大。根据张娇艳等[21]的研究表明,在浙江省登陆 TC 的登陆强度、陆上持续时间和造成的灾害都超过其他地区。苏浙沪作为中国经济发展的龙头省份,TC 的强势作用以及防台减灾造成工作的压力,对于该地区的经济建设发展会产生严重影响。关于西太副高,Zhou 等[20]认为主要是赤道中东太平洋的加热作用以及赤道印度洋的对流加热造成的。这也说明,暖池区的北移将会使 2022 年出现的副热带高压过度西伸北抬造成的华南极端高温与干旱变得更加频繁,严重危害中国南部的水资源安全与可持续发展。

在西北太平洋海区,SST 变化是十分显著剧烈而复杂,在 1989—1998 年的十年,西北太平洋的大面积升温区域主要集中于日本暖流和北太平洋暖流的延伸区域,而在西太平洋暖池区中,出现了零散分布的小幅度降温海区。在中国黄渤海区与日本海海区 SST 的升温趋势十分显著,出现了局部的超强升温区,这些区域是人类活动强的区域,航线密集与养殖渔场的大面积分布对这些区域 SST 情况产生影响。

西北太平洋海区的升温趋势依然显著,但 SST 降温明显的海区面积扩大升温区域与降温区域的对比明显。在 1998—2008 的十年间,西北太平洋的强升温区域充分集中在黑潮、日本暖流、北太平洋暖流的延伸区域,使这一区域成了北太平洋的升温中心,特别在北太平洋暖流的延伸末端,出现了烈度达 0.8 ℃以上的升温。中国东海与日本海东西沿岸的升温情况同样显著,特别是朝鲜半岛东部海域出现了较大面积、较强幅度的升温区域。

进入 21 世纪以来的全球变暖停滞期在西北太平洋海域的 SST 变化中体现充分,20 年间,仅在北太平洋暖流过境海区略有升温,东京湾区域小范围强升温,对整体 SST 影响微弱。而北太平洋暖流延伸区的大面积区域小幅度降温,也与在前十年中的大幅度升温有着重要联系。

3.2　西北太平洋 40 年平均变化趋势

图 2 展现了 1979 年到 2018 年西北太平洋的年平均 SST 变化趋势,在 40 年内西北太平洋年平均 SST 呈现上升趋势,R 值为 0.919,对线性回归的拟合度进行检验,通过相关系数界值表可知,通过了 99% 的相关性检验,可以通过趋势线对西北太平洋的变化趋势进行拟合。在西北太平洋海域,40 年平均 SST 以 0.016 9 ℃/a 的速率升高。这个数据高于全球 40 年平均 SST 增长速率的 0.011 1 ℃/a,说明在全球 SST 升温中,西北太平洋海域是作为一个热量增长贡献源存在。

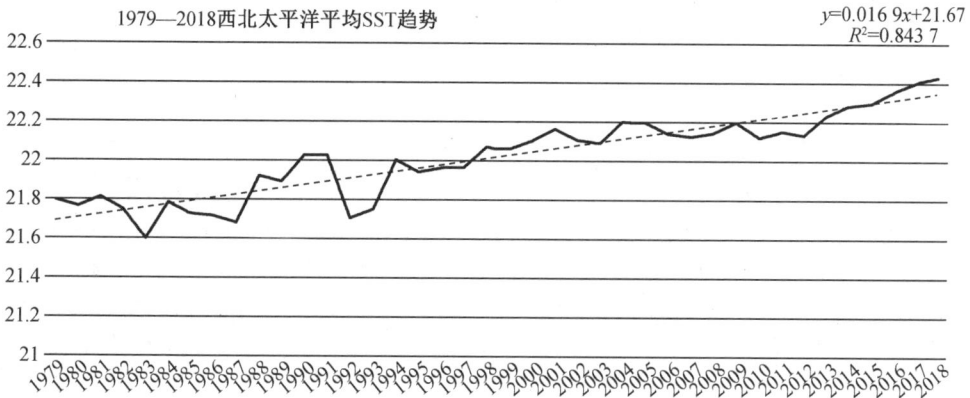

图 2　近 40 年期间西北太平洋 SST 的逐年变化趋势

3.3　西北太平洋每月逐年变化趋势

在图 3 中,西北太平洋 40 年逐月 SST 线性拟合均通过了 99% 的信度检验,说明逐月 40 年平均 SST 在时间尺度上的线性相关性好,可以用直线的斜率代表 SST 增长速率。

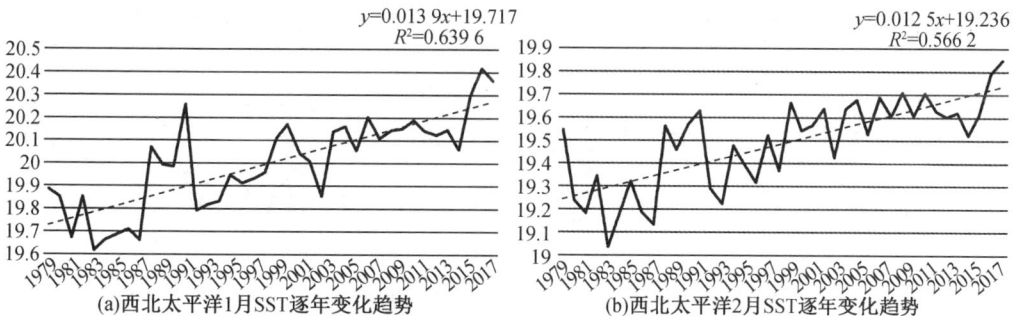

(a)西北太平洋1月SST逐年变化趋势　　(b)西北太平洋2月SST逐年变化趋势

图 3　近 40 年期间西北太平洋 SST 在各个月份的变化趋势

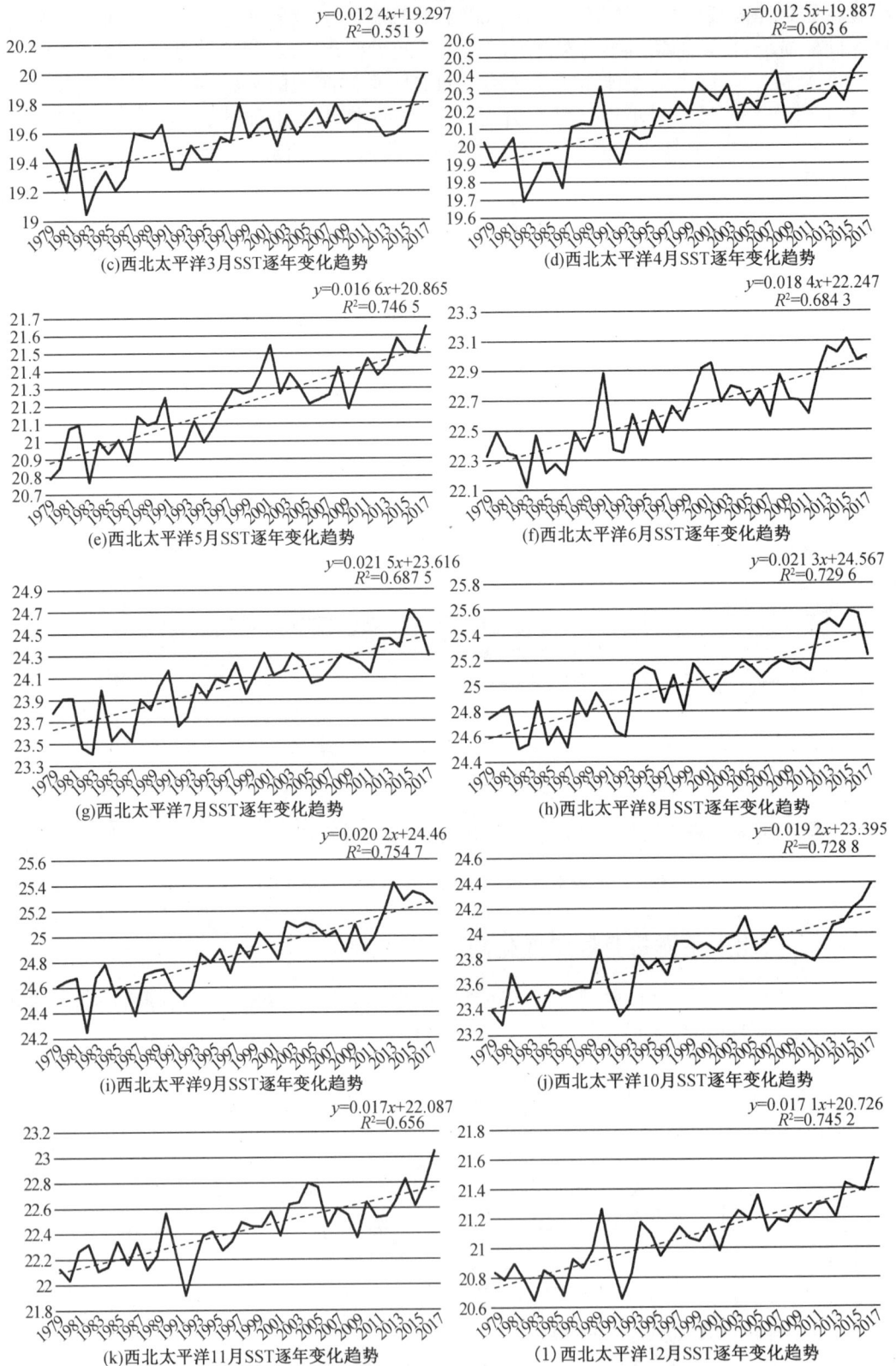

$y=0.012\,4x+19.297$
$R^2=0.551\,9$

(c)西北太平洋3月SST逐年变化趋势

$y=0.012\,5x+19.887$
$R^2=0.603\,6$

(d)西北太平洋4月SST逐年变化趋势

$y=0.016\,6x+20.865$
$R^2=0.746\,5$

(e)西北太平洋5月SST逐年变化趋势

$y=0.018\,4x+22.247$
$R^2=0.684\,3$

(f)西北太平洋6月SST逐年变化趋势

$y=0.021\,5x+23.616$
$R^2=0.687\,5$

(g)西北太平洋7月SST逐年变化趋势

$y=0.021\,3x+24.567$
$R^2=0.729\,6$

(h)西北太平洋8月SST逐年变化趋势

$y=0.020\,2x+24.46$
$R^2=0.754\,7$

(i)西北太平洋9月SST逐年变化趋势

$y=0.019\,2x+23.395$
$R^2=0.728\,8$

(j)西北太平洋10月SST逐年变化趋势

$y=0.017x+22.087$
$R^2=0.656$

(k)西北太平洋11月SST逐年变化趋势

$y=0.017\,1x+20.726$
$R^2=0.745\,2$

(1)西北太平洋12月SST逐年变化趋势

图3(续)

表 1 为西北太平洋 SST 在各个月份的变化趋势。

表 1　西北太平洋 SST 在各个月份的变化趋势

	相关系数	趋势	趋势是否显著
1 月	0.799 7	0.013 9 ℃/a	显著
2 月	0.752 4	0.012 5 ℃/a	显著
3 月	0.742 8	0.012 4 ℃/a	显著
4 月	0.776 9	0.012 5 ℃/a	显著
5 月	0.864	0.016 6 ℃/a	显著
6 月	0.827 2	0.018 4 ℃/a	显著
7 月	0.829 1	0.021 5 ℃/a	显著
8 月	0.854 1	0.021 3 ℃/a	显著
9 月	0.868 7	0.020 2 ℃/a	显著
10 月	0.853 6	0.019 2 ℃/a	显著
11 月	0.8099	0.017 ℃/a	显著
12 月	0.863 2	0.017 1 ℃/a	显著
全年	0.918 5	0.016 9 ℃/a	显著

对增长速率进行比较可知,6 至 12 月的增长速率均高于 40 年逐年变化速率 0.016 9 ℃/a,分别为 0.018 4 ℃/a、0.021 5 ℃/a、0.021 3 ℃/a、0.020 2 ℃/a、0.019 2 ℃/a、0.017 ℃/a、0.017 1 ℃/a。除 11 月与 12 月差值较小外,其余五个月均出现了大幅度超越平均增长率的增长特征,在西北太平洋的 SST 升温变化中,贡献了较大力量。而 1 至 5 月增长率低于平均值,特别是 1 至 4 月,变化幅度在 0.012 4 ℃/a 到 0.013 9 ℃/a 之间,幅度小,升温贡献率低。

4　结论

(1)1979—2018 年,全球大部分海域 SST 变化平稳,呈现缓慢上升的趋势。在一些区域,出现了变化十分复杂剧烈的情况,大幅升温区域与大幅区域同时存在。这种特殊变化的区域与全球海洋暖流、寒流的存在有关,表明影响 SST 变化的主要因素来源于赤道与南北极的温度变化情况。

(2)1979—2018 年,全球海域的 SST40 年年平均变化率为 0.011 1 ℃/a,夏秋季对 SST 年增温的作用更显著。

(3)全球海域的 SST 增温降温与大洋热平衡的冷源与热源联系密切,区域年平均升温高于全球平均的西北太平洋海域,其升温显著区域处于黑潮、日本暖流、北太平洋暖流延伸区。

(4)全球海域 SST 高于 27 ℃区域存在显著的季节性收缩现象,春冬季 40 年年平均升温速率低于平均值,这与 SST 大值区在春冬季的面积缩小可能存在联系。

(5)1979—2018 年,西北太平洋海域平均后的 SST 呈现逐年线性递增的趋势,以平均

0.016 9 ℃/ a 的速率上升,其中 6 至 10 月升温趋势更强,整体升温贡献率更高,1 至 4 月升温趋势更弱,整体升温贡献率更低。

(6)西北太平洋海域平均 SST 高于 27 ℃ 区域的北移,一定程度上促进了西太平洋副热带高压的西伸北扩,使我国南方发生高温干燥天气。在 2022 年夏季中国南方的极端高温中,长江反汛期缺水,四川水力发电受阻,经济产值与居民生活受到极大影响,这种极端天气在中国南部的出现将严重影响中国南部的经济建设与可持续发展。

(7)西北太平洋海域平均 SST 高于 27 ℃ 区域的北移,一定程度上会影响西北太平洋 20°N 以北洋面 TC 活动次数,影响我国重要航线与直接登陆我国的 TC 次数会相对增多,不利于我国沿海的贸易往来,增加了防台减灾的成本,对"21 世纪海上丝绸之路"建设产生不利影响。同时 SST 升高会影响海洋的盐度、pH 值、溶解氧含量,影响鱼类生存带的分布,影响近海渔场的可持续发展。

参考文献

[1] 郑崇伟,潘静,田妍妍,等. 全球海域风浪、涌浪、混合浪波候图集[M]. 北京:海洋出版社,2012.

[2] 郑崇伟,游小宝,周广庆,等. 中国近海海洋环境特征概况及波浪能资源详查[M]. 北京:海洋出版社,2016.

[3] 郑崇伟,裴顺强,李伟."21 世纪海上丝绸之路":未来 40 年波浪能长期预估[J]. 哈尔滨工程大学学报,2020, 41(7): 958-965.

[4] 郑崇伟,高成志,高悦."21 世纪海上丝绸之路"波浪能的气候特征及变化趋势[J]. 太阳能学报,2019, 40(6): 1487-1493.

[5] 郑崇伟,林刚,邵龙潭. 1988—2010 年中国海大浪频率及其长期变化趋势[J]. 厦门大学学报(自然科学版)2013,52(3):395-399.

[6] 郑崇伟,周林,宋帅,等. 1870—2011 年全球海域 SST 变化趋势[J]. 海洋与湖沼,2013, 44(5):1123-1129.

[7] 张自银,龚道溢,何学兆,等. 1644 年以来西太平洋暖池海温重建[J]. 中国科学 D 辑:地球科学 2009,39(1): 106-115.

[8] KNIGHT J, KENNEDLY J J, FOLLAND C, et al. Do global temperature trends over the last decade falsify climate predictions? In state of the climate in2008 [J]. BAMS, 2009,90(8): 22-23.

[9] MET OFFICE. The recent pause in global warming(2): what are the potential eauses? [R]. 2013: 1-22.

[10] 笪良龙,熊张浩,过武宏. 海洋温度场稳定性与可预报性研究[J]. 海洋技术学报,2015,34(1):12.

[11] 樊博文,雷洁霞,樊彦国. 基于 GIS 的南海海温时空过程分析研究[J]. 海洋科学 2018,42(4):36-37.

[12] 张秀芝,裘越芳,吴迅英. 近百年中国近海海温变化[J]. 气候与环境研究,2005,10 (4):799-807.

[13] 冯琳,林霄沛. 1945—2006 年东中国海海表温度长期变化趋势[J]. 中国海洋大学学报,2009,39(1):13-18.

[14] 潘蔚娟,钱光明,余克服,等.华南近海近40年的实测SST变化特征[J].热带气象学报,2007,23(3):271-276.

[15] 郑崇伟,庄卉,李训强,等.基于两种数据集的全球SST变化趋势的对比研究[J].海洋科学进展,2012,30(2):171-176.

[16] WANG L, LI T, ZHOU T. Interseasonal SST variability and air-sea interaction over the Kuroshio Extension region during boreal summer[J]. Journal of Climate, 2012, 25(5): 1619-1634.

[17] RUCONG Y, ZHANG Y, WANG J, et al. Recent progress in numerical atmospheric modeling in China[J]. 大气科学进展(英文版),2019,36(9):938-960.

[18] TU J Y, CHOU C, CHU P S. The abrupt shift of typhoon activity in the vicinity of Taiwan and its association with western North Pacific-East Asian climate change[J]. J Climate, 2009, 22(13): 3617-3628.

[19] 龚道溢,何学兆.西太平洋副热带高压的年代际变化及其气候影响[J].地理学报,2002,57(2): 185-193.

[20] ZHOU T, YU R, ZHANG J, et al. Why the western pacific subtropical high has extended westward since the late 1970s[J]. J Climate, 2009, 22(8): 2199-2215.

[21] 张娇艳,吴立广,张强.全球变暖背景下我国热带气旋灾害趋势分析[J].热带气象学报,2011,27(4): 442-454.

[22] 刘贝,周倩莹,付东洋,等.海面温度对南海台风强度的影响[J].广东海洋大学学报,2019, 39(1): 97-104.

近 40 年东海黑潮区 SST 的时空特征及年代际变化趋势

侯俊壑① 高明月 王路才

(海军大连舰艇学院,辽宁大连,116018)

摘要:利用 1979—2018 年共 40 年欧洲中期天气预报中心(ECMWF)资料,分析东海黑潮流域海表温度分布特征和长期演变规律。结果表明:1.整体上东海黑潮区温度分层与纬线大致平行,西部略低,东部略高,但夏季呈现出明显的西高东低的态势;2.春、夏两季黑潮对海温的影响更加明显,且冬季 SST 明显高于春季;3.东海黑潮区平均海表温度在 40 年间呈现上升趋势,增速为 0.018 52 ℃/a,后 20 年与前 20 年形成明显的分层,且后 20 年(1998—2018)比前 20 年(1979—1998)高 0.4 ℃左右;4.40 年间,海表温度总体上呈现出随纬度增加而逐渐降低的趋势,黑潮流幅逐渐向东北方向扩展;5.东海黑潮区 SST 整体上呈现小幅上升,在宫古海峡和吐噶喇海峡海域上升幅度尤为明显,最高达到 0.8 ℃;6.东海黑潮流域海表温度的上升与厄尔尼诺现象有着密不可分的联系,两者几乎同时产生。

关键词:黑潮流域;海表温度;变化趋势;季节和年际变化

引言

黑潮作为北太平洋副热带环流的西边界流,对海洋中物质和能量的经向输送起到关键作用,同时对西太平洋暖池的热收支也具有重要作用。太平洋北赤道流向西流动,到达吕宋岛东岸分叉形成两支海流,即北向的黑潮和南向的棉兰老流。黑潮在向北流动的过程中,主体部分沿台湾岛东岸继续向北进入东海,在 35°N 转向东后从吐噶喇海峡流出东海[1]。黑潮具有高温、高盐、流速高和流量大等特征,将大量热量从低纬度地区输送到中纬度地区,对太平洋甚至全球的气候和环境变化具有重要影响。黑潮海区作为海气相互作用的活跃区,将大量的热量从较低纬区向较高纬区输送。这种热量释放向北半球大气输送了大量的能量。它的强弱变化不仅影响东海及其邻近海域的水文状况和生态环境,还对东亚地区的气候变化有着非常显著的影响[2]。国内外研究表明,黑潮海区表层海温变化对我国沿海地区、长江中下游的气温和降水、西太平洋副高、青藏高压的环流调整等均会产生影响[3]。

从 20 世纪以来,大量学者就利用观测和模式数据对黑潮流域及周边海域海表温度进行了研究。桂新蓉[4]利用经验正交函数方法对黑潮海区海面温度场和我国气温场之间的交

---

① 作者简介:侯俊壑,男,本科在读,重庆渝中人,主要研究方向为东海黑潮区 SST,"海上丝路"资源与环境研究团队"硕博化开展本科教育"培养对象。

叉相关系数场进行了统计分析,确定了气温场与海面温度场之间的高线性相关区域。余广昌等[5]研究了 1960—2010 年春季黑潮区潜热输送对中国春季降水的影响及其影响过程。袁耀初等[6]研究了 1997—1998 年东海黑潮,发现在 1997 年夏季的强厄尔尼诺期间,东海黑潮的强度与流量在台湾岛东南海域都有减小。王晓玲等[7]研究了冬季黑潮区 SST,发现冬季黑潮区 SST 在全区变化较一致,表现为均匀的冷暖分布,在 20 世纪 70 年代中期之前,海温的年际变化幅度较大,之后则较小。总体上,冬季黑潮区 SST 有明显的变暖趋势。王惠群等[8]的计算结果表明,黑潮的最大流速总是出现在东海海区南部最大的坡折附近。武杰等[9]对吕宋岛和台湾岛两个海域黑潮变化的异同及其物理机制进行了分析,发现吕宋岛以东黑潮呈现冬春季强而秋季弱的变化规律,而台湾岛以东黑潮呈现夏季强冬季弱的变化规律。赵振国[10]指出 1951 年以来,黑潮区海温经历了两个上升期和两个下降期,经历了三个年代际变化周期,黑潮区海温最明显的变化周期为 33.6 个月,其次是 74 个月和 18 个月的周期。李永康[11]研究发现东海黑潮区平均海温从 4 月开始逐月上升,8 月达到全年最高,9 月开始下降,最低在 2,3 月。康建成等[12]使用美国海洋大气局 2010 年发布的海洋温度数据库、地球物理数据中心 2006 年发布的海底地形数据库,研发三维体积、切面可视和分析技术,探讨东海黑潮区温度逐月空间变化得出,从东海黑潮的入口到出口,表层平均温度的差值在 4~5 月份最大,8~9 月份最小,反映黑潮与东海热交换的月季变化且表层温度的年较差和月差值在 128°E 附近最大。丁良模[13]依据 3,4 月黑潮关键区的海面放热量,发现东海黑潮区海面放热量对长江流域梅雨降水有一定的影响。张启龙等[14]根据华北地区 18 个代表站 1951—1996 年月降水资料研究得出冬季黑潮热输送与华北 II 区汛期降水之间存在着较密切的负相关关系。赵永平[15]计算了东海黑潮区海洋异常加热与后期 1~12 个月北半球大气环流的时滞相关,分析了二者的相关关系。结果表明,海洋异常加热对后期半年到一年北半球大气环流场有重要影响。当东海黑潮区海洋异常多加热时,后期半球范围内大气环流的经向度将趋减小,反之则趋加强。朱伟军等[16]指出东海黑潮区的海温异常会影响冬季北太平洋风暴轴在入口区的强度变化和位置变化。

虽然前人的研究对探究东海黑潮区气象要素变化的过程及发展趋势做出重大的贡献,但受限于早年资料不足、技术发展不够先进、观测资料不确定性大且覆盖不全等原因,针对该海区海温在全球变化形势下的长期变化过程及其变化趋势的研究还不够多,对东海黑潮区作为整体,在海洋要素,尤其是海表温度的研究方面仍显不足,对东海黑潮区海表温度年循环过程(季节变化)的解释仍不完整。本文通过对东海黑潮区近 40 年 SST 的时空特征及年代际变化趋势分析,期望可以为研究东亚气候变化、防范极端天气灾害、东海生态环境研究、东亚气候预报与预测、保障舰船航行、维护国家合法利益和能源的开采等提供科学依据。

1 方法与数据

1.1 方法

本文利用欧洲中期天气预报中心(ECMWF)的 ERA5 海表温度(SST)数据,对 1979—2018 年东海黑潮流域海表温度采用统计年平均、月平均以及年代变化际率的方法,计算分析东海黑潮流域的海表温度(SST)要素的时空分布特征及长期演变规律。本文所使用的工具为:GrADS 和 Matlab。

1.2 数据介绍

本文所用的数据来自欧洲中期天气预报中心(ECMWF)的 ERA5 海表温度(SST)数据。ECMWF 是一个包括 34 个国家支持的国际性组织,是当今全球独树一帜的国际性天气预报研究和业务机构。其前身为欧洲的一个科学与技术合作项目。这些数据具有样本量大,精度高的特点,其使用的模式充分利用四维同化资料,可提供全球在 65 km 高度内 60 层的40 km 网格密度共 20 911 680 个点的风、温、湿预报。ERA5 海表温度(SST)数据是一种综合性的再分析数据,可提供全球范围内大气、陆地和海洋气候变量的每小时估计。本文的具体使用的 ERA5 海表温度场的经纬二维数据,以月份为单位对时间进行了划分,使本文所用的数据结构简单、重新划分轻松、便于体现研究重点。

2 黑潮流域 SST 的时空分布特征

利用 1979—2018 年 ECMWF 数据,计算东海黑潮流域 1,4,7,10 月份的海表温度。从而可知,1 月份(冬季),黑潮流幅较小,对于整个海区 SST 影响不明显,除去亚欧大陆的影响,整体上东海黑潮区的温度变化与纬度平行。在九州岛以南海域 21~24 ℃ 温区向北延伸形成一个 8°×3° 的突出部。4 月份(春季),该突出部进一步向北、向东延伸至四国岛附近海域。7 月份(夏季),黑潮对整个海区的升温作用尤为明显,整个海区平均海温明显高于同纬度其他海域,温区整体向北延伸 2° 左右,但九州岛以南海域的突出部变小,29 ℃ 等温线在宫古海峡附近海域形成一个更加细长的突出部,纵向达到 5°。10 月份(秋季),与冬季 SST 变化分布相似,但黑潮的影响导致整个海区海温趋于平均。通过对比四个季节东海黑潮区SST 不难发现:整体上东海黑潮区温度分层与纬线大致平行,西部略低,东部略高,但夏季呈现出明显的西高东低的态势。东海黑潮区在春、夏两季黑潮对海温的影响更加明显,在宫古海峡、吐噶喇海峡海表温度明显高于同纬度其他地区,与同纬度其他海域温差超过 1 ℃;秋、冬两季随着黑潮流幅的扩大,整个流域海温变化趋于平稳,随纬度的增加而减小,但冬季海温仍明显高于春季。

3 黑潮流域 SST 的长期演变规律

3.1 变化趋势分析

利用 Matlab 对北纬 10°~40°,东经 100°~160° 区域进行线性回归分析,并进行 95% 的可信度检验后,可以发现,在通过可信度检验的区域,40 年间增温速度并不快,SST 年平均增速在宫古海峡、吐噶喇海峡附近海域最大,最大增速达到 0.02 ℃/a。根据此图决定选择通过可信度检验的区域(北纬 10°~30°,东经 120°~140°)进行进一步分析。

利用 1979—2018 年 ECMWF 数据,通过 Matlab 软件对东海黑潮区 40 年海表平均温度进行分析(图 1)。由图 1 可知,东海黑潮流域平均海表温度在 40 年间呈上升趋势,增速为0.018 52 ℃/a,在 1998 年陡然上升,后 20 年与前 20 年形成明显的断层。对前后 20 年分别进行分析(图 2)可知前 20 年(1979—1998 年)东海黑潮流域海表温度呈现锯齿状上升趋势,增速达到 0.016 ℃/a,而后 20 年(1998—2018 年)则呈现出略有下滑的趋势。但整体上后 20 年(1998—2018 年)温度高于前 20 年(1979—1998 年)。

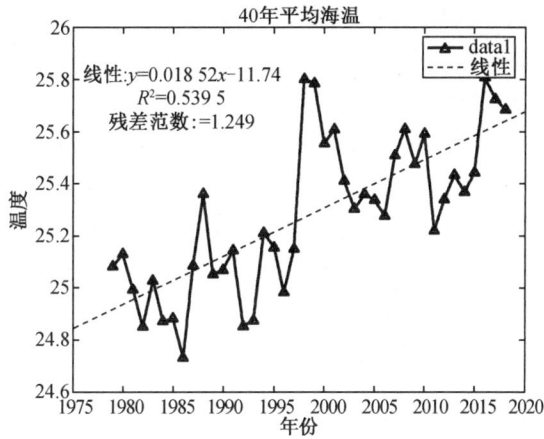

图 1　1979—2018 年东海黑潮区年平均 SST

　　结合 40 年以来厄尔尼诺现象发生的年份,近 40 年中,东海黑潮流域海表温度显著升高的年份(1982—1983 年、1986—1987 年、1992—1994 年、1997—1999 年、2007—2010 年、2014—2016 年)厄尔尼诺现象显著的年份(1982—1983 年、1986—1987 年、1991—1994 年、1997—1998 年、2002—2007 年、2009—2010 年、2014—2016 年)大致相同,而东海黑潮流域海表温度上升最强烈的年份(1986—1987 年、1997—1999 年、2014—2016 年)与厄尔尼诺现象显著的年份(1982—1983 年、1997—1998 年、2014—2016 年)几乎完全一致。说明东海黑潮流域海表温度的上升与厄尔尼诺现象有着密不可分的联系,两者几乎同时产生。

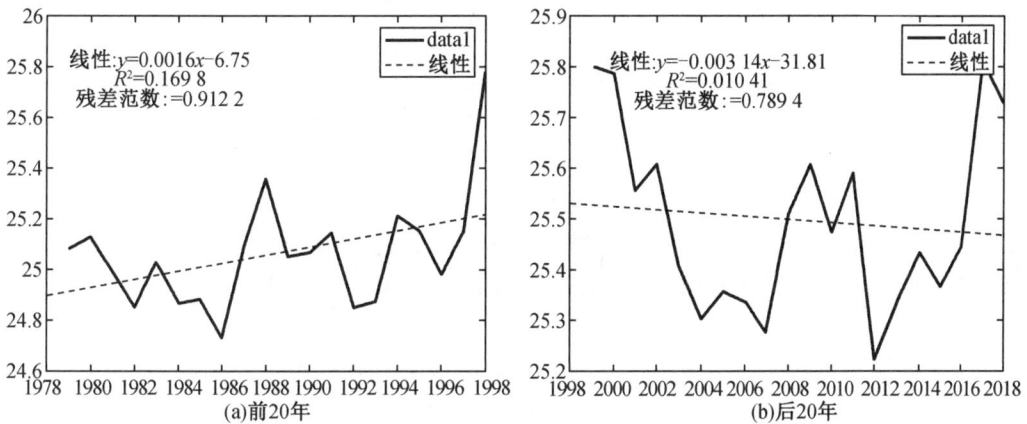

图 2　前、后 20 年年平均 SST

3.2　年代际变化量分析

　　计算东海黑潮区近 40 年海表温度变化的年代际变化量。由此可知,在东海黑潮区海表温度平均值在 1979—1998 年,海表温度总体上呈现出随纬度增加而逐渐降低,且除北部靠近大陆架附近海域外,海表温度分布面积大致相同,在宫古海峡和吐噶喇海峡海域,海表温度明显高于同纬度其他地区,分别达到 26 ℃和 24 ℃;在 1999—2018 年,海表温度分布特征总体上与前 20 年相似,但 29 ℃等温线向北移动 14°,等温线相较前 20 年(1979—1998)更为密集,黑潮流幅逐渐向东北方向扩展。

在 1999—2018 年相对于 1979—1998 年,东海黑潮区海表温度整体上呈现小幅上升,在宫古海峡和吐噶喇海峡海域上升幅度尤为明显,最高达到 0.8 ℃;菲律宾以东海域与流域中部海域相比,上升幅度更加明显。

将年代际变率缩小到 10 年,可以发现东海黑潮区海表温度整体上仍处于上升趋势,1999—2008 年的增长最为明显,强升温区域集中在菲律宾群岛以东海域,达到 0.6 ℃/a,2009—2018 年整个流域几乎没有增长,中心流域甚至出现降温,最高达到-0.2 ℃/a。

4 结论

东海黑潮区地理位置特殊,研究其海洋环境特征对我国的海洋战略具有重要意义。本文基于 ECMWFERA5 海表温度(SST)数据,分析研究了近 40 年东海黑潮区 SST 的时空特征及年代际变化趋势,得到以下结论:

(1)整体上东海黑潮区温度分层与纬线大致平行,西部略低,东部略高,但夏季呈现出明显的西高东低的态势,在九州岛以南附近海域形成一个突出部,该突出部在冬、春两季最明显。在夏季,29 ℃ 等温线在宫古海峡附近海域形成一个更加细长的突出部。

(2)春、夏两季黑潮对海温的影响更加明显,在宫古海峡、吐噶喇海峡海表温度明显高于同纬度其他地区,与同纬度其他海域温差超过 1 ℃;秋、冬两季随着黑潮流幅的扩大,整个东海黑潮区 SST 随纬度的增加而减小,但冬季海温仍明显高于春季。

(3)SST 年平均增速在宫古海峡、吐噶喇海峡附近海域达到最大,为 0.02 ℃/a。

(4)东海黑潮区平均海表温度在 40 年间呈现上升趋势,增速为 0.018 52 ℃/a,后 20 年与前 20 年形成明显的分层,且后 20 年(1998—2018 年)比前 20 年(1979—1998 年)高 0.4 ℃ 左右。

(5)40 年间,海表温度总体上呈现出随纬度增加而逐渐降低的趋势,且除北部靠近大陆架附近海域外,海表温度分布面积大致相同,但在后 20 年(1999—2018 年)海表温度 29 ℃ 等温线向北移动 14°,等温线相较前 20 年(1979—1998 年)更为密集,黑潮流幅逐渐向东北方向扩展。

(6)东海黑潮流域海表温度整体上呈现小幅上升,在宫古海峡和吐噶喇海峡海域上升幅度尤为明显,最高达到 0.8 ℃;菲律宾以东海域与流域中部海域相比,上升幅度更加明显。

(7)东海黑潮流域海表温度的上升与厄尔尼诺现象有着密不可分的联系,两者几乎同时产生。

参考文献

[1] 马芊,林霄沛.黑潮源区次表层的低频季节内变化[J].中国海洋大学学报(自然科学版),2021,51(2):10-19.

[2] 陈光泽,张铭,李崇银.大洋环流对风应力异常响应的敏感性区域研究[C].浙江省气象学会、上海市气象学会、江苏省气象学会,2010:46-51.

[3] 关志佳,谭言科.黑潮区域变温异常特征分析[C].浙江省气象学会、上海市气象学会、江苏省气象学会,2010:51-59.

[4] 桂新蓉.黑潮区海温场与我国气温场之间的相关分析[J].气象科学,1986(2):75-83.

［5］ 余广昌,陈文,徐需强,等.东海黑潮区潜热变化对中国春季降水的影响及其影响过程
［J］.气候与环境研究,2015,20(5):600-610.

［6］ 袁耀初,刘勇刚,苏纪兰,等.1997年夏季台湾岛以东与东海黑潮[C].中国海洋学会,
2000:10-19.

［7］ 王晓玲,孙照渤.冬季黑潮区 SST 异常和东亚夏季风的相关研究[J].南京气象学院学
报,2006(1):68-74.

［8］ 王惠群,袁耀初.1994年春季东海环流的三维诊断、半诊断及预报计算[J].海洋学报
(中文版),1997(4):15-25.

［9］ 武杰,张林林,闫晓梅.吕宋和台湾岛以东黑潮季节与年际变化规律的对比分析[J].
海洋与湖沼,2020,51(4):839-850.

［10］ 赵振国.中国夏季旱涝际环境场[M].北京:北京气象出版社,2000.

［11］ 李永康.黑潮海温与我国汛期降水及东亚高空流场的统计分析[J].气象科学,1989,
9(3):263-275.

［12］ 康建成,王国栋,朱炯,等.东海黑潮区温度的月际变化特征[J].海洋与湖沼,2012,
43(5):877-883.

［13］ 丁良模.黑潮关键区的海面放热量对长江地区梅雨降水的影响[J].海洋学报(中文
版),1992(3):47-54.

［14］ 张启龙,翁学传,程明华.华北地区汛期降水与热带西太平洋暖池和黑潮的关系[J].
高原气象,1999(4):575-583.

［15］ 赵永平,MCBEAN G A.黑潮海域海洋异常加热对后期北半球大气环流影响的分析
[J].海洋与湖沼,1996(3):246-250.

［16］ 朱伟军,孙照渤.冬季黑潮区域海温异常对北太平洋风暴轴的影响[J].应用气象学
报,2000(2):145-153.

近 40 年南海海域有效波高的时空特征

黄 晶① 王路才 高明月

（海军大连舰艇学院，辽宁大连，116018）

摘要： 本文将 TOPEX/Poseidon 高度计反演的有效波高（significant wave height，SWH）作为分析对象，利用近 40 年（1979—2018 年）的海浪数据，对南海 SWH 的长期变化趋势和季节变化趋势进行了分析。分析结果表明，南海北部和中部海域有效波高可达到 2 m 以上，波浪能资源储量丰富；近 40 年中，南海海域的平均有效波高比较稳定，年代际变化不大；南海南部海域的有效波高有着明显的季节变化，南海海域有效波高的最大值一般出现在冬季，最小值一般出现在春季。本文研究结果可为南海海域波浪能开发选址提供参考。

关键字： 南海；波浪能；有效波高；年代际变化

引言

南海水深、域广、风大，既有交替的季风，又多猛烈的台风，海浪之大为中国陆缘海之冠。风浪和平均波高都以东北部大于西南部，西沙年平均波高 1.4 m，10 月至次年 1 月年均浪高都在 1.5 m 以上，台风期间浪高达 7~9 m。南沙年平均波高为 1.3 m。在不同季风盛行期，南海的波浪高度有着较大的差异性。南海是我国重要的海洋领土，拥有着丰富的资源和重要的战略意义，详细分析南海波浪的时间与空间分布对海洋资源开发具有重要作用。同时，南海的波浪能是十分丰富的，在资源短缺的今天，波浪能这种清洁能源也是国家十分重要的资源，为我国经济的稳定发展提供有力保障。

波浪在国内的研究较多，郑崇伟[1]等研究分析了南海的波浪场与风场之间的关系，总结出南海为明显的季风变换带，春季、夏季、冬季的波向和风向对应较好，秋季次之；同时南海的波浪场与风场有一定的重合。宗芳伊[2]等研究了近 20 年的 SWAN 模式海浪模拟结果的南海波浪能分布、变化，结论是南海波浪能流密度在四个季节都较为稳定，在冬季稳定性最好，秋季较差。易风[3]等探讨了波高和周期的分布特征、季节特征、四大群岛波高与周期的联合分布以及南海波高的长期变化趋势，总结出南海海域的有效波高和波周期有良好的对应关系，同时 1979—2015 年，南海大部分海域的有效波高在逐年递增。郑崇伟[4]等对南海的波浪能流密度进行了研究，结论是南海大部分海域波浪能流都在以较高速度逐年增

---

① 作者简介：黄晶（2003-），男，本科在读，湖南沅江人，研究方向为南海有效波高。"海上丝路"资源与环境研究团队"硕博化开展本科教育"培养对象。

长。韩树宗[5]等对南海波浪时空变化特征进行研究,结论是整个南海地区主体的常浪方向为 NE,强浪向以 NE 和 N 为主,形成这种现象的主要原因是强大的冬季风。南海地区的有效波高方面,冬季最大。秋冬季节受冬季风的影响南海北部有效波高较大,夏季由于西南季风的影响,南海北部相对于中部和南部较小,所以波高大值区都偏南。大部分地区全年平均有效波高超过 1 m,部分地区甚至超过 1.7 m。席林通[6]等研究分析了南海的波浪能分布,发现南海海域的波浪能分布表现出明显的季节及空间分布特征,大值区主要集中在中北部海域、东沙群岛和台湾岛邻近海域,而低值区主要分布在北部湾、曾母暗沙以及泰国湾周边海域。王绿卿[7]等对南海灾害性波浪基本特征进行研究,研究结果显示南海北部海域灾害性波浪在 8 月相对较强,该海域台风浪明显强于非台风浪;南海南部海域在 10 月波高相对较大,该海域台风浪和非台风浪强度南海南部海域的非台风浪强度比北部海域整体偏大。

前人大多分析的是近 10~20 年南海的波浪季节变化和季节差异,相关研究结果为我国更好地利用南海能源提供了丰富的数据支持,但其时间跨度一般较小,年代际特征还有待进一步分析。本文在前人研究的基础之上,运用近 40 年观测的有效波高的数据对南海的有效波高的时空特征的特点和变化情况进行分析,研究南海波浪对我国在南海的活动的影响。

1 波浪在南海的变化趋势分析

本文将 TOPEX/Poseidon(简称 T/P)高度计反演的有效波高(significant wave height, SWH)作为分析对象,利用近 40 年(1979—2018 年)的海浪数据,对南海 SWH 的长期变化趋势和季节变化趋势进行分析。

根据南海近 40 年(1979—2018 年)1,4,7,10 月的平均有效波高可以得出,南海海域的北部和中部海域,平均有效波高可达到 2 m 以上,波浪能资源丰富。另外,在南海南部海域,有效波高的季节性变化比较显著,受东北季风的影响,1 月,有效波高的最大值向南海西南部移动,最大值达到了 2.6 m,大部分海域的有效波高都在 1.5 m 以上;4 月在南海的中部范围在北纬 10°~20°N,东经 111°~115°的海域,波高在 1 m 左右,其他的海域波高都在 1 m 以下;到了 7 月,可以看到有效波高的最大值向南海北部移动,最大值在 2.0 m 以上,大部分海域都在 1.0 m 以上;在 10 月期间,在靠近南海中部的海域最大波高达到了 1.5 m,大部分海域的有效波高都在 1.0 m 以上。在南海有效波高的最大值出现在冬季,最小值出现在春季。这正是因为南海受冬季东北季风影响比较大,而春季是季风转换的季节所以有效波高的值比较小。

对南海近 40 年(1979—2018 年)的不同季节平均波高进行分析,如图 1 所示。由图可以看出,在近 40 年内,南海在春季和冬季的平均波高有着逐渐上升的趋势,但变化速度不快,总体来说趋于稳定;而在夏季和秋季的平均波高趋于稳定。由此可见,南海波浪能源丰富,且每年的波浪能较为稳定,适宜开发。同时,较为稳定的波浪时间与空间分布,有利于对未来一段时间内的波浪状况进行预测。

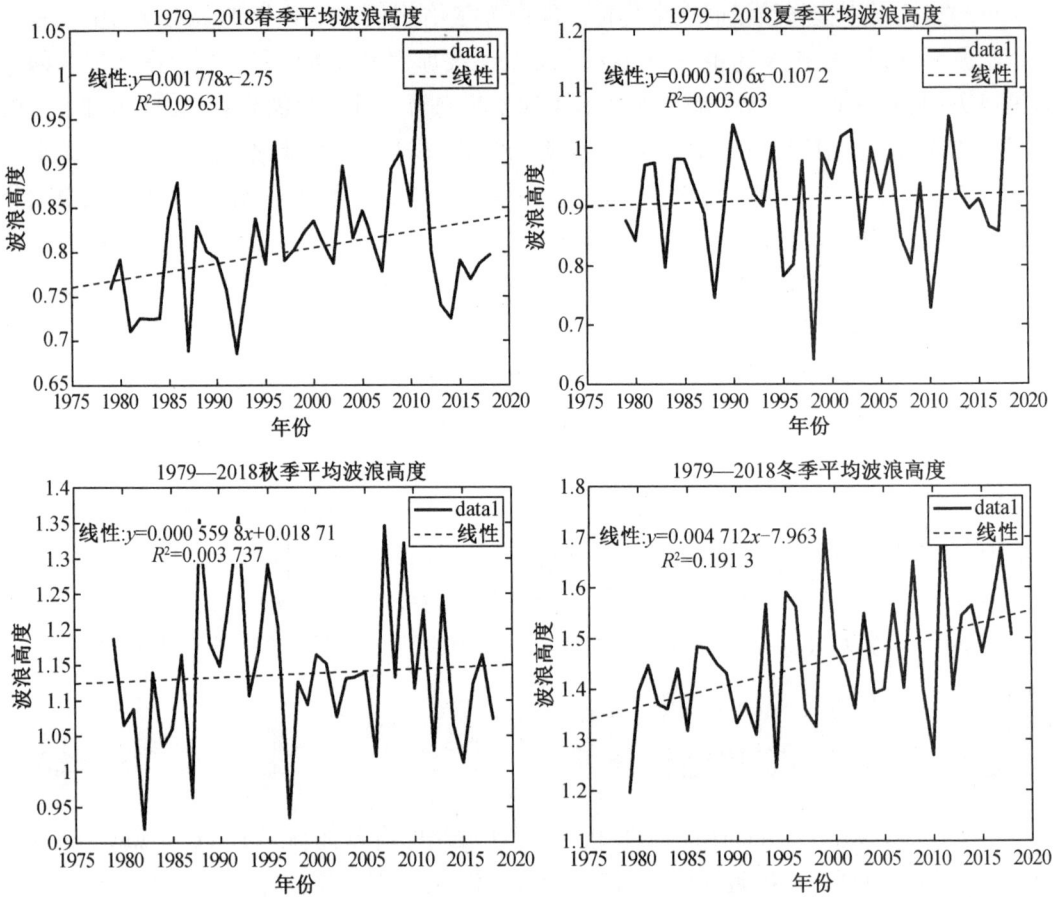

图1　南海近40年各个季节平均有效波高

2　波浪在南海的年代际特征

分析南海近40年波高的年代际特征,对南海海域的年平均有效波高进行分析,将后一个十年的年平均有效波高减去前一个十年的年平均有效波高,可得到十年平均有效波高的十年际变量。

可以得出,在南海中部海域,十年平均有效波高呈现降低、升高、降低的变化规律,在南海周边海域,变化规律则与中部海域相反。从绝对值上看,十年平均有效波高变化的最大值为中部海域的0.2 m。由此可以认为,近40年,南海波浪总体上保持在一个较为稳定的状态。

分析南海海域年平均有效波高的年度变化趋势,如图2所示。由图2可以看出,南海年平均有效波高在1.0~1.2 m波动,趋势较为平稳。

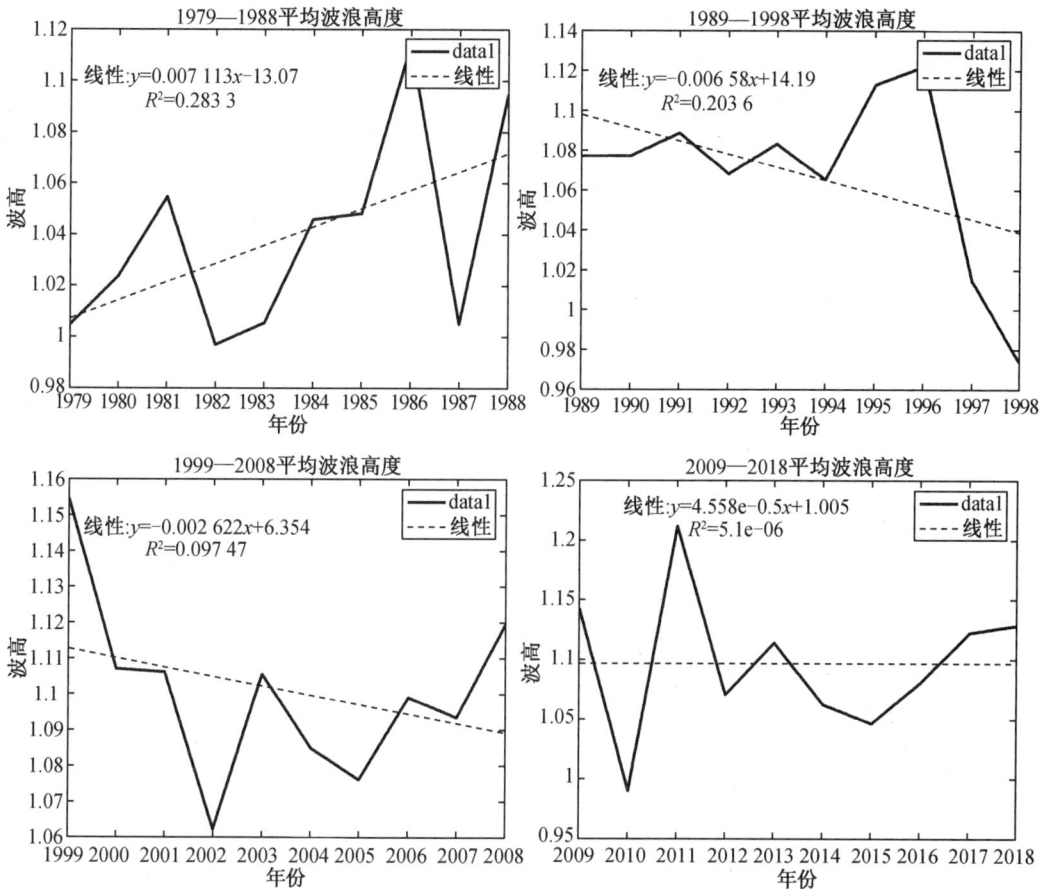

图2 南海近 40 年年平均有效波高

3 结论

本文将 TOPEX/Poseidon(简称 T/P)高度计反演的有效波高(significant wave height, SWH)作为分析对象,利用近 40 年(1979—2018 年)的海浪数据,对南海 SWH 的长期变化趋势和季节变化趋势进行了分析,结果表明:

(1)南海北部和中部海域有效波高可达到 2 m 以上,波浪能资源储量丰富;

(2)在近 40 年中,南海南部海域的有效波高有着明显的季节变化,南海海域有效波高的最大值一般出现在冬季,最小值一般出现在春季;

(3)近 40 年中,以每 10 年为一个跨度进行年代际分析,可以看出南海在过去 40 年内的每年有效波高有一定的波动,但是趋势平稳、变化不是很大。

本文研究结果可为南海海域波浪能开发选址提供参考。

参考文献

[1] 郑崇伟,周林,宋帅,等.1870—2011 年全球海域 SST 变化趋势[J].海洋与湖沼,2013,44(5):1123-1129.

[2] 宗芳伊,吴克俭.基于近 20 年的 SWAN 模式海浪模拟结果的南海波浪能分布、变化研

究[J].海洋湖沼通报,2014(3):1-12.

[3] 易风,冯卫兵,曹海锦.基于 ERA-Interim 资料近 37 年南海波浪时空特征分析[J].海洋预报,2018,35(1):44-51.

[4] 郑崇伟,林刚,孙岩,等.近 22 年南海波浪能资源模拟研究[J].热带海洋学报,2012,31(6):13-19.

[5] 韩树宗,董杨杨,张水平,等.南海波浪时空变化特征研究[J].海洋湖沼通报,2020(2):1-9.

[6] 席林通,李醒飞,宋龙江,等.南海海域波浪能资源模拟评估[J].可再生能源,2021,39(4):561-568.

[7] 王绿卿,夏运强,梁丙臣,等.南海灾害性波浪基本特征研究[J].海洋学报,2019,41(3):23-34.

墨西哥湾以及周围地区风场时空特征

刘子力[①]　秦　琼[*]

(海军大连舰艇学院,辽宁大连,116018)

摘要:本文利用来自欧洲中期天气预报(European Centre for Medium-Range Weather Fore-casts,ECMWF)的 ERA-Interim 海表 10 m 风场资料。利用该资料,采用线性回归的方法,计算分析墨西哥湾(Gulf of Mexico)海域的风的长期演变规律,清晰地了解该海域的风速变化特征。结果表明:(1)墨西哥湾海域风速呈上升趋势。(2)墨西哥湾风速在一年中呈现先减后增的趋势。(3)墨西哥湾在冬、春季平均风速最大,夏季平均风速最小。(4)墨西哥湾在大部分时候的左下角地区(20N 27N,89W 98W)的风速是大于右上角地区(27N 30N,82W 88W)的风速。

关键词:墨西哥湾;海表面风场

引言

风是由空气流动引起的一种自然现象,它是由太阳辐射热引起的。太阳光照射在地球表面上,使地表温度升高,地表的空气受热膨胀变轻而往上升。热空气上升后,低温的冷空气横向流入,上升的空气因逐渐冷却变重而降落,由于地表温度较高又会加热空气使之上升,这种空气的流动就产生了风。从科学的角度来看,风常指空气的水平运动分量,包括方向和大小,即风向和风速;但对于飞行来说,还包括垂直运动分量,即所谓垂直或升降气流。大风可移动物体与物体(物质质量)方向。风的速度很快。风能作为一种无污染和可再生的新能源有着巨大的发展潜力,特别是对沿海岛屿,交通不便的边远山区,地广人稀的草原牧场,以及远离电网和近期内电网还难以达到的农村、边疆,作为解决生产和生活能源的一种可靠途径,有着十分重要的意义。作为可再生能源,将是现在及未来能源经济的投资热点。在技术日趋成熟的条件下,生产成本将不断降低,而使其能够大面积普及。

风与军事活动密切相关,在古代就有利用"风"取胜的例子,例如:赤壁之战中诸葛亮"借东风"助周瑜火烧曹操水寨及岸上旱寨。再看现代,风使各种弹道弹丸的飞行路径发生偏移,弹着点不在目标区域内。强逆风还会降低徒步行军和车辆行驶速度,延长行军时间。

大风容易使舰船偏离和迷失方向。在海战中,逆风容易使人眼疲劳,观察力下降,降低舰上武器威力,所以应争取占领上风海域。

---

①　作者简介:刘子力(2003-),男,本科在读,湖北云梦人,主要研究方向为海表风场。"海上丝路"资源与环境研究团队"硕博化开展本科教育"培养对象。

*　通信作者:秦琼(1983-),女,副教授。研究方向为复杂网络与超网络演化模型研究、数据分析与预测。

前人对中国附近海域以及丝绸之路上一些地方的风能进行了详细分析,为这些研究做出了巨大贡献。例如:郑崇伟和李崇银在2015年利用CCMP风场资料和海浪场数据,研究得到中国南海蕴含着丰富的风能资源[1]。郑崇伟利用风能密度的计算方法,计算得到"海上丝路"近37年逐6 h的风能密度。结果表明:该海域蕴藏着较为丰富、利于"21世纪海上丝绸之路"建设的风能资源[2]。郑崇伟、高悦、陈璇在2017年利用ERA-Interim海表10 m风场资料,对巴基斯坦瓜达尔港风能资源进行长期年度预测,得到该港夏季风能资源比冬季丰富,风能密度、有效风速频率逐年显著递减等[3]。渠鸿宇等基于2020年中国近海31个浮标的逐小时数据,使用统计分析方法对中国气象局高分辨率陆面数据同化系统(HRCL-DAS-V1.0)和欧洲中期天气预报中心第5代全球大气再分析数据(ERA5)海面风场进行了系统的检验,检验结果表明:两者在我国近海均具有较高的可信度[4]。郭亚娜、潘焕第为了优化船舶航线,降低船舶航行过程中的能源消耗,研究海洋风场对船舶航线的影响。结果表明,本文方法可有效显示海洋风场数据,降低船舶航行过程中的航程、航时、整体能耗等,实现节能减排目的[5]。郑丽君、马中元、黄京平等利用上饶TWP8风廓线雷达、江西Web-GIS雷达拼图、地面自动站等资料,对江西东部走廊地形影响下的4类天气进行分析,结果表明:江西东部走廊峡谷效应以$\triangle W \geqslant 3.5 \ m \cdot s^{-1}$作为阈值。廉勍、巨梦蝶、尹海龙以上海某高校校园建筑群为对象,采用三维数值模拟技术对强台风环境下的建筑物风场进行了研究。研究表明:风场受建筑物相对位置和高度双重影响,产生狭管效应和拐角效应;随着风速增大,迎风面最大压强呈指数形式增加;建筑背面多为负压区,最小风压易出现在楼栋靠近迎风面的侧面和顶面处。

前面的这些研究范围主要集中在我国以及周边海域附近,但国外一些地方尤其是西方一些区域研究较少。本文研究的海域是墨西哥湾(Gulf of Mexico)。墨西哥湾对美国经济社会具有重要价值,墨西哥湾之所以具有如此重要的影响,主要是因为大量的石油天然气生产和炼油设施,分布在海上及其沿岸地区,是名副其实的美国石油行业中心。为应对"劳拉"飓风,除大量炼油设施关停外,美国石油生产商疏散了310个海上设施,关闭了156万桶/日生产能力,占海上石油产量的84%。在墨西哥湾,公司拥有世界一流的基础设施,并遵循一些世界上最严格的环境和安全标准。2014年以来,该地区仅排在圭亚那之后,成为最具生产力、最具前景的海上石油天然气生产地区。持续的投资,会转化为持续的美国能源、持续的高收入工作和持续的国家安全。未来几十年,墨西哥湾仍将是一个富饶的盆地,并继续成为能源和经济活动的驱动力。可见墨西哥湾对美国的经济十分重要。同时墨西哥湾是美国的家门口,如果以后我国需要和美国进行一些活动,例如:类似丝绸之路的经济交往或其他类型的活动。这样我国肯定避免不了要去墨西哥湾。风又是一个影响航行的重要因素,所以了解墨西哥湾风的长期演变规律对我国来说非常重要。

1 方法与数据

1.1 方法

利用来自欧洲中期天气预报(European Centre for Medium-Range Weather Forecasts,EC-MWF)的ERA-Interim海表10 m风场资料,采用统计年平均的风力等级的方法,计算分析墨西哥湾(Gulf of Mexico)海域的风的长期演变规律,期望可以清晰了解该海域的风速变化特征,为以后的一些活动做准备。

本文使用了Grads软件和Matlab。Grads(Grid Analysis and Display System)是当今气象

界广泛使用的一种数据处理和显示软件系统。该软件系统通过其集成环境,可以对气象数据进行读取、加工、图形显示和打印输出。Matlab 是美国 MathWorks 公司出品的商业数学软件,用于数据分析、无线通信、深度学习、图像处理与计算机视觉、信号处理、量化金融与风险管理、机器人、控制系统等领域。

1.2　数据介绍

本文的数据来自欧洲中期天气预报(European Centre for Medium-Range Weather Forecasts,ECMWF)的 ERA-Interim 海表 10 m 风场资料。这些数据具有样本大(提供了 1970—2019 年每个月的数据),精度高(据了解 ECMWF 也通过由世界气象组织(WMO)维护的全球通信网络向世界所有国家发送部分有用的中期数值预报产品。其使用的模式充分利用四维同化资料,可提供全球在 65 km 高度内 60 层的 40 km 网格密度共 20 911 680 个点的风、温、湿预报)的特点。

2　该气象要素的时空分布特征

2.1　风速的年变化特征

通过采集 1978—2018 年共 40 年的 ERA-Interim 海表 10 m 风场资料,计算每十年平均的差值,每十年平均风速的差值可以看出墨西哥湾大部分地区的风速在 1988—1998 年平均是比 1978—1988 年平均大 0.1~0.15 m/s,后两个十年差(1998—2008 年平均与 1988—1998 年平均的差值,2008—2018 年平均与 1998—2008 年平均的差值)墨西哥湾内大部分地区呈现一个递减趋势,大概为 0.05~0.1 m/s。同时墨西哥湾外的加勒比海前两个十年差(1988—1998 年平均与 1978—1988 年平均的差值,1998—2008 年平均与 1988—1998 年平均的差值)是一个递增趋势,且变化较大,为 0.05~0.15 m/s。就第三个十年差(2008—2018 年平均与 1998—2008 年平均的差值)呈现一个递减趋势,为 0.05~0.1。根据这些数据推测墨西哥湾及周围区域的整体平均风速还是一个增加趋势,但墨西哥湾的风速在未来几年可能是个递减趋势。

用 Matlab 画的 1979—2018 年的平均风速图(图 1)进行 90% 置信度检验,发现其通过置信度检验,证明墨西哥湾及附近的年平均风速增长率为 0.001 72 m/s,与上述的推测相吻合。

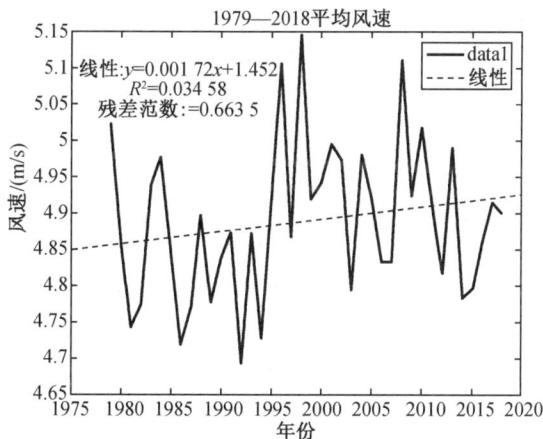

图 1　墨西哥湾 1979—2018 年平均风速

2.2 风速的月变化特征

由 Grads 软件画的 1979—2018 年 1,4,7,10 月的平均风速图(图 2)可以看出墨西哥湾在 1 月有较高风速。Matlab 的画的 1979—2018 年每月风速变化图中可以看出墨西哥湾风速在一年中呈现先减后增的趋势,在 1 月份有最大值,且在 12,1,2,3 月的风速基本持平,在 8 月份达到最小值。所以推测墨西哥湾风速在冬季和春季是大风季节,夏季是个风速较小季节,秋季则介于二者之间。

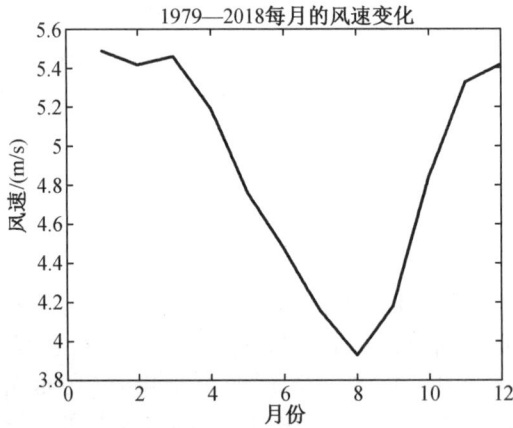

图 2 墨西哥湾 1979—2018 年每月的风速变化图

2.3 风速的季节变化特征

由 Matlab 的画的各个季节的平均风速图可以看出墨西哥湾在冬、春季平均风速最大,夏季平均风速最小(表 1),与 2.2 推测相吻合。同时夏季和冬季的平均风速图也通过了90%置信度检验,均为上升趋势。

表 1 风速的季节变化

季节	夏季	冬季
年增长率/(m/s)	0.001 307	0.002 937

2.4 风速的区域特征

由 Grads 软件画的 1979—2018 年的平均风速图和 1979—2018 年 1,4,7,10 月的平均风速图可以看出墨西哥湾在大部分时候的左下角地区(20N,27N,89W 98W)的风速是大于右上角地区(27N,30N,82W 88W)的风速的(图 3~图 6)。

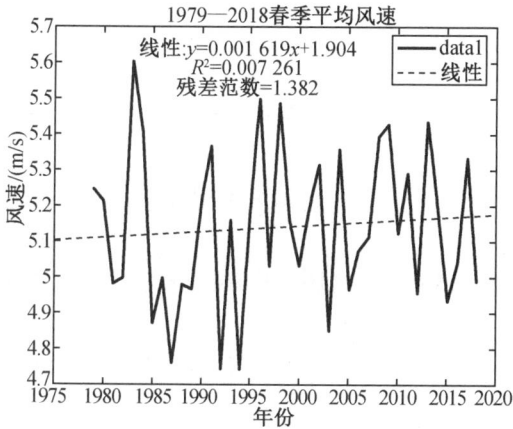

图 3　墨西哥湾 1979—2018 年春季平均风速图

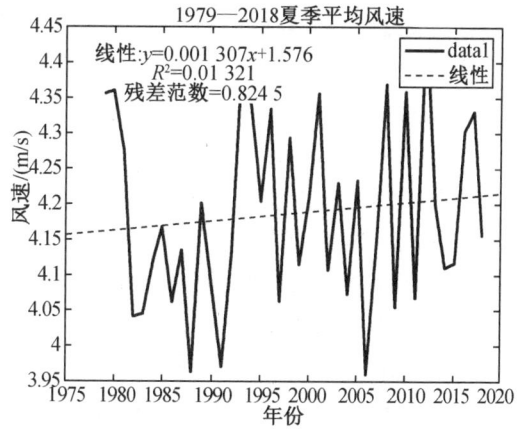

图 4　墨西哥湾 1979—2018 年夏季平均风速图

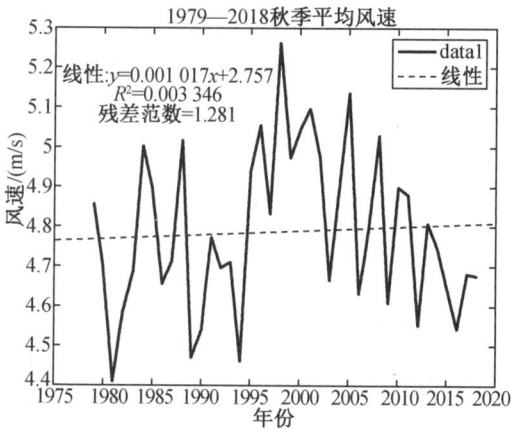

图 5　墨西哥湾 1979—2018 年秋季平均风速图

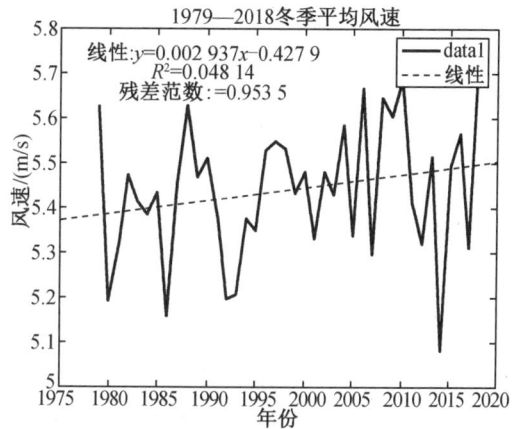

图 6　墨西哥湾 1979—2018 年冬季平均风速图

3　结论与展望

本文利用 ECMWF 的风场数据,配合 Grads 软件和 Matlab 的画图功能,从月份、季节、年份等多个方面研究风速的情况,得到如下结论:(1)墨西哥湾及附近的年平均风速增长率为 0.001 72 m/s。(2)墨西哥湾风速在一年中呈现先减后增的趋势,在 1 月份有最大值,且在 12,1,2,3 月的风速基本持平,在 8 月份达到最小值。(3)墨西哥湾在冬、春季平均风速最大,夏季平均风速最小。夏季和冬季的平均风速图也通过了 90% 置信度检验,年增长率分别为 0.001 307 m/s 和 0.002 937 m/s。(4)墨西哥湾在大部分时候的左下角地区(20N, 27N,89W 98W)的风速是大于右上角地区(27N,30N,82W 88W)的风速的。

众所周知,风是一个影响航行的重要因素,若我们以后想从加勒比海口进入墨西哥湾就要选择一个合适的时间,如果选择了一个当地风速较大的时间,再加上墨西哥湾的入口较小(狭管效应),到时候入口风速会更大,不利于进出。由以上的图可以看出,在 1 月份时,墨西哥湾和加勒比海的风速都较小,是一个合适的时间。虽然夏季整体风速较小而且的 7 月份的墨西哥湾的风速也比较下,但是加勒比海有一些局部地区风较大,可能会对进入有所影响,所以这个时间段没有上述时间段更好,但也可作为第二选择时间。

参考文献

[1] 郑崇伟,李崇银.中国南海岛礁建设:重点岛礁的风候、波候特征分析[J].中国海洋大学学报(自然科学版),2015,45(9):1-6.

[2] 郑崇伟.21世纪海上丝绸之路:风能的长期变化趋势[J].哈尔滨工程大学学报,2018,39(3):399-405.

[3] 渠鸿宇,黄彬,赵伟,等.HRCLDAS-V1.0和ERA5海面风场对比评估分析[J].热带气象学报,2022,38(4):569-579.

[4] 郑丽君,马中元,黄京平,等.江西东部走廊地形对边界层风场及天气的影响[J].沙漠与绿洲气象,2022,16(3):30-37.

[5] 巨梦蝶,廉勃,尹海龙.强台风环境下校园封闭式建筑群风场模拟研究[J].水动力学研究与进展A辑,2022,37(2):199-205.

1979—2018 年北极 SST 时空变化

沈睿哲[①]

（海军大连舰艇学院,辽宁大连,116018）

摘要：使用来自英国气象局哈德莱中心（Met Office Hadley Centre）的海表面温度（sea surface temperature, SST）资料,对全球海域 1979—2018 年来的 SST 的长期的时空变化进行分析。研究发现：(1)近 40 年来,整体上北极地区的 SST 以 0.018 57 ℃/a 的速度显著增加,其中 1979—1997 年表现出上下波动的趋势,1997 年至今表现出较强的递增趋势。1910—2011 年,全球大范围海域的 SST 逐年显著递增,在两极靠近北极点附近海域呈递减趋势,近海增速高于远洋。(2)1979—2018 年,北纬 80°以上海域的增速缓慢无显著变化,为 0.002 001 ℃/a,接近北极点的区域甚至出现负增长,呈显著递增的区域多集中在巴伦支海域,其 40 年平均增速为 0.045 78 ℃/a,大致为北极地区平均增速 0.018 57 ℃/a 的 2.5 倍,且其后 20 年的增速 0.072 15 ℃/a 高于前 20 年的 0.016 34 ℃/a。(3)1979—2018 年,其月份之间的增长差异明显,其中的 7,8,9 三个月份的增加更为显著,北极地区 8 月份以 0.045 73 ℃/a 的速度显著增加,而 1,2,3,4 这 4 个月增速缓慢,其中 4 月份最低以 0.006 35 ℃/a 的速度缓慢增加。(4)1979—2018 年,北极地区的数据经过一次函数的线性拟合其在 99%的置信度的情况,北纬 80°已下的海域线性回归拟合较好,而在北纬 80°以上海域的线性回归拟合较差。(5)经过小波分析和 MK 突变检验北极 1979—2018 年的海表年平均温度的周期为 21 年,其突变开始于 2002 年。

关键词：北极;SST 时空变化;变化趋势;时空差异

引言

北冰洋海表温度的研究具有重要意义,一是有助于通过用于寻找窗口期增加北极东北航道的使用时间,扩充未来我国扩展油气战略资源,增大中国在此地区的影响力;二是有助于研究北极地区的气候变化,我们可以通过对一些增温异常区域的研究,研究这些异常区域的海温变化与影响,如北极地区的巴伦支海域海表温度增速快,可以用于研究与北大西洋暖流的关系,且北极一些地区的快速增温对于研究全球气候变化就有重要价值;三是有助于研究海军兵力在北极地区的军事应用,例如研究北极地区海域的海表温度的时空变

---

① 作者简介:沈睿哲(2002-),男,湖北襄阳人,本科在读,研究方向为极地海温,"海上丝路"资源与环境研究团队"硕博化开展本科教育"培养对象。

化,可以为研究北极地区的海冰分布提供重要的气象要素,而海冰可有效阻止电磁传播,可以躲避电子侦查和红外探测,可以作为军事武器提供天然的保护。

北极作为近年来的热点海域,且作为我国冰上丝绸之路的重点区域,近来各国学者对该地区的气候和海表温度进行深入研究。Comiso 使用 AVHRR(advanced very high resolution radiometer)的热红外数据,研究了 1981—2001 北极地区海域的海表海温数据,发现北冰洋的表面海温存在显著增长趋势[1]。Hobday 和 Pecl 利用 1950—1999 年的 HadSST2 和 ERSSTv3 海表面温度线性增长趋势分析了全球增暖最快的热点海区(hotspots),并利用模式数据分析其未来海温增长趋势,结果表明北冰洋边缘的白令海、格陵兰海、巴伦支海都属于增温高发的海区并有可能在未来继续增暖[2]。Döscheretal 使用 ECEarth GCM 的方法对未来气候的预测,发现大约 50% 的流入北冰洋的热量异常用于融化海冰或加热 70°N 以北的大气[3]。齐敏在 2022 年首次从多模式气候预估结果发现全球变暖背景下"北冰洋放大"现象,并揭示了该现象的物理驱动机制,加深了对北极快速气候变化机理的认识,为应对气候变化提供了新的科学依据[4-5]。Årthun 等研究发现巴伦支海处于北大西洋洋流进入北冰洋的入口处,温暖且高盐度的海水由挪威海流入巴伦支海后能为整个极区提供热能和动能[6]。因为其重要的地理位置,BKS 地区的气候变化也遭受到洋流的影响。前人研究指出挪威洋流的温度和强度能在季节尺度上影响巴伦支海的海冰变化[7]。

这些研究主要集中在北极地区的气候和海表的气温变化,北极放大效应,北极地区不同区域的海表气温变化,北大西洋海域洋流对于巴伦支海域的影响[8],以及北大西洋海域洋流的路径[9]。但这些研究并未对北极地区 SST 的时空分布以及巴伦支海域 SST 和北极地区的相似性进行分析。因此本文采用以下方法进行研究:首先,采用北极地区的年代际变化和年代际变率对北极地区 SST 时空分布的整体趋势进行研究,以得出此地区海表温度的整体空间分布趋势和一些明显增温区域。然后为研究此区域海表温度增速的空间分布,采用对此地区各个数据点进行线性回归拟合的方法,找到具有明显增速区域,再用此区域和北极地区的海表温度的逐年平均,逐月平均和 MK 检验以发现这 40 年来的时间变化趋势,研究此区域和北极整体的时间变化趋势,以期找到此地区的海表温度快速增温或降温的窗口期,为研究地区海冰的分布提供科学要素。最后再将此区域和北极地区的总体的时空变化趋势进行分析比较,研究此区域和北极地区 SST 的总体时空变化是否具超前或滞后的关系。

1 研究数据来源

本文利用来自英国气象局哈德莱中心(Met Office Hadley Centre)的海表面温度(sea surface temperature, SST)资料,该资料主要来源于 Met Office Marine Data Bank (MDB),其中 1982 年以前的部分包含了全球电信系统(global telecommunications system, GTS)的数据[10]。HadISST 数据具有较高精度,被广泛运用[11]。北极海域的选取的区域为 67.25N°~90N°,分辨率 0.25°×0.25°。巴伦支海选取的区域为 0E°~60E°, 60N°~ 90N° 分辨率 0.25°×0.25°。

2 该海表温度的空间分布特征

2.1 北极海域和北大西洋海域海温的年代际特征

通过 40 年间北极地区海域的海表平均温度每十年变化可以发现巴伦支海域海表温度明显高于北极同纬度的其他区域,40 年来的增速也相对较高,这与北大西洋的洋流有关[12-15]。且巴伦支海域作为北大西洋流进入北极的门户,为北极地区重要热量来源,每年通过此地向北极地区输送大量高温高盐的海水,并使得巴伦支海域以及巴伦支以东海域的气温明显高于同纬度的其他区域[7],虽然由于有新地岛的阻挡作用使得洋流对此地以东的区域海表温度的增速有所减弱,但东部地区的增温增速仍高于其他地区。

2.2 北极海域和北大西洋海域海温的年代际变率

通过对比可以发现,北极地区每十年平均海表气温的年代际变率具有明显的区域性差异,其中以巴伦支海域和靠近北极点的区域尤为明显。巴伦支海域的海表温度每十年平均增速明显高于其他北极的其他地区,且此地区的增温速度大致为其他地区的 3 倍。北极的北纬 80°以上地区的平均增温并不明显,且在靠近北极点的一些区域甚至出现逆温现象,且此现象在近十年的时间里尤为明显,这与这十年的气候有关。因此选取巴伦支海域和喀拉海作为重要海域进行分析。

正是由于北大西洋的洋流每年向巴伦支海域向北极海域输送大量高温高盐海水,造成北极地区巴伦支海域的海表温度明显高于同纬度的其他海域,为了得出更为有效的分析数据,对来自英国气象局哈德莱中心的 SST 资料(HadISST),时间范围自 1979 年 1 月 2018 年 12 月,时间分辨率为逐月;空间范围为 179.5W°~179.5E°,40N°~90N°,空间分辨率为 0.25°×0.25°,对近 40 年来每个网格点上的数据,进行线性拟合,并对每个网格点的系数 b 进行了 99%置信度的检验得出北极海域海温增长率的区域性差异性结果。

2.3 北极海域海温增长率的区域性差异

巴伦支海和喀拉海的气温增速远大与北极地区其他地区,此区域的平均增速为 0.018 24 ℃/a,北极地区的平均增长速度为 0.018 57 ℃/a,北极地区的平均增速略高于巴伦支海和喀拉海海域,巴伦支海作为北大西洋暖流进入北极的入口,对北极海域的海表温度有重要影响,而北极地区北纬 80°以上海域的气温增速平缓,甚至在靠经北极点的部分地区出现逆增长现象。

从此区域的数据可以分析出巴伦支海的海表气温变化对于北极的海温变化具有重要影响,以下通过周期分析对此区域和北极地区的平均数据进行比较,以研究此区域对于北极地区快速增温的影响。

由图 1 可以看到,北极北纬 80°以上区域的平均气温的增长速度十分缓慢,仅为 0.002 001 ℃/a,且其迅速增温在近几年,而右图中所选的巴伦支海域的增长率为 0.045 78 ℃/a,约为北极地区平均气温增速的 2.5 倍,且其快速增温去仍在近二十年。

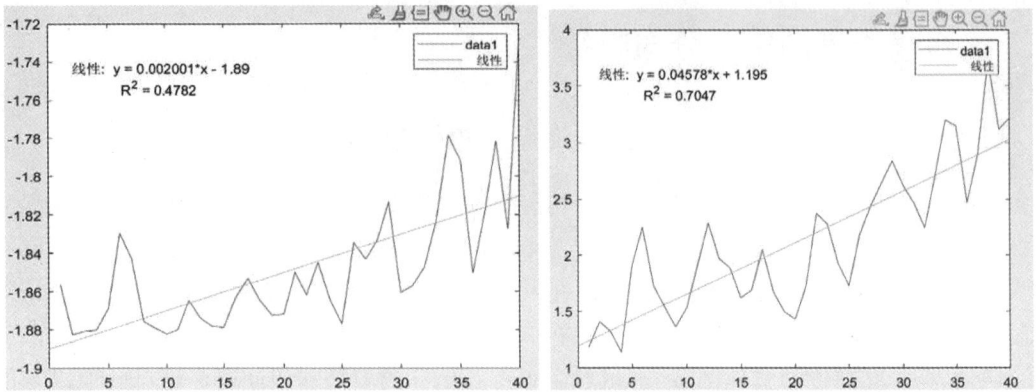

图 1　E 为北纬 80°以上海域 1979-2018 年的年平均海表气温的线性回归分析图变化趋势(℃/a);F 为
巴伦支海域 1979—2018 年的年平均海表气温的线性回归分析图变化趋势(℃/a)

由图 2 可以看到,北纬 80°以上海域年平均气温的增速在前 20 年的增速很慢近乎趋于 0,而后 20 年相比于前二十年有所提升为 0.004 155 ℃/a。巴伦支海域年平均气温的增速在前 20 年的增速较慢为 0.016 34 ℃/a,而后 20 年为 0.072 15 ℃/a,增温十分迅速。因为前后 20 年的海表温度的增速具有差异性,推测北极地区的海表温度变化具有突变,因此对北极地区海域 40 年平均海表气温进行 MK 检验,以找到其突变开始的时间。

3　该海表温度的时间变化特征

3.1　MK 突变检验

从图 3 至图 5 可以分析出 1979—1997 年其平均气温线性相关性较低,呈波动变化,而 1998—2018 年北极地区海域的海表气温变化呈明显的线性关系,且增速较为明显,为 0.029 28 ℃/a。可以从中看出这 40 年的年平均气温可能具有突变,且其前后的增速差异十分明显,因此对数据进行 MK 分析以期望得到突变点。

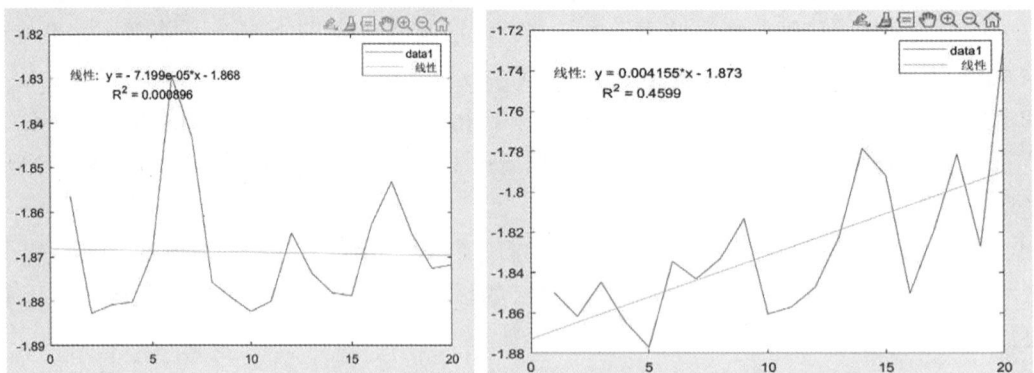

图 2　A 为北纬 80°以上海域前 20 年年平均海表气温的线性回归分析图,B 后 20 年,单位 ℃/a。C 为
巴伦支海域前 20 年年平均海表气温的线性回归分析图,D 后 20 年,单位 ℃/a。

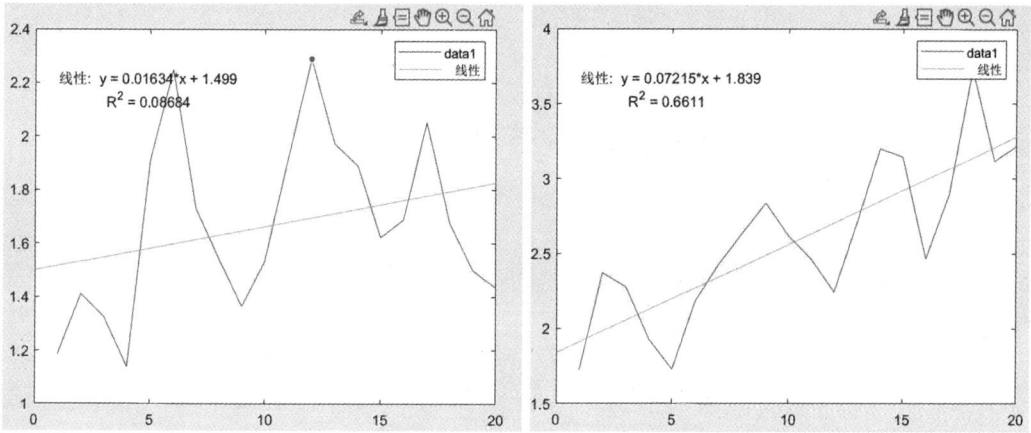

图 2(续)

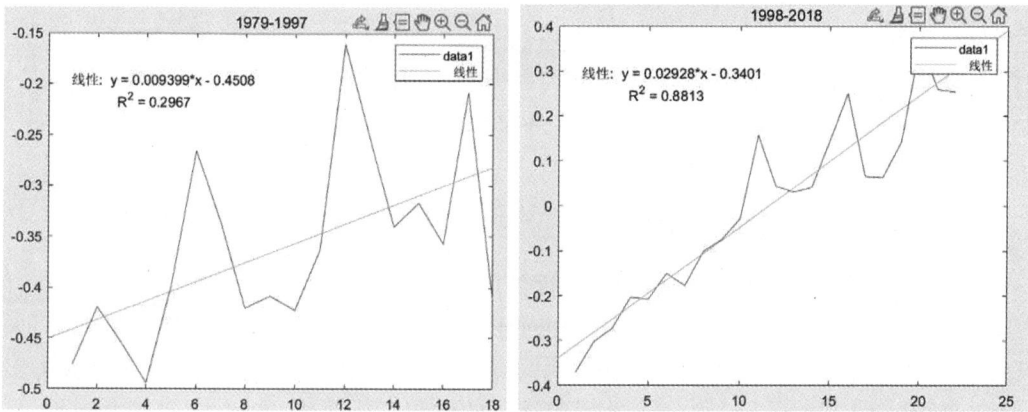

图 3 北极地区 1979—1997 年的年平均气温的线性回归分析图(D3),单位 ℃/a。右图为北极地区 1998—2018 年的年平均气温的线性回归分析图(D4),单位 ℃/a。

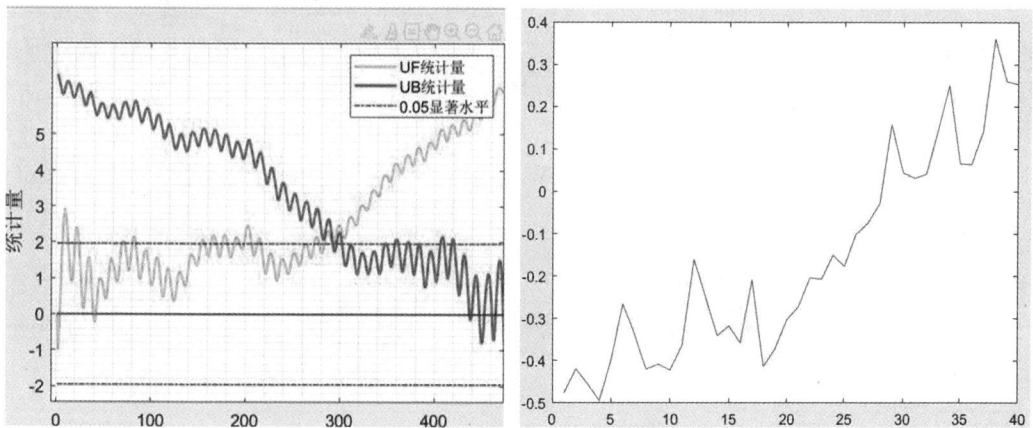

图 4 MK 检验结果,C1 为 1979—2018 年北极海域的月平均气温,C2 为 1979—2018 年的年平均海表气温

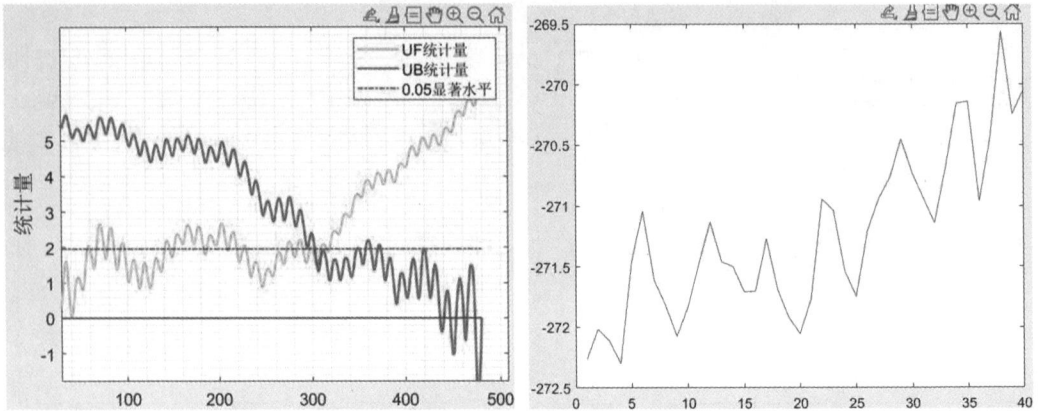

图 5　基于 Matlab 所做的 MK 检验

数据为 1979—2018 年的巴伦支海域的月平均气温（D1），图为此区域 1979—2018 年的年平均海表气温（D2）。

在 0.05 的显著水平下巴伦支海域和北极海域 40 年的海表年平均温度的突变都是从 2002 年开始发生的，而由右图可知在 2002 其突变开始发生且其变化趋势呈现显著的上升与右图结果相符。

3.2　北极地区增速的时间差异

从 12 个月平均增速可以看出，第一季度的增速较缓，第三季度的增速较快，第二季度的增速介于第一、第三季度之间，第四季度相对于第三季度的增速较缓，但相对于其他仍较快，这说明第三季度对于全年的气温增长率的贡献较大，因为北极地区的月份增速差异，选取 1，4，7，10 作为代表月份。为进一步研究逐月的时间变化规律，选取 40 年来北极地区的 1，4，7，10 月份逐月变化进行分析（选取范围为北纬 67.25°地区的海域）。北极地区北纬 67.25°地区的海域和巴伦支海和喀拉海（北纬 67.25°到 80°，东经 0°至 80°海域）。

从表 1 和图 9 可以分析巴伦支海和喀拉海域地区的平均海表温度与北极地区的平均海温具有高度的相似性，因此可以在一定的误差内用研究此区域的变化研究北极地区的平均水平。通过 40 年来选取的 1，4，7，10 月份的月平均气温可以看出 7 月份的增速较快，达到 0.038 ℃/a，而 1，4 月份的增速较为平缓，可对此区域的 1979—2018 年的 1，4，7，10 月进行分析，如图 6 所示。选取的区域为 0W°~60W°，50N°~70N°，空间分辨率为 0.25°×0.25°。

表 1　北极地区 40 年来 1~12 月的海表平均海温的增速

月份	增速/(℃/a)	相关系数	变化趋势
1	0.008 968	0.809 0	增长较缓
2	0.007 784	0.774 5	增长较缓
3	0.006 493	0.798 4	增长较缓
4	0.006 335	0.792 0	增长较缓
5	0.008 371	0.792 1	增长较缓
6	0.018 535	0.888 4	增长相对较缓
7	0.038 384	0.910 4	增长快

表 1(续)

月份	增速/(℃/a)	相关系数	变化趋势
8	0.045 735	0.922 7	增长快
9	0.039 965	0.881 3	增长快
10	0.023 947	0.868 0	增长相对较缓
11	0.013 207	0.828 7	增长相对较缓
12	0.010 876	0.833 1	增长相对较缓

通过分析可知北大西洋流在 1 月份对巴伦支海域的影响较大,因此选取 1 月份进行区域分析,气温的增速变化,以及近 40 年来(1979—2018 年)的变迁。下面对北大西洋海域和巴伦支海域的 1 月平均海表气温进行分析。可以判断两者具有相似增长的月份。这对研究北极地区的海表温度的快速升高,具有重要意义,可以在一定程度上找到一些显著增温区,以及这 40 年来暖流温度变化和影响的区域变化。

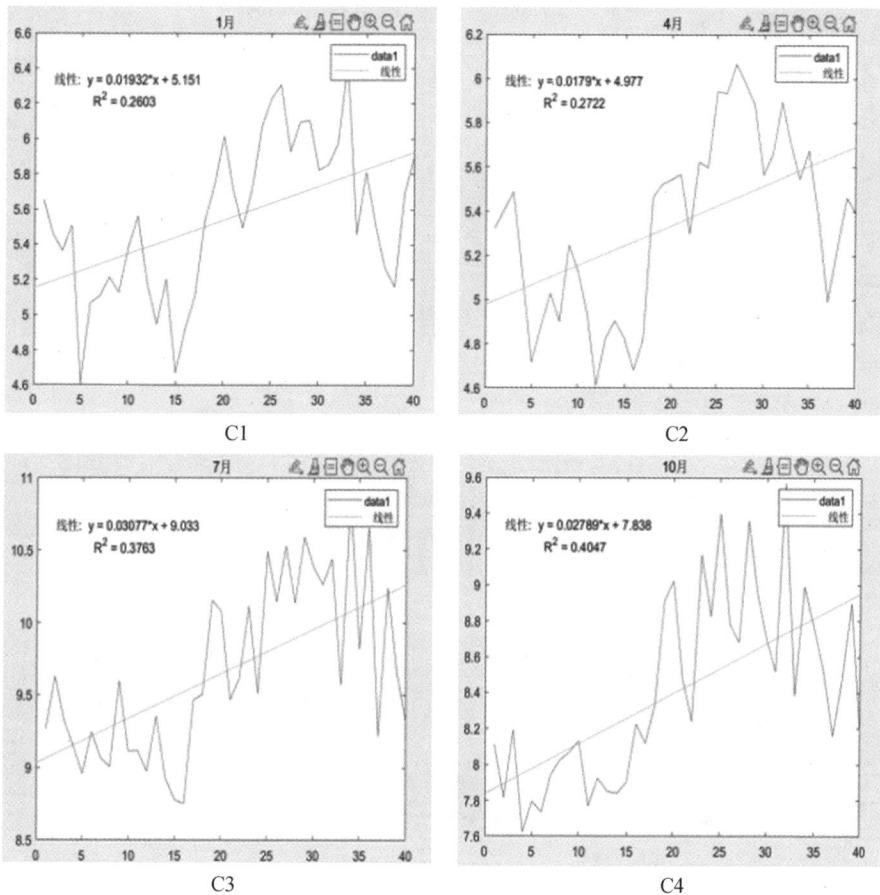

图 6 北极地区北纬 67.25°地区的海域地区 1979—2018 年的海表平均气温,从左向右依次为逐 1 月(D1),逐 4 月(D2),逐 7 月(D3),逐 10 月(D4)。巴伦支海和喀拉海(北纬 67.25°到 80°,东经 0°至 80°海域)1979—2018 年的海表平均气温,从左向右依次为逐 1 月(E1),逐 4 月(E2),逐 7 月(E3),逐 10 月(D4)。

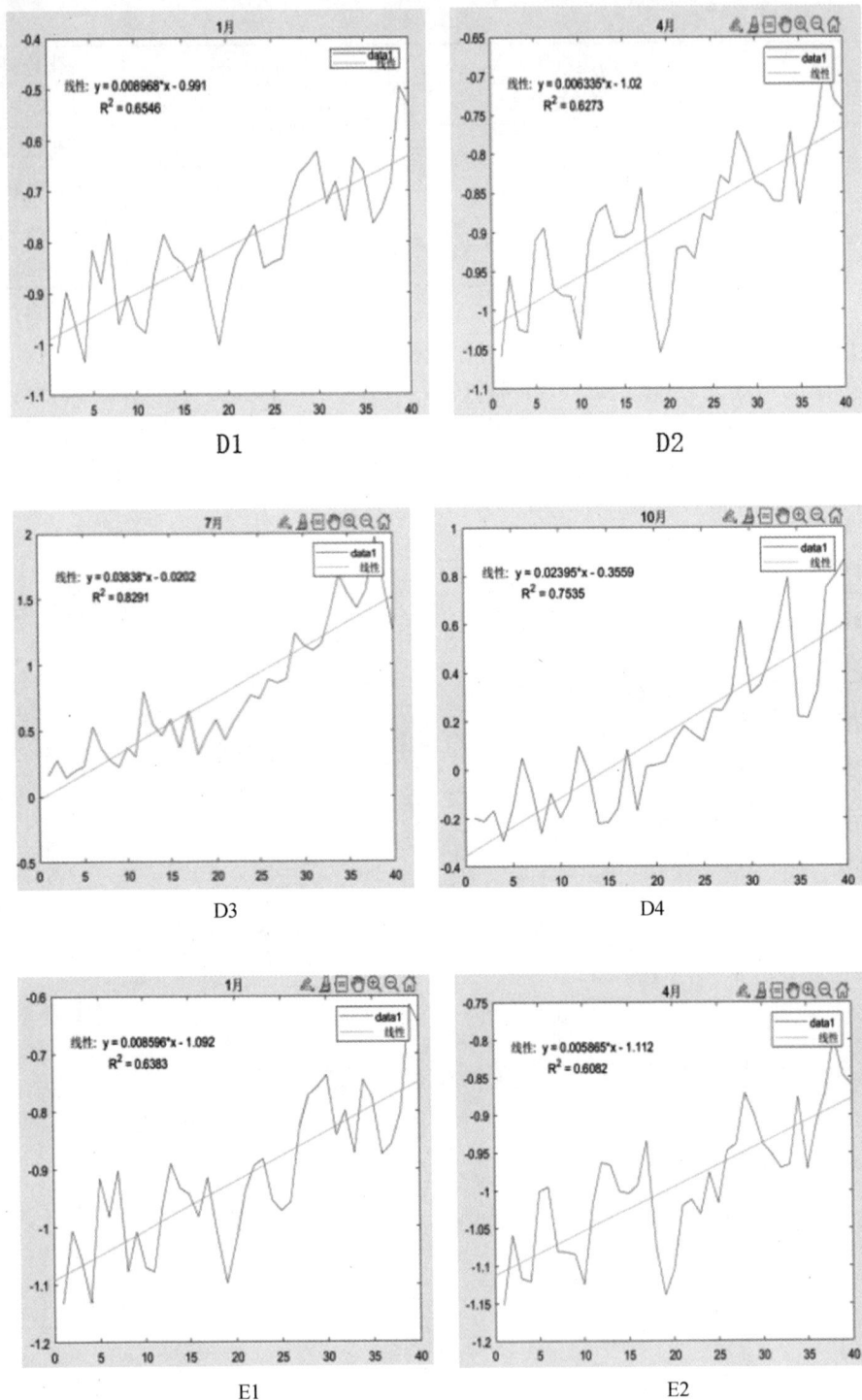

D1

D2

D3

D4

E1

E2

图 6(续 1)

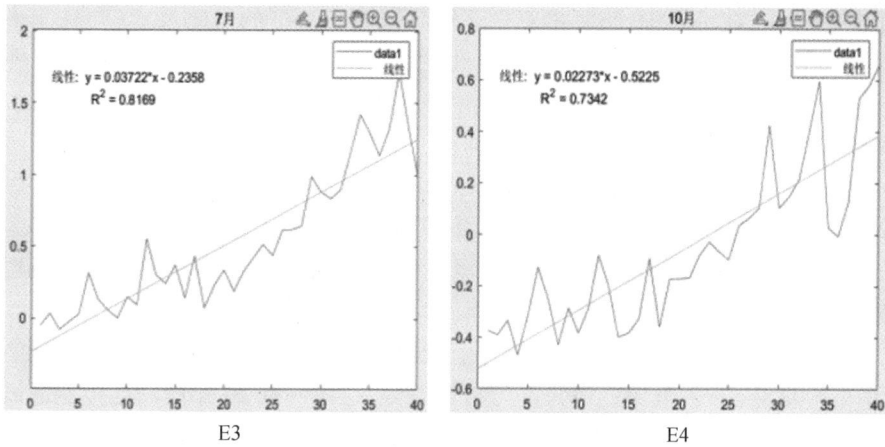

图 6(续 2)

3.3 巴伦支海域和北大西洋海域各十年的年代际分布

北大西洋选取的区域为 0W°~60W°，60N°~70N° 分辨率 0.25°×0.25°。巴伦支海选取的区域为 0E°~60E°，60N°~90N° 分辨率 0.25°×0.25°。北大西洋海域与巴伦支海域的海温具有明显的区域性的差异，且由相关资料可知[7]，北大西洋暖流在被冰岛分开后分两成两个支流向北极海域前进，其中通过冰岛上方的暖流在进入挪威海域后一部分继续流向高纬度地区，经过斯瓦尔群岛西端继续向北极点运动，另一个分支经挪威海流向巴伦支海域，使巴伦支海域的海表气温在一月份高于同纬度的其他地区(约高 15°)，从而使得此区域的港口相对于同维度其他港口具有全年的不冻的优势。洋流沿这巴伦支海域继续向东前行，其强度逐渐减弱。近 40 年来洋流进入巴伦支海域的气温不断增加，其影响的区域也在不断向东移动，虽然这其中也有北极放大效应的影响，但北大西洋洋流对于巴伦支海域仍然有十分重要的影响。且北大西洋流流在经过格陵兰岛东侧海域时其同纬度温度最高的区域在不断向东移动，这可以使过冰岛右侧海域的洋流温度的不断升高，进而使巴伦支海域海表温度的增长率不断增加，从而造成了此区域的海表温度和温度增长率远高于同纬度的其他区域。

4 结论与展望

4.1 结论

近 40 年来北极地区北纬 80° 以下海域的海表温度增温明显，尤其在巴伦支海域，其增速远高于其他地区其增速为 0.045 78 ℃/a，北纬 80 度以上海域的增速较为缓慢，为 0.002 001 ℃/a,靠近北极点的海域甚至出现负增长趋势。

北极海域海表温度的增温在具有明显的季节差异,7,8,9 这三个月增速较快,其中 8 月份增速最快为 0.045 73 ℃/a。在 1,2,4 这三个月气温增速较慢,其中 4 月的增速为 0.006 35 ℃/a。可以看出北冰洋海表海温的增温具有明显的季节性差异,其中第三季度对于增温的影响最大。

北大西洋流流向巴伦支海的海表温度在近 40 年内不断增加,使得巴伦支的海表温度增速远大于其他海域,在一年中,一月份对于北极海域海表温度的影响最大,并且北大西洋流在同纬度的海表温度最大值在不断向东移动,这使得其对于巴伦支海域的影响进一步加大,且在格陵兰东岸到冰岛海域的海表温度增速大于北大西洋的其他区域,且在近20年的增速尤为明显。

近40年来,整体上北极地区的SST以0.018 57 ℃/a的速度显著增加,其中1979—1997年表现出上下起伏的波动趋势,其线性相关系数较低,其增速为0.009 399 ℃/a,但在1997年至2018年表现出较强的递增趋势,增速为0.029 28 ℃/a,其中后二十年的巴伦支海域的增速达到0.072 15 ℃/a,增温十分迅速,远超同纬度地区的其他海域。

北极地区平均SST的周期大约为21年,而巴伦支海域的周期也为21年,且两者突变的开始时间在2002年左右,且MK检验都为增长趋势,这说明近20年内的北极地区的增温明显加速,巴伦支海域对于北极海域海表温度的平均增速贡献较大。

4.2　展望

在本文的研究过程中,认为以下工作在未来可以开展且具有积极意义,将在以后的研究中加强关注。一是通过研究北极地区海域海表海温的变化,可以为研究北极地区的气候变化提供支持,并为北极放大效应的研究提供数据保障。二是研究北大西洋洋流海表温度变化,为研究巴伦支海域的海表温度变化提供重要的气象数据,且可以对巴伦支海域的增长速率做出更好的解释,而巴伦支海域的海水向东移动时又影响北极东北航线区域的海表温度,研究其中机理可以对此地区的增温有更好地掌握,并可以通过北大西洋洋流的增强,去预测东北航线的一些窗口期以增加此区域通航时间,为我国创造更大的经济效益。在军事上可以在北大西洋洋流的较弱的时候预测一些冰层适中的区域,这对核潜艇的隐蔽就有重要意义,可以在对方不知情的情况下,给予突然的打击。三是研究北极的气候变化对应全球的气候变化的重要影响,可以通过此研究全球的气候变化与北极地区的气候关系,且由于北极地理位置的特殊性,通过对此区域的海表气温变化,可以间接反映此地区的海冰的大致分布,以及可以预测一些月份的突然升温造成的北极冰山融化,而在在海中漂流的冰山对于船舶的航行就有重大的威胁,因此可以通过数据的分析,预测出有冰山漂流的高发区,以预防冰山对于船舶航行的威胁。

参考文献

[1]　王婧."暖北极–冷欧亚"模态年代际变化成因分析[D].北京:中国气象科学研究院.2021.

[2]　王国,张青松.400年来北极巴罗角的温度变化特征[J].极地研究,1998,10(1):11-16.

[3]　胡思雨.北极地区海温增暖现象及海洋热浪事件研究[D].南京:南京大学,2021.

[4]　张秀芝,裘越芳,吴迅英.近百年中国近海海温变化[J].气候与环境研究,2005,10(4):799-807.

[5]　齐敏.我国科学家发现"北冰洋放大"现象[N].中国自然资源报,2022年8月2日.

[6]　常乐.基于高分辨预测系统DePreSys3的北极气温与海冰的预测研究[D].南京:南京信息工程大学,2022.

[7]　陈锦年,王宏娜.西太平洋暖池热状况变化特征及其东传过程[J].海洋与湖沼,

2009，40（6）：669—673. 11.

[8] 张秀芝，裴越芳，吴迅英. 近百年中国近海海温变化[J]. 气候与环境研究，2005，10（4）：799-807.

[9] 蔡怡，王彰贵，乔方利. 全球变暖背景下最近 40 年太平洋海温变化数值模拟[J]. 海洋学报，2008（5）：9-16.

[10] 郑崇伟. 1870—2011 年全球海域 SST 变化趋势[J]. 海洋与湖沼，2013，44（5）：1123-1129.

[11] 郑崇伟. 基于两种数据集的全球 SST 变化趋势的对比研究[J]. 海洋科学进展，2012，30（2）：171-176.

[12] 贺圣平，王会军，徐鑫萍，等. 2015/2016 冬季北极世纪之暖与超级厄尔尼诺对东亚气候异常的影响[J]. 大气科学学报，2016，39：735-743.

[13] 孔爱婷，刘健，余旭，等. 北极海冰范围时空变化及其与海温气温间的数值分析. 地球信息科学学报，2016，18：797-804.

[14] 柯长青，王蔓蔓. 基于 CryoSat-2 数据的 2010—2017 年北极海冰厚度和体积的季节与年际变化特征[J]. 海洋学报，2018，40（11）：1-12.

[15] 顾维国，肖英杰. 北冰洋海冰变化与船舶通航的展望[J]. 航海技术，2011（3）：2-5.

近 40 年北太平洋平均有效波高分布规律

万　翔[①]　李子莹[*]

（海军大连舰艇学院，辽宁大连，116018）

摘要：本文采用欧洲中期天气预报中心（European Centre for Medium-Range Weather Forecasts）在 1979 年 1 月—2018 年 12 月连续 35 年关于平均海面有效波高（significant wave height）的数据，采用年代际差值法、线性回归方法，计算分析北太平洋海域平均有效波高高度的时空分布特征和长期演变规律，为研究全球气候变化、防范极端天气灾害等提供科学依据，以及为我国远洋船只提供安全保障。结果表明：（1）北太平洋有效波高高度在一月份位于中高纬度地区呈现出中心高、四周低的辐射状分布，其中最高平均有效波高高度可以达到 4.5 m 以上，5 m 以下。并且其高度向北衰减相较于向南衰减较快；向西衰减与向东衰减相当。（2）北太平洋有效波高高度在七月份呈现出东南高，西北、西南低的特点。在太平洋东岸（北纬 40°）附近出现小高峰，并且其高度与厄尔尼诺和拉尼娜现象有着密切的关系。（3）随着时间的推移，北太平洋有效波高在一月份以 0.445 9 cm/a 显著性增高，在七月份以 0.431 2 cm/a 显著性增高，并且其高度在一定时间内进行有规律的升降。

关键词：北太平洋；有效波高；时空分布；区域分布

引言

本文的研究海域为北太平洋海域。太平洋在国际交通上具有重要意义。有许多条联系亚洲、大洋洲、北美洲和南美洲的重要海、空航线经过太平洋；东部的巴拿马运河和西南部的马六甲海峡，分别是通往大西洋、印度洋的捷径和世界的主要航道。其次，在大洋东西岸分布着成百上千的港口，这些港口各属不同的大洲，却由于太平洋的存在得以海、空航线便利地相互联系，特别是太平洋岛屿上的一些港口成了各大洲之间海、空运输的重要基地，例如檀香山，正处于太平洋中心，对太平洋上的东西航线起着极重要的作用。大洋中有非常丰富的动力资源，如潮汐、波浪、海流、重水等都可以用来发电。太平洋的潮汐多为规则的半日潮，潮差大都为 2~3 m，最大者达 12.9 m。

在过去的研究中，韩树宗[1]等利用 Top/Poseidon 卫星高度计的 75 个月有效波高连续资料，采用预处理和质量控制方法，统计了北太平洋有效波高，发现太平洋波高分布具有明显的季节变化规律，与太平洋风速分布具有良好的应对关系。张丹琦[2]等利用 ECMWF 的再分析资料 ERA-20C，研究过程中采用 EOF 分析法，研究了西北太平洋海域有效波高过去

---

①　作者简介：万翔（2001-），男，本科，江西南昌人，本科在读，主要研究方向为海浪。"海上丝路"资源与研究团队"硕博化开展本科教育"培养对象。

*　通信作者：李子莹（1997-），女，硕士。研究方向为船舶与海洋工程。

百年的时空变化特征,发现无论过去还是未来,西北太平洋海域有效波高和极值都具有显著的变化趋势,且存在明显的季节差异。李靖、郑崇伟[3]等对海-气边界层波制风机制和相关理论进行了阐述,并利用 ERA-40 再分析资料给出了太平洋谱峰速度、波龄、波陡等描述有效波高和波制风机制物理量的年纪和季节空间分布特征,表明东太平洋赤道地区等海域有效波高速度最大且有效波高由南向北传播明显;太平洋波边界层高度基本呈现出东高西低的分布形势。郑崇伟[4]等利用 ECMWF 将风浪、有效波高分离的具有较高分辨率的 45 年 ERA-40 海浪资料,对太平洋海表风场、风浪、有效波高、混合浪的特征进行分析,表明太平洋大部分海域的有效波高波高、混合有效波高呈现显著逐年线性递增趋势。李靖[5]等利用 ERA-40 海浪再分析资料对南北太平洋风浪和有效波高的波高和波向进行了统计,表明北太平洋比南太平洋更具有明显的季节变化特征,四季中南太平洋有效波高均有明显的约赤道北传过程。南、北半球西风海浪高度随时间呈线性增长趋势。刘金芳[6]等利用 1950—1955 年共 46 年的北太平洋船舶气象报资料,对按 5°×5° 网格统计海浪要素进行分析,结果表明该区赤道地区常年盛行东北浪,冬季海浪比夏季强盛,相应的平均波高、大浪大涌频率比较大。徐秀枝[7]等利用 ECMWF 分析了 1979 年到 2014 年间太平洋北海域海浪场和风场的变化特征,表明中低纬度的西北太平洋波高有逐年线性递增趋势,而低纬度太平洋东北部海域则有减小趋势。张婕[8]等利用 ECMWF 提供的 45 年(1957—2002 年)全球数据资料同化集(ERA-40),改资料提供每天 4 次波浪场的相关数据,表明大洋中的有效波高存在长期东向强化的趋势。同时通过平均波向的季节变化,发现大洋中的有效波高来源于南北半球高纬度地区。庄晓宵[9]等使用 ECMWF 近 30 年全球再分析资料中的风场及海浪场资料对有效波高进行了统计分析,发现有效波高存在明显的季节变化,且北半球大洋比南半球大洋季节变化更为明显,同时发现了有效波高分布在春夏季变化明显的特征。诸裕良[10]等利用 ECMWF 提供的 1979—2014 年的有效波高和风速数据,分析近 36 年北太平洋海浪场的变化特征,表明太平洋 10 年涛动指数和厄尔尼诺现象呈显著的遥相关,可以通过这些气候因子的变化来预测有效波高的年代际变化。太平洋西部海域的有效波高有显著的递增趋势,而东部海域则逐渐减小。

前人对于太平洋的季节性差异与规律和地区性差异做了较多的研究,并得出太平洋波高分布具有明显的季节变化规律,西北太平洋海域有效波高和极值都具有显著的变化趋势,且存在明显的季节差异。前人还针对不同地区的不同发展趋势展开研究,其表现为南、北半球西风海浪高度随时间呈线性增长趋势,中低纬度的西北太平洋波高有逐年线性递增趋势,而低纬度太平洋东北部海域则有减小趋势。但在异常天气情况对于平均有效波高影响研究较少,以往只关注多年平均下的一般状况,而并未对某一异常变化做出解释。为了更好地分析其分布规律以及其变化趋势,本文采用年代际变化分析、线性回归方法着重对北太平洋海域进行研究,为海上航线安全提供保障。

1 数据与方法

本文所用的数据来自 ECMWFERA-40 海浪资料来自 ECMWF,具有将风浪和有效波高进行了分离的独特优点。采用年代差气候统计分析方法,计算分析北太平洋海域平均有效波高的时空分布特征和长期演变规律,期望可以为研究全球气候变化、防范极端天气灾害等提供科学依据。

本文所使用的工具为:GrADS,Matlab。GrADS(grid analysis and display system)是当今气象界广泛使用的一种数据处理和显示软件系统。该软件系统通过其集成环境,可以对气象数据进行读取、加工、图形显示和打印输出。Matlab 将数值分析、矩阵计算、科学数据可视化以及非线性动态系统的建模和仿真等诸多强大功能集成在一个易于使用的视窗环境中,为科学研究、工程设计以及必须进行有效数值计算的众多科学领域提供了一种全面的解决方案。

2 北太平洋平均有效波高特征分析

2.1 北太平洋平均有效波高时间分布

为了体现 SWH 年变化分布特征和季度变化特征,本文将 1979—2018 年北太平洋海域 SWH 数据绘制成折线图,SWH 折线图可以更加直观地观察出北太平洋平均有效波高随年份的变化,SWH 在每个季节中的变化的剧烈程度和各个季度之间的差异,以及 SWH 在各个季度与 40 年总变化之间的联系。

图 1 较好地体现出北太平洋 SWH 呈现显著逐年线性递增趋势。1989 年之前的平均有效波高基本稳定,在 2.1 m 上下浮动,并且高度在进行有规律的升降,而在 1989—1993 年平均有效波高出现较大幅度上升,通过查询历史天气资料可以得到在 1988 年 6 月—1989 年 6 月发生了强拉尼娜事件,导致北太平洋 SWH 先大幅度降低后又迅速升高并超过以往平均值。1993—2006 年平均有效波高在 2.23 m 上下浮动,2006—2018 年 SWH 在 2.16 m 上下浮动。从总体而言,近 40 年北太平洋 SWH 线性拟合相关系数为 0.449 2,通过了 99% 的信度检验,变化趋势显著,回归系数为 0.002 5,即近 40 年来,北太平洋 SWH 整体上以 0.250 cm/a 的速度逐年线性递增。这与图 1 中的趋势相一致。

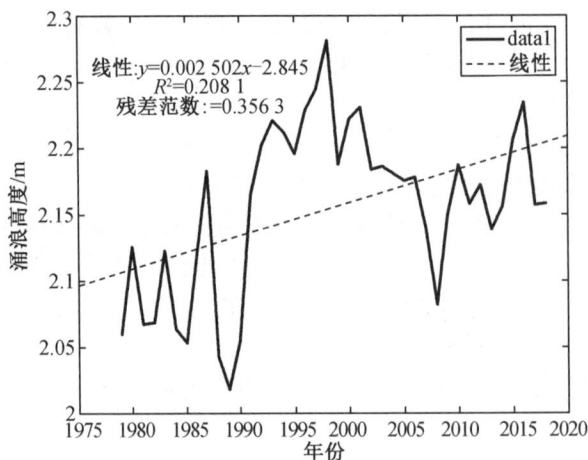

图 1   1979—2018 年 SWH 变化线性拟合图

图 2 与图 1 的变化折线图对照可知,第一、三、四季度相关系数分别为 0.431 6、0.075 4、0.517 8、0.358 2,第一、三季度(图 2(a)、图 2(c))通过了 99% 的信度检验,第二季度通过了 98% 的信度检验,只有第二季度(图 2(b))未通过检验。从表 1 和折线的走势来看,第一、三季与近 40 年 SWH 有着较好的相似关系,都具有在 1988 年附近出现较大幅度下降而后有出现较高浮动增长,并在 2005 年之前保持相对稳定的状态,可以得出第一季度和第三季度的有效波高高度对于总体变化贡献最强(其中 12~2 月份的变化对总体起决定性

因素,其次是 6~8 月份),而第二、四季度对于总体的变化贡献相对较弱。为了更好研究总体变化,所以选取具有代表 1,4,7,10 月份进行研究。

表 1　平均有效波高线性拟合结果

时间	R^2	$\lvert R \rvert$	相关系数检验
第一季度	0.186 3	0.431 6	>99%
第二季度	0.005 7	0.075 4	未通过检验
第三季度	0.268 1	0.517 8	>99%
第四季度	0.128 3	0.358 2	>98%
40 年平均	0.201 8	0.449 2	>99%

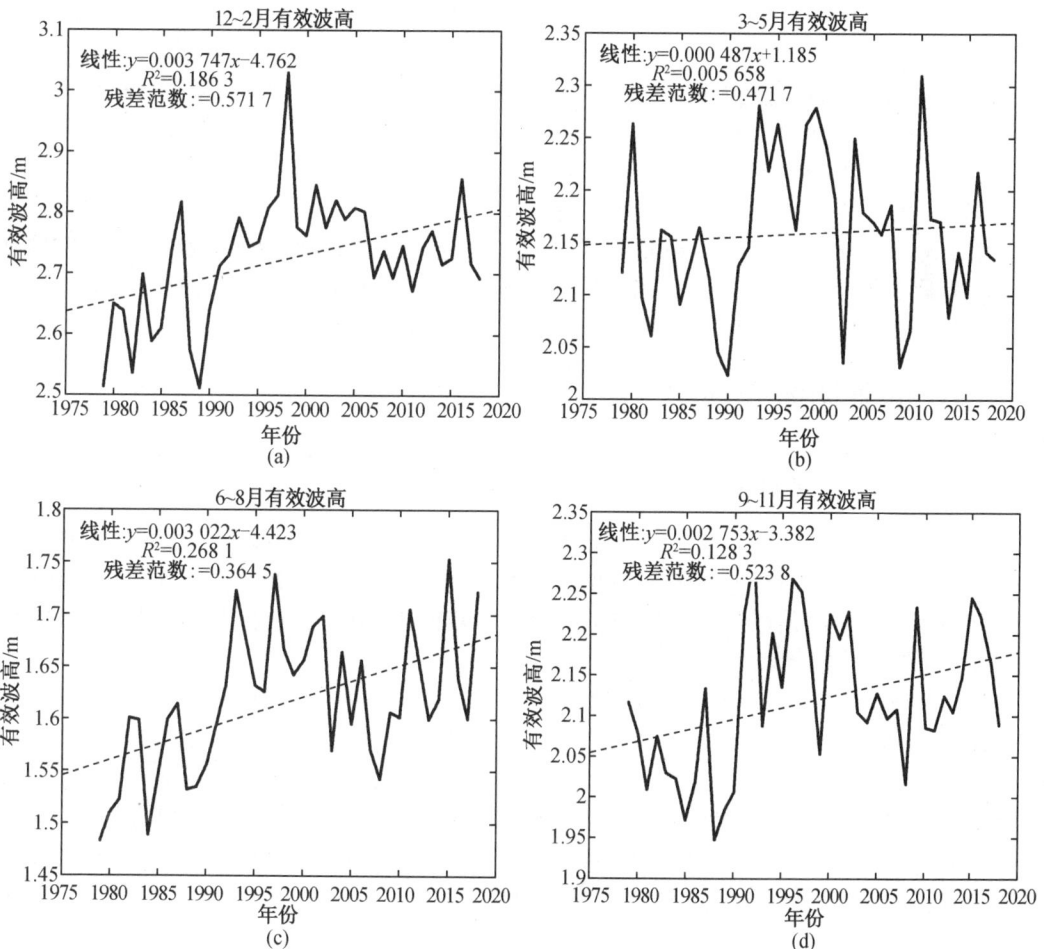

图 2　1979—2018 年第一季度(a)、第二季度(b)、第三季度(c)、第四季度(d)SWH 变化线性拟合图

2.2　北太平洋平均有效波高空间分布

图 3 给出了 1979—2018 年有效波高在不同季节的北太平洋分布。

在 1 月份北太平洋海域平均 SWH 最高,有效波高最大值在 35°N~45°N 的中纬度海域,有效波高可达 4.5 m 以上,其中心最高区域面积相对较小,并且在向南和向北衰减速率有明显差异。SWH 向北衰减速率较快,向南衰减速率较慢,并在中纬度地区大部分海域 SWH 均高于 2.5 m,在赤道附近有效波高最小,通常在 1.5 m 左右。在北太平洋西岸平均有效波高在 1.0~2.5 m,而在东岸的有效波高分布在 1.5~3.5 m。

在 4 月份总体变化与于一月份相似,有效波高最大值在 40°N~50°N 的中高纬度海域,有效波高可达 3 m,向低纬度地区递减。但其 SWH 最高区域面积远大于第一季度中心最高区域面积,并且在中低纬度部分区域 SWH 高度出现增加现象,其原因主要受东北信风在三、四月份退回至北纬 5°~25°附近造成。

在 7 月份 SWH 达到最低值,随经度、纬度分布不明显,基本在 1~2.2 m 并呈现出东南高,西北低,东高西低的特点,在北太平洋东岸出现小高峰。

在 10 月份 SWH 中心区域位置相较于一、四月份向北偏移,并且中心最高区域面积达到最小值,最大有效波高出现在中高纬度地区,其平均有效波高在 1.5~3.3 m,高度在向南衰减的过程中各个高度区域内都具有较大的分布,其高度梯度线在西侧向北凸,而在东侧则向南凸出。

1979—2018 年,通过逐 3 月可以得出 SWH 在第一季度到第三季度逐渐降低,在第三季度到次年第一季度 SWH 逐渐升高,可知有效波高在不同的季节有着明显的分布差异。除七月份最低值可以清晰看出北太平洋 SWH 最高区域位于中高纬度地区呈现出中心高、四周低的辐射状分布,其中最高平均有效波高高度可以达到 4.5 m 以上,5 m 以下,此现象是由于此海域位于阿留申低压区,在北纬 30°~60°,在这个纬度区间之内由北纬 30°附近的副热带高气压带流向北纬 60°附近的副极地低气压带,由于地球自转偏向力的作用,盛行西风在北半球右偏为西南风,此因素导致 SWH 最高区域出现在中高纬度地区。

3 SWH 的长期演变规律

3.1 SWH 变化趋势

上面分析了在过去 40 年北太平洋有效波高的分布特点和季节差异,此外,还应进一步研究有效波高的变化趋势。为了进一步的探究气象要素的长期变化规律,选取了 1979—2018 年每十年的平均值以及 1 月份和 7 月份每十年的平均值为参考,从中分析过去 40 年内有效波高的变化趋势。

夏季中高纬度在过去 40 年有着先上升,后下降的趋势,在中高纬度区域有显著的变化趋势,而在赤道附近海域有效波高变化较小。并且在中纬度和中高纬度地区出现了一升一降的周期性变化。

过去 40 年里冬季西北太平洋年平均有效波高增长较为明显,其中在中高纬度西北太平洋海域增速大洋同纬度东北太平洋有效波高增速,最大值区位于 160°E 以东的最高纬度太平洋海域,热带及赤道附近海域有效波高增加趋势较小。就我国东海而言,有效波高增加趋势较大,可达 3.5%/10 a。

北太平洋海域在 1989 年有西向强化的趋势,北太平洋东岸最低,中部其次,西部最高。查询 1989 年附近北太平洋气象资料可以知道,在 1988 年 5 月出现了强拉尼娜事件,此次拉尼娜事件持续到次年 5 月份,信风将表面被太阳晒热的海水吹向太平洋西部,致使西部比东部海平面增高将近 60 cm。

在太平洋赤道北部附近,平均有效波高有所增高,极高值出现在 160 W 以东,其增加速度达到 0.1 m/10 a。在中纬度地区(162°W,35°N)出现极低值其降低,其下降速度达到 -0.12 m/a。

在北太平洋中纬度海域、部分低纬度海域和东北太平洋海域平均有效波高出现明显的下降,并且在东北太平洋海域下降速度可达-0.02 m/10 a。在西北太平洋和白令海峡有效波高呈增加趋势,增加速度在 0.03 m/10 a~0.15 m/10 a。

从上述 10 年差值图中可以得出北太平洋大多数海域在过去四十年其有效波高高度有明显的增高,特别实在西北太平洋有效波高增加趋势显著,赤道海域有效比高增加趋势较小。在中低纬度北太平洋西南岸有效波高高度在过去四十年持续增高,增高速率在 0.12~0.18 m/a 和 0~0.03 m/a。太平洋海域 SWH 海与厄尔尼诺和拉尼娜现象密切相关。

所选数据共 40 组,其中图 6 中数据为北太平洋 1979 年至 2018 年每年 1 月份 SWH 的月平均值共计 40 个月,图 7 中数据为北太平洋 1979 年至 2018 年每年 SWH 的年平均值,共计 40 年。通过 Matlab 作图得其相关系数 $|R_1|\approx0.3673$,$|R_2|\approx0.5505$,对照相关系数检验表可知当样本容量为 40 时置信度>0.95 的值为 0.3044,置信度>0.99 的值为 0.4896,则可知所分析的图 3 线性所得回归置信度>95%,图 4 线性所得回归置信度>99%。而从图中可以得出:随着时间的推移,北太平洋有效波高在一月份以 0.4459 cm/a 显著性增高,在七月份以 0.4312 cm/a 显著性增高,并且其高度在一定时间内进行周期性的升降。

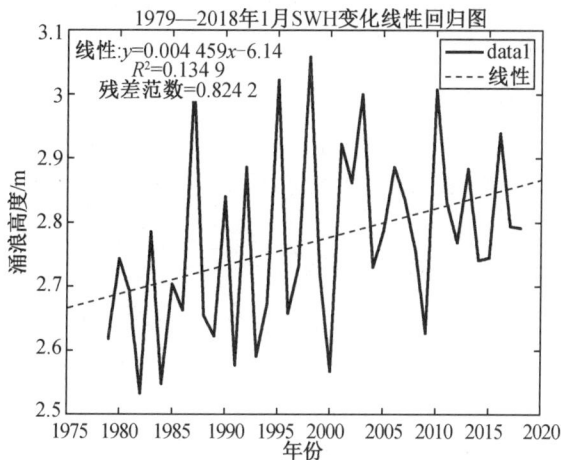

图 3　过去 40 年 1 月份的波高变化趋势

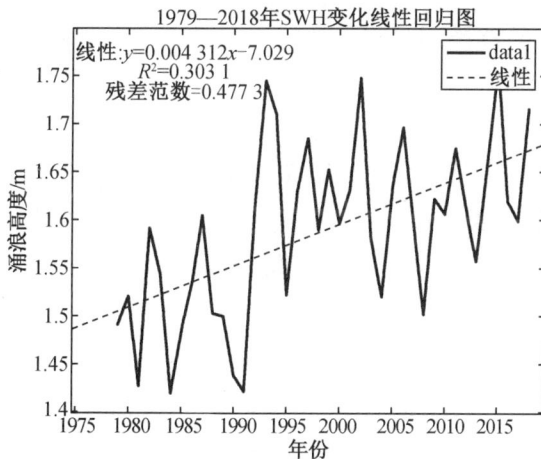

图 4　过去 40 年 7 月份的波高变化趋势

4　结论与展望

本文采用欧洲中期天气预报中心(European Centre for Medium-Range Weather Forecasts)在 1979 年 1 月—2018 年 12 月连续 35 年关于平均海面有效波高(significant wave height)的数据计算分析北太平洋海域平均有效波高高度的时空分布特征和长期演变规律,结果表明:(1)在 1,2 季度平均有效波高高度普遍高于 3,4 季度,北太平洋有效波高高度在一月份位于中高纬度地区呈现出中心高、四周低的辐射状分布,其中最高平均有效波高高度可以达到 4.5 m 以上,5 m 以下,其有效波高高度在七月份呈现出东南高,西北、西南低的特点。并且其高度向北衰减相较于向南衰减较快;向西衰减与向东衰减相当。(2)在太平洋东岸(北纬 40°)附近出现小高峰。有效波高高度在远离大陆的海洋中部具有较高的高度,而距离大陆越近,其高度逐渐降低。(3)中低纬度北太平洋西南岸有效波高高度在过去四十年持续增高,增高速率在 0.12~0.18 m/a 和 0~0.03 m/a,北太平洋有效波高在一月份以 0.445 9 cm/a 显著性增高,在七月份以 0.431 2 cm/a 显著性增高,并且其高度在一定时间内进行有周期性的升降。(4)从变化特征上看,有效波高在各个季节均表现出增加趋势,且西边太平洋海域有效波高增加趋势显著,赤道附近海域有效波高增加趋势较小,存在明显的季节差异。

在全球变暖、资源危机愈发严峻的大背景下,海洋资源利用将是人类实现可持续发展的重要支撑。在过去对于 SWH 研究中,SWH 一般性和普适性研究较多,本文探究了 SWH 收厄尔尼诺现象以及拉尼娜现象的影响。这种异常天气系统能够对于某一要素异常变化做出解释。未来有必要加强异常天气系统对于海洋要素影响的分析,为我国远洋船舶的航线建设提供科学依据、环境安全保障。

参考文献

[1]　韩树宗,朱大勇,郭佩芳.太平洋波高分布及变化规律研究[J].青岛海洋大学学报(自然科学版),2003(6):825-832.

[2]　张丹琦.全球海浪长期趋势分析及西北太平洋海浪特征研究[D].南京:南京大学,2020.

[3]　李靖,郑崇伟,黎鑫,等.太平洋涌浪分布特征及其对海-气边界层的影响[J].海洋学研究,2019,37(2):1-8.

[4]　郑崇伟,林刚,孙岩,等.近 45 年太平洋海浪特征分析[J].热带海洋学报,2012,31(6):6-12.

[5]　李靖,周林,郑崇伟,等.太平洋海浪场时空特征分析[J].海洋科学,2012,36(6):94-100.

[6]　刘金芳,江伟,俞慕耕,等.北太平洋海浪场时空变化特征分析[J].热带海洋学报,2002(3):64-69.

[7]　徐秀枝,诸裕良,冯向波,等.北太平洋海浪场和风场特征分析[J].海洋工程,2017,35(1):112-120.

［8］ 张婕.风—浪要素的全球分布特征研究［D］.青岛:中国海洋大学,2010.

［9］ 庄晓宵,林一骅.全球海洋海浪要素季节变化研究［J］.大气科学,2014,38(2):251-260.

［10］ 诸裕良,徐秀枝.北太平洋海浪特征分析［J］.河海大学学报(自然科学版),2016,44(6):550-557.

近四十年间南海风浪波高特征分析

王万朋[①]

(海军大连舰艇学院,辽宁大连,116018)

摘要:利用1979—2018年共40年欧洲中期天气预报中心(ECMWF)风浪波高资料,分析南海风浪波高的变化特征,为该地区的经济以及军事等方面提供参考。研究南海四季中1月,4月,7月以及10月的风浪波高变化特征。结果表明:南海的风浪波高在这几个月份之中,有着明显的变化规律。1月南海整片海域风浪波高都较大,在我国东沙群岛附近海域以及越南沿岸区域,风浪波高值明显高于其他海域;4月份南海表面平均风浪波高随纬度的增加而增加,且在我国的台湾岛南部附近海域风浪波高达到最大值;7月份,在越南沿岸部分海域的风浪波高明显高于其他海域,且以此区域为中心,随半径的增加,风浪波高值呈减小趋势;10月风浪波高随纬度的增加而增加,整体趋势与4月较相似但是整体风浪波高低于4月。

关键词:中国南海;风浪波高;季节性变化;变化性趋势

引言

随着世界变暖,地球出现了冰川退缩、海平面提高等自然现象,从而出现了资源危机和环保危机,这种现象将对人们的正常生活和未来的可持续发展产生巨大的阻碍。近些年来,由于环境和资源,许多国家和地区都处于极为困难的境地。当今,世界气候变化已经成了人类所关心的问题焦点,前人也对风浪波高进行了众多的研究。风浪波高对于海洋气候的研究以及人类的一系列活动有着重要的影响,风浪波高的变化直接影响着沿岸居民的生活及海上作业。台风过境常常伴有大型雷雨天气,而风是引起风浪波高最显著的因素,导致风浪波高值明显增大,严重威胁航行安全和人们的日常出行。风浪波高值过大的话,对舰船的航行有着重要的影响,同时,风浪波高还可能造成港口等军用设施的损坏,影响军事行动的正常进行。

在前人的研究过程中,高昂、吴时强[1]等对此气候特征,以典型浅水湖泊太湖风浪为例,采用神经网络方法对浅水湖泊风浪波高的适用性进行预测。姬厚德、蓝尹余、涂振顺[2]在不同设计工况下分别模拟建设防波堤后东埔渔港附近海域台风浪场分布情况,分析防波堤在消减台风浪波高中的影响,为防台消浪、防波堤优化设计等提供技术支撑。姜静、徐福敏[3]的、在研发过程中发现,基于实测数值的合成风场和实际风场最相似,且海浪的模拟效果也最好;在台风中心附近外海还存在着大片的海浪数值较大区,在4 m风浪波高等值线内

---

① 作者简介:王万朋,本科,湖北黄冈人,本科在读,"海上丝路"资源与环境研究团队"硕博化开展本科教育"培养对象。

基本无涌浪,且涌浪主要散布于海浪数值较大区的外缘海区;而尹志军、潘玉萍、沙文钰、张孟营等[4]在研究进程中,发现了波浪处于窄谱的正态随机过程中,其幅值服务于雷利分配。基于谱分析技术提供了许多关于波浪的建模,包括通过波的叠加进行建模、通过现行滤波器建模、固定点波动的建模、波动质点能量与加速度建模及等能量分割技术等。本文所使用的是协方差矩阵的循环嵌套方法,这种技术能够迅速、准确地模拟高斯问题。黄世昌、赵鑫[5]等根据 SWAN 平台风浪模型,构建了浙江省近海天文潮汐-风浪增水-波浪集成模型,在分析 4 次的浙江省近海台风浪基础上测算出超强台风在浙北至浙南三个路线的年最高天文潮位登陆后所形成的台海浪,并研究了浙江省近海波高的位置及其对波高的影响分析。赵利平、连石水、沈浩、刘卡波等[6]在研究南洞庭湖海浪波高和周的规律分布中运用实测资料与数据分析方法,对南洞庭湖海浪波高和波周统计的分布变化规律开展了深入研究。常德馥[7]、黄培基[8]等在研究胶州湾和浅水风浪波高概率分布的时候,均通过数值分析以及方程建立的方法来求近似解。

前人曾对我海浪波高进行过大量具体的调研与数据分析工作,并运用了神经网络分析法、谱分析法、预压资料数据分析方法等方式加以深入研究,所建立的海浪波高预报模式能够做出比较精确的预报,并发现了采用预压数据的综合风场和实际风场最相似,对海浪的仿真结果也最好。但是以往的研究多数是针对某一年份或者是对于研究方法的具体展述,本文则对于风浪波高的季节性的变化趋势以及区域性的变化进行具体分析,采用 1979—2018 年共 40 年欧洲中期天气预报中心(ECMWF)风浪波高资料,分析中国南海地区风浪波高的季节性变化以及区域性差异。

1 方法与数据

1.1 数据介绍

文中使用的数据分析主要来自利用 1979—2018 年欧洲中期天气预测中心(ECMWF)风浪波高资料,欧盟中期天气预测中心(ECMWF)进行国际数值天气预测,进行数据信息同化、地球系统建模(地球系统建模)、可预测性和再分类研究等方面所获得的研究,发现和改进了预报。其研究领域涵盖了空气质量研究、海洋环流研究和水文预报等,广泛应用于政府,科学和政策制定者。在其中,再研究数据结果给出了目前可能的所有有关过去天气和气候的最完美的图像,这是利用现代天气预报模型再次仿真了过去短期天气预报中的观测成果的综合信息产物,在时间上也是与世界一致的,有时被称为"没有差距的地图"。同时,ECMWF 所采用的数据充分利用了四维同化数据,可以进行对全球每 65 km 距离的 60 个的 40 m 网格密度共 20 911 680 个点的风、温、湿度预测。

1.2 方法

本文的研究海域为中国南海。南海为全球第三大陆缘海,其水域宽广,水体巨大,为水域深渊。随着南海局势的变换,我国对于南海的研究也越来越紧迫。本文则主要选取 1 月、4 月、7 月以及 10 月作为代表,对南海的风浪波高进行分析,并采用线性回归分析以及小波分析的方法,对所得数据进行分析得出南海风浪波高的时间和空间的分布特征。本文所使用的工具为:GrADS 和 Matlab。气象绘图软件 GrADS 是免费共享应用软件,GrADS 具有大量的内部文件,并能够直接对资料进行运算和数据分析的处理过程。它能够管理格点资料和站点数据信息,并同时实现了对 GriB 码数据、特殊规格的数据信息(如一字节整型、二字节整型、大中型计算机二进制数据等)的直接读写,在气象研究方面使用十分普遍。在其最新的一点八 SL 九版上,GrADS 又把应用范围延伸到了海洋领域,能力也获得了更进一步的提升与拓展。Matlab 美国 MathWorks 公司出品的专业计算机数学软件系统,应用于信息发现、无线通信、学习、图片信息处理与计算机可视化、信息加工、量化金融与风险管理、机器人,控制系统等领域。Matlab 是 matrix & laboratory 的结合,意即矩阵实验室(矩阵实验室),它是面向科学计算、可视化和交互式设计的高科技计算环境。它把数据挖掘、矩阵运算、科技信息可视化和非线性动力学体系的建模与仿真等一系列强大能力融合到一种容易应用的视窗平台上,为科学研究、设计和要求进行有效数据计算的众多研究工作提供了一套完整的方案,它在极大程度上打破了常规非交互式编程语句(如 C、Fortran)的编写方法。

2 南海风浪波高的时空分布特征

2.1 南海 40 年风浪波高的平均值:

利用 1979—2018 年共 40 年欧洲中期天气预报中心(ECMWF)风浪波高资料,统计了中国南海 1979—2018 年 1 月、4 月、7 月、10 月的南海 40 年风浪波高的数据,并分别求取平均值,单位为 m。

1 月份的平均风力变化显示出除南海的部分区域以外,南海整片海区风力变化也很大,包括了越南的部分海区,以及我国的东沙群岛附近,这两个区域的海表平均风浪波高明显高于其他地区,在越南沿海的区域的风浪波高的显著性跟 7 月份较为相似,但是该月份的风浪波高最大值能达到 2 m,明显高于 7 月份,存在着明显的季节性和月份性差异。齐义泉的研究报告[9]中认为,冬季南海海表层风场影响主要基于地形影响,根据 N–S 方程中的狭管效应而得出,风场在巴士海峡附近的上升过程,对南海海表层的风力造成了重要的影响,而由于风是影响风浪波高最显著的因素,导致风浪波高也呈现类似的分布。除此区域外,风场收到陆地的限制性因素,风速显著减小,风浪波高也随之减小。南海附近海面风区的四十多年来的 4 月的平均风浪波高,我们可以发现在这段时间里,从南到北方向看,南海面上的风浪波高逐步上升,南海中部和南部海区风浪波高变化相对较小,在 0.2 ~ 0.4 m,此外,在越南沿岸一带海域还有一些海浪波高明显大于其他附近海域的地方,风浪波高值最大达 0.5 m。在台湾岛的南部以及海南岛的西部,也存在着两个风浪波高值明显大于其他地区的区域。7 月越南沿岸的部分海区出现了一个海浪波高值远远超过了其他附近海域的地区,海浪波高最大超过了 1.2 m,而海表的海浪波高则以地区为核心,向四周逐步下降的分布。除此之外,还可以发现台湾岛至海南岛的沿岸风浪波高明显大于南海的其他沿岸区域,可能与该地方的狭管效应有关。10 月的平均海浪波高特点为自南向北依次上升,南海以北则为一条东北—西南方向的平均海浪波高值的分布的最高点,风浪波高达到 1.8 m。除此之外,在 10 月份,南海南部整个地区的风浪波高值显著性低,最小值达 0.2 m。在秋季,南海的南部地区较适合航行。

2.2 南海风浪波高的年代际变化:

分别取 1979—1988、1989—1998、1999—2008、2009—2018 年为一年代际,并对每十年 1,4,7,10 月份的风浪波高以此采取作差的方法,对得到的差值图进行分析得到如下结论。

四十年间 1 月,在第二个十年的期间,南海的北部大部分地区风浪波高有着明显的降低,但是随后的二十年间,此区域的风浪波高都呈增加趋势且最大增加达到了 0.25 m 到 0.3 m。且这种相反的变化趋势在马来西亚北部以及越南的南部也有类似的体现。总体来说,在 1999 年之后,1 月期间,南海的南部部分差异性明显,北部地区呈明显的上升趋势,而南部地区呈明显的下降趋势。四十年间 4 月,在前三十年间,除海南岛的西部地区,越南的西岸地区以及台湾岛的南部地区之外,该月份期间南海的风浪波高变化不大,总体的变化趋势较为稳定。但是在 2009—2018 年,在菲律宾的西部地区海南岛西部地区的风浪波高呈明显的下降趋势,台湾岛的南部呈明显的上升趋势。总体来说,该月份期间,风浪波高的变化区域性差异不明显。四十年间 7 月,在此月份期间,前二十年,在南海的北部有着明显的上升趋势,且这种趋势的中心在接下来的十年间整体南移至南海的中部地区,且范围逐渐扩大至几乎整个南海地区。在第四个十年期间,风浪波高的增加中心继续南移至马来西亚地区,且在此期间,在南海的北部的大部分区域,风浪波高呈减小趋势。

2.3 长期演变规律

对所得数据进行相关系数的显著性检验,得到如下每个研究月份的 40 年来的变化趋势。初步对比图 1(a)和(c)可以看出,1 月和 7 月的风浪波高有着较为明显的上升趋势,而根据图 b 和图 d,4 月和 10 月的数据则显示出了明显的下降趋势。但得到的相关系数均过小,不能推出风浪波高是否与年份之间有着明显的变化关系。但由此,可以初步推测出,风浪波高这一气象要素与随年份的变化不大。

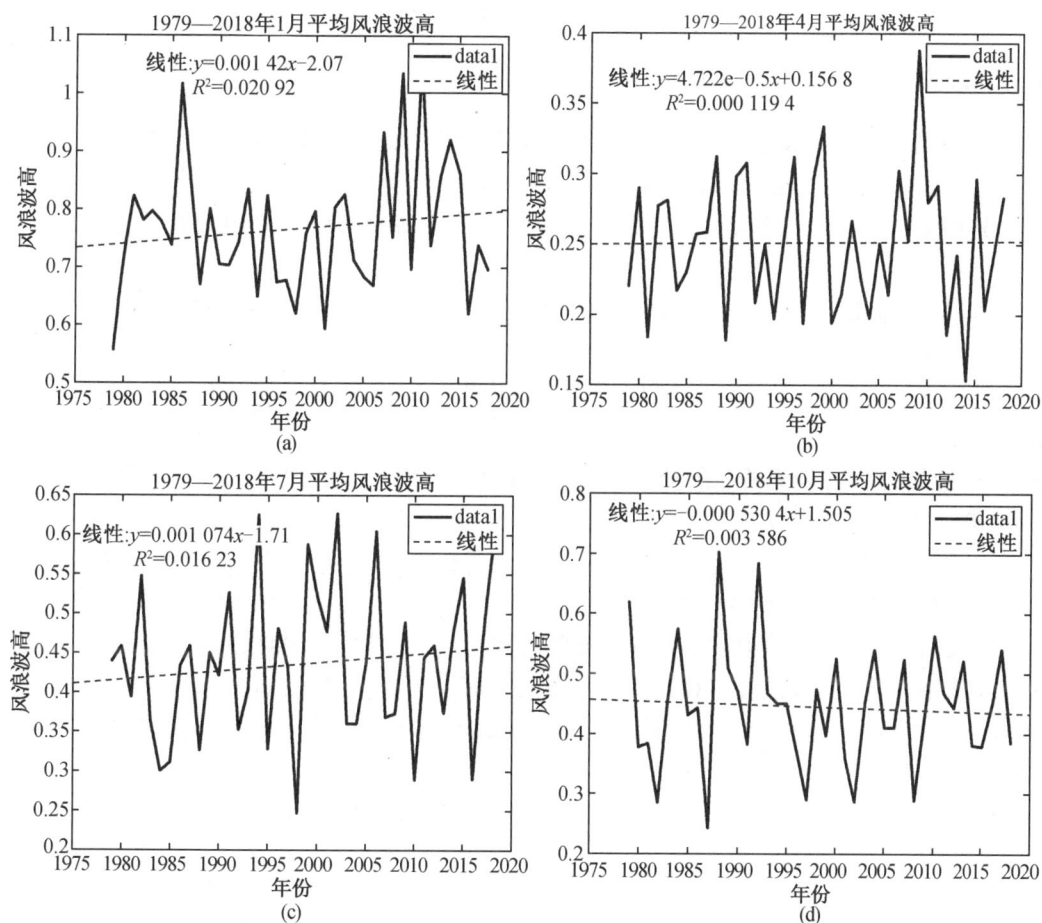

图 1　1979—2018 四十年间 1,4,7,10 月风浪波高 40 年来的变化趋势

3 结论

基于 ECMWF 海表面 10 m 风浪波高资料,分析研究了南海特征性月份的风浪波高变化以及长期变化和区域性分布特征,以及 7 月和 1 月的主要差异得到以下结论:

(1)无论在哪个月份,南海南部地区的风浪波高值都明显小于其他地区,这与赤道地区的无风带有关,在此区域,船只航行受到的阻碍较小。且在巴士海峡和台湾岛附近海域,风浪波高值由于狭管效应的作用,此区域的风浪波高值明显高于其他地区。在 1 月、7 月,越南附近海域同样存在着类似的风浪波高较大值地区。

(2)1 月份南海整片海区风浪波高都很大,但在南海东北部和越南沿岸地区,海浪波高值却显著超过了其他区域;四月在南海表面的平均海浪波高值中心随维度的上升而增大,并在南海的东北部达到了峰值;而七月时在越南沿岸部分海区,仍有单一海浪波高极大值中心,以该海区为中心向四周各地的海浪波高逐渐下降;10 月份风浪波高由南向北逐渐增加,在巴士海峡和台湾岛附近地区达到峰值。

(3)在四十年间,南海的风浪波高有着明显的地域性差异以及年代性的差异,在台湾南部地区以及马来西亚北部等地区,风浪波高随年份的变化趋势也存在不同。

(4)风浪波高这一气象要素随年份的变化不明显,没有一个稳定的变化趋势。

参考文献

[1] 高昂,吴时强,吴修锋,等.BP 神经网络在浅水湖泊风浪波高预测中的应用[J].水电能源科学,2022,40(8):41-44,168.

[2] 姬厚德,蓝尹余,涂振顺.防波堤对消减台风浪波高的影响[J].中国水运,2022(5):85-87.

[3] 姜静,徐福敏.气旋生浪的数值模拟研究及其特征分析[J].人民长江,2017,48(10):89-96.

[4] 尹志军,潘玉萍,沙文钰,等.风浪波高和周期的联合概率密度分布[J].海洋预报,2007(2):39-46.

[5] 黄世昌,赵鑫,娄海峰,等.浙江沿海超强台风作用下的台风浪波高[J].海洋通报,2012,31(4):369-375,383.

[6] 赵利平,连石水,沈浩,等.南洞庭湖风浪波高和周期的分布[J].长沙理工大学学报(自然科学版),2005(3):16-21.

[7] 黄培基.几种浅水风浪波高概率分布的比较[J].海洋通报,1984(3):82-86.

[8] 常德馥.胶州湾风浪波高和周期的分布[J].海岸工程,1991(2):37-43.

[9] 齐义泉,施平.采用卫星高度计资料分析南海风、浪的月平均特征[J].热带海洋,1999(2):90-96.

[10] 刘玄宇,刘云刚.中国南海海洋国土开发与管控研究展望[J].自然资源学报,2021,36(9):2205-2218.

南极 SST 变化特征研究

王增洋[①]

（海军大连舰艇学院，辽宁大连，116018）

摘要： 深入探究南极气候变化特征，为建设"海洋命运共同体"提供理论支撑。本文利用欧洲中期天气预报中心（European Centre for Medium-Range Weather Forecasts 简称 ECMWF）的 1979—2018 年的南极 SST 数据，进行了年代际变率分析、逐月变化趋势分析、、EOF 分析研究时空特征、小波分析得出周期性规律等研究。研究发现：（1）南极 SST 具有极强烈的震荡变化特征，周期为 7 年左右；（2）南极 SST 在 1979—2018 年变化具有地域性，别罗斯高晋海等海域中表现出一定程度的上升趋势；威德尔海和罗斯海则表现出一定程度的下降趋势；（3）40 年里夏、秋、冬季节印度洋和太平洋交界的南大洋海域呈现大面积的降温趋势，春季太平洋交界的南大洋海域呈现大面积的增温趋势；（4）南极 SST 总体呈现小梯度上升趋势，极值中心集中分布在威德尔海、巴勒尼群岛附近海域和阿蒙森海等海域；（5）1 月、2 月、3 月、4 月为影响南极 SST 的决定性月份，这些月份的变化规律与南极全年的 SST 变化相似。

关键词： 南极 SST；年代际变率；逐月变化趋势；小波分析；EOF 分析

引言

南极温度是极地气候系统的重要组成部分[1]，由于南极所处的纬度以及其特殊的地理风貌、自然气候，所以研究南极以往的实测资料就显得尤为重要[2]。气温变化是气候变化研究的核心问题之一，地表温度是地面与大气界面热状况的显示器，是衡量气候变化的一个重要标志，是地表与大气相互作用过程中最重要的物理学参量之一，在全球环境变化、气候、气象、地震、农业等诸多相关学科研究中具有重要意义，对某一区域或全球范围而言，研究其平均气温变化十分重要[3-4]。南极大陆是一个极其特殊的地方：它的气候在地球上是最干燥、多风和寒冷的地方[5]，这一特性致使南极大陆对于温度变化的反应极其剧烈。因此，通过对南极地表平均温度的研究，有利于更好地掌握全球气候的发展态势，为解决全球变暖问题提供决策与支持。南极治理关系到人类的共同福祉，是实施国际治理战略的新领域，得到我国的高度关注。在"海洋命运共同体"的重要理念指导下，南极的探索研究是建设海洋生态文明和维持海洋生物多样性的重要任务。

---

① 作者简介：王增洋，男，本科在读。"海上丝路"资源与环境研究团队"硕博化开展本科教育"培养对象。

一直以来国内外对于南极温度做了大量的研究工作,尹修草等使用时间序列分析方法对南极地表温度随时间变化的规律进行了探讨,得到南极的平均气温。卞磊[6]对南极中山站周围温度、气压等气象要素的变化特征进行了统计与分析,了解了中山站地区的气候概况。邢晶晶[7]等利用泰森多边形法对南极平均温度测定进行了研究,为测定南极洲区域整体平均温度提供了一种新方法。龚连蓉[8]等以南极洲的平均地表温度建立 SARMA 时间序列模型,通过使用 SPSS、EVIEWS 等软件,定义出平均地表温度,分析出时间与温度的变化关系。许金浩[9]等结合南极地区各地面监测站数据,利用 GIS 空间插值、多项式拟合、BP神经网络等技术对南极地表温度变化进行了相关评价与分析。朱家明[10]等针对如何定义并评估区域平均地表温度的问题,使用了 Matlab、Excel 等软件,分别建立极限区域平均地表温度模型、三维插值模型和多项式拟合模型,从而得出了南极洲从 2001—2015 年平均地表温度值以及其与时间的函数关系式。钟诗韵[11]等针对南极洲平均地表温度的定义以及平均地表温度随时间变化的问题,分别构建模糊 C 均值聚类模型和多元线性回归模型,使用 Matlab、EVIEWS 等软件编程,得到南极洲在连续一段时间内的平均地表温度以及南极洲地表温度随时间的推移呈波动上升的趋势。Silvestri Gabriel[12]等利用上千年社区地球系统模型(CESM-LME)的模拟结果进行,考虑了相对于完全强制模拟的每个自然(火山活动和太阳变异性)和人为(温室气体,臭氧气溶胶和土地利用/土地覆盖)个体强迫的影响,显示南极该研究区域在 MCA 期间普遍变暖。Mark 使用多个大型气候模拟集合和单强迫集合来研究观察到的南极表面温度多十年波动的驱动因素,观察到的多十年期南极表面温度波动部分与影响南极洲西部气候的太平洋年代际变化有关。

由上述可知,前人对南极温度的研究已经较为深入,但南极地区温度变化的区域性差异以及不同时间尺度下的周期性常常被忽视。为了同时展示南极地区整体温度的变化趋势以及变化趋势的区域性、周期性特征,本文利用 GrADS、Matlab 软件计算绘制了 1979—2018 年四十年来 0.25°×0.25° 网格点上温度的整体变化、变化趋势的区域性差异以及重点地区不同时间尺度下变化的周期性差异,期望可以为研究全球气候变化、防范极端天气灾害、研究极地气候变化、全球海洋循环等提供科学依据。

1 资料简介与分析方法

1.1 资料简介

本文利用来自欧洲中期天气预报中心(European Centre for Medium-Range Weather Forecasts 简称 ECMWF)的南极圈内海温数据,时间范围为 1979 年 1 月至 2018 年 12 月,时间分辨率为逐月;空间范围为 180W°~180E°,60S°~90S°,空间分辨率为 0.25°×0.25°。该资料某些区域的某些月份缺少数据,为加强资料覆盖,在缺少数据的地方采用平均值填充的方法,从而能够更好地把握数据中的确定性成分。

本文所使用的工具为:GrADS、Matlab。GrADS 是当今气象界广泛使用的一种数据处理和显示软件系统。该软件系统通过其集成环境,可以对气象数据进行读取、加工、图形显示和打印输出。

1.2 方法简介

1.2.1 均值逐年变率

近 40 年来的南极 SST 的逐年变率能够反映出其整体变化特征,因此本文利用 Matlab 处理南极海温数据,将 1979—2018 年的南极 SST 数据按照 $0.25° \times 0.25°$ 的网格点进行划分,计算了 1979—2018 年南极海域整体的年平均气温变化情况(见图 1),范围为 66.5S° 至南极大陆边界。同时为深入探究南极 SST 各个月份的差异,本文计算分析了南极 1979—2018 年 1~12 月各 SST 变化并进行线性拟合(图 1)。

1.2.2 年代际变率分析

年代际变率是指气象要素以 10 年为尺度的变化。海域温度的变化通常具有较大的时间尺度,对南极 SST 进行年代际变率分析,有利于了解其可能存在的周期特征和突变特征。本文计算了 1979—2018 年中逐年的南极 SST 变化趋势和每十年间的 SST 变率,其中计算区域数据通过了 95% 的显著性检验。

1.2.3 季节差异分析

温度差异在不同季节上往往存在不同特征,为了探究南极 SST 的季节性差异,本文对南极海域的 1 月、4 月、7 月、10 月等月份的温度进行探究,分别代表南极海域的夏、秋、冬、春季节。

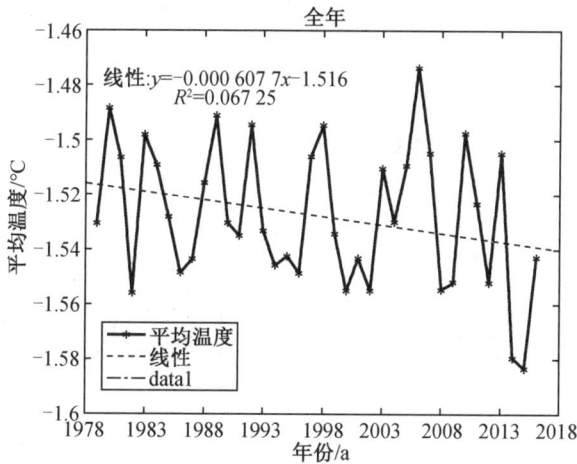

图 1　1979—2018 年南极 SST 全年平均温度线性拟合

1.2.4 经验正交函数分析法

经验正交函数分析法(EOF)能够用于提取数据结构特征[13]。由于均值逐年变率分析可能存在的系统误差,南极 SST 的变化趋势可能被错误解读,因此本文利用 EOF 分析方法将南极 SST 数据集转化为温度要素场的空间模态和与之相对应的时间系上的投影,从而严格得出其具体特征。如图 2 所示。

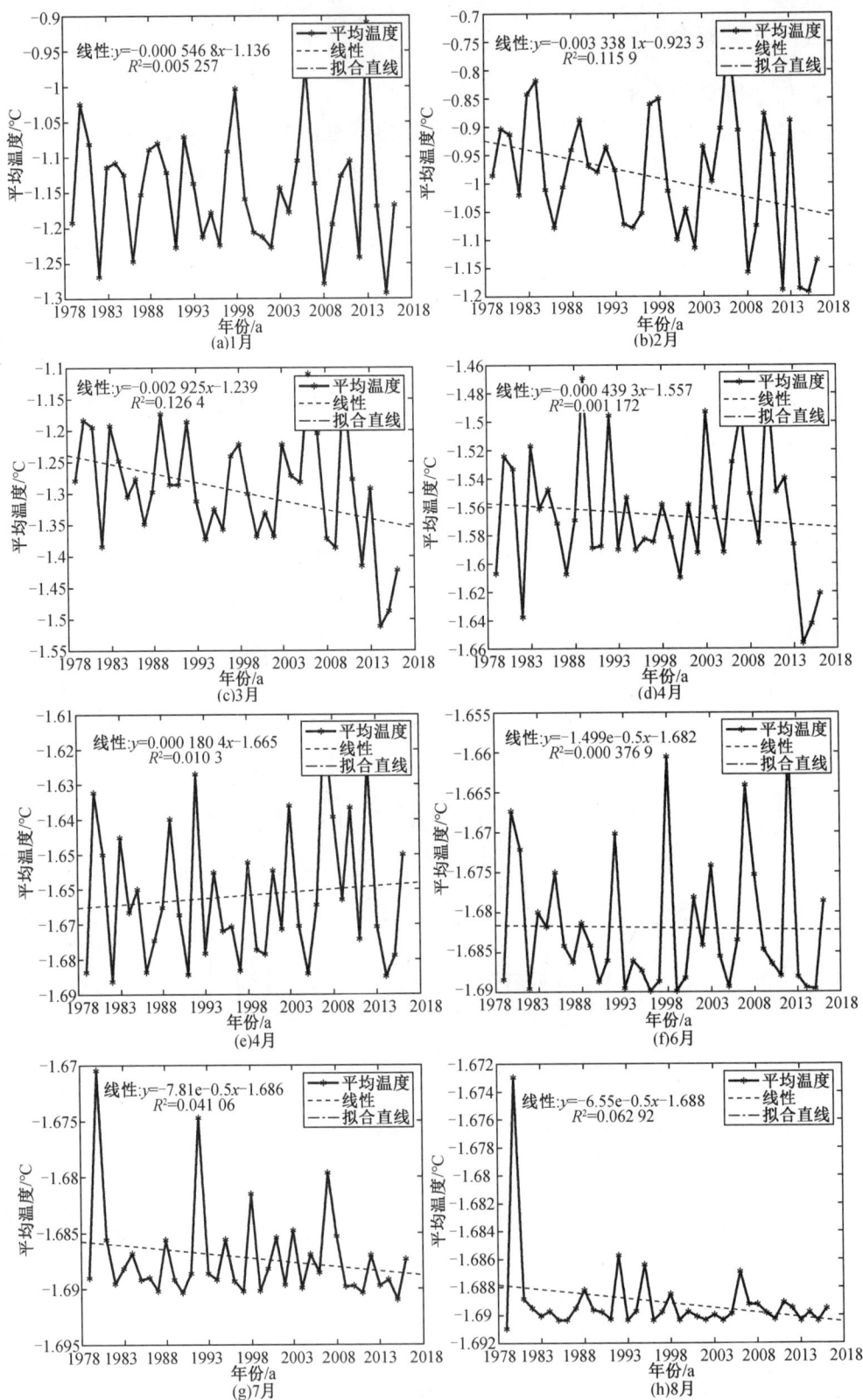

图 2　1979—2018 年南极 SST 逐月平均温度线性拟合

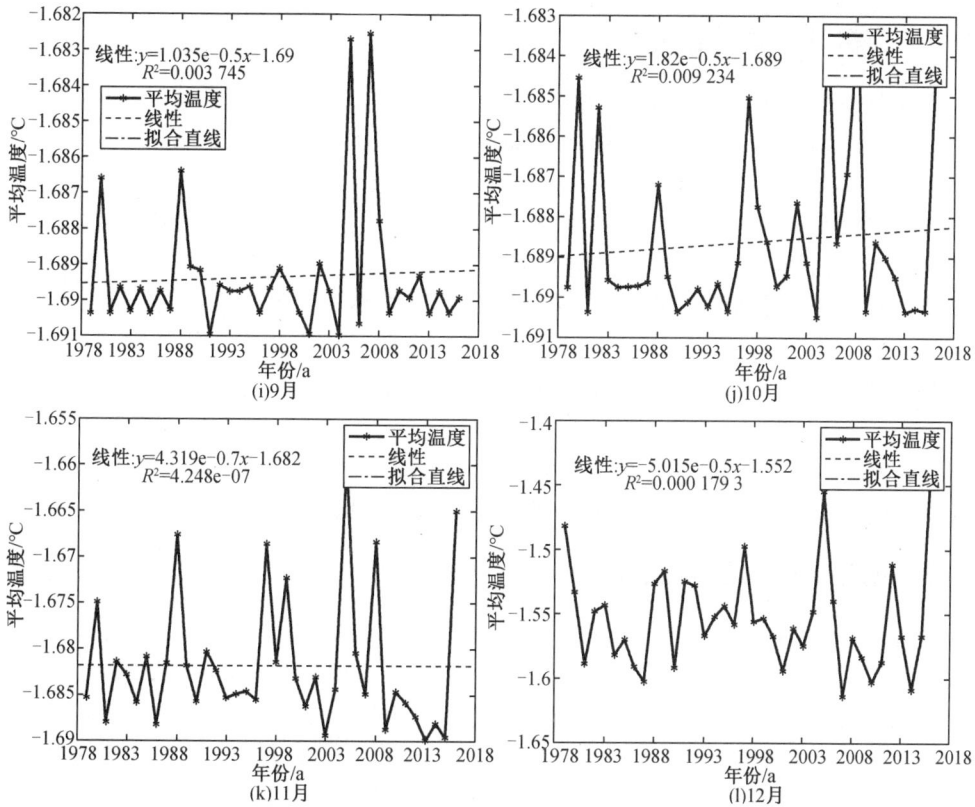

图 2(续)

1.2.5 小波分析

小波分析(wavelet transform)可以研究长时间序列下的信息的时频关系[14],本文利用小波分析研究南极 SST 全年平均数据以及重点月份数据,以此探究南极 SST 的周期性特征。

2 南极 SST 特征分析结果

南极 SST 具有极强烈的震荡特征,但由于置信度水平不高,不能直接得出趋势的结论;由图 2,南极 SST 在 1979—2018 年变化具有地域性,各个海域有其各自的变化趋势。别罗斯高晋海等海域(0.01~0.025 ℃/a)中表现出一定程度的上升趋势;威德尔海和罗斯海(-0.005~-0.01 ℃/a)则表现出一定程度的下降趋势。

2.1 南极 SST 的年代际变化

1989—1998 年较于 1979—1988 年,南极大部分地区 SST 呈现小幅度下降趋势(黄色区域,>-0.01 ℃/a),但在一些区域呈现小幅上升(褐色区域,<0.01 ℃/a)。在别罗斯高晋海域和阿蒙森海域,南极半岛地区存在极剧烈的升温现象,可达 0.03 ℃/a 以上;

1999—2008 年较于 1989—1998 年,南极 SST 上升趋势海域(黄色区域)和降温趋势(绿色区域)海域面积几乎相等,别罗斯高晋海域和阿蒙森海域的强升温趋势减弱;

2009—2018 年较于 1999—2008 年,南极 SST 呈现微弱上升趋势,别罗斯高晋海域和阿蒙森海域的强升温趋势消失,整体来说,南极 SST 较前两个 10 年趋于稳定。

2.2 南极 SST 季节性差异

1月、4月、7月、10月变化趋势(图略),分别代表夏、秋、冬、春季节变化,图中信息表明南极 SST 在夏季存在多个增温趋势中心(黄红色区域,>0.04 ℃/a)和降温趋势中心(蓝紫色区域,<-0.02 ℃/a),增温趋势中心大多位于别罗斯高晋海、罗斯海等海域和挪威角附近海域;降温趋势中心则在达利恩角附近海域和斯科特岛附近。与印度洋和太平洋交界的南大洋海域呈现大面积的降温趋势。

秋季南极 SST 在别罗斯高晋海域、南磁极附近海域呈现强烈增温趋势(>0.04 ℃/a),其余地区则较为稳定,主要表现为靠近南极大陆边缘海域为小幅度下降趋势,远离南极大陆海域为小幅度上升趋势,与太平洋交界的南大洋海域与夏季相似,呈现大面积的降温趋势。

冬、春季节南极 SST 基本保持不变,变化趋势维持在-0.01 ℃/a 至 0.01 ℃/a 以内,不同的是,春季南极 SST 在太平洋交界的南大洋海域表现为大面积增温趋势。

2.3 南极 SST 月变化趋势

图 2 体现了 1979—2018 年间南极各个月份平均温度的变化趋势,从拟合直线的走势和置信度水平综合考虑,1月、2月、3月、4月等月份南极 SST 较为符合全年平均数据,且拟合直线的斜率数量级也与图 1 中的全年平均温度拟合直线相吻合,可暂且将这些月份归类为影响南极 SST 变化的决定性月份;5月、6月、7月、8月、9月、10月、11月、12月等月份的拟合直线斜率数量级为 10^{-5} 及以下级别,明显小于全年平均温度拟合直线的斜率,可以将这些月份归类为对全年平均温度变化影响小或无影响的月份。斜率与相关系数归纳表如表 1 所示。

表 1　40 年间各月份变化趋势及相关系数

	变化趋势 K	相关系数 R	置信度
1 月	-5.47×10^{-4}	0.229 2	<90%
2 月	-3.38×10^{-3}	0.340 4	>95%
3 月	-2.93×10^{-3}	0.355 5	>98%
4 月	-4.39×10^{-4}	0.108 3	<90%
5 月	2.93×10^{-3}	0.101 5	<90%
6 月	-1.80×10^{-4}	0.019 4	未通过检验
7 月	-7.81×10^{-5}	0.202 6	<90%
8 月	-6.55×10^{-5}	0.250 8	<90%
9 月	1.06×10^{-5}	0.061 2	未通过检验
10 月	1.82×10^{-5}	0.096 1	未通过检验
11 月	4.32×10^{-7}	0.000 7	未通过检验
12 月	-5.02×10^{-5}	0.013 4	未通过检验
全年	-6.07×10^{-4}	0.259 3	>90%,<95%

2.4 南极 SST 时空模态分析

2.4.1 空间分布模态分析

应用 EOF 分解 1979—2018 年年度南极 SST 要素场,得到时域和空域分布特征,从而确定要素场的空间分布模态,由表 2 可见,第一模态的累计方差贡献率达到 99.93%,可用第一模态解释南极 SST 的主要空间分布特征。

表 2 南极 SST 的 EOF 分解前 2 个特征向量贡献率

主要模态	特征值	贡献率/%	累计方差贡献率/%
第一模态 EOF1	6.674×10^7	99.93	99.93
第二模态 EOF2	3.928×10^4	0.058 8	99.99

第一特征向量图的方差贡献率为 99.93%,是南极 SST 要素场的主要空间分布。可见,第一特征向量的空间分布模态均为负值,表明南极 SST 整体变化趋势一致,为整体上升或整体下降。其低值中心集中分布在威德尔海、巴勒尼群岛附近海域和阿蒙森海,说明这几片海域变化趋势更加明显。

2.4.2 时间分布模态分析

时间系数与特征向量相对应,分布类型由时间向量的正负号决定[15]。要素场空间分布类型的时间变化可以通过时间系数表示,其方向由时间系数的符号表示,负号表示与分布类型相反,正号则相同。系数绝对值越大,说明该时刻该分布类型越典型[15]。如图 3 所示,第一模态的时间系数全为负值,且绝对值不大,在 1 附近上下震荡,可见南极 SST 在 1979—2018 年表现为小幅度上升趋势。

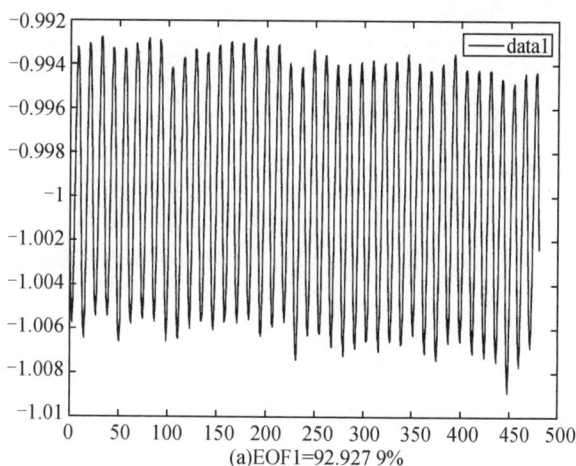

(a)EOF1=92.927 9%

图 3 EOF1 的时间系数

2.5 小波分析研究南极 SST 变化周期

由南极 SST 月变化趋势可知,1 月、2 月、3 月、4 月可能为影响南极 SST 变化的重点月份,其趋势与全年变化趋势相似。因此对全年数据及这 4 个月份进行小波分析,小波分析在信号时域和频域都具有表征局部特征的优势,它能够通过伸缩平移运算对信号逐步进行多尺度细化,最终达到高频处时间细分,低频处频率细分,能自动适应时频信号分析的要求,从而可聚焦到信号的任意细节。图 4 从左至右、从上至下为 1,2,3,4 月份的小波分析等值线图,纵坐标代表时间尺度,横坐标代表年份。图 5 为南极全年 SST 小波函数实部等值线图。

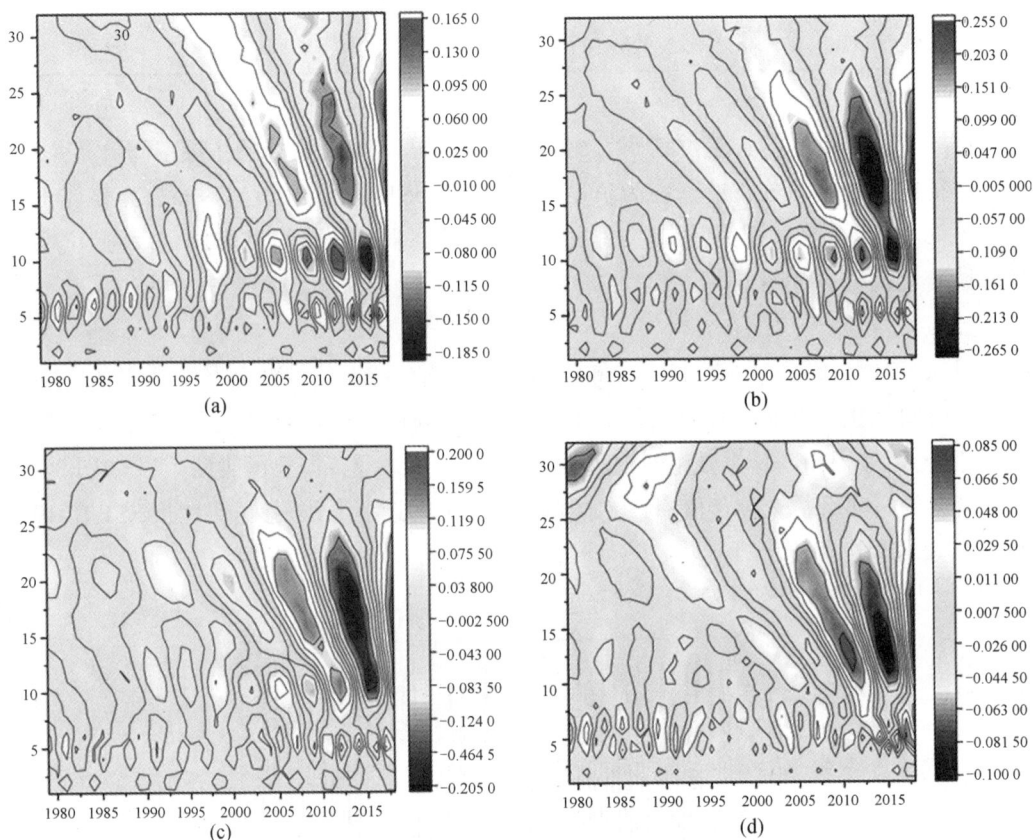

图 4 南极 1(a)、2(b)、3(c)、4(d)月 SST 小波函数实部等值线图

可以发现在 1979—2018 年,南极的 SST 在 1 月、2 月、3 月、4 月和全年平均情况下都存在 10 年左右时间尺度下的周期性震荡特征,即蓝色极小值区域与红色极大值区域交替出现,周期大约为 7 年。但这一特征不太明显,仅在 2000 年之后显示得较为显著,并且在时间尺度增大时,这一周期性特征有了增大的态势,显然存在样本数较少结论不够准确的可能性,或者 7 年左右的周期是更大尺度的周期中的一个小周期。

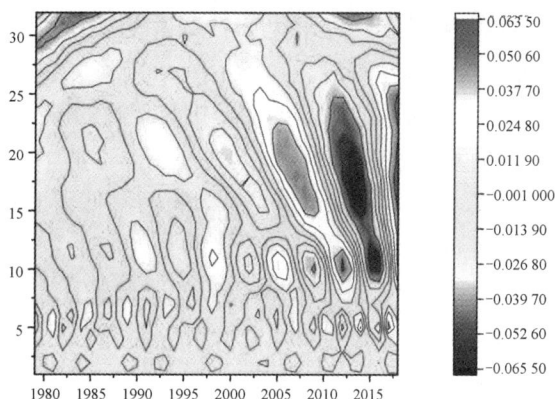

图5　南极全年 SST 小波函数实部等值线图

3　结论

（1）南极 SST 具有极强烈的震荡变化特征,周期为 7 年左右;

（2）南极 SST 在 1979—2018 年变化具有地域性,各个海域有其各自的变化趋势。别罗斯高晋海等海域中表现出一定程度的上升趋势;威德尔海和罗斯海则表现出一定程度的下降趋势;

（3）40 年间夏、秋、冬季节印度洋和太平洋交界的南大洋海域呈现大面积的降温趋势,春季与太平洋交界的南大洋海域呈现大面积的增温趋势;

（4）南极 SST 总体呈现小梯度上升趋势,极值集中分布在威德尔海、巴勒尼群岛附近海域和阿蒙森海等海域;

（5）1 月、2 月、3 月、4 月为影响南极 SST 的决定性月份,这些月份的变化规律与南极全年的 SST 变化相似。

参考文献

[1]　OHSHIMA K I, FUKAMACHI Y, WILLIAMS G D, et al. Antarctic bottom water production by intense sea-ice formation in the cape darnley polynya[J]. Nature Geoscience, 2013, 6(3): 235-240.

[2]　尹修草,厉珍珠,方晓静.南极平均温度的聚类分析及预测[J].邵阳学院学报(自然科学版),2017(1):16-22.

[3]　杜予罡,唐国利,王元.近 100 年中国地表平均气温变化的误差分析[J].高原气象,2012,31(2):456-462.

[4]　柳钦火,符铠华,高晴,等.基于时间序列分析的地表温度变化过程探讨[J].科学技术与工程,2005(19):7-10.

[5]　尹修草,厉珍珠,方晓静.南极平均温度的聚类分析及预测[J].邵阳学院学报(自然科学版),2017,14(1):16-22.

[6]　卞磊.南极中山站主要气象要素特征分析[J].现代农业科技,2020(4):172-174

［7］ 邢晶晶,朱家明,邓蕾,等.基于泰森多边形法对南极洲平均温度测定的研究［J］.河南工程学院学报,2016,28(4):49-52.

［8］ 龚连蓉,徐恬,周婧.南极洲平均地表温度分析与预测的研究［J］.河北北方学院学报(自然科学版),2016,32(9):47-52,58.

［9］ 许金浩,刘汝涛,徐韶.南极洲温度变化特征分析［J］.低碳世界,2016(23):241-242.

［10］ 朱家明,高非含,陈啸远,等.南极洲地表平均温度的定量分析［J］.大庆师范学院学报,2016,36(3):9-13.

［11］ 钟诗韵,李勇.基于聚类分析和回归分析的南极洲地表温度问题的研究［J］.九江职业技术学院学报,2017(3):85-88.

［12］ GABRIEL S, ANA L B. Last millennium climate changes over the Antarctic Peninsula and southern Patagonia in CESM-LME simulations: Differences between medieval climate anomaly and present-day temperatures［J］. Quaternary Science Reviews, 2021, 274: 107273.

［13］ 刘玉针,魏长寿,李志进.1961—2020年黄河流域干旱演变分析和大气响应［J］.水资源开发与管理,2022,8(10):7-17.

［14］ 侯惠清,欧阳自根,张杰,等.基于小波分析的加拿大地区温度的时空变化趋势研究［J］.南华大学学报(自然科学版),2021(2):70-78.

［15］ 赵嘉阳,王文辉,靳全锋,等.基于EOF的福建省降水量时空变化特征分析［J］.重庆理工大学学报(自然科学),2017,31(2):73-79.

［16］ 武剑.小波分析的阈值去噪方法研究［J］.电子测试,2022(3):84-85.

孟加拉湾海表温度的季节特征和
长期演变规律

王自豪[①]　梁　芳[②]

(海军大连舰艇学院,辽宁大连,116018)

摘要:利用近 40 年(1979—2018 年)来自欧洲中期天气预报中心(ECMWF)的 SST 数据,分析孟加拉湾海表温度季节特征和长期演变规律。结果表明:(1)近 40 年,孟加拉湾海表温度随纬度变化具有明显的季节变化特征,即孟加拉湾海表温度在春、冬季节海表温度随着纬度的增加而降低;在夏季海表温度随纬度变化不明显,海表温度基本稳定在 29 ℃左右;在秋季海表温度随着纬度的增加而增加;(2)除去受陆地影响较大的海域,孟加拉湾海表温度随着时间的变化,变化规律越来越明显,即随着纬度的增加而降低,且最低温度总是出现在 17°N 以北海域,此外随着时间的变化温度的等值线逐渐密集;(3)近 40 年,在孟加拉湾南部海域海表温度有升高的趋势,在北部海域海表温度有降低趋势,中部海域虽在前 30 年有升高趋势,但在近 10 年海表温度保持稳定;(4)孟加拉湾海表温度在近 40 年呈现明显的上升趋势,上升速率为 0.085 4 ℃/a。

关键词:孟加拉湾;海表温度;分布特征;演变规律

引言

海表温度是海洋重要的气象要素之一,与海洋的多种物理性质有密切关系,温度变化对海洋生物的多种生命活动都具有十分重要的影响,而这会影响海洋生物多样性。通过对海表温度的研究,我们可以了解海水不同的运动,包括方向与速度等。同时,海温影响水雷电池的寿命;而且温度是海水声速的决定因素,会影响声呐的作战效果,这会对海上作战产生很大的影响。而且海表温度也是影响海洋声速的重要决定因素,会影响声呐的战斗效率,这也会对海洋战斗产生重要的影响。研究、了解海表温度的空间分布和规律,是海洋学的主要内容,对海洋捕鱼、水产饲养,和海洋作战等领域均有意义,对气象、航海和水声工程等专业人员也非常关键。综上所述,研究海表温度变化可以为人们制定海洋规划,提供了最有价值的数据基础。

吴丹晖和曾刚[1]在 2016 年通过季节经验正交函数等方法发现孟加拉湾海表温度异常与南海夏季风爆发早晚呈明显正相关关系;邓雯和张耀存[2]在 2007 年通过分析技术发现

---

①　王自豪,本科,2002 年 1 月出生,"海上丝路"资源与环境研究团队"硕博化开展本科教育"培养对象。

②　梁芳,教授,长期从事军事战略、海军战略、国家安全与海洋军事斗争等领域的教学与研究。

孟加拉湾海表温度在夏季风爆发期和爆发后 1~2 周出现明显的差异;李奎平等[3]在 2013 年通过合成分析发现海表温度增加会影响夏季风爆发;陈桢华等[4]在 2010 年分析华南南部前汛期气温异常发现前一年 10,11 月孟加拉湾北部海域存在一个与次年华南南部前汛期气温有较好正相关的关键区(85°97°E, 5°16°N);早在 1993 年仲荣根等[5]分析发现南海和孟加拉湾两海区暖水年时,广西多涝年;两海区为冷水年时,广西多旱年或正常年;邓雯、张耀存[6]在 2006 年通过分析技术发现季风爆发后 1~2 周,南海和孟加拉湾海温变率出现较大差异。

前人对孟加拉湾海表温度的研究做出来巨大贡献,但是以往的研究多是对引起孟加拉湾海表温度异常变化的原因的分析,关于其季节特征和长期演变规律的研究凤毛麟角。本研究则是利用来自 ECMWF 的 SST 数据,分析近 40 年该海域的海表温度逐季和年代际特征,同时还分析了该海域的年代际变率。

1 方法与数据

1.1 方法

本文利用来自欧洲中期天气预报中心(ECMWF)数据,对 1979—2018 年孟加拉湾海表温度采用统计年平均、月平均以及年代变化际率等方法,计算分析孟加拉湾海域的海表温度要素的季节特征和长期演变规律,期望可以为研究孟加拉湾气候变化、防范极端天气灾害、加强国防建设、保障舰船航行、维护国家合法利益和海洋能源的开采等提供科学依据。

本文的研究海域为孟加拉湾。孟加拉湾是连接印度洋与太平洋海上的重要航道。它对我国有着重要的研究价值。目前,世界上四分之一的贸易商品都要经过孟加拉湾[7]。中国的"一带一路"倡议、美国的"印太"战略、日印的"亚非增长走廊"倡议等正在孟加拉湾地区形成相互趋同或相互冲突的战略互动态势,这也加重了这一地区在大国战略布局中的重要性[8]。除此之外,孟加拉湾是恒河、戈达瓦里河、雅鲁藏布江等著名河流的入海口,自然资源丰富。孟加拉湾盆地具有丰富的石油和天然气资源。不仅如此,孟加拉湾海表温度与我国多个地区降水有关[9-11],对我国气候有较大影响。由此可见,孟加拉湾对我国不仅有重要的战略意义,而且对我国的能源开采,发展经济也有着重要意义。

本文所使用的工具为 GrADS 和 Matlab。GrADS(grid analysis and display system)是目前气象界广泛使用的一种数据处理和显示软件系统。该软件系统通过其集成环境,可以对气象数据进行读取、加工、图形显示和打印输出。Matlab 是美国 MathWorks 公司出品的商业数学软件,用于数据分析、无线通信、深度学习、图像处理与计算机视觉、信号处理、量化金融与风险管理、机器人,控制系统等领域。

1.2 数据介绍

本文所使用的的数据来自欧洲中期天气预报中心(European Centre for Medium-Range Weather Forecasts,ECMWF)的 SST 数据。ECMWF 是一个包括 34 个国家支持的国际性组织,是当今全球独树一帜的国际性天气预报研究和业务机构。其前身为欧洲的一个科学与技术合作项目。ECMWF 与世界气象组织(WMO)、欧洲气象卫星开发组织(EUMETSAT)和非洲气象应用发展中心(ACMAD)有业务工作上的具体协议,同时 ECMWF 与世界各国气象预报机构在天气预报领域有广泛的联系,这说明 ECMWF 的数据的广泛性,可以确保 ECMWF 的数据具有较高的准确性。

2 海表温度的分布特征

2.1 海表温度的季节特征

利用近 40 年(1979—2018 年)ECMWF 的 SST 数据,计算孟加拉湾 1,4,7,10 月份的海表温度。1 月份(代表冬季),孟加拉湾海表温度随着温度的升高而降低,最低温度(22 ℃)出现在孟加拉湾北部,最高温度(29 ℃)出现在孟加拉湾的南部。4 月份(代表春季),孟加拉湾海表温度在中部以下相对稳定,随纬度变化不明显,但在北纬 10°左右区域,有些海域海表温度较高,而且在北纬 14°以上,海表温度随纬度的增加而降低,最低温度(28.2 ℃)出现在孟加拉湾北部,最高温度(30.6 ℃)出现在孟加拉湾东部。7 月份(代表夏季),孟加拉湾海表温度变化随纬度变化不明显,海表温度基本稳定在 29 ℃左右,最低温度(27.6 ℃)出现在斯里兰卡附近海域,最高温度(30.3 ℃)出现在马来西亚附近海域。10 月份(代表秋季),孟加拉湾海表温度随着纬度的升高而升高,北部受陆地影响海表温度较高,但最低温度(28.4 ℃)出现在孟加拉湾西南海域,最高温度(29.8 ℃)出现在孟加拉湾北部海域。通过对比四个季节孟加拉湾海表温度不难发现:孟加拉湾海表温度在春、冬季节海表温度随着纬度的增加而降低;在夏季海表温度随纬度变化不明显,海表温度基本稳定在 29 ℃左右;在秋季海表温度随着纬度的增加而增加;由此可以推测出孟加拉湾海表温度随纬度变化具有明显的季节变化特征,即在春季随纬度增加而降低,夏季为过渡季节,秋季随纬度增加而增加,冬季随纬度增加而降低。

2.2 海表温度的演变规律

利用近 40 年(1979—2018 年)ECMWF 的 SST 数据,计算孟加拉湾近 40 年海表温度变化的年代际特征、年代际变率以及长期演变规律。

在孟加拉湾东南部海域和 21°N 以上海域受陆地影响较大,因此在分析时不作考虑。孟加拉湾海表温度平均值在 1979—1988 年,海表温度总体上呈现出随纬度增加而逐渐降低,且除北部海域外,海表温度分布面积大致相同,最高温度(29.1 ℃)主要集中在南部海域,最低温度(28.2 ℃)出现在北部海域;在 1989—1998 年,孟加拉湾海表温度呈现出由中部向两边逐渐递减的趋势,但由中部向北部降低趋势更明显,最高温度(29.4 ℃)主要集中在中部和南部海域,最低温度(27.9 ℃)出现在 16°N 以北海域;在 1999—2008 年,海表温度总体上呈现出随纬度增加而逐渐降低,但海表温度为 29.0 ℃的海域占比较多,这些海域主要集中在 16°N 以南,最高温度(29.7 ℃)出现在东南部海域,最低温度(27.9 ℃)出现在 18°N 以北海域;在 2009—2018 年,海表温度总体上再次呈现出随纬度增加而逐渐降低,最高温度(29.7 ℃)出现在东南部海域,最低温度(27.9 ℃)出现在 17°N 以北海域;在近 40 年期间,孟加拉湾的高温集中在南部海域,最低温度(28.2 ℃)出现在 18°N 以北海域。通过对比近 40 年孟加拉湾海表温度年代变化际图可以发现:近 40 年,除去受陆地影响较大的海域,孟加拉湾海表温度随着时间的变化,变化规律越来越明显,即随着纬度的增加而降低,且最低温度总是出现在北纬 17°以上海域,此外随着时间的变化温度的等值线逐渐密集。

在 1989—1998 年相对于 1979—1988 年,孟加拉湾海表温度在中部部分海域有略微升高,最高升高 0.3 ℃,其余海域海表温度相对保持稳定;在 1999—2008 年相对于 1989—1998 年,孟加拉湾海表温度在大部分海域都有明显升高,尤其在南部海域海表温度升高更明显,最高升高 0.3 ℃,但在 15°N,83°E 海域出现明显降温,最高降低 0.4 ℃;在 2009—2018 年相对于 1999—2008 年孟加拉湾海表温度总体保持稳定,但在 5°~7°N 海域有明显升温趋势,最高升高 0.4 ℃,在北部少数海域有明显的降温趋势,但在 15°N,83°E 海域出现明显增温;而该海域温度异常可能与华南南部前汛期有关[4]。从近 40 年孟加拉湾海表温度年代际变率图可以看出:近 40 年,在孟加拉湾南部海域海表温度有升高的趋势,在北部海域海表温度有降低趋势,中部海域虽在前 30 年有升高趋势,但在近 10 年海表温度保持稳定。

运用 Matlab 软件做出孟加拉湾近 40 年及各季节的平均海表温度折线图(图 1),并进行线性拟合分析。由图 1 可知,在近 40 年内,孟加拉湾每个季节平均海表温度都有上升趋势,但夏季的增长趋势相对缓慢;图(e)中$|R|=0.526\,8$,通过相关系数检验表可知当样本容量为 40 时置信度>0.99 的值为 0.489 6,因此图(e)线性回归置信度>99%。总体看来:孟加拉湾海表温度在近 40 年呈现明显的上升趋势,上升速率为 0.085 4 ℃/a。

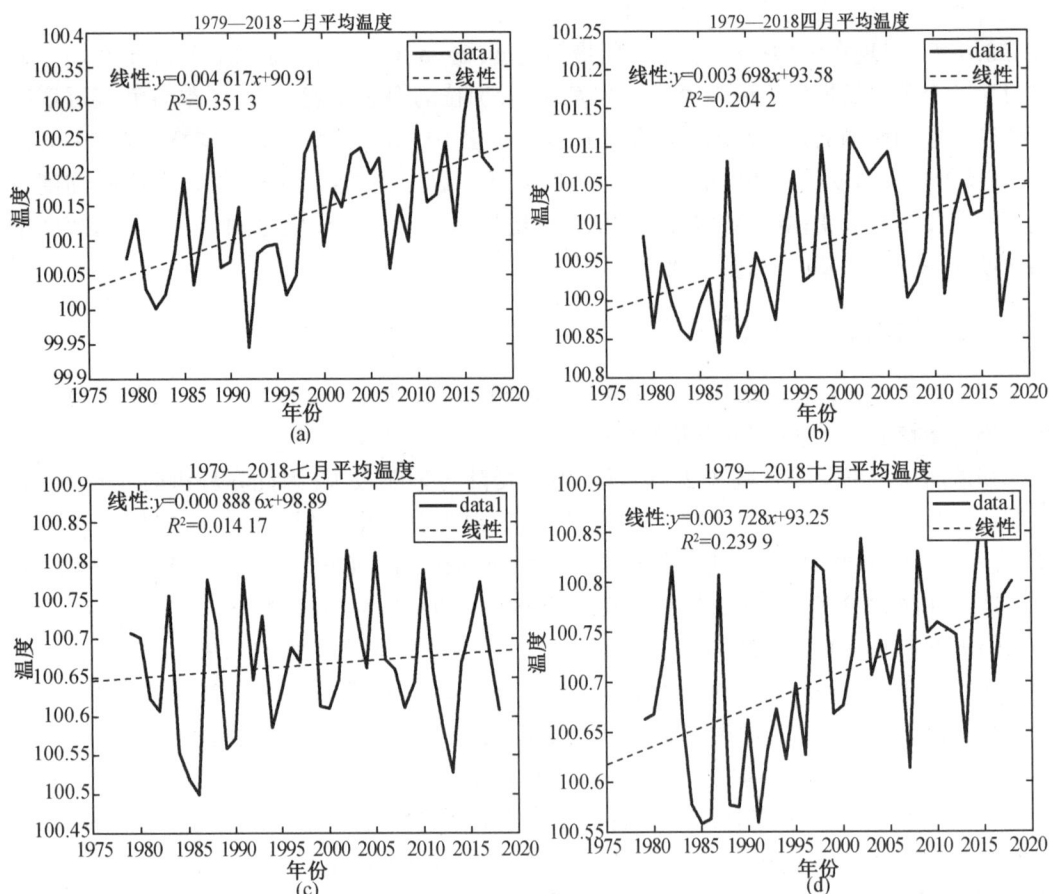

图 1　孟加拉湾 SST 变化趋势

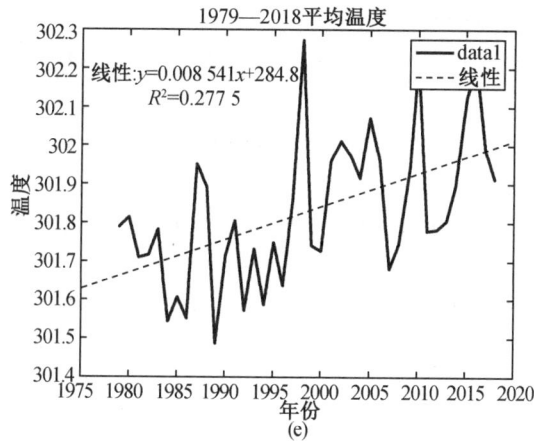

图 1(续)

3 结论

（1）孟加拉湾海表温度在春、冬季节海表温度随着纬度的增加而降低；在夏季海表温度随纬度变化不明显，海表温度基本稳定在 29 ℃ 左右；在秋季海表温度随着纬度的增加而增加；由此可以推测出孟加拉湾海表温度随纬度变化具有明显的季节变化特征，即在春季随纬度增加而降低，夏季为过渡季节，秋季随纬度增加而增加，冬季随纬度增加而降低。

（2）除去受陆地影响较大的海域，孟加拉湾海表温度随着时间的变化，变化规律越来越明显，即随着纬度的增加而降低，且最低温度总是出现在 17°N 以北海域，此外随着时间的变化温度的等值线逐渐密集。

（3）近 40 年，在孟加拉湾南部海域海表温度有升高的趋势，在北部海域海表温度有降低趋势，中部海域虽在前 30 年有升高趋势，但在近 10 年海表温度保持稳定。

（4）孟加拉湾海表温度在近 40 年呈现明显的上升趋势，上升速率为 0.085 4 ℃/a。

参考文献

［1］ 吴丹晖,曾刚.近 20 a 孟加拉湾海表温度变化对南海夏季风爆发早晚的影响［J］.气象科学,2016,36(3):358-365.

［2］ 邓雯,张耀存.南海夏季风爆发前后 SST 异常特征及其与近地面西南气流的关系［J］.气象科技,2007(4):484-488.

［3］ 李奎平,王海员,刘延亮,等.孟加拉湾春季海温增暖对其夏季风爆发的影响［J］.海洋科学进展,2013,31(4):438-445.

［4］ 马慧,陈桢华,徐宁军,等.华南南部前汛期气温与阿拉伯海和孟加拉湾北部海温的关系［J］.高原气象,2010,29(6):1507-1513.

［5］ 仲荣根,叶平,刘瑞庆.南海和孟加拉湾海温与广西旱涝关系分析［J］.中山大学学报论丛,1993(1):35-42.

［6］ 邓雯,张耀存.南海季风爆发期 SST 异常特征及其与风场的关系［C］//中国气象学会2006 年年会"季风及其模拟"分会场论文集,2006:255-261.

［7］ 刘思伟,戴永红.孟加拉湾地区安全治理:模式变迁、驱动因素及现实困境［J］.太平洋

学报,2019,27(12):54-63.

[8] 李红梅.孟加拉湾地区的大国参与模式与地缘战略动态[J].印度洋经济体研究,2020(5):29-57,153.

[9] 仲荣根,叶平,刘瑞庆.南海和孟加拉湾海温与广西旱涝关系分析[J].中山大学学报论丛,1993(1):35-42.

[10] 卓永,边琼,黄鹏,等.初夏孟加拉湾风暴对藏东雨季开始期的影响[J].农业灾害研究,2022,12(8):115-117.

[11] 樊晓婷.孟加拉湾风暴影响下我国降水特征研究[D].北京:中国气象科学研究院,2021.

红海海域 SST 的历史演变规律

吴 鑫[①]

（海军大连舰艇学院，辽宁大连，116018）

摘要：本文利用 ECMWF 的 SST 再分析资料，通过 GrADs、Matlab 等工具分析红海海域海表温度的气候特征及长期变化趋势，结果表明：（1）1 月红海海域 40 年 SST 平均值范围在 22.0～27.5 ℃，4 月在 22～29 ℃，7 月在 26.5～32 ℃，10 月在 26～31.5 ℃，红海海域 SST 呈较明显的季节性变化；（2）红海区域 SST 在 1979—2018 年这 40 年中，每个十年平均最低值都在 24 ℃左右，且其平均最高值可达 30 ℃；此外，其区域性分布大体呈 SST 每十年平均值由南向北依次递减；（3）红海海域逐十年年代际以"增"为主导趋势；（4）红海海域 1979—2018 年这 40 年的 SST 呈显著性递增，其速率达到 0.015 51 ℃/a；（5）红海逐 1 月、逐 4 月、逐 10 月的 SST 呈显著性递增，逐 10 月呈显著性递增且趋势较为强劲，达到 0.017 6 ℃/a，逐 7 月的 SST 无显著变化。

关键词：红海；海表温度（SST）；历史演变规律

引言

近年来，全球变暖形势日趋严峻，使得全球海域受到了不同程度的影响。海洋变暖会加强海洋蒸发，致使降水增多，且为台风提供能量，增强台风强度。海洋温度上升还会影响海洋的盐度、pH 值、溶解氧含量，从而对海洋生物造成影响，致使鱼类种群重新分布，同时还会伤害珊瑚礁，破坏海洋生物多样性。海表温度（sea surface temperature，SST）变化会影响鱼类等海洋生物繁衍，进而使与之相关的渔业等联系紧密的产业受到牵连，从而影响经济建设发展。海表温度与海浪等其他海洋要素息息相关，在我们研究海洋信息的过程中是很关键的一环。全球变暖 90% 以上的热量被海洋储存，海洋热含量成为判断全球是否变暖的最佳指标之一。由此可见海表温度是衡量全球变暖或者温室效应趋势的重要指标。郑崇伟[1]等利用来自英国气象局哈德莱中心（Met Office Hadley Centre）的海表温度（SST）资料，对全球海域近 140 年来 SST 的长期变化进行分析。结果表明：1870—2011 年，全球大部分海域的 SST 表现出显著的逐年线性递增趋势，在两极大部分海域、格陵兰南部海域呈显著的递减趋势；近 140 年来，整体上全球的 SST 显著增加，1910—2011 年，全球大范围海域的 SST 逐年显著递增，在两极大部分海域呈显著的递减趋势。孙成志[2]等利用来自 NCEP/NCAR 的 SST 资料，对全球海域近 150 a SST 的季节特征和逐年变化趋势进行分析。结果表明：全球大部分海域 SST 呈显著的逐年线性递增趋势，同时也表现出很大的区域性差异，全球海域存在三大永久性暖池，且具有长周期震荡。王静[3]等利用来自 NOAA 的 SST 资

---

① 作者简介：吴鑫，男，本科在读，江西九江人，"海上丝路"资源与环境研究团队"硕博化开展本科教育"培养对象。

料,计算了近半个世纪以来(1950—2009年)南海-北印度洋 SST 的整体变化特征,结果表明,近半个世纪以来,南海-北印度洋大部分海域的 SST 表现出显著的逐年线性递增趋势,其中北印度洋的递增趋势强于南海,印度洋赤道中东部海域的递增趋势尤为明显,该海域的 SST 具有显著的变化周期,以及 40 a 以上的长周期震荡。仇丹妮[4]利用 NCEP/NCAR 再分析数据集、NOAA 和英国气象局哈德莱中心提供的逐月海表温度等资料,分析了春季热带大西洋海温异常的时空分布特征,结果表明:春季热带大西洋海温异常的大值区主要出现在热带大西洋东北地区。庄卉[5]等利用英国 Hadley 气候预测和研究中心的 HadISST 资料,对南大西洋海域的海表温度进行了研究,结果表明:该海域 2 月和 5 月的 SST 明显大于 8 月和 10 月,SST 由低纬向高纬逐渐递减,在南极达到最低,近 140 年间,南大西洋海域的 SST 整体上逐年显著性线性递增,区域主要集中于南极,存在 90 a 左右的长周期震荡,但无显著的突变形势。钟校尧[6]基于美国联合台风预警预报中心的台风最佳路径数据、Hadley 中心的海温数据、欧洲中期预报中心的全球第五代再分析(ERA5)等数据,利用 SST 时间变化、波作用通量等诊断方法,探讨不同情形下,西北太平洋两个海盆 SST 异常的可能成因。卞林根[7]利用一年卫星观测的南极海冰资料,借助于谐波分析和谱分析计算方法,探讨了南极海冰与东、西太平洋赤道海温的关系。发现南极海冰和东太平洋赤道海温都存在准三年振荡周期,并且它们之间还存在着明显的相关关系。于华明[8]等基于 2003—2019 年黄渤海冬季(1 月)微波遥感 SST,分析其年际变化特征和黄海暖流对 SST 年际变化的影响,结果表明:冬季黄海暖流区 SST 整体处于上升趋势,黄海暖流对黄海中部 SST 具有一定的稳定作用;该区域 SST 年际变化是在北太平洋年际震荡背景下综合作用的结果。王平[9]等利用 2003—2018 年 MODIS SST 产品遥感数据监测东海 16 a 来 SST 时空演化特征,并利用最小二乘法、皮尔逊相关系数分析 SST 变化趋势,结果表明:2003—2018 年东海 SST 总体呈上升趋势,夏季升温趋势更加明显,同纬度地区的大陆附近 SST 通常比其东部海域低。

当前对于全球整体的 SST 变化趋势研究较为充分,对大部分重要海域的研究也相对完整,但仍有部分重要海域的研究有所欠缺或者是不够深入。为尽可能地对全球 SST 的研究工作尽我的一份贡献,弥补目前研究的小部分不足之处,考虑红海海域的重要战略地位,在此我将就红海海域的 SST 展开研究,以期研究结果可为掌握该地区气候变化等气象规律提供参考依据。

1 数据及方法

本文利用来自 ECWMF 的 1979—2018 年的 40 年 SST 数据,计算分析红海海域的 SST 的时空分布特征,期望可以为研究全球气候变化、防范极端天气灾害、了解全球变暖趋势、预测变化趋势等提供科学依据。采用多重比较分析,了解红海大体变化趋势,并研究其中一定区域的研究可行性,从中得出一些反思与启示。

本文所使用的工具为:GrADs,Matlab。GrADs(grid analysis and display system)通过其集成环境,可以对气象数据进行读取、加工、图形显示和打印输出。它在进行数据处理时,所有数据在 GrADs 中均被视为纬度、经度、层次和时间的 4 维场,而数据可以是格点资料,也可以是站点资料;数据格式可以是二进制,也可以是 GRIB 码,还可以是 NetCDF,从而具有操作简单、功能强大、显示快速、出图类型多样化、图形美观等特点。Matlab 软件主要面对科学计算、可视化以及交互式程序设计的高科技计算环境。它将数值分析、矩阵计算、科学数据可视化以及非线性动态系统的建模和仿真等诸多强大功能集成在一个易于使用的视窗环境中,为科学研究、工程设计以及必须进行有效数值计算的众多科学领域提供了一种全面的解决方案。

2 红海海域 SST 的时空分布特征

2.1 红海海域 1979—2018 年逐十年 SST 年代际

为对红海海域 SST 时空特征进行初步的了解,本文先使用 GrADs 软件对来自 ECWMF 的 1979—2018 年的 40 年 SST 数据进行初步的逐十年 SST 年代际分析并绘制出 4 张平均 SST 值分布图(图略),在此取经纬度范围北纬 13°~28°、东经 33°~44° 作为红海的数据取值范围进行数据分析与图像绘制,欲通过这四张图像对红海海域 SST 时空特征进行初步且直观的呈现,以期从中发现较为基础的 SST 分布特征。

红海以两个世界之最著称:世界盐度最高的海域,世界温度最高的海域。我们可以看出,红海海域 SST 在 1979—2018 这 40 年中,每个十年平均最低值都可高达 24 ℃,甚至更高,这与其实际的气候环境相符。红海大部分地处热带地区,且地处北回归线高压带,其腹背常年受北非和阿拉伯半岛热带沙漠气候的影响,同时本身受副热带高压和信风带控制,气候全年干燥少雨,高温持续,海面温度较高。红海海域 SST 前三个十年最高在 29.5 ℃ 附近,而在第四个十年,其最高平均值更是可达 30 ℃。红海狭长,纵伸南北,其海表温度呈显著的纵向差异,以较显著阶梯式由北向南递增,且在北纬 15°~20° 达到峰值。从四幅图中可以比较清楚地看到 SST 峰值范围大致呈"H"形,考虑到红海受东西两侧热带沙漠夹峙,我认为这一现象可能主要是在该纬度附近其东西两侧热带沙漠气候较突出,从东西两侧向中间产生的延伸性的影响由强而弱导致的。

2.2 近 40 年红海海域 1,4,7,10 月 SST 平均值

在前面的内容当中,我已经对红海 SST 的基本时空分布特征进行了初步的分析,接下来我将对其进行深一层次的探究,即通过将红海海域近 40 年当中每年 1,4,7,10 月的 SST 数据分别取出进行 40 年的平均化,以这四个月份的 40 年平均数据分别作为红海海域春夏秋冬四个季节的代表性参数,从而在一定程度上反映出该海域各个季节的近似分布特点。在此基础上对四张图像的分布特征进行对比,得出初步的季节性变化趋势。

1 月红海海域 40 年 SST 平均值范围为 22.0~27.5 ℃,4 月为 22~29 ℃,7 月为 26.5~32 ℃,10 月为 26~31.5 ℃,依次可知该数据呈较明显的季节性变化,且与前文中所得区域性变化吻合得较好。然而仔细观察也能发现,由于受热带沙漠气候的影响,北回归线以南季节性变化相对较小。则可以大致推断出红海海域 SST 的季节性变化趋势偏向以北回归线以北区域的季节性变化趋势为主导。

2.3 近 40 年红海海域整体 1~12 月逐月平均值变化

依上,红海海域 SST 存在较明显的季节性变化趋势,为对其季节性变化趋势进行进一步研究,在此,本文考虑利用 Matlab 提取该海域各个月份 SST 的 40 年平均值数据进行折线图绘制,以求直观地反映红海海域整体的逐月份变化趋势,进而推得其将整体季节性变化趋势。

由图 1 可以直观地看出各个月份的 40 年红海整体 SST 平均数值变化,最低值在 2 月,为 25.369 7 ℃,最高值在 8 月,为 31.249 5 ℃,每年 2~8 月递增,每年 8 月至次年 2 月递减。这进一步印证了我们对于红海整体海表温度变化趋势的想法与推论。该海域由于受东西两侧热带气候影响,全年高温;同时呈较明显的季节性变化,与其受副热带高压和信风带控制密不可分。

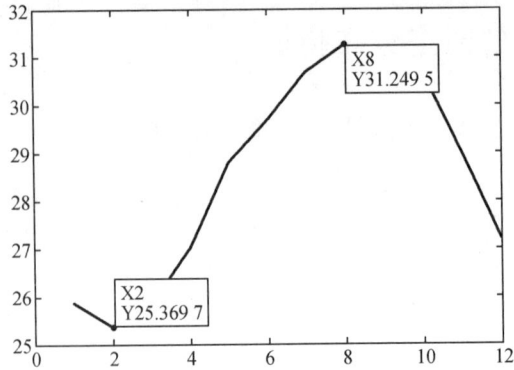

图1 近40年红海海域整体1—12月逐月平均值变化

2.4 近40年红海海域SST逐十年年代际变率

在研究季节性变化的基础上,我又通过GrADs软件对红海海域近40年的SST整体变化趋势进行了研究。思路主要是通过将1979—2018年这40年平均分为四个阶段,用相邻的后一阶段的平均数据对前一阶段的进行做差处理,如此逐差得到三幅逐差分布图(图略),从而分析该海域SST的整体变化趋势。

第二个十年相较于第一个十年,在此,我们将红海海域以北回归线大致平分为南北两个部分,则其南半部以增为主,变化量范围在0~0.2℃,而北半部以减为主,变化量范围在0~0.15℃;第三个十年相较于第二个十年,整个红海海域均呈增加趋势,变化量在0~0.6℃;第四个十年相较于第三个十年,北半部以增为主,南半部以减为主,变化量分别在0~0.6℃和0~0.4℃;综上分析,我们可以初步推断红海海域SST以"增"为主导趋势。

3 红海海域SST的长期演变规律

3.1 变化趋势

3.1.1 近40年红海海域SST逐年平均值变化

对1979—2018年40年逐年变化数据进行线性拟合,得出图2结果,结合显著性检验的相关理论知识,该数据通过了置信度为99.9%的显著性检验,则我们得出红海海域1979—2018年40年的SST呈显著性递增,其速率达到0.188 6℃/a。

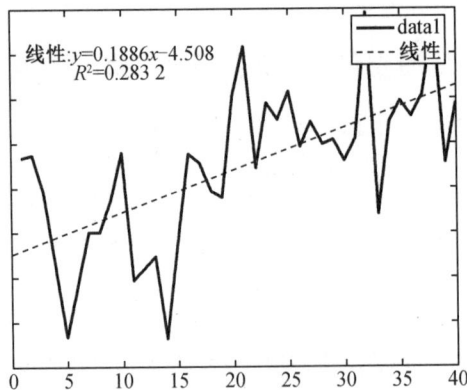

图2 红海SST的逐年变化趋势

3.1.2　近 40 年每年 1,4,7,10 月红海海域 SST 平均值逐年变化

通过使用 Matlab 对红海海域 40 年每 1,4,7,10 月的 SST 逐年变化数据进行线性拟合,得出图 3,结合显著性检验的相关理论知识,可以得出,1,10 月数据通过了置信度为 99.9% 的显著性检验,4 月数据通过了置信度为 99.5% 的显著性检验,而 7 月的数据仅仅通过了 90% 的显著性检验,依上,可以得出:红海逐 1 月、逐 4 月、逐 10 月的 SST 呈显著性递增,逐 10 月呈显著性递增且趋势较为强劲,达到 0.017 6 ℃/a,逐 7 月的 SST 无显著变化(数据见表 1)。

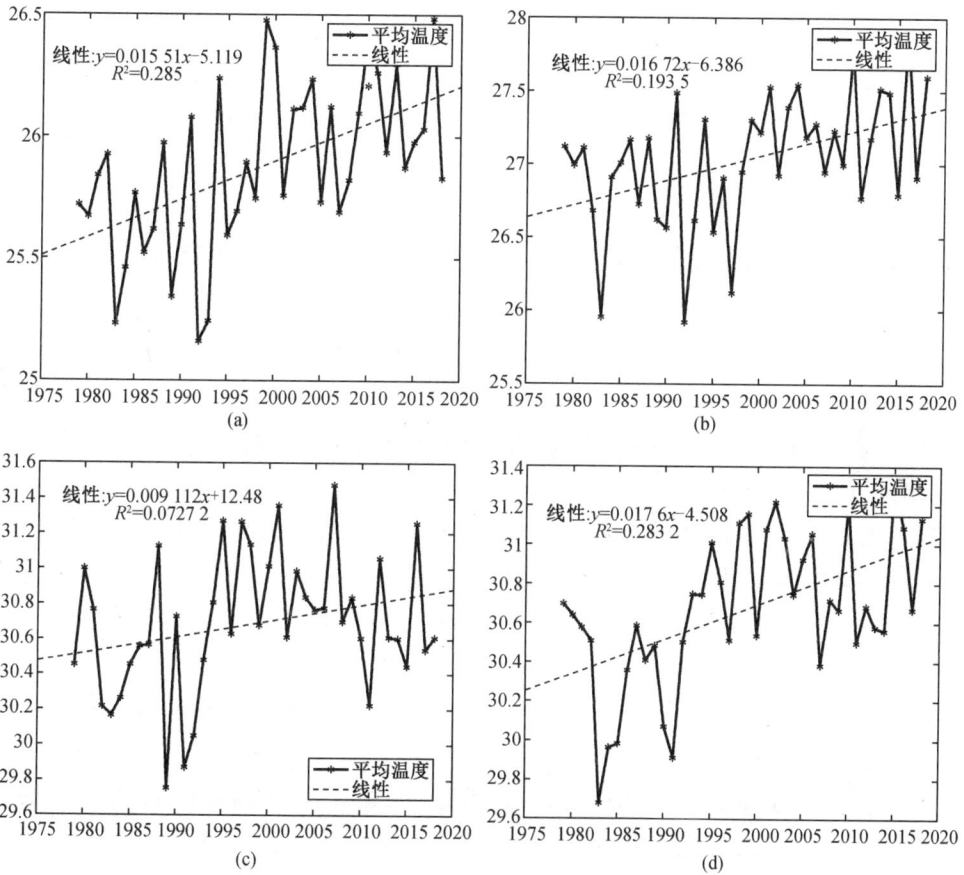

图 3　近 40 年每年 1,4,7,10 月红海海域 SST 平均值逐年变化

表 1　红海海域 SST 变化趋势显著性检验统计表

时间	相关系数	趋势	趋势是否显著
1979—2018 年	0.408 6	0.188 6 ℃/a	显著
1 月	0.285	0.015 51 ℃/a	显著
4 月	0.193 5	0.016 72 ℃/a	显著
7 月	0.072 72	0.009 112 ℃/a	不显著
10 月	0.283 2	0.017 6 ℃/a	显著

4　结论

本文利用来自 ECMWF 的 SST 再分析资料,计算红海海域 SST 气候特征及长期变化趋势,得到以下主要结论:(1)1 月红海海域 40 年 SST 平均值范围在 22.0~27.5 ℃,4 月在 22~29 ℃,7 月在 26.5~32 ℃,10 月在 26~31.5 ℃,红海海域 SST 呈较明显的季节性变化;(2)红海区域 SST 在 1979—2018 这 40 年中,每个十年平均最低值都在 24 ℃左右,且其平均最高值可达 30 ℃;此外,其区域性分布大体呈 SST 每十年平均值由南向北依次递减;(3)红海海域逐十年年代际以"增"为主导趋势;(4)红海海域 1979—2018 年 40 年的 SST 呈显著性递增,其速率达到 0.015 51 ℃/a;(5)红海逐 1 月、逐 4 月、逐 10 月的 SST 呈显著性递增,逐 10 月呈显著性递增且趋势较为强劲,达到 0.017 6 ℃/a,逐 7 月的 SST 无显著变化。

参考文献

[1]　郑崇伟,周林,宋帅,等.1870—2011 年全球海域 SST 变化趋势[J].海洋与湖沼,2013(5):1123-1129.

[2]　孙成志,郑崇伟,陈璇.全球 SST 的季节特征及长期变化趋势分析[J].海洋环境科学,2015(5):713-717.

[3]　王静,郑崇伟,黎鑫,等.南海-北印度洋 SST 变化趋势及周期分析[J].安徽农业科学,2013(26):10762-10763,10809.

[4]　仇丹妮.1970—1995 和 1996—2018 年春季热带大西洋海温异常对欧亚大陆春季气候的不同影响[D].南京:南京信息工程大学,2021.

[5]　庄卉,郑崇伟,贾本凯,等.南大西洋海域 SST 特征分析[J].延边大学学报(自然科学版),2013(2):153-156.

[6]　钟校尧.衰减年西北太平洋热带气旋活动与其他海盆 SST 异常的关联[D].南京:南京信息工程大学,2022.

[7]　卞林根.南极海冰的变动与赤道 SST 的关系[J].气象科学研究院院刊,1988(2):219-222.

[8]　于华明,李冀,于海庆,等.黄海暖流区 SST 年际变化分析[J].海洋预报,2020(5):34-41.

[9]　王平,毛克彪,孟飞,等.中国东海海表温度时空演化分析[J].国土资源遥感,2020(4):227-235.

1979—2018 年南海海表风场变化趋势

张恩瑞[①]　秦　琼[*]

（海军大连舰艇学院,辽宁大连,116018）

提要: 利用来自欧洲天气预报中心(ECMWF)的海表风场资料,利用 GrADS 与 Matlab 软件对南海海域近 40 年来海表风速的长期变化进行分析。研究发现:(1)在 1979—2018 的 40 年间南海大部分海域的风速表现出显著的逐年线性递减趋势,在泰国湾附近海域风速以 0.003/a 的速度显著递减,北部湾附近海域风速以 0.001/a 的速度递增,但变化趋势较小,其余海域的海表风速基本以 0.001/a 的速度递减,仅在部分零星海域以 0.002/a 的速度递减。(2)近 40 年间吕宋海峡至南海大风区之间的南海大风带风速等值面基本稳定在 6 级,但大风带的风速中心的风速在 8 级以上且向周围海域呈辐散趋势,并驱使其临近海域风速等值面稳定在 7 级左右,但 1979—2018 的 40 年内有 11 年在海南省至菲律宾的大风区之间会出现断层,风速相较于大风带而言减小趋势极大。(3)南海风场的海表风速季节性变化与月际变化极其明显,春季、夏季平均风速变化趋势较小但存在 4,7 月风速呈明显的递增趋势,秋季与冬季整体风速递增趋势较大,1,11 月极为明显。(4)1999—2008 年南海海表风速走势波折,且风速达到 40 年内最大平均值,四十年内第一、第三个年代际变化呈整体递减趋势但减小幅度不大,第二个年代际变化呈递增趋势且递增明显。

关键字: 南海风场;风速;变化特征

引言

对于南海风场的研究一直是物理海洋学家关注的热点。Chao 利用美国气候中心 CO-ADS 风应力资料分析了 1982—1983 年 ENSO 事件与南海海面风场异常的相关性。齐义泉等利用 GEOSAT 卫星高度计 1986 年 11 月至 1989 年 3 月期间的资料统计分析了南海海面风速的统计特征以及海面风场的分布特点。Wu 等利用美国国家环境预测中心(NCEP)的再分析风应力资料分析了 1992—1995 年南海的季节和年际变化特征。Liang 等利用欧洲中期天气预报的再分析结果说明 1997—1998 年厄尔尼诺事件期间南海风场的异常现象。Hwang 和 Chen 利用 5 年 ERS-1/2 卫星观测海面风应力资料研究了南海从季节到年际的变化特征。沈春等基于 QuikSCAT 海面风场产品分析了南海海面风场的变化特征。王静等利用 T/P(TOPEX/Poseidon)卫星高度计反演的约 59 个月海表风速,采用经验正交函数

① 作者简介:张恩瑞,男,本科在读,吉林松原人,主要研究方向为海表风场和内波。"海上丝路"资源与环境研究团队"硕博化开展本科教育"培养对象。

* 通信作者:秦琼,女,副教授,研究方向为复杂网络与超网络演化模型研究、数据分析与预测。

(EOF)方法分析了南海海表风场。沈春等研究发现南海海面原始风场风速季节变化最为明显。齐义泉和施平指出南海风场全年月平均风速分布特征为东北季风期较大、冬季风向夏季风转换的时期较小。刘春霞等描述了 Quik SCAT(quick scatterometer)多年平均的南海各月风场和大风频数空间分布,但所用资料范围较短。郭小纲等使用 ERS(European remote-sensing satellite)散射计资料,给出南沙群岛海域多年平均的各月风应力和风应力旋度场,但 ERS 散射计数据的分辨率较低。

前辈科学家通过对南海风场各要素的分析与数据运算,总结了南海风场的季节性变化与年际变化,并且给出了南海海域各部分风场的全年月平均风速的分布特征与风向变化。通过实验与观测得出的数据资料,进行算法分析与运算,使我们初步形成了对南海风场的风力要素预报能力,为各种重大活动或经济建设提供气象数据支援。

但在实际使用中仍然会有一些问题,总结其原因:(1)数据样本不够大,不能完全代表南海风场的各项要素的普遍变化。后续研究中应该加大实验样本。(2)数据精度不够,后续需要使用更加精准的仪器、更加精确的数据与更加优化的算法。(3)拓展性不强,可以通过研究南海风场推测临近海域的风场变化或气象要素变化以此指导实际生活中的海洋工程作业或军事行动。

对于先期研究的不足,本文在研究过程中扩大了数据样本,并且并未只局限与南海海域,增加了与南海附近陆地的风场数据,旨在深入研究南海风场变化产生的影响,在精度方面,ECMWF 的风场数据远高于 GFS 数据,在结论分析方面,本文并未局限于南海风场的变化,而是通过变化来研究其对气候的变化,并以此指导海洋工程、海洋航运与重大行动。

1 方法与数据

本文利用来自 ECMWF 机构的 ERA-Interim 10 m 风场资料数据,采用经济正交函数(EOF)气候统计分析方法得出海表风速变化的一般规律与未来变化,使用 GrADS 软件画出南海表面风场于 1980—2018 年风速的年变化率彩色图像,结合大量前期数据计算分析南海海域的海表风场的时空分布特征与长期演变规律。

本文研究过程中所使用的工具为:GrADS(grid analysis and display system)是当今气象界广泛使用的一种数据处理和显示软件系统。该软件系统通过其集成环境,可以对气象数据进行读取、加工、图形显示和打印输出。Matlab 是用于数据分析、无线通信、深度学习、图像处理与计算机视觉、信号处理、量化金融与风险管理、机器人、控制系统等领域的商业数学软件。

本文所用的数据来自 ECMWF,本次研究所用数据广度较大,涉及的海区较大,覆盖了整个南海海域与周围陆地、马来西亚沿海与太平洋最西部海域;时间跨度大,数据包含了1979—2018 年 40 年内南海风场的逐日数据,气象要素较多且气象样本容量大,但存在分辨率较低的问题。数据给出了南海海域风场的海表风速及风向的变化趋势与长期演变规律。

2 该气象要素的时空分布特征

2.1 南海风场风速的长期变化趋势

为了体现南海风场风速的长期变化趋势,本文计算了 1979—2018 年南海海域逐网格点上风速的逐年变化趋势,研究区域通过了 95% 的信度检验,如图 1 所示。由此可以看出吕宋海峡至南海大风区之间的南海大风带内的风速等值面大部分稳定在 8 级,大风带风速极大海域位于中国台湾地区南部与越南东南部海域,大风带向外辐散且风速不断递减。

表 1 的统计数据可以说明,在南海大风带内的四十年内有十一年出现了风速断层,即大风带等值面中部出现平均风速小于 8 级的海域且统计出的海域分布较为集中,但在出现时间上并未出现任何明显规律。在图 1 的线性拟合中选取了较优的拟合结果,由此可合理对南海风场年平均风速进行较为科学的数值分析研究,并得出了其拟合曲线。

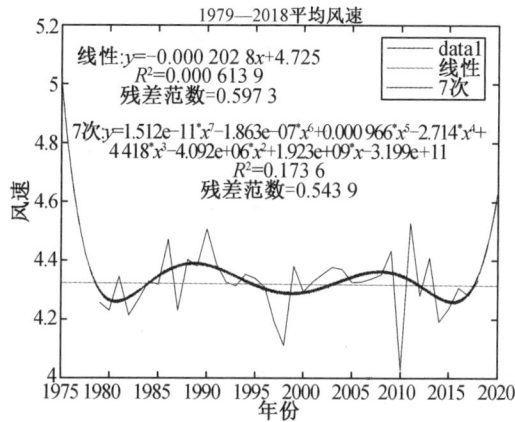

图 1　1979—2018 年南海风场的风速平均变化规律

表 1　1979—2018 年大风带断层年份统计表格

年代	出现风层断带的年份	大风带完整年数
1979—1986 年	1981 年	7
1987—1994 年	1987 年、1989 年、1990 年、1993 年、1994 年	3
1995—2002 年	1995 年、1998 年	6
2003—2010 年	无	0
2011—2018 年	2015 年、2016 年、2017 年	5

在拟合过程中发现 7 次拟合效果较为乐观,与一次线性拟合结果比较:一次线性拟合只能说明南海风场随时间增长逐年的增减变化趋势,并未对分析风场的波动性规律,而采用七次式 $y=1.521e-11x^7-1.863e-7x^6+0.000\ 966x^5-2.714x^4+4\ 418x^3-4.092e+6x^2+1.923e+9x-3.199e+11$ 拟合,相关系数达到最大值 0.1736,为可以较为精准的表示出风场风速的波动性规律,如从 1975 年到 1980 年这五年间呈现急速下降趋势,通过多项式拟合曲线为未来对风场风速的预报提供了更为有效的理论依据。在 1997 年与 2010 年风场风速存在异常变化,其余年份的年平均风速在 4.3 上下变化,1985—1990 年与 2010—2015 年走势曲折,变化及其明显,并在 2010 年达到 40 年内最低点约为 4 级,其余时间走势较为平缓。同时本文

按照需求将符合条件的海域进行多年跟踪分析,取交集以此得出预期的结果,观察出大风区有较大概率出现风带断层,由此指导现实的海洋工程建设、航运、资源开发、海洋科考及其他海洋活动。同时根据海表风速出现异常变化的年份联系此年份出现的异常天气现象进行联合分析,即可增加天气预报的经验又可对气象预报进行一定的改良或补充。

2.2 南海风场风速的季节性变化趋势

通过对南海 10 m 风场的四季平均态及 1979—2018 年南海风场四季的风速数值分析与线性拟合,如图 2 所示,由此可见春季与秋季平均风速小,大部分海域风速在 5~6 级,除大风区风速较大;夏季风速较大,平均在六级以上;冬季风速最大,平均在八级以上且零星海域风速可达十级以上。而台湾地区以南存在大风区,秋冬季均存在九级以上大风,南海风场整体上四季差异明显,但在不同年份四季风速均呈震荡变化,在对不同年份的季节风速变化进行线性拟合后发现拟合直线大致可表示风速随年份的变化趋势且风速随年份在一次拟合直线上下进行着大幅度变化,存在震荡分布,且残差范数较小,数据处理结果有一定现实意义,可提供分析依据。

春季南海平均风速变化率整体未有显著变化,但南沙群岛附近有明显递增趋势且递增速率一般为 0.02/a,零星海区达到 0.03/a 以上;夏季平均风速整体呈显著递增趋势,平均递增速率在 0.03/a,南海大风区内甚至在 0.05/a 以上,越南东部海域增长趋势尤为明显;秋季平均风速整体递减,大风区平均递减速率在 0.04/a,风区中心递减速率在 0.06/a 以上;然而冬季平均风速未有显著变化,除部分海区有较大递减趋势外其余大部分海区走势平缓。

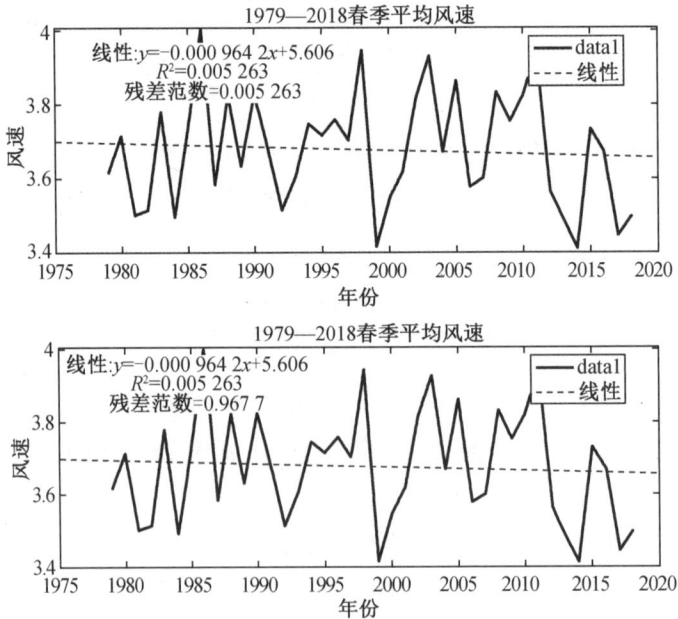

图 2 1979—2018 年南海风场四季的风速数值分析与线性拟合

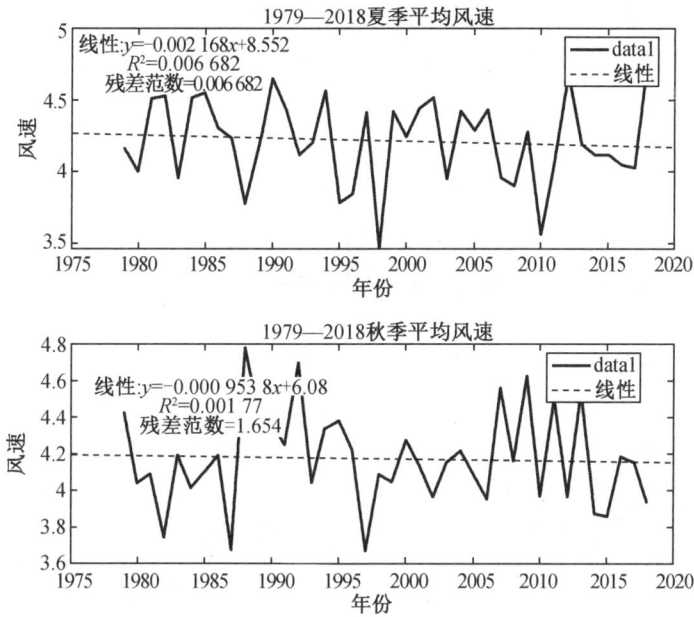

图 2（续）

2.3 南海风场风速的年代际变化趋势

以北纬 12°为分界线,北纬 12°以北的南海风场的平均风速在近 40 年间整体较为稳定,无显著变化;但在北纬 12°以南却有极为显著的变化趋势如:泰国湾海域平均风速整体上以 0.004/a 的速率持续递增,甚至在风区中心增长速率达到了 0.005/a 以上,其余海域整体上以 0.003~0.004 的速率持续递减,在菲律宾南部海域达到最大递减速率为 0.006 及以上。1999—2008 十年间南海风场的风速是四十年的年代际平均中最大的十年,其余三个年代际风速平均场基本相同,均为越南东部沿海与中国台湾地区南部存在风场中心并向外辐散,最终形成南海大风带,且整体风速稳定在 6 级以上,大风带几乎未发生转移,存在于固定海域。

1979—2018 年 40 年间第一、第三个年代际变化是递减的且第三个年代际变化递减趋势明显,大部分海域递减速率在 0.15/a 以上,只有第二个年代际变化是呈显著递增,主要海域以 0.2/a 及以上的速度增长,由此可见近四十年南海风场的平均风速有一定的递减趋势但并不是特别明显。

2.4 南海风场风速的月际变化趋势

本文画出了重点月份的南海风场风速线性变化率,具有季节代表性,近四十年内南海风场的平均风速 1,7 月的递增趋势明显,均速都在 0.04/a 及以上,在部分海域的增长速度均达到 0.06/a 以上且呈向外辐射状,一月增长区主要聚集在海南岛与台湾地区之间的大风区而七月增长区则在越南东部海域及菲律宾西部海域;4 月增长平缓,最大速度仅为 0.04/a,其他海域增长速度稳定在 0.02/a 以上,增长区主要分布在越南东南部海域及泰国湾南部海域,向北有较小的辐射带;11 月变化趋势明显但呈南北分化的现象,一部分大幅度递增,另一部分小幅度递减,增长速度约在 0.04/a,递减速度最大为 0.12/a,增长与递减的速度差异较大,在南海存在一条分界线可将增长区与递减区区分开;其余月份虽然有变化趋势但走势平缓,通过观察发现,月际变化不论尺度大小与否,大部分均发生在南海大风带出现的海区。

3 结论与展望

通过对南海1979—1980年40年的年平均风速分析以及各年的平均风速分析可以得出以下信息,吕宋海峡至南海大风区间的南海大风带有扩大趋势且大风带内的风速等值面大部分稳定在8级,大风中心位置基本不发生改变。近海海域风速较小,与大风带风速差异较大。在1/4的时间内大风带间产生了风速较小的间隙,形成风带断层。

对南海10 m风场四季平均态的分析可知,春季南海海域整体风速较小,风向整体偏西,风场适合编队航行与海洋工程建设的展开,但由于此时正值雾季,所以为了更好地完成计划建议寻找雾季的窗口期进行;夏季在西沙群岛附近产生了大风带且有扩大趋势,风向整体向东北方向,因此北部湾与西沙群岛北侧海域适合舰船航行与工程或航运贸易活动的展开,若有需要进入大风带或在其附近活动,尤其需要考虑风向与涌浪对舰船航行的影响;秋季我国近海风速极大,且大风带中心有向琼州海峡移动的趋势,泰国湾附近海域风速极小,且风场的整体风向十分有利于舰船南下进入印度洋;冬季南海大风带对整个南海海域呈覆盖状态,对舰船航行极其不利,建议航运船只沿海岸线航行,避开大风带且为了安全与施工质量建议停止海洋工程的建设。

对南海40年间风速进行数据处理后得到的变化率可准确科学的预测各海域网格点内的风场风速变化,同时根据各年的风速对比可大概掌握大风带中心的位置变化趋势及其扩散方式,很有利地指导海军对海表环境的预估且可为钻井平台等海洋大工程提供合理的建设意见。

通过对南海40年间风速每隔10年的年代际变化我们可以清晰地发现部分海域风速变化较小甚至基本不变,近十年南海大风带区域的风速有明显降低趋势,预计未来十年内继续降低,对各部分海域进行涌浪的数据分析与海洋资源分布可以选择出合适的海域进行海洋大平台的搭建与机场或锚地的建设。比如在秋季可对西沙群岛附近进行造岛工程,扩大我南海可活动地区的面积,扩大我国在南海的力量与影响力。

对1979—2018年40年间南海风场内海域风速的四季年平均风速变化数据分析及小波分析不难看出在限定的时间尺度中南海各季节风速呈周期变化,时间尺度内幅值更是相差无几,在南海海域季节风速呈周期变化的前提下,通过内容多样且广度大的数据的采集与分析可以极大地加钱我国于南海的气象与海表环境的预报能力。未来将此研究方法推广至其他海域并进行算法构建、自动化的智能应用可逐渐构建出一套完整的海洋风场预报体系并进行智能化利用。

对1979—2018南海40年间各月平均风速经线性拟合后的变化率及四季平均风速经线性拟合后的变化率进行分析可对未来的风场研究或海洋预报给出一个较为科学的数据依据,通过大量数据的拟合分析后在提高未来风速预报具有巨大的实际意义。

对1979—2018年南海风场的风速平均变化、风场的各月平均风速变化以及四季的风速数值变化进行线性拟合,初步得出拟合函数,未来可继续进行实际研究并有机会运用于实际为南海地区的风场预报提供有利依托,为海表环境与气象预报提供理论依据。

建设海洋资源开采平台时应选择风速较小的季节且在风向适合的时机进行施工,以此保证工程质量与施工效率。在工程选址上也应注意海域风速及可能出现的涌浪,尽可能远离风速大的海域,保证后续资源开采的安全与效率。根据本文的南海风场分析海洋货运与渔业捕捞可尽可能地开辟适合南海风场变化的航道,并且避开风速较大的海域,尽量避免正横风导致侧翻或其他安全问题以此保证航行安全,保持最大经济效益,减少安全事故的发生。在风速较大的海域会有较大的波浪也就意味着有巨大的波浪能,以此为基础,我们可以开发利用波浪能,节约化石能源,有利于环境保护。

参考文献

[1]   林刚,郑崇伟,邵龙潭,等.南中国海海表风速长期变化趋势[J].解放军理工大学学报,2013,14(6):704-708.

[2]   郑崇伟,林刚,孙岩,等.近22年来南海波浪能资源模拟研究[J].热带海洋学报,2012,31(6):13-19.

[3]   林刚.南中国海风场和海浪场统计分析及其应用[D].大连:大连理工大学,2019.

[4]   张杰.气候变化背景下南海北部风场长期变化趋势及其对海洋环境的影响[D].广州:华南理工大学,2021.

[5]   周益飞,廖光洪.基于GHSOM网络的南海风场时空变化特征分析[D].南京:河海大学海洋学院,2021.

[6]   赵小芳.1993—1994年前后南海夏季风从爆发到撤退的演变特征及成因[D].南京:南京信息工程大学,2021.

[7]   吴丹晖.近20年南海夏季风的变化特征及其与孟加拉湾海表温度变化的联系[D].南京:南京信息工程大学,2015.

[8]   茅懋.南海夏季风与印度夏季风爆发的年际异常[D].南京:南京信息工程大学,2008.

[9]   温之平.南海夏季风爆发的年际变化及其机制[D].北京:中国科学院研究生院(大气物理研究所),2006.

[10]   李霞.南海夏季风强度年际变化的年代际变异特征[D].北京:中国气象科学研究院,2006.

1979—2018 年波斯湾 SST 变化趋势分析

赵梓荃①

（海军大连舰艇学院，辽宁大连，116018）

摘要：利用 1979—2018 年 NOAA（national oceanic & atmospheric adminstration）卫星的全球平均海表温度（sea surface temperature，SST）资料，通过年代际计算、相关系数计算等方法，对波斯湾 SST 数据进行时空变化分析，研究结果表明：1979—2018 年共 40 a 间，波斯湾 SST 与年份呈正相关，以 0.0191 ℃/a 的上升速率增长，这一相关关系通过了 0.01 的显著性检验；波斯湾的 SST 在印度洋季风洋流与周围海湾国家不同气候区域的影响下，形成了自东南向西北逐渐降低的斜向变化特征与显著的季节性差异：海表温度等温线随洋流趋势在冬春季节与夏秋季节形成不同方向的凸出，而秋季频发的热带风暴与春季幼发拉底-底格里斯水系汇入也分别在波斯湾南部和北部形成了大片的等温海域；波斯湾海温在 1989—1999 年与 1999—2009 年的年代际变化与其他两个年代际的变化值形成强烈差异，在这期间的海湾战争或许为此现象的最大诱因。该研究结果可以为中国在波斯湾保持军事存在，打开能源新局面提供参考。

关键词：海表温度；年代际；季节性差异；增长趋势

作为世界上最大的石油输出地区，了解波斯湾的海温变化时空特征，对我国保持在波斯湾的军事存在，维系海上能源"生命线"具有重要意义。李星[1]等利用江黄岐半岛海域 20 a 的统计资料研究得出连江黄岐附近海域在积温达到 2 300 ℃·d 时有利于赤潮的生成，肖艳林等[2]利用 NOAA 海表面温度再分析资料得知 1951—2015 年淮河流域夏季平均降水在 1978 年发生突变且影响了全球海温，王洁等[3]基于遥感数据得出 1982—2017 年长江口邻近海域的 SST 具有 10.0、3.6、2.4 和 1.0 a 的振荡周期，尼玛拉姆[4]等的研究发现西藏春季雪深异常存在的两个主要模态均与海温异常现象有关，而于晓澄[5]等的研究则分析出华北雨季开始早晚与春、夏季热带印度洋、赤道中东太平洋海表温度关系显著且稳定。

前人的对海温的研究工作多集中在研究海温对不同海域的气候、季风、降水影响，这种分析方式忽略了海温本身在较大时间尺度上变化趋势的分析研究。本研究则基于来自 NOAA 卫星的全球平均海表温度资料，分析 40 a 以来波斯湾海温变化的时空分布特征与逐年变化趋势，借以预测未来波斯湾海温变化，为我国在波斯湾建设战略支撑点的长期规划提供决策辅助。

---

① 作者简介：赵梓荃（2002-），男，本科，山西太原人，主要研究方向为海表温度。"海上丝路"资源与环境研究团队"硕博化开展本科教育"培养对象。

1 SST 资料来源

本文所使用的的数据来自 NOAA(national oceanic&atmospheric adminstration)卫星的全球平均海表温度资料,时间范围为 1951—2018 年,空间分辨率为 2°×2°,空间范围为 88°S~88°N,0°~360°E。

2 波斯湾 SST 的时空分布特征

2.1 空间分布

1979—2018 年,波斯湾的海表温度空间分布虽然在局部有一定变化,但总体分布较为稳定。通过每十年的波斯湾海表温度平均值分布图(图略),更能够清楚地看出这一特征。由图可见,波斯湾海表温度总体偏高,变化范围略高出-2~30 ℃的世界海温平均变化区域;波斯湾地海表温度并不是随着纬度升高而逐渐增大,而是呈现出一个横向变化的趋势,由东至西逐渐降低,这种海温分布特点与当地所属气候区不同有关。由于波斯湾沿岸气候并不唯一,且受到印度洋季风洋流控制,形成了这一海域独特的海温分布情况。结合洋流与当地气温分析可知,由于波斯湾西侧的阿拉伯半岛属于热带沙漠气候,东侧的印度半岛上热带沙漠气候和热带季风气候兼有,而波斯湾北侧的伊朗高原则属于温带大陆性气候,而波斯湾属于内海,受沿岸气候影响较大,所以靠近北侧的海温在气候与纬度的双重影响中有明显的下降幅度;而波斯湾东侧与西侧虽然陆地温度相近,但东侧在季风气候的影响下降水较为频繁,降水量大,使得东侧海温高于同纬度的西侧海温。同时,靠近霍尔木兹海峡的海域受到印度洋季风洋流的影响强,阿拉伯海海水受洋流影响涌入波斯湾,从而使得波斯湾靠近海峡一处海水温度异常偏高,从海温分布图中可以看出,这一特征同样长期存在。

2.2 时间分布

波斯湾海域由于处在海湾国家的包围中,且受印度洋季风影响强,海温随季节变化幅度较大。基于 1979—2018 年波斯湾季节代表性月份 1 月、4 月、7 月与 10 月的海温分布数据整理成图(图略),可以总结出波斯湾海温在不同季节的变化规律:波斯湾全年海温偏高,随季节变化明显。在冬季,海水在主要由季风洋流、索马里寒流和赤道逆流组成的洋流系统影响下向西流动,且波斯湾沿岸气候干旱,对海温影响小,海温呈现明显的从阿拉伯海汇入波斯湾,海水温度自东向西逐渐降低的特征;春季,海水向东流动,洋流影响较小,海温偏向推测主要与温度较低的幼发拉底-底格里斯水系汇入波斯湾北部有关,海温等温线向阿拉伯海方向凸出;夏季,波斯湾受由季风洋流、索马里寒流和南赤道暖流组成的洋流系统影响,海水向东流动,且波斯湾东南部海水蒸发量大,沿岸为副热带干旱荒漠,使得波斯湾南侧沿岸海温显著升高;秋季波斯湾海水向西流动,南侧受热带风暴影响强,海温偏高且整个南部温度分布较为均衡,自南向北海温逐渐降低。

3 该气象要素的长期演变规律

对波斯湾海温进行十年时间间隔的年代际分析,并探究其分布,能够看到超过 70%的海面温度处于上升状态,而 1989—1999 年与 1999—2009 年的海温相差最大。根据全球灾害数据平台所提供的自然灾害统计数据;能够发现在 1989—1999 年与 1999—2009 年的热带风暴灾害和海洋灾害数量并没有相对显著的变化,结合分析可知,这一时期显著的海温变化可能与 1990 年 8 月 2 日—1991 年 2 月 28 日发生的海湾战争对当地气候的影响有关联:由于部分科威特油井燃烧以及波斯湾北部大片海面被泄漏原油污染,原油燃烧引起的大范围黑烟云乘着中纬度上空的西风环流不断东传,继而逐步向北半球扩散。因为烟云中的气溶胶粒子对入射的太阳辐射起着明显减弱作用,而亚非大陆的夏季风系统对此十分敏感,由此可能直接或间接性地对海面温度产生了较大影响。利用 Matlab 制作 1979—2018 年的波斯湾 SST 变化趋势图(图 1)可知,波斯湾海表温度在 1979—2018 年与年份呈正相关,最高温度(27.7 ℃)出现在 1997 年,最低温度(25.6 ℃)出现在 1992 年,上升速率为 0.0191 ℃/a,增暖趋势大大超过显著水平为 0.01 临界线,表明波斯湾 SST 在 1979—2018 年四十年时间里上升趋势明显。利用该数据同世界海洋海表温度变化趋势(图 2)相比较,可得知波斯湾由于处于热带地区,海表温度总体高于全球平均海温,且增长速率略快;但波斯湾海温与年份的相关性较之全球海温偏小,海温变化反常情况较多,这也与其海湾的属性,受大陆气候影响较大这一特征相符合。

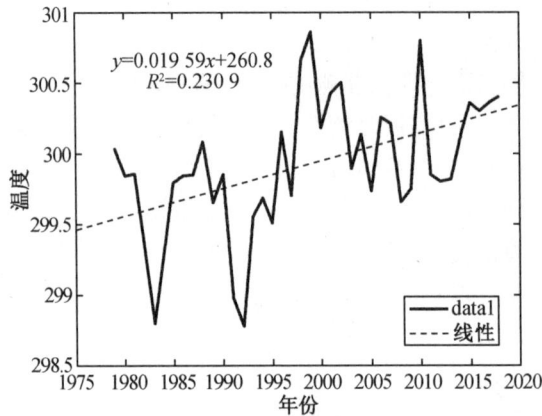

图 1　1979—2018 年平均温度

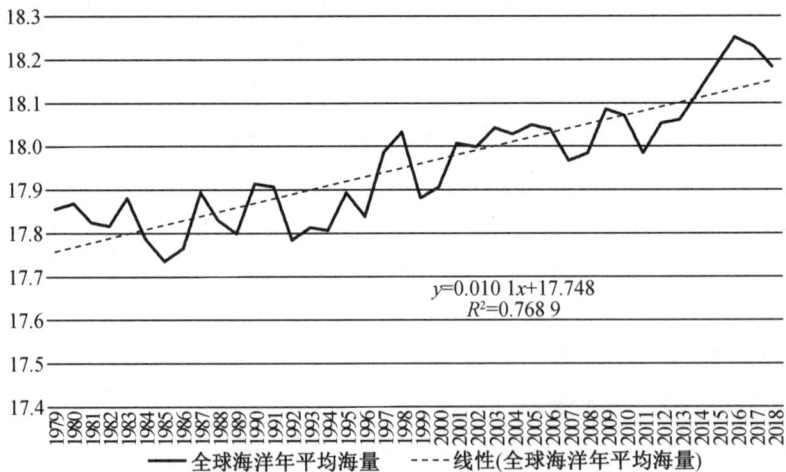

图 2　世界海洋海表温度变化趋势

4 结论

本文基于趋势图分析等方法,利用 1979—2018 年共 40 年的英国气象局哈德莱中心的 SST 数据,对波斯湾 SST 时空分布特征进行初步分析,研究得出的主要结论有:

(1)波斯湾 SST 空间上受印度洋季风洋流影响较强,海温高于世界海洋平均值;受周边不同气候、洋流等多种因素的共同影响,波斯湾海表温度呈现为呈现为自东南向西北逐渐降低的斜向变化,并在热带风暴与幼发拉底-底格里斯水系的影响下形成秋季南方与春季北方的大片海温相似区域。

(2)波斯湾 SST 在 1989—1999 年与 1999—2009 年的年代际变化与其他两个年代际的变化值形成强烈差异,在这期间发生的海湾战争作为最大变量,衍生出的部分油井燃烧与石油污染现象对当地季风气候所产生的影响不可忽视。

(3)波斯湾 SST 呈现出明显的季节变化,冬春季节与夏秋季节海表温度温差较大,最低温度出现在春季,而最高温度出现在秋季,这一现象或与印度洋季风洋流在冬夏季节的活跃有关,可以结合此特性,合理安排各季节军事力量部署。

(4)在 1979—2018 年这 40 年间,波斯湾的 SST 与年份呈现出明显的正相关关系,以 0.191 ℃/10 a 的速率增长,这一变率略大于全球海温变化的平均速率,可在一定程度上预测未来海温变化。但与此同时,波斯湾的海温变化反常情况较多,这与其受大陆气候影响大这一特点息息相关,故该变化趋势仅可提供参考,还需其他海洋要素结合分析。

参考文献

[1] 李星.海表温度对连江黄岐赤潮影响的研究[J].海洋预报,2021(3):95-103.

[2] 肖艳林,池再香,龙园,等.淮河流域夏季强降水的前期海表温度异常信号[J].气象研究与应用, 2021, 42(z1):33-37.

[3] 王洁,王杰,许佳峰,等.长江口邻近海域海表温度变化特征分析[J].海洋科学进展, 2020, 38(4):11.

[4] 尼玛拉姆,白玛德吉,白玛曲吉.西藏春季雪深的时空变化特征及其与前期海表温度的关系[J].西藏科技,2021(12):67-72.

[5] 于晓澄,赵俊虎,杨柳,等.华北雨季开始早晚与大气环流和海表温度异常的关系[J].大气科学,2019(1):107-118.

海上丝路关键海域印度洋的
有效波高时空特征

李明伟① 熊光洁*

（1.海军大连舰艇学院,辽宁大连,116018;2.75839部队,广东广州,510510）

摘要:近年来,受新冠疫情的影响,世界各国经济疲软。推进"21世纪海上丝绸之路"有利于促进各国间的经济交流,推动构建人类命运共同体。海上丝绸之路涵盖南海和北印度洋,该区域自然环境复杂。对比,本文着眼于对海上航运安全有显著影响的海浪作为切入点,基于GrADS和Matlab环境,分析了近40年来印度洋海浪的气候特征,相关结果表明:(1)近40年,尤其是近10年的海浪长期演变趋势具有夏季显著、秋季维持、冬春增强的特征,这一特征在35°S以南的南大洋和阿拉伯海更为显著。若舰船选择在夏季航行,低纬海区是南海至非洲的较为安全的航道。(2)印度洋大部分海域在1990年前后呈现均值突变这一气候突变特征,这在南大洋和阿拉伯海海域更为显著;同时,近10年,南大洋的海浪影响区域已有向北延伸到10°S附近。

关键词:海上丝绸之路;印度洋海域有效波高的时空特征

引言

　　自新冠疫情暴发以来,全球经济衰退,如何引导经济增长成了全球关注的重点问题。我们相信习近平总书记于2013年提出"21世纪海上丝绸之路"构想将有助于全球经济走出疫情寒冬。作为该构想重要辐射区域的印度洋,是全球四大洋之一:北临南亚次大陆,南接南极洲,地处全球三大季风带之一,这些自然环境使得印度洋海况异常复杂。如何保证舰船在该海域的航行安全是推动这一构想向好向深发展的关键点。海浪是影响海上航行安全的关键因素,欧洲中期天气预报中心(ECMWF)的海浪再分析资料是目前时空分辨率较高,应用较广的资料之一,此类资料应用价值较大,可以用作构建波浪数据库[1]。庄居城等[2]分析了2009—2018年北印度洋有效波高并随机选取四个区域进行数据质量检验,构建了精度较高的数据集;芮震峰等[3]分析南海-北印度洋有效波高的长期变化,他认为,近44年,南海-北印度洋大部分海域有效波高表现出显著递增趋势;郑崇伟等[4]统计了21世纪海上丝绸之路涉及海域的波候特征,将南海和印度洋海域的有效波高进行对比,得出印度洋部分区域海浪呈显著性递增的结论。此外,基于南海-北印度洋1957年9月至2002年8

---

　　① 作者简介:李明伟(2002-),男,浙江瑞安人。本科在读,主要研究方向为海浪。"海上丝路"资源与环境研究团队"硕博化开展本科教育"培养对象。

　　* 通信作者:熊光洁(1986-),男,75839部队工程师,邮箱119272766@qq.com。

月的海浪资料,郑崇伟[5]提取了该区域的波候特征:除孟加拉湾外北印度洋海域大部分海域有效波高呈显著性递增趋势。周林等[6]通过 EOF 分析、正交小波分析和 M-K 检测方法,分析了北印度洋-南海海域海面风场和平均有效波高的年代际变化特征并得出冬、秋季海面风场与平均有效波高的年际、年代际变化周期较一致,冬季以 35~40 a 的周期为主,秋季以 11~12 a 的周期为主等结论。

基于再分析数据、卫星高度数据等资料,前人对印度洋海域海浪特征做了较为细致的研究分析,这些分析各有侧重,但海浪数据较为陈旧,在全球变暖的气候大背景下效果可能滞后,故本文基于 GrADS 和 Matlab,利用近 40 年再分析海浪资料重新分析了印度洋海浪的时空分布特征,以期能为海上丝绸之路这一战略构想的推进贡献绵薄之力。

1 数据资料与方法介绍

本文所用的数据 ECMWF 的再分析海浪资料,其时间跨度为 1979 年 1 月至 2018 年 12 月共计 40 年,时间分辨率为 1 个月,空间分辨率为 0.5°×0.5°。本文所关注的重点区域为印度洋洋区。本文主要采用线性回归提取印度洋海区海浪演变长期趋势,这在全球变暖的大背景下,这是有着显著意义的。

2 印度洋海域平均有效波高空间分布特征与季节变化

2.1 1979—2018 印度洋海域平均有效波高季节变化

印度洋包含南北两个部分:北靠南亚次大陆,南面与南极洲接壤,涵盖南大洋部分海区,著名的咆哮西风带就在印度洋南部区域活跃。全年,印度洋的海浪呈现南高北低的分布态势,受季风和季节交替的影响,南大洋的海浪会向北涌进,同时阿拉伯海海浪变化具有明显的季节特征,其表现为夏季受季风影响,该海域浪高明显高于其他季节(本文以北半球季节作为基准),基于§1 中的资料分析各季节的海浪场特征,我们选取 1,4,7,10 月作为冬、春、夏、秋四季的代表月。从图 1 中可以看出,在夏季风盛行的时候,阿拉伯海海浪明显高于其他季节,部分地区可达 4 m 以上(亚丁湾)。春季起,南印度洋海浪开始显著增大且不断向北涌进至夏季其影响区域可达赤道附近海域。至夏季,这一影响达到顶峰,且该季节阿拉伯海和南大洋海区的波高也达到全年的最大值。就此而言,夏季是海浪对航行安全影响的关键季节,该季节南海至非洲的较为安全航道主要集中在孟加拉湾及赤道附近海区,其余季节总体而言影响较小。

从季节的分布特征来看,活跃于南亚地区的季风是影响索马里护航的关键因素,如前所属,阿拉伯海,尤其是亚丁湾附近海区,海浪具有明显的季节变化特征;不同于太平洋的是,印度洋海区热带气旋发生频率较低,这就导致了夏季成为需航行安全的关键季节,尤其需关注季风转换及其维持期间对该海域海浪的影响。

2.2 印度洋海域 10 年平均有效波高空间分布特征与季节变化

在本节中本文每隔 10 年对印度洋海域的海浪进行统计分析,以观察 10 年跨度下海浪空间特征有无显著差异。近 40 年印度洋海浪呈现总体增大局部微调的变化特征,其中冬季北印度洋海浪特征较为稳定,南印度洋的主要变化在南大洋。南大洋的大浪区呈现自东向西扩展的趋势,这和咆哮西风带西风增强有关。随着南大洋海浪的增高,其向北影响的范围逐渐向赤道抵近。

在春季,印度洋海浪场整体变化不大,其中南大洋的大浪区主体维持在东经80°以东的位置,该区域浪高在5 m以上。从年代际来看,自20世纪90年代,南大洋80°以东海域开始出现并维持这一大浪区,在过去十年,在80°以西海区,这一大浪区也有零星分布。从年代际的演变来看,南大洋东部海区的大浪对海浪向北影响的区域面积大小和北界有着十分重要的作用。此外,我们还可以从图中发现,这一大浪区有逐渐贯通南大洋的趋势,但从分布上而言,近10年,该区域的局地特征也更为复杂。

如前所述,夏季是影响航行安全的关键季节,前3个10年,亚丁湾附近的夏季浪潮基本维持恒定,相对而言,第2个10年较大。南大洋大浪区最大浪高及影响范围在前三个十年均不及春季,但在近10年却有了显著增大的趋势:南大洋的最大浪高已达5 m以上,且向北影响的海浪已达3 m以上,与之对应的是以亚丁湾为代表的阿拉伯海,其最大浪高可达4 m以上(集中分布在亚丁湾附近)。这一突变现象对夏季航路规划产生影响。此外,孟加拉湾中部海区浪高也有增大的趋势。结合图1,我们可以发现,近10年海浪的变化是显著的,综合而言,这种显著的变化提醒我们要更加注重对南亚季风的研究。

与其他季节不同的是,秋季的总体分布特征较为一致,无论是从南大洋海浪向北影响的区域范围,还是北印度洋的海浪分布特点,这一季节均表现出高度的一致性。

通过前面的分析可以知道,近40年的海浪长期演变具有夏季显著、秋季维持、冬春增强的特征,尤其是近10年以来,这一特征表现的愈发明显。结合航线分布,本文认为海上丝绸之路的重点关注的区域应是35°S以南的南大洋和阿拉伯海。南大洋常年受绕极西风带的影响,风大浪急,素有咆哮西风带之称。该区域对南印度洋海浪分布有直接的影响,这种影响在近10年愈发显著,有研究认为这种影响可以越过赤道[7],阿拉伯海的海浪受季风影响显著,在近40年的变化过程当中,我们发现前30年总体较为平稳,但近10年呈现突变态势,具体表现为整体跃增。从上文的分析来看,航路规划的过程当中,我们可以将10°S以北划分成两个区域分别是阿拉伯海和孟加拉湾,10°S以南划分为两个区域,以35°S为界,在这些区域中我们应重点关注夏季阿拉伯海海区和南印度洋海区的整体变化及其影响。

2.2 印度洋海域平均有效波高40年变化趋势

在本节中,我们依然从各个季节的变化趋势和年平均的变化趋势两个方面着手分析探讨印度洋海区海浪演变的整体特征。

从整体上来看,四个季节均有上扬趋势,冬季和春季呈现出较为一直的增大趋势,其中春季更为显著,冬季在这一趋势上表现出复杂的演变特征,从图1中可以看出,将其分成三个部分,是较为合理的,其中第一部分到20世纪90年代,第二部分从20世纪90年代到21世纪初,余下为第三部分:这三个部分有较为明显的均值突变,这与上文的结论是较为一致的,我们认为南大洋是引起该季节整体趋势变化的重要因子。在春季,这一均值突变依然存在,不过划分区域为两个时间段,其中20世纪90年代以前为第一时间段,其后为第二时间段,可以发现南大洋的大浪区是第二阶段显著高于第一阶段的重要诱因,但南大洋整体波高的增长是较为缓慢的,其显著变化的时间段,是在1990年附近,这也与前文的结论相吻合。

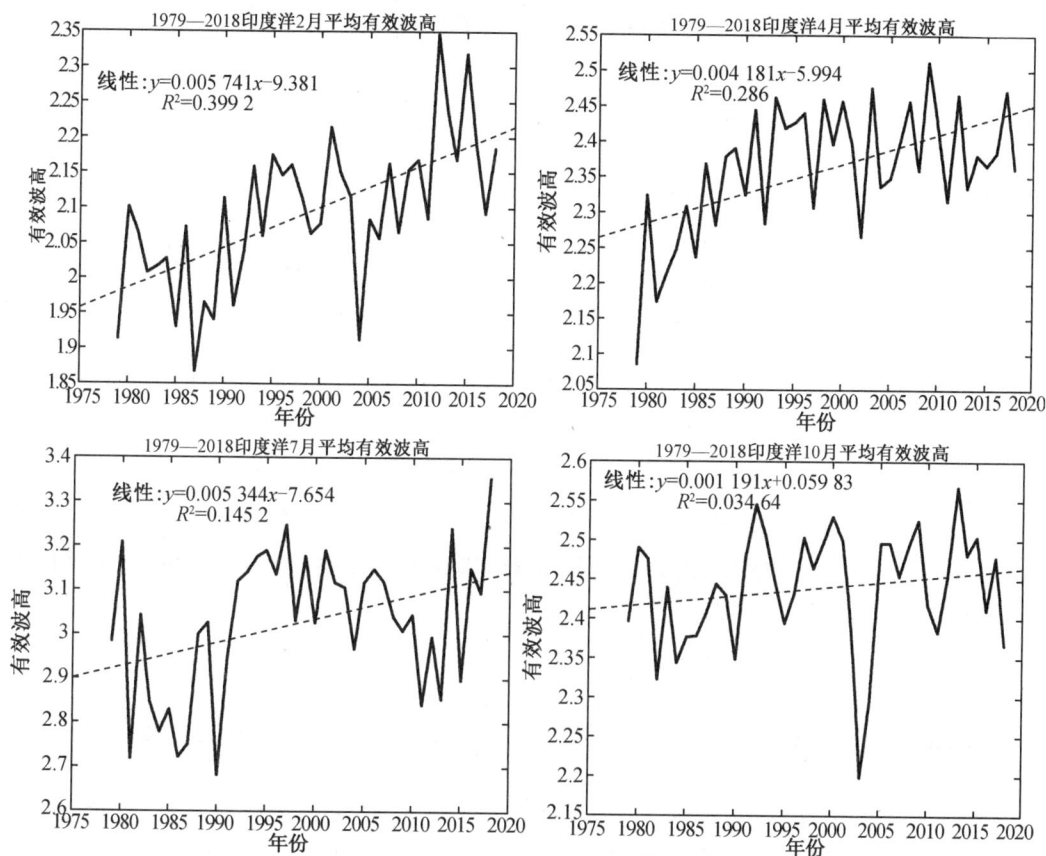

图1 各季节年代际趋势特征

整体而言,秋季的变化特征较为平缓,这与前文的结论是相一致的,相比于其他季节,夏季的海浪浪高趋势不是最大的和最显著的,但其演变却具有明显区别于其他季节特征:具体表现为以1990年前后和2010年前后为分界点的三段式分布特征,其中前两段表现为典型的均值突变,后两段表现为典型的趋势突变。这一突变特征体现的也较为明显:在近10年阿拉伯海和南大洋海浪显著增大,且南大洋的影响区域向北延伸至赤道附近,这一时间段表现为图1中的夏季的趋势突变,1990年前后的均值突变主要是南大洋区域大浪区演变造成的,由于阿拉伯海在第三个十年中呈现略有减小的特征,导致这一分布演变较为复杂。

从年平均的角度来看,主要可以将它分成两个部分,以1990年前后为界,表现为一个均值突变的特征(图2)。

3 结论与展望

3.1 结论

(1)近40年的海浪长期演变具有夏季显著、秋季维持、冬春增强的特征[8]且在35°S以南的南大洋和阿拉伯海海区特征分布更为明显。若舰船选择在夏季航行,孟加拉湾及赤道附近海区是南海至非洲的较为安全航道。

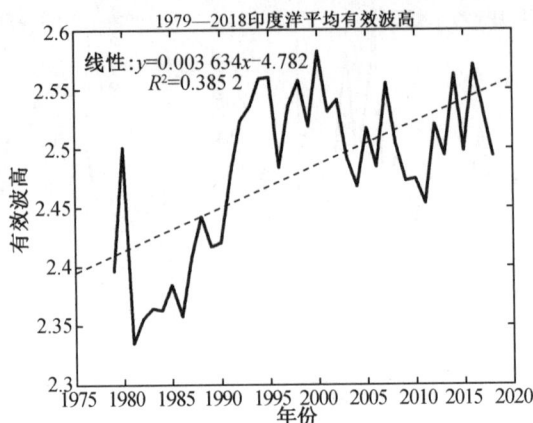

图2　年平均年代际趋势特征

（2）本文以20世纪90年代为时间分界线，以10°S为空间分界线进行分析，表明印度洋大部分海域在1990年后呈现均值突变且南大洋和阿拉伯海海域更为显著，同时南大洋的海浪影响有趋势向北延伸到赤道附近。

3.2　展望

海浪是影响海上航行的关键要素，同时也是新能源当中极具潜力的资源之一[9-11]。从上文的分析当中，结合前人的分析研究我们可以发现，印度洋海区其波浪能分布具有显著的季节特征，在近10年当中，其波浪能资源储量呈上升态势，如何做好航路规划，尤其是夏季的航路规划，开发印度洋波浪能资源是一个十分有价值的课题，这一课题对于未来军队在印度洋进行相关活动[12]，有着十分重要的意义。

参考文献

［1］　徐佳丽,时健,张弛,等.近40年中国近海波浪数据库的建立及极值分析［J］.海洋工程,2019(6):94-103.

［2］　庄居城,杨少波,李醒飞,等.2009—2018年北印度洋海浪有效波高模拟数据集［J］.中国科学数据(中英文网络版),2020(4):159-169.

［3］　芮震峰,郑崇伟,王涌,等.南海-北印度洋波高的长期变化:Ⅰ.重点区域的趋势、周期和突变分析［J］.海洋预报,2016(1):86-91.

［4］　郑崇伟,付敏,芮震峰,等.经略21世纪海上丝路之海洋环境特征:波候统计分析［J］.海洋开发与管理,2015(10):1-7.

［5］　郑崇伟,李训强,潘静.1957—2002年南海-北印度洋海浪场波候特征分析［J］.台湾海峡,2012(3):317-323.

［6］　周林,梅勇,王慧娟,等.北印度洋-南海海面风速和有效波高的年代际变化［J］.大气科学学报,2011(5):547-554.

［7］　满富康.基于多源高度计数据的海浪融合方法研究［D］.南京:南京大学,2020.

［8］　高占胜,郑崇伟,李训强,等.南海-北印度洋波高的长期变化:Ⅱ.趋势的区域性、季节性差异［J］.海洋预报,2016(2):39-44.

［9］　闻斌,赵艳玲,陈振杰,等.应用波浪数值模式对北印度洋海浪场进行计算和统计分析

[J].海洋通报,2010(5):493-498.

[10] 郑崇伟,李训强,潘静.近45年南海-北印度洋波浪能资源评估[J].海洋科学,2012(6):101-104.

[11] 郑崇伟.海上可再生能(波浪能、风能)资源利用的理论研究[D].长沙:国防科技大学,2018.

[12] 曲鹏澔.中国海军在印度洋的军事存在探析[D].北京:北京外国语大学,2016.

海南岛附近海域的海风情况

李儒盛[①]　毕京强[②]

(海军大连舰艇学院,辽宁大连,116018)

摘要:本文采用 WRF 中尺度天气预报模式,针对海南岛多云天气条件下的一次典型海风个例,对局地海风环流结构进行数值模拟,目的是分析海风环流的演变特征,并通过设计改变海南岛地形的敏感性试验,探究地形对海南岛局地海风环流结构以及云水分布的影响。结果表明:海南岛海风降水的强度及分布特征与当地四周低平、中间高耸的地形特点密不可分,地形在整个海风降水期间存在动力、热力作用的交替演变。海岛西部陡峭的山区造成海风强迫抬升,偏南背景风使得海岛北部高空回流明显,海岛西部、北部的海风结构较为完整;地形高度越高,海岛南部山区的阻挡作用越强,西部地区的海风高空回流特征越显著,西部、西北部云水混合比的位置也越深入内陆;受南海季风的影响,与晴空天气相比,多云天气下海风强盛期全岛的最大风速稍大,海在垂直方向上达到的高度更高;移平地形后,多云天气下全岛风速平均仅减少 2~3 m/s,而晴空天气下全岛风速则大大减弱,即多云天气下海风环流水平结构受地形的影响比晴空天气下弱,最后利用 Grads 软件进行数据分析和绘制相关气象图。

关键词:海南岛;海风环流;海风对流;云水分布;海风结构;南海季风

1 引言

南海位于中国南方,是太平洋西部海域,中国三大边缘海之一,是控制太平洋到印度洋的海上重要交通。南海自然海域面积约 350 万平方千米,为中国近海中面积最大,水最深的海区,同时它还拥有着丰富的自然资源。海南岛作为南海上的一大岛屿,具有重要的战略性地位。海陆风是沿海地区一种重要的中尺度环流现象,是由海陆热力性质差异产生的大气次级环流。在当今社会,海陆风对沿海地区的天气气候、大气污染物扩散和海事活动等产生的影响越来越受到人们关注。大量的观测和模拟研究表明,地形对中尺度环流和对流的发生发展有着重要的影响。地形作用因其本身的高度、坡度、形状不同而差异较大,对于海南岛来说,全岛地形复杂而独具特色。复杂的岛屿地形、独特的海岸线形状及多样化的植被覆盖是造成当地对流性天气频繁发生的重要原因。在以往关于海南岛海风的研究中,讨论当地地形对海风降水分布特征的影响研究相对较少,而且海南岛特殊地形下海风的发

---

① 李儒盛,男,本科在读,研究方向为海表风场。"海上丝路"资源与环境研究团队"硕博化开展本科教育"培养对象。

② 毕京强,航海系天文航海教研室助教,研究方向为航海导航。

展形势具有不同于其他沿海地区的特征,因而对其他沿海地区或岛屿的相关研究结论并不完全适用于海南岛。基于以上原因,采用中尺度数值模式 WRF 对海南岛一次海风降水个例进行高分辨率数值模拟,旨在探究海南岛特殊地形对当地海风降水分布特征及演变过程的影响,以便为当地的降水预报提供一定的科学依据。海风的发生发展受地形影响较大,目前关于地形对海风的影响已做了很多探究,其中,Mahrer 等、付秀华等及金皓等通过对不同地形条件下的海陆风进行数值模拟,指出沿海坡地有增强海风的作用,地形不同高度上下垫面的加热差异不仅能影响海风的形成和发展,还可形成山谷风环流与海风环流相互影响,台风过境常常伴有大型雷雨天气,引起海平面巨浪侵袭,严重威胁航行安全和人们的日常出行,观之渔业,由于我国养殖多为近海养殖,故而台风一来,无论是养殖设备还是基础设施,在台风面前都会显得那么不堪一击,大部分养殖设备被摧毁,鱼塘被淹没,鱼苗顺着大水游走,防护网等基础设施也会被台风吹的七零八落;观之海面,台风天气海上作业,无疑是一件非常危险的事情,海水倒灌入舱内,海浪打翻、淹没渔船等情况也时有发生。

近来已有众多学者在研究海风的基础上探讨了地形的影响。其中,地形存在与否对海风环流演变的影响是研究的重点。钱先生表明,将区域气候模式中东南亚地区群岛上的地形移除或将群岛置换成海洋,海陆风均将减弱。巴特洛特和基尔希鲍姆利用 COSMO(consortium for small-scale modeling)模式模拟深对流对地中海群岛地形强迫的敏感性时发现,移除岛屿地形会导致模拟对流降水的消失。李庆宝等研究指出,由于青岛奥帆赛竞赛海域周边存在复杂地形,在地面不同的背景气流下会形成不同的海陆温差,从而影响海陆风的发生发展。另外,土地利用类型与地形高度的改变也影响着海风环流特征。在地形和土地利用类型不同的情况下。此外,张等对比分析了韩国海岸线复杂的西南沿海地区和山脉众多的东部沿海地区在高分辨率数值模式下模拟的局地海风环流情况,研究表明,地形高度发生变化,东部沿海地区垂直运动受到的影响较大。海风发生时,其前沿会形成类似于锋面的气象要素不连续区域,即为海风锋,海风锋向内陆推进的过程中,锋前的上升气流常常为对流的发生提供了有利的触发条件。在地中海群岛地区,海拔高度较高的岛屿在增强海风锋强度的同时,也对海风锋向内陆的传播有着阻挡作用。边界层的对流触发活动通常与植被覆盖类型、土壤湿度差异、海陆差异及复杂地形等非均匀特征相联系,这种差异可在局地引起热力环流,并伴随较强的水平辐合及上升运动,其中海陆风作为沿海地区特有的一种局地中小尺度环流,主要由海陆热力性质差异引起,它的发生发展不仅可以影响局地天气的发生发展,而且与大气污染物的输送和扩散有着密切联系。

但在多云天气下海南岛地形是如何影响海风环流结构和云水分布的,至今尚不清楚。为此,本文利用 WRF 模式对海南岛一个多云天气下典型海风日的局地海风环流进行了模拟,通过地形敏感性试验,探究多云天气下地形高度变化对局地海风环流结构和云水分布特征的影响,为沿海地区的天气预报提供理论依据。

3　方法与数据

3.1　方法

本文所使用的工具为:Grads。气象绘图软件 Grads 是免费共享软件, Grads 有丰富的内部函数,可以对数据进行计算和分析处理。它支持处理格点资料和站点资料,并且支持对 GriB 码文件、特殊格式文件 (如一字节整型、二字节整型、大中型机器二进制数据等) 的直接读取,气象科研领域应用非常广泛。在其最新 1.8SL9 版本中, Grads 又将应用领域推进到了海洋学科,功能也得到了进一步地增强和扩展。

本文的研究海域为中国海南岛附近的海域。海南岛是中国的第二大岛,南海是世界第三大陆缘海,其海域辽阔,水体巨大,水域极深。常年来南海局势的都一直不容乐观,我国对于海南岛的军事国防建设以及南海海域的研究也越来越紧迫。本文则主要选取 1 月、4 月、7 月以及 10 月作为代表,对海南岛的表面风场进行分析,并采用线性回归分析的方法,对所得数据进行分析。

3.2　数据介绍

本文所用的数据来自利用 1979—2018 年共 40 欧洲中期天气预报中心(ECMWF)风浪波高资料,欧洲中期天气预报中心(ECMWF)提供全球数值天气预报,通过数据同化、地球系统建模(地球系统建模)、可预测性和再分析性等领域取得的科学进展来改进预测。数据产品包括空气质量分析、海洋环流分析和水文预测等,广泛应用于公共服务,科学研究和政策制定者。其中,再分析数据提供了目前可能的关于过去天气和气候的最完整的画面,它是通过现代天气预报模型重新模拟过去短期天气预报和观测结果的混合数据产品,在时空上与全球完全一致的,有时被称为"没有差距的地图"。

4　海南岛周围四季的风速时空分布特征

利用 Grads 软件,绘制该气象要素在学生锁定海域的时空分布特征。以海南岛及周围海域的风速为例,可画 1,4,7,10 月海南岛近海的海温分布图(图略)。该图表示海南岛近海面风场的 40 年来的 1,4,7,10 月份的平均风速,可以看出此期间,海南岛东西两面表面平均风速都较大,整个海南明显受到海风影响大,海南中部受五指山影响风速较小。除此之外,还可以发现雷州半岛至海南岛之间的琼州海峡风速明显小于海南岛东西两岸区域,可能与该地方没有产生狭管效应。10 月份处于秋季中期,而秋季是夏季风向冬季风转换时期,在该时期东北风速增大,西南风速减小,并且该季多发台风,可能也与该时期的风向改变有关。1 月份的平均风速表现出海南岛周围整片海域风速都较大,存在两个海表面平均风速极大值中心,一个位于海南东部海域,一个位于海南西部海域及北部湾附近。

对每十年的特征性月份的风场进行分析得到如下结论:

1 月:在海南的北部海域地区,在第二个十年的期间,风速有着明显的降低,但是随后的二十年间,此区域的风速都呈增加趋势且最大增加达到了 0.25 到 0.3。而在海南的西部,风速逐年增加。在海南东部每十年的平均风速都是增大,最大都能在 0.4 以上。

4 月:在海南的北部海域地区,在随后的三十年间,此区域的风速都呈增加趋势且最大增加达到了 0.25 到 0.3。而在海南的西部,风速每十年都在逐渐减少。在海南东部每十年的平均风速都是增大。

7 月:在海南的北部地区,在第二个十年的期间,风速有着明显地减少,但是随后的每十年间,此区域的风速都呈增加趋势且最大增加达到了 0.2 到 0.3。而在海南的西部,风速逐年增加。

10 月:在海南的北部地区,在第二个十年的期间,风速有着明显地减少,但是随后的十年间,此区域的风速呈增加趋势且最大增加达到了 0.3 到 0.4,然而最后一个十年风速有着明显降低。在海南东部每十年的平均风速都是增大,但可能受到夏季台风多发的影响风速方向不定。

5　结论与展望

结论:海南岛为中国第二大岛屿,位于雷州半岛以南,四面环水,地形复杂,整个岛屿平面呈椭圆形,最高区域为中部的五指山区(最高海拔约有 1 867 m),向外围逐渐降低,由山地、丘陵、台地和平原组成环绕中央山地的层圈地貌,岛上植被类型繁多,热带天然林面积广大,森林覆盖率高达 50%。除此之外,海南岛还是中国唯一的热带海岛省份,受热带季风海洋性气候影响较大,全年太阳辐射较强,这也就导致了海南岛四季不分明的特征,但因受南海夏季风和冬季风环流交替的影响,海南岛雨季(5~10 月)和旱季(11 月~翌年 4 月)分明。张振州等[11]指出海南岛夏季海陆风频率约为 49%,海风向内陆伸展距离为60~100 km。这些工作虽然提供了海南岛海陆风的一些基本特征,但限于资料并没有对海南岛海陆风进行系统的分析。海南岛位于东亚季风区南缘,受南海季风影响较大。5—10月海南岛主要受低压槽、热带气旋等天气系统的影响,在这些天气系统的影响下,海南岛5—10 月多降水。40 年里,海南岛周围海域平均风速总体上东部海域和西部海域风速强。

展望:海南岛对于我国有着重要的战略和经济意义。因为处于南海,且新建立有三沙市以加强南海的监管,且南海的气象要素对于日后的作战需求极为重要,这也使得研究南海的气象要素变得极为迫切和重要。南海能源十分丰富,它的总面积为 350 万 m²,中国实控了其中 210 万 m²。而当今世界,世界局部争端不断,能源就显得更加重要。研究海南岛附件的风场,对我国之后的军事活动有着重大的意义,因为雷州半岛和三亚有着重要的军港与军事基地,研究风场对于保障舰艇航行有着重大意义;同时,随着科学技术的不断发展,将会有越来越多的新方法用在南海的研究上。

参考文献

[1]　王静,苗峻峰,冯文.海南岛海风演变特征的观测分析[J].气象科学,2016,36(2):12.

[2]　王静,苗俊峰,冯翁.海南岛上海风特征观测分析[J].气象学报,2016(2):12.

[3]　施萧,冯箫,赵小平,等.海南岛海风锋逐月统计与数值模拟分析[J].海洋预报,2016,33(2):8.

[4]　王莹,苗峻峰,苏涛.海南岛地形对局地海风降水强度和分布影响的数值模拟[J].高原气象,2018,37(1):16.

[5]　王凌梓,苗峻峰,管玉平.多云天气下海南岛地形对局地海风环流结构影响的数值模拟[J].大气科学学报,2020,43(2):14.

台湾气候特征:雾与霾

彭世龙[1]①　韩玉康[2]　郑崇伟[1]*

(1.海军大连舰艇学院,辽宁大连,116041;2.31016部队,北京,100081)

摘要:雾霾天气对飞行与船舶航行都有着显著影响。本文利用27个气象测站的雾和霾观测数据,采用气候统计分析方法,分析台湾地区雾和霾的空间分布特征、月际变化特征等,得到主要结论如下:(1)从空间分布特征来看,台湾地区的雾区主要分布在北部和中部地区,其余地区全年雾日较少。(2)从时间分布特征来看,冬春两季雾日较多,夏季雾日较少。(3)台湾地区的霾主要分布在西南地区,其余地区的霾日较少;冬春两季的霾日最多,夏季较少。(4)在2014年以后,台湾地区霾日数呈现明显减少的趋势,特别是在台湾地区北部,月霾日数基本在10天以内,霾治理、控制效果更好。(5)台湾地区霾日数整体多于雾日数。

关键词:台湾;雾与霾;空间特征;月际变化

引言

　　雾和霾对飞行和海上航行都有着严重影响,是需要重点掌握的自然环境要素之一。1986年,陈千盛[1]通过分析台湾全年的雾日、出现平流雾的天气形势、雾的日变化和季节变化、持续时间等,分析了雾在台湾岛的形成规律。1989年,许金镜[2]通过分析几年内雾的出现天数,寻找雾和ENSO的关系,发现出厄尔尼诺现象出现的次年海雾天数较多,次二年海雾天数较少。南方涛动指数明显较低的,次年海雾天数偏少。2009年,张春桂[3]等利用MODIS通过分析台湾海峡的各个云层和雾的辐射特征,建立了对台湾海峡海雾分布的模型。2016年,巢清尘[4]对气象和雾霾之间的关系进行研究,通过分析雾霾的主要特征,研究气象条件对雾霾形成的影响,分析霾形成的原因,水平方向静止风增多,垂直方向出现逆温,空中悬浮颗粒物增加。2019年,曾石营[5]对台湾海峡的雾季进行分析,联系雾航的准备工作和注意事项,并对过去雾航事故进行分析,提出了如何提高雾航安全的对策。2022年,江柯[6]等研究大雾天气对航空飞行的影响,通过研究雾的形成条件、时空特征、形成、发展和消散,对雾进行分类、检测、预报,分析大雾下航空飞行的安全隐患,指出人工智能大数据的广泛应用对雾的预测能有较大的提升。

　　目前的研究多是都停留在对雾和霾的形成以及在雾中航行的注意事项进行研究,对雾和霾的气候特征的分析稀缺。当前的短期天气预报可以较好地满足短期的任务计划。但

---

　　①　作者简介:彭世龙,男,本科在读,"海上丝路"资源与环境研究团队"硕博化开展本科教育"重点培养对象。彭世龙和韩玉康同等贡献,为共同第一作者。

　　*　通信作者:郑崇伟,邮箱 chinaoceanzcw@ sina. cn。

当制定中长期规划时,短期预报难以支撑,这就需要以气候背景场作为参考依据。

1 数据与方法

本文采用马祖、金门、澎湖、东吉屿、彭佳屿、兰屿 6 个台湾"离外岛"气象观测站及鞍部、竹子湖、淡水、台北、基隆、新竹、梧栖、台中、日月潭、阿里山、嘉义、玉山、台南、高雄、恒春、大武、台东、成功、花莲、苏澳、宜兰 21 个台湾岛内气象观测站,共 27 个气象观测站的雾日数、霾日数观测数据。资料时间段为 2005 年至 2018 年。

本文主要利用 27 个测站的观测数据,采用气候统计分析方法,对台湾地区一年来每个月的雾日数、霾日数进行整合统计,分别以 1,4,7,10 月作为冬、春、夏、秋的代表月,分析雾霾在台湾地区的时间分布特征与空间分布特征,推断出雾与霾在台湾地区的逐月分布规律。并通过台湾地区南北两个主要城市的霾日数的年际变化,分析台湾地区霾治理、控制情况。

2 雾的分布特征

2.1 雾日的时空特征

由资料可知台湾地区 4 个代表月的雾日特征。整体来看,台湾周边的雾日数小于台湾中部地区。但值得注意的是,在台湾北部的鞍部的雾日却很明显,该地区的雾日数在 1 月最多,4 月和 10 月次之,7 月最少。在台湾中部地区,7 月的雾日数最多,4 月次之,10 月和 1 月相对最少。具体各代表月的特征为:

1 月,台湾地区该月雾日较少,台湾周边基本没有雾日,只有北方鞍部附近雾日较多,1 月雾日为 20 天。除鞍部以外,台湾中部阿里山玉山附近在 1 月相对其他地方而言雾日也较多,阿里山在 1 月有 11 天属于雾日,玉山在 1 月有 15 天属于雾日,台湾其余周边 1 月基本没有雾日,仅西南方在 1 月有两天的雾日。

4 月,除鞍部附近以外,台湾周边在 4 月基本没有雾日,鞍部附近在 4 月有 13 天左右的雾日。台湾中部雾日较多,4 月中有 14 天以上属于雾日,玉山 4 月雾日最多,接近 22 天属于雾日。台湾周边岛屿雾日较少,但马祖和金门在 4 月有接近十天属于雾日。

7 月,台湾周边岛屿及台湾岛四周在 7 月基本没有雾日,仅金门有 1 天的雾日,鞍部附近 2~3 天的雾日。日月潭雾日为 13 天,阿里山 19 天,玉山 21 天。

10 月,台湾周边岛屿的雾日数小于 1,仅兰屿为 2 天;台湾周边沿海地区雾日数基本为 0,只有北方鞍部附近有 13 天左右的雾日,中部地区雾日较多。

2.2 雾日数的月际变化特征

在此代表性给出了几个测站雾日数的月际变化特征,如图 1 所示。澎湖位于台湾地区西部,与大陆相隔最近。澎湖的雾日全年都比较少,主要分布在春季,且 3,5 月最多,但平均每个月也只有一天多的时间属于雾日,整个春季雾日基本每个月都只有一天左右。秋季雾日最少,澎湖附近秋季基本没有雾日,夏季冬季的雾日也非常少,平均每个月只有半天的雾日。鞍部属于台湾地区北部区域,整个台湾周边地区只有鞍部附近一小片区域雾日较多,基本属于台湾雾日最多的区域。在雾日最多的 1 月,有 20 天雾日。鞍部夏季雾日最少,7 月平均只有三天的雾日,其他季节雾日较多,整体趋势为越靠近 1 月雾日越多,越靠近 7 月雾日越少。恒春属于台湾地区南部,整年基本都没有雾日,周边的地区也是如此,只有在冬季有少许的雾日天气,但每个月也只有一天不到属于雾日,由此可见整个台湾南部地区能见度受雾的影响较低。花莲属于台湾东部区域,花莲附近包括台湾整个东部沿海区域在一年内基本没有雾日。

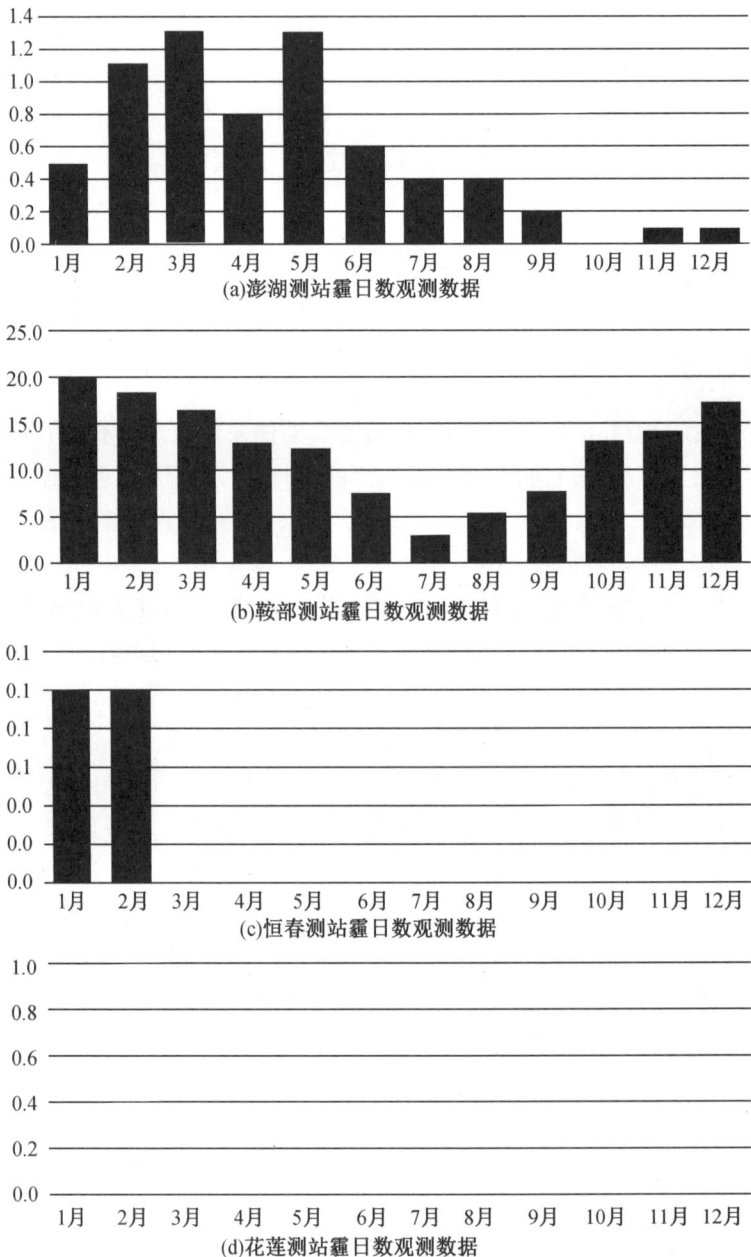

(a)澎湖测站霾日数观测数据

(b)鞍部测站霾日数观测数据

(c)恒春测站霾日数观测数据

(d)花莲测站霾日数观测数据

图1 部分站点雾日数的月际变化特征

3 霾分布特征

3.1 霾日数的时空特征

由资料可知台湾地区霾日数的时空特征。1月,台湾地区霾日主要集中在西南部且霾日数较多,1月中26天以上都属于霾日,除西南地区外,其余各地也有霾日,北部地区在1月中平均大概有10天左右属于霾日;东南地区霾日最少,霾日数只有一天左右,部分地区在1月基本没有霾日。台湾附近岛屿的霾日数以金门最多,1月有17天属于霾日,其余西部岛屿有10天左右的霾日,北部彭佳屿只有5天的霾日,东南部兰屿最少,在1月基本没有霾日。4月,台湾西南地区4月相较于1月霾日数有所减少,但北部地区的霾日数却明显高于1月。西南部在只有不到25天的霾日。北部地区的霾日数在10天左右,西北部部分地区霾日数达到15;东南部霾日数仍较少,整体4月只有一两天的霾日。四周岛屿相较于1月霾日数均有降低。金门降低到11日左右,其余岛屿霾日数也有所下降,兰屿霾日数仍较低,在4月基本没有霾日。7月,整个台湾地区霾日数较少,西南部冬春两季的霾日数基本在20以上,在7月也只有7天左右的霾日,最高霾日只有9天。北部地区霾日也只有3天左右。东南部区域基本没有霾,四周岛屿霾日也大大降低。西部岛屿只有1天左右的霾日。台湾中部地区在7月也基本没有霾。10月,西南地区在12月的霾日数仅次于1月。北部沿海地区霾日较少。东南区域霾日仍较少,但部分区域也出现了2天以上的霾日。四周岛屿特别是西部岛屿,霾日数比7月明显增多,东北部彭佳屿有2天属于霾日,兰屿在12月中基本没有霾日。

3.2 霾日数的月际变化特征

在此代表性给出了几个测站霾日数的月际变化特征,如图2所示。澎湖属于台湾西部地区,澎湖在一年中除了夏季,霾日在每个月基本都有十天左右,只有夏季特别是6~7月,澎湖基本没有霾日,8月霾日数只有两天。12月霾日数最多,达到了14天以上,1,3月其次,霾日数也达到了10天以上,2,11月霾日数相对较少,平均每个月只有8天左右的霾日。鞍部属于台湾地区北部,鞍部附近全年霾日数都比较少,最高时3月的霾日只有1天,春季其余月份只有半天左右,在下半年鞍部基本没有霾日。但鞍部近海,本部稍向内部行进后,一年的霾日天气明显增多,冬春两季基本有10天以上的霾日。但鞍部全年雾日较多,所以台湾北部沿海地区整年的能见度都会有所影响。高雄属于台湾西南部,是全年霾日分布最为集中的地方,全年霾日数都较多,其中1,2,3,10,11,12月霾日数都达到了25天以上,1月和12月最多,基本是整个月都属于霾日,夏季霾日最少,6月的霾日只有5天,7~8月的霾日有8天左右。4,5,9月霾日数相对不是太多,但4,9月也有20天左右,5月有15天以上。花莲属于台湾东部区域,整个台湾东部区域霾日很少,花莲也是如此,平均每个月只有半天不到的霾日,6~7月基本没有霾日。

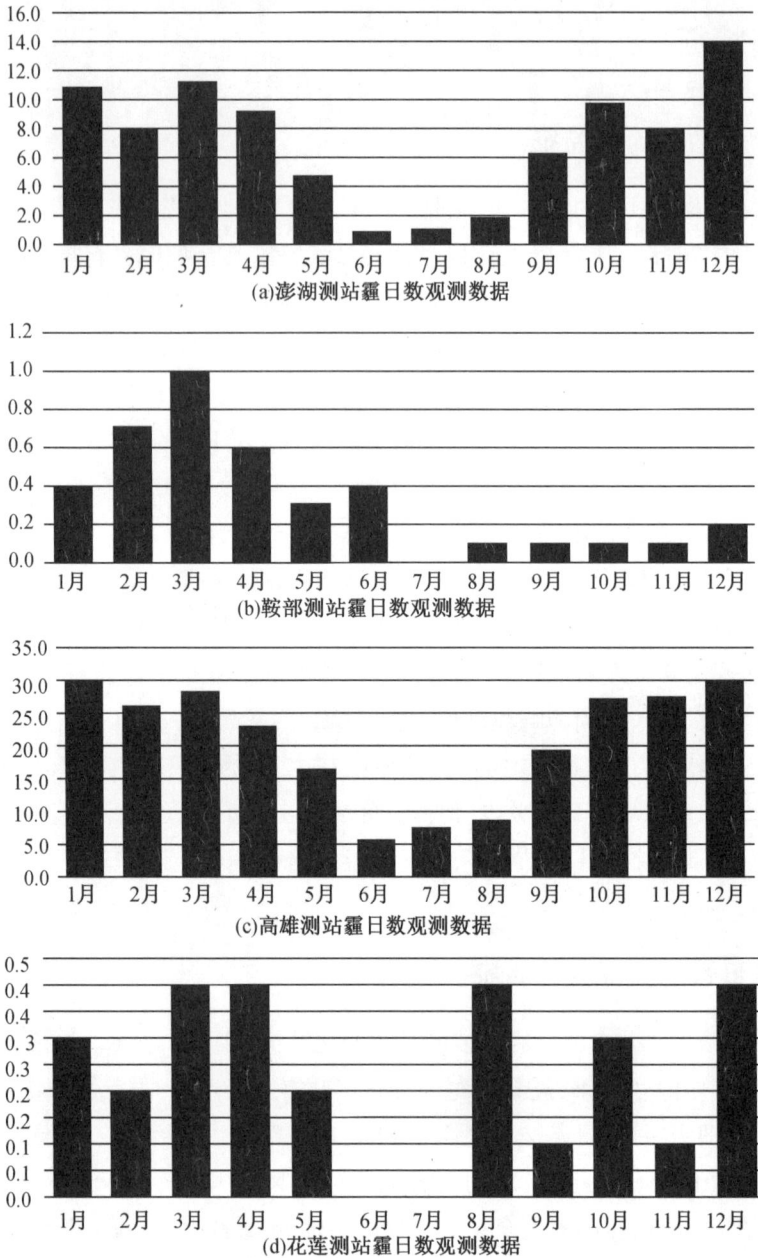

(a)澎湖测站霾日数观测数据

(b)鞍部测站霾日数观测数据

(c)高雄测站霾日数观测数据

(d)花莲测站霾日数观测数据

图2 部分站点霾日数的月际变化特征

3.3 霾日数的年际变化特征

为更好反映台湾在近十余年内的霾治理与变化,本文选取台湾南北两个重点城市高雄和台北的霾观测资料,分析其在2005年至2018年的变化情况,如图3、图4所示。高雄属台湾霾影响十分严重的城市之一,从其霾日数的年际变化来看,在冬季霾日数未呈现明显的变化,月最大霾日数仍可达30天左右,但夏季霾日数呈现明显的减小变化趋势,主要反映在2013年以后,夏季最小月霾日数都可以控制在5天以下,并且出现多次无霾情况。台北属台湾中心城市,人口、工业相对发达,从其霾日数年际变化看,呈现明显的减小趋势,特别是在 2014 年以后,霾治理、控制效果最为明显,较前几年减少 10 天左右,全年各月霾日数基本在 10 天以下,并且大多在 5 天以内(2016 年 4,5 月较大值个例情况有待研究)。

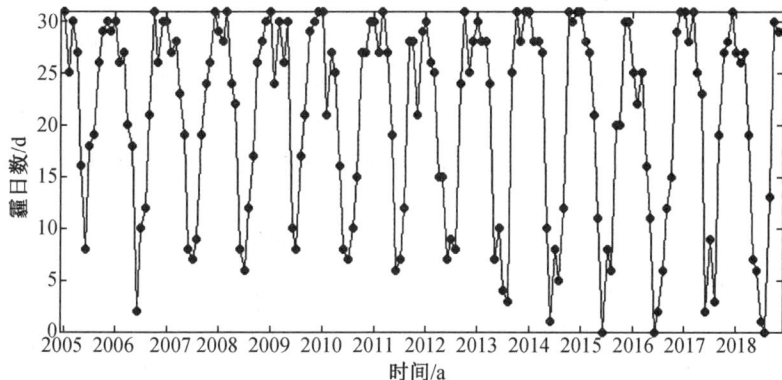

图 3　高雄霾日数的年际变化特征

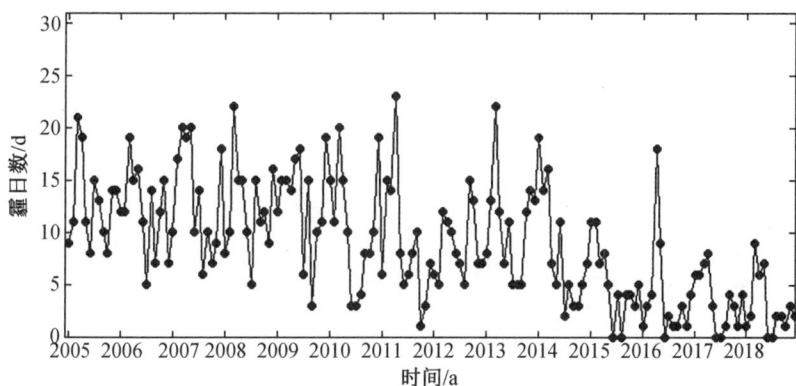

图 4　台北霾日数的年际变化特征

4　结论

(1)台湾周边的雾日数小于台湾中部地区。但值得注意的是,在台湾北部的鞍部的雾日却很明显,该地区的雾日数在 1 月最多,4 月和 10 月次之,7 月最少。在台湾中部地区,7 月的雾日数最多,4 月次之,10 月和 1 月相对最少。台湾岛周边全年雾日较少,只有鞍部全年雾日较多,每个月平均都有十天以上的雾日,其中冬季雾日最多,最多时 1 月有 20 天以上的雾日,由此可见,鞍部附近特别是冬季能见度较低,需注意附近海域的船舶航行安全。

(2)从各个月霾日分布来看,台湾岛北、南、东方霾日较少,只有西边全年霾日较多,每个月平均都有十天以上的雾日,其中冬季霾日最多,最多时 12 月基本全月都是霾日,而霾日天气对能见度的影响更大,且霾日天气覆盖更广,对沿海地区的能见度影响更大,需要更加注意附近船舶航行安全和飞机飞行安全。

(3)综合台湾地区的雾霾天气来看,台湾地区雾霾天气主要分布在北部和西南部,其余地区雾霾天气较少。雾霾天气主要分布在春冬二季。由此导致台湾地区在春冬二季北部和西南部的能见度较低且西南部明显低于北方。

(4)在 2014 年以后,台湾地区霾日数呈现明显减少的趋势,特别是在台湾地区北部,月霾日数基本在 10 天以内,霾治理、控制效果更好。

参考文献

[1] 陈千盛.台湾岛和福建沿岸的雾 [J].台湾海峡,1986,5(2):101-106.

[2] 许金镜.厄尔尼诺和南方涛动现象与台湾海峡西岸海雾天数的关系[J].台湾海峡,1989,8(3):211-214.

[3] 张春桂.MODIS 遥感数据在我国台湾海峡海雾监测中的应用[J].应用气象学报,2009,20(1):8-16.

[4] 巢清尘.气象与雾霾的关系[J].世界环境,2016,163:30-31.

[5] 曾石营.台湾海峡船舶雾航安全分析[J].南通航运职业技术学员学报,2019,18(3):27-30.

[6] 江柯.影响航空飞行的大雾天气研究进展评述[J].2022,22(3):279-284.

台湾气候特征:风

孙博第[1]① 韩玉康[2] 郑崇伟[1]*

(1. 海军大连舰艇学院,辽宁大连,116041;2. 31016 部队,北京,100081)

摘要:风对船舶航行、飞行活动、海洋资源利用等都有着重要影响。本文利用来自台湾地区近27个气象站的地面风观测数据、各测站建立后有观测记录以来至2016年的极端瞬时风速的资料以及2015年至2019年澎湖附近海域浮标观测资料,采用气候统计分析方法,系统详查了台湾地区的风候特征(风的气候态),主要包括:地面风速空间分布特征、各测站风速的月际变化特征、极端瞬时风速的空间分布特征、极端瞬时风速的月际变化特征、瞬时风速历史极值以及海面风的季节变化特征。结果表明:(1)台湾地区的地面风速主要有5个大值区,由大到小分别为东南兰屿、东北部彭佳屿、台岛中部玉山附近、台岛西北沿岸和西部澎湖附近。(2)台湾地区冬秋两季的地面风速大于春夏两季的地面风速。(3)台湾地区的极端瞬时风速主要有8个大值区,由大到小分别为东南兰屿、东北部彭佳屿、台岛东部沿海地区、台岛中部玉山附近、台岛西北沿岸、东部花莲附近、西南高雄附近、西部东吉屿。(4)6—11月,台湾地区的极端瞬时风速变化较大,且极端瞬时风速明显大于12月—次年4月,而12月—次年4月,台湾地区的极端瞬时风速值特别平稳。(5)1月和10月澎湖附近海域主要以北-东北风为主,4月开始风向转换,7月风向较为散乱;1月、10月风速较大,7月风速较小,4月为其中过渡季节。

关键词:台湾;风候;时空特征;平均风速;极端瞬时风速;海面风

引言

台湾是中国领土神圣且不可分割的一部分,总面积3.6万 km²,由台湾岛和周围附属岛屿及澎湖列岛等80多个岛屿所组成。台湾岛是中国第一大岛,而且海洋资源丰富,森林面积广阔,粮食蔬果充足,是名副其实的宝岛。台湾还是海上重要的交通枢纽和咽喉要道。但该地区及附近海域复杂的风场特征对船舶航行、飞行活动、海洋资源利用等有着重要影响。尤其是有各种天气系统引起的地面极端瞬时大风和风浪往往给人类的生产生活、海洋建设等带来很大威胁。一方面,大风会增加船舶航行阻力、降低船舶航速,对船舶的稳性和航行安全带来极大的威胁。另一方面,阵风会严重破坏飞行器的受力平衡、影响灵敏设备

———————————

① 作者简介:孙博第,男,本科在读,"海上丝路"资源与环境研究团队"硕博化开展本科教育"重点培养对象。孙博第和韩玉康同等贡献,为共同第一作者。

* 通信作者:郑崇伟,邮箱 chinaoceanzcw@ sina. cn。

的正常使用,对飞行器驾驶人员带来极大的操控挑战和安全隐患。因此,深入分析台湾地区自然风候的时空分布特征,是保证航行与飞行安全、资源开发的刚性需求。

前人在台湾地区的风候(风的气候态)特征方面做了很多的研究。李骁隼[1]利用地学统计方法——Kriging 方法,根据风速的时间和空间分布的经验模型关系将 ERS-1/2 风场的原始资料进行处理分析,并将得到的结果和 ERS 原始数据的反演数据和 ECMWF 提供的平均风场数据分别进行研究分析,发现台湾海峡及周边海域夏季盛行西南风,冬季盛行东北风,秋季和春季风向以东北风为主。蔡榕硕等[2]研制了一个包括水平及垂直扩散、牛顿冷却的二维 46 层非弹性运动方程组的台湾海峡海陆风数值模式,并模拟研究了台湾海峡两岸海陆风的特征,发现在冬季的 11:00 时和 16:00 时,以及夏季的 09:00 时和 18:00 时,分别是冬季和夏季海峡两岸上下午海陆风的转换期。郑礼新等[3]利用 1961—2005 年分布在台湾海峡西部沿岸的 4 个气象站的地面风观测资料,计算发现台湾海峡西部沿岸春季和夏季平均风速明显小于秋季和冬季的平均风速。郭民权等[4]用分布在台湾海峡的 5 个浮标冬季的实测数据与 MM5 风场的预报数据进行对比分析,发现台湾海峡西岸的风速远大于海峡东岸。台湾岛北侧的基隆到桃园一带与台湾岛南部的高雄、台南外海是两个明显的风速低值区域。郑崇伟等[5]曾将 T639 预报风场解释应用于台湾周边海域。郑崇伟等[6]利用来自 ECMWF、1979—2014 年、逐 6 h 的海表风场与阵风资料,分析了"海上丝路"海域的风候特征。

前人在台湾地区的风候特征分析方面做了大量积累和贡献,但整体来看,在平均风速方面的研究丰富,对于极端瞬时风速时空特征和月际变化的研究极度稀缺,难以为防灾减灾、资源开发等提供全方位的科技支撑。本文将系统分析台湾地区的风候特征,覆盖风速的时空特征、月际变化规律、极端瞬时风速时空特征、月际变化规律以及海面风场变化规律,以期为台湾地区的航行安全和资源开发提供可靠依据。

1 数据与方法

本文主要使用了马祖、金门、澎湖、东吉屿、彭佳屿、兰屿 6 个台湾"离外岛"气象观测站,以及台湾岛鞍部、竹子湖、淡水、台北、新竹、梧栖、台中、日月潭、阿里山、嘉义、玉山、台南、高雄、恒春、大武、台东、成功、花莲、苏澳、宜兰、基隆 21 个气象观测站,共 27 个气象观测站的气象观测要素,受观测资料实际情况限制,各要素、岛屿资料的种类、观测时段不尽相同);极端瞬时风速的资料时段为各测站建立后有观测记录以来至 2016 年;海面风研究选取了澎湖附近海域的浮标观测资料,时间为 2015 至 2019 年。

利用来自台湾地区 27 个气象站的地面风观测数据,采用气候统计分析方法,详查台湾地区地面风速空间分布特征、各测站风速的月际变化特征、极端瞬时风速的空间分布特征、极端瞬时风速的月际变化特征、瞬时风速历史极值;利用浮标观测资料分析澎湖附近海面风的季节变化特征。

2 风候特征分析

2.1 地面风速的时空特征

分析近 10 年来台湾地区 1,4,7,10 月地面风速空间分布特征。可以看出,1 月,风速大值区主要分布在台湾岛西部澎湖列岛、西北沿岸、东北部彭佳屿、东南兰屿附近以及台岛中部玉山地区,平均风速最大值区在东吉屿附近,最大平均风速为 11.0 m/s;4 月,风速大值区主要分布在东北部彭佳屿、东南兰屿附近和台岛中部玉山地区,平均风速最大值区在兰屿附近,最大平均风速为 7.5 m/s;7 月,风速大值区主要分布在东北部彭佳屿、东南兰屿附近和台岛中部玉山地区,平均风速最大值区在兰屿附近,最大平均风速为 8.4 m/s;10 月,风速大值区主要分布在台湾岛西部澎湖列岛、西北沿岸、东北部彭佳屿、东南兰屿附近以及台岛中部玉山地区,平均风速最大值区在东吉屿附近,最大平均风速为 7.5 m/s。

2.2 地面风速的月际变化特征

图 1 为选取的台湾地区东、南、西、北方位的四个典型代表地区地面风速的月际变化特征。可以看出,台岛东部地面风速的月际变化并不明显,最大平均风速出现在 12 月,为 2.8 m/s,最小平均风速出现在 5 月,为 2.2 m/s,最大平均风速与最小平均风速差值仅为 0.6 m/s;台岛南部 1~12 月地面风速风值变化趋势为先降低后升高,最大平均风速出现在 11 月,为 4.9 m/s,最小平均风速出现在 8 月,为 2.4 m/s,最大平均风速与最小平均风速差值为 2.5 m/s;台岛西部地面风速的月际变化较明显,主要表现为春、夏两季地面风速较小,秋、冬两季地面风速较大,最大平均风速出现在 12 月,为 11.4 m/s,最小平均风速出现在 8 月,为 4.9 m/s,最大平均风速与最小平均风速差值高达 6.5 m/s;台岛北部地面风速的月际变化较小,秋、冬两季地面风速略大于春、夏两季,且最大平均风速出现在 11,12 月,为 2.4 m/s,最小平均风速出现在 6 月,为 1.8 m/s,最大平均风速与最小平均风速差值仅为 0.6 m/s 。

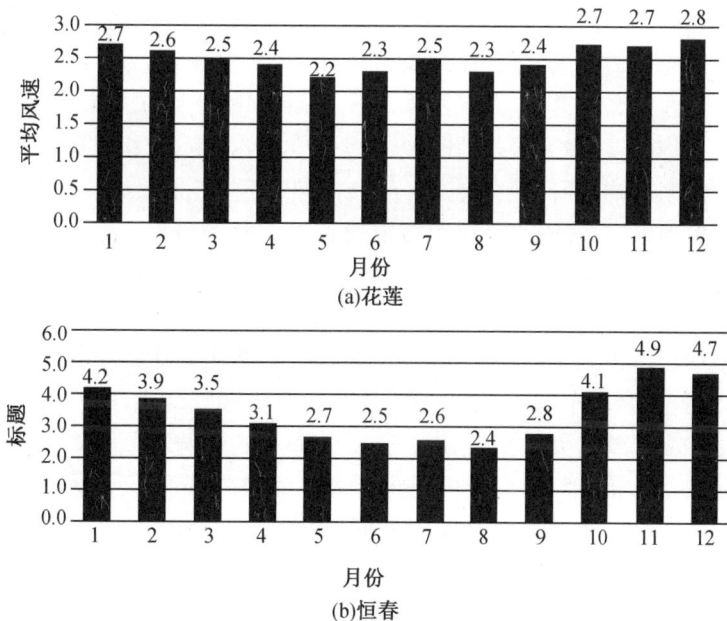

(a)花莲

(b)恒春

图1 部分站点风速的月际变化特征

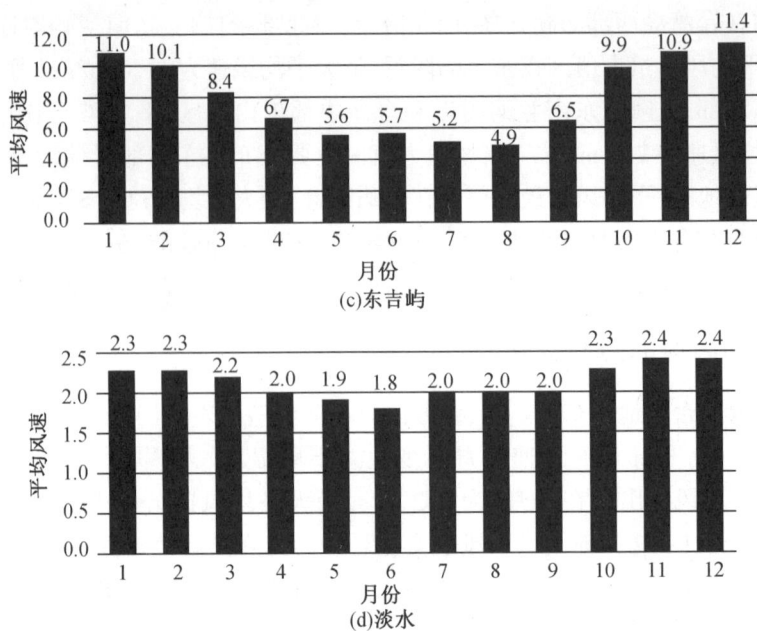

(c)东吉屿

(d)淡水

图1(续)

2.3 极端瞬时风速的时空分布特征

分析近10年来台湾地区1,4,7,10月地面极端瞬时风速空间分布特征。可以看出,1月,极端瞬时风速大值区主要分布在台湾岛西北沿岸地区、中部玉山地区和东南兰屿附近,极端瞬时风速最大值区在兰屿附近,最大极端瞬时风速为48.0 m/s;4月,极端瞬时风速大值区主要分布在台湾岛西北沿岸地区、西部东吉屿、中部玉山地区和东南兰屿附近,极端瞬时风速最大值区在兰屿附近,最大极端瞬时风速为48.9 m/s;7月,极端瞬时风速大值区主要分布在台湾岛西南高雄地区、东部沿岸地区、东北部彭佳屿和东南兰屿附近,极端瞬时风速最大值区在兰屿附近,最大极端瞬时风速为89.8 m/s;10月,极端瞬时风速大值区主要分布在台湾岛西部东吉屿、西南高雄地区、东部花莲地区、东北部彭佳屿和东南兰屿附近,极端瞬时风速最大值区在兰屿附近,最大极端瞬时风速为72.7 m/s。

2.4 极端瞬时风速的月际变化特征

图2为选取的台湾地区东、南、西、北方位的四个典型代表地区多年来地面风速的月际变化特征。可以看出,台岛东部12月—翌年4月地面极端瞬时风速的月际变化并不明显,5—11月地面极端瞬时风速大致呈现出先升高后降低的趋势,最大极端瞬时风速出现在8月,为78.4 m/s,最小极端瞬时风速出现在1月,为22.1 m/s;台岛南部12—5月地面极端瞬时风速的月际变化并不明显,6—11月地面极端瞬时风速变化明显,最大极端瞬时风速出现在9月,为52.2 m/s,最小极端瞬时风速出现在4月,为29.3 m/s;台岛西部6月和8月的地面极端瞬时风速较前一个月的地面极端瞬时风速变化较大,其中6月极端瞬时风速为54.8 m/s,比5月的极端瞬时风速增大一倍,8月极端瞬时风速为68.0 m/s,比7月的极端瞬时风速增大一倍。其余月份变化平稳;台岛北部12月—翌年5月地面极端瞬时风速的月际变化并不明显,6—11月地面极端瞬时风速大致呈现出先升高后降低的趋势,最大极

端瞬时风速出现在 9 月,为 54.5 m/s,最小极端瞬时风速出现在 1 月 ,为 23.7 m/s。

2.5 海面风的季节变化特征

图 3 为澎湖附近海域 1,4,7,10 月海面风场特征。从风向变化看,1 月和 10 月台湾海峡中受东北季风影响,主要以北-东北风为主,可以占到 65%以上,其次是北风或者东北风,4 月开始风向转换,由东北转向西南,7 月受西南季风影响,以南风或者南-西南风为主,频率在 20%左右,风向较其他月份较为散乱。

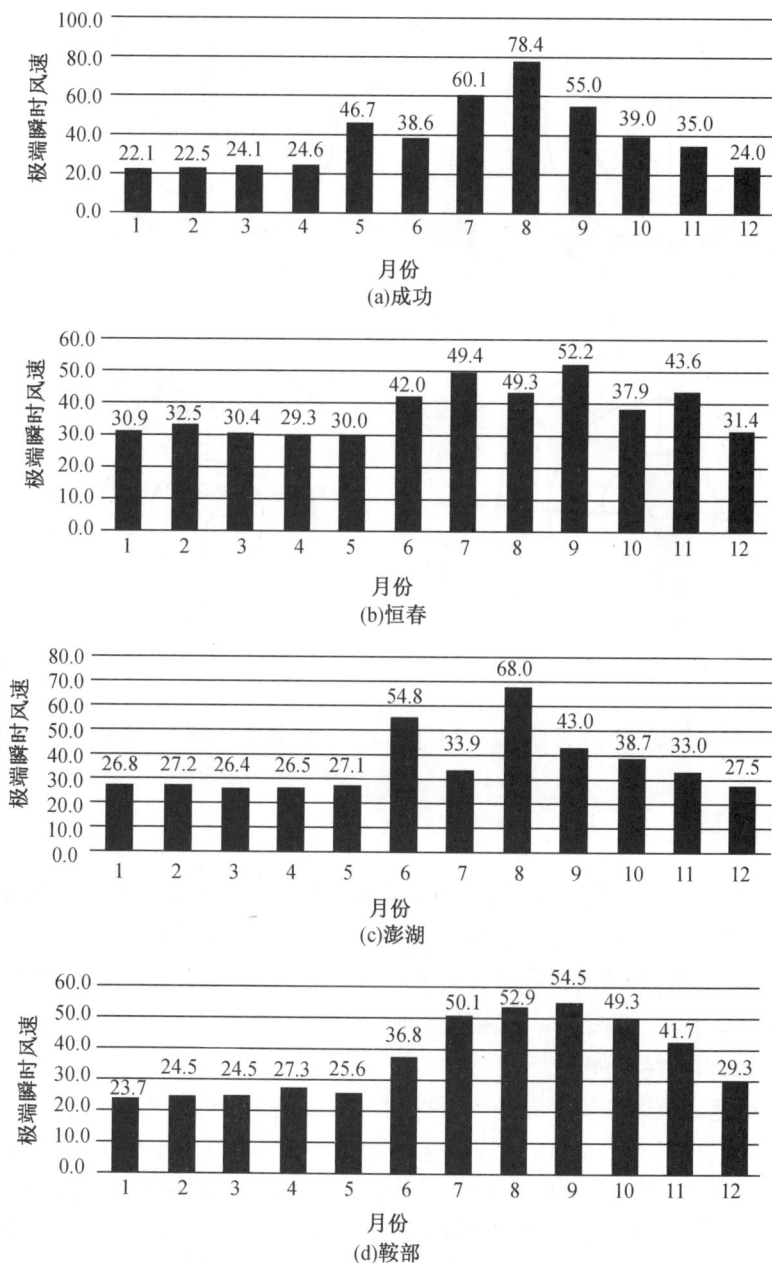

(a)成功

(b)恒春

(c)澎湖

(d)鞍部

图 2 部分站点极端瞬时风速的月际变化特征

从风速变化来看,1月、10月风速较大,7月风速较小。1月,平均风速10.5 m/s,6级以上大风频率占54%以上,3级以下小风频率10%;4月,风速明显减小,平均风速5.6 m/s,6级以上大风频率10左右,以2至4级风为主;7月,风速进一步减小,平均风速不到4 m/s,以2至3级风为主,6级以上大风频率仅占3%,分析其主要影响因素为台风导致;10月,强冷空气开始影响,风速开始迅速增大,平均风速达到10.2 m/s,6级以上大风频率达到54%。

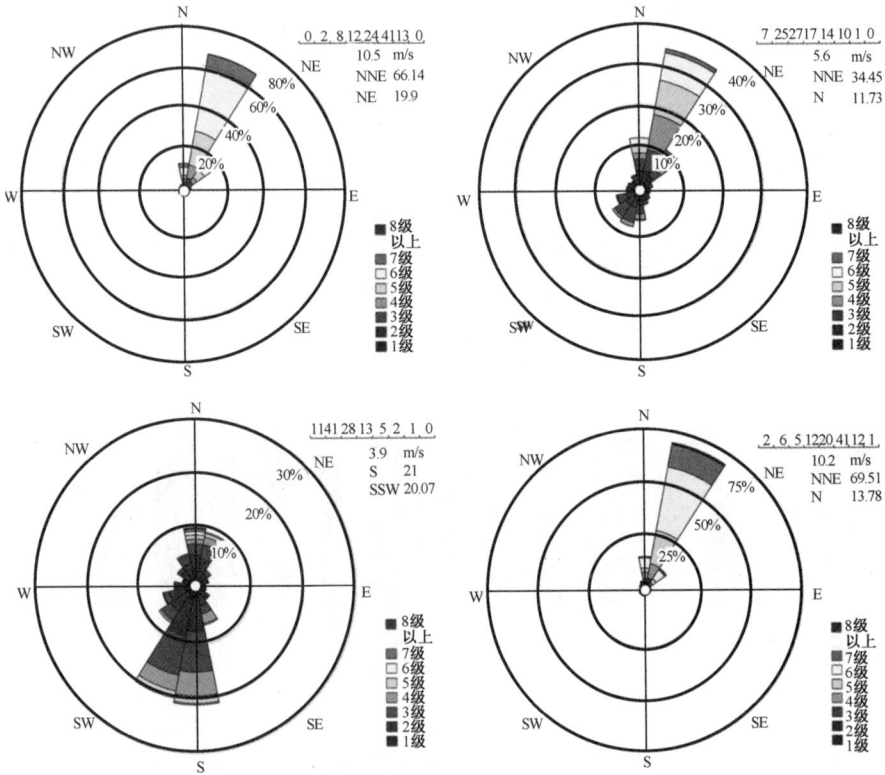

图3 澎湖附近海域1月(左上)、4月(右上)、7月(左下)、10月(右下)海面风场

3 结论与展望

利用来自台湾地区27个气象站的地面风观测数据(受观测资料实际情况限制,各要素、岛屿资料的种类、观测时段不尽相同),极端瞬时风速的资料时段为各测站建立后有观测记录以来至2016年,采用气候统计分析方法,详查台湾地区地面风速空间分布特征、各测站风速的月际变化特征、极端瞬时风速的空间分布特征、极端瞬时风速的月际变化特征、瞬时风速历史极值,得出结论如下:

(1)1月,风速大值区主要分布在台湾岛西部澎湖列岛、西北沿岸、东北部彭佳屿、东南兰屿附近以及台岛中部玉山地区,平均风速最大值区在东吉屿附近;4月,风速大值区主要分布在东北部彭佳屿、东南兰屿附近和台岛中部玉山地区,平均风速最大值区在兰屿附近;7月,风速大值区主要分布在东北部彭佳屿、东南兰屿附近和台岛中部玉山地区,平均风速最大值区在兰屿附近;10月,风速大值区主要分布在台湾岛西部澎湖列岛、西北沿岸、东北部彭佳屿、东南兰屿附近以及台岛中部玉山地区,平均风速最大值区在东吉屿附近。

（2）台岛东部地面风速的月际变化并不明显,最大平均风速出现在12月,最小平均风速出现在5月,最大平均风速与最小平均风速差值仅为0.6 m/s;台岛南部1—12月地面风速风值变化整体趋势为先降低后升高;台岛西部地面风速的月际变化较明显,主要表现为春、夏两季地面风速较小,秋、冬两季地面风速较大,最大平均风速出现在12月,为11.4 m/s,最小平均风速出现在8月,为4.9 m/s,最大平均风速与最小平均风速差值高达6.5 m/s;台岛北部地面风速的月际变化较小,秋、冬两季地面风速略大于春、夏两季。台湾地区整体呈现出秋、冬两季地面风速大于春、夏两季地面风速的规律,但夏、秋季极端瞬时风速要大于春、冬两季,主要与台风过境有关,与台湾地区台风的季节规律变化特征相符。

（3）1月,极端瞬时风速大值区主要分布在台湾岛西北沿岸地区、中部玉山地区和东南兰屿附近,极端瞬时风速最大值区在兰屿附近,最大极端瞬时风速为48.0 m/s;4月,极端瞬时风速大值区主要分布在台湾岛西北沿岸地区、西部东吉屿、中部玉山地区和东南兰屿附近,极端瞬时风速最大值区在兰屿附近,最大极端瞬时风速为48.9 m/s;7月,极端瞬时风速大值区主要分布在台湾岛西南高雄地区、东部沿岸地区、东北部彭佳屿和东南兰屿附近,极端瞬时风速最大值区在兰屿附近,最大极端瞬时风速为89.8 m/s;10月,极端瞬时风速大值区主要分布在台湾岛西部东吉屿、西南高雄地区、东部花莲地区、东北部彭佳屿和东南兰屿附近,极端瞬时风速最大值区在兰屿附近,最大极端瞬时风速为72.7 m/s。

（4）台岛东部12—4月地面极端瞬时风速的月际变化并不明显,5—11月地面极端瞬时风速大致呈现出先升高后降低的趋势,最大极端瞬时风速出现在8月,为78.4 m/s,最小极端瞬时风速出现在1月,为22.1 m/s;台岛南部12—翌年5月地面极端瞬时风速的月际变化并不明显,6—11月地面极端瞬时风速变化明显,最大极端瞬时风速出现在9月,为52.2 m/s,最小极端瞬时风速出现在4月,为29.3 m/s;台岛西部6月和8月的地面极端瞬时风速较前一个月的地面极端瞬时风速变化较大,其中6月极端瞬时风速为54.8 m/s,比5月的极端瞬时风速增大一倍,8月极端瞬时风速为68.0 m/s,比7月的极端瞬时风速增大一倍。其余月份变化平稳;台岛北部12—翌年5月地面极端瞬时风速的月际变化并不明显,6—11月地面极端瞬时风速大致呈现出先升高后降低的趋势,最大极端瞬时风速出现在9月,为54.5 m/s,最小极端瞬时风速出现在1月,为23.7 m/s。

（5）1月和10月台湾海峡中主要以北-东北风为主,可以占到65%以上,4月开始风向转换,由东北转向西南,7月受西南季风影响,以南风或者南-西南风为主,风向较为散乱。1月、10月风速较大,平均风速10 m/s以上,6级以上大风频率占50%以上,7月风速较小,平均风速不到4 m/s,以2至3级风为主,6级以上大风频率仅占3%,4月为其中过渡季节。

大吨位船舶航行时,一般风浪对其航行安全影响并不大,但应格外警惕因极端天气系统,例如台风所引起的极端瞬时大风的影响。所以大吨位船舶在6—11月经台湾附近海域航行时,应尽可能选择避免穿越极端瞬时大风高发的区域。而小吨位船舶和飞行器则受风的影响较大,推荐选择平均风速较小的月份出航,但同样应避免接近极端瞬时大风高发的区域。关于台湾地区极端瞬时风速与台湾地区的地面平均风速的时间变化特征不符的情况,推测可能是与台风等极端天气系统有关,未来有必要对台湾地区的过境台风进行统计分析,验证猜测的准确性,同时更好地为该地区的航行安全和资源开发提供可靠的科学依据和安全保障。

参考文献

[1] 李晓隼.一种卫星散射计资料的客观分析方法及台湾海峡周边海域海面风场季节特性研究[D].厦门:国家海洋局第三海洋研究所,2001.

[2] 蔡榕硕,严邦良,黄荣辉.台湾海峡海陆风数值模式与数值模拟试验[J].大气科学,2003(1):86-96.

[3] 郑礼新,张少丽,陈德花,等.台湾海峡西岸地面风气候变化分析[J].台湾海峡,2009,28(4):569-576.

[4] 郭民权,邢建勇.台湾海峡冬季海面风场数值预报的验证与分析[J].海洋预报,2013,30(3):32-39.

[5] 郑崇伟,高占胜,芮震峰,等.T639预报风场在台湾周边海域的解释应用[J].解放军理工大学学报(自然科学版),2015,16(1):80-88.

[6] 郑崇伟,李训强,高占胜,等.经略21世纪海上丝路之海洋环境特征:风候统计分析[J].海洋开发与管理,2015,32(8):4-11.

台湾气候特征:降雨

汪子睿[1]①　韩玉康[2]　郑崇伟[1]*

(1. 海军大连舰艇学院,辽宁大连,116041;2. 31016 部队,北京,100081)

摘要: 台湾地区资源丰富,是西太平洋海域的交通枢纽。降水与防灾减灾、建设生产以及军事行动有着密不可分的关系。本文利用 27 个气象测站的降水观测数据,分析了台湾地区降水量和降水日数的时空分布特征以及极值雨量。结果表明:(1)台湾地区春夏两季的主要降雨集中于阿里山区,降水丰富,秋季中央山脉东侧降水丰沛,西侧降水较少,大部分测站降水量呈单峰型月际变化(随月份变化趋势为先升后降)。(2)台岛东北地区降水日数多,秋季出现以中央山脉为界,东侧降水日数较多西侧较少的规律;夏季降水日数整体较多,峰值出现在中部山区,西、南、中部测站降水日数随月份变化趋势为先升后降,北部为先降后升。(3)从成因来看,造成短时强降雨的天气系统主要为台风,占一半以上,其次是梅雨锋、锋面系统、低压等天气系统;从月分布来看,短时强降雨多出现在 7~9 月,共占 60% 以上,以8 月最多(为 23%),12 月~翌年 2 月均未出现。(4)台风产生强降雨受海陆地形影响很大,地区分布比较明显,降雨量大值多出现在台湾岛北部和中部山区,一次台风过程的降雨量最大可达 3 000 mm 以上,其次是台湾岛东部地区,台湾岛西部和台湾海峡中受地形阻挡,降雨量最少。

关键词: 台湾;降水量;降水日数;时空特征;极端降雨

引言

台湾自古属于中国的客观事实不容置疑。台湾是西太平洋海域的海上交通枢纽,台湾海峡是我国海上交通的咽喉要道。台湾位于亚洲与太平洋的结合部,位于全球最长的岛链的中端,周边环绕着宫古海峡、巴士海峡、台湾海峡等国际海运要道。台湾岛南北全长约 400 km,东西最宽处约 150 km,中央山脉以近乎南北走向贯穿全岛,河流由中央山脉发源,大多高低落差明显,路短流湍,全岛最长河流浊水溪仅有 186 km 长;并且台湾位于西太平洋地震带上,构造运动强烈,山区岩层破碎,风化作用强烈;加之气候温暖潮湿,年均降雨量丰沛但时空分布不均,一旦发生高强度集中降雨,极易发生一连串的自然灾害,从而冲毁建筑设施,毁坏农田,影响生产建设,对居民生活带来极大困难。另外,强降水会使能见度变差从而对飞机和舰船航行带来影响,也会破坏飞机的气动外形,对航运影响巨大。

① 作者简介:汪子睿,男,本科在读,"海上丝路"资源与环境研究团队"硕博化开展本科教育"重点培养对象。汪子睿和韩玉康同等贡献,为共同第一作者。

* 通信作者:郑崇伟,邮箱 chinaoceanzcw@ sina. cn。

前人在台湾地区降水特征研究方面做了很大贡献。《西北水电》编辑部[1]对来自台湾各气象站的降雨量数据及河流流量进行分析,总结出台湾降雨在时空上分布不均,降雨集中于5~10月的雨季,山区降雨多,且台岛西部地区河床宽浅,在暴雨时易于泛滥。谢皎如等[2]利用《台湾气候》资料总结台湾山地的雨影效应,即年降雨量等值线与山脉走向一致,降雨量随山地海拔高度的增加而明显增多,背风坡降水量明显少于迎风坡,当东北季风盛行时,东北部雨量大;在西南季风期间,南部雨量大。汪中和[3]对台湾本岛21个气象站的数据进行整理分析,发现沿着新竹和花莲之间形成一条隐形的干湿分割水文线,其北侧降雨量逐渐增多,南侧降雨量逐渐减少,丰雨期洪涝灾害发生可能性增大。李锦育等[4]运用灰关联分析气象站相关数据得到各降水特征因子的影响程度,发现对于年降雨量,秋冬季节高程为主要影响因素,春夏季节风速为主要影响因素,对于日最大降水量,风速和蒸发量为主要影响因素。周仲岛[5]利用东亚地区中尺度集合预报系统等试验数据,对近30年台湾非台风暴雨研究进行分析,发现在深夜及清晨,西南风受台岛地形影响产生陆风或下坡风,降雨主要发生在海上,白天则变成向岸或上坡风,降水发生在陆地;沿海地区降雨的产生在盛行西南风风速大时,地形抬升为主要因素,风速较小时,海陆温差为主要因素。韩玉康等[6]运用2010—2018年的日降水量要素分析得到台湾地区降水时空分布,即1月受东北季风影响,降水量呈现由东北向西南逐渐递减,7月受西南季风及台风影响,降雨总体丰沛,中部山区最多,北部地区最少。林佩云[7]分析西南季风活动与台湾梅雨活动,寻求其相互关系。分析发现西南季风给梅雨锋带来了充足的水汽,梅雨锋同时也驱动西南季风产生环流,在梅雨锋南部1~3 km处常出现风速约为西南季风风速最大值的强低空急流。张伯宇[8]对台湾东部地区测候站的台风降水记录数据进行趋势变化及阶段变化分析,表明台湾东部地区近50年来台风期间时雨量在0~50 mm的暴雨量呈上升趋势,2000年后,极端强降雨台风发生频率高于以前。周本等[9]利用AMSU微波观测仪器提供的参数反演"莫拉克"台风引起的降雨事件,结果发现海南低压并入"莫拉克"低压产生的西南气流,使得西南气流中可降水量十分丰沛,遇到台湾山地阻挡抬升,在台湾引起大量降水。张静影等[10]利用交叉小波和小波相干方法对2015—2017年台湾地区台风数据进行处理,得到台风期间PWV与降雨量的相关关系。分析发现台风期间PWV波动强烈,降水量越大,PWV波动越大,并且PWV的变化超前于降水量变化0至3小时。胡朝飞[11]利用GNSS信号穿过大气时产生的误差和延迟获得PWV的时间空间分布特征及趋势,研究发现台湾各地区PWV有明显的年周期变化,冬季东北季风引起PWV波动,春季西南季风形成,夏季全域受西南季风和台风影响,PWV波动幅度大,秋季PWV波动由西南季风和东北季风交替引起,海拔越高,PWV越小。

以往的研究在对台湾地区降水特征的研究上只局限于某一片区域或忽略了离岛地区,在时间尺度上,极少分析对比台湾不同地区的降水分布及月际变化特征,更多的是针对某一地区或某一天气系统进行研究。本文分析台湾地区降水特征量的分布、月际变化规律以及极端降雨特征,以期为建设"海洋命运共同体"提供参考。

1　数据与方法

本文利用来自台湾地区27个气象站的降水观测数据(其经纬度和建立时间见表1),采用气候统计分析方法,系统详查台湾地区降水量、降水日数的时空分布特征,以及一系列测站的降水量、降水日数的月际变化规律,具体包括:运用Grads软件对台湾地区27个气象站数据资料,绘制降水量、降水日数两个特征量的变化图集;并利用 Excel 软件将录入的气象数据制成各站点各特征量随月份变化的柱状图以分析各特征量的时空分布特征及变化趋势。通过图表特征分析,本文重点对 5 个"离外岛"及岛内各个方位上 8 个气象观测站的 3 个特征量随月份变化的图表进行分析研究。降雨量、降雨日数特征量的资料时段为 1981—2010 年,共 30 年(其中马祖、金门两个气象站建站时间较晚,其资料时段为 2005—2018 年,共 14 年)。数据插值方法采用气象研究中常用的克里斯曼插值法。

同时,利用极端日降雨量、极端小时降雨量和台风影响期间的降雨量等资料,分析了极端小时降雨量的影响天气系统、极端小时降雨量的月分布以及台风影响下的极端降雨特征。资料时段为各气象观测站建站后有观测记录以来至 2016 年。

表1 27 个气象观测站经纬度和建立时间

测站	马祖	金门	澎湖	东吉屿	彭佳屿	兰屿	鞍部	竹子湖	淡水
经度/(°)	119.92	118.28	119.55	119.67	122.07	121.55	121.52	121.53	121.43
纬度/(°)	26.17	24.40	23.57	23.27	25.63	22.03	25.18	25.17	25.17
建立时间/年	2004	2004	1896	1962	1910	1941	1937	1937	1942
测站	台北	新竹	梧栖	台中	日月潭	阿里山	嘉义	玉山	台南
经度/(°)	121.50	121.00	120.52	120.68	120.90	120.80	120.42	120.95	120.20
纬度/(°)	25.03	24.82	24.27	24.15	23.88	23.52	23.50	23.48	23.00
建立时间/年	1896	1991	1976	1896	1940	1933	1968	1943	1897
测站	高雄	恒春	大武	台东	成功	花莲	苏澳	宜兰	基隆
经度/(°)	120.30	120.73	120.90	121.15	121.37	121.60	121.87	121.75	121.73
纬度/(°)	22.57	22.00	22.35	22.75	23.10	23.98	24.60	24.77	25.13
建立时间/年	1931	1896	1939	1901	1940	1910	1981	1935	1946

2 降水量特征分析

2.1 降水量的时空分布特征

下文利用相关图文资料分析了台湾地区 1,4,7,10 月降水量的时空分布情况:

1 月,岛内降水主要集中在东北地区,尤其是在基隆和苏澳地区,月降水量超过 200 mm,等降水线密集,降水量地区差异巨大;而西南地区降水最少,月降水量低于 20 mm;总体而言,台湾岛内降雨量呈现从东北至西南梯次降低,南北降水量差异大,越靠近东北地区,等降水线越密集。对于离岛地区,总体变化趋势与岛内一致,兰屿降水丰沛,澎湖列岛降水稀少。

4 月,岛内降水集中于阿里山、玉山地区与基隆地区两个区域;总体来看,降水从阿里山区向四周辐散式梯次降低,至基隆地区有升高,阿里山、玉山东部、南部等降水线较为密集,降水量地区差异较大。对于离岛地区,澎湖列岛降水量在 50~100 mm,其余地区均在 140 mm 左右。

7月,岛内降水集中在阿里山地区,降水量可达 600 mm,降水量向四周梯次降低,台北、桃园地区有小幅度上升,约在 200 mm 以上,山地地区等降水线密集,降水向北方减少较快,南部地区降水量大于北部;总体上降水丰富,区域差异大。离岛地区金门、马祖及彭佳屿降水量在 100~150 mm,澎湖列岛降水量在 150~200 mm,兰屿降水最为丰富。

10月,岛内降水集中于苏澳地区,降水量可达 700 mm 以上,梧栖、台中地区降水稀少,降水量仅有 20 mm 左右。总体来看,降水量地区差异极大,从东到西降水量按梯次急剧减少,等降水线沿着山脉走向大致平行,中央山脉等降水线十分密集。离岛地区,台岛西侧离岛降水稀少,东北部彭佳屿降水量达到 100 mm 以上,兰屿降水丰沛,保持在 300 mm 以上。

从全年角度来看,各个季节的地区降水量差异大,空间分布特征明显。冬季降雨集中于东北地区,向西南地区逐渐减少;春季阿里山区降雨较多,降水量向四周辐散式降低;夏季整体降水丰富,中南部地区降雨量比北部地区大,降水从阿里山区向四周减少;秋季降水量地区差异极大,降雨集中于东北部,由东向西降雨量迅速降低。

2.2 降水量的月际变化特征

在此选取了台湾岛周边不同方位具有代表性的测站,分析降水量的月际变化特征。

其中马祖、金门测站代表靠近大陆的岛屿;澎湖测站代表台岛西侧即台湾海峡中的岛屿;彭佳屿测站代表台岛东北侧的岛屿,兰屿测站代表台岛东南侧的岛屿。台北、基隆测站代表台岛东北部地区;梧栖测站代表台岛西部地区;阿里山测站代表中部山区;高雄测站代表台岛西南部平原;恒春测站代表台岛南端;成功、苏澳测站代表台岛东海岸。下面进行分析:

马祖、金门为靠近大陆的岛屿。图1为马祖和金门测站降水量的月际变化特征。马祖地区降水集中于 5~6 月,峰值为 6 月 178.3 mm,10 月、12 月和 1 月降水量较低,谷值为 10 月 43.2 mm;整体呈现先升后降的趋势,上升平缓,下降有明显波动,全年降水量不高,有较为明显的干湿季划分。金门降水集中于 5~8 月,峰值为 5 月 181.6 mm,10 月至次年 2 月降水较少,谷值为 10 月 28.6 mm;整体呈现先升后降的趋势,干湿季区分明显,总体雨量不大。

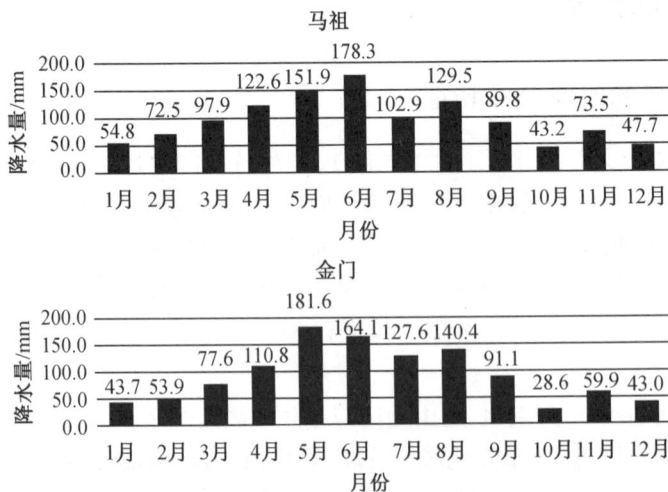

图1 马祖、金门测站降水量的月际变化特征

图 2 为台岛西侧岛屿上澎湖测站降水量的月际变化特征。可以看出,降水集中于 6~8 月,峰值为 8 月 181.0 mm,10 月~次年 1 月降水量低,最少为 1 月 17.5 mm;整体呈现先升后降的趋势,上升平缓,降低迅速,干湿季区分明显,各个月份差异显著。

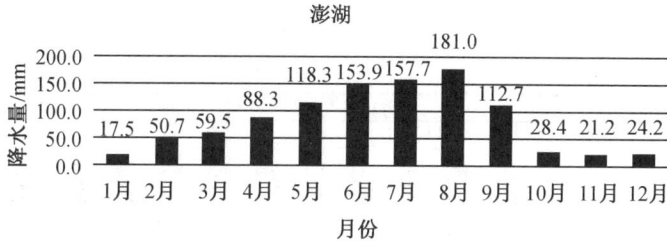

图 2 澎湖测站降水量的月际变化特征

图 3 为台岛东北部岛屿彭佳屿测站降水量的月际变化特征。如图所示,全年降水量较为平均,峰值为 9 月 236.9 mm,谷值为 1 月 122.6 mm;整体上有波动,无显著变化趋势,无干湿季划分,各个月份差异不明显,雨量较为充足。

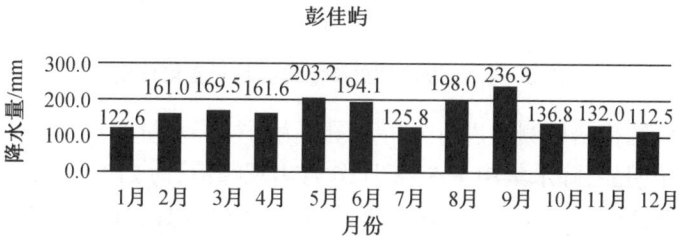

图 3 彭佳屿测站降水量的月际变化特征

图 4 为台岛东南方岛屿兰屿测站降水量的月际变化特征。兰屿全年无明显集中降水时期,降水量最大值为 9 月 384.2 mm,谷值为 4 月 149.0 mm;整体上大致呈现为先降再升后降的趋势,升降平缓,幅度不大,全年降水充足,无明显干湿季划分。

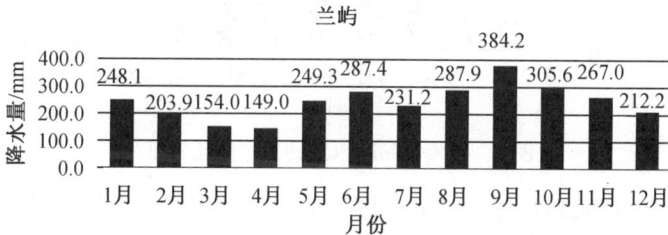

图 4 兰屿测站降水量的月际变化特征

台湾岛内北部选择台北、基隆两个较有代表性的站点。图 5 为台北与基隆测站降水量的月际变化特征。可以看出,台北降雨主要集中在 6~9 月,其中 9 月为峰值(360.5 mm),6 月、8 月次之,分别为 325.9 mm 和 322.1 mm,7 月有相较 6 月和 8 月有明显降低,11 月至次年 1 月降水量最少,12 月最低,为 73.3mm;总体上呈现先升后降的趋势,上升较为缓慢,下降幅度大。

基隆全年降水都较为丰富,9月至次年3月降水量均在300 mm以上,9月出现降水峰值,为423.5 mm,10月、11月次之,分别为400.3 mm和399.6 mm,7月、8月降水为全年最少,分别为148.4 mm和210.1 mm;虽然地理位置上与台北距离不远,但是基隆站降水量在总体上呈现先降后升的趋势,与台北相反。

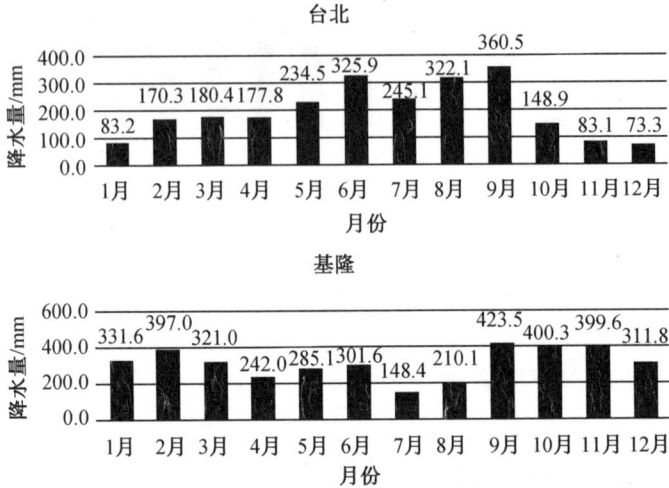

台北

基隆

图5　台北、基隆测站降水量的月际变化特征

台岛西部地区选择梧栖测站进行分析。图6为梧栖降水量的月际变化特征。梧栖全年各季节降水量差距明显,降水集中于5~8月,6月出现峰值,为219.1 mm,5月、8月次之,分别为213.7 mm和211.5 mm,10月至次年1月,降水稀少,均在50 mm以下,最小值为10月17.5 mm。总体上呈现先升后降的趋势,1~5月降水量逐月平滑升高,而9月到10月降水量断崖式降低。

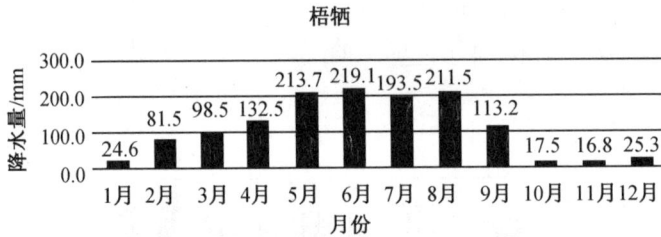

梧栖

图6　梧栖测站降水量的月际变化特征

台岛中部地区选择阿里山作为代表。图7为阿里山测站降水量的月际变化特征。阿里山一年中降水量极差巨大,降雨集中于6~8月,降水量均大于600 mm,8月降水量甚至达到809.3 mm,为一年中的峰值,6月、7月降水量次之,分别为649.6 mm和668.3 mm,5月、9月降水量也在400 mm以上;而11月至次年1月降水量在100 mm以下,11月最低,为46.3 mm。总体上阿里山降水干湿季区分明显,雨季降水十分充足,全年呈现先升后降的趋势,1~8月上升平缓,8~11月下降迅速。

台岛西南部地区选择高雄站作为代表进行分析。图8为高雄测站降水量的月际变化特征。高雄地区不同月份雨量差异巨大,降雨集中在6~8月,月降水量峰值在8月,达到了

416.7 mm,6月、7月分别为415.3 mm和390.9 mm;而10月至次年4月降雨十分稀少,均在100 mm以下,11月至次年2月甚至在20 mm及以下。全年降水量呈现先升后降的趋势,上升与下降幅度大,干湿季转换时雨量变化明显。

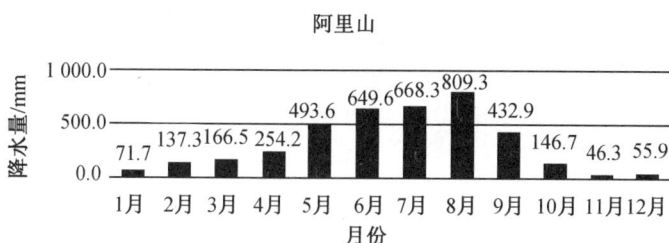

图7 阿里山测站降水量的月际变化特征

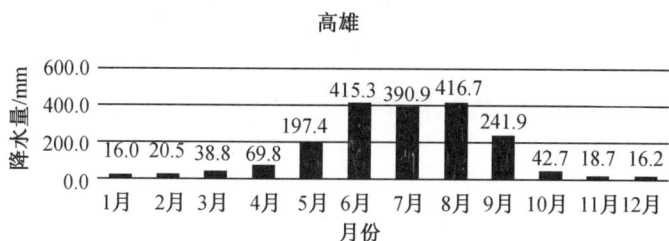

图8 高雄测站降水量的月际变化特征

图9为台岛南部地区恒春测站降水量的月际变化特征。恒春站不同月份雨量差异巨大,降雨集中在6~8月,月降水量峰值在8月,达到了460.8 mm,6月、7月分别为374.1 mm和401.8 mm;而11月至次年4月降雨稀少,均在100 mm以下,1月降水最少,为17.9 mm。全年降水量呈现先升后降的趋势,上升与下降幅度大,干湿季转换时雨量变化明显,总体特征与高雄一致。

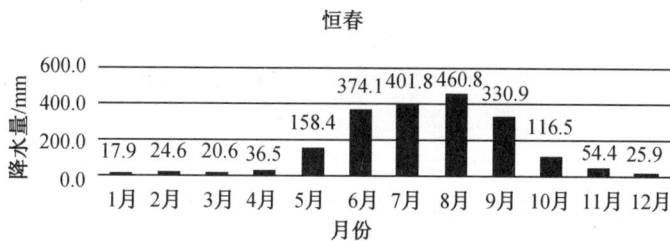

图9 恒春测站降水量的月际变化特征

台岛东部地区选择成功与苏澳两个站点数据进行分析。图10为成功和苏澳测站降水量的月际变化特征。成功降水集中于8~9月,9月为降水量峰值,为405.8 mm,8月、10月次之,分别为317.6 mm和265.6 mm,12月至次年4月降水量在100 mm以下,旱季雨量较为平均。全年降水量呈现先升后降的趋势,上升较为平滑缓慢,下降较快,月降水量极差较大。

苏澳地区全年降水丰沛,均在150 mm以上,降水集中于9~11月,10月峰值为744.8 mm,9月、10月次之,分别为535.3 mm和682.0 mm;3~7月降水对比而言较少,7月最少,为177.2 mm。与成功地区相反,苏澳全年降水呈现先降后升的趋势,雨季降水量大。

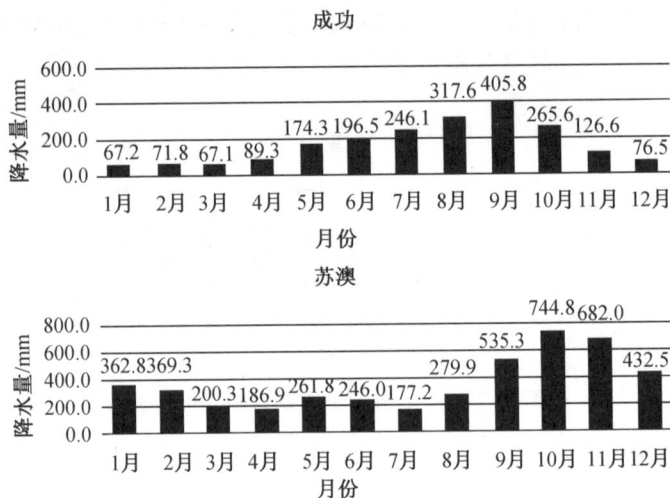

图10 成功、苏澳测站降水量的月际变化特征

3 降水日数

3.1 降水日数的时空分布特征

下文利用相关图文资料对台湾地区1,4,7,10月降水日数的时空分布情况进行分析:

1月,岛内东北地区降水日数较多,峰值为22.0 d,西南地区降水日数少,最少为高雄的3.2 d。整体降水日数从东北向西南逐渐减少,等降水日数线越靠近东北地区越密集,全岛大部分地区降水日数低于12 d。离岛地区澎湖列岛降水日数少于5 d,与大陆靠近的马祖、金门地区降水日数分别为8.4 d和6.4 d,彭佳屿和兰屿降水日数多,分别为17.1 d和22.2 d。

4月,岛内降水日数均在20 d以内,东北部降水日数较多,峰值为16.9 d,西南地区降水日数少,最少为恒春5.3 d。整体上降水日数从东北向西南逐渐减少,等降水日数线主要呈现为"S"形。离岛地区除澎湖列岛降水在10 d以下,其他地区均在12~15 d。

7月,岛内降水日数整体在9 d以上,中部山区降水日数较多,峰值为阿里山测站的20.3 d,花莲降水日数最少,为8.2 d。降水日数从中部向四周梯次减少,等降水日数线在靠近中部山区处分布密集,西南地区降水日数总体多于东北地区。离岛地区兰屿降水日数为14.2 d,其余均在9 d以内。

10月,不同地区降水日数差异巨大,东部地区,特别是苏澳、宜兰地区降水日数多,峰值为20.5 d,西部地区降水日数很少,中央山脉以西地区降水日数一般不超过6 d,最少为梧栖测站的2.2 d。降水日数从西向东减少,等降水日数线大致沿东北-西南走向,中央山脉处等降水日数线分布最为密集。对于离岛地区,西部的岛屿降水日数少,东南部的兰屿降水日数多,为19.6 d,东北部的彭佳屿降水日数为11.5 d。

全年各个季节降水日数分布特征明显,冬季与春季东北地区降水日数较多,西南地区降水日数少,冬季不同地区间降水日数差异比春季更加明显;夏季整体降水日数在9 d以上,中部地区降水日数最多,西南地区整体多于东北地区;秋季东、西部降水日差异巨大,东部地区降水日数基本在 12 d 以上,西部地区大多少于 3 d。

3.2 降水日数的月际变化特征

在此选取了台湾岛周边不同方位具有代表性的测站,测站选取与前文降水量月际变化分析一致,下面进行降水日数的月际变化特征分析。

图 11 为马祖和金门测站降水量的月际变化特征。马祖地区 2~6 月降水日数较多,7~12 月较少,波峰为 5 月 15.2 d,波谷为 7 月 6.6 d;整体来看上半年降水日数明显多于下半年,呈现先升后降的趋势,不同季节差异明显。

金门 3~6 月降水日数较多,9~12 月降水日数较少,波峰为 6 月 13.1 d,波谷为 10 月 2.2 d;整体上呈现先升后降的趋势,增多趋势平缓,减少幅度大,速度快,上半年降水日数多于下半年。

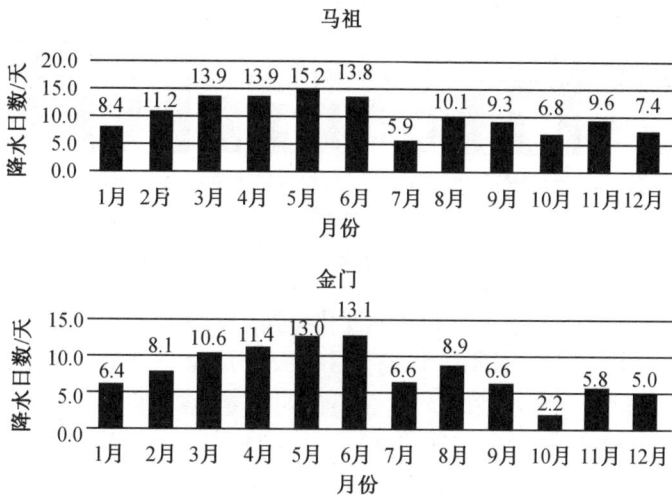

图 11 马祖、金门测站降水日数的月际变化特征

图 12 为澎湖测站降水量的月际变化特征。澎湖地区降水日数集中于 3~8 月,峰值为 6 月 10.1 d,10-12 月降水日数少,最少为 10 月 2.2 d;整体呈现先升后降的趋势,上升幅度小,降低迅速,幅度大,干湿季差异明显。

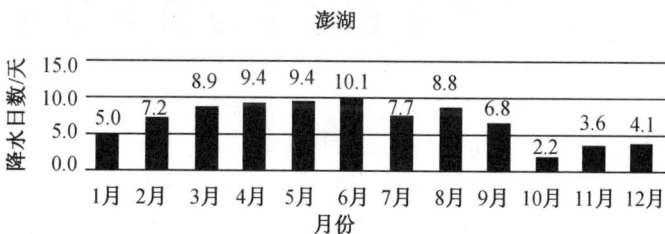

图 12 澎湖测站降水日数的月际变化特征

图 13 为彭佳屿测站降水量的月际变化特征。彭佳屿降水日数集中分布于 1~3 月,峰值为 3 月 18.5 mm,7~8 月降水日数少,最低为 7 月 6.6 d;整体趋势为先降后升,整体降水日数较多,不同月份差异明显。

彭佳屿

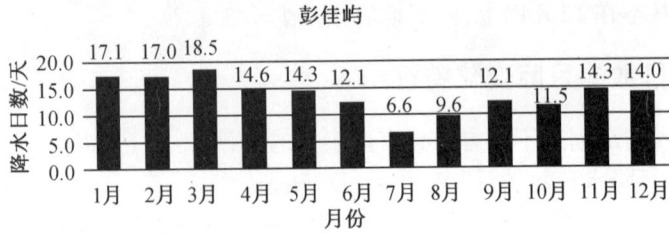

图 13 彭佳屿测站降水日数的月际变化特征

图 14 为兰屿测站降水量的月际变化特征。兰屿无明显的降水日数较多的时期,峰值为 1 月 22.2 天,谷值为 7 月 14.2 d;整体呈现先降后升的趋势,升降幅度均不大,各个月份降水日数较为一致,总体降水日数多。

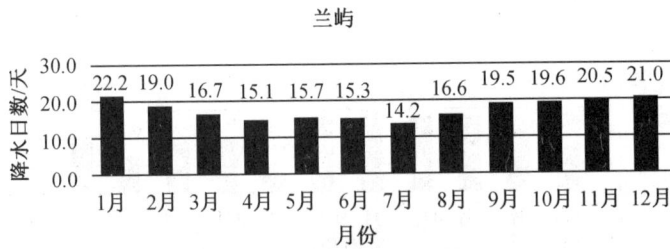

兰屿

图 14 兰屿测站降水日数的月际变化特征

图 15 为台北和基隆测站降水量的月际变化特征。如图所示,台北一年中各个月份降水日数较为平均,都在 11~16 d 区间内,峰值为 3 月及 6 月的 15.5 d,谷值为 12 月 11.7 d,7~12 月相较于 1~6 月每月降水日数略少 1~3 d;无明显变化趋势,各个月份差异很小。

基隆全年有 10 个月降水日数在 12 d 以上,7,8 月最少,分别为 8.8 d 和 10.8 d,1 月最多,为 20.3 d。全年降水日数整体变化趋势平缓,呈现先降后升的趋势,整体降水日数较多。

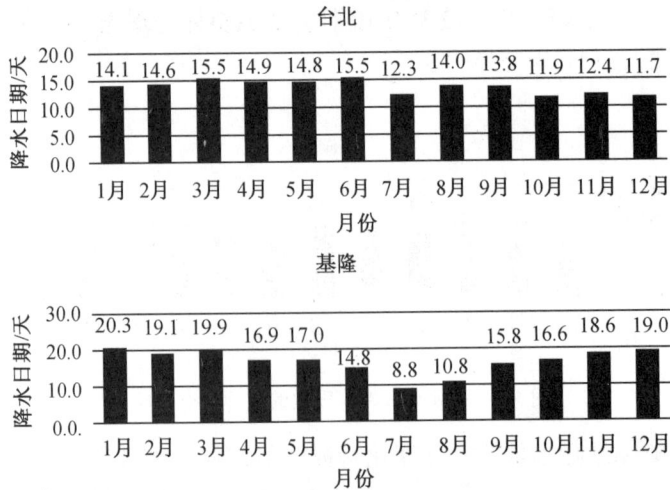

台北

基隆

图 15 台北、基隆测站降水日数的月际变化特征

图 16 为梧栖测站降水量的月际变化特征。如图所示,3~8 月降水日数较多,在 9 d 左右,峰值为 6 月 10.9 d;10 月~次年 1 月降水日数较少,谷值为 10 月 2.2 d。整体呈现先升再不变后降的趋势,上升趋势较为平滑缓慢,而降低速度快,减少幅度大;每个月降水日数不多,旱季降水日数稀少。

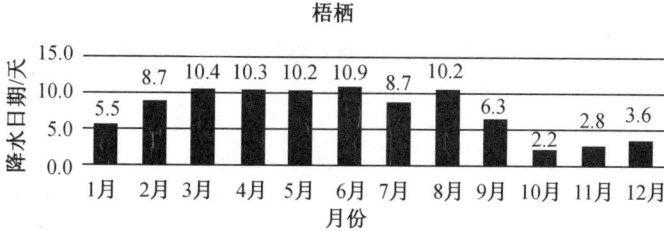

图 16　梧栖测站降水日数的月际变化特征

图 17 为阿里山测站降水量的月际变化特征。阿里山一年中 6~8 月降水日数多,在 20 d 以上,8 月 22.0 d 为峰值,11 月~次年 2 月降水日数少,谷值为 11 月 5.7 d;全年呈现先升后降的趋势,上升平缓,下降较快,干湿季降水日数差距大。

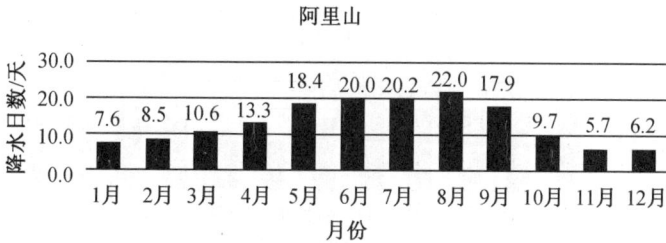

图 17　阿里山测站降水日数的月际变化特征

图 18 为高雄测站降水量的月际变化特征。可以看出,高雄地区降水日数集中于 6~8 月,峰值为 8 月 16.3 d,10 月至次年 4 月每月降水日数少于 6 d,最少为 12 月 2.3 d;全年呈现先升后降的趋势,升降幅度大,干湿季降水日数差异大。

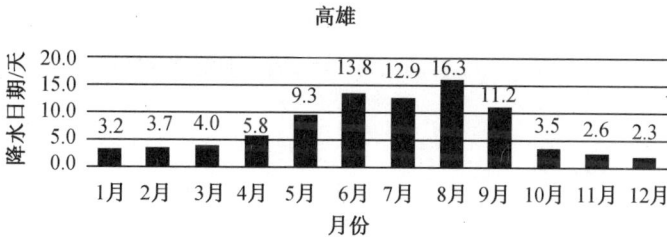

图 18　高雄测站降水日数的月际变化特征

图 19 为恒春测站降水量的月际变化特征。该地 6~9 月降水日数多,均在 15 d 以上,峰值为 8 月 17.2 d,11 月至次年 4 月降水日数少,除 1 月外其余均少于 6 d,最少为 3 月 3.9 d;全年呈现先微降再升后降的趋势,6~9 月前后升降幅度大,干湿季降水日数差异大。

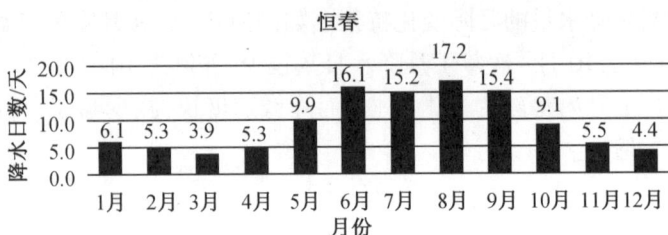

图19 恒春测站降水日数的月际变化特征

图20为成功和苏澳测站降水量的月际变化特征。成功地区全年各月份降水日数较多,均在9 d以上,7~8月为降水日数较少的时期,7月最少,为9.2 d,8月次之,为10.9 d,其余月份降水日数变化小,均在13~17 d,峰值为5月16.6 d,9~12月有缓慢减少;整体呈现先不变再减少后增多再缓慢减少的趋势。

苏澳地区全年各月份降水日数多,均在9 d以上,6~8月为降水日数较少的时期,7月最少,为9.1 d,8月次之,为11.5 d,其余月份降水日数变化小,降水日数多,均在14~21 d,峰值为10月20.6 d,且10月~次年3月降水日数均在19 d以上,4月降水日数出现稍微减少,为17.2 d;整体上呈现先不变再减少后不变的趋势。

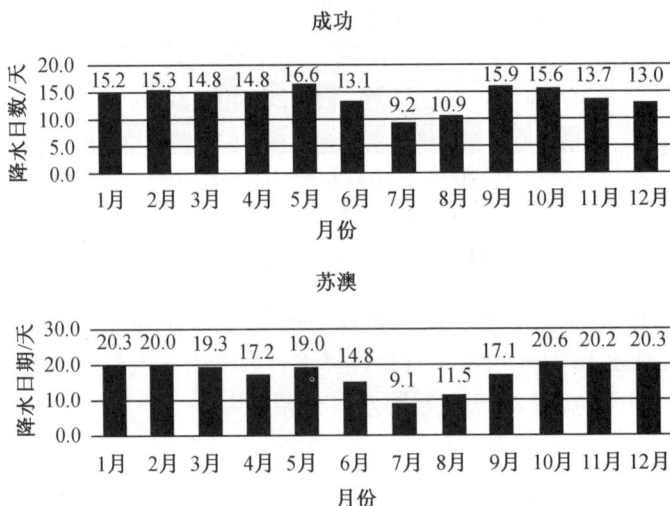

图20 成功、苏澳测站降水日数的月际变化特征

4 极值雨量特征分析

造成台湾地区短时强降雨的天气系统主要以台风为主,还包括西南气流、锋面等,为更好全面了解极端小时降雨量的影响天气系统,本文选取台湾27个气象观测站的每个测站极端小时降雨量的前5名,共135个个例作为研究对象,分析其成因和月分布特点。

图21为极端小时降雨量的影响天气系统。为从极端小时降雨的成因来看,在研究的135个个例的影响天气系统中,台风占52%,达到一半以上,是最为主要的影响天气系统,除此之外,梅雨锋、锋面系统、低压也是相对影响较大的天气系统,分别占13%、11%和10%,

其次是西南气流、雷雨或者两种以上天气系统的共同影响,均占 4%。

图 22 为极端小时降雨量的月分布。从极端小时降雨的月分布特点来看,出现较多的月份为 7,8,9 三个月,共占所有研究个例的 60% 以上,又以 8 月最多,为 23%,夏季极端小时雨量多为台风影响。其次是 5、6 月,各占 10% 和 12%,多为梅雨锋和锋面系统影响,3,4,10,11 月所占比例均在 10% 以下,而研究个例中 1,2,12 三个月均未有出现。

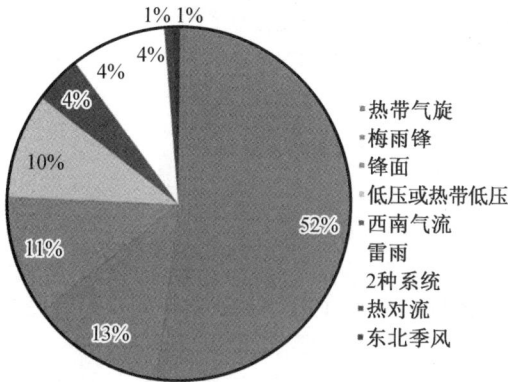

图 21　极端小时降雨量的影响天气系统

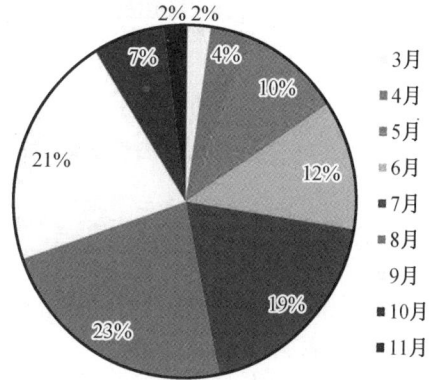

图 22　极端小时降雨量的月分布

5　台风降雨特征

台湾岛及周边海域是遭受台风侵袭最多的区域之一,年平均 5.3 个。经统计分析,每年台风侵袭台湾岛的时间,最早始于 4 月下旬,最晚终于 12 月初,7 至 9 月是台湾岛的台风季节,该期间影响台岛台风约占全年总个数的 73.5%,月平均都在 2 个以上。影响台湾岛台风的影响日数年平均为 11 天,主要集中在 7 至 9 月,月平均都在 2 天以上,其中 8 月下旬到 9 月中旬最多,旬平均 1 天以上,最多可达 8 天。

为分析了解台风影响下的极端降雨特点,本文选取台湾 27 个气象观测站的台风影响期间降雨量的前 5 名,共 135 个个例作为研究对象,分析其特点。图 23 为各气象观测站在台风影响下的降雨量排序前 5 名。可以看出,台风影响期间降雨量大值多出现在阿里山、竹子湖、鞍部和玉山几个地区,其中最大值出现在阿里山,可达 3 000 mm 以上,占该站平均年降雨量的 75% 以上,为 2009 年 8 月台风"莫拉克"影响台湾期间产生,其次是玉山,台风影响期间降雨量达到 2 100 mm,也为台风"莫拉克"影响。同时可以看出,台风产生强降雨受海陆地形影响很大,地区分布比较明显,降雨量的大值多分布在台湾岛北部,例如鞍部、竹子湖和基隆等,以及台湾岛中部山区,例如玉山、阿里山等,多次出现 1 500 mm 及以上的降雨过程;其次是台湾岛东部地区,例如成功、花莲和台东等,过程降雨量基本在 500~1 000 mm 之间;再次为台湾岛西部地区,经过地形作用,台风强度减弱,水汽减少,降雨减弱,例如梧栖、台南等,过程降雨量在 500 mm 左右;台湾海峡中岛屿台风影响期间降雨量最少,基本都在 500 mm 以下,特别是金门、马祖等靠近大陆的岛屿,台风影响期间,未出现过 300 mm 以上的连续降雨过程。

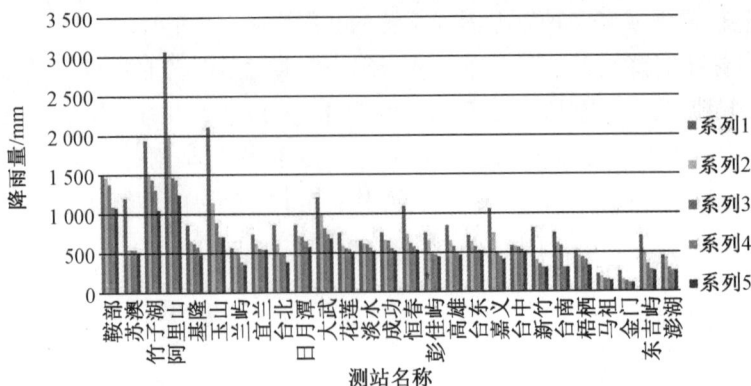

图23 各气象观测站在台风影响下的降雨量排序前5名

6 结论与展望

本文利用台湾地区27个气象测站的降水观测数据,分析了降水量、降水日数的时空分布特征,结果表明:

(1)台湾地区春、夏季高降水量集中分布于阿里山区,夏季全岛降水丰富,之后降水中心逐步向东北移动,在秋季形成东部降水丰沛,西部降水稀少的局面,随着时间推移,降水量开始减少,降水稀少地区从台岛西岸中部向南移动,最终消散。岛内测站中除基隆和苏澳降水量随月份变化趋势为先降后升,其余测站均为先升后降,并且上升较为平缓,下降幅度大,干湿季差异明显,雨季降水丰沛,雨量庞大。离岛地区除彭佳屿和兰屿全年降水丰富无明显变化趋势外,其余均为先升后降,澎湖列岛降水较少。

(2)春季、秋季和冬季东北部地区降水日数多,春季降水日数从东北向西南平滑减少,但秋冬两季各地区降水日数差异巨大,秋季演变出明显的沿着中央山脉走向划分的干湿分界线,冬季北部地区等降水日数线分布密集;夏季整体降水日数多,中部山区降水日数较多,并向四周阶次减少。岛内西部、南部、中部地区测站显示降水日数随月份变化趋势均先升后降,上升普遍较为平缓,西部地区上半年降水日数明显多于下半年,中、南部地区干湿季区别明显。北部地区台北全年各个月份降水日数多且分布平均,基隆地区降水日数多,整体呈现先降后升的趋势;台岛东海岸均呈现先降后升的趋势,且整体降水日数十分充足。离岛地区除彭佳屿和兰屿变化趋势为先降后升外,其余均为先升后降,靠近大陆的岛屿上半年降水日数远多于下半年,靠近太平洋的彭佳屿和兰屿全年降水日数多。

(3)从成因来看,造成短时强降雨的天气系统主要以台风为主,占一半以上,其次是梅雨锋、锋面系统、低压等天气系统;从月分布来看,短时强降雨出现较多的月份为7,8,9三个月,占60%以上,又以8月最多,为23%,1,2,12三个月均未出现。

(4)台风产生强降雨受海陆地形影响很大,地区分布比较明显。降雨量大值多出现在台湾岛北部和中部山区,一次台风过程的降雨量最大可达3 000 mm以上,其次是台湾岛东部地区,台湾岛西部和台湾海峡中受地形阻挡,降雨量最少。

本文对台湾地区测站降水相关数据进行分析和可视化,再分析得出台湾地区降水的时空分布特征以及极端降雨和台风降雨特征。未来有必要进行更加深层次的研究,明晰台湾地区降水特征的底层原理和原因,对更大时间、空间尺度进行研究得到未来的降水发展趋势,为相关建设工作提供科学依据和环境安全保障。

参考文献

[1]　本刊编辑部.台湾水文、水资源概况[J].西北水电,1993(3):62-64.

[2]　谢皎如,方祖光.台湾山地的雨影效应及其表现[J].台湾海峡,1993(2):152-159.

[3]　汪中和.气候暖化对台湾水文环境的冲击[J].东莞理工学院学报,2006(4):74-79.

[4]　李锦育,郭保成.运用灰关联分析台湾地区影响降雨相关因子[J].中国水土保持科学,2007(1):73-76.

[5]　周仲岛.近30 a台湾非台风暴雨研究回顾[J].暴雨灾害,2020,39(2):109-116.

[6]　韩玉康,赵艳玲,关吉平,等.台湾及周边岛屿气象水文观测数据集[J].中国科学数据(中英文网络版),2020,5(4):152-158.

[7]　林佩云.西南季风对台湾梅雨活动的影响[J].广东气象,1995(2):28,45-47.

[8]　张伯宇.近50年台湾东部台风强降雨事件的强度与频率变化特征[J].地理科学进展,2012,31(1):46-55.

[9]　周本,吴倩雯,王光华.使用卫星微波资料分析台湾附近地区台风之降雨[C]//2009年海峡两岸气象科学技术研讨会论文集.[出版者不详],2009:149-152.

[10]　张静影.GNSS对流层延迟预测及台风期间水汽时空特征分析[D].上海:东华理工大学,2020.

[11]　胡朝飞.基于GNSS-PWV的台湾地区降雨预报和台风运动分析[D].上海:东华理工大学,2021.

台湾气候特征:温度

张一飞[1]① 韩玉康[2] 郑崇伟[1]*

(1. 海军大连舰艇学院,辽宁大连,116041;2. 31016部队,北京,100081)

摘要:基于台湾的地面气象站气温观测数据,采用气候统计分析方法,针对台湾地区及其周边岛屿的月平均气温、极端最高气温的时空分布特征进行了分析。结果表明:(1)台湾地区地面温度分布具有明显的空间差异,南部恒春平均气温最高,中部由于海拔原因,温度最低。(2)台湾地区的地面气温分布呈四周温度高,中间温度低的特征;台湾岛周边的极端最高气温大于台湾中部地区。(3)因海洋对冷空气的调和,所以台湾冬季气温相对较高;台湾地区冬季东部地区气温相对西部地区较高,原因是玉山山脉阻止了冷空气北下。(4)台湾平均气温均值为23.76 ℃,1950—1985年平均气温变化不大,1986—2016年平均气温呈明显上升趋势;日最高气温均值为27.93 ℃,呈不同的3个阶段变化趋势;日最低气温均值为20.67 ℃,呈显著地升高趋势,平均每年升高0.027 ℃。(5)高于35 ℃的高温日数平均为26.5天,2000年以后高温日数呈明显增加趋势;低于10 ℃的低温日数平均为10.5天,1985年以后低温日数显著减小。高温极值观测主要出现于5至8月,其中5月份产生原因为锋面前西南气流造成的焚风效应,7,8月份主要受台风和副热带高压两个因素影响,6月份位于过渡期间。

关键词:台湾地区;时空变化;月平均气温;年际变化;气温极值

引言

温度对生物的活动、机械的运转、环境的变化等都有着显著影响。2001年,王丽琼[1]等利用1991—1995年台北高空气候资料年报表,分析了该地区平流层下部的温度。发现台北对流层顶温度的最大值出现在1,2月份,最小值出现在10月份,并且其温度极值低于福州对流层顶相应的温度值。2010年,郭婷婷[2]等依据历年海洋气象调查资料对台湾海峡气候特点进行分析。发现西北冷东南暖,等温线呈东北-西南走向,且气温分布的季节变化明显,冬季海峡等温线水平梯度较大,夏季等温线水平梯度较小。1月海峡西北部和东南部温差明显,自东南向西北逐渐降低,平均温度在13～19 ℃;4月气温升高,平均温度在20～26 ℃;7月海峡平均温度在28～30 ℃;11月海峡平均温度在20～35 ℃。2011年,占车生[3]等利用NASA提供的MODIS数据及气象观测数据,研究了台湾地表蒸散发量的时空分布,发现了台湾日太阳净辐射的负值均分布在沿海地区。1月平均净辐射量总量最小,7月

---

① 作者简介:张一飞,男,本科在读,"海上丝路"资源与环境研究团队"硕博化开展本科教育"重点培养对象。张一飞和韩玉康同等贡献,为共同第一作者。

* 通信作者:郑崇伟,邮箱 chinaoceanzcw@ sina. cn

蒸散发量最大,且蒸散量有随着植被盖度增加而增大的趋势。2018 年,赵松[4]等利用来自 NOAA 的全球 SST(海表温度)最优插值数据集,研究了全球变暖背景下台湾东北部海域 SST 季节与年际异常的原因。发现了台湾当地气温呈现出显著的变暖趋势,且冬季的波动 远大于夏季。2022 年,王兴宇[5]等结合卫星、再分析、数值模拟 SST,研究了东海黑潮温度 锋从海表到底层的三维结构特征,发现东海黑潮海表温度锋在冬季和春季比较强盛,秋季 较弱,夏季几乎消失。

目前关于台湾的平均气温的时空特征、月际变化、年际变化、极端最高气温的研究仍然 稀缺,不利于生产建设、防灾减灾等高效展开。本文将对台湾地区 27 个测站多年的月平均 气温进行整合统计,并对数据气温在台湾的时空分布特征进行分析,研究温度在台湾的分 布特征及对台湾的影响。同时,分析了台湾气温的年际变化趋势、高温和低温天气的年际 变化以及历史观测的高温极值进行研究,以期较为全面了解台湾的气温特征。

1 数据与方法

本文主要使用了马祖、金门、澎湖、东吉屿、彭佳屿、兰屿 6 个台湾"离外岛"气象观测 站,以及台湾岛鞍部、竹子湖、淡水、台北、新竹、梧栖、台中、日月潭、阿里山、嘉义、玉山、台 南、高雄、恒春、大武、台东、成功、花莲、苏澳、宜兰、基隆 21 个气象观测站,共 27 个气象观测 站的气象观测要素,绘制了气温气象要素特征量的月变化图集。受观测资料实际情况限 制,各岛屿资料的种类、观测时段不尽相同,气温要素的资料时段为 1981—2010 年,共 30 年。其中马祖、金门两个气象站建站较晚,其资料时段为 2005—2018 年,共 14 年。台湾 6 个百年观测站(台北、台中、台南、恒春、花莲、台东)的年平均气温、高温和低温资料时段为 1950—2014 年。

运用 Grads 软件对台湾 27 个气象观测站的气象资料展开计算分析,以 1,4,7,10 月作 为冬、春、夏、秋的代表月,分析该地区气温的时空分布特征、月际变化特征和冬夏两季的极 端最高气温特征,本文重点对鞍部、恒春、澎湖、花莲、玉山 5 个气象观测站气温的月际变化 特征。同时选取了台湾 6 个百年观测站(台北、台中、台南、恒春、花莲、台东)的气温资料, 分析台湾气温的年际变化趋势、高温和低温天气的年际变化以及历史观测的高温极值进行 研究,较为全面了解台湾的气温特征。

2 气温特征

2.1 平均气温的时空分布特征

1 月,台湾地区一月平均温度较低,气温总体由南向北逐渐降低,由西向东逐渐升高。 由于山脉、海拔等地理因素的影响,台湾地区地面气温具有明显的空间差异,即中部玉山山 脉气温低于四周。从平均气温空间分布看,位于南部地区的恒春站平均气温最高,月平均 气温为 20.7 ℃,台东站也是多年平均气温的高值中心;北部鞍部站平均气温较低,月平均气 温为 10.1 ℃,马祖,竹子湖等地气温也相对偏低;中部玉山站平均气温最低,月平均气温为 -1.1 ℃。4 月,气温总体由南向北逐渐降低,东西方向差异较小。中部玉山山脉气温低于 四周。从平均气温空间分布看,位于南部地区的高雄站平均气温最高,月平均气温为 25.4 ℃,恒春站、大武站、台南站等地平均气温也超过了 24 ℃;北部鞍部站平均气温较低,月平均气温为 16.4 ℃,马祖,竹子湖等地气温也相对偏低;中部玉山站平均气温最低,月平均气温为 3.4 ℃。7 月,台湾地区平均气温较高,气温总体差异较小。中部玉山山脉气温低于四周。从平均气温空间分布看,与 1 月和 4 月不同,位于北部地区的台北站平均气温最高,月平均气温为 29.6 ℃,台湾岛大部分地区及其周围海域平均气温超过 26 ℃,气温较高;北部鞍部站平均气温相对较低,月平均气温为 23.2 ℃;中部玉山站平均气温最低,月平均气温为 7.9 ℃。10 月,台湾地区平均温度较高,气温总体由南向北逐渐降低,东西方向差异较小。中部玉山山脉气温低于四周。从平均气温空间分布看,位于南部地区的高雄站平均气温最高,月平均气温为 26.7 ℃,恒春站、大武站、台南站平均气温也达到了 26 ℃;北部鞍部站平均气温较低,月平均气温为 17.9 ℃;中部玉山站平均气温最低,月平均气温为 6.5 ℃。

2.2 平均气温的月际变化特征

图 1 给出了部分测站气温的月际变化特征。鞍部:位于台湾地区北部。由鞍部观测站数据可知,鞍部的月平均最高气温在 7 月(23.2 ℃),月平均最低气温在 1 月(10.1 ℃)。台湾北部夏季气温较高,冬季气候较温和。鞍部站全年气温高于 10 ℃,1~7 月温度上升,7~12 月温度降低,最大温差 13.1 ℃。春季气温迅速升高,夏季气温大于 21.8 ℃,秋季气温迅速降低,冬季气温小于 11.4 ℃。恒春:位于台湾地区南部。月平均最高气温为 7 月(28.4 ℃),月平均最低气温为 20.7 ℃在 1 月。台湾南部为热带季风气候,全年高温。恒春站全年温度高于 20 ℃,1~7 月温度上升,7~12 月温度降低,最大温差 7.7 ℃,温差小季节变化不显著。澎湖:位于台湾地区西部,与中国大陆相距较近。月平均最高气温为 28.7 ℃在 7 月,月平均最低气温为 16.9 ℃在 1 月。澎湖站全年气温高于 16 ℃,最大温差 11.8 ℃,温差较大季节变化较明显。花莲:位于台湾地区东部。月平均最高气温为 28.5 ℃在 7 月,月平均最低气温为 18.0 ℃在 1 月。最大温差 10.5 ℃,温差较大季节变化较明显。玉山:位于台湾地区中部。月平均最高气温为 7.9 ℃在 7 月,月平均最低气温为 -1.1 ℃在 1 月。花莲站全年气温小于 8 ℃,1~7 月温度上升,7~12 月温度降低,全年温差 9 ℃,温差较小季节变化不显著。

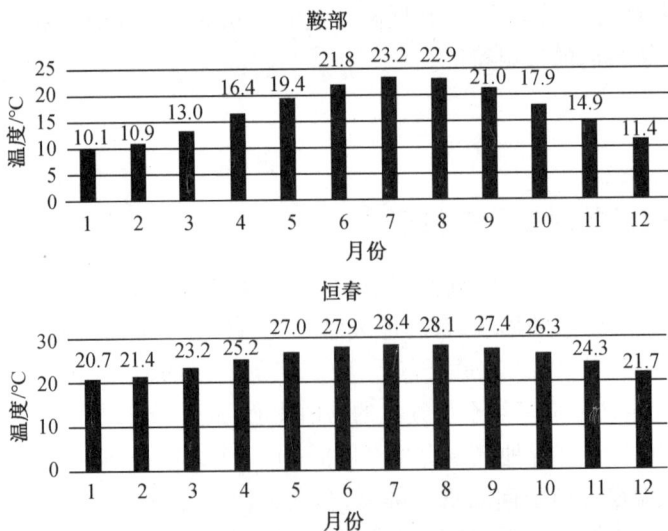

图 1　台湾部分测站气温的月际变化特征

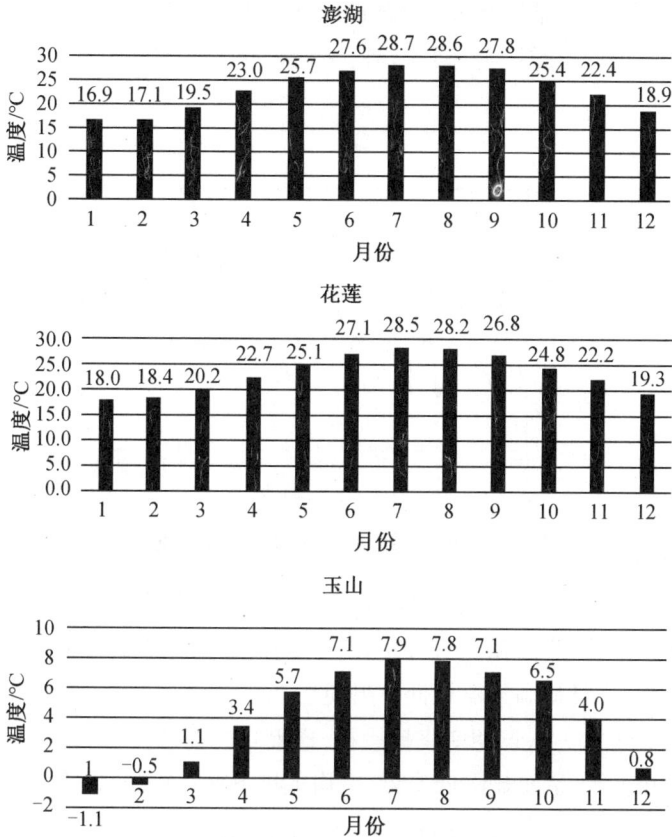

澎湖

花莲

玉山

图1(续)

2.3 冬季和夏季的极端最高气温

不论1月(代表冬季)还是7月(代表夏季)的极端最高气温,都是台湾岛周边的气温大于台湾中部地区,这应该是由于台湾中部地区的海拔较高造成的。1月,台湾北部地区的极端最高气温基本在30℃以内,台湾南部地区的极端最高气温基本在30℃以上。马祖、金门、澎湖、东吉屿、兰屿、彭佳屿的极端最高气温都在30℃以内。7月,台湾大部分地区的极端最高气温在30℃以上,部分测站接近40℃;但是,台湾中部地区的极端最高气温在25℃以内。

2.4 气温的年际变化

为了解台湾地区气温的年际变化特点,本文选取了台湾6个百年观测站(台北、台中、台南、恒春、花莲、台东)的气温资料,分析1950—2014年的平均气温、日最高气温和日最低气温在全球气候变暖大背景下的变化特点和趋势。

图2为1950—2014年台湾6个百年测站的年平均气温变化情况,年平均气温均值为23.76℃。年平均气温的最低值出现在1968年,距平-0.82℃,即22.94℃;年平均最高值出现在1998年,距平0.99℃,即24.75℃,最高和最低气温值相差1.81℃。从长期变化趋势看,1950年以后,台湾年平均气温变化主要分为两个阶段,第一阶段为1950—1985年,年

平均气温变化不大,没有明显升高或降低趋势,且距平以负值为主,气温偏低;第二阶段为 1986—2016 年,年平均气温呈明显上升趋势,平均每年升高 0.019 ℃,且距平以正值为主,气温偏高。

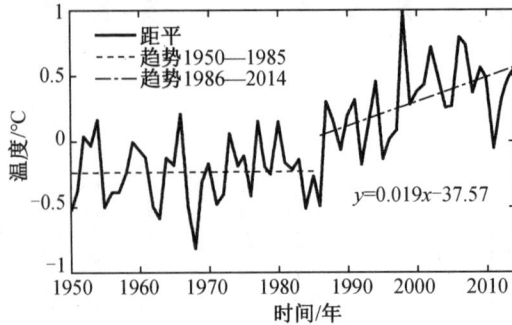

图 2　1950—2014 年台湾 6 个百年测站(台北、台中、台南、台东、花莲、恒春)的年平均气温变化情况

图 3 为 1950—2014 年台湾 6 个百年测站的日最高气温变化情况,日最高气温均值为 27.93 ℃。日最高气温最低值出现在 1986 年,且在多年观测中偏低幅度异常明显,距平 −0.98 ℃,即 26.95 ℃,日最高气温最低值出现在 2002 年,距平 0.74 ℃,即 28.67 ℃,最高值和最低值相差 1.72 ℃。从长期变化趋势看,日最高气温的变化大体可分为 3 个阶段,第一阶段是 1950—1985 年,呈明显降低趋势,平均每年下降 0.019 ℃,第二阶段是 1986—2000 年,呈明显的升高趋势,平均每年升高 0.059 ℃,第三阶段是 2000 年以后,呈下降趋势,平均每年下降 0.033 ℃。

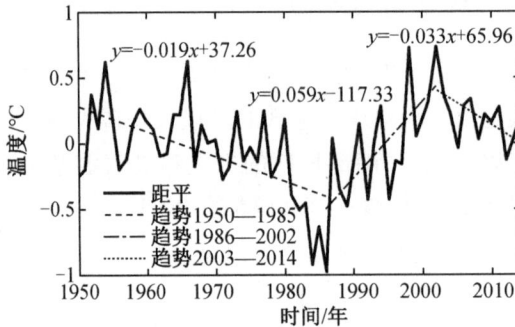

图 3　1950—2014 年台湾 6 个百年测站(台北、台中、台南、台东、花莲、恒春)的日最高气温变化情况

图 4 为 1950—2014 年台湾 6 个百年测站的日最低气温变化情况,日最低气温均值为 20.67 ℃。1950 年以后,日最低气温呈显著地升高趋势,3 次明显的极小值均出现在 1970 年之前,分别是 1955 年、1963 年和 1968 年,距平分别为 −1.07 ℃、−1.12 ℃和 −1.17 ℃,而两次明显的极大值均出现在 1990 年以后,分别是 1998 年和 2006 年,距平分别为 1.23 ℃和 1.16 ℃。从长期变化来看,日最低气温平均每年升高 0.027 ℃,即每 100 年升高 2.7 ℃,1990 年以前日最低气温几乎全部位于平均值以下,而 1990 年以后全部位于平均值以上。

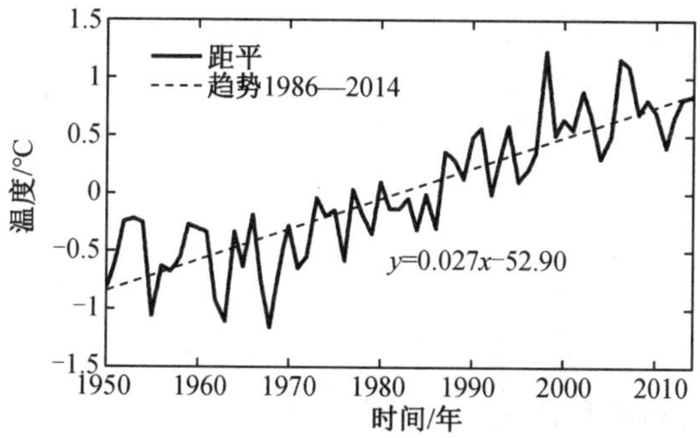

图4 1950—2014年台湾6个百年测站(台北、台中、台南、台东、花莲、恒春)的日最低气温变化情况

2.5 高温、低温天气

为更加全面反映台湾气温的变化特点,本文以台北观测站为例,对1950年以后的高温和低温天气日数进行分析,观察其年际变化特点。根据台湾气候及气温特点,其中高温天气是指气温高于35 ℃的天气,低温天气是指气温低于10 ℃的天气。

图5为1950—2014年气温高于35 ℃的高温日数,多年平均值为26.5天。高温日数最少的年份分别为1955年、1972年和1997年,日数分别为7天、6天和5天,均出现在2000年以前,高温日数最多的年份分别是1991年、2003年和2014年,日数分别为53天、50天和61天,均出现在1990年以后。从长期变化趋势看,2000年以前高温日数处于不断震荡变化中,但整体日数较少,平均每年22.2天,且高温日数20天以下的年份均出现在2000以前,共20年,其中高温日数在10天以下的年份共5年,而高温日数在30天以上的年份仅出现10年;2000年以后高温日数呈明显增加趋势,且每年的高温日数均在30天以上,整体高温日数较多,平均每年40.5天,较2000年以前多18.3天。从高温日数的变化可以反映出台湾气温具有整体升高的趋势。

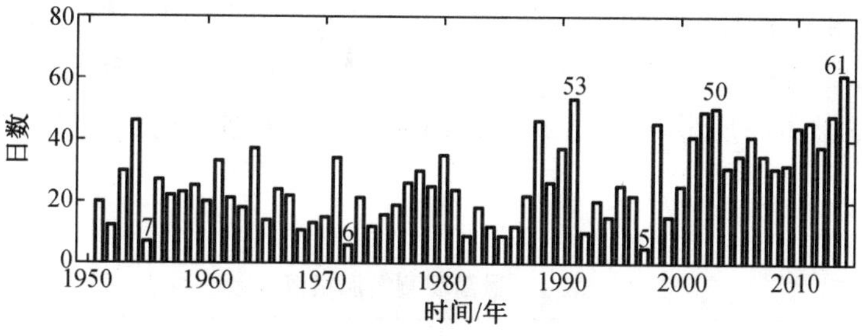

图5 1950—2014年气温高于35 ℃的高温日数

图6为1950—2014年气温低于10 ℃的低温日数,多年平均值为10.5天。低温日数最多年份出现在1963年,为41天,其次是1968年和1974年,均为30天,低温日数最少的年份出现在1988年和2001年,均为0天,其次是1990年和1991年,均为1天。从整体变化趋势看,1950—1960年低温日数呈明显增多特点,1960—2014年呈显著减少特点。1985年前后低温日数对比明显,其中1985年之前平均每年14.3天,低温日数在10天以上的年份共20年,在20天以上的6年,1985年以后平均每年5.9天,较1985年之前减少8.4天,低

温日数在 10 天以上的年份仅 4 年,且未出现多于 20 天的年份。从低温日数的变化也可以反映出台湾气温具有整体升高的趋势。

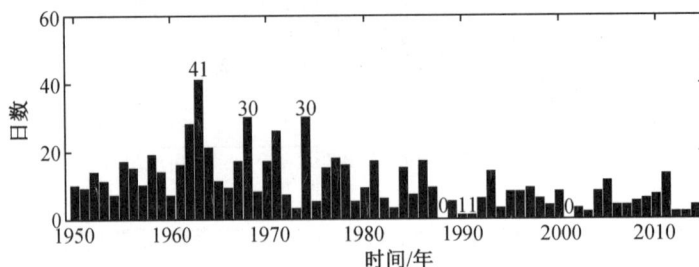

图 6　1950—2014 年气温低于 10 ℃的低温日数

2.6　高温极值分析

表 1 为排序前 30 的高温极值观测记录,图 7 为高温极值产生原因和月份分布。气温超过 40 ℃的观测记录只有一次,出现在 2004 年 5 月台东地区,为 40.2 ℃;39 ℃以上记录共16 次。从影响系统看,高温极值产生的原因主要有 4 点:锋面前西南气流造成的焚风效应、西北太平洋副热带高压、台风造成焚风效应以及台风外围下沉气流。因台湾特殊地形,锋前强的西南气流和台风外围强气流在经过台湾中部高山后,下沉增温,易产生极端高温天气,而西北太平洋副热带高压控制期间,天气晴朗,太阳照射强烈,亦容易造成高温。前 30次高温极值观测中,最多为锋面前西南气流造成的焚风效应作用,共 12 次;其次是西北太平洋副热带高压的影响,造成炎热天气,共 10 次;台风造成高温天气共占 8 次,2 次是台风造成焚风效应,6 次是台风外围下沉气流造成高温。从高温极值的月份分布来看,主要集中在5 月、7 月和 8 月,分别出现 9 次、8 次和 9 次。6 月和 9 月也有高温极值天气出现,分别为3 次和 1 次。

综合其影响系统和月份分布可以发现:在 5 月份的 9 次记录中,均为锋面前西南气流造成的焚风效应作用;在 7、8 月份 17 次高温极值天气记录中,7 次为台风影响产生焚风和下沉气流、9 次为副热带高压影响;而 6 月份锋面前西南气流造成的焚风效应 2 次,副热带高压影响 1 次。

表 1　最高观测气温极值

排序	1	2	3	4	5	6	7	8	9	10
站名	台东	台中	台东	台东	大武	新竹	台中	台东	台北	大武
气温/℃	40.2	39.9	39.7	39.5	39.4	39.4	39.3	39.3	39.3	39.2
日期	2004.5	2004.7	1988.5	1942.6	1954.5	2009.8	1927.8	2004.8	2013.8	1954.5
影响天气系统	锋面前西南气流造成焚风	台风外围下沉气流	锋面前西南气流造成焚风	锋面前西南气流造成焚风	锋面前西南气流造成焚风	低压外围下沉气流	台风外围下沉气流	台风造成焚风	太平洋高压	锋面前西南气流造成焚风

表1(续)

排序	11	12	13	14	15	16	17	18	19	20
站名	大武	大武	大武	成功	台东	台中	大武	大武	淡水	基隆
气温/℃	39.2	39.2	39.1	39.1	39	39	39	38.8	38.8	38.8
日期	2003.5	2010.7	1954.5	1994.8	1914.7	1968.9	1969.5	1962.5	1980.7	1998.7
影响天气系统	锋面前西南气流造成焚风	太平洋高压	锋面前西南气流造成焚风	台风造成焚风	太平洋高压	台风外围下沉气流	锋面前西南气流造成焚风	锋面前西南气流造成焚风	太平洋高压	太平洋高压
排序	21	22	23	24	25	26	27	28	29	30
站名	台北	宜兰	新屋	大武	台北	新竹	台北	台北	大武	大武
气温/℃	38.8	38.8	38.7	38.7	38.7	38.7	38.7	38.6	38.6	38.6
日期	2003.8	2006.7	2016.8	2015.6	2016.6	1964.8	2003.8	1921.7	1971.7	1973.5
影响天气系统	太平洋高压	台风外围下沉气流	太平洋高压	锋面前西南气流造成焚风	太平洋高压	台风外围下沉气流	太平洋高压	太平洋高压	锋面前西南气流造成焚风	锋面前西南气流造成焚风

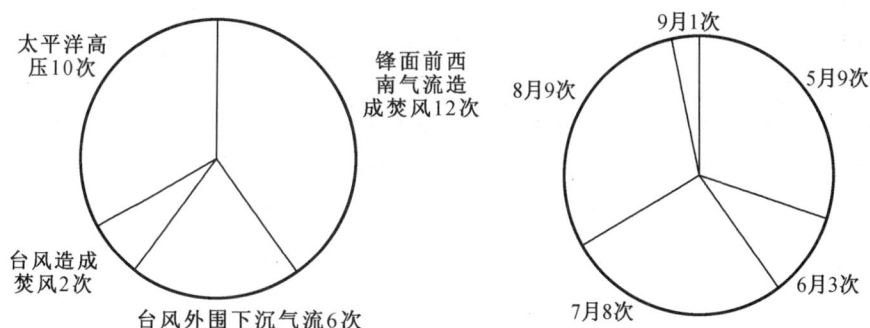

图7 高温极值的产生原因及月份分布

3 结论

本文利用台湾地区 27 个气象测站的气温观测数据,分析了多年月平均气温的时空分布、年际变化和历史极值特征,结果表明:

(1)台湾地区的地面气温分布具有明显的空间差异。北回归线穿过台湾的嘉义、花莲等地,将台湾南北划分为两个气候区。台湾南部为热带季风气候,气温基本全年处于较高值,月平均气温均高于台湾北部,且南部的恒春是明显的温度高值区,全年月平均气温高于 20 ℃;台湾北部为亚热带季风气候,四季气温变化明显,冬冷夏热,其中夏季部分地区的月平均气温高于台湾南部;同纬度线台湾东西部月平均气温相差较小,基本持平;台湾中部因地形和海拔原因,气温基本全年处于较低值,其中玉山全年月平均气温均低于 8 ℃,处于温度低值区。

(2)台湾地区的地面气温分布以中部玉山为中心,四周温度高,中间温度低的特征。其原因是台湾中部玉山山脉海拔高,气温低。

(3)台湾岛四面环海,每年当西伯利亚冷高压南下时,因海洋对冷空气具有调和作用,所以台湾冬季气温相对较高。

(4)台湾地区冬季东部地区气温相对西部地区较高,原因是台湾中部的玉山山脉是东南-西北走向,阻挡了北下的冷空气到达东北部。

(5)台湾平均气温均值为 23.76 ℃,1950—1985 年年平均气温变化不大,1986—2016 年,年平均气温呈明显上升趋势;日最高气温均值为 27.93 ℃,呈不同的 3 个阶段变化趋势;日最低气温均值为 20.67 ℃,呈显著地升高趋势,平均每年升高 0.027 ℃。

(6)高于 35 ℃的高温日数,平均为 26.5 天,2000 年以后高温日数呈明显增加趋势;低于 10 ℃的低温日数,平均为 10.5 天,1985 年以后低温日数显著减小。

(7)高温极值观测主要出现于 5 至 8 月,其中 5 月份产生原因为锋面前西南气流造成的焚风效应,7,8 月份主要受台风和副热带高压两个因素影响,6 月份位于过渡期间。

参考文献

[1] 王丽琼,张立凤.台北高空气象要素年变化特征分析[J].气象科学,2001,21(2):193-199.

[2] 郭婷婷,高文洋,高艺,等.台湾海峡气候特点分析[J].海洋预报,2010,27(1):53-58.

[3] 占车生,李玲,王会肖,等.台湾地区蒸散发的遥感估算与时空分析[J].遥感技术与应用,2011,26(4):405-412.

[4] 赵松,常凤鸣,李铁刚,等.台湾东北部海域海表温度季节与年际异常及其对历史气候重建的启示[J].地球科学,2018,43(3):851-861.

[5] 王兴宇,纪棋严,彭腾腾,等.东海黑潮温度锋的三维结构特征分析[J].海洋预报,2022,39(1):67-79.